普通高等教育农业农村部“十三五”规划教材
全国高等农林院校“十三五”规划教材

农业机械概论

第二版

高连兴　郑德聪　刘俊峰　主编

U0282582

中国农业出版社

内容简介

NONGYE JIXIE GAILUN

本教材为普通高等教育农业部“十二五”规划教材、全国高等农林院校“十二五”规划教材。主要介绍了农业机械化及其意义、发展现状与趋势、特点与评价等；内燃机、拖拉机和电动机等常用动力机械；土壤耕作、播种、育苗移栽、植保、排灌等机械；谷物和经济作物收获机械；园艺与草业机械；谷物与果蔬干燥、果蔬清洗与分级分选机械等。

本教材取材合适、深度适宜、分量恰当，语言流畅、通俗易懂，便于学习，有利于激发学生学习兴趣及能力培养。教学中可根据不同专业需要进行内容的选择，适用于农学、园艺、植保、林学、草业、农经等各非农机类专业。

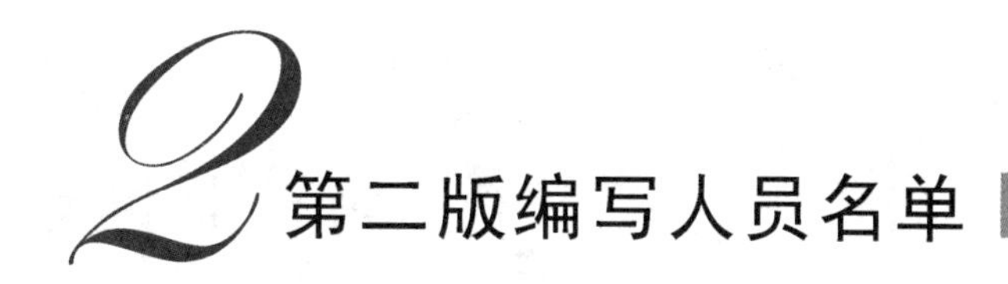

第二版编写人员名单

主　编　高连兴　（沈阳农业大学）
　　　　郑德聪　（山西农业大学）
　　　　刘俊峰　（河北农业大学）
副主编　何凤宇　（沈阳工学院）
　　　　李心平　（河南科技大学）
　　　　弋晓康　（塔里木大学）
编　者　（按编写章节顺序排序）
　　　　高连兴　（沈阳农业大学）
　　　　李心平　（河南科技大学）
　　　　杨德旭　（沈阳农业大学）
　　　　潘世强　（吉林农业大学）
　　　　郑德聪　（山西农业大学）
　　　　林　静　（沈阳农业大学）
　　　　宋玉秋　（沈阳农业大学）
　　　　王瑞丽　（沈阳农业大学）
　　　　毕晓伟　（内蒙古民族大学）
　　　　易克传　（安徽科技学院）
　　　　耿爱军　（山东农业大学）
　　　　杨然兵　（青岛农业大学）
　　　　何凤宇　（沈阳农业大学）
　　　　刘俊峰　（河北农业大学）
　　　　冯晓静　（河北农业大学）
　　　　宋海燕　（山西农业大学）
　　　　张黎骅　（四川农业大学）
　　　　弋晓康　（塔里木大学）

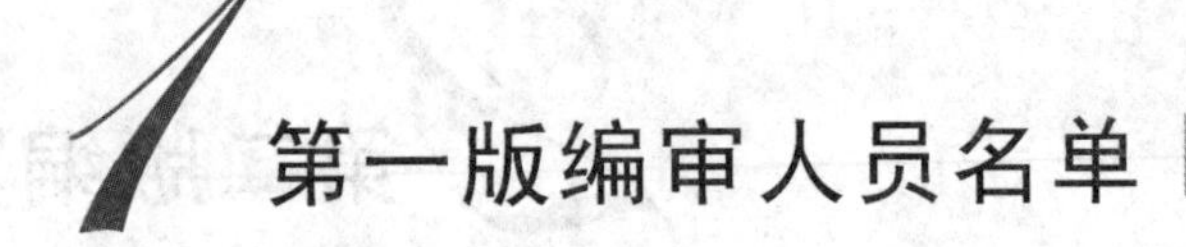

第一版编审人员名单

主　编　高连兴　王和平　李德洙

副主编　郑德聪　刘俊峰　毕晓伟

参　编　（按姓名笔画排序）

田　耘　冯晓静　权伍荣

李保谦　何凤宇　宋玉秋

林　静　高昌珍　赵明宇

主　审　李宝筏　李　达

2 第二版前言

《农业机械概论》（第一版）自2000年5月出版以来，先后被全国多所高等院校选用，深受非农机类各专业广大师生、农业和农机技术人员欢迎。

为适应我国现代农业和农业机械化的快速发展，进一步提高教材水平，根据培养目标、学生特点和课程教学要求，我们在总结教材编写和教学经验基础上，对原版教材进行了以下修订：

1. 对教材内容进行了适当取舍，更加注重学生对农业机械基本结构、原理与工作过程和性能的一般了解，更多地选用了机械原理示意图和工作流程图等表述方式，使学习内容进一步简化，利于激发学生的学习兴趣。

2. 为了使学生宏观地了解农业机械化发展及其作用，增添了农业机械化发展宏观评价与管理知识；通篇贯穿了农机与农艺相结合的观点和原理；增添了经济作物收获机械、果蔬收获机械、草业机械和农产品产地初加工机械等新内容，以便学生全面了解现代农业机械的相关内容。

3. 删除了相对陈旧和实用性不强的内容以及不必要的计算公式，整合了相关章节内容，使教材篇幅得到压缩。同时，根据农业生产各作业环节的进程和农作物种类主次关系，对教材内容体系进行了系统调整。

4. 对原教材中的语言、文字、图表、各物理量符号和单位等进行了全面审核，力争做到语言流畅、通俗易懂、叙述生动，图文搭配恰当，图表、符号、计量单位规范。

修订后的教材分绪论、农用动力机械、耕种与管理机械、收获机械、园艺与草业机械、产地初加工机械六部分，可供农学、园艺、草业、植保、园林和农经等多个专业选用。

本教材由高连兴、郑德聪和刘俊峰担任主编，何凤宇、李心平和弋晓康担任副主编，全书最后由高连兴统稿、定稿。参加编写的人员：高连兴（绪论）、李心平（第一章）、杨德旭（第二章）、潘世强（第三章）、郑德聪（第四章）、林静（第五章）、宋玉秋（第六章）、王瑞丽（第七章）、毕晓伟（第八章）、易克传（第九章）、耿爱军（第十章）、杨然兵（第十一章）、何凤宇（第十二章、第十五章）、刘俊峰（第十三章）、冯晓静（第十四章）、宋海燕（第十六章）、张黎骅（第十七章）、弋晓康（第十八章）。

本教材是全体编写老师共同努力的结果，同时得到了沈阳农业大学、各参编院校和中国农业出版社的大力支持，在此一并表示诚挚的谢意！

由于编者水平、时间和条件的限制，教材难免存在疏漏和不足，恳请广大读者批评指正。

编　者

2014 年 12 月

注：本教材于 2017 年 12 月入选普通高等教育农业部“十三五”规划教材，见农科（教育）函［2017］第 379 号文。

第一版前言

本书是根据1999年8月在沈阳农业大学召开的“北方农业院校非农机专业农机化课程教学研讨会”上拟定的编写大纲，按照全国高等农林院校教学改革的基本思路，针对各学校非农机专业新设置的农机概论课程而编写的。

本书在编写过程中，充分研究了开设本门课程的目的、要求和专业特点，着重突出了学生对农业机械基本构造与工作原理、基本运用知识和操作技能的掌握，以及对农业机械一般内容的了解和认识。本书与现用教材相比具有以下不同：第一，打破了人为的专业划分过细、教材内容单一、适用面过窄的旧体系，以“大农业”中的“大农机”为出发点，扩大了内容的覆盖面，以便学生对农业机械总体情况的一般了解和因工作需要而自学。第二，充实了现代农业机械新技术内容，如节水灌溉技术、新型土壤耕作、特种播种、谷物干燥及设施农业等机械与设备。第三，考虑学生缺少机械基础方面的知识，而尽量减少机械结构图和繁冗的叙述，更多地选用了原理图、示意图，简化了叙述。第四，在增加内容的同时，删减了陈旧的内容，压缩了篇幅。

本书分绪论、第一篇动力机械及其运用、第二篇田间作业机械、第三篇谷物收获与干燥机械、第四篇园艺、园林机械、第五篇饲料加工与养殖机械六部分。本书作为农学、园艺、植保、林学、园林和农经等非农机专业本、专科教材，在教学过程中可根据专业及学时计划适当选择教学内容。

本书由沈阳农业大学、吉林农业大学、延边大学农学院、山西农业大学、河北农业大学、河南农业大学、哲里木畜牧学院联合编写。高连兴、王和平、李德洙任主编，郑德聪、刘俊峰、毕晓伟任副主编，李宝筏、李达教授担任主审。全书由李达、高连兴最后统稿、定稿。

本书在编写过程中，参阅了国内外有关文献，也得到了编者所在学校和中国农业出版社的大力支持和帮助。在此，一并表示诚挚的谢意。

农机技术内容广泛，发展速度快，尽管我们做了很大努力，但因水平有限，书中难免存在缺点和不妥之处，恳请读者批评指正。

编　者

2000年1月

目录

MULU

第二篇 耕种与管理机械

第三篇 收获机械

第四篇 园艺与草业机械

第五篇　产地初加工机械

绪　　论

农业生产工具的发明与应用，促进了农业生产的发展和人类文明的进步。简单石器和手工木器的出现、木制和铁器农具的发明、电动机和拖拉机的发明应用，都是农业生产发生巨大变化的重要标志。新的育种方法和作物品种，农药、化肥与农膜等新型农业生产材料，新的栽培技术与灌溉技术及农机工业的发展，使农业生产效率、经营方式与经营规模、农产品的产量与质量、农业资源的利用等都发生了巨大的变化。农业机械化程度成为由传统农业向现代化农业转变的重要衡量标准之一。

2003 年，美国工程院与 37 家美国专业工程师协会联合，历时半年评出 20 世纪对人类社会生活影响最大的 20 项工程技术成就，其中农业机械化列在第七位。20 世纪世界人口从 16 亿增加到 60 亿，如果没有农业机械化则很难养活这么多的人口；农业机械化使从事农业的劳动力不断转移出来，使更多的人从事非农产业，实现了农业生产与农村生活的文明进步。这一评价是基于近百年来农业机械化技术在农业生产中广泛应用所引发的巨大变化：

（1）农业机械化使农业生产方式和农民生活方式发生了根本性的变革。

（2）农业机械化使农业生产效率、效益和生产能力大幅度提高。

（3）农业机械化促进了农村社会文明进步。

（4）农业机械化对世界农业发展和食物安全有巨大贡献。

上述评价客观地反映了农业机械化在人类社会发展、农村工业化和农业现代化进程中的重要地位和作用。

第一节　农业机械化涵义及其评价

在农业生产和日常生活中，人们经常提到农业机械化、农业机械化工程、农业机械和农业机械化技术等各种关于农机的一些概念。那么，这些与农机相关的概念是否相同？它们之间又是什么关系呢？

一、农业机械化

关于农业机械化概念一直有各种不同的提法，其中最有代表性的概念分为两种流派，即“过程说”与“技术说”。前者强调农业机械化是一种过程，如农业机械化是“用机器进行农业生产活动的过程”，农业机械化是“包括种植业、养殖业、加工业，贯穿产前、产中和产后服务的全过程”，农业机械化是“运用各种动力机械和配套作业机具替代人力、畜力和传统农具进行农业机械化生产的过程”；后者强调农业机械化是一种技术，如农业机械化是

"农业机器的设计、制造、鉴定、推广、适用、维护、管理各环节的总称"，农业机械化是"农业机械设计、制造与应用的技术"等。应该说上述提法阐述了农业机械化的不同特征、不同方面，有助于说明不同问题。如前者更强调农业机械化是一个过程，不仅仅包括种植业，还有养殖业、加工业等，农业机械化不局限在某一方面或仅仅强调农业生产的产中环节，也要注意农业生产的产前、产后各环节；后者更强调农业机械的设计、加工技术等。但是，这些作为现代农业机械化的定义，似乎还不够全面、准确、科学。

目前，人们通常所讲的"农业机械化"实际上是指农业机械设计、制造和应用于农业生产的"机械技术"，即"农业机械化工程"，其重点是强调农业机械的设计、制造技术和在农业生产中应用的水平，是一项涉及并满足农业生产、农艺要求的机械设计、制造和应用的综合性工程技术。

从农业机械化定义可以看出，其涵义包括三个方面：农业机械的产品设计、制造水平；农业机械与农艺适应水平；农业机械的应用水平（或称为应用程度）。

二、农业机械

农业机械是农业机械化的核心内容，也是农业机械化的物化技术形态。广义上讲，农业机械是农业生产中使用的各类机器和农具的总称。由于现代农业生产包含了种植业、养殖业、加工业和运输业等多种行业以及产前、产中和产后等多个环节，所以说，农业机械是一个涉及领域广泛、涉及面宽、内容繁多的机械大家族。农业生产应用的机械分为专用的农业机械和通用的农业机械。专用的农业机械是指专门为农业生产而设计、生产的各类机械、机器，如农用拖拉机、深松机、中耕机、播种机、移栽机、喷雾机、联合收获机等；通用机械是指农业生产与其他行业都可以使用的机械，如内燃机、电动机、汽车、水泵等。

根据机械本身是否作为动力来源，农业机械分为动力机械和作业机械（即农机具）两大类：

（1）动力机械。如内燃机、拖拉机、电动机等，为作业机械提供动力。

（2）作业机械。如播种机、深松机、脱粒机、水泵等，直接完成农业生产中的各项作业。

多数动力机械与农业机械通过一定的方式连接起来并由人来操纵，形成一定的作业机组，方能进行移动和固定作业，如耕地机组、播种机组等；有些动力机械与作业机械是通过一定的传动方式固定安装，进行固定性作业，如排灌机组、脱粒机组等；也有些作业机械与动力机械设计制造成为一个整体，如联合收获机等。

根据农业机械作业种类不同、功能不同，农业机械可大致分为农田基本建设机械、土壤耕作机械、种植机械、排灌机械、植保机械、收获机械、干燥机械、农产品加工机械、园艺机械、牧业机械、渔业机械和草业机械等。

农业机械是农业生产工具，是农业生产力进步的产物。随着人类对扩大生产规模和提高生产效率的需求，生产工具必将不断地得到发展和完善。人力、畜力劳动逐步被农业机械所替代，这是一种必然趋势。农业机械拥有量是农业生产力水平的重要标志，但不是衡量农业生产力水平的唯一标准。从一定意义上说，农业机械在农业生产中的应用水平和发挥的效能更能准确地反映农业生产力水平。

三、农业机械化评价指标

评价农业机械化发展状况、水平有一系列评价指标，这些评价指标分为直接指标与间接指标。直接指标即以农业机械的构成、数量、状况与农业机械化程度即农业机械化水平等为中心的评价指标，也是农业机械化统计常用的指标，如农业机械的总动力、数量、作业量、农机新技术推广情况和农机社会化服务与经营情况等；间接指标是反映农业机械化对农村经济、现代农业的社会经济效果指标，如农业劳动生产率、农村劳动力转移情况或农业劳动力结构等。这里主要介绍经常涉及的农业机械化评价指标。

评价农业机械化生产的社会经济效果，对分析农业机械化发展现状和存在的问题，正确把握农业机械化发展方向，合理制定农业机械化乃至农村经济发展方针与政策，提高农业机械化与现代农业水平，具有重要意义。

（一）农业机械的数量

1. 农业机械总动力 农业机械总动力指直接用于农、林、牧、副、渔业生产的机械动力的总和，包括机械动力、电力和其他动力，以 kW 为计量单位。

2. 农业机械拥有量 农业机械拥有量是指一定期限（如季末、年末）农业机械的实有台数或动力数。此项实有台数，包括正在使用、需要修复和储存备用的。农业机械拥有量包括农、林、牧、副、渔业生产的各种动力机械与作业机械。在统计报表中，农业机械拥有量既有总动力数量又有各类别的统计，既有数量统计又有价值统计（农业机械原值和净值）。从这项统计可以了解农业机械的投入和发展情况。

由于农业机械有大型、中型与小型之分，所以一般统计时分出大中型和小型。

某地区 2000 年与 2015 年农机拥有量对照见表 0-1。

表 0-1 某地区 2000 年和 2015 年农机拥有量对照

指标	2000 年	2012 年	增加
拖拉机总量/万台	1 373.7	2 282.5	908
其中：大中型拖拉机/万台	97	485.2	388.2
大中型拖拉机占比	7.10%	21.30%	
配套农具/万套	139	763.5	624.5
机具配套比	1/1.44	1/1.57	
小型拖拉机/万台	1 276.74	1 797.23	520.49
配套农具/万套	1 797.8	3 080.6	1 282.8
机具配套比	1/1.42	1/1.71	

（二）农业机械作业量

农业机械作业量不仅取决于农业机械的数量，也与农业机械的合理组织和利用有关。一台拖拉机可以组成不同作业的机组，负担多种作业，各种作业有不同计量单位，如农田耕作以公顷（hm^2）为计量单位，运输按吨·千米（t·km）为计量单位。在农田作业方面可分犁、耙、播、收等作业。拖拉机各种不同的作业量需要累加计算。由于作业量单位不统一，不能简单地相加，而是选择标准作业量“标准公顷”，即在地势平坦、土壤阻力中等的熟地上，用带小前铧的复式犁耕地，耕深 20～22 cm的一公顷地为“标准公顷”，将其他各项作业量折合成“标准公顷”来统一进行计算。

（三）农业机械化程度

农业机械化程度即农业机械化水平，是分析与评价农业机械应用程度、衡量农机管理工作好坏的重要综合指标。农业机械化程度包括农、林、牧、副、渔五个生产部门的主要作业的机械化程度。

根据农机作业内容、作物种类或区域的不同，农业机械化程度分为某种作业的机械化水平即单一作业的机械化水平（如耕地机械化水平、播种机械化水平、机械收获水平等）、某种作物的机械化水平（如水稻机械化水平、玉米机械化水平、棉花机械化水平等或主要作物机械化水平等）和综合农业机械化水平（如国家或某地区综合农业机械化水平）。

1. 主要作业机械化水平 某种作业机械化水平主要表明该项作业的机械技术水平。由于农业生产过程中的机械化作业环节很多，因此这种单项作业机械化水平指标较多。

（1）耕地机械化水平。耕地机械化水平用当年实际机耕面积占总耕地面积的百分比来表示。必须注意，当年实际机耕面积，不能重复计算。

（2）播种机械化水平。指当年机械化播种面积占实际播种面积的百分比。

（3）移栽机械化水平。指某种作物采用机械移栽的面积占实际种植面积的百分比。

例如，2012 年底，我国水稻和玉米机收水平分别达到 31.70%和 42.50%。

2. 主要作物生产机械化水平 一种作物的生产包含多个作业环节，该作物生产的机械化水平就是指该作物整个生产过程的作业量中机械化作业所占的比例。由此可见，要综合了解某一种作物的机械化水平，就要计算该种作物在整个生产过程中的平均机械化程度。计算某种作物的机械化程度，其办法有两个：一是将各项主要作业全部折合成标准公顷数，然后计算机械作业量在总作业量中所占比例；二是将各主要环节的机械化水平进行加权平均。例如，2012 年底全国农作物耕种收综合机械化水平达到 57.20%。

第二节 我国农业机械化发展概况

一、我国农业机械化发展阶段

新中国成立以来，国家一直把实现农业机械化作为建设社会主义现代化农业的一个重要战略目标，投入了大量的人力、财力和物力，取得了辉煌成就。同时，随着我国农村经济的转型，农业机械化事业也经过了一个重要的转型阶段。回顾我国农业机械化的发展过程与成就，如果用农业机械化发展速度进行衡量的话，可将我国农业机械化发展分为四个阶段，即国家办机械化阶段（1949—1978）、有选择地发展农业机械化阶段（1979—2003）、加快发展农业机械化阶段（2004—2009）、全面发展农业机械化阶段（2010 年以后）。这四个农业机械化发展阶段的基本情况对比见表 0－2。

表 0－2 我国农业机械化发展阶段概况

发展阶段	年份	总动力/亿 kW	耕种收综合机械化水平/%	机耕水平/%	机播水平/%	机收水平/%
国家办机械化阶段	1952	0.003	0.5	0.1	0	0
	1978	1.17	19.66	40.9	8.9	2.1
有选择发展阶段	1979	1.34	20.86	42.4	10.4	2.6
	2003	6.05	32.43	46.8	26.7	19.0
加快发展阶段	2004	4.41	34.47	48.9	28.8	20.9
	2007	7.69	42.27	58.9	34.4	28.6
	2009	8.75	49.11	66.0	41.0	34.7

（续）

发展阶段	年份	总动力/亿 kW	耕种收综合机械化水平/%	机耕水平/%	机播水平/%	机收水平/%
全面发展新阶段	2010	9.28	52.28	69.6	43.0	38.4
	2011	9.77	54.82	72.3	44.9	41.4

1. 国家办机械化阶段（1949—1978）　在高度集中的计划经济体制下，农业机械实行国家与集体投资、国家与集体所有、国家与集体经营，不允许个人拥有农业机械。农业机械的生产计划由国家下达，产品由国家统一调拨，农机产品价格和农机化服务价格由国家统一制订。国家通过行政命令和各种优惠政策，推动农业机械化事业发展。但是，农业机械化发展的同时农业劳动力没有减少，极大影响了农民参与机械化的积极性。

2. 有选择地发展农业机械化阶段（1979—2003）　随着我国农村经济体制改革的不断深入，市场在农业机械化发展中的作用逐渐增强，国家用于农业机械化的直接投入逐步减少，对农机工业的计划管制日益放松，允许农民自主购买和使用农业机械。以家庭联产承包为主的责任制全面展开，农业机械多种经营形式并存，农民可根据农业生产的实际情况，选择自己需要的农业机械。在此阶段，适用于当时农业经济体制和农业生产规模的小型农机发展迅速，大中型农机增长缓慢。

3. 加快发展农业机械化阶段（2004—2009）　我国从 2004 年开始实施《中华人民共和国农业机械化促进法》，随后开始实施农机补贴政策。作为中央强农惠农政策的重要组成部分，在2004—2009 年 6 年实施期间，农机购置补贴政策范围和力度逐年增加，极大地调动了农民购买拖拉机和各种农机具的积极性。通过补贴政策的引导，农民购机用机的积极性高涨，极大地促进了我国农机装备结构的调整和综合农业机械化水平的提高。另一方面，也有效提高了农机化发展水平，大力促进了农机工业和农机服务业的发展，发展了现代农业，促进了农业增效和农民增收。与此同时，农业机械的生产、农机化服务实行市场化，加大了农机科研和技术推广力度，农业机械配备结构得到了改善。农业机械的投资主体是农民，国家对农机化基本上不再实行行政干预，而是根据国家的整体利益，通过制定倾向性优惠政策，引导农机化发展。主要表现在：颁布实施了《中华人民共和国农业机械化促进法》；推行以企业为主体的农机科研产业化；政府引导、实现了农机跨区作业等。购机补贴的实施，极大地调动了农民购买农机的积极性，推动了农业生产与销售全面升温。农村经济体制改革推动了我国农机体制和农业主体的变化。

4. 全面发展农业机械化阶段（2010 年以后）　2010 年以来，我国农业机械化进入全面、快速发展新阶段。2010 年《国务院关于促进农业机械化和农机工业又好又快发展的意见》，指出要着力促进农机、农艺、农业经营方式协调发展，鼓励有条件的地方率先实现农业机械化。围绕转变农业发展方式，建设现代农业，推动农业机械化科学发展。2010 年农作物耕种收综合机械化水平超过 50%，农业生产方式实现以人力、畜力为主到机械化为主的历史性转变。

农机农艺融合，实质上是建立一种农机与农艺相互依赖、相互促进、相互推动、协调发展的生产方式，是现代农业的内在要求，也是加快农业全程机械化的必然条件。

二、我国农业机械化发展现状

2000—2012 年我国农业机械化发展盛况空前，农业机械化质的改善进入前所未有的新局面，农机化发展成果辉煌，贡献巨大。农业机械总动力、乡村农机从业人员、机耕及机收农机各项发展指标见表0-3、表0-4和表0-5。

表0-3　农业机械总动力与原值成长分析

指标	2000年	2012年	增加	年均增长/%
农业机械总动力/亿kW	5.23	10.26	5.03	8.01
农业机械原值/亿元	2 828.1	7 805.6	4 977.5	14.67
农机购置总投入/亿元	190.57	856.96	666.39	29.14

表0-4　乡村农机从业人员对比及农机户成长趋势分析

指标	2000年	2012年	增加	年均增长/%
乡村农机从业人员/万人	3 413	5 354	1 941	4.74
农机户/万个	2 714.7	4 192.3	1 477.6	4.54

表0-5　机耕及机收发展状况对比

指标	2000年	2012年	增加	年均增长/%
机耕面积/万 hm^2	6 200	11 000	4 800	6.45
机耕水平/%	47.70	74.00	26.30	4.59
机械种植面积/万 hm^2	4 000	7 680	3 680	7.67
机械种植水平/%	26.00	47.40	21.40	6.86
机收面积/万 hm^2	2 645	7 117	4 472	14.04
机收水平/%	18.00	44.40	26.40	12.22
主要农作物耕种收综合机械化水平/%	32.30	57.20	24.90	6.42

从农作物耕种收综合机械化水平来看，从2000年的32.3%提高到2012年的57.2%，共提高了24.9个百点，年均提高幅度在2个百分点以上。尤其是2006—2010年，连续5年的提高幅度都在3个百分点以上，是我国农机化发展最快的历史时期。在此时期，我国的农业机械化发展共实现了两大历史性的跨越：一是由初级阶段跨入中级阶段。2007年，我国农作物耕种收综合机械化水平达42.5%，超过了40%。二是农业生产方式由人畜力传统生产方式为主转变为以机械化生产方式为主，进入以机械化生产方式为主导的新时代。2010年，我国农作物耕种收综合机械化水平达52.3%，超过了50.0%。2012年全国农机化十大新闻中，这两大跨越都列入其中，显示出农业机械化中级阶段快速成长的重要特征。

2000—2012年的13年间，我国三大粮食作物生产机械化中的最薄弱环节——玉米机收和水稻机械种植都取得了突破性快速发展（表0-6）。全国玉米机收水平从2000年的1.7%快速提高到2012年的42.5%，共提高了40.8个百分点，年均提高率为3.4个百分点。近年来，更出现了提高8个百分点以上的快速发展阶段，此为前所未有。同时，全国水稻机种水平从2000年的5.1%提高到2012年的31.7%，累计提高了26.6个百分点，年均提高率为2.2个百分点。尤其是近两年来的提高幅度均在5个百分点以上，其中机插秧的发展非常快（2012年的机插秧面积达892万 hm^2，是2000年的10倍）。另外，机插秧面积占水稻机械种植面积的百分比从2000年的60.5%提高到2012年的93.0%，成为机械种植的主流形式，并迅速得到推广普及，使传统的农作方式发生了快速改变。与此对应，水稻插秧机从2000年的4.45万台增加到2012年的51.3万台，平均年增加量为3.9万台。尤其是近4年的年增加量都在6万台以上，其中2012年的增加量为8.6万台。

表0-6 玉米及水稻机收水平发展情况

指标	2000年	2012年	增加	年均增长
玉米机收水平/%	1.70	42.50	40.80	3.40
水稻机收水平/%	5.10	31.70	26.60	2.20
水稻机插秧面积/万 hm^2	89.2	892	802.8	80.1
水稻插秧机/万台	4.45	51.93	47.48	3.9

第三节 农业机械化的重要性

农业机械化作为农业生产高新技术研究成果得以有效实施和推广的关键载体，对于提高粮食综合生产能力，保障国家粮食安全，促进农业产业结构调整，加快农业劳动力的转移，逐步发展农业规模经营，发展农村经济，增加农民收入，加快现代农业建设进程，提高农产品市场竞争力都具有重要的作用。农业机械化水平的高低，是农业现代化水平的重要标志。

1. 农业机械化是现代农业的重要物质基础 纵观发达国家建设现代农业和实现农业现代化的历程，虽然各国在建设现代农业的道路和技术路线的选择上有所不同，但都无一例外地先实现农业机械化，进而实现农业现代化。在传统农业向现代农业发展的历史阶段，农业机械是农业生产要素中影响现代农业进程的关键因素，并且农业机械化水平是实现农业现代化和形成农业竞争力的核心因素，农业机械化水平的高低决定着农业现代化的进程和农业竞争力的强弱。农业发展实践告诉人们，任何先进的农艺措施在最终获得与其配套的机械技术实施之前，都不会形成巨大的生产力，也不会在大规模应用中显示其生产高效的特性。所有农业技术带来的高产高效无不与机械化有关，农业机械是农业生产的重要工具，是提高农业生产力的重要因素。发展农业机械化实质上是一场生产工具的技术革命。农业机械装备突破了人力、畜力所能承担的农业生产规模的限制，机械作业实现了人工所不能达到的现代科学农艺要求，改善了农业生产条件，提高了农业劳动生产率和生产力水平，为农场规模扩大、农产品品质提高、形成专业化和商品化生产提供了可能。

2. 农业机械化是现代农业的重要标志 生产发展需要农业机械化提供硬件支撑。农业机械是实施和推广先进农业科技的载体，是建设现代农业的物质基础。农业机械的广泛应用，将有助于改变农业的自然属性和弱质特征，极大地提高农业资源的开发利用水平和农业综合生产力。衡量农业现代化水平的主要指标是农业劳动生产率，而农业机械化是提高农业劳动生产率的主要手段。综观世界各国经验，农业机械化是农业现代化的先导环节，而且国际上通常把农业机械化水平和效益的高低作为农业现代化水平的主要标志。

3. 农业机械化是农业实现可持续发展的有力保证 推进农业现代化，还要求合理配置和综合利用农业资源，不断改善和增强农业生产基础设施和基本条件，这就需要农机化的支持。在大规模农田水利基本建设中，机械化施工可加快工程进度，保证工程质量，降低工程投资。通过大型机械进行土壤改良，坡改梯、深耕深松及水利工程建设，可改善农业生产条件，减少水土流失；通过实施农作物秸秆机械化还田、秸秆气化等综合利用措施和化肥机械化深施技术，可减少秸秆焚烧和化肥流失对水、土壤和空气的污染，增加土壤有机质；通过旱作农业综合开发、节水灌溉等机械化技术，可实现水资源的合理利用，充分发挥水资源效益；通过机械化灌溉，可减少干旱给农民带来的损失，确保稳产增收。这些都是农业生态建设和可持续发展的有力保证。

4. 农业机械化是促进农业增效和农民增收的重要手段 加快现代农业建设的进程也就是农业机械化的过程，是农业生产要素中农业机械增多、农业劳动力减少的过程，也是农民收入提高、工农差距和城乡差距缩小、农工贸协调发展的过程。农业和农村经济结构调整是增加农民收入、推进农业现代化发展的有效措施，而结构调整需要农业机械化的支撑才能完成。一方面，结构调整中的传统产业只有由农业机械来改造，才能大幅度增加农产品附加值，提高农业效益，使农产品加工、储运、包装等大批农机化新技术得到广泛应用。另一方面，结构调整必须大量运用先进的农业科学技术，这就需要农业机械发挥载体作用，使各类农业技术及时转化为现实生产力和经济效益。因此，农业机械化与农业劳动力向非农产业转移、农民收入和生活水平提高有密切关系。

农业劳动力占全社会从业人员的比例和农民收入，是衡量农业现代化程度、社会进步、产业结构和贫富状况的重要指标。已经实现农业机械化与现代化的发达国家，现代农业生产不仅能用很少的人力生产来保障社会需求的、丰富多样的农产品，保障人民生活质量提高和食物安全，还可转移出很多的农业劳动力从事第二、三产业的生产经营，创造出更多的社会财富，使世界经济更加繁荣，人民生活进一步改善。

5. 农业机械化是现代农业建设的重要内容 从各国推进农业机械化的内容和实现农业现代化的形式看，尽管各国选择了不同的发展模式和途径，但共同点都要解决农业机械化问题。可以说，农业机械化是农业现代化的重要内容。农业机械化是对传统农业改造的技术进步过程，农业机械化投入是农业生产方式除旧布新或推陈出新的过程。根据现代经济增长理论，农业机械化投资会导致知识的积累，农业机械投入与知识积累形成一种有形投入与内生增长相结合的复合资本品，其又将加快技术进步的进程，技术进步又可以提高农业机械化投资的效益，使农业经济系统出现增长的良性循环，从而推进现代农业建设和农业现代化进程，促进长期经济增长，提高竞争力。

第四节　我国农业机械化的特点和发展要求

一、我国农业机械化的特点

农业机械化是为农业服务的，农业机械化的特点首先是由农业生产特点决定的，不同的生产特点形成对农业机械化不同的要求。我国农业机械化概括起来有以下特点：

（1）人多地少，农业机械化必须同时提高劳动生产率和土地生产率。

（2）土地经营规模、作业地块偏小，与使用机械作业相矛盾，农业机械化要有适当组织形式。

(3) 幅员辽阔，社会和自然条件差异大，要因地制宜地发展农业机械化。

(4) 资源相对缺乏，经济力量薄弱，必须实行节水、节能、保护地力的农业机械化。

目前我国人均耕地不足 0.1 hm^2，而且呈严重的锐减趋势，中低产田占有很大比重，粮食年总产量一直徘徊在5亿t水平，2009年实现了历史最高产量5.287亿t，其粮食自给率约保持在95%。事实上，我国至今还是一个粮食进口国家，许多省份粮食生产不足。由于人口不断增长和人均消费的上升、畜牧业快速发展以及加工原料用粮的旺盛需求，粮食自给压力越来越大，矛盾还会更加突出。在耕地面积锐减的情况下生产更多的粮食，提高单产是关键。事实证明，农业机械化不仅仅提高了劳动生产率，而且通过高效的适时作业、中低产田改造、提高复种指数、抵御自然灾害和实施其他各种增产农艺技术（如铺膜种植技术、化肥深施技术、茎秆还田技术、幼苗移栽技术等）等，提高作物产量、降低粮食损失，从而提高了土地生产率。

发达国家农业机械化成功经验表明：越富裕的国家农业劳力比重越低，农业机械化程度越高。这是因为土地的产出是有限的，通过提高劳动生产率，向非农产业转移农业劳力，方能使依靠土地的农民收入增加。农业机械化是农业生产稳定和劳动力转移的重要保证，没有农业机械化就不可能实现农村劳动力的转移。然而，我国人均耕地少，户营规模小，这种情况与使用机械作业形成矛盾，因此必须通过适当的农业机械化组织形式实现我国特色的农业机械化。

为了缓解矛盾，不少地区摸索出“统一耕作，分散管理”“机器村营，土地户营，双层经营，代耕服务”，以及经济发达城市郊区组织的“乡村集体农场”“农业车间”“专业承包”等多种模式，实行规模经营。对有些专业性很强的作业，如收获作业，农机部门还组织了跨地区的流动作业，每年出动成千上万台联合收获机跨省作业，利用作物成熟的时差，延长收获机作业时间，取得了良好的生产效益和经济效益。

预计未来的农业机械化经营模式，将不是如世界上许多国家那样的家庭农场为主的模式，而是以乡村集体农场和专业代耕、专业播种、专业收获为主的模式，以达到机械化作业需求的规模。由于提高复种指数和抢农时的要求，以及机器集体经营、多机组同时作业条件的存在，我国一年多熟的地区在耕作方法上出现了与国外普遍采用的“分段作业法”不同的“流水作业法”，并导致了在机器作业系统理论、方法和模型上与国外的重大区别。

二、我国农业机械化发展要求

改革开放30多年来，我国农业机械化产业适应农村经济体制的深刻变化，在改革中前进，在创新中发展，探索出一条以“农民为主，政府扶持，市场引导，社会服务，共同利用，提高效益”为主要特征的中国特色农业机械化发展道路。

我国地域辽阔，土地、气候类型多种多样，广大地区人口稠密，人均耕地仅为世界人均耕地的27%，人均地表水资源2 700 m^3，不足世界人均的1/4。随着人口的增加，土地和水资源不足的矛盾还将加剧。土地相对稀缺，农村劳动力过剩，田块小、分散经营、生产规模小，难以实现专业化、规模化生产；农村人均投入水平较低、地域间差别大等，都是不利于农业机械化发展的因素，决定了我国的农业机械化道路将有别于其他国家。我国的农业机械化发展完全效仿国外的发展模式的条件并不具备，依葫芦画瓢也许只会事倍功半。

我国有长期的农耕历史，几千年精耕细作的传统，积累了丰富的农艺经验，农业生产达到了较高的水平。这种建立在人、畜力基础上的传统农业，劳动生产率低，农民收入微薄，抵御自然灾害能力弱，不利于推广新技术，不能适应国家工业化发展和人民生活水平提高的要求。传统农业需要技术改造，需要实现机械化。但是，面对广阔的国土和复杂的自然条件，大量劳力需要转移，要克服土地细碎的格局，难度大，进展将很慢，这些都将在不同程度上影响我国农业机械化的发展。

中国农业机械化的发展，要针对中国的实际情况，制定具有中国特色的农机化发展道路。总体来讲，要做到七个坚持，即坚持以科学发展观统领农业机械化工作全局；坚持服务“三农”的根本宗旨；坚持“因地制宜、经济有效、保障安全、保护环境”的发展原则；坚持重点突破、协调推进的发展战略；坚持不断推动科技创新和普及应用；坚持大力推进农机社会化服务；坚持依法推进、依法监管。具体做法上应注意以下几点：

（1）因地制宜，分类指导。坚持以市场为导向，根据各地自然、经济等条件，有选择地发展具有各自特色的农业机械化。经济条件较好的地区，着力发展大中型农业机械，如大中型拖拉机、高性能水稻插秧机、自走式稻麦联合收割机等，优化农机装备结构；经济条件较差的山区和丘陵地区，着力发展适宜的中小型农业机械；油菜、薯类及烤烟集中种植区，着力发展经济作物生产机械；养殖业发达地区，大力发展养殖业机械等。

（2）提高土地产出率和劳动生产率。我国人多地少，农产品特别是粮食的供给紧张，提高农业单产至关重要。机械化必须在保证土地产出率的前提下，提高劳动生产率。因此我国发展农业机械化与世界上许多国家发展农业机械化的目标不同，必须要在保证提高土地产出率的前提下，提高劳动生产率，从而才能保证国家粮食安全和进一步增加农民收入。

（3）发展服务型农业机械作业模式。该模式应符合市场经济规律要求，遵照我国资源的现实状况，使农机使用者获取相应的经济回报的同时，又能在整体规模上支撑我国农业的持续、稳定发展。从目前农村实际看，由于作业面积限制，农机的自买自用成本要高于“代耕”，而租用农机还不现实，农机租赁市场发育水平远未达到理想的程度。因此，我国农机化经营形式与世界上许多农业机械化发达国家不同，主要是双层经营形式，即农户承包经营土地、乡村农机站或农机专业户等经营农业机械，为农户提供有偿的机械作业服务。为此，各级农机管理部门，应承担农户与农机户之间的桥梁作用，建立专业化经营、社会化服务的农机经营服务作业方式，有效地协调小地块与大机器、小农经营与大生产之间的矛盾，推进农机化服务产业化，解决一家一户想办而办不好的事情，提高机械作业效率，促进农业机械化的发展。

（4）推进农机服务产业化。就是根据社会主义市场经济发展的要求，以市场为导向，以提高经济效益为中心，以资源开发为基础，对农业机械的科研、开发、推广、销售、培训、维修等实行一体化经营，实现对农业机械要素多层次、多形式、多元化的优化配合目标；实现小生产与大市场的对接，按照市场需求调整和优化产业结构，改造传统产业，实现农机作业转化增值，促进农机作业效益大幅度提高和农村社会主义市场经济的持续、健康发展。可以说，我国的农业机械化将逐渐脱离狭义机械化的概念，向更深、更广的含义发展，农业机械化已从简单的农业机械生产过程，拓展到更广泛的农村经济、文化与现代化的组织管理，以及农业机具的生产、销售、培训与服务，形成一个以市场为引导的特色农机化产业。

（5）走资源节约、环境友好型农机化发展道路。我国是一个人口众多、资源相对不足、生态先天脆弱的发展中国家。多年来，通过大力实施以节水、节肥、节药、节种、节油即

“五节”为主要内容的农机化节本增效技术，有力地推动了农业资源的有效保护和合理利用，节约了资源。随着建设节约型社会的不断深入，需要进一步节约水资源和农业生产资料，降低农业生产成本。大力推广应用节能型耕作、播种、施肥、植保、收获及运输的农业机械，积极推广机械化秸秆还田、秸秆青贮、秸秆饲料加工等技术，发展秸秆经济，综合利用资源，推动生态环境的保护和农业农村循环经济的发展，推动我国农业机械化尽快走上科技含量高、经济效益好、资源消耗低、环境污染少的发展道路，促进节约型农业的迅速发展。同时，通过改进农业机械性能，鼓励农民使用高性能节能机械作业，减少不必要的资源浪费，不断提高农机化节能水平。

第五节　农业机械基本知识

一、农业机械特点

农业机械远不同于其他机械，其工作对象多种多样且多数是具有生命的动植物，工作过程中不能有损伤；同时，农业机械的工作环境十分复杂，要求其具有良好的适应性。农业机械特点可归纳如下：

（1）农业机械的工作对象如种子、作物、土壤、肥料、农药等物料的物理机械性能比较复杂，作业质量和效果又直接影响作物的收成；农业生产的周期较长，每个作业环节的失误将造成不可挽回的损失。因此，农业机械首先必须具有良好的工作性能，能适应各种物料的特性，满足各项作业的农业技术要求，保证农业增产增收。农业机械必须和农艺紧密结合，并随农艺的发展而发展。

（2）农业生产过程包括许多不同的作业环节，同时各地自然条件、作物种类和种植制度等存在较大差异，这就决定了农业机械的多样性和区域性。农业机械必须因地制宜，能满足不同地区、不同作物和不同作业的要求，有很好的适应性。

（3）农业生产季节性强，有些作业的季节很短，有的甚至只有几天的时间，因而农业机械的使用也具有很强的季节性，必须工作可靠，有较高的生产率，并能适应作业季节的气候条件。

（4）农业机械大多在野外工作，工作环境和条件较差，因而农业机械应具有较高的强度和刚度，有较好的耐磨、防腐、抗振等性能，有良好的操纵性能，有必要的安全防护设施。

（5）农业机械的使用对象是农民，不像工人那样有较细的专业分工和固定的岗位，而是要在农业生产的不同环节，使用各种不同的机械进行各种不同的作业，因而农业机械的使用维护应尽可能简单方便。

（6）农业机械面广量大，农机产品必须经济实用，并尽量提高综合利用程度。农业机械的发展必须与农村经济发展、农业经营规模以及农村科学技术水平和使用管理水平相适应，必须在提高经济效益的前提下，有选择地逐步发展。

二、农业机械种类和型号

农业机械种类繁多，可分为动力机械与作业机械（农机具）。动力机械包括柴油机、汽油机、拖拉机、汽车、农用运输车、电动机、风力机等；作业机械包括土壤耕作机械，种植与施肥机械（含育苗移栽机械），田间管理和植物保护机械，收获、脱粒与清选机械，谷物干燥与种子加工机械，农田排灌机械，农产品加工机械，畜牧机械，水产养殖机械，园艺与园林机械等。

根据我国《农机具产品编号规则》标准的规定，农机具定型产品除了有牌号和名称外，还应按统一的方法确定型号。农机产品型号由三部分组成，用符号和数字表示，分别反映产品的类别、特征和主参数。

1. 类别代号 由用数字表示的分类号和用字母表示的组别号组成。分类号共 10 个，用阿拉伯数字表示，分别代表 10 类不同的机具（表 0-7）。组别号则用产品基本名称汉语拼音的第一个字母表示，如犁用“L”、播种机用“B”、收割机用“G”等。

表 0-7 农业机具分类号

机具类别名称	分类号	机具类别名称	分类号
耕耘和整地机械	1	农副产品加工机械	6
种植和施肥机械	2	装卸运输机械	7
田间管理和植物保护机械	3	排灌机械	8
收获机械	4	畜牧机械	9
谷物脱粒、清选和烘干机械	5	其他机械	[0]

注：属于其他机械类的农机具在编制型号时不标出。

2. 特征代号 用产品特征汉语拼音的一个主要字母表示，如牵引用“J”，半悬挂用“B”，液压用“Y”，联合用“L”，通用用“T”，排肥用“F”等。

3. 主要参数 主要参数用产品的主要结构或性能参数表示，如犁用铧数和每个犁体耕幅的厘米数表示，收割机一般用割幅的米数表示，脱粒机一般用滚筒长度的毫米数表示等。

例如重型四铧犁：

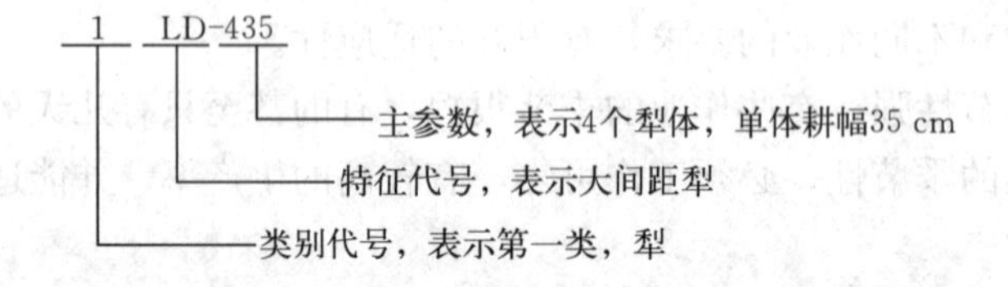

三、农机效率与消耗指标

农业机械化生产作业的基本单元是机组，它是由动力机械、作业机械和操作人员组成的。如何衡量机组的生产能力、作业性能和工作效果，是选择、购买和使用农业机械的现实问题。评价机组的主要工作指标有机组生产率、单位工作量燃油消耗、单位工作量的劳动力消耗和作业成本等。机组工作指标是表明机组在保证作业质量和安全生产的基础上达到的工作效果和经济效果。

1. 机组生产率 机组生产率是合理运用农业机械，使其发挥作用的一个重要指标。机组在单位时间（小时、班、日、季节）内，按一定质量标准完成的工作量（公顷、吨等）称为机组的生产率。研究机组生产率指标，首先涉及如何选择“时间”和“工作量”的计量单位问题。“时间”一般以小时、班或日为计量单位，如小时生产率、每班生产率等，目前多使用小时生产率。工作量主要使用公顷、千克、吨和吨千米等，由于作业种类繁多不一，可将各种作业量折合成“标准公顷”来进行分析研究。研究机组生产率的目的是通过对生产率各组成因素的分析，获得从组织上和技术上不断提高生产率的途径。

2. 燃油消耗率 机组作业中实际消耗的燃油量是表明机组作业经济性的重要指标，通常用完成单位工作量消耗的燃油来表示，即燃油消耗率。

3. 单位工作量的劳动消耗 在农业生产过程中，人力劳动消耗量是表明机械化水平和劳动生产率的一个重要指标，也是构成机械化作业成本的要素之一。减少机组劳动消耗的途径，在于减少机组的工作人员和提高机组生产率。有些发达国家以提高农业劳动生产率、减少农业劳动力为目标，因而发展大功率的拖拉机，进行宽幅作业和复式作业。

四、农机作业成本指标

机组运用的经济效果是农业机械化经济效益核心内容，其中一个重要因素是机组的作业成本。为了降低农产品的生产成本，增加农民收入，加速农业机械化的进程，必须争取降低机组的作业成本。

机组作业成本是指完成单位工作量所花费的费用，其包括直接费用和间接费用。直接费用是与机组工作直接发生关系的各项支出，包括机组生产人员的工资，燃油及润滑油等材料消耗费、机器的折旧费、机器的维修与保养费等。间接费用是和机组工作不直接发生关系的费用，包括管理人员的工资、管理费等。由于间接费用不能准确地反映机组运用的水平，一般都以直接费用作为机组工作成本来分析机组运用的效果。

为了比较不同机组的工作成本，以机组工作的单位成本为计算、研究目标，即机组完成单位工作量所花费的直接费用的总和。

机组折旧费是机器原值和报废前全部大修费用分摊于机组单位工作量上的数额。计算方法是以机器及其大修费乘以每年折旧的百分数，再除以机组的年生产率。机组单位工作量的折旧费为拖拉机和农机具的折旧费之和。

日常维修和保养费用可按计算数值计算，到年终再按实际支出数予以调整。材料消耗费用包括燃油、润滑油及其他各种用品的费用。

机组作业成本构成因素之中，机组直接人员的工资及机器的折旧费用可以看作固定成本，其变化不大。但材料消耗费，特别是油料的消耗，以及日常维修费是随着机组工作量的变化而变化的。所以，为了降低机组的单位工作量成本，必须改善机器的利用，加强技术保养，提高机组的生产率，使机器处于良好的技术状态，降低油料消耗和杜绝各种浪费。

五、农机作业质量指标

提高农业生产的单位产品产量是提高劳动生产率的重要前提，特别是在人多地少、农业资源不足的我国，更具有重要的意义。农业机械的作业质量好坏是影响单产高低的重要因素之一，也是检查农机作业完成效果的重要依据之一。

由于农业机械的机组种类繁多，农机作业的质量指标也随着作业种类和加工对象而不同，按其性质可归纳为两类，即普遍性指标和特殊性指标。

（1）普遍性指标。这类指标有农机作业的适时性，如耕地、播种、灌溉、植保作业的适时性等；农机作业的重漏率，如漏耕与重耕、漏播与重播、漏灌等。

（2）特殊性指标。这类指标是针对具体作业的质量指标，如耕深、播量及播种均匀度、插秧机的伤秧率和插秧深度、联合收获机的总损失率、打药机的喷药量等。

上述质量指标是根据农业技术要求、考虑机械可能实现的情况制定的。随着我国农业生产和农机技术的发展，农机作业的质量指标越来越完善，越来越高。

六、农业机械使用与维护

农业机械不断发挥作用的同时，其自身使用价值也逐渐消耗，即以折旧的形式投入于农业生产中。如何使其保持良好技术状态，延长使用寿命，更好地发挥其功能，提高农业机械使用效果，关键在于对农业机械的正确使用和维护。

农业机械技术状态随使用时间的增加而逐渐恶化，出现各种症状，例如，拖拉机技术状态恶化表现为发动机功率下降、燃油和润滑油消耗量增加、操作性能变坏、工作可靠性下降等；农业机械技术状态恶化主要表现在工作质量降低、能量消耗增加、工作可靠性下降等。

农业机械正常使用情况下技术状态恶化的主要原因：零件机械摩擦、热蚀损、化学蚀损；零部件结构尺寸、形状和表面质量发生变化，造成配合件间隙增大，正确的调整关系破坏，甚至不能正常工作；由于各运动零件不断受到交变载荷、振动和应力集中的作用，造成零件表层小块剥落或断裂；工作中受震动和冲击，使固定件和连接件松动，造成零部件工作失常；发动机在工作中所用燃油、润滑油、水、空气等不清洁，导致早期磨损、堵塞等；机器在使用和保管期间，金属件受到锈蚀；零件受化肥、农药、燃料、润滑油中酸或碱腐蚀；木质件的变形以及橡胶和塑料件老化等。

造成机器技术状态恶化的原因中，机器零件特别是运动零件磨损和蚀损是造成整台机器不能正常工作的主要原因。因此，为延长机器使用寿命，使机器经常保持良好的技术状态，防止出现故障和事故，根据零件的磨损和蚀损规律以及导致机器技术状态恶化的原因，制定出一整套有计划，以预防产生故障和减缓技术状态恶化速度为主的技术措施极其重要。这些措施主要包括正确的试运转（也称磨合）、技术保养、使用和操作、科学保管、技术诊断和有计划的修理等。

（一）机械的试运转

新机械和大修后或更换主要动配合件的机器，在正式使用前必须按一定加载程序和时间程序运行，同时进行检查、调整和保养，这一系列工作称为试运转。试运转有以下目的：

（1）磨合经过机械加工的零件表面。无论加工精度多高，总留有不同程度的刀痕和微量的凹凸不平，也会存在几何形状上的缺陷。这样的零件互相配合运动时，仅仅凸起部分直接接触，如果立即承受较大的负荷，必将造成局部过载。当配合件的凹凸面相互嵌入时会将润滑油挤出，使零件在润滑不良的条件下工作。其后果是过载部分的表面将被破坏，温度升高，整个摩擦表面也要产生拉伤、划痕、熔接等损坏现象。试运转的目的之一就是在机器投入工作之前，在良好的润滑和冷却条件下，采取逐步增加机器的运转速度和负荷的方法，将零件表面的不平度逐渐磨平和几何形状上的缺陷逐渐得到修正，最后使零件得到一个比较理想的工作表面，以保持良好的润滑，能承受全负荷工作。

（2）紧固和调整零部件。新的机器或大修后的机器各部零件虽已紧固和调整，但一经负荷和振动，可能产生连接件松动和失去正确的配合关系。因此，通过试运转，对这些零件重新加以紧固或调整。

（3）及时排除发现的故障。在机器试运转过程中，由于机器负荷和速度逐渐增大，有些问题逐渐暴露出来，通过试运转对机器技术状态进行细致检查，能够及时发现和排除机器在制造、修理和安装过程中存在的一些缺陷，以及运送过程中遭到的损伤。

每一种机器或部件都有自己的试运转规程，一般由制造厂制定并写在随机说明书中。

（二）机械的技术保养

经过试运转以后，农业机械已具备了使用条件并可应用于农业生产。农业机械在使用过程中，其技术状态将受运转中的高温、振动及各运动部件的摩擦等因素的影响而逐渐恶化。为了预防机器早期磨损和发生故障，并保证机器经常处于良好的技术状态和延长使用寿命，在使用过程中强制性地对农业机器各部分定期进行清洁、润滑、补给、紧固、检查、调整、更换和修理等维护措施，这些通称为农业机器的技术保养。

1. 拖拉机技术保养　拖拉机技术保养分为班保养和定期保养两种。班保养在每班工作开始或结束时进行。定期保养是每隔一定工作时间以后进行。由于各种零部件需要保养的频率不同，大部分国产大、中型拖拉机的定期保养分为一号、二号、三号和四号保养，加上班保养称为“五级”四号保养制度。两次同号保养的时间间隔称为该号保养的周期。各号技术保养内容和操作方法均列在《技术保养规程》中，每种型号拖拉机都有自己的技术保养操作规程并写在说明书上。

2. 农机具的技术保养　农机具和拖拉机一样，在作业期间要作每班保养，有一些机器还要进行定期保养。农机具每班保养的主要内容是：清除污垢、灰尘和泥土；检查机器工作部分的状态和安装情况；检查紧固情况；按照说明书规定的润滑点进行润滑。这样，可以及时发现和排除机器的毛病，预防在作业时间内发生故障。每班保养是提高机组生产率的关键之一。

一般结构简单，一年之内连续作业时间短的农机具如耙、镇压器、播种机和中耕机等，除每班保养外，没有定期保养这项内容。犁由于工作繁重，连续使用时间较长，所以，每阶段工作完毕后，即应进行全面的技术状态检查，更换和修复磨损或变形的零部件。自备发动机的联合收获机，特别是自走式联合收获机，由于机构较复杂，规定有定期保养，这些保养工作都在收获一定面积后按说明书规定进行。

复习思考题

1. 如何理解农业机械化、农业机械的概念？
2. 简要论述我国农业机械化的作用和意义。
3. 农业机械怎样分类？举例说明几种主要类型的农业机械。
4. 何谓农业机械化水平？如何区分作业机械化水平和作物生产机械化水平？
5. 从农业机械化评价指标中选出几个重要的指标。
6. 简要论述我国农业机械化的特点。

第一篇

农用动力机械

用于农业生产和农机具上的动力机械称为农用动力机械，它是农业机械的重要组成部分，为各种作业机具提供动力。农用动力机械种类很多，最常用的农用动力机械有内燃机、拖拉机和电动机。

第一章 内 燃 机

内燃机是现代农业生产广泛应用的动力机械之一，与其配套的作业机械一起可进行固定式作业和移动式作业。前者是指由内燃机直接驱动各作业机械进行固定式作业，如用于排灌、脱粒、发电、农副产品加工等固定作业；后者是指由其构成的拖拉机或各种自走式机械进行作业，如用于耕整、播栽、中耕、喷雾、施肥、收获等田间移动作业。同时，还承担着农田基本建设中的挖掘、推土、铲运、平整、开沟和农用运输等工作。

第一节 内燃机种类及工作原理

一、内燃机种类

内燃机是利用燃料在气缸内燃烧时产生的热能，并把热能转化为机械能的一种动力机械。

内燃机的结构形式很多，可按下列方法分类。

（1）按使用燃料不同可分为柴油机、汽油机、煤油机和煤气机等。

（2）按完成一个工作循环活塞往复的行程数可分为四行程内燃机和二行程内燃机。

（3）按冷却方式可分为水冷和风冷。

（4）按发动机气缸数可分为单缸和多缸。

（5）按进气方式可分为增压式和非增压式。

（6）按气缸排列形式可分为直列式、卧式和V形等。

为了便于内燃机的生产管理和使用，每种内燃机都有各自的型号标记，一般由阿拉伯数字和汉语拼音字母组成，其表示方法如下：

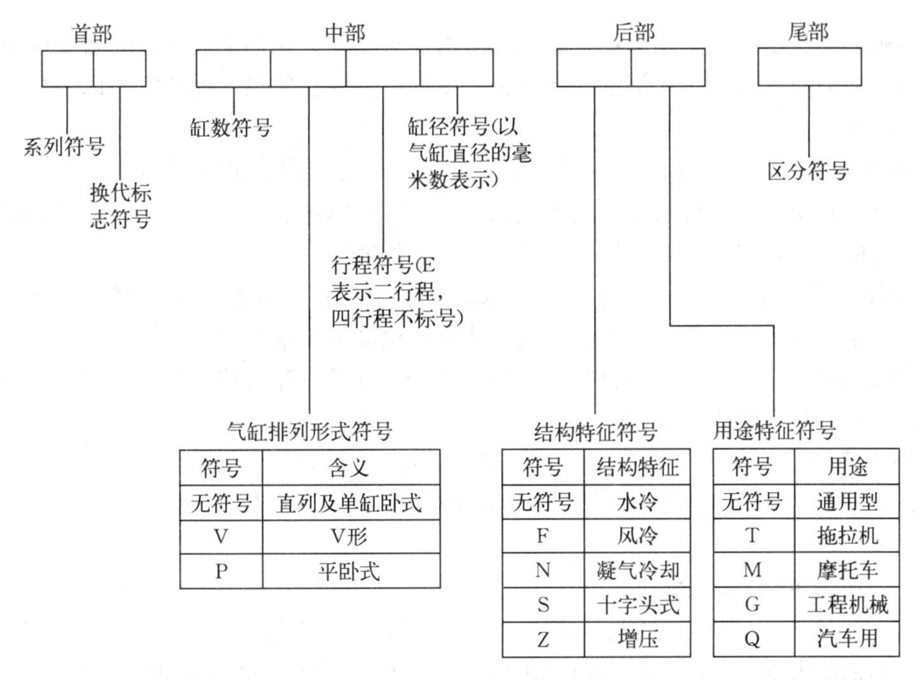

符号	含义
无符号	直列及单缸卧式
V	V形
P	平卧式

符号	结构特征
无符号	水冷
F	风冷
N	凝气冷却
S	十字头式
Z	增压

符号	用途
无符号	通用型
T	拖拉机
M	摩托车
G	工程机械
Q	汽车用

例如，165F 表示单缸、四行程、缸径 65 mm、风冷式柴油机，1E40F 表示单缸、二行程、缸径 40 mm、风冷式汽油机，X4105 表示四缸、四行程、缸径 105 mm、水冷式柴油机（这里 X 表示系列代号），12V135ZG 表示 12 缸、V 形排列、四行程、缸径 135 mm、水冷、增压、工程机械用柴油机。

二、内燃机总体构成与原理

（一）内燃机的总体构成

尽管内燃机的类型和结构形式不尽相同，但其基本构造和原理相同。为保证内燃机连续进行工作循环、实现能量转换，并使其能持续地正常工作，根据各组成部分的作用不同，内燃机总体构成包括机体组件与曲柄连杆机构、换气系统、燃油供给系统、润滑系统、冷却系统、启动系统、点火系统（汽油机）。

1. 机体组件与曲柄连杆机构　机体组件包括气缸体、气缸盖、气缸套、油底壳等。机体组件是内燃机的骨架，所有运动部件和系统都支承和安装在它上面。曲柄连杆机构主要由活塞、连杆、曲轴及飞轮等组成，其功用是将活塞的往复运动转变为曲轴的旋转运动，并将作用在活塞顶部的燃气压力转变为曲轴的转矩输出。

2. 换气系统　换气系统由空气滤清器、进排气管道、配气机构、消音灭火器等组成。其功用是定时开启和关闭进、排气门，实现气缸的换气；过滤空气中的杂质，保证进气清洁；降低排气噪声。

3. 燃油供给系统　根据内燃机所用燃料不同，燃油供给系统分为柴油机燃油供给系统和汽油机燃油供给系统。

柴油机燃油供给系统由燃油箱、燃油滤清器、输油泵、喷油泵、喷油器等组成。其功用是定时、定量、定压地向燃烧室内喷入雾化柴油，并创造良好的燃烧条件，满足燃烧过程的需要。

汽油机燃油供给系统由燃油箱、燃油滤清器、汽油泵、化油器或汽油喷射系统组成。其功用是将汽油与空气按一定比例混合成各种浓度的可燃混合气供入燃烧室，以满足汽油机各种工况下的要求。

4. 润滑系统 润滑系统由集滤器、机油泵、机油滤清器、机油散热器、油道、机油压力表等组成。其功用是将机油压送到内燃机各运动件的摩擦表面，以减少运动件的摩擦和磨损，带走摩擦热量，清洗表面磨屑，密封和防止零件锈蚀。

5. 冷却系统 冷却系统由散热器、水泵、风扇、水套、节温器和温度表等组成。冷却系统的功用是冷却受热机件，保证内燃机在适宜的温度下正常工作。

6. 启动系统 启动系统由蓄电池、启动机、启动开关等组成。其功用是启动内燃机，使内燃机由静止状态转入稳定运转状态。

7. 点火系统 汽油机设有点火系统，它由蓄电池、发电机、调节器、分电器、点火线圈、火花塞等组成。点火系统的功用是定时产生电火花，点燃混合气。柴油机没有点火系统。

（二）内燃机的工作原理

图 1-1 所示为内燃机结构与原理示意图。活塞在圆筒形气缸内做上下往复运动，并通过连杆与曲轴相连。活塞顶部离曲轴中心最远处，即活塞最高位置，称为上止点。活塞顶部离曲轴中心最近处，即活塞最低位置，称为下止点。上、下止点之间的距离 S 称为活塞行程，曲轴与连杆下端的连接中心至曲轴中心的距离 R 称为曲柄半径，活塞行程 S 等于曲柄半径 R 的 2 倍。

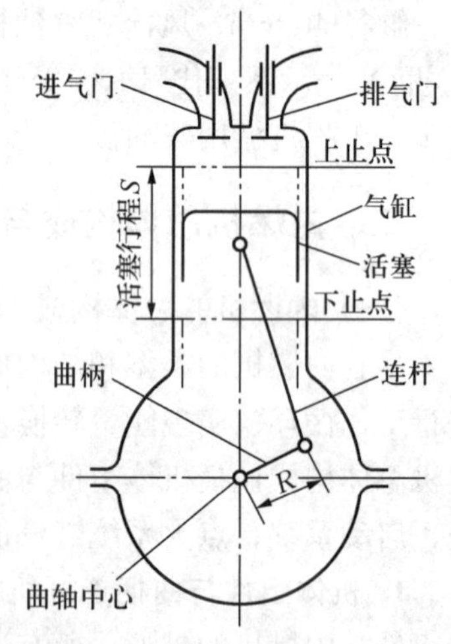

图 1-1 内燃机发动机结构与原理简图

活塞从上止点到下止点所扫过的容积称为气缸工作容积或气缸排量，用 V_w 表示。多缸发动机各气缸工作容积的总和称为发动机工作容积或发动机排量，用 V_L 表示。活塞在下止点时，其顶部以上的容积称为气缸总容积，用 V_a 表示。活塞在上止点时，其顶部以上的容积称为燃烧室容积，用 V_c 表示。压缩前气缸中气体的最大容积与压缩后的最小容积之比称为压缩比，用 ε 表示。则

$$\varepsilon=\frac{V_a}{V_c}$$

压缩比表示气体在气缸中被压缩的程度。压缩比越大，表示气体在气缸中被压缩得越厉害，压缩终了时气体的温度和压力就越高。柴油机的压缩比一般为 16～20；汽油机的压缩比一般为 6～11。

内燃机工作时要经历进气、压缩、做功、排气四个过程。每完成这四个过程一次叫一个工作循环。四行程内燃机曲轴需旋转两周、活塞经过四个行程才能完成一个工作循环。图 1-2 所示为单缸四行程柴油机的工作过程。

1. 进气行程 曲轴旋转第一个半周，经连杆带动活塞从上止点向下止点运动，使气缸内产生真空吸力。此时进气门打开、排气门关闭，新鲜空气被吸入气缸，进气终了时，进气门关闭（图 1-2a）。

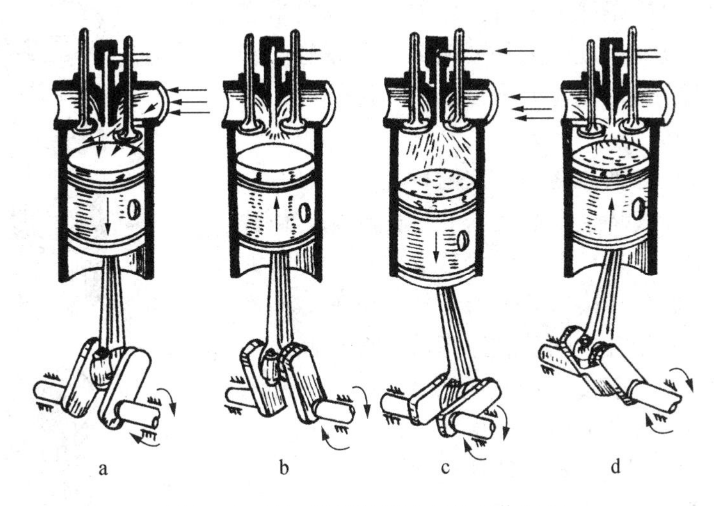

图 1-2　单缸四行程柴油机的工作过程

a. 进气行程　b. 压缩行程　c. 做功行程　d. 排气行程

2. 压缩行程　曲轴旋转第二个半周，经连杆带动活塞从下止点向上止点运动，此时进、排气门都关闭，气缸内气体受到压缩。压缩终了时，气缸内的温度和压力远远大于进气终了时的温度和压力（图 1-2b）。

3. 做功行程　在压缩行程临近终了、活塞在上止点前 10°～35°曲轴转角时，喷油器将高压柴油以雾状喷入气缸，油雾与被压缩的高温空气相混合而自行着火燃烧。此时进、排气门都关闭，气缸内的温度和压力急剧升高，高温高压气体推动活塞迅速向下运动，通过连杆带动曲轴旋转第三个半周。当活塞到达下止点时，做功行程结束（图 1-2c）。

4. 排气行程　曲轴旋转第四个半周，经连杆带动活塞从下止点向上止点运动。此时排气门打开，进气门关闭，燃烧后的废气随活塞上行被排出气缸之外（图 1-2d）。排气行程结束后，曲轴依靠飞轮转动的惯性仍继续旋转，重复进行上述各过程。

多缸内燃机具有两个以上的气缸，各缸的做功行程以相同的时间间隔交替进行，可使曲轴较均匀地旋转，并可采用较小的飞轮。在拖拉机上普遍采用四缸柴油机，曲轴每转两周，四个气缸按工作顺序轮流做功一次，各缸依次完成一个工作循环。其工作顺序有 1—3—4—2 和 1—2—4—3 两种，其中以 1—3—4—2 居多。

第二节　曲柄连杆机构与机体零件

一、曲柄连杆机构

曲柄连杆机构主要由活塞组、连杆组、曲轴飞轮组等组成。其功用是将燃料燃烧时放出的热能转换为机械能。

1. 活塞组　活塞组包括活塞、活塞环和活塞销（图 1-3）。

活塞是一个圆筒形部件，安装在气缸内，它的顶部与气缸、气缸盖共同组成燃烧室，周期性地承受气缸内燃烧气体的压力并通过活塞销将力传递给连杆，以推动曲轴旋转。活塞是在高温、高压、高速的条件下进行工作的，所以要求它必须具有足够的强度和刚度，另外要耐磨，质量轻，密封性好。一般由铝合金制成，分为顶部、防漏部和裙部三个部分（图1-4）。

活塞环包括气环和油环两种。这两种环都是具有一定弹性的开口圆环。气环主要起密封和传热作用，而油环主要起布油和刮油作用。为使活塞环受热后有膨胀的余地，当装入气缸后，在接口处及沿环槽高度的方向都留有一定的间隙，称为开口间隙和边间隙。开口间隙一般为 0.25～0.8 mm，而边间隙则为 0.04～0.15 mm。使用中，当间隙超过规定值后，应更换新的活塞环。一般柴油机有 3～4 道气环、1～2 道油环。安装时，各环的开口应互相错开，并应避开活塞销座孔的位置，以提高密封性。

活塞销的作用是连接活塞和连杆小头，并将活塞承受的气体压力传给连杆。在柴油机上普遍采用“浮式”安装方法，即活塞销在销座孔和连杆小头铜套内均可转动，仅在两端活塞销座孔处有弹性卡簧，以防止活塞销轴向窜动。

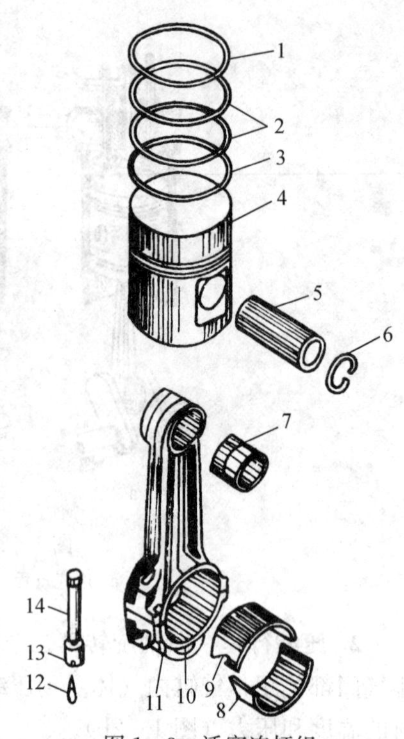

图 1-3 活塞连杆组

1、2. 气环 3. 油环 4. 活塞 5. 活塞销 6. 活塞销挡圈 7. 连杆小头衬套 8、9. 连杆轴瓦 10. 连杆盖 11. 连杆体 12. 开口销 13. 连杆螺母 14. 连杆螺栓

2. 连杆组 连杆组包括连杆、连杆螺栓和连杆轴承（图 1-3）。连杆组的功用是连接活塞和曲轴，将活塞承受的力传给曲轴，并将活塞的往复运动变为曲轴的旋转运动。

连杆主要由连杆小头、杆身和连杆大头三部分组成。连杆小头孔内压有耐磨的青铜衬套，套内开有润滑用的油孔和油道，以保证活塞销与衬套之间的润滑。杆身制成工字形断面以增加强度。其内部有油道，能将连杆大头内的润滑油引至小头润滑。为便于安装，连杆大头一般做成可分开的，用连杆螺栓加以固定。为减少曲轴的磨损，在连杆大头内装有连杆轴瓦。与连杆大头一样，连杆瓦也分成两半，安装时靠其定位唇卡在大头相应位置的凹槽中，以防止工作中连杆轴承转动或轴向移动。靠油道将润滑油压送到它的工作表面进行润滑。

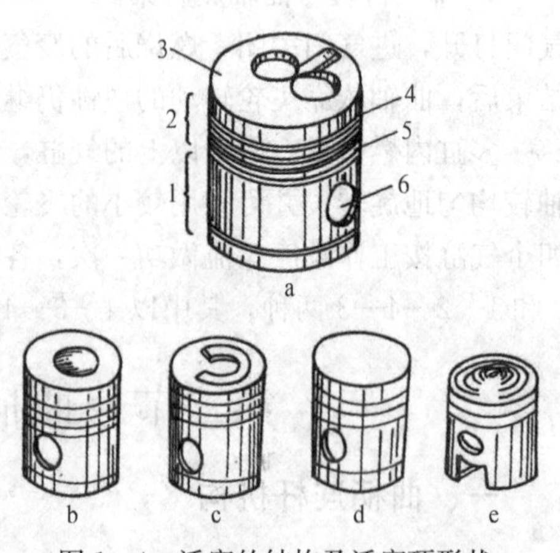

图 1-4 活塞的结构及活塞顶形状

a、b、c. 凹顶 d. 平顶 e. 凸顶
1. 裙部 2. 防漏部 3. 顶部 4. 气环槽 5. 油环槽 6. 活塞销孔

3. 曲轴飞轮组（图 1-5） 曲轴的功用是把活塞的往复运动变为旋转运动，并把连杆传来的切向力转变为扭矩，对外输出功率和驱动各辅助系统。

曲轴可分为主轴颈、曲柄销、曲柄、曲轴前端和后端五部分。曲轴前端装有正时齿轮、甩油盘、风扇皮带轮和启动爪等零件，后端固定飞轮。主轴颈装在曲轴箱的主轴承里，大多数主轴承采用滑动轴承，由油道输送压力润滑油进行润滑。曲柄销与连杆大端相连接，在曲柄销上有油道与主轴颈的油道相通。曲柄则是主轴颈和曲柄销之间的连接部分。

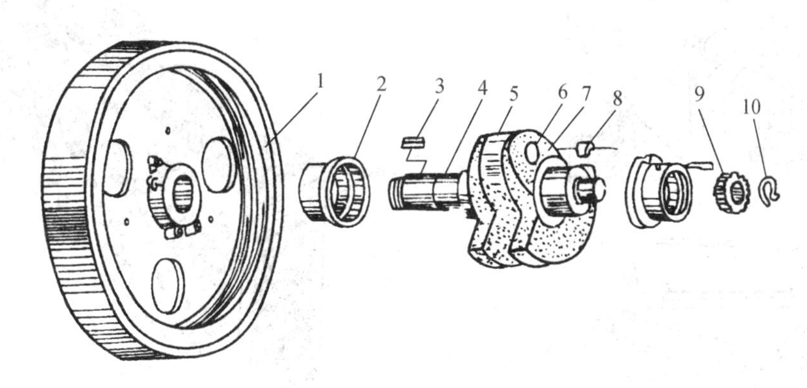

图1－5　单缸柴油机的曲轴飞轮组

1. 飞轮　2. 主轴承　3. 键　4. 主轴颈　5. 曲柄销
6. 离心净化室　7. 曲柄　8. 螺塞　9. 曲轴正时齿轮　10. 挡圈

飞轮的功用是储存和释放能量，带动曲柄连杆机构越过上、下止点以完成辅助行程，使曲轴旋转均匀，此外还能帮助曲轴克服短时间的超负荷。

飞轮是一个铸铁圆盘，用螺栓固定在曲轴后端的接盘上。由于飞轮上刻有表示活塞在气缸中特定位置的记号，所以曲轴和飞轮的连接必须严格定位，一般都采用定位销，也有采用将两个飞轮螺栓颈部滚花或加工成不对称的螺孔进行定位。飞轮的边缘上一般都镶有齿圈，以便在启动时由启动机小齿轮带动旋转。

二、机体组件

机体组件主要包括机体、气缸套、气缸盖及气缸垫等。

机体组件为内燃机的骨架，在其内外安装着内燃机所有主要的零部件和附件（图1－6）。

机体组件承受着燃烧气体的压力、往复运动惯性力、旋转运动惯性力、螺栓预紧力等，受力情况十分复杂。要求其应有足够的强度和刚度，以保证各主要运动件之间正确的安装位置。

气缸套是燃烧室的组成部分，活塞在其间做往复运动。气缸以气缸套的形式与气缸体分开，其目的是降低气缸体成本，而且缸套磨损后可以更换，不必将整个气缸体报废。根据气缸套外表面是否直接与冷却水接触，可将其分为湿式和干式两种。

气缸盖用以密封气缸，构成燃烧室。缸盖上安装喷油器（柴油机）或火花塞（汽油机）、进排气门以及布置进排气道和冷却水通道。气缸盖结构形状非常复杂，温度分布很不均匀，要求缸盖应具有足够的强度和刚度，冷却可靠，进、排气道的流通阻力要小（图1－7）。气缸垫多采用金属-石棉缸垫，安装在缸盖与气缸体之间，其功用是保证气缸盖与气缸体接触面的密封，防止漏水、漏气。

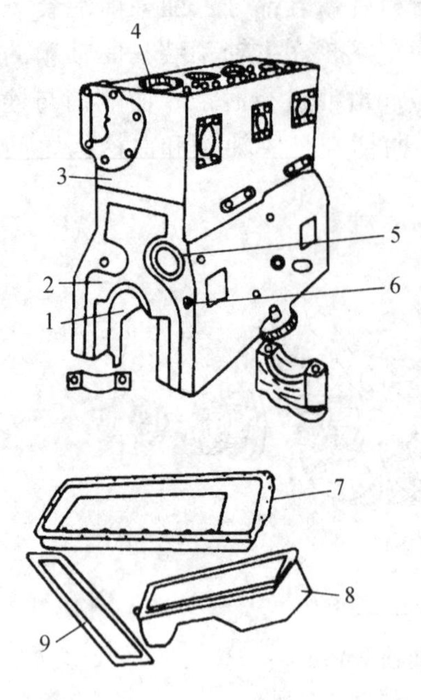

图1-6 机体组件

1. 主轴承座 2. 上曲轴箱 3. 气缸体
4. 气缸套安装孔 5. 凸轮轴轴孔 6. 主油道
7. 安装座 8. 油底壳 9. 气缸垫

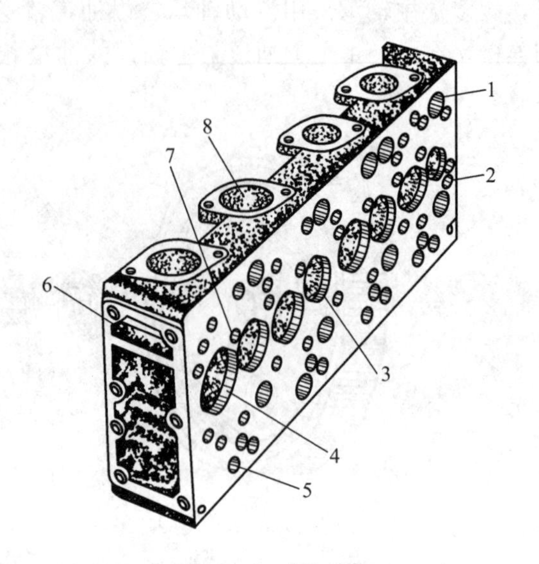

图1-7 气缸盖

1. 挺柱孔 2. 缸盖螺栓孔 3. 排气门座圈孔
4. 进气门座圈孔 5. 冷却水孔 6. 冷却水出水道
7. 喷油器孔 8. 进气道

第三节 换气系统

一、换气系统的功用与组成

换气系统的功用是按照内燃机的工作循环，准时地供给新鲜空气（柴油机）或可燃混合气（汽油机），及时并尽可能彻底地排除废气。换气系统主要由空气滤清器、进气管道、配气机构、排气管道、消声灭火器等组成（图1-8）。

二、换气系统的主要机构与装置

1. 配气机构 配气机构的功用是按照内燃机的工作过程，适时地开启和关闭进、排气门，使内燃机能按时吸入新鲜气体和排除废气。同时，在压缩和做功行程中关闭气门，保证燃烧室的密闭，使内燃机正常工作。

如图1-9所示，顶置式配气机构由气门组和气门传动组两部分组成。气门组包括气门、气门座、气门导管及气门弹簧等；气门传动组包括正时齿轮、凸轮轴、随动柱、推杆及摇臂（侧置式配气机构可省去推杆及摇臂）等。气门在气门导管中运动，在气门弹簧的作用下压紧在气门座上起密封作用。当传动组中凸轮轴上的凸轮向上转动时，

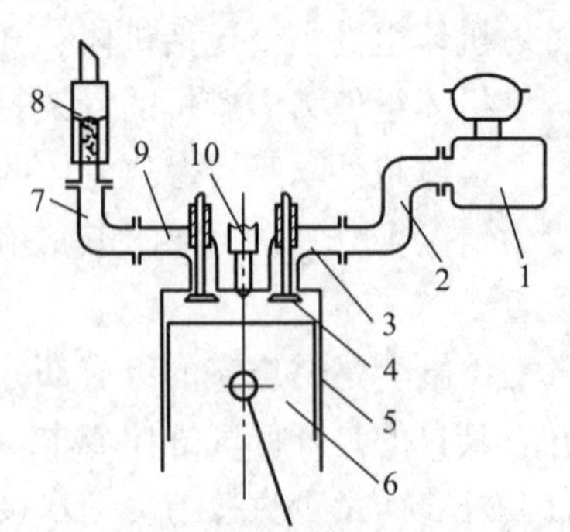

图1-8 换气系统

1. 空气滤清器 2. 进气管
3. 进气歧管 4. 气门式配气机构
5. 气缸 6. 活塞 7. 排气管
8. 消声灭火器 9. 排气歧管
10. 喷油器

就会顶推随动柱，通过推杆、调整螺钉把力传给摇臂，使摇臂转动从而压下气门实现换气过程。

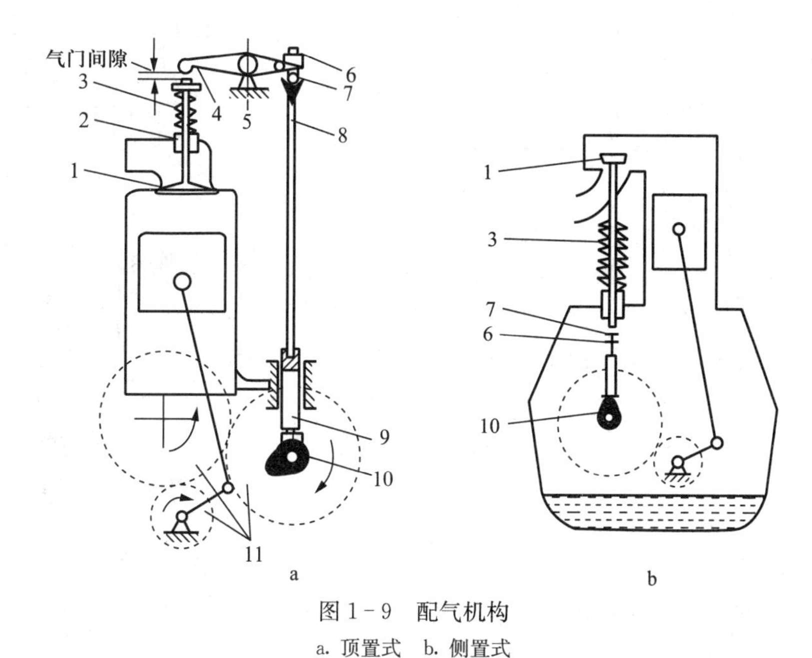

图 1-9　配气机构

a. 顶置式　b. 侧置式

1. 气门　2. 气门导管　3. 气门弹簧　4. 摇臂　5. 摇臂轴　6. 锁紧螺母
7. 调节螺钉　8. 推杆　9. 随动柱　10. 凸轮轴　11. 正时齿轮

在气门完全处于关闭状态时，摇臂端头平面与气门杆尾端平面之间（顶置式配气机构）或调节螺钉端平面与气门杆尾端平面之间（侧置式配气机构）保留一定的间隙，称为气门间隙，防止气门等零件因受热膨胀而在凸轮没有顶动时也把气门顶开而漏气。各种机型的气门间隙值略有不同，一般为 0.1～0.4 mm。在工作中，由于配气机构各零件的磨损、调整螺钉松动等原因，会引起气门间隙发生变化。所以，调整好的气门间隙在使用一段时间后还要重新进行调整。

2. 减压机构　柴油机的压缩比较大，为了在预热、启动和保养时便于转动曲轴，在柴油机上一般都设有减压机构。

减压机构有多种形式，常用的有两种：一是抬升配气机构中的随动柱，使进气门或排气门不受配气凸轮的控制而保持开启状态，如 4125A 型柴油机；二是直接压下摇臂端头，如 4115T 型柴油机。

减压机构的减压值（减压机构起作用时的气门开启高度）应适当，如果过大，会造成气门与活塞相撞；过小则减压效果差。工作中，由于配气机构的磨损，会引起减压值的变化，所以必须定期对减压机构进行检查或调整。减压机构的调整通常是在气门间隙调整后进行。

3. 空气滤清器及消声灭火器　空气滤清器的功用是清除流向气缸中的空气所含的灰尘杂质，以减少气缸、活塞和活塞环等零件的磨损，延长使用寿命，所以对于空气滤清器应具有滤清能力强、流通阻力小、使用时间长等特点。

图 1-10 所示为 4125A 型柴油机上使用的三级过滤湿式滤清器。

内燃机工作时，由于气缸内的真空吸力，空气以高速顺导流板进入，产生高速旋转运动，较大的尘土颗粒被甩向集尘罩上，然后落入集尘杯。经过这种惯性过滤的空气，沿吸气管往下冲击油碗中的油面，并急剧改变方向向上流动，一部分尘土被黏附在油面上。再向上通过溅有机油的金属滤芯2、3，细小的尘土又被黏附在滤芯上。经过这三次过滤后，清洁的空气才进入气缸。

有些柴油机上采用干式滤清器。干式滤清器工作时，首先也是利用惯性将空气中较大的尘粒甩出并沉积在集尘杯内，经过初步过滤的空气再通过用微孔滤纸制成的纸质滤芯，使细小灰尘被阻留在滤芯表面，进入滤芯内腔的清洁空气才能进入气缸。

消声灭火器的功用是减小气缸中燃烧废气排出时的噪声、消除火花。其工作原理是引导废气通过消声灭火器的孔眼，反复改变气流方向，并通过收缩和扩大相结合的流通断面消耗废气的能量，使气流膨胀、减速、降温，从而使噪声减弱、火花消除。

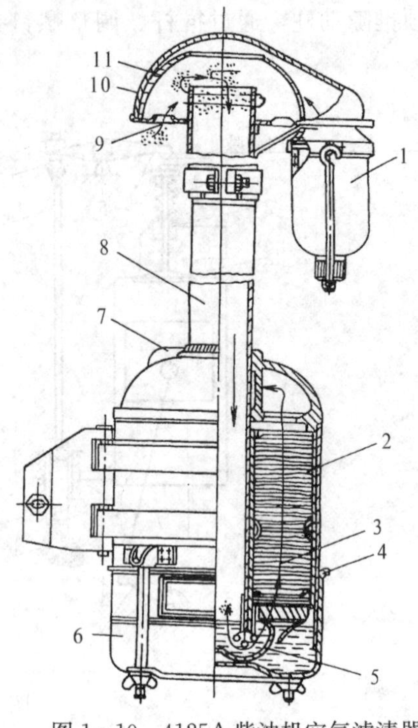

图1-10　4125A柴油机空气滤清器

1. 积尘杯　2. 上滤芯　3. 下滤芯　4. 托盘总成　5. 油碗　6. 底壳　7. 清洁空气出口　8. 吸气管　9. 导流板　10. 外壳　11. 集尘罩

三、内燃机的换气过程

内燃机的每个工作循环结束必须用新鲜空气或可燃混合气重新充入气缸，以取代燃料燃烧后的废气。前一循环的排气过程和后一循环的进气过程互相衔接并有一定重叠，内燃机的进气过程和排气过程统称为换气过程。

换气过程的任务是将气缸内废气尽量排净，使新鲜气体尽量充足气缸。排气愈彻底，进气才能愈充分，有利于以后燃烧过程的进行。因此，换气过程的完善程度，将直接影响发动机的动力性和经济性。

1. 配气相位　为使内燃机进气充足、排气彻底，进、排气门大都提前开启和延迟关闭。即进、排气门并非在活塞运动时的两个极限位置才开启和关闭。进、排气门的实际开闭时刻和延续时间所对应的曲轴转角称为配气相位，如图1-11所示。四行程内燃机排气门的实际开启时间是在做功行程活塞到达下止点前30°～60°，称为排气提前角γ；经过排气行程，当活塞到达上止点后10°～30°排气门才关闭，这个角度称为排气延迟角，用δ表示。进气门的实际开启时间是在排气行程活塞到达上止点前0°～20°，称为进气提前角α；经过进气行程，当活塞到达下止点后20°～60°，进气门才关闭，这个角度称为进气延迟角，用β表示。由此可知，进、排气门在排气上止点附近有一同时开启的时间，用曲轴转角表示，即为$\alpha+\delta$。在这段时间里，由于进、排气门开启的角度均不大，在气缸压力和高速排气流的惯性作用下，不会使废气窜入进气道或新鲜气体随废气一同排出。

2. 换气过程　做功膨胀后期气缸内气体压力在294kPa以上，这时排气门提前开启，利

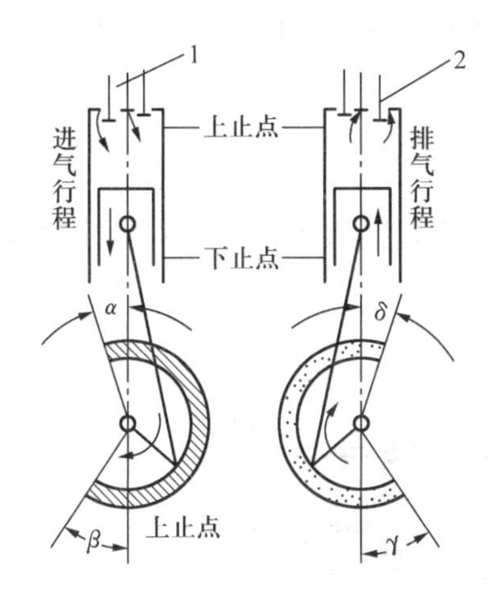

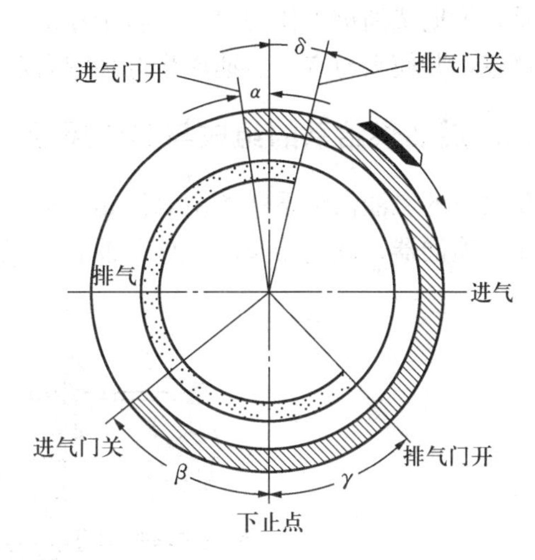

图 1-11　配气相位图

1. 进气门　2. 排气门

用废气压力向缸外排气，直到气缸内气体压力接近于大气压力，这个时期称为自由排气阶段。这一阶段中，排出的废气量最多，约占一半以上。在气缸压力达到大气压以后，缸内废气靠活塞强制排出，即强制排气阶段。这一阶段一直持续到活塞到达上止点，此后利用气体流动惯性继续排气，直到排气门关闭，这个阶段为惯性排气阶段。排气门关闭时，气缸内仍有残余废气，气缸内气体压力略高于环境压力。

进气门在排气行程活塞到达上止点前提前开启，这是进、排气门叠开的阶段，此时气缸压力高于大气压力。进气管内新鲜气体的吸入要待进气行程活塞下行到一定程度，气缸压力低于进气管内压力之后才能进行。随着活塞的不断下行，气缸内的真空度越来越大，进气管内气体的流动速度也在逐渐增加，进入气缸的气体也越来越多。当活塞越过下止点而上行时，由于进气门延迟关闭，气体可在惯性作用下继续充入气缸，直到进气门关闭。由于受进气系统阻力的影响，进气终了时气缸压力总是低于环境压力。

第四节　柴油机燃油供给系

一、柴油及燃油供给系功用

柴油是在 260～350 ℃的温度范围内从石油中提炼出来的碳氢化合物，含碳 87%、氢 12.6%和氧 0.4%。其使用性能指标主要是着火性、蒸发性、黏度和凝点。柴油按其所含重馏分的多少分为重柴油和轻柴油两类，现代车用柴油机都使用轻柴油。按照轻柴油的凝点可将其分为 10、0、−10、−20、−35 等五个牌号，其代号分别为 RCZ-10、RC-0、RC-10，RC-20 和 RC-35。例如 RC-10 号柴油其凝点为−10 ℃，即该号柴油在−10 ℃时开始失去流动性。选用柴油时应根据各地当时的气温来决定选择哪种牌号，原则上要求柴油的凝点低于当时气温的 5～10 ℃。

和汽油相比，柴油的黏度较大，不易蒸发，混合气不能在气缸外面直接形成，而只能利用专门的喷油设备将柴油提高压力后喷入气缸，与空气相混合。所以，柴油机燃油供给系的功用是：根据柴油机工作的要求，将干净的柴油定时、定量、定压力地以良好的雾化质量喷入燃烧室，并使它与空气迅速而良好地混合和燃烧。

二、燃油供给系的组成与工作原理

柴油机的燃油供给系一般由燃油箱、柴油滤清器（通常包括粗滤器和细滤器）、输油泵、喷油泵、喷油器、调速器及高、低压油管等组成（图 1－12）。

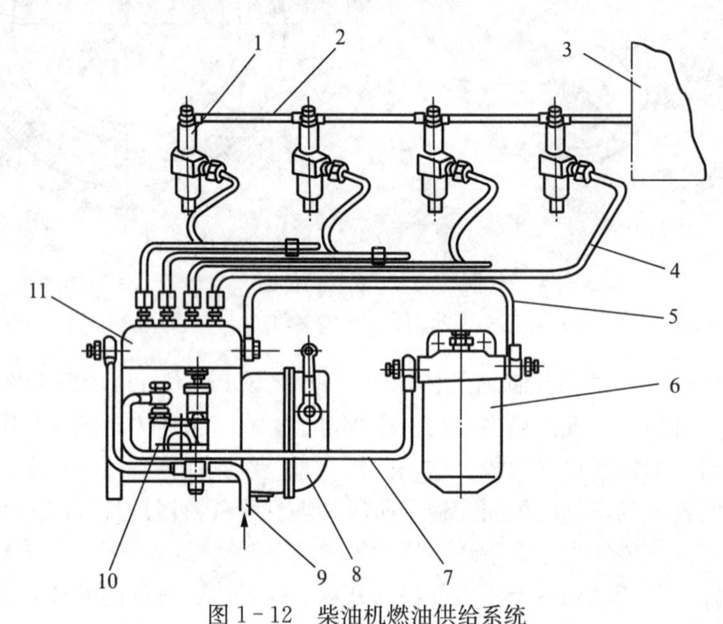

图 1－12　柴油机燃油供给系统

1. 喷油器　2. 回油管　3. 燃油箱　4. 高压油管　5. 喷油泵进油管　6. 燃油滤清器　7. 滤清器进油管　8. 调速器　9. 输油泵进油管　10. 输油泵　11. 喷油泵

燃油箱内的柴油由输油泵吸出，并压送至滤清器过滤后送入喷油泵。再由喷油泵增压后经高压油管送到喷油器而喷入燃烧室。从喷油器泄出的柴油，经回油管流回燃油箱。由于输油泵的供油量大大超过喷油泵的喷油量，多余的柴油便经过单向回油阀和油管回到输油泵，有的柴油机回油则直接流回燃油箱。

三、燃油供给系的主要部件

1. 柴油滤清器　柴油滤清器的作用是使柴油中的机械杂质和水分得到过滤，以保证输油泵、喷油泵和喷油器的正常工作。

柴油机上一般装有粗、细两个滤清器，有的在油箱出口处还设置沉淀杯，以达到多级过滤，确保柴油的清洁。

粗滤器多采用金属带缝隙式（图 1－13），它的滤芯由黄铜带绕在波纹筒上构成。黄铜带每隔 3.6 cm 便有一个高为 0.04～0.09 mm 的微小凸起。绕在波纹筒上后，相邻两带之间便形成了 0.04～0.09 mm 的缝隙，使用这种滤芯可将大于此缝隙的杂质滤出。

细滤器多采用纸质滤芯式（图 1－14），滤芯内部是冲有许多小孔的中心管，中心管外面是折叠的专用滤纸，上下两端用盖板将其胶合密封。这种滤芯所用的专用滤纸经酚醛树脂

处理后具有良好的抗水性能，应用较广泛。

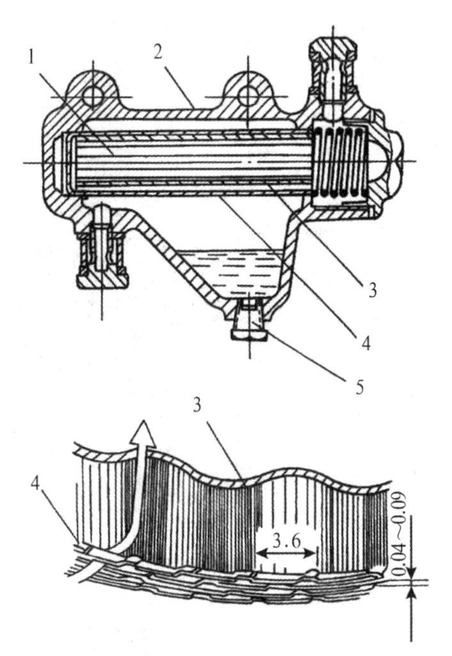

图 1-13　金属带缝隙式滤清器

1. 金属带缝隙式滤芯　2. 外壳　3. 波纹筒　4. 黄铜带　5. 放油螺塞

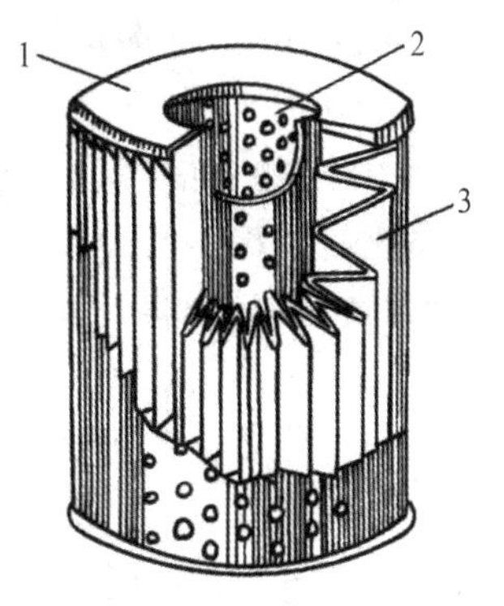

图 1-14　纸质滤芯

1. 盖板　2. 圆筒　3. 滤纸

2. 输油泵　输油泵的功用是将柴油从油箱中吸出，并适当增压以克服管路和滤清器的阻力，保证连续不断地向喷油泵输送足够数量的燃油。

常用的输油泵有活塞式、膜片式两种。活塞式输油泵的工作原理如图 1-15 所示。输油泵常与喷油泵组装在一起，由喷油泵凸轮轴上的偏心轮推动活塞运动。

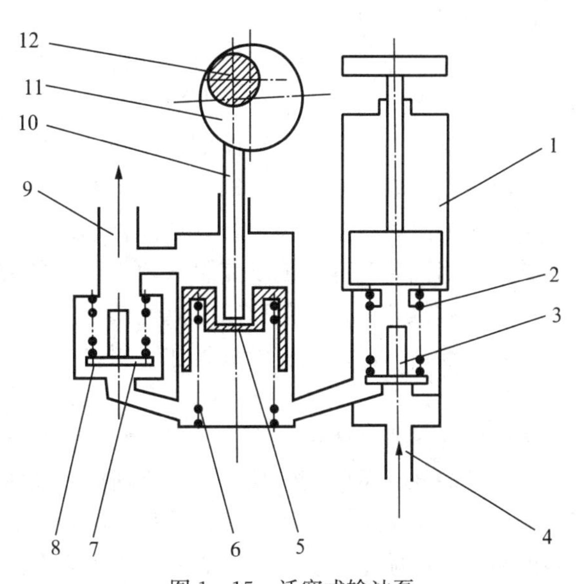

图 1-15　活塞式输油泵

1. 手压泵　2、8. 弹簧　3. 进油阀　4. 进油管接头　5. 活塞　6. 活塞弹簧　7. 出油阀　9. 出油管接头　10. 顶杆　11. 偏心轮　12. 喷油泵凸轮轴

当活塞向下运动时，活塞前腔的容积变小，后腔的容积变大。前腔内的柴油受压缩，压力升高顶开出油阀，柴油被压送到活塞后腔。当偏心轮的突起部分越过后，在活塞弹簧的作用下，活塞向上运动，出油阀关闭，此时后腔容积变小，油压增加，具有一定压力的柴油被输送到细滤器。同时，活塞前腔容积变大，进油阀被吸开，由油箱来的油进入活塞前腔，至此活塞完成了一次进油和一次压油的过程。

膜片式输油泵是靠偏心轮顶动膜片运动，使膜片前腔容积不断变化而输出具有一定压力的柴油。

3. 喷油泵 喷油泵又称高压油泵或燃油泵。其功用是将经过滤清的柴油由低压变成高压，并按柴油机的工作要求，定时、定量地将柴油输送到喷油器，喷入燃烧室。

喷油泵的种类较多，常用的有柱塞泵和转子分配泵两种，其中以柱塞泵应用最多。柱塞泵又有单体泵（用于单缸柴油机）和多缸泵（用于多缸柴油机）之分。

柱塞泵主要由柱塞和柱塞套（合称柱塞偶件）、柱塞弹簧、弹簧座、出油阀和出油阀座（合称出油阀偶件）、出油阀弹簧、喷油泵凸轮轴、滚轮-挺柱体总成等组成（图1-16）。

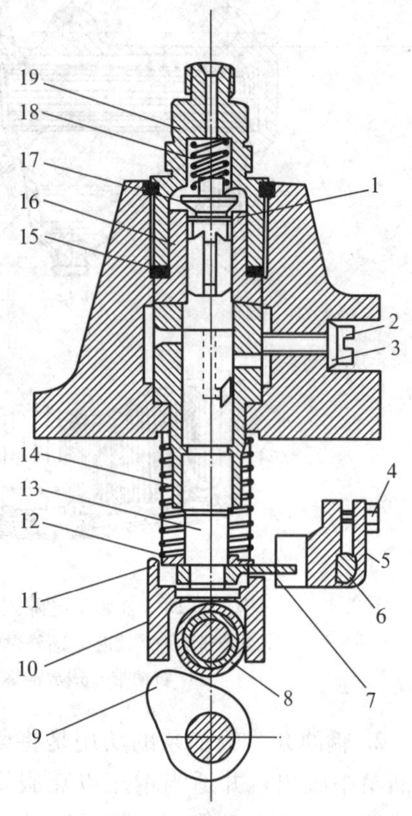

图1-16 柱塞式喷油泵

1. 减压环带 2. 定位螺钉 3. 垫片 4. 夹紧螺钉 5. 调节叉 6. 供油拉杆 7. 调节臂 8. 滚轮 9. 凸轮 10. 滚轮体 11. 弹簧座 12. 柱塞弹簧 13. 柱塞 14. 柱塞套 15. 垫片 16. 出油阀座 17. 出油阀 18. 出油阀弹簧 19. 出油阀紧座

柱塞泵的工作过程可分为进油、供油和终止供油三个阶段（图1-17）。

进油阶段（图1-17a）：当凸轮的凸起转过最高位置后，在柱塞弹簧的作用下，柱塞向下运动。柱塞套上的进、回油孔被打开，柴油自低压油道经两个油孔同时进入柱塞上端的套筒内。进油过程一直延续到柱塞运动到下止点时为止。

供油阶段（图1-17b）：凸轮继续转动，凸轮的凸起部顶起滚轮挺柱体，推动柱塞向上运动至柱塞顶端面封闭进、回油孔后，由于柱塞偶件的精密配合以及出油阀在出油阀弹簧力的作用下关闭，柱塞上方成为一个密闭油腔，柱塞继续上行，柴油被压缩，油压迅速升高。当油压升高到足以克服出油阀弹簧的弹力时，出油阀被推开，高压柴油便经出油阀进入高压油管，送至喷油器。供油过程延续到柱塞斜槽边与回油孔相通时为止。

终止供油阶段（图1-17c）：当柱塞上升到柱塞斜槽边与回油孔相通时，高压柴油经柱塞头部的轴向孔以及下面的径向孔回流到低压油道。柱塞上方的油压急剧下降，出油阀在弹簧力的作用下迅速下落，切断油路，供油终止。同时由于出油阀减压环带的作用，使高压油管内的油压立即减小，防止喷油器喷油终了时有滴油现象。在柱塞继续上行到上止点的行程中，柱塞上部的柴油继续流回低压油道。出油阀偶件的作用就是使喷油泵供油开始和结束都能迅速干脆。

由上述可知，柱塞从下止点到上止点的总行程 l（图1-17d）即凸轮的行程是不变的，而柱塞开始供油到终止供油的实际供油行程 a 则取决于柱塞顶端面至回油孔所对斜槽边的距离。当转动柱塞改变斜槽边与回油孔的相对位置时，供油的实际行程 a 将会改变，a 越大供

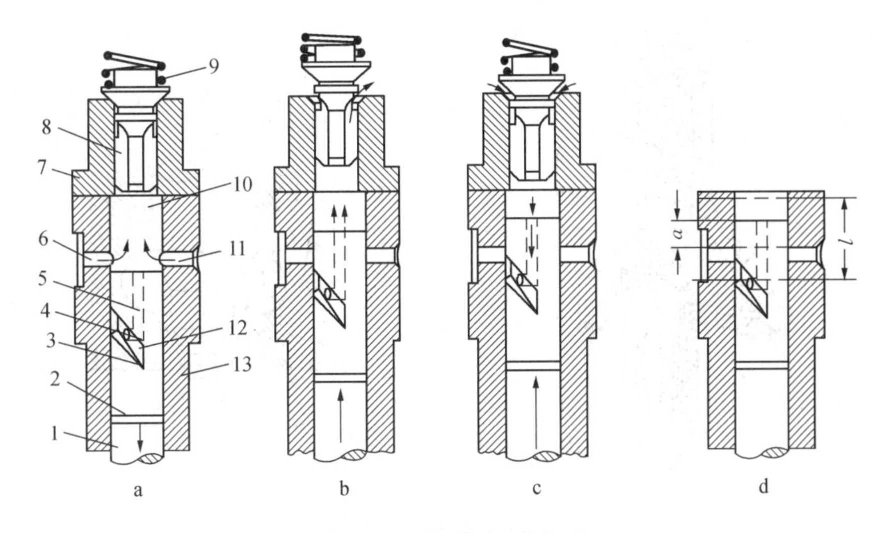

图 1-17　柱塞泵工作过程

a. 进油　b. 供油　c. 终止供油　d. 柱塞行程 l 和供油行程 a

1. 柱塞　2. 润滑油槽　3. 斜槽边　4. 径向孔　5. 轴向孔
6. 回油孔　7. 出油阀座　8. 出油阀　9. 出油阀弹簧
10. 柱塞上腔　11. 进油孔　12. 斜槽空腔　13. 柱塞套

油量越多。因此转动柱塞即可以调节供油量。

4. 喷油器　喷油器的功用是将喷油泵送来的高压柴油按一定压力（120～180 MPa），以细雾状喷入燃烧室。目前柴油机上多采用闭式喷油器，这种喷油器在不工作时，其内腔与燃烧室不相通。闭式喷油器按其结构，可分为轴针式和孔式两种。轴针式的特点是在针阀的前端有一段圆柱体和一段倒锥体，称为轴针；不喷油时，轴针的一部分伸出针阀体的喷孔外。孔式喷油器的针阀前端细长，没有轴针，不喷油时针阀不伸出针阀体外。

轴针式喷油器的构造及工作原理见图 1-18。它主要由喷油器体、针阀和针阀体（合称喷油嘴偶件）、顶杆、弹簧、调整螺钉等组成（图 1-18a）。

当喷油泵供油时，高压柴油从油管接头处通过喷油器体上的油道进入下部环形油槽（图 1-18b），高压柴油对针阀的锥面产生向上的推力。当此推力足以克服调压弹簧的弹力时，针阀便向上抬起，高压柴油即从轴针与喷孔之间的缝隙处喷入燃烧室。由于喷孔较小而油压较高，柴油呈雾状喷出。当喷油泵的柱塞斜槽边与回油孔相通时，油压迅速下降，调压弹簧使针阀迅速下落，关闭喷孔，喷油终止。

喷油器的喷油压力是由调压弹簧的预紧力决定的，可通过调整螺钉来改变。顺时针拧进螺钉压紧弹簧时，压力升高；反之，则喷油压力降低。喷油器工作时，会有少量柴油通过针阀与针阀体之间的间隙而漏入挺杆上部，经回油孔流回油箱。

5. 调速器

（1）调速器的功用。调速器的功用是根据柴油机负荷的变化而自动调节供油量，使柴油机在规定的转速范围内稳定运转。

负荷是指柴油机驱动工作机械时所需要发出的扭矩值（即阻力矩值）。

柴油机输出的功率与供油量有关，一般情况下，供油量大，则输出功率也大；反之，则

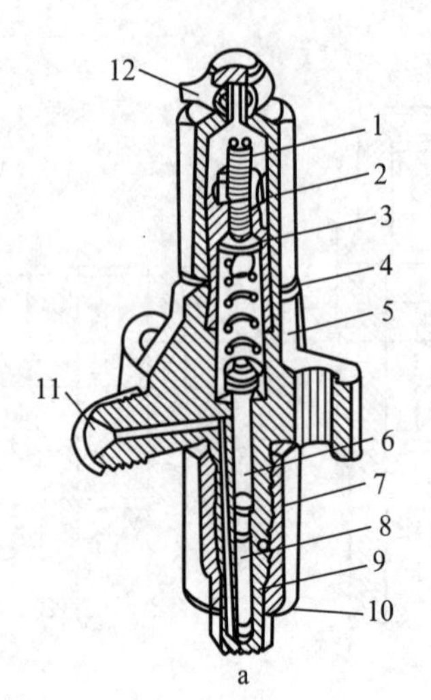

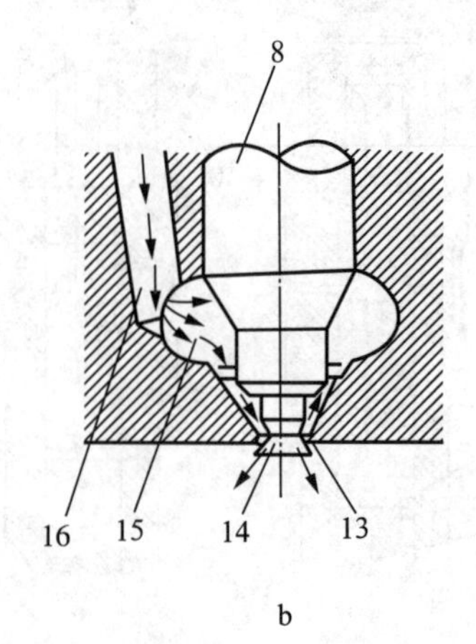

图 1-18 轴针式喷油器

a. 构造图 b. 喷油器工作图

1. 调节螺钉 2. 锁紧螺母 3. 弹簧罩壳 4. 垫片 5. 喷油器体
6. 顶杆 7. 紧帽 8. 针阀 9. 针阀体 10. 密封垫圈 11. 高压油管接头
12. 回油管接头 13. 喷孔 14. 倒锥体 15. 环形油槽 16. 斜油道

小。在输出功率不变的情况下（即供油量固定不变时），柴油机的转速与输出扭矩值成反比。柴油机输出扭矩的大小取决于阻力矩即负荷的大小，如果负荷加大，则柴油机转速就将下降；反之，则转速升高。柴油机转速随负荷改变而变化。在实际工作中，负荷是经常变化的，如果柴油机总处在由于负荷改变而使其转速经常变化的情况下工作，不仅生产率低、作业质量差，而且，严重时会因负荷增加过大，柴油机因转速急剧下降而熄火；也可因负荷减少过多，转速急剧上升而“飞车”，引起机件损坏。因此，柴油机必须安装调速器，使柴油机的转速能保持稳定，不因负荷的改变而有较大的变化。

（2）调速器基本构造和工作原理。农用柴油机上普遍采用机械式调速器，这种调速器主要由感应元件（钢球、飞锤或飞块）和执行机构两部分组成。按其调速范围的不同可分为单程调速器、全程调速器和两极调速器。

全程调速器一般由钢球、传动盘、推力盘、调速弹簧、弹簧座、限制螺钉、操纵手柄以及供油拉杆等组成（图 1-19）。其基本工作原理是靠钢球旋转时所产生的离心力与调速弹簧的弹力之间的平衡与否来调节供油量的大小，从而维持柴油机的稳定转速。

当操纵手柄保持在某一位置时，弹簧预紧力不变，即决定了调速器在该情况下所控制的供油量，柴油机在相应转速下稳定运转，此时钢球的离心力沿轴向分力与弹簧预紧力平衡。如果因负荷增加而使曲轴转速降低，钢球旋转的离心力也会相应减小，它与弹簧预紧力之间的平衡遭到破坏。在两种力的压力差作用下，推力盘将带着供油拉杆向右移动，加大供油量。由于供油量的加大，曲轴转速得以回升，钢球离心力又逐渐增大，直到与弹簧预紧力重新获得平衡。反之，当曲轴转速因负荷减小而升高时，由于钢球所产生的离心力大于弹簧预紧力而使供油量减小，使曲轴转速下降，直到两力重新达到平衡。因此，当操纵手柄位置不变时，调速器能根据负荷变化而相应地加大或减小供油量，使柴油机在操纵手柄该位置所决定的转速下稳定运转。

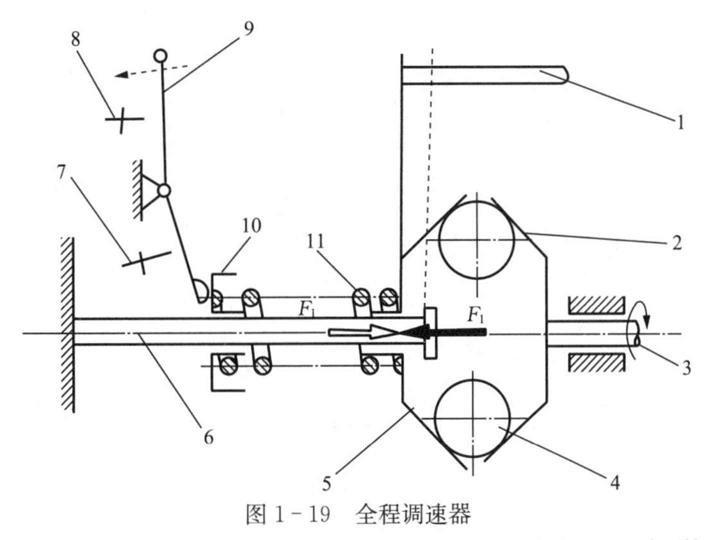

图 1-19 全程调速器

1. 供油拉杆 2. 传动盘 3. 喷油泵凸轮轴 4. 钢球 5. 推力盘 6. 支承轴
7. 怠速限制螺钉 8. 高速限制螺钉 9. 操纵杆 10. 弹簧座 11. 调速弹簧

当负荷稳定不变而操纵人员想改变柴油机转速时，只需改变操纵手柄的位置，增大或减小调速弹簧的预紧力，破坏原来转速下弹簧预紧力和钢球离心力之间的平衡关系，使推力盘带着供油拉杆左右移动，改变供油量，即可实现柴油机转速的变化。

第五节 润 滑 系

一、润滑系功用与润滑方式

润滑系的功用是向各摩擦表面提供干净的润滑油，以减少摩擦损失和零件的磨损；通过润滑油的循环，还可冷却和净化摩擦表面；润滑油膜附着在零件表面，能防止氧化和腐蚀，同时还能起到密封作用。

内燃机润滑方式有两种：一是压力润滑，二是非压力润滑。压力润滑是利用机油泵将机油提高压力后送到需要润滑的摩擦表面进行润滑。非压力润滑是利用运动零件飞溅起来的润滑油滴或油雾，散落在摩擦表面或经汇集后从油孔流到摩擦表面进行润滑。

润滑系所使用的介质是机油，其最主要的性能指标是黏度，通常用运动黏度来表示，按其在 100 ℃时运动黏度的大小可分为多种牌号，牌号越高，黏度越大。如汽油机润滑油有 6D、6、10 和 15 四个牌号，其代号分别为 HQ-6D、HQ-6、HQ-10 和 HQ-15。柴油机机油有 8、11、14 三个牌号，其代号分别为 HC-8、HC-11 和 HC-14。

一般情况下，汽油机冬季用 HQ-6D 或 HQ-6，夏季用 HQ-10，当汽油机严重磨损时，夏季用 HQ-15 号。柴油机夏季用 HC-11 或 HC-14，冬季用 HC-8 或 HC-11，当柴油机磨损严重、连续重负荷作业时，应选用黏度较大的润滑油。

二、润滑系的组成与工作原理

图 1-20 为润滑系简图。润滑系主要由油底壳、集滤器、机油泵、机油滤清器、机油压力表等组成。

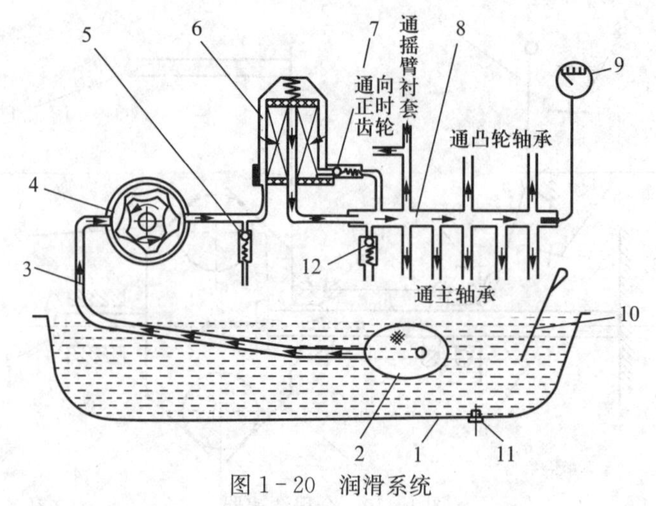

图 1-20 润滑系统

1. 油底壳 2. 集滤器 3. 吸油管道 4. 机油泵 5. 限压阀 6. 机油滤清器 7. 旁通阀 8. 主油道 9. 机油压力表 10. 机油标尺 11. 放油螺塞 12. 回油阀

当内燃机工作时，机油泵将机油从油底壳经带滤网的集滤器沿油管吸出，提高压力后再将油压到机油滤清器；经过滤清的机油进入主油道，然后再分送至主轴承、连杆轴承、凸轮轴各轴承等摩擦表面进行润滑；进入连杆轴承中的润滑油，经杆身油道进入连杆小端内以润滑衬套和活塞销，然后这部分润滑油直接喷到缸壁上润滑缸套和活塞。

另外，进入凸轮轴轴承中的机油，一部分经机体与缸盖中的油道向上流到摇臂轴中心孔内，再经摇臂轴的径向孔进入各摇臂衬套；一部分机油沿摇臂上的油道流出，滴落在配气机构其他零件表面上。主油道中还有一部分机油流至正时齿轮室，润滑各正时齿轮。

为使润滑系统能正常工作，在油路中还设有限压阀和旁通阀（安全阀）。限压阀用来控制机油泵的出油压力，保证向主油道供给一定压力的机油，多余的机油流回油底壳，防止主油道压力过高。旁通阀与滤清器并联，当机油滤芯堵塞时，机油能不经滤清器而从旁通阀直接进入主油道，保证零件摩擦表面得到必要的润滑。

三、润滑系的主要部件

1. 机油泵 机油泵的功用是提高机油压力和保证足够的循环油量。通常有齿轮式和转子式两种。

齿轮泵是利用装在壳体内的一对齿轮的旋转运动，进油腔处因齿轮脱离啮合，容积变大而产生真空吸力，机油便经集滤器被吸入齿轮与壳体间，并随齿轮的旋转沿齿轮边缘被带到出油腔内。由于齿轮在出油腔内进入啮合时容积变小，油压升高，因而以一定压力将机油压送出去（图 1-21）。

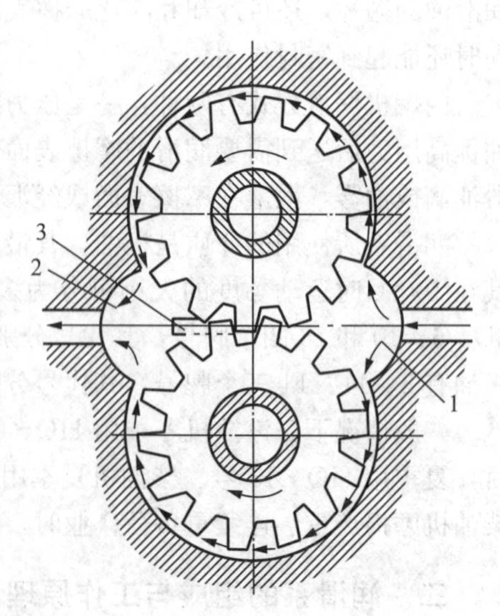

图 1-21 齿轮式机油泵

1. 进油腔 2. 出油腔 3. 卸压槽

转子泵由内、外转子和壳体组成（图 1-22）。内转子有 4 个凸齿，外转子有 5 个凹齿，内外转子偏心安装。

内转子被驱动做旋转运动并带动外转子同向转动。无论转子转到何角度，内、外转子各齿形之间总有接触点并分隔成五个腔。进油道一侧的空腔由于转子脱离啮合，容积增大，产生真空度，机油被吸入并被带到出油道一侧。此后，转子进入啮合，油腔容积减小，机油压力升高，并从齿间被挤出，增压后的机油从出油道送出。

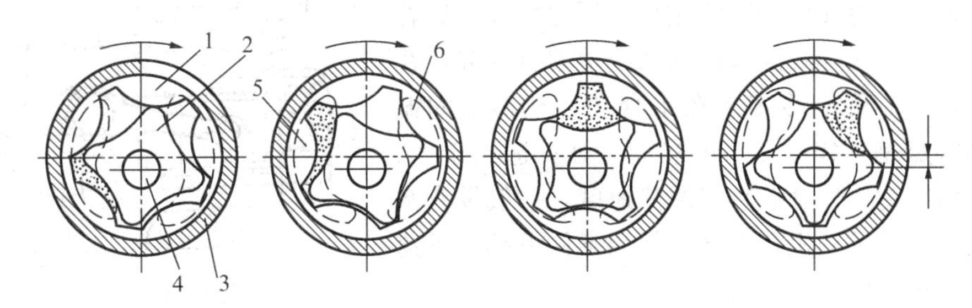

图 1－22　转子式机油泵

1. 外转子　2. 内转子　3. 壳体　4. 泵轴　5. 进油口　6. 出油口

2. 机油滤清器　机油滤清器的功用是滤去机油中的金属磨屑和机械杂质，减少零件磨损并防止油道堵塞。

在润滑系中一般装有几个不同滤清能力的滤清器——集滤器、粗滤器和细滤器。

集滤器是一个用金属丝编织成的滤网，装在油底壳内机油泵吸口处，用以阻止较大的机械杂质进入机油泵。

粗滤器用以滤去机油中较大的杂质，串联在机油泵与主油道之间。滤芯用金属片缝隙式或金属带缝隙式的。当机油通过滤芯时，靠缝隙把机械杂质阻挡在滤芯外面，只有洁净的机油能通过滤芯进入主油道。

细滤器多采用离心式的，其内部装有一转子，转子底部沿圆周方向开有两个方向相反的喷孔。当具有一定压力的机油进入转子内腔后会从两个喷孔喷出，转子在反作用力的作用下绕转子轴高速旋转（5 000 r/min），转子内的机油中各种杂质在离心力作用下被甩向四周，沉积在转子内壁上，清洁的机油从喷孔喷出并流回油底壳。

滤清器在使用一定时期后会逐渐脏污，影响润滑系统的正常工作，所以要定期清洗或更换滤芯。同时还应按说明书规定，定期更换机油和清洗油道。内燃机工作时，应经常注意油压是否正常，如果油压为零，必须立即停止工作，进行检查。

第六节　冷 却 系

一、冷却系功用与组成

内燃机工作时，气缸内气体温度可高达 1 800～2 000 ℃。与高温气体接触的零件强烈受热，温度也会升得很高，致使强度下降，正常配合间隙遭到破坏并使机油变质，所以必须设置冷却系统，对受热零件进行冷却。冷却系的功用是及时带走高温零件吸收的热量，使内燃机在最适宜的温度下工作。

冷却方式有风冷和水冷（冷却液冷却）两种。风冷是用高速流动的空气直接冷却受热零件表面；水冷是用水或冷却液来吸收高温零件的热量，然后再散发到大气中。

目前，大多数内燃机的冷却系均采用水冷，常用的水冷却方式又有蒸发式和循环式两种。

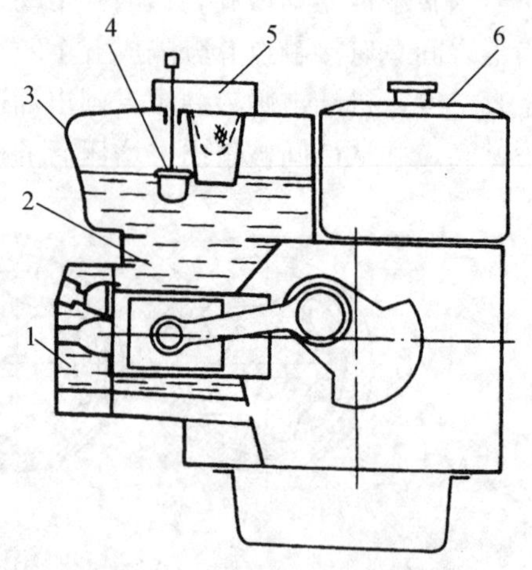

图 1-23　蒸发式水冷却系示意
1. 缸盖水套　2. 缸体水套　3. 水箱
4. 浮子　5. 加水口　6. 油箱

蒸发式的水冷却方式多用在单缸内燃机上，其作用原理是利用水在蒸发时会带走大量的热量，从而使受热的零件得到冷却（图 1-23）。

循环式的水冷又分为对流循环和压力循环，后者应用广泛。压力循环式的水冷却系统中装有水泵，在水泵的作用下，强制冷却水在水套和散热器之间循环，它的特点是工作可靠，散热能力强，适用于大、中型内燃机。为了控制散热器散热速度，一般设有水温调节装置，使发动机在不同的使用条件下都能迅速达到并保持正常的工作温度。

二、冷却系的主要机件

压力循环的水冷却系统主要由散热器（水箱）、风扇、水泵、水温调节装置等组成（图 1-24）。

散热器的功用是将从水套吸热后的冷却水所携带的热量散入大气，从而降低冷却水的温度。它由上水箱、散热器芯和下水箱组成。散热器芯是由导热良好的铜料制成的许多小管。小管周围还镶有多层散热薄片，上下水箱靠这些小管相连通，形成散热器整体。上水箱有加水口，口上装有水箱盖。传统的内燃机系用水作为冷却介质，所以下水箱底部有放水开关，冬季柴油机工作结束后，要将水箱及水套中的水放净，防止机体冻裂。

风扇与水泵一般安装在同一根轴上，由曲轴皮带轮驱动。风扇的作用是产生强大的气流吹到散热器芯上，以增强冷却水的散热作用。水泵的作用是使冷却水以一定的压力加速循环流动，一般采用离心式水泵。在工作中应定期检查和调整风扇皮带松紧度，以保持冷却水最适宜的水温（85～95 ℃）。

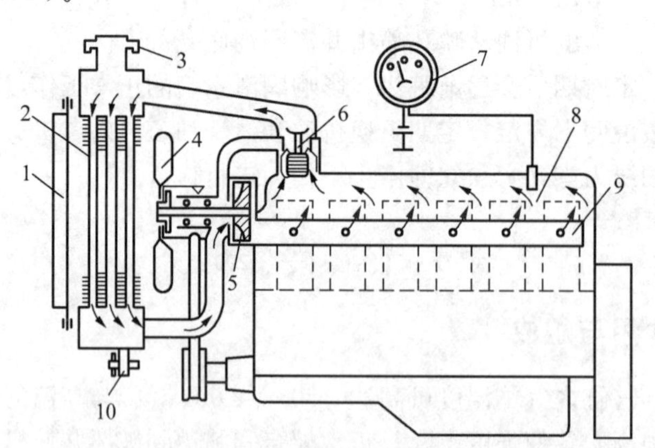

图 1-24　发动机强制循环式水冷系示意
1. 百叶窗　2. 散热器　3. 散热器盖　4. 风扇　5. 水泵
6. 节温器　7. 水温表　8. 水套　9. 分水管　10. 放水阀

节温器的作用是自动调节进入散热器的水量，以调节冷却强度。节温器一般安装在缸盖出水管与上水箱相连的通道内，有液体式和蜡式两种。液体式节温器在其由薄铜皮制成的皱

纹筒内装入低沸点的液态乙醚，然后密封，在皱纹筒上端固定着阀门，当水温超过 70 ℃时，乙醚由液态变成气态使皱纹筒伸长，将阀门打开使冷却水进入散热器中进行冷却。进入散热器中水的流量越多，冷却强度也越大。蜡式节温器的作用原理与液体式的相似，只是其内部的填充剂为石蜡和白蜡的混合物。

第七节　启 动 系

一、内燃机启动方法

内燃机启动时必须借助外力帮助曲轴旋转，克服各运动部件的摩擦阻力、机件加速运动的惯性力和压缩新鲜充量的阻力。曲轴在外力作用下开始转动并过渡到能自动维持稳定运转的过程，称为启动。

柴油机和汽油机启动时所需要的最低转速是不同的，汽油机为 50～70 r/min，而柴油机则需要 100～300 r/min。

根据内燃机的用途、功率大小、结构和使用燃料的不同，采用的启动方法也不同。常用的启动方法有：人力启动、电力启动、柴油机用汽油机启动、柴油机变换成汽油机启动。人力启动只适用于小功率单缸内燃机，每次启动时间不应超过 30 s。柴油机用汽油启动只是在一些老式机型如 2125A 上使用，现已被淘汰。目前应用最广泛的是电动机启动，即电力启动。

二、电力启动系统

电力启动方便可靠，电启动机质量轻、体积小，有足够的启动功率和适宜的启动转速，且具有重复启动能力，因而被广泛应用在拖拉机、汽车上。目前，汽车、拖拉机的发动机普遍采用串激直流电动机（其磁场绕组与电枢绕组串联）作为启动机。其电磁式啮合驱动机构如图 1－25 所示。

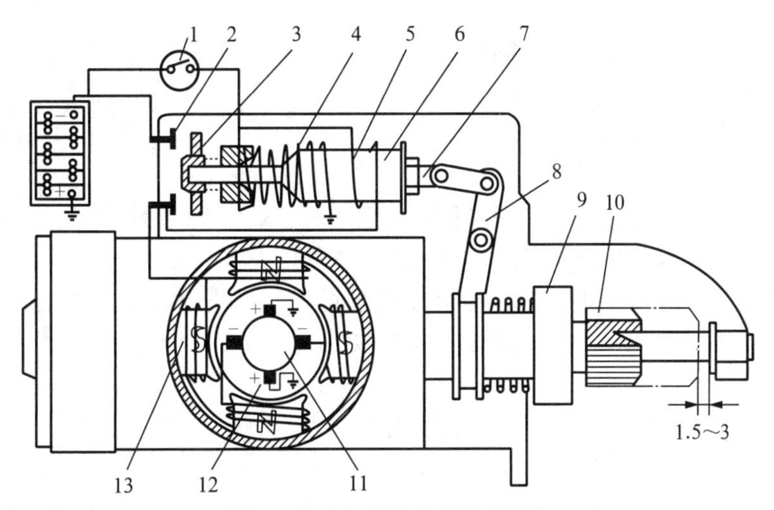

图 1－25　电磁式啮合驱动机构

1. 启动开关　2. 定触点　3. 动触桥　4. 保持线圈　5. 吸拉线圈　6. 铁芯　7. 拉杆　8. 传动叉　9. 单向离合器　10. 驱动齿轮　11. 电枢　12. 电刷　13. 磁极

启动时接通启动开关，吸拉线圈和保持线圈通电后产生的电磁吸力吸动铁芯左移，带动传动叉使单向离合器的驱动齿轮与飞轮齿圈啮合。此时，电枢绕组和激磁绕组均已通电，但因吸拉线圈串入电路中，电流较小，故电动机转动慢，使驱动齿轮与飞轮齿圈的啮合较柔和。

铁芯继续左移，使动触桥与定触点接触，此时吸拉线圈被短路，保持线圈仍通电流，其电磁吸力保持动触桥与定触点闭合，蓄电池直接接通电动机而开始工作。

启动后断开启动开关，切断电源使保持线圈磁力消失，铁芯在回位弹簧作用下复位，电动机停止工作。

电动机每次连续工作不应超过5～15 s。如果一次不能启动，最少应停歇半分钟后再用，否则将使线圈发热以致烧坏。

三、柴油机减压机构

有些柴油机采用启动减压装置降低启动转矩，提高启动转速，以改善启动性能，如图1－26所示。

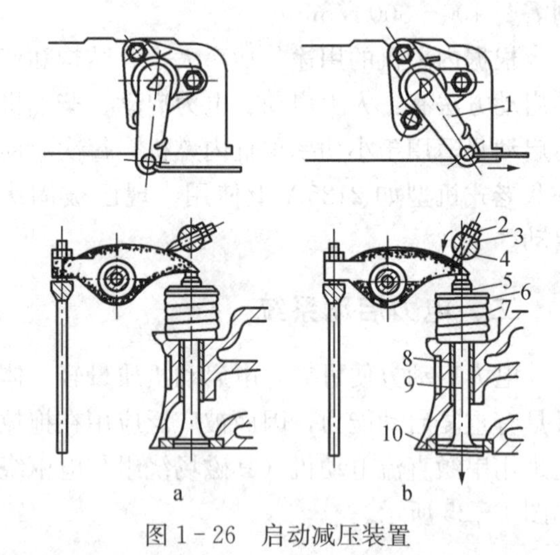

图1－26　启动减压装置

a. 非减压位置　b. 减压位置

1. 转换手柄　2. 锁紧螺母　3. 调整螺钉　4. 轴　5. 气门顶帽　6. 气门弹簧座　7. 气门弹簧　8. 气门导管　9. 气门　10. 气门座

启动柴油机时，将转换手柄1转到减压位置，使调整螺钉3按图中箭头方向转动，并略微顶开气门（气门一般压下1～1.25 mm），以降低压缩行程的初始阻力，使启动机转动曲轴时的阻力矩减小，从而提高启动转速。曲轴转动以后，各零件的工作表面温度升高，润滑油的黏度降低，摩擦阻力减小，进一步降低启动阻力矩。此后，将手柄扳回原来的位置，柴油机即可顺利启动。

柴油机各缸的减压装置是一套联动机构。中、小型柴油机的联动机构一般采用同步式，即各减压气门同时打开，同时关闭。大功率柴油机减压装置的联动机构一般为分级式，即启动前各减压气门同时打开，启动时各减压气门分级关闭，使部分气缸先进入正常工作，柴油机预热后其余各缸再转入正常工作。

启动减压装置可以用于进气门，也可以用于排气门。使用排气门减压会将炭粒吸入气缸，加速气缸磨损。因此，多采用进气门减压方式。

第八节　汽油机燃油供给系

汽油机是以汽油为燃料的内燃机，不仅广泛地用于汽车上，在农业生产中也广泛应用，特别是小功率的汽油机。由于汽油机压缩比小，启动容易，一些大功率拖拉机上的柴油机常采用汽油机作为启动机，有些农业机械直接用它作为动力，如插秧机、弥雾喷粉机、抽水机

等。许多园林机械也用汽油机作为动力。

汽油机除燃油供给系不同并增加了点火系外，其余构造与柴油机完全相同。因此，本节及下一节主要介绍汽油机的燃油供给系和点火系。

汽油机压缩比小（为5～9），工作平稳，混合气靠电火花强制点火燃烧，因此启动容易；汽油机结构简单，质量轻，制造成本低。但汽油机耗油率较高，因此使用成本较高。

汽油机和柴油机在工作原理上根本的区别主要有以下两点：

（1）混合气形成方式不同。柴油机混合气是在气缸内部形成的，而汽油机的混合气是在气缸外部准备完毕，进气时被吸入气缸。

（2）混合气着火方式不同。柴油机混合气靠压燃着火，所以称压燃式发动机；汽油机混合气由电火花强制点火，因此称点燃式发动机。

由于以上区别，汽油机和柴油机的燃油供给系构造和原理差别很大。如汽油机燃油供给装置不用结构复杂的喷油泵和喷油器，而采用比较简单的化油器；由于汽油黏度小，杂质容易沉淀分离，而且供油装置中没有精密偶件，所以汽油供给系滤清器比较简单，一般只装一个沉淀杯清除杂质。因而汽油机的燃油供给系统比柴油机的简单。但是，汽油机可燃混合气的着火用电火花点燃，因此，多设置一套点火系统。

一、汽油机燃油供给系功用及组成

汽油机燃油供给系的功能用是将汽油与空气混合成可燃混合气，并按汽油机的工作需要向气缸中供给一定浓度和数量的混合气。图1-27所示是小型汽油机燃油供给系简图。

小型汽油机的燃油供给系由燃油箱、滤油杯、输油管、化油器及空气滤清器等零部件组成。燃油箱装在较高的位置上，汽油在本身重力作用下从油箱流入滤油杯，在滤油杯中分离出水分和杂质，然后流入化油器。空气经滤清器滤清后，在吸气时经过化油器的喉管与汽油初步混合，形成可燃混合气，再经进气管进入气缸，在气缸压缩行程终了时被电火花点燃，燃烧做功，燃烧后的废气经排气管排出气缸外。

二、化油器的类型

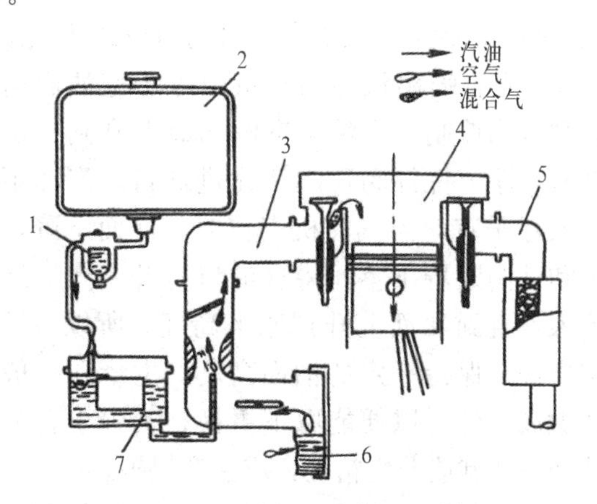

图1-27 小型汽油机燃油供给系

1. 滤油杯 2. 油箱 3. 进气管 4. 气缸 5. 排气管 6. 空气滤清器 7. 化油器

化油器按空气在喉管中的流动方向可分为以下三种基本类型：

平吸式化油器：见图1-28a，一般在汽油机顶部空间较小时采用，空气水平流入化油器的进气管，如P21型及PZ-12J型化油器。

上吸式化油器：见图1-28b，一般用在利用重力式输送汽油的汽油机上。化油器安装位置较低，空气必须被强迫向上运动进入气缸。如S24型化油器。

下吸式化油器：见图1-28c，下吸式化油器具有较大的空气通道，依靠重力作用帮助混合气进入气缸。因此，下吸式化油器，在汽油机高速大功率运转时，能供给更多的汽油。

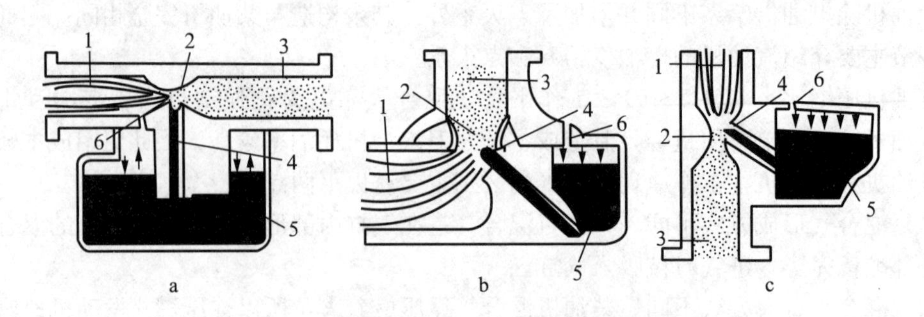

图 1-28 化油器的种类

a. 平吸式 b. 上吸式 c. 下吸式

1. 空气流 2. 喉管 3. 混合气 4. 主喷管 5. 汽油 6. 通气孔

为保持浮子室内油面恒定，浮子室必须直接或间接与大气相通。浮子室与大气直接相通的，称为不平衡式浮子室；浮子室与化油器喉管之前相通的，称为平衡式浮子室。采用平衡式浮子室，当空气滤清器堵塞时，浮子室内的压力与喉管处的压力相差不多，不影响混合气的成分。另外，进入浮子室的空气是被滤清过的，可以避免将灰尘带入浮子室。

三、化油器工作原理

1. 简单化油器工作原理 简单化油器通常由浮子、浮子室、主量孔、主喷管和喉管组成（图 1-29）。当汽油机工作时，活塞下行，使气缸中产生真空，空气经滤清器进入化油器。当空气流经喉管时，由于喉管通道较狭窄，空气流动突然加快，使主喷管上方的压力下降。由于浮子室与大气相通，这样浮子室内的压力高于主喷管处的压力。在这个压力差的作用下，汽油从浮子室内源源不断地被吸出，从主喷管喷出，并立即被高速气流吹成雾状而汽化，与空气混合成混合气，经进气管进入气缸。

主喷管喷出汽油的数量由浮子室油面高度和主量孔控制。当浮子室内油面上升到一定高度时，浮子将针阀顶起堵住进油口，汽油不再进入浮子室；当汽油机工作时，油面下降，浮子和针阀跟着下落，将进油口打开，汽油继续流入，直到油面上升到原来高度。所以，浮子室内经常保持一定的油面高度。主量孔一般单独做成一件，以便能取下更换，其中小孔的尺寸和形状制造非常精确，应注意保护。

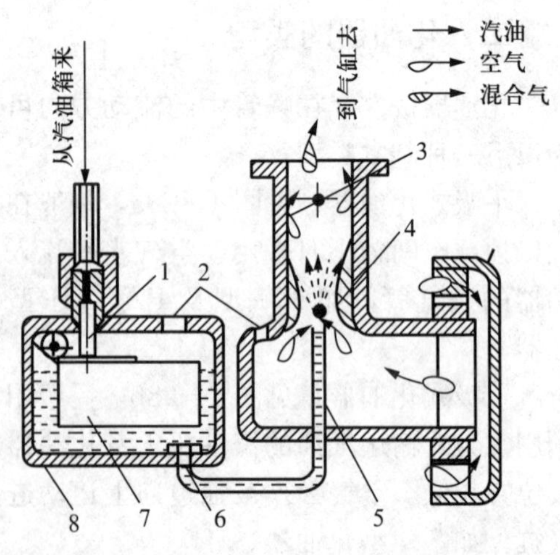

图 1-29 简单化油器

1. 针阀 2. 通气孔 3. 节气门 4. 喉管 5. 主喷管 6. 主量孔 7. 浮子 8. 浮子室

混合气的成分由节气门（油门）控制。节气门开度小，喉管处的压力差小，从主喷管中喷出的汽油少，因而形成较稀混合气；节气门开度增大，喉管处的空气流动加快，喉管处的压力差增大，从主喷管中喷出的汽油量增加，

因而混合气较浓。

2. 汽油机工况及其对混合气成分和数量的要求　混合气的浓度用空气与汽油的质量比即空燃比用 R 来表示，有时也用过量空气系数 α 来表示，即 1 kg 燃油燃烧时实际供给的空气量与理论上所需空气量之比。汽油机各种不同的工作状态要求使用不同浓度的混合气。表 1-1 列出了汽油机各种不同的工作状态时对混合气浓度的要求。

表 1-1　汽油机各种工作状态对混合气浓度的要求

汽油机工况	空气与汽油的质量比 R（α 值）
启动工况	8∶1（α=0.53）
怠速工况	11.5∶1（α=0.77）
正常转速	15∶1（α=1）
满负荷工况	12.5∶1（α=0.83）
加速工况	9∶1（α=0.6）

（1）启动工况。由于机体温度低，汽油不易蒸发。同时，由于启动时曲轴转速很低，空气流经化油器喉管的速度低，不能使汽油很好地雾化，大部分汽油呈油粒状态附在进气管壁上，少量蒸发出来的汽油蒸气随空气进入气缸。这种浓度很稀的混合气无法点燃，要求化油器供给更多的汽油，使蒸发出来的汽油蒸气与空气混合成能达到着火浓度的混合气，保证汽油机启动。但简单化油器仅靠喉管处的真空度来吸油，因为启动时空气流速低，喉管处真空度很小，从主喷管中喷出的汽油也很少，可见，简单化油器的性能与汽油机启动时的要求刚好相反。

（2）怠速工况。汽油机在怠速工况时，节气门开度很小，流入气缸的混合气量也很少，汽油机在空负荷状态下以最低稳定转速运转。由于转速较低，空气在化油器喉管内流速不大，汽油雾化不好。同时，由于每次循环进入气缸中的新鲜混合气数量很少，而前一循环残留在燃烧室内的废气量基本不变，因而，混合气中废气比例很高，使混合气不易着火燃烧。为了在汽油雾化不良的情况下获得足够的汽油蒸气，保证汽油机稳定运转，要求在怠速时，应供给汽油机较浓的混合气，其 α 值为 0.6～0.8。简单化油器也不能满足汽油机怠速工况的要求。因而，要使汽油机能正常工作，必须在化油器上增加怠速供油系统。

（3）小负荷工况。汽油机带负荷工作时，在小负荷工况下，每次工作循环进入气缸的新鲜混合气的数量较少，而气缸中的废气量基本不变，使混合气被冲淡，燃烧慢。因此，仍需较浓混合气，其 α 值一般为 0.7～0.9。

（4）变负荷工况。当负荷逐渐增大时，汽油机转速升高，节气门的开度逐渐增大，有利于汽油雾化，混合气燃烧完全。因此，只需稍稀混合气就能满足要求，此时混合气的 α 值约为 1；简单化油器在负荷由小变大时，由于喉管处空气流速逐渐增加，其真空度也逐渐增大，使主喷管喷出的汽油增加，混合气变浓，这与汽油机的要求恰好相反。

通过以上分析，可以看出，简单化油器在汽油机启动、怠速工况时，所供给的混合气太稀，使汽油机无法启动和怠速运转；在负荷逐渐增大时供给的混合气太浓，经济性差。

3. 实际化油器的辅助供油装置　由于简单化油器无法满足汽油机各种工况下对混合气

的要求，因而实际应用的化油器都是在简单化油器结构的基础上添加一些辅助供油装置而成的。

（1）启动装置。简单化油器无法满足汽油机启动时需要加浓混合气的要求。因此，在所有化油器上都设置一个启动加浓装置即阻风门，以使化油器在汽油机启动时能供给更多的汽油（图 1－30）。

阻风门安装在化油器的进气端。汽油机启动时，先适当关闭阻风门，这时由于阻风门前气体受阻而不能较多地流入化油器喉管，所以当汽油机运转时，阻风门后形成较大真空度，汽油便从主喷管大量喷出，使混合气变浓。汽油机启动后，应逐渐打开阻风门，以免混合气过浓。

另外，有些化油器在化油器盖上装有一个启动加浓按钮。启动汽油机前，先按下启动加浓按钮，使浮子下沉，浮子室内油面升高，靠重力使主喷管出油，使供油量增加，以满足启动时加浓混合气的需要，如图 1－31 所示。

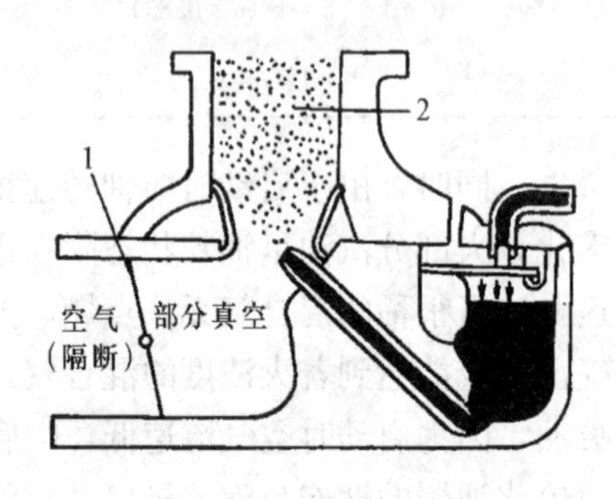

图 1－30　阻风门系统

1. 阻风门　2. 混合气

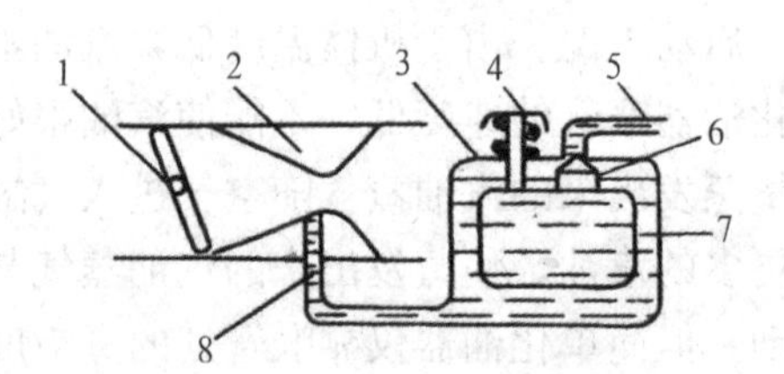

图 1－31　启动加浓按钮

1. 节气门　2. 喉管　3. 浮子室　4. 加浓按钮
5. 进油口　6. 针阀　7. 浮子　8. 主喷管

（2）怠速装置。为满足怠速时加浓混合气的需要。一般是在化油器上开设怠速喷孔和怠速空气量孔，称为怠速加浓装置（图 1－32）。

汽油机怠速运转时，节气门几乎处于关闭状态，喉管处气流速度缓慢，真空度很小，汽油无法从主喷管喷出。但此时节气门后面产生一定的真空度，汽油便从怠速喷孔中喷出。为了使汽油更好地雾化，还在化油器内设有怠速空气量孔，空气从怠速空气量孔进入怠速喷孔，使从怠速喷孔中喷出的汽油预先和空气混合成为一种泡沫状油液，汽油更易气化，并与从节气门边缘狭缝中流过的少量空气混合，形成很浓的混合气进入气缸。

（3）负荷调整系统。为使汽油机正常负荷运转时汽油能充分燃烧，必须供给较稀的混合气。为此，化油器上一般都设有负荷调整装置即空气补偿装置（图 1－33）。空气补偿装置由空气油井和在主喷管上的上、下泡沫孔组成。在空气油井的上端设有空气量孔，空气量孔一端与大气相通，另一端通过空气油井与主喷管相连。汽油机工作时，空气从空气量孔进入主喷孔，使主喷管处的汽油泡沫化，更易气化。同时，由于汽油中渗入了空气，使主喷管的真空度降低，抑制了主喷管的喷油作用，使喷油量减少。汽油机负荷越大，节气门开度也越大，从空气量孔中进入主喷管的空气越多，主喷管处的真空度降低越多，因而，对主喷管喷油的抑制作用越大，降低了喷油量，满足了汽油机的实际需要。

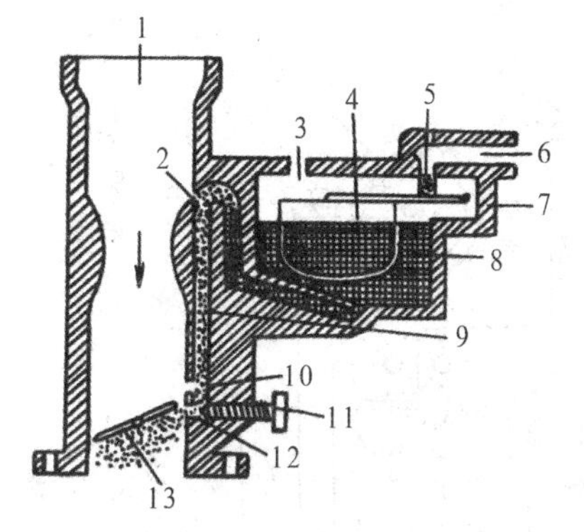

图 1－32　怠速装置

1. 进气口　2. 怠速空气量孔　3. 浮子室通气孔　4. 浮子　5. 针阀　6. 进油口　7. 化油器盖　8. 浮子室　9. 怠速油道　10. 过渡喷孔　11. 怠速调整螺钉　12. 怠速喷孔　13. 节气门

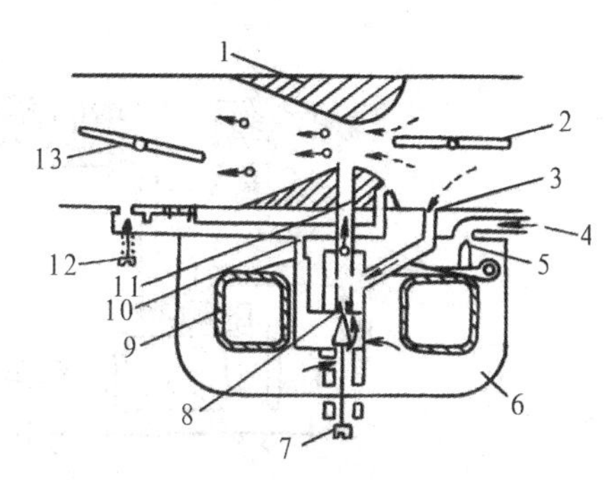

图 1－33　负荷调整系统

1. 喉管　2. 阻风门　3. 空气量孔　4. 进油口　5. 针阀　6. 浮子室　7. 主量孔调整螺钉　8. 主量孔　9. 浮子　10. 通气孔　11. 主喷管　12. 怠速调整螺钉　13. 节气门

第九节　汽油机点火系

一、点火系功用与类型

汽油机气缸内的混合气是由火花塞电极间隙产生的电火花点燃的。保证按时在火花塞间隙产生电火花的全部装置，称为点火系。其功用是按照汽油机的工作顺序，定时地供给足够能量的高压电，使火花塞产生足够强的电火花，以点燃混合气。

点火系应能在各种使用条件下保证火花塞产生电火花所需的高电压（一般为10～20 kV，称为击穿电压），同时还应具有足够的点火能量和合适的点火时刻。

按照产生高压电方法的不同，常用的点火系可分为蓄电池点火系、磁电机点火系、半导体点火系和微机控制点火系等。

二、蓄电池点火系

汽油机的蓄电池点火系有普通触点式点火系、有触点晶体管点火系、无触点晶体管点火系和电容放电式点火系等多种形式。

如图 1－34 所示，普通触点式点火系包括低压回路和高压回路两部分。低压回路有蓄电池和发电机（图 1－34 中未绘）、点火开关、断电器以及点火线圈中匝数较少的初级线圈；高压回路包括点火线圈中匝数较多的次级线圈、配电器、高压线及火花塞。

汽油机工作时，由配气凸轮轴驱动断电器凸轮轴旋转而操纵断电器的触点开闭。当触点闭合时，低压回路连通，点火线圈中的初级线圈通电后而产生磁场，并由铁芯的作用而加强。当断电器凸轮顶开触点时，初级电流及磁场迅速消失，因而便在次级线圈中感应出高电压，使火花塞两电极间产生电火花。

配电器转子每转一圈，各气缸按工作顺序轮流点火一次。

当触点打开时，由于磁场消失而会在初级线圈中产生自感电势（高达 300V 左右），

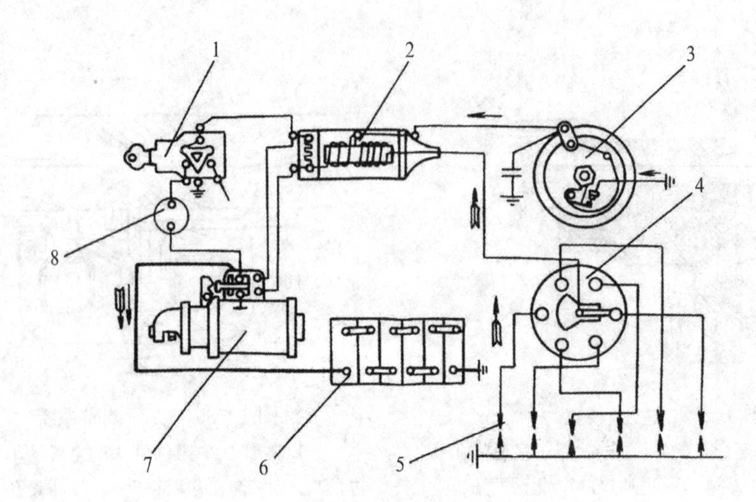

图 1-34　普通触点式点火系

1. 点火开关　2. 点火线圈　3. 断电器　4. 配电器　5. 火花塞
6. 蓄电池　7. 电启动机　8. 电流表

而在触点处产生电火花，不仅会迅速烧坏触点，影响断电器的正常工作，而且还使初级电流和磁通变化率减小，因而降低了次级电压，为了减小这一影响，在触点处并联了一个电容器。

三、磁电机点火系

磁电机点火系分为有触点和无触点两种。无触点磁电机点火系是通过触发线圈（传感器）获取的触发电流，通过控制晶体管或可控硅来控制点火线圈初级电流的通断，使次级线圈产生高电压的。无触点点火系统无须保养，成本不高，技术上也不复杂。现在的小型汽油机基本都使用这种无触点磁电机点火系统。

（一）有触点磁电机点火系

磁电机既是一种发电装置，也是升压变压器，它的功能是根据汽油机的需要在规定时间内产生高压电，供给火花塞产生火花。小型汽油机大多采用飞轮磁电机，它主要由磁极、点火线圈、断电器等组成（图 1-35）。

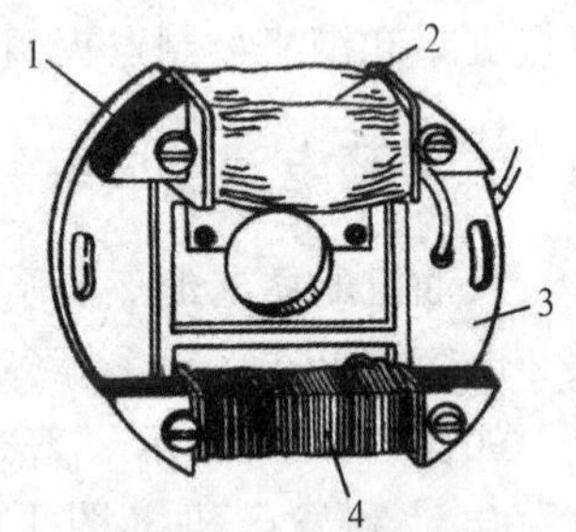

图 1-35　点火线圈

1. 铁芯　2. 点火线圈
3. 磁电机底板　4. 照明线圈

1. 磁极　磁极由四块永久磁铁组成，镶嵌在飞轮内缘上，随飞轮一起转动。

2. 点火线圈　点火线圈是磁电机的电枢，装在磁电机底板上（底板通过螺钉固定在曲轴箱上）。点火线圈由初级线圈、次级线圈和铁芯组成（图 1-36）。铁芯由许多硅钢片集叠而成，在铁芯上覆以绝缘层，绝缘层外面用较粗的漆包线绕成匝数较少的初级线圈。初级线圈的一端焊在铁芯上，另一端与次级线圈的一端相接，并由此引出两条线，一条接断电器活动触点，一条接停车按钮。在初级线圈外面，用较细的漆包线绕制成匝数较多的次级线圈。次级线圈的一端与初级线圈相接，另一端与高压引出线相接，高压引出线另一端接火花塞中心电极（图 1-37）。

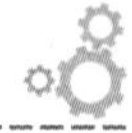

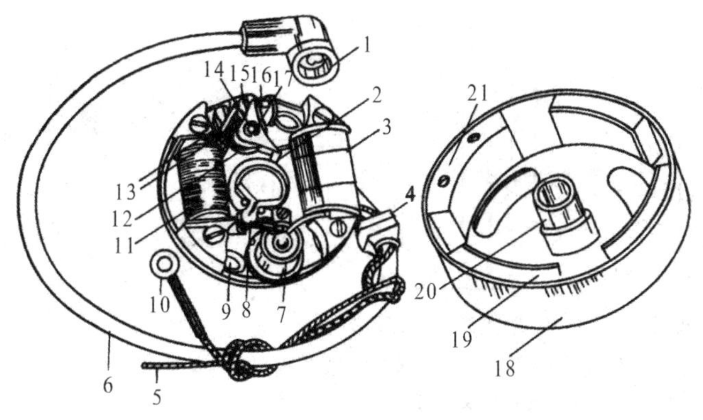

图 1－36　飞轮磁电机的构造

1. 火花塞罩帽　2. 胶木块　3. 点火线圈　4. 高压线密封圈　5. 照明线　6. 高压电线　7. 电容器　8. 油毛毡　9. 长腰螺钉孔　10. 停车线　11. 照明线圈　12. 白金摇臂弹簧片　13. 绝缘垫片　14. 白金摇臂轴　15. 白金底架固定螺钉　16. 白金触点　17. 白金卡簧　18. 飞轮壳体　19. 磁极　20. 点火凸轮轴套　21. 配重块

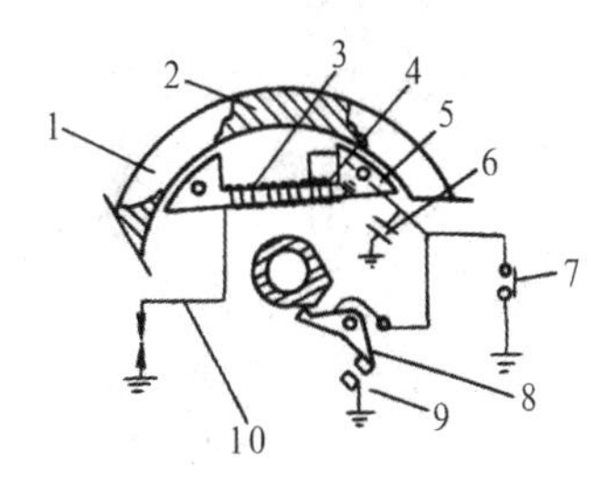

图 1－37　点火线圈线路

1. 飞轮　2. 磁极　3. 次级线圈　4. 初级线圈　5. 铁芯　6. 电容器　7. 停车按钮　8. 断电器动触点　9. 定触点　10. 高压线

3. 断电器　断电器安装在磁电机底板上，用来切断低压电路。一般由断电触点、断电臂、断电臂弹簧、断电凸轮等组成。

触点副：触点副又称白金触点，用导电性好、抗磨、耐烧蚀的金属钨制成。触点副包括动、定两个触点，定触点铆接在固定触点支架上，动触点铆接在活动触点臂上并引出两条导线，一条与磁电机初级线圈相连，一条与电容器相连。两触点张开时的间隙称为白金间隙，一般为 0.3～0.4 mm，这个间隙不能过大，也不能过小，否则会影响汽油机正常工作。

断电凸轮：用来断开触点副，从而切断低压电流。

电容器与断电触点并联在一起，用来保护断电触点不致烧损，同时可使低压电流迅速消失，提高次级线圈中的感应电压。电容器一端接活动触点，一端接断电器体。

（二）无触点磁电机点火系

无触点磁电机点火系按点火能量储存方式的不同，分为电感式和电容式两种。目前，在小型汽油机上广泛使用的是电容式。电容式点火系以磁电机为电源并将点火能量储存在电容器中，简称 CDI（capacitance discharge ignition）点火系。根据触发线圈结构形式的不同，CDI 点火系统又分为带触发线圈的 CDI 点火系统和不带触发线圈的 CDI 点火系统。

图 1－38 所示为带触发线圈的无触点磁电机点火系的组成及工作原理，其主要由转子、定子、控制器三部分组成。转子与飞轮制成一体，磁钢包铸在飞轮的外缘或固定在飞轮的内缘上，工作时随飞轮一起旋转，形成旋转磁场；定子由充电线圈 L_1、触发线圈 L_2、点火线圈初级绕组 L_3 和次级绕组 L_4 等组成；控制器由整流二极管 D_1、可控硅三极管 D_2、电容器 C、振荡二极管 D_3 和电阻 R 组成。

其工作过程包括整流充电、触发导通和放电点火三个过程。

整流充电：当飞轮旋转时，磁钢掠过定子上的充电线圈 L_1 的瞬间，由于充电线圈切割磁力线，而感应出一个交变电动势。此交变电动势经整流二极管 D_1 整流后，向电容器 C 充

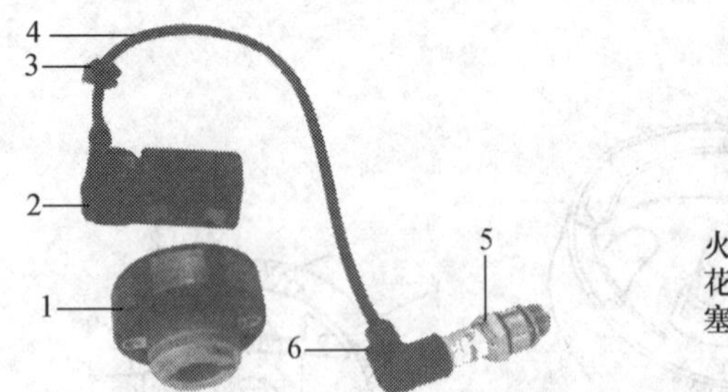

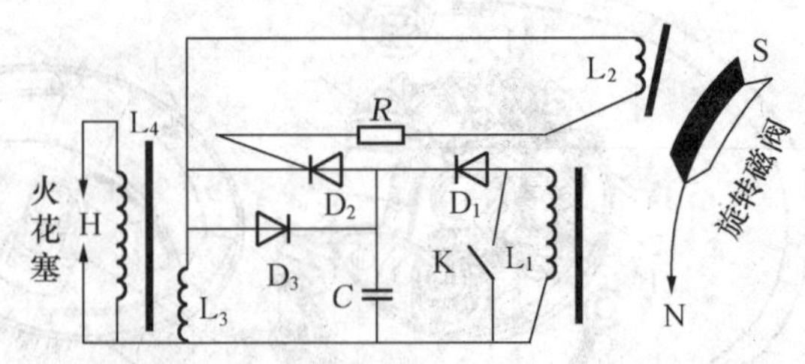

图 1-38　无触点磁电机组成及工作原理

1. 磁电机内转子　2. 磁电机定子　3. 高压线垫块　4. 高压线　5. 火花塞　6. 火花塞接帽

L_1. 充电线圈　L_2. 触发线圈　L_3. 点火线圈初级绕组　L_4. 点火线圈次级绕组

D_1. 整流二极管　D_2. 可控硅三极管　D_3. 振荡二极管　C. 电容器　R. 电阻　K. 开关

电。此时可控硅三极管 D_2 并不导通，电能暂时储存在电容器里，电容器成为一个临时电源，并在可控硅三极管的正极与负极之间加上一个正向电压。

触发导通：飞轮继续旋转，当磁钢掠过触发线圈 L_2 时，L_2 也感应出一个交变电动势。此交变电动势相当于正向控制电压，经限流电阻 R 作用在可控硅三极管的控制极上。当此正向控制（触发）电压达到一定数值时，可控硅三极管便导通。

放电点火：可控硅三极管在整流充电、触发导通的基础上，已具备了导通的条件。储存在电容器内的电能便迅速通过可控硅三极管向点火线圈的初级绕组放电。

电容器通过可控硅三极管向点火线圈初级绕组放电时，初级绕组电流突然增加，磁场产生突变，由于互感，在点火线圈次级绕组 L_4 中便互感出 12～15 kV 的高压电。该高压电经高压导线送至火花塞，并在火花塞的中心电极和侧电极之间形成电火花，点燃燃烧室里的可燃混合气。

当磁钢离开触发线圈时，电流方向相反。可控硅三极管迅速关断，电容放电终止。接下来重新进行充电、导通和点火过程。

该磁电机的点火提前角可随汽油机转速的变化而自动调整。因为汽油机转速低时，旋转磁场相对于点火线圈或触发线圈的线速度也相应降低，磁通变化率随之减小。因而触发线圈的感应电动势也变小，推迟了可控硅三极管的导通时间，电容放电和点火时间推迟，即点火提前角变小；反之，汽油机转速提高，点火提前角加大。一般无触点磁电机高速时的点火提前角为 30°～32°；启动时点火提前角为 20°～22°。此特点大大改善了汽油机的启动性能。

电容式无触点（CDI）点火系具有如下特点：

（1）CDI 点火系中点火线圈次级电压几乎不受汽油机转速的影响。这是因为点火系统只有在汽油机低速时，点火电源线圈输出电压较低，次级电压略有降低，而中高速时，则次级电压基本稳定。

（2）CDI 点火系次级电压上升的速率高，一般在 3～20 μs 内能达到 10～20 kV，因此，当火花塞因积炭而漏电时，对次级最高电压的影响较小。即 CDI 点火系对火花塞积炭不敏感，在火花塞上有积炭、高压回路有漏电（不严重时）时，仍能保持良好的点火性能。

（3）电容放电式点火系只是在点火的瞬间有较大电流通过点火线圈，而在其他的时间里

点火线圈不通电流，因此点火线圈的平均电流小，使点火线圈工作温度低，使用寿命长。

(4) 具有自动调整点火提前角的功能，即随着汽油机转速的提高，能自动提前点火时刻，满足汽油机对点火提前角的不同要求。

(5) 电容放电式点火系的缺点是火花能量小，火花持续时间短，一般只用于中小排量的汽油机。

四、火花塞

火花塞将配电器引出的高压电引入燃烧室，在其两电极间产生强烈的电火花，点燃工作混合气。

火花塞的构造如图 1－39 所示，螺帽用以连接高压线，侧电极焊在钢制壳体上，由镍铬丝制成。中心电极也用镍铬丝制成，比侧电极稍粗，以增加其传热能力。中心电极上端与金属杆连接，安装在以钢玉瓷质制成的绝缘体的中心孔中。紫铜制成的内垫圈不仅使绝缘体和钢制壳体间获得良好的密封，而且增加中心电极的传热作用。火花塞利用钢制壳体下端的螺纹旋入气缸盖上，两者之间的紫铜密封垫圈使壳体和缸盖之间获得密封。

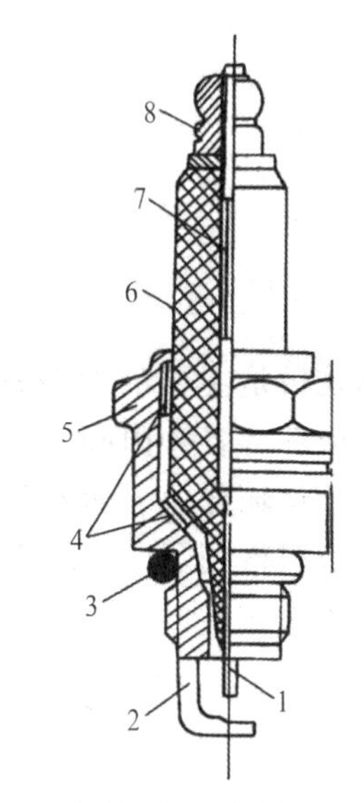

图 1－39 火花塞的构造

1. 中心电极 2. 侧电极 3. 垫圈 4. 内垫圈 5. 壳体 6. 绝缘体 7. 金属杆 8. 螺帽

火花塞中心电极和侧电极间的间隙称为电极间隙或点火间隙，一般为 0.6～0.7 mm。间隙过大将使击穿电压增大；间隙过小不仅引起火花能量小而且将导致电极间积炭加剧。在使用中火花塞间隙会逐渐增大，可用弯曲侧电极的方法进行调节。

复习思考题

1. 内燃机是如何分类的？

2. 何谓内燃机的活塞行程、压缩比和发动机排量？

3. 简述单缸四行程内燃机的工作过程。二行程内燃机与四行程内燃机相比有哪些优点和不足？

4. 简述曲柄连杆机构的功用及其构成。

5. 活塞环起什么作用？常用的气环和油环有哪几种类型？

6. 配气机构有什么功用？何谓气门间隙？为什么要留气门间隙？分析气门间隙过大或过小的危害。

7. 何谓内燃机的配气相位？其进、排气门提前开启和延迟关闭有什么意义？

8. 简述柱塞泵的构造及工作原理。

9. 简述润滑系、冷却系、启动系的功用及构成。

10. 简述简单化油器的组成及混合气的形成过程。

11. 发动机运行工况对混合气成分有何要求？

12. 为了满足汽油机各种工况的要求，实用化油器上常采用哪些自动调配混合气浓度的装置？

13. 简述点火系的功用和组成。

14. 无触点磁电机点火系统由哪些部分组成？各组成部分的作用如何？

第二章 拖 拉 机

拖拉机是主要的农业动力机械。拖拉机与农机具配套可以进行耕地、整地、播种、中耕、收获等各种田间移动作业，也可以进行抽水排灌、脱粒等固定作业。轮式拖拉机还可用于运输作业。随着我国农村经济的快速发展和农机技术水平的不断提高，各种拖拉机在农村得到了广泛应用，特别是中小型的轮式拖拉机、农用运输车每年以百万台的速度进入农村。

第一节 拖拉机类型与总体构成

一、拖拉机的类型

1. 按用途分类 拖拉机可分为工业用、林业用及农业用拖拉机三大类。

工业用拖拉机主要用于筑路、矿山、水利、石油和建筑等工程，也可用于农田基本建设工作。

林业用拖拉机主要用于林区集材，如收集采伐下来的木材并送往林场，带上专用工具，也可完成植树造林和伐木工作，如集材-80及集材-50型拖拉机。

农业用拖拉机主要用于农业生产，按其用途不同又可分为普通型、园艺型、中耕型和特殊用途型拖拉机四类。

(1) 普通型拖拉机。它的特点是应用范围较广，主要用于一般条件下的农田移动作业、固定作业和运输作业等。

(2) 园艺型拖拉机。主要用于果园、菜地、茶林等各项作业，它的特点是体积小、功率小、机动灵活。小型四轮拖拉机及手扶拖拉机属于这种类型。

(3) 中耕型拖拉机。主要用于中耕作业，也兼用于其他作业，具有较高的地隙和较窄的行走装置，可用于玉米、高粱、棉花等高秆作物的中耕。有些拖拉机，如铁牛-55/650型等，地隙比普通拖拉机稍高些。它们既适用于一般农田作业，又可用于中耕，故叫“万能”中耕型拖拉机。

(4) 特殊用途型拖拉机。它适用于特殊工作环境下作业或适用于某种特殊需要的拖拉机。如山地、沤田（船形）、水田和葡萄园拖拉机等。

2. 按行走装置分类 可分为履带式（或称链轨式）、轮式及手扶式拖拉机三类，半履带式拖拉机则是这两种拖拉机的变型。

(1) 履带式拖拉机。主要用于土质黏重、潮湿地块田间作业和农田水利、土方工程等农田基本建设作业，如东方红-802、东方红-1002/1202等型号拖拉机。

(2) 轮式拖拉机。轮式拖拉机的行走装置是轮子。按驱动形式可分为两轮驱动与四轮驱动。两轮驱动一般为两后轮驱动、两前轮导向，驱动形式代号用4×2来表示（4×2分别表示车轮总数和驱动轮数）。主要用于一般农田作业、排灌作业和农副产品加工以及运输作业等。四轮驱动型拖拉机，前后四个轮子都由发动机驱动，驱动型式代号为4×4，在农业上主要用于土质黏重、大块地深翻、泥道运输作业等。在林业上用于集材和短途运材。

(3) 手扶拖拉机。它的行走轮轴只有一根，如轮轴上只有一个车轮的称为独轮拖拉机，有两个车轮的称为双轮拖拉机。由于只有一根轴，因此在农田作业时操作者多为步行，用手扶持操纵拖拉机工作，习惯上称为手扶拖拉机。如工农-12型、东风-12型等手扶拖拉机。

3. 按功率大小分类

(1) 大型拖拉机。功率为73.6 kW以上。

(2) 中型拖拉机。功率在14.7～73.6 kW。

(3) 小型拖拉机。功率在14.7 kW以下。

二、拖拉机总体构造

拖拉机、汽车及农用运输车的总体构造基本相同，其主要是由发动机、传动系、行走系、转向系、制动系、电气设备及辅助装置等组成。图2-1为轮式拖拉机纵剖面图。拖拉机上除发动机和电气设备以外的其他部分统称为底盘。拖拉机发动机都是柴油机，农用运输车的发动机主要是柴油机。

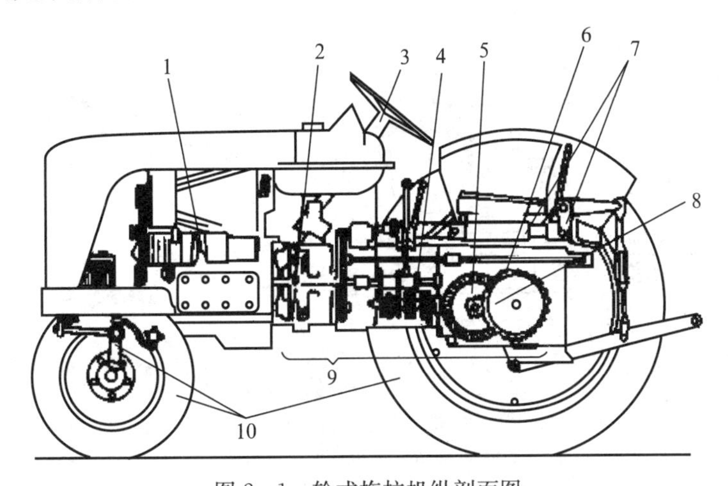

图2-1　轮式拖拉机纵剖面图

1. 发动机　2. 离合器　3. 转向系统　4. 变速箱
5. 中央传动　6. 动力输出轴　7. 液压悬挂系统
8. 最终传动　9. 传动系统　10. 行走系统

第二节　传 动 系

一、传动系功用及其组成

传动系的功用是将发动机的动力传递到驱动轮（对拖拉机来讲也包括动力输出装置），并根据工作需要改变拖拉机的行驶速度、驱动力，以及使车辆前进或后退，平稳起步或停车。拖拉机的传动系有机械式和液压式两大类。机械式传动系使用广泛。

轮式拖拉机的传动系由离合器、变速器、中央传动、最终传动及其半轴等组成（图2-2)。履带拖拉机传动系与轮式拖拉机的区别在于没有差速器而有左、右转向离合器（图2-3)。手扶拖拉机传动系由主离合，变速器，中央传动，左、右转向离合器，最终传动等组成（图2-4)。

轮式拖拉机的差速器和履带拖拉机、手扶拖拉机的转向离合器都是传递动力的部件，在结构上与中央传动和最终传动密切相连，且装在同一后桥壳体内，但它们最主要的功用是为了满足转向的需要，所以把它们作为转向系的组成部分。

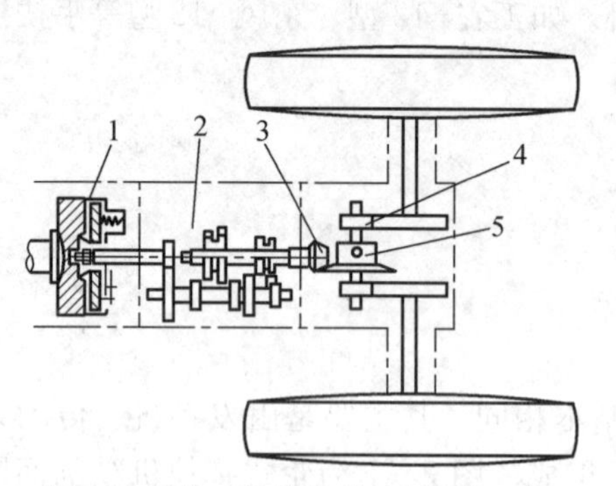

图2-2　轮式拖拉机传动系统的组成

1. 离合器　2. 变速器　3. 中央传动

4. 最终传动　5. 差速器

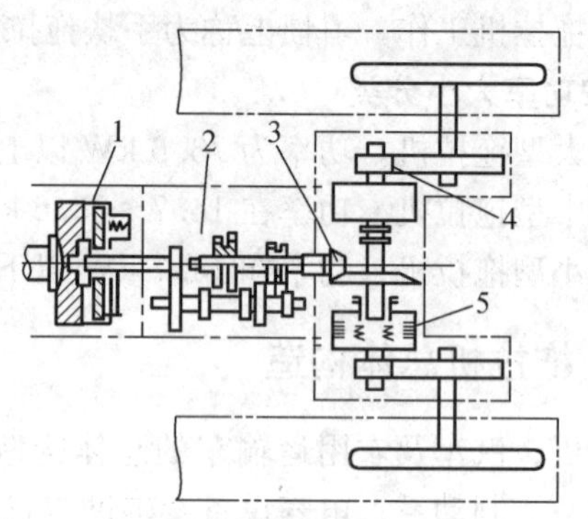

图2-3　履带式拖拉机传动系统的组成

1. 离合器　2. 变速器　3. 中央传动

4. 最终传动　5. 转向离合器

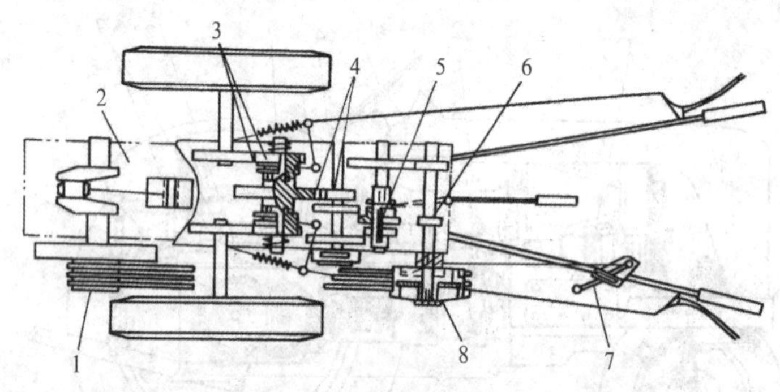

图2-4　手扶拖拉机传动系统布置

1. 主动皮带轮　2. 发动机　3. 最终传动

4. 中央传动　5. 变速器滑动齿轮

6. 动力输出齿轮　7. 离合手柄　8. 离合器

在履带拖拉机的离合器与变速器之间，因距离较大，而且难以保证轴线间的同轴度，所以常采用万向传动轴来传递动力。

二、离合器

1. 离合器的功用与类型　离合器是传动系中直接与发动机相连的部件，位于发动机与变速器之间。离合器的功用是接合或切断发动机传给变速器的动力，并在过载时保护传动系。平稳接合离合器时，能使车辆平稳起步；分离离合器时，能使车辆换挡。

离合器的分类方法很多，根据传动原理可分为牙嵌式与摩擦式；根据从动盘的数目可分为

单片、双片和多片式；根据压紧装置可分为弹簧压紧式、杠杆压紧式和液力压紧式；根据摩擦表面的工作条件可分为干式和湿式；根据离合器在传动系中的作用可分为单作用式和双作用式。

拖拉机上所采用的离合器多数是摩擦式、干式、弹簧压紧式离合器，牙嵌式离合器仅在手扶拖拉机的转向离合器上应用。

2. 离合器的结构与工作原理 摩擦式离合器的基本工作原理是依靠主动部分和从动部分摩擦表面之间的摩擦力来传递转矩的。

不同形式的离合器，虽然具体结构不尽相同，但基本构造与原理相同。离合器主要由三部分组成，即主动部分（飞轮、压盘和离合器罩）、从动部分（离合器片、离合器轴）、压紧和操纵机构（离合器弹簧、分离轴承、分离杠杆、分离拉杆、拨叉、踏板等），如图 2－5 所示。现以拖拉机常用的单片、干式、常接合单作用式离合器为例，说明其构造和工作原理。

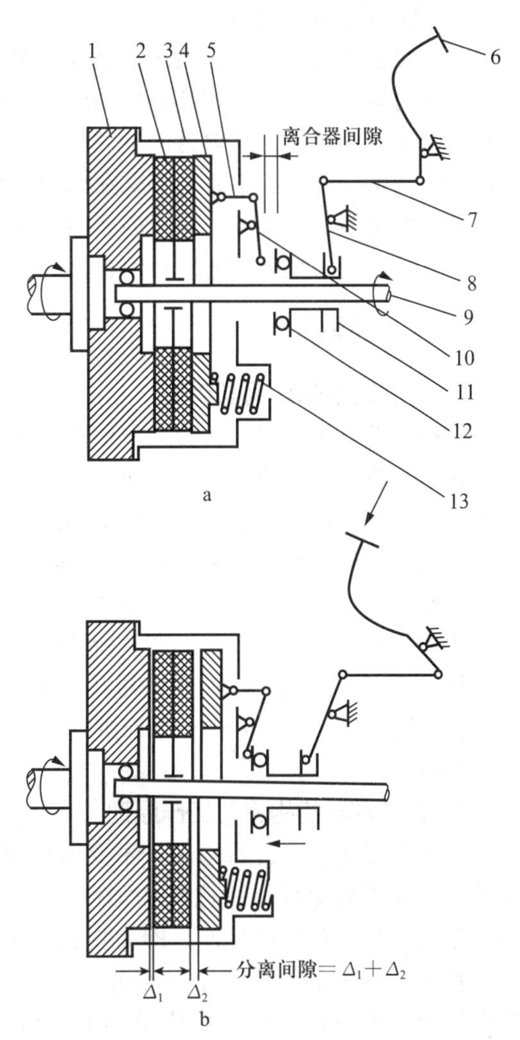

图 2－5 单作用离合器的工作过程

a. 接合 b. 分离

1. 飞轮 2. 离合器片 3. 离合器罩 4. 压盘 5. 分离拉杆 6. 踏板 7. 拉杆 8. 拨叉 9. 离合器轴 10. 分离杠杆 11. 分离轴承套 12. 分离轴承 13. 弹簧

在飞轮上用螺钉固定着离合器罩，在离合器罩与压盘间装有多个离合器弹簧。弹簧均匀分布并加压在压盘上，使离合器片与飞轮紧压在一起。离合器片由薄钢板制成，两面都铆有衬片，以提高摩擦面的摩擦系数。离合器片与离合器轴以花键连接，并可在轴上做轴向移动。离合器轴的前端支承在曲轴尾端的轴承中。在离合器轴上套有分离轴承。压盘与离合器罩之间装有分离拉杆，拉杆的一端铰接分离杠杆。

由于离合器弹簧对压盘的压力很大，离合器接合时在飞轮和离合器片之间产生的摩擦力，将发动机曲轴的转矩传递给离合器轴。分离离合器时，踩下离合器踏板使分离轴承前移，加压于分离杠杆球头面，分离杠杆与分离拉杆铰接，分离拉杆带动压盘克服离合器弹簧的弹力向后移，离合器片与压盘和飞轮之间就出现间隙，摩擦力消失，切断动力。

重新接合离合器时，平缓地放回离合器踏板，在离合器弹簧的作用下，压盘逐渐将离合器片压向飞轮，摩擦力逐渐加大，离合器片平稳地带动离合器轴旋转，保证车辆的平稳起步，以减轻传动机构的冲击载荷。当离合器踏板完全放回后，离合器弹簧以规定的压力通过压盘将离合器片压紧在飞轮上，发动机曲轴的全部转矩传递给离合器轴。

有些拖拉机上使用双作用离合器，将发动机转矩由主、副离合器分别传递给驱动轮和动力输出装置。主、副离合器安装在一起，使用同一套分离和操纵机构。

在主离合器分离后，继续踩下离合器踏板到底时，切断了发动机传往动力输出轴的动力。双作用离合器的特点是：离合器踏板有两个行程，第一个行程是主离合器分离，副离合器不分离，即动力输出轴仍输出动力；第二个行程是主、副离合器都分离，动力完全不向后传递。接合离合器时，先接合副离合器，然后接合主离合器。

3. 离合器的正确使用

（1）接合离合器时，必须缓慢地放回离合器踏板，使压盘、离合器片和飞轮能柔和地接合，这样可减少离合器片和其他传动机构零件受到冲击负荷，延长使用寿命，并使车辆起步平稳。分离离合器时，必须迅速、彻底，避免离合器片处于半接合、半分离状态。

（2）车辆行驶时，不要把脚踩在离合器踏板上而使离合器处于半接合状态，否则会加速离合器片摩擦衬面的磨损，甚至因摩擦生热，温度升高而烧毁离合器片。

（3）按说明书规定，定期对离合器进行润滑，检查和调整。

三、变速器

（一）变速器的功用与类型

拖拉机都有变速器，其功用是在发动机转矩和转速不变的情况下，增大驱动轮的扭矩、降低转速；改变车辆的行驶速度和驱动力，以适应不同工况条件；改变车辆的行驶方向，即前进或后退；在发动机运转时，使车辆停车或拖拉机固定作业。

变速器分有级式和无级式两大类。有级式变速器是利用齿轮传递动力，变速器内装有齿数不同的多组齿轮副，以获得一定数量的传动比（即挡位），每个挡位对应的车辆速度不同。无级式变速器采用液压传递动力，可得到所需的任意传动比，即得到在一定范围内的任意行驶速度。

拖拉机普遍采用有级式变速器，因从事各种各样农田作业，拖拉机（特别是轮式拖拉机）挡位较多，一般有 8～12 个前进挡、2 个倒挡，国外轮式拖拉机挡位更多，履带拖拉机一般挡位略少一些。

（二）变速器的构造与工作原理

变速器安装在离合器之后，主要由变速机构、壳体及操纵机构组成。变速机构如图 2－6 所示，第一轴直接与离合器轴相连，即为变速器主动轴。安装在主动轴上的齿轮为主动齿轮，与主动齿轮啮合的为从动齿轮，安装在从动轴上，从动轴将动力输出变速器。从动齿轮与主动齿轮的齿数之比称为传动比，即

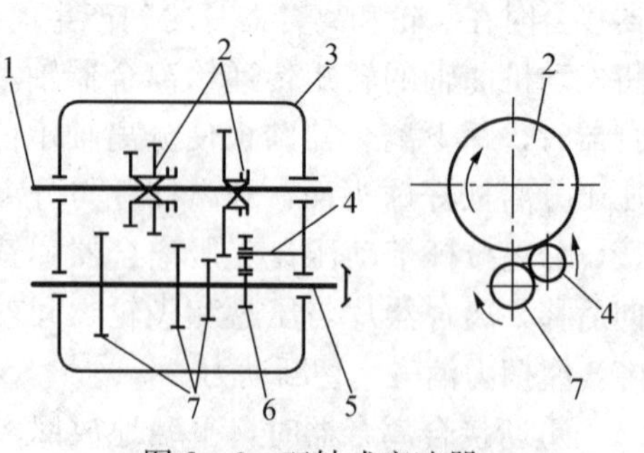

图 2－6 双轴式变速器

1. 第一轴 2. 滑动齿轮 3. 变速器外壳 4. 倒退轴和倒退挡齿轮 5. 第二轴 6. 倒挡从动齿轮 7. 固定齿轮

$$i=\frac{n_1}{n_2}=\frac{z_2}{z_1}$$

式中 n_1、n_2——主动轴与从动轴的转速；

z_1、z_2——主动齿轮与从动齿轮的齿数。

当主动轴转速 n_1 一定时，传动比 i 愈大（即变速器在低挡位），则从动轴的转速 n_2 愈

低，扭矩愈大；反之亦相反。由此可知，齿轮对数愈多，变速器的挡位也就愈多。在两个齿轮间加入中间齿轮，可改变从动轴的旋转方向而达到使车辆倒退行驶的目的。

（三）变速器操纵机构

变速器操纵机构一般由换挡机构、自锁机构、互锁机构组成，在某些拖拉机上还采用联锁机构（图2-7）。

1. 换挡机构　换挡机构的作用是移动滑动齿轮使之与相应的齿轮啮合，以达到变速、后退或停车的目的。它由变速杆、变速轴和变速叉组成。

2. 自锁机构（或称定位机构）　其作用是将变速轴锁定在需要的位置，防止工作中因振动而产生自动脱挡现象。

3. 互锁机构　用以防止变速时拨动两根变速轴而同时挂上两个挡位。常用的互锁机构为框架式（图2-8）及互锁销式（汽车上常采用）。

4. 联锁机构　用以防止离合器未彻底分离时进行变速而发生齿轮冲击（俗称打齿），仅在少数大中型拖拉机变速器上采用，其联动情况如图2-8所示。

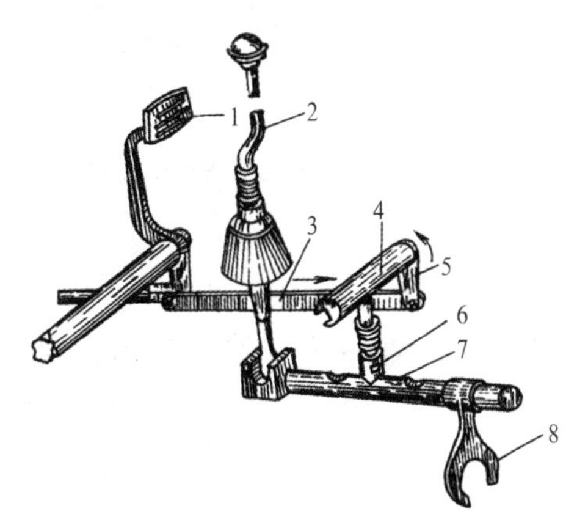

图2-7　变速器操纵机构
1. 离合器踏板　2. 变速杆　3. 推杆　4. 联锁轴
5. 联锁轴臂　6. 锁销　7. 变速轴　8. 变速叉

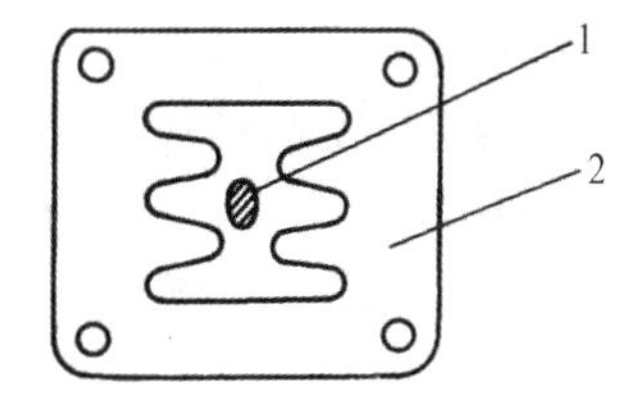

图2-8　互锁机构
1. 变速杆　2. 导向框架

四、后桥

拖拉机后桥（汽车称为驱动桥）是变速器与驱动轮之间所有传动部件及壳体的总称（不包括万向节传动），由中央传动、转向机构、最终传动及半轴等组成，参见图2-1、图2-2、图2-3。拖拉机后桥还包括动力输出装置。

1. 中央传动　中央传动的功用是进一步增大拖拉机传动系统的传动比，降低转速，增大扭矩，并改变动力旋转方向。中央传动由一对圆锥齿轮组成，小圆锥齿轮与变速箱从动轴制成一体或通过传动轴相连，由它驱动大圆锥齿轮，二者相交成直角，故改变了动力旋转的方向。在轮式拖拉机上，大圆锥齿轮装在差速器壳上，在履带式拖拉机中则装在后桥轴上。手扶拖拉机的中央传动因不需要改变动力旋转方向，故采用圆柱齿轮传动。

2. 最终传动　最终传动的功用是再一次增大传动比，降低转速，增大扭矩，然后将动力传递给驱动轮。最终传动的形式有圆柱齿轮式和行星齿轮式，采用圆柱齿轮式的较为普遍。

3. 动力输出装置 多数农机车作业过程中需要动力驱动，因此拖拉机上装有动力输出轴和动力皮带轮。动力输出皮带轮用于固定作业，如带动脱粒机、铡草机和排灌机械等。动力输出轴则主要用于移动作业机具的驱动动力，如旋耕机、收割机、秸秆还田机和植保机械等。

动力输出轴一般设在拖拉机后面，离地高度（600±100）mm。国产动力输出轴轴端均采用八齿矩形花键。动力输出轴可分为标准式和同步式两种，前者的转速与拖拉机各挡位的行驶速度无关，其标准转速在发动机额定转速时为（540±10）r/min［或（1 000±25）r/min］，旋向为顺时针；后者则与拖拉机各挡位的行驶速度成正比，即“同步”（图 2-9）。

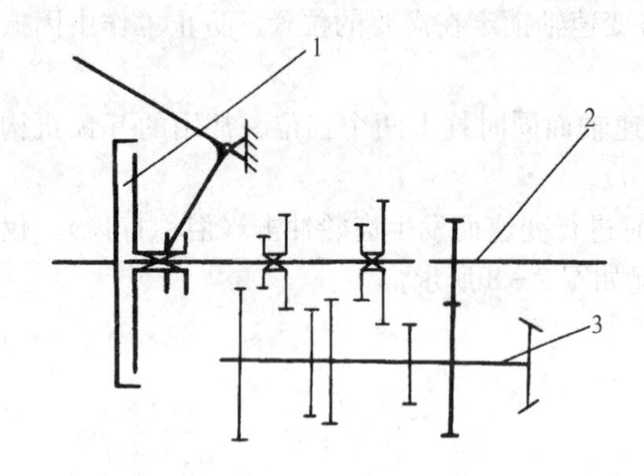

图 2-9　同步式动力输出轴

1. 主离合器　2. 动力输出轴　3. 变速箱第二轴

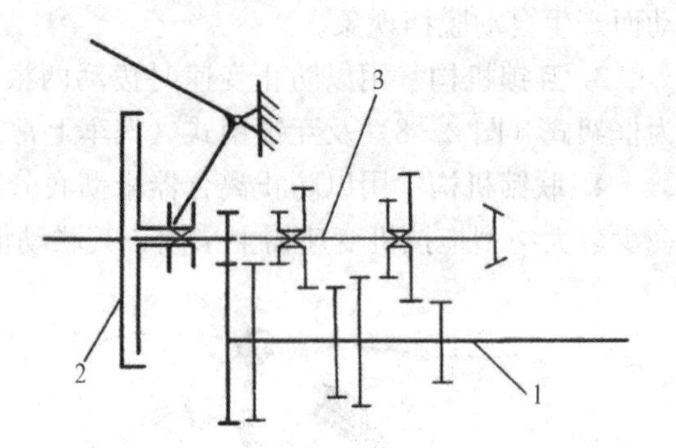

图 2-10　非独立式动力输出轴

1. 动力输出轴　2. 主离合器　3. 变速箱第二轴

根据操纵方式的不同，标准式动力输出轴又可分为非独立式、半独立式和独立式三种。非独立式动力输出轴从主离合器获得动力，主离合器分离时，动力输出轴停止转动（图 2-10）。半独立式动力输出是在拖拉机上采用了双作用离合器（图 2-11）。独立式动力输出要求用两套操纵机构分别操纵主、副离合器，动力输出与拖拉机的行驶互不影响（图 2-12）。

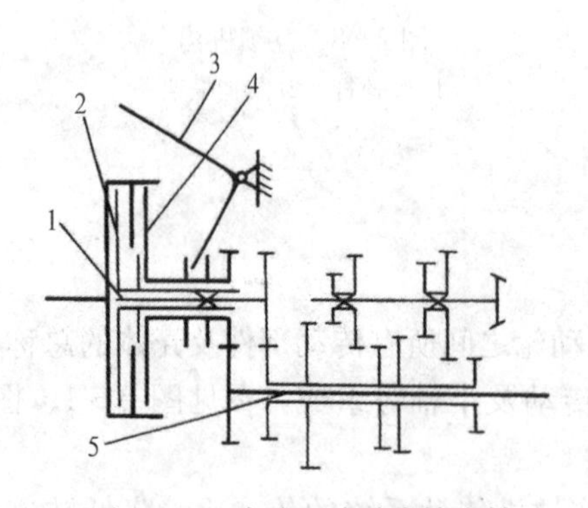

图 2-11　半独立式动力输出轴

1. 变速器第一轴　2. 变速器第一轴摩擦片
3. 离合器踏板　4. 输出轴摩擦片　5. 动力输出轴

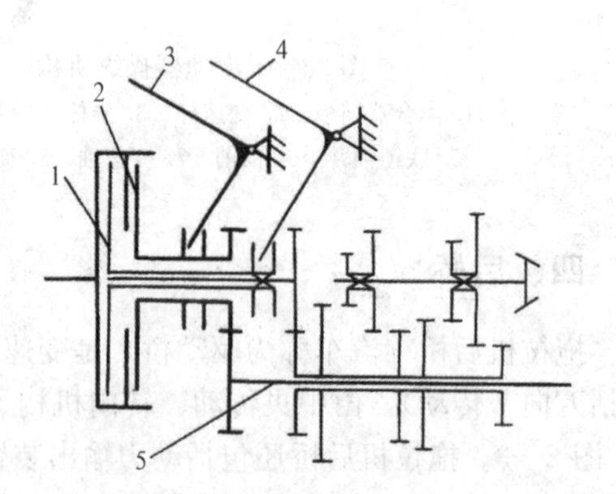

图 2-12　独立式动力输出轴

1. 主离合器摩擦片　2. 副离合器摩擦片
3. 副离合器踏板　4. 主离合器踏板　5. 动力输出轴

第三节　行 走 系

行走系的主要功用是把发动机传到驱动轮上的扭矩转变为拖拉机行驶时的驱动力，此外

还支承拖拉机的重量并减轻冲击和振动。

拖拉机的行走系主要有轮式和履带式两种。

一、轮式拖拉机行走系

轮式拖拉机的行走系主要包括车架、车桥、车轮和悬架。

(一) 车架

车架是整车的骨架、支承并连接拖拉机汽车的各零部件，承受来自车内外的各种载荷。轮式拖拉机的车架有半梁架式和无梁架式两种（图 2-13）。半梁架式车架的一部分是梁架，另一部分是传动系的壳体，而无梁架式车架则根本没有梁架，全部由各部件的壳体连成。

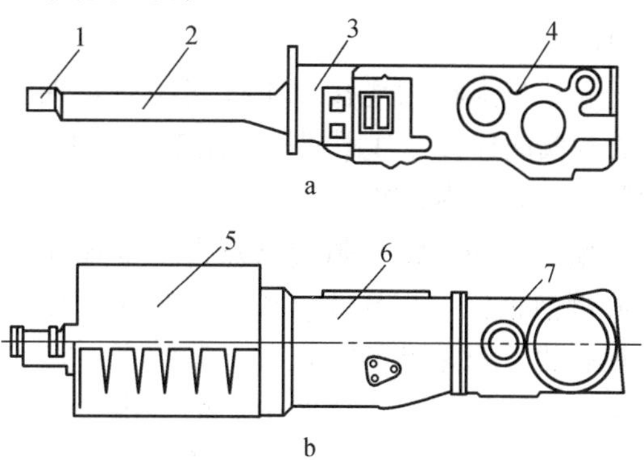

图 2-13　轮式拖拉机车架

a. 半梁架式车架　b. 无梁架式车架

1. 前梁　2. 纵梁　3. 离合器壳　4. 变速器和后桥壳　5. 发动机壳　6. 变速器壳　7. 后桥壳

(二) 车桥

车桥也称车轴，通过悬架和车架相连，两端安装车轮，其功用是传递车架与车轮之间各方向作用力。车桥又可分为转向桥、驱动桥、转向驱动桥和支持桥四种类型。一般拖拉机的前桥都为转向桥，而后桥则是驱动桥。为了增加牵引效率某些拖拉机的前桥也具有驱动力，则此时的前桥成为转向驱动桥。支持桥一般用在单桥驱动的三轴汽车上，主要起支承车身重量的作用。

图 2-14 所示为拖拉机的转向前桥。它主要由前轴、转向节支架、转向节主销、前轮轴和摇摆轴组成。机体与前桥通过摇摆轴铰接，因此，拖拉机在不平路面上行驶时可以使前轴横向摆动，保证拖拉机的两个前轮始终同时着地。

驱动桥由中央传动、差速器、半轴和驱动桥壳等组成（图 2-15）。其作用是将万向传动装置输入的动力经降速增扭、改变动力传递方向后，分配给左右驱动轮，使拖拉机行驶，并允许左右驱动轮以不同的转速旋转。

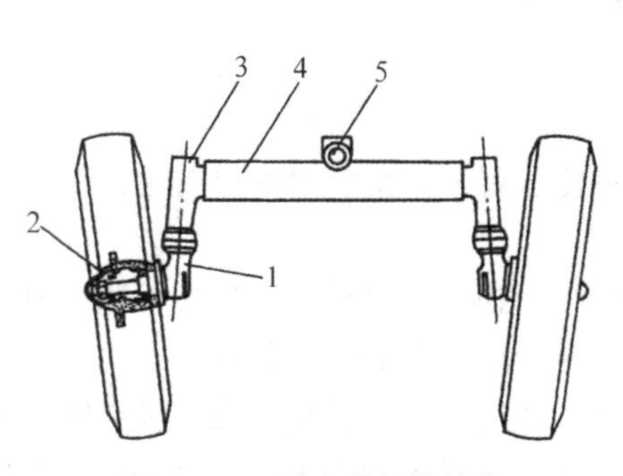

图 2-14　转向前桥的构造

1. 转向节主销　2. 前轮轴　3. 转向节支架　4. 前轴　5. 摇摆轴

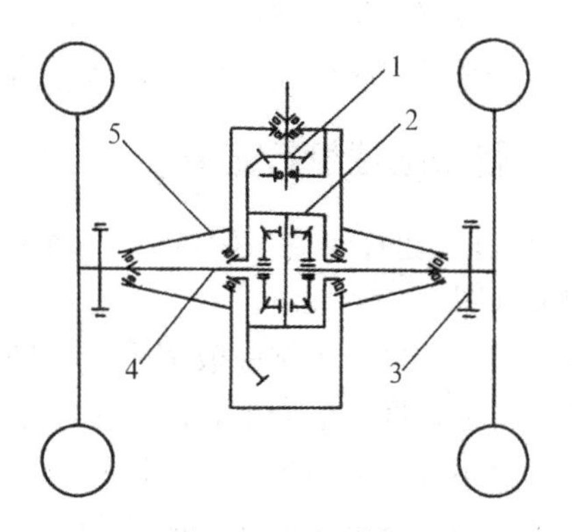

图 2-15　驱动桥

1. 中央传动　2. 差速器　3. 制动器　4. 半轴　5. 驱动桥壳

（三）车轮和悬架

轮式车辆通过车轮与路面接触，支承车辆的重量，减轻振动并确定车辆的行驶方向。除水田用的铁轮外，绝大多数车轮都采用低压充气轮胎，其组成包括轮胎（外胎和内胎）、轮圈、辐板和轮毂四部分（图2-16）。

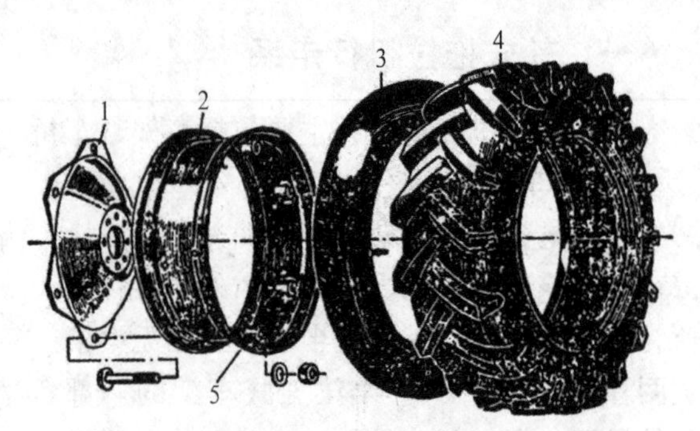

图2-16 车轮组成
1. 辐板 2. 轮圈 3. 内胎 4. 外胎 5. 连接凸耳

轮毂与辐板相连接，轮毂安装在轮轴上，轮圈的连接凸耳用螺栓固定在辐板上，轮圈上再安装内、外胎。

拖拉机的后轮为驱动轮并支承着拖拉机后部的重量。与其他轮式车辆相比，轮式拖拉机的行走系的结构有一些特点，这是由它的特殊工作条件所决定的。由于田间土壤较松软、潮湿，土壤产生附着力的条件较差，而拖拉机拖带农机具在田间作业时需要较大的牵引力，因此拖拉机大部分的重量要集中在驱动轮上，以增加产生附着力的重量。为了能够承受这个重量，同时增加与土壤的接触面积，驱动轮大多采用直径较大的低压轮胎，而且表面上都有凸起的花纹。另外，拖拉机在田间作业时需要经常调头、转弯，为了减少在田间土壤条件下的转向困难，导向轮都是采用小直径的，且胎面大都具有一条或数条环状花纹，以增加防止侧滑的能力。拖拉机进行中耕作业时，田间农作物已长到一定高度，为了不伤害这些作物，拖拉机应有合适的农艺离地间隙，即跨在农作物行上的机体的最低点离地面的距离。有的拖拉机的离地间隙也做成可调节的。此外，为了适应各种作物的不同行距，防止压苗和伤苗，拖拉机的前后轮的轮距也应该可以调节。

轮胎的规格用轮胎断面宽度—轮圈直径表示，单位为英寸*（in）。例如：9.00—20表示轮胎断面宽度为9in，而轮圈直径为20in。

悬架是车架与车桥（或车轮）之间的弹性连接的传力部件，具有缓冲、减振、导向等作用。由于拖拉机的田间作业速度都不高，加之低压轮胎本身具有一定的减振和缓冲作用，所以不少拖拉机都不采用弹性悬架，而使后桥与机体刚性连接，前轴与机体铰链连接。在有些拖拉机上，为了适应运输速度的提高，前轴采用了弹性悬架。

二、履带拖拉机行走系

履带拖拉机的行走系由车架、驱动轮、支重轮、履带张紧装置和导向轮、托带轮以及履带等组成（图2-17）。

履带式拖拉机的车架一般都采用全梁架式结构，相当于汽车的框架式车架。拖拉机的所有部件都安装在这个框架上，同时车架也承受着来自车内外的各种载荷。

驱动轮用以驱动履带，保证拖拉机行驶。悬架用以连接支重轮和拖拉机机体，机体的重量经悬架传递给支重轮；同时履带和支重轮在行驶中所受的冲击也通过悬架传到机体上。东

* 英寸为非法定计量单位，1in=25.4 mm。

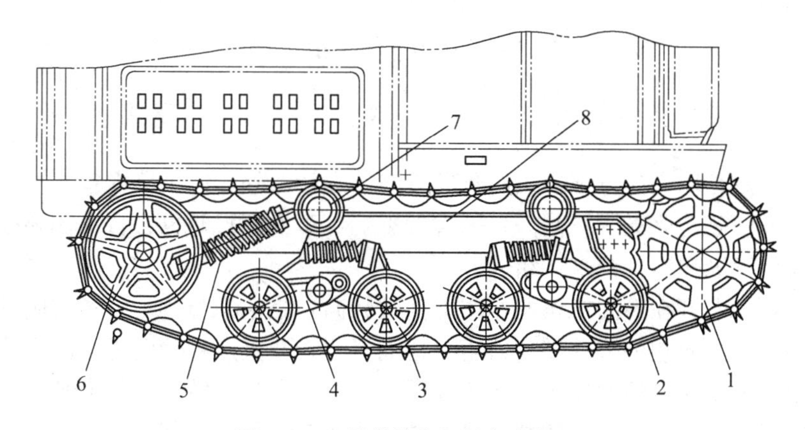

图 2-17　履带拖拉机的行走装置

1. 驱动轮　2. 履带　3. 支重轮　4. 台车　5. 张紧装置
6. 导向轮　7. 托带轮　8. 车架

方红-802采用的是弹性悬架，其构造和原理如图 2-18 所示。

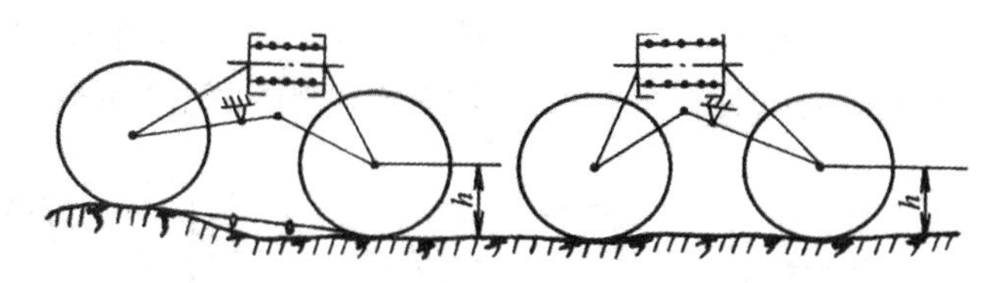

图 2-18　弹性悬架

支重轮支承拖拉机的重量，并在履带的轨面上滚动，同时还用来夹持履带，不使履带侧向滑脱。托带轮托住履带防止其过度下垂，并防止履带侧向脱落。

张紧装置使履带保持一定的张紧度，减少履带在运动中的振跳现象，并防止履带过松在转弯时脱落。农用拖拉上常用曲柄式张紧装置（图 2-19），张紧装置的弹簧既是张紧弹簧，也是缓冲弹簧，当履带遇到障碍或履带中卡入石块等硬物时，导向轮能压缩弹簧向后移动。导向轮是张紧装置的一部分，并引导履带运动的方向。

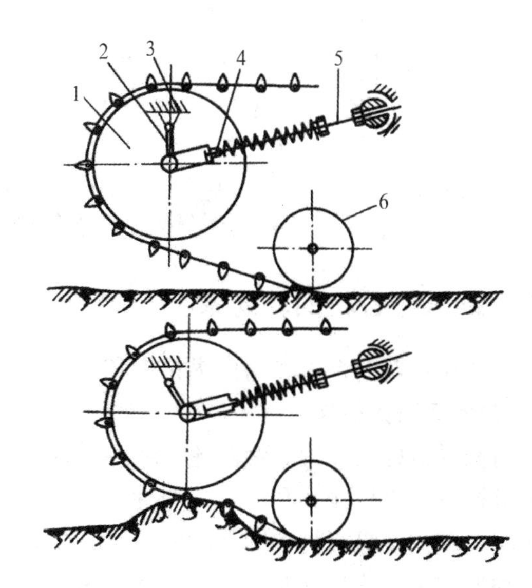

图 2-19　曲柄式张紧机构

1. 导向轮　2. 曲柄　3. 支点　4. 缓冲弹簧　5. 螺杆　6. 支重轮

履带的功用是承受拖拉机的重量，并将它分布在较大的支持面上，以减少单位面积的接地压力，同时产生足够的附着力。另外，履带板接地的两端铸有履带刺，起抓地、减少履带打滑的作用。

第四节 转 向 系

一、转向系功用与转向方式

转向系的功用是用来操纵拖拉机的行驶方向。除转弯外，由于路面条件及车辆自身技术状况（轮式车辆两侧轮胎气压不同等）因素的影响，车辆直行时也会自动偏离原来的行驶方向，这时也需要操纵转向机构来“纠偏”。

拖拉机之所以能够在转向机构的作用下实现转向，是地面与行走装置之间的相互作用使车辆产生了与转弯方向相一致的转向力矩。地面对行走装置产生转向力矩的方式——转向方式有三种：第一种是靠车辆的轮子（前轮或后轮）相对车身偏转一个角度来实现；第二种是靠改变行走装置两侧的驱动力来实现；第三种是既改变两侧行走装置的驱动力，又使轮子偏转。大多数轮式拖拉机采用第一种转向方式，履带拖拉机和无尾轮手扶拖拉机采用第二种转向方式，有尾轮手扶拖拉机及轮式拖拉机在某种情况下（在田间作业使用单边制动器协助转向）采用第三种转向方式。

轮式拖拉机、农用运输车及工程上应用的各种轮式车辆（铲运机、挖掘机）等，均采用车轮偏转的方式实现转向。车轮偏转方式有四种（图 2-20），即前轮偏转、后轮偏转、前后轮同时偏转和折腰转向。轮式拖拉机和农用运输车一般均采用前轮偏转的方式进行转向。

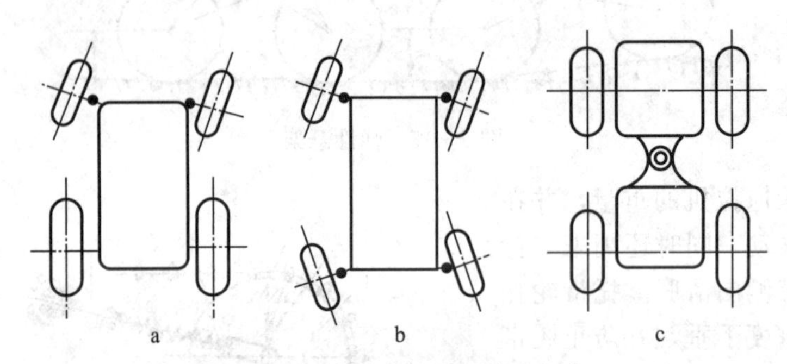

图 2-20 轮式拖拉机的转向方式

a. 前轮偏转 b. 前后轮同时偏转 c. 折腰转向

二、轮式拖拉机的转向系

轮式拖拉机转向系由转向操纵机构和差速器组成。

（一）转向操纵机构

转向操纵机构的功用是使前轮（或称转向轮）偏转。根据转向操作的主要动力来源，转向操纵机构可分为机械式和液压式两种。

机械式转向操纵机构如图 2-21 所示，主要由方向盘、转向器和传动杆件等组成。转向器有多种形式，如蜗杆蜗轮式、球面蜗杆滚轮式、螺杆螺母循环球式和曲柄指销式等。由转向节臂、横拉杆、转向拉杆和前轴构成了一个梯形四杆机构，简称为转向梯形，其功用是转向时使两侧前轮的偏转角保持一定的关系。转向梯形相对于前轴的布置分前置式和后置式(图2-22)。

液压式转向是利用液压动力代替了人的大部分操纵力，当转动方向盘时，压力油液进入

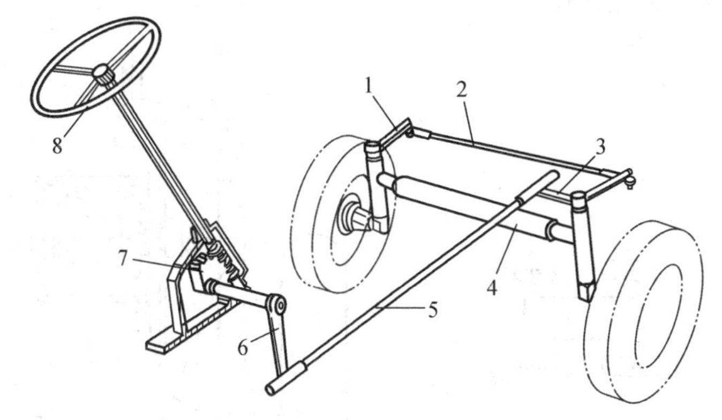

图 2-21　轮式拖拉机的转向机构

1. 转向节臂　2. 横拉杆　3. 转向拉杆　4. 前轴
5. 纵拉杆　6. 转向摇臂　7. 转向器　8. 方向盘

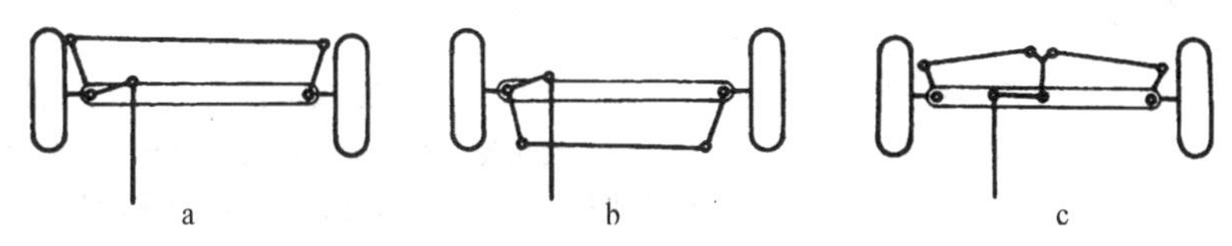

图 2-22　转向梯形的布置方案

a. 前置梯形　b. 后置梯形　c. 前置梯形横拉杆分段式

动力油缸，从而通过杆件与转向梯形使两前轮偏转。

（二）差速器

差速器的功用是保证轮式拖拉机在直线行驶时两驱动轮转速相同，而转弯或在不平路面行驶时两驱动轮转速不同。因为轮式拖拉机在转弯时，外侧驱动轮走过的路程比内侧长（图 2-23），要求外侧驱动轮比内侧转动得快一些。否则，外侧驱动轮与地面产生滑移，不但易磨损轮胎，而且转向困难。

差速器组成如图 2-24 所示。中央传动大锥齿轮固定安装在差速器壳上，行星齿轮安装在差速器壳上的行星齿轮轴上，可随轴一起公转和绕轴自转。

拖拉机直线行驶时，中央传动小圆锥齿轮带动大圆锥齿轮旋转。大圆锥齿轮带动差速器外壳旋转。作用在外壳的扭矩通过行星齿轮轴传递给行星齿轮，然后再通过行星齿轮的轮齿平均地分配给与之啮合的两半轴齿轮。两半轴齿轮在行星齿轮轮齿的驱动下随同差速器外壳以相同速度绕半轴轴线一起旋转，并获得相同的扭矩。这时两驱动轮转速相同，行星齿轮相对本身轴线无旋转运动。

拖拉机转弯时，内、外两侧行走轮受到的阻力不同。内侧所受的阻力较大，使内侧的半轴齿轮不能随同差速器外壳一起旋转，二者产生了速度差。内侧半轴齿轮的转速低于差速器外壳的转速，迫使行星齿轮必须围绕本身轴线做旋转运动。行星齿轮的转动带动了外侧半轴齿轮做与差速器外壳旋转方向相同的转动，使外侧半轴转速高于差速器外壳，其相对于差速器外壳超前的旋转速度等于内侧半轴齿轮落后于差速器外壳旋转的速度；亦即拖拉机转弯时内侧驱动轮受到阻力而减少的速度将全部增加到外侧的驱动轮上去，使两驱动轮的速度有所不同。这就是差速器的差速作用。

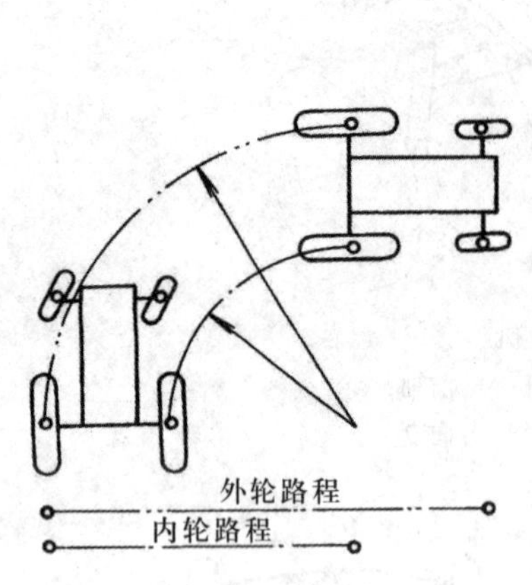

图 2-23　轮式拖拉机的转向

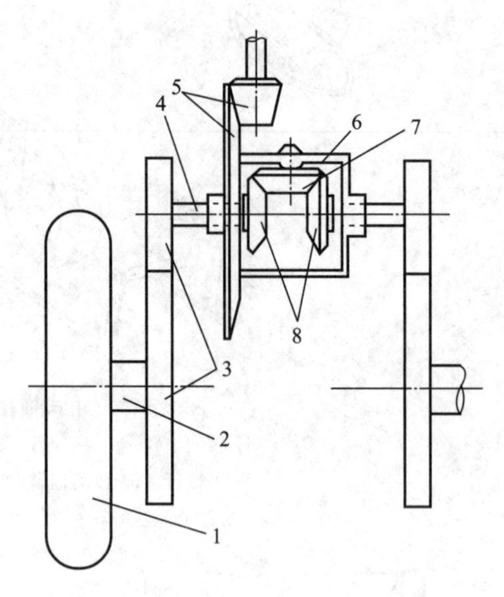

图 2-24　轮式拖拉机上的差速器

1. 行走轮　2. 轮轴　3. 边减速齿轮　4. 半轴
5. 中央传动齿轮　6. 差速器壳　7. 行星齿轮　8. 半轴齿轮

轮式拖拉机安装差速器后，降低了在泥泞、易滑地面上的通过能力，例如一侧驱动轮陷入泥泞地中，而另一侧驱动轮在坚实的地面上，即前者转动的阻力小于后者。由于差速器的作用，使陷入泥泞中的驱动轮严重打滑，而处在坚实地面上的驱动轮根本不转动，于是车辆在原地不能前进。为了防止发生这种现象，轮式拖拉机上设有差速锁，使差速器不起作用，两根半轴连接成如同一根刚性的整轴，使拖拉机行驶出陷车的地段。

三、履带及手扶拖拉机转向系

履带及手扶拖拉机转向方式与汽车、轮式拖拉机不同，它是改变两侧驱动轮（履带）的驱动力而转向的。有尾轮手扶拖拉机，利用尾轮偏转协助转向。

（一）履带拖拉机转向系

履带拖拉机转向系由转向机构与转向操纵机构组成。转向机构分为摩擦式转向离合器和双差速器两种，前者应用较普遍。

履带式拖拉机的转向离合器分左、右两个，分离任一侧驱动轮上的动力，使两侧驱动轮有不同的驱动扭矩，以实现转向。急转弯或原地转弯时，还需要制动器的配合。

转向离合器由主动鼓、从动鼓、主动片、从动片（摩擦片）、弹簧、压盘、分离轴承和操纵机构等组成。转向离合器的工作过程与主离合器基本相同，只是传递的转矩比主离合器大，所以摩擦片是多片的。其工作过程见图 2-25。

中央传动的大圆锥齿轮带动横轴左、右两端的主动鼓，其外圆齿槽上松动地套着多片主动片，每两片主动片之间有一片从动片（两面铆有摩擦衬面）。从动片的外齿与从动鼓的内齿套合。从动鼓用螺栓固定在从动鼓接盘上，通过它带动最终传动小减速齿轮。6 副大小弹簧通过拉杆将压盘压向主动鼓，使主动片和从动片压紧。分离轴承用螺母压紧在压颈部，分

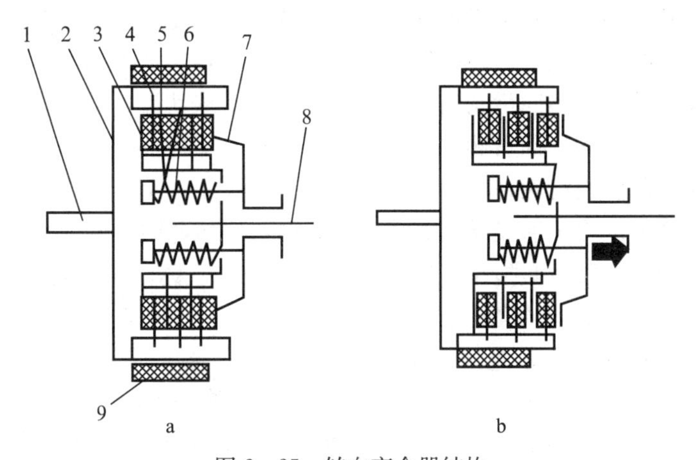

图 2-25　转向离合器结构

a. 接合　b. 分离

1. 从动轴　2. 从动鼓　3. 主动鼓　4. 从动片　5. 主动片
6. 压紧弹簧　7. 压盘　8. 主动轴　9. 带式制动器

离拨叉使分离轴承做轴向移动，以带动压盘随之动作。

分离拨叉未拨动分离轴承时，两侧转向离合器皆处在接合状态（图 2-25a)。当扳动一侧分离拨叉，拨动分离轴承拉动压盘压缩弹簧，使主动片与从动片的压紧力减少到完全不能传递扭矩时，这一侧就失去了驱动力（图 2-25b），但另一侧仍有驱动力，于是拖拉机就向失去驱动力的一侧转弯。

转向离合器和制动器在转向时的操作顺序：先拉动转向离合器操纵杆并拉到底，使动力彻底分离后，再踩下制动器踏板制动转向离合器的从动鼓。转向完成后，应先松回制动器踏板，然后再松回转向离合器操纵杆。在踩下制动器踏板时应点踩（即踩到底后松回，再踩下去，又松回，重复动作），而不应踩下去不放，致使履带拖拉机向一侧做原地转弯；或者用不踩到底的方法使拖拉机逐渐转弯，这样会加速摩擦衬片的磨损。

（二）手扶拖拉机转向系

手扶拖拉机的转向机构为牙嵌式转向离合器（图 2-26），它设在变速器内，由转向拨叉、转向齿轮、牙嵌式离合器、转向弹簧、转向轴以及中央传动从动齿轮和转向把手、拉杆、转向臂等组成。在中央传动从动齿轮两端和左、右两个转向齿轮的内端面都有接合爪，组成左、右两副牙嵌式离合器。

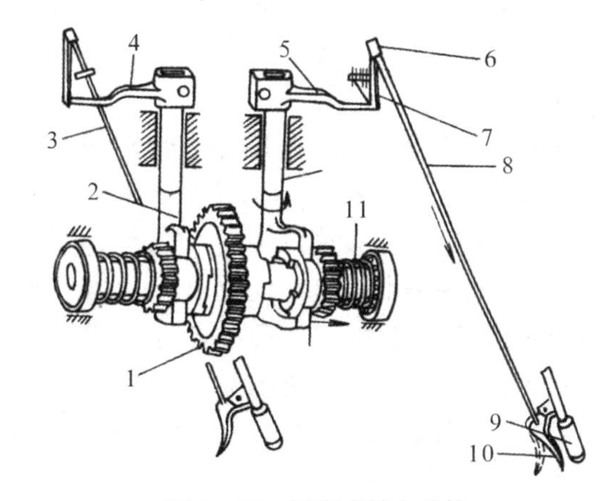

图 2-26　牙嵌式转向机构

1. 中央传动从动齿轮　2. 左转向拨叉　3. 左转向拉杆
4. 左转向臂　5. 右转向臂　6. 转向节叉　7. 右转向杠杆
8. 右转向拉杆　9. 转向手把套　10. 转向手把　11. 转向弹簧

拖拉机直线行驶时，左、右两个转向齿轮的接合爪在转向弹簧的压力作用下，和中央传动从动齿轮接合爪嵌合在一起，动力通过牙嵌式离合器传到转向齿轮和最终传动齿轮，使两个驱动轮得到相等的扭矩而前进。

需要向左侧转弯时，捏住左边转向把手，通过拉杆、转向臂拉动转向拨叉，使左边的转向齿轮压缩弹簧向左移动，转向齿轮的接合爪与中央传动从动齿轮的接合爪分离，动力被切断，左侧的驱动轮停止转动，而右侧驱动轮仍照常转动，于是拖拉机向左转弯。转弯后，松回转向把手，则左侧的转向齿轮在弹簧压力作用下向右移动，重新使接合爪与中央传动从动齿轮接合爪嵌合，恢复动力传递又继续直线行驶；向右侧转弯时，则与上述相反。

拖拉机从坡上向下行驶时，拖拉机有向下的冲力，这时发动机起着制动作用，阻止驱动轮滚动。如果这时捏住一侧的转向把手，切断传递到这一侧驱动轮的动力，则这一侧的驱动轮失去了发动机的制动作用，车轮滚动速度反而大于另一侧，拖拉机就向另一侧转向。因此，下坡时要采用"反向"操作，即向左转弯，捏住右边转向把手。

手扶拖拉机是对变速器中央传动主动部分进行制动，因此不能进行协助转向的单边制动。有尾轮的手扶拖拉机可借助尾轮偏转协助转向。

第五节 制 动 系

一、制动系功用与组成

制动系的功用是按需要使拖拉机减速或在最短距离内停车；下坡行驶时限制车速；协助或实现转向；使拖拉机可靠地停放原地，保持不动。

制动系由制动器和传动机构组成。制动器产生摩擦力矩，迫使车轮减速和停转；传动机构将驾驶员的操纵力或其他能源的作用力传递给制动器，使之产生摩擦力矩。

二、制动器及传动机构

拖拉机上广泛采用摩擦式制动器，它由静止部分和旋转部分两部分组成，静止部分固定在车架或机壳上，旋转部分则固定在车轮或传动轴上。摩擦式制动器按其结构可分为带式、蹄式和盘式三种。

带式制动器多用于履带拖拉机的转向机构中，它的制动元件为一条铆有摩擦衬片的环形钢带，旋转元件是一个称为制动鼓的金属圆筒（图 2-27）。制动时驾驶员踩下制动踏板，通过拉杆将力作用于制动带的一端，使之收紧，抱住制动鼓，从而实现制动作用。

蹄式制动器在拖拉机上广泛应用，它的制动元件是形似马蹄的两块制动蹄，一端铰链在静止不动的底板上，另一端可径向运动。旋转元件是一个薄壁短圆筒，即制动鼓，其结构如图 2-28 所示。制动时，轮缸内油压升高，推动活塞向两端移动，于是制动蹄片张开并压紧在制动鼓的内摩擦表面，产生摩擦力矩，实现制动作用。

盘式制动器则在各级轿车和轻型货车上有着广泛的应用。其旋转元件为一金属圆盘，称为制动盘；其固定元件为制动钳（图 2-29）。制动时液压作用力 p_1 推动活塞，使内侧制动块压靠制动盘，同时钳体上受到的反力 p_2 使钳体连同固装在其上的外侧制动块靠到制动盘的另一侧面上，这样制动钳夹紧制动盘，实现制动。

传动机构按其制动力的来源不同，可分为机械式、液压式和气压式三种。拖拉机多用机械式传动机构，而汽车则多用液压式和气压式传动机构。

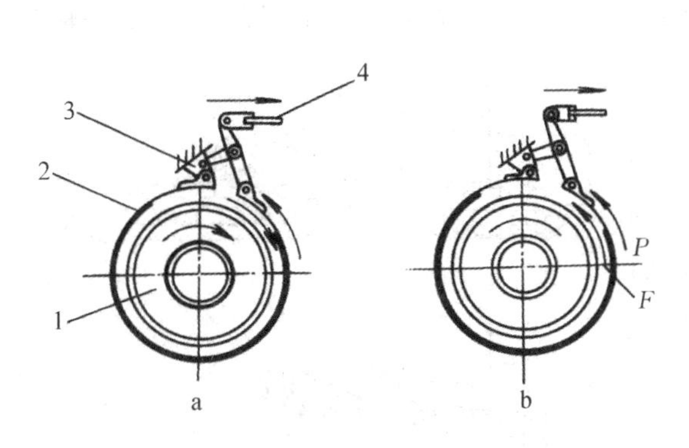

图 2-27　单端拉紧带式制动器工作示意图

a. 拖拉机向前行驶时制动情况　b. 拖拉机倒退时制动情况

1. 制动鼓　2. 制动带　3. 支架　4. 拉杆

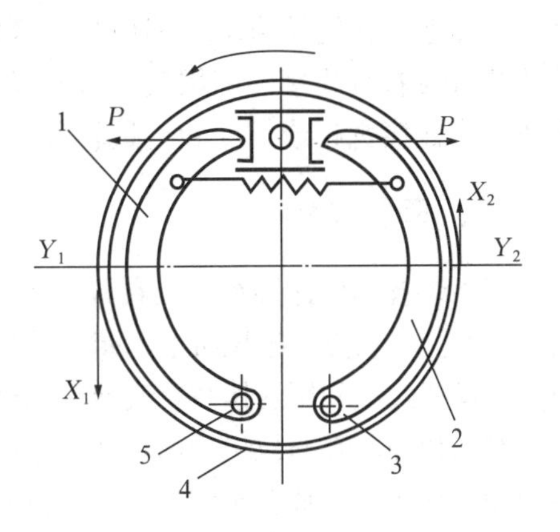

图 2-28　蹄式制动器

1. 前制动蹄　2. 后制动蹄

3、5. 支承销　4. 制动鼓

图 2-30 所示为机械传动驻车制动器。制动时，用手握住驻车制动杆并按下按钮，打开锁止棘爪，然后提起制动杆，通过传动杆、摇臂使拉杆向下运动，通过摆臂使凸轮轴转动，凸轮顶开制动蹄、实现制动。松开手后，锁止棘爪将驻车制动杆锁紧在齿扇板的该位置上。

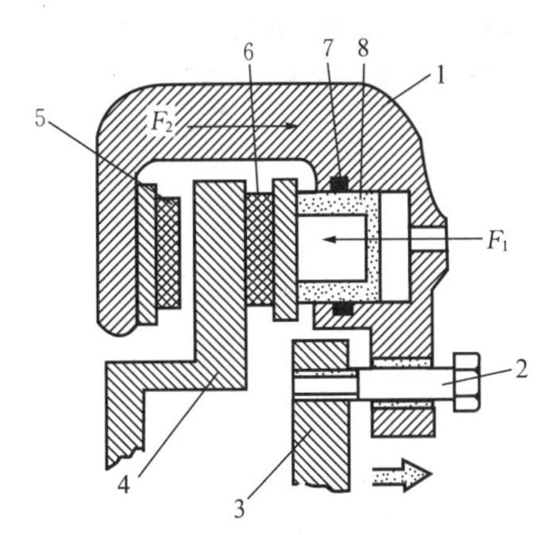

图 2-29　浮钳盘式制动器

1. 钳体　2. 滑销　3. 制动钳支架　4. 制动盘

5. 固定制动块　6. 活动制动块

（带摩擦块磨损报警装置）

7. 活塞密封圈　8. 活塞

F_1、F_2. 液压的作用力和反作用力

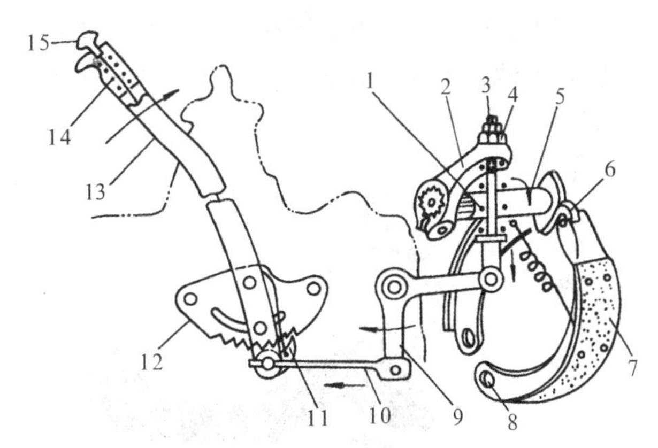

图 2-30　机械传动驻车制动器

1. 压紧弹簧　2. 摆臂　3. 拉杆　4. 调整螺母

5. 凸轮轴　6. 滚轮　7. 制动蹄　8. 偏心支承销

9. 摇臂　10. 传动杆　11. 锁止棘爪　12. 齿扇

13. 驻车制动杆　14. 拉杆弹簧　15. 按钮

第六节　动力输出与控制系统

一、拖拉机与农具的连接方式

拖拉机与农具有三种连接方式（图 2-31）。一是牵引式连接，拖拉机后面有牵引装置，直接以一点牵引农具。二是悬挂式连接，拖拉机上的悬挂机构与农具连接，使农具直接以两

点或三点悬挂在拖拉机上，利用液压或机械方式使其升降。三是半悬挂式连接，拖拉机上的悬挂装置与农具连接，利用液压只升降农具的工作部件，不能使整台农具起落。这种连接方式适合于连接宽幅或长度和重量较大的农具。

二、牵引装置

牵引装置用以连接牵引式农具。连接农具的铰连点称为牵引点。拖拉机上的牵引装置有牵引板式、摆杆式和利用悬挂装置改装等三种形式。

牵引板固定在拖拉机后面，通过牵引叉、牵引销和农具连接，牵引叉可以在一定范围内左右摆动，以便连接农具。牵引板横向有孔，供不同位置的牵引点选用。牵引点的高度可以通过改变牵引板与牵引托架的安装位置调节（图2－32）。

摆杆与拖拉机的铰连点多设在拖拉机驱动轮轴线之前，摆杆可以绕铰连点摆动。摆杆的后端直接与农具连接，不需另装牵引叉（图 2－33）。如果用插销插入摆杆和牵引板的孔中，摆杆就不能摆动，可用于倒车。牵引板上有一排孔，可横向调节牵引点的位置，但牵引点的高度不能调节。

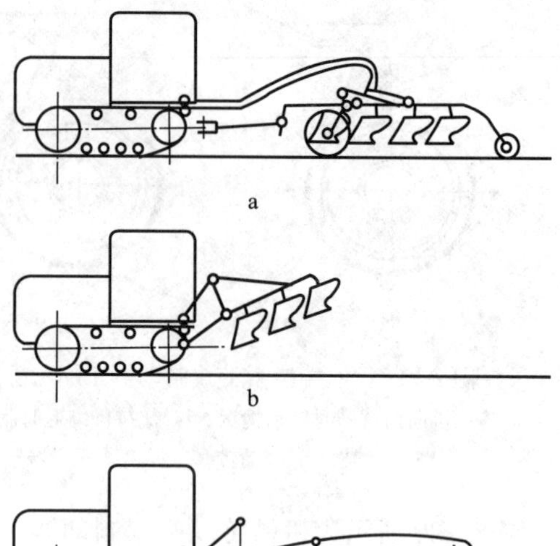

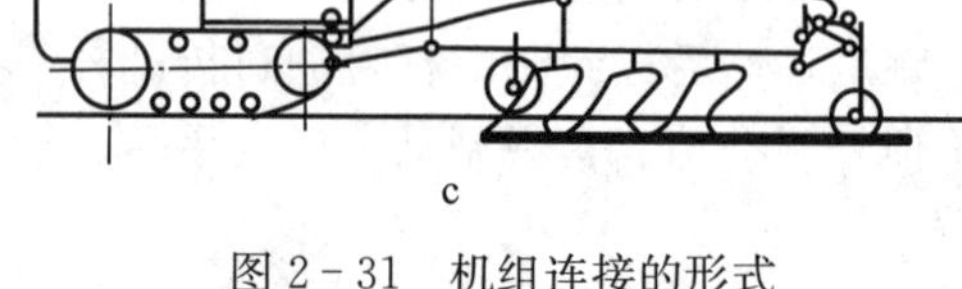

图 2－31　机组连接的形式

a. 牵引式连接　b. 悬挂式连接　c. 半悬挂式连接

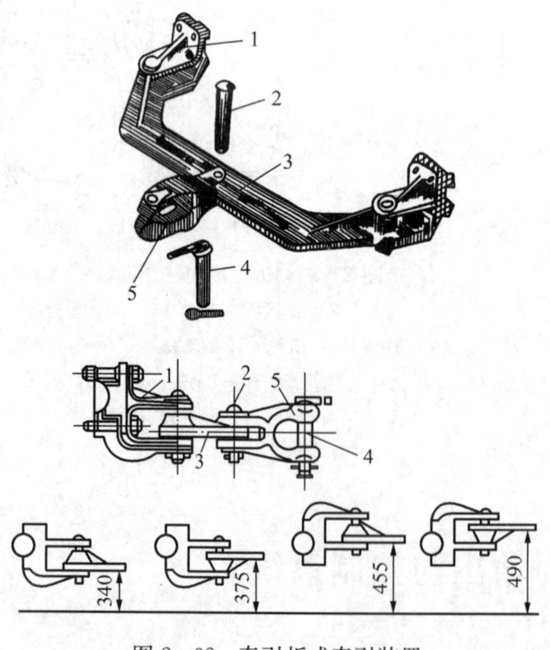

图 2－32　牵引板式牵引装置

1. 牵引托架　2. 插销　3. 牵引板　4. 牵引销　5. 牵引叉

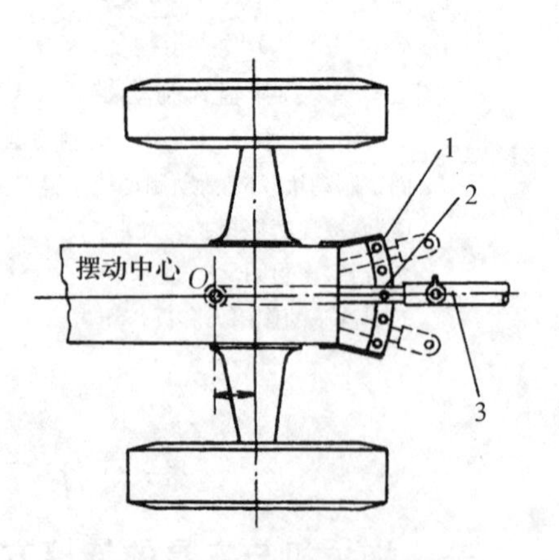

图 2－33　摆杆式牵引装置

1. 牵引板　2. 牵引叉　3. 辕杆

牵引板式牵引装置结构简单，但牵引力是通过驱动轮轴线后面的牵引点的，转向时，会

产生一个阻止转向的力矩。牵引点距离驱动轮轴线愈远，转向愈困难。摆杆式牵引装置的摆动中心在驱动轮轴线的前方，故牵引农具转向比较轻便。

三、液压悬挂系统

液压悬挂系统由液压系统、悬挂装置和操纵机构组成（图 2－34）。

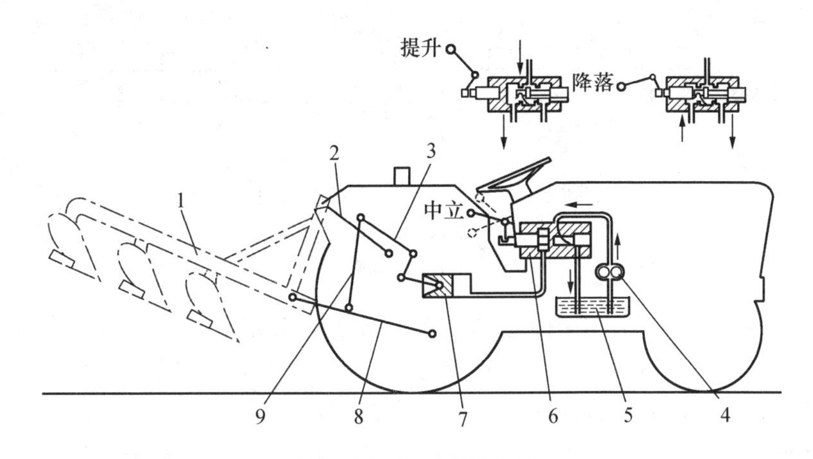

图 2－34　液压悬挂系统

1. 农具　2. 上拉杆　3. 提升臂　4. 油泵　5. 油箱
6. 主控制阀（滑阀）　7. 油缸　8. 下拉杆　9. 提升杆

（一）液压系统的组成

液压系统是利用液体压力使农具升降和自动控制农具的离地高度或作业深度。它的组成包括油泵、油缸、分配器以及油管和滤清器等。

1. 油泵　油泵的功用是输出具有一定压力和流量的油液，以供液压悬挂系统使用。国产拖拉机液压系统常用齿轮泵和柱塞泵。齿轮泵是利用一对互相啮合的齿轮来完成吸油和压油的过程。柱塞泵由柱塞和油缸组成，柱塞固定在框架上，由偏心轮驱动。偏心轮旋转一周，每个柱塞吸油、压油各一次。齿轮油泵体积小，结构简单，质量轻，应用较广，其工作原理如图 2－35 所示。当主动齿轮带着从动齿轮一起旋转时，两齿轮在吸油腔一侧的齿脱离啮合，使吸油腔容积增大，产生真空吸力，油液被吸入吸油腔。随着齿轮的旋转，油液被带到压油腔一侧，而此时压油腔一侧两齿轮的轮齿正趋于啮合，使得压油腔容积减小，压力增大，油液被压出。

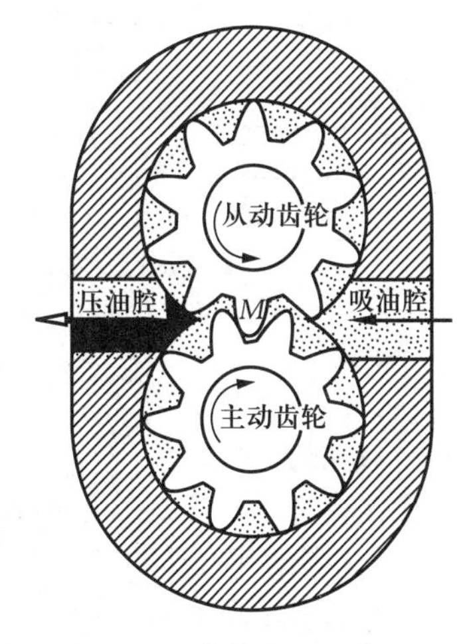

图 2－35　齿轮油泵工作原理

2. 油缸　油缸由缸筒和活塞组成，油泵输出的高压油液经分配器进入油缸，推动活塞运动，通过活塞杆使提升轴转动，带动提升臂提升农具。油缸有单作用式和双作用式两种（图 2－36）。单作用式油缸只有一个油腔，高压油液进入时提升农具，靠农具自重将油腔内油液排出而下降。双作用式油缸有两个油腔，高压油液能从任一腔进入推动活塞运动，一腔进油时，另一腔内的油液则被排出；因此，除可提升农具外，它还可压迫农具下降强制入土。

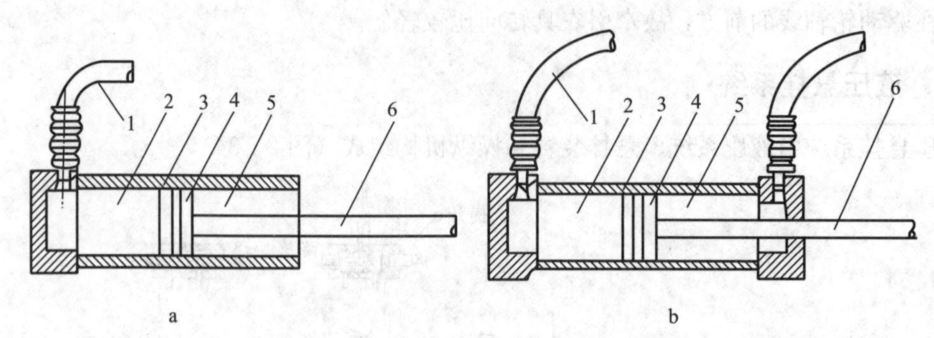

图 2-36　单作用式和双作用式油缸

a. 单作用式油缸　b. 双作用式油缸

1. 油管　2. 无杆腔　3. 缸筒　4. 活塞　5. 有杆腔　6. 活塞杆

3. 分配器　分配器的功用是用来控制油液的流向，决定油缸油腔内的压力。分配器由分配器壳体、控制阀和弹簧等组成。控制阀通常包括主控制阀（或称滑阀）、回油阀、单向阀和安全阀（有的安全阀安装在油泵上）等。它们的作用都是和分配器壳体上的通道相配合，以控制油液进、出油缸或将油液封闭在油缸内，使农具处在“提升”“下降”或“中立”位置。安全阀的作用是控制液压系统内的最大工作压力。

根据油泵、分配器和油缸等部件在拖拉机上的布置不同，液压系统可分为分置式、整体式、半分置式三种形式。分置式液压系统的油泵、分配器、油缸分别布置在拖拉机不同部位上，以油管相连，如图 2-37a 所示。整体式液压系统的油泵、分配器、油缸装在拖拉机的同一壳体内，组成一个整体（图 2-37b）。半分置式液压系统的分配器和油缸组成一体，称为提升器，而油泵则单独安装（图 2-37c）。

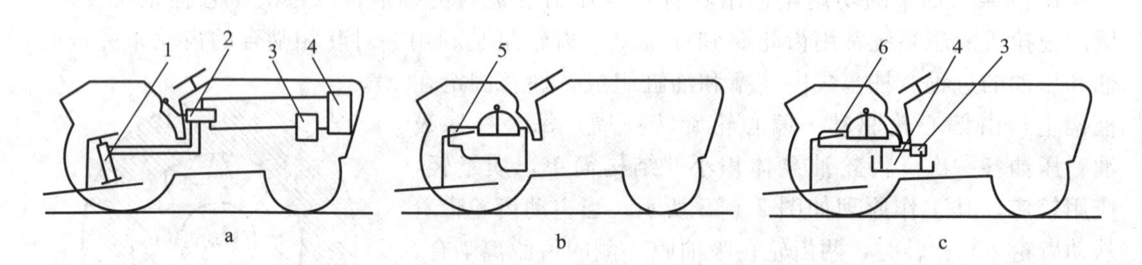

图 2-37　液压系统的布置形式

a. 分置式　b. 整体式　c. 半分置式

1. 油缸　2. 分配器　3. 油泵　4. 油箱　5. 提升器壳体　6. 提升器

（二）悬挂装置

悬挂装置是拖拉机与悬挂农具连接的杆件机构，有三点悬挂和两点悬挂两种形式（图 2-38）。前者应用较为广泛，后者用于大功率拖拉机的重负荷作业，如耕地作业。

悬挂装置由提升臂、提升杆、上拉杆和下拉杆等组成。提升杆的长度可以调整。有的拖拉机上提升杆下端与下拉杆连接的销孔为长槽孔，适用于宽幅农具如中耕机，它可提高其对地面不平的仿形性能。上拉杆通过可调螺管将它伸长或缩短来调节农具的前后水平；在悬挂农具用于运输时，可缩短上拉杆，提高机组的通过性能。

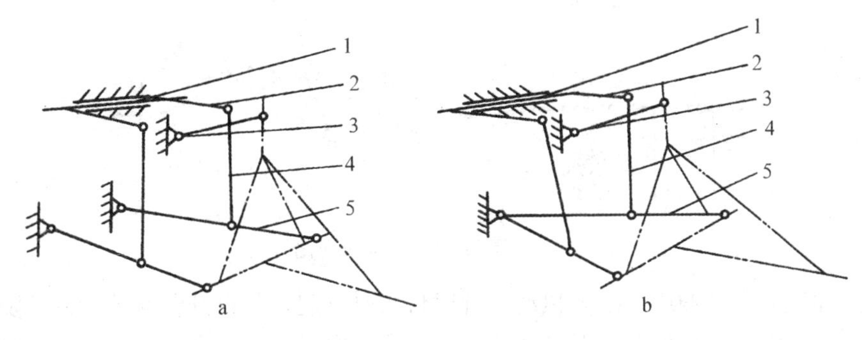

图 2-38　两点悬挂和三点悬挂

a. 三点悬挂机构　b. 两点悬挂机构

1. 提升轴　2. 提升臂　3. 上拉杆　4. 提升杆　5. 下拉杆

为使悬挂农具在升起位置不致横向偏摆过大，用限位链加以限制，否则下拉杆会碰到轮胎而引起损坏。有的悬挂农具如中耕机和筑埂机等要求不做横向偏摆，还可用限位板将左、右下拉杆固定，使下拉杆只能做升降运动而不能偏摆。

四、耕深调节方式

液压系统的主要任务是提升或降落农具。其基本工作过程是：提升时，扳动分配器操纵手柄，使滑阀（主控制阀）前移接通油泵去油缸的通道，使高压油液进入油缸，推动活塞使活塞杆伸出推动悬挂农具的提升臂，使农具升起；当农具升到极限高度时，滑阀即自动回到“中立”位置使提升停止。下降时，操纵手柄使滑阀后移，接通油缸和油泵去油箱的通道，由于农具的重量强制活塞后移将油液从油缸中排出而降落。因滑阀未回到“中立”位置，油缸始终与油箱相通，活塞可在油缸中自由移动，农具呈浮动状态，其工作情况见表 2-1。

表 2-1　液压系统的工作情况

工作位置	主控制阀（滑阀）与分配器体油道的配合和悬挂农具的状态	油泵状态
提升	滑阀接通油缸与油泵的通道，压力油液进入油缸，提升农具	负荷
中立	滑阀封闭油缸与回油箱的通道，油液封闭在油缸内；并接通油泵与回油箱的通道。悬挂农具保持在某一位置上，并与拖拉机连接成刚体	保压
下降	滑阀同时接通油缸和油泵与回油箱的通道；悬挂农具靠自重下降，并呈浮动状态	卸荷

利用液压系统控制耕深的方法有三种，即高度调节、位置调节和力调节。

1. 高度调节　悬挂农具呈浮动状态，耕深的控制依赖于悬挂农具上的限深轮，其耕作深度为限深轮与工作部件底部的高度差。这种调节适用于旱田的耕地、中耕等作业，即使地面有起伏、土壤比阻不均匀，也能保持耕深一致。高度调节的缺点是农具的全部重量皆支承在农具的限深轮上，因此，如土壤软硬变化较大时，不易保证耕深均匀和所需耕深（图 2-39）。

2. 位置调节　位置调节的特点是随着操纵手柄所处位置的不同，农具有着不同的提升高度或耕作深度。如提升时，操纵手柄放在某一位置，这时滑阀接通油泵与油缸通道，进入

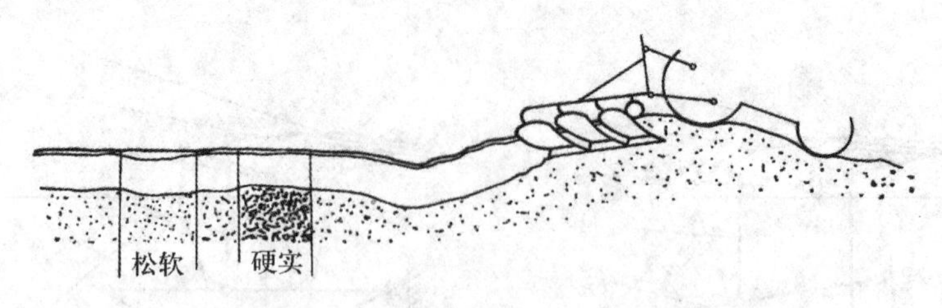

图 2-39　高度调节时耕深变化情况

油缸的压力油使活塞杆伸出油缸，顶动提升臂将农具升起，与提升臂联动的杆件随提升臂转动而运动，逐渐将滑阀从提升位置推回中立位置，使农具停止提升。操纵手柄向提升方向移动位置愈多，则提升臂需转动愈大的角度，其联动杠杆才能将滑阀推回"中立"位置，即提升的高度较大。农具下降的多少，也根据操纵手柄向下降位置方向移动量的多少而定。使用位置调节作业时，拖拉机和悬挂农具始终成为一个刚体，当拖拉机行进在不平地面上时，耕深就要经常发生变化。如拖拉机前轮进入凹坑，农具就以拖拉机后轮为支点顺时针转动，耕深变浅；如果拖拉机前轮走向高坡，则耕深增加（图 2-40）。

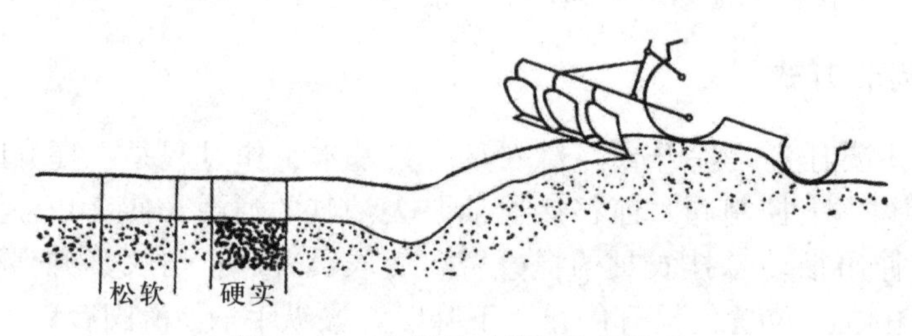

图 2-40　位调节时耕深变化情况

3. 力调节　操纵手柄放在提升位置时与高度调节相同，农具提升到顶，滑阀才回到"中立"位置；操纵手柄放在下降位置时，农具一直降落到底，如作业中牵引阻力不足以使滑阀回到中立位置时，农具始终呈"浮动"状态。农具的工作部件在土壤中受到阻力而使悬挂机构的上拉杆受到推力，此推力通过一系列杆件传递给滑阀，使滑阀由"下降"位置回到"中立"位置，即农具耕深固定在这一深度。如牵引阻力继续增加，可使滑阀进一步前移，接通油缸与油泵的通道，使农具提升而耕深变浅，牵引阻力变小，滑阀又回到"中立"位置。如牵引阻力减小，则滑阀后移，接通油缸与回油箱通道，使农具下降而耕深变深，牵引阻力增大，滑阀又回到"中立"位置。所以作业时，滑阀因牵引阻力变化而经常移动，但最终都回到"中立"位置。此外，在土壤阻力一定时，操纵手柄向下降方向移动愈多，则可获得的耕深愈大。使用力调节控制方法耕作时，悬挂农具上不需要安装限深轮，在土质较均匀的土壤上便能得到满意的耕作质量，拖拉机发动机的负荷也比较均匀（图 2-41）。

除单独使用某种耕深控制方法外，有时可把高度调节和力调节或位置调节综合起来使用，成为综合控制。具有力、位调节液压系统的拖拉机在土质软硬不均的旱田上耕地时，在采用阻力控制方法耕作的同时，可在悬挂犁上加装限深轮。限深轮的位置调整到稍大于所要求的耕深，耕地过程中，如土壤阻力大时，力调节系统即起作用；土壤阻力小时，限深轮可起限深作用，以免耕深过大。

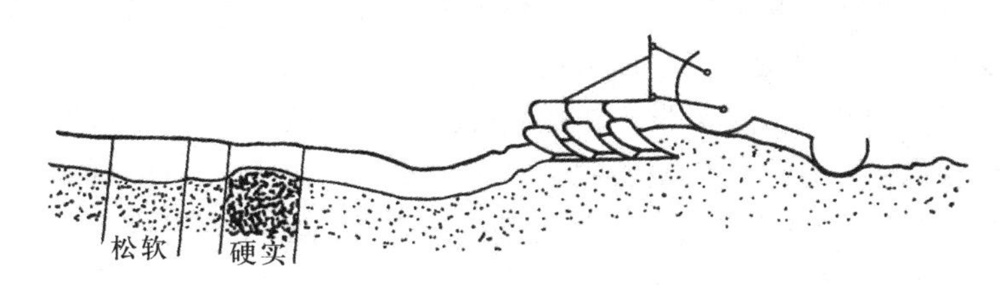

图 2-41　力调节时耕深变化情况

第七节　电气设备

现代拖拉机的电器与电子设备种类繁多、功能各异，总体上称为电气设备。电气设备主要由电源设备和用电设备组成。其主要功用是实现内燃机的启动，发出拖拉机安全行驶所需的信号，供给夜间作业所需的照明，反映发动机各系统的工作状况等。

一、电源设备

（一）电源设备的功用与组成

电源系统除向一般用电设备提供电能外，更重要的功能是向内燃机启动系统、汽油机点火系统可靠地提供电能。内燃机电力启动系统工作时，需要电源系统可靠地提供短时、大电流的直流电能。

拖拉机上的电源设备主要由蓄电池、发电机和调节器组成（图 2-42）。

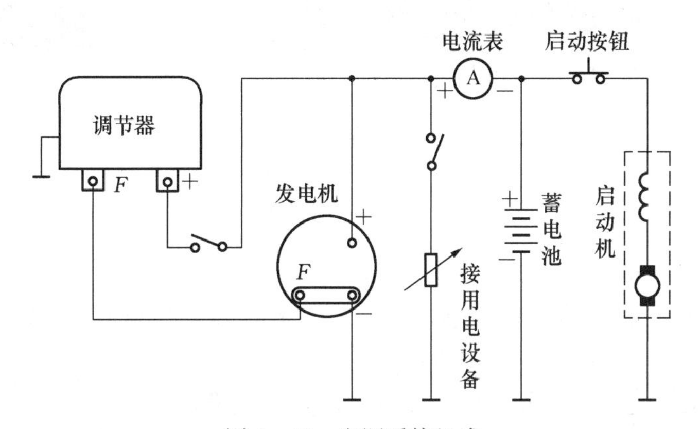

图 2-42　电源系统组成

蓄电池主要在内燃机启动等用电量较大时供电，而发电机主要在内燃机运转、用电量不大时供电。调节器是发电机电压调节装置，在发电机转速变化时自动调节发电机的输出电压并使其保持稳定。在拖拉机上，蓄电池与发电机并联工作，整车电器与电子设备均与两个直流电源并联。车用电路一般采用电压为 12 V 或 24 V 的单线制直流电路。

（二）蓄电池

1. 蓄电池功用　启动内燃机时，蓄电池是拖拉机上给启动机供电的唯一电源。蓄电池与发电机并联，主要作用如下。

（1）内燃机启动时，蓄电池直接向启动系统和汽油机点火系统供电。

（2）内燃机处于低速、电压较低或发电机不发电时，蓄电池向点火系统及其他用电设备供电，同时向交流发电机供给他激励磁电流。

（3）用电设备同时接入较多或发电机超载时，蓄电池协助发电机共同向用电设备供电。

（4）当蓄电池存电不足、发电机负载较小时，蓄电池将发电机的电能转变为化学能。

用于拖拉机上的蓄电池必须满足启动内燃机的需要，即在短时间内（5～10 s）可供给大的电流（一般为200～600 A，大功率柴油机可达1 000 A）；在发电机发生故障不能工作时，蓄电池的容量应能维持车辆行驶一定的时间。铅酸蓄电池（简称为铅蓄电池），其构造简单、内阻小、启动性能好、价格低，因而得到了广泛应用。

2. 铅蓄电池构造 铅蓄电池的构造如图2-43所示，它主要由极板、电解液、隔板、电极、壳体等组成。

蓄电池由3只或6只单格电池串联而成，每只单格电池的标称电压为2 V，串联后电压为6 V或12 V。

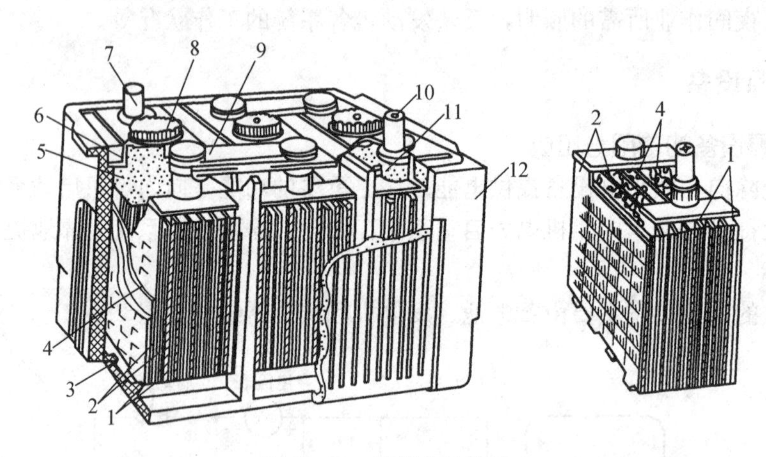

图2-43 铅蓄电池构造

1. 正极板 2. 负极板 3. 肋条 4. 隔板 5. 护板 6. 封料 7. 负极接线柱 8. 加液孔螺塞 9. 连接条 10. 正极板接线柱 11. 电极衬套 12. 蓄电池外壳

（三）发电机

发电机是拖拉机上的主要电源设备之一，其工作时不但对电启动机以外的其他用电设备供电，还向蓄电池充电以补充使用中所消耗的电能。

目前拖拉机上广泛采用硅整流交流发电机，其通过桥式整流电路将三相交流发电机所产生的交流电变为直流电输出。硅整流发电机具有体积小、质量轻、结构简单、维修方便、工作可靠、寿命长和对外干扰小等优点。

车用交流发电机有多种形式。按发电机励磁绕组连接方式可分为有刷式和无刷式；按调节器与发电机之间的安装方式不同，可分外装调节器式和内装调节器式；按励磁绕组搭铁形式不同，可分为内搭铁式和外搭铁式两种。内装调节器式交流发电机通常称为整体式交流发电机。

1. 交流发电机构造 各种拖拉机上装备的交流发电机结构基本相同（图2-44），主要由转子、定子、整流器及前后端盖、风扇和皮带轮等组成。

（1）转子。转子是交流发电机的磁场部分，主要由两块爪形磁极、磁场绕组、轴和滑环

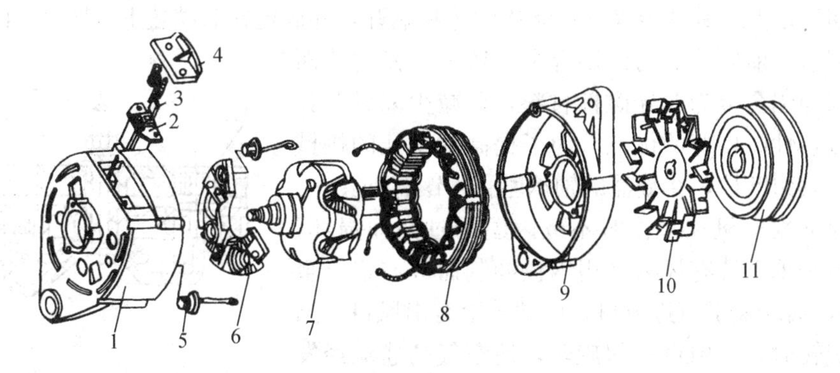

图 2－44　交流发电机结构

1. 后端盖　2. 电刷架　3. 电刷　4. 电刷弹簧压盖　5. 硅二极管　6. 元件板（散热板）
7. 转子总成　8. 定子总成　9. 前端盖　10. 风扇　11. 皮带轮

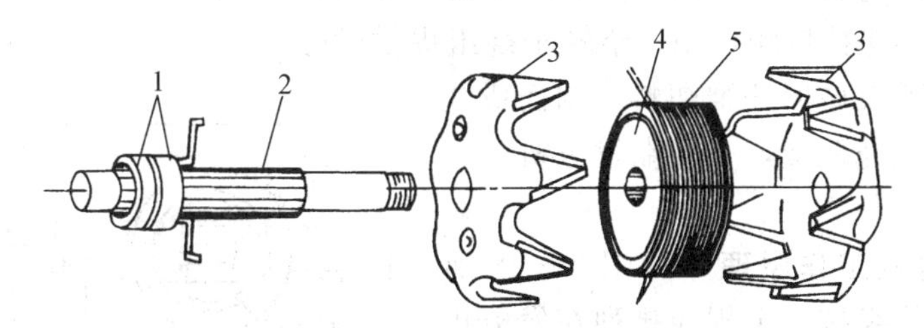

图 2－45　交流发电机转子结构

1. 集电环（滑环）　2. 转子轴　3. 磁爪（爪极）　4. 磁轭　5. 励磁绕组

等组成，如图 2－45 所示。两块爪极各具有 6 个鸟嘴形磁极，压装在转子轴上，在爪极的空腔内装有磁轭，其上绕有磁场绕组（又称励磁绕组或转子线圈）。磁场绕组的两个引出线分别焊在与轴绝缘的两个滑环上，滑环与装在后端盖上的两个电刷接触。当两电刷与直流电源接通时，磁场绕组中便有磁场电流通过，产生轴向磁通，使得一块爪极被磁化为 N 极，另一块爪极为 S 极，从而形成了 6 对相互交错的磁极。

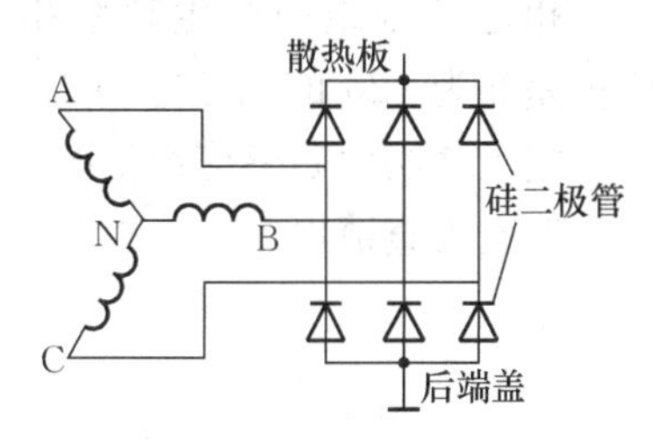

图 2－46　定子绕组与整流器连接

（2）定子。定子又叫电枢，由铁芯和三相绕组组成，其功用是产生感应电动势。定子铁芯由相互绝缘的内圆带槽的环状硅钢片叠成，定子槽内置有三相电枢绕组，为使三相电枢绕组中产生大小相等、相位上互差 120°（电角度）的对称电动势，三相绕组在定子槽中空间相差 120°布置，绕组通常采用Y形接法并与整流器连接（图 2－46）。

（3）整流器。整流器的功用是将发电机定子绕组产生的交流电变换为直流电。一般由 6 只整流硅二极管和安装二极管的散热板组成。目前国内外采用的交流发电机均为负极搭铁。压装在后端盖上的二极管，其引线为二极管的负极，俗称负极管子，壳体上涂有黑色标记。负极管子的外壳（二极管的正极）和发电机的外壳接在一起成为发电机的负极（搭铁极）。压装在元件板上的二极管，其引线为二极管的正极，俗称正极管子，壳体上涂有红色标记。3 个正极管子的外壳压装在元件板的 3 个孔中，与元件板接在一起成为发电机的正极，经螺栓引至后端盖的外部作为发电机的电枢（火线）接线柱，标记“电枢”或“＋”。元件板与后端盖之间用尼龙或其他绝缘材料制成的垫片隔开，并固定在后端盖上（图 2－47）。

（4）端盖。前后端盖均由铝合金压铸或砂模铸造而成，这是因为铝合金为非导磁性材料，可减少漏磁并具有轻便、散热性能良好的优点。为了提高轴承孔的机械强度，增加其耐磨性，在端盖的轴承座孔内镶有钢套。

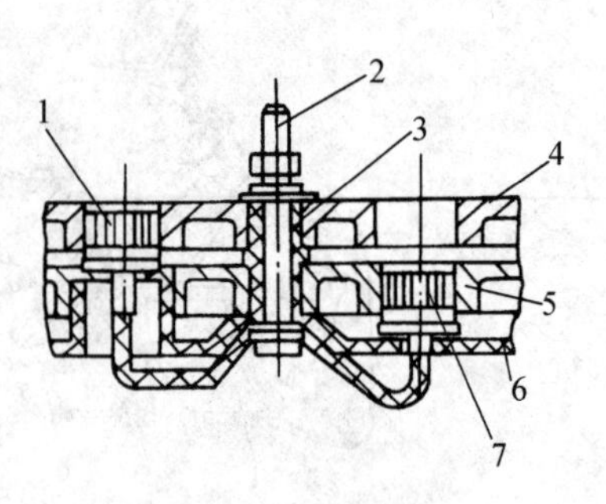

图 2－47　整流板总成

1. 正二极管　2. 接线螺钉　3. 绝缘套管　4. 元件板　5. 后端盖　6. 绝缘板　7. 负二极管

为了保证发电机在工作时不致因温升过高而损坏，在发电机转子轴上装有风扇（用钢板冲制而成或铝合金压铸而成），后端盖上有进风口，前端盖上有出风口。当发电机轴旋转时，风扇也一起旋转，使空气高速流经发电机内部对发电机进行强制冷却。

（5）电刷组件。电刷组件由电刷、电刷弹簧和电刷架组成。电刷装在电刷架的孔内，借电刷弹簧的压力与转子总成上的滑环保持接触，用于给转子绕组提供励磁电流。电刷架由酚醛玻璃纤维塑料压制而成或用玻璃纤维增强尼龙制成，安装在发电机的后端盖上。

2. 交流发电机工作原理　如图 2－48 所示，发电机三相绕组按一定规律排列在发电机定子槽中，依次相差 120°（电角度）。当转子旋转时，磁力线和定子绕组之间产生相对运动，在三相定子绕组中产生频率相同、幅值相等、相位差互为 120°的正弦电动势。

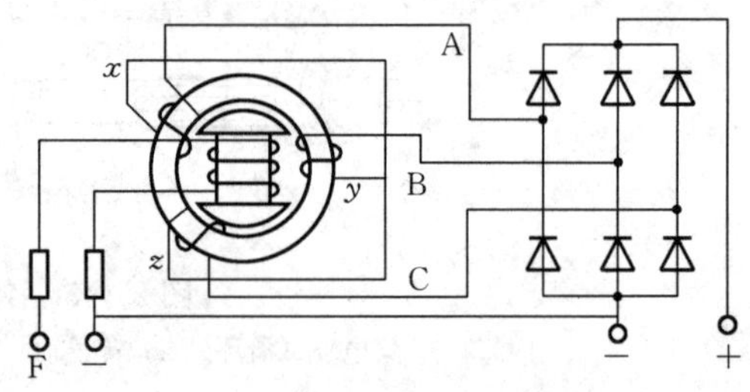

图 2－48　交流发电机工作原理

定子绕组电磁感应产生的交流电，通过 6 个硅二极管组成的三相桥式整流电路（图 2－49）改变为直流电。

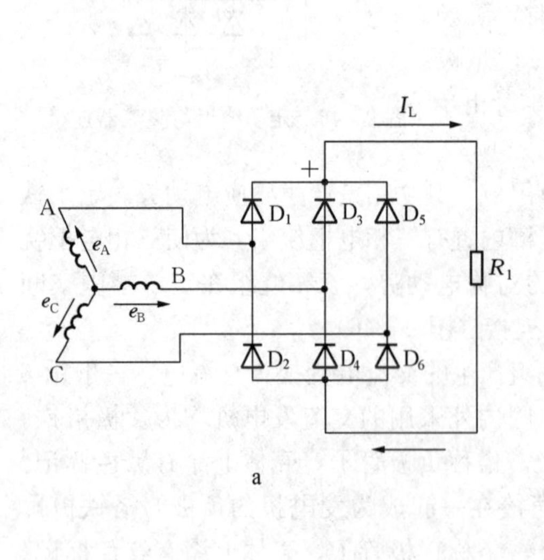

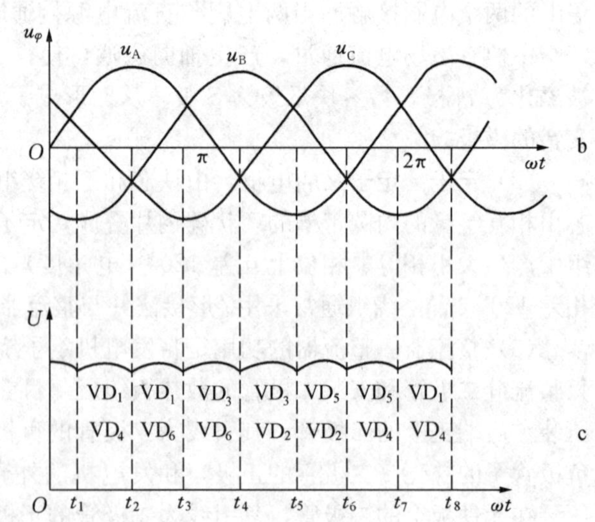

图 2－49　三相桥式整流电路及电压波形

a. 电路　b. 三相交流电动势　c. 整流后的直流输出电压

硅整流交流发电机没有电源时，也能靠磁极的剩磁自激发电，但发电机必须有足够高的转速。为了克服发电机在低速时不能很快建立电压的缺点，发电机转速较低、电压低于蓄电池电压时，由蓄电池通过电源开关供给磁场电流，进行他激，使电压很快上升。当发电机转速升高，即发电机产生的电压达到蓄电池充电电压时，利用定子绕组产生并经过整流的直流电供给励磁绕组。

二、用电设备

拖拉机上的用电设备主要有启动电机、照明信号、仪器仪表等设备。

1. 启动电机　启动用电动机与发电机结构相似，多采用直流串激式电动机。启动时由启动开关接通启动电路，由蓄电池供给电能，启动机将电能转换为机械能并通过单向啮合器使电机驱动齿轮带动发动机飞轮旋转。启动完毕后，断开启动开关，电机驱动齿轮在打滑状态下退出与飞轮的啮合并停转。

2. 照明信号设备　车辆上的照明信号设备包括前大灯（有远光和近光）、后灯、仪表灯、转向灯、刹车灯以及喇叭和蜂鸣器等，通过相应的开关与电源相连。它们的任务是保证各种运行条件下的人车安全。

3. 仪表　有电流表、机油压力表、水温表、车速里程表、油量表等，属于车辆的监测设备。驾驶员可通过这些仪表来监测发动机和拖拉机的工作情况。

4. 辅助设备　拖拉机上的辅助电器主要有电动刮水器、电风扇、暖风电机、收音机、挡风玻璃的除霜和清洗设备等。

三、电气设备总线图

拖拉机上的电气设备，电源多采用低压、直流；用电设备与电源之间、各用电设备之间为并联；线路通常采用单线制，即用一根导线连接电源和用电设备，另一根回路由金属机体代替，习惯称为“搭铁”，用符号“⏚”表示。一般接线原则是：

（1）电流表串接在电源电路中，全车线路多以电流表为界，电流表至蓄电池的线路称为表前线路，电流表至调节器的线路称为表后线路。

（2）电源开关是线路的总枢纽，电源开关的一端和电源（蓄电池、发电机及调节器）相接，另一端分别接启动开关和用电设备。

（3）用电量大的用电设备（如电启动机、大功率电喇叭）接在电流表前，其用电电流不经过电流表。

（4）蓄电池和发电机搭铁极性必须一致。电流表接线应使充电时指针摆向“＋”值方向，放电时摆向“－”值方向。

典型电气设备总线图图例见图 2－50。

复习思考题

1. 拖拉机怎样分类？主要由哪几部分构成？
2. 说明传动系的构成及其作用。
3. 变速器的主要功用是什么？简述变速器的构造及工作原理。

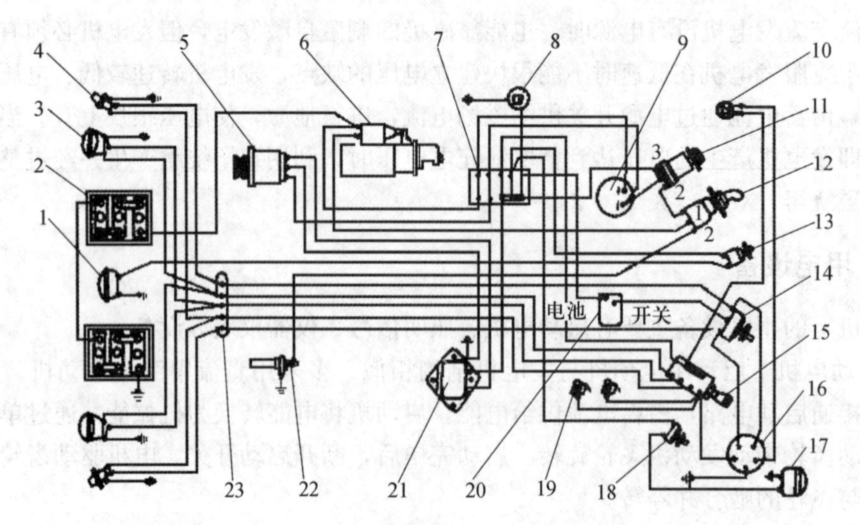

图 2-50　典型拖拉机电气设备线路

1. 电喇叭　2. 蓄电池　3. 前大灯　4. 转向灯　5. 硅整流发电机
6. 启动机　7. 保险丝盒　8. 工作灯插座　9. 电流表　10. 制动开关
11. 电锁　12. 预热启动开关　13. 喇叭按钮　14. 转向灯开关
15. 三挡灯开关　16. 挂车用电插座　17. 后大灯　18. 后大灯开关
19. 仪表灯　20. 闪光灯　21. 电压调节器　22. 预热塞　23. 接线板

4. 简述行走系统的功用及组成。

5. 简述差速器的功用及组成。

6. 简述制动系统的功用、组成及制动器的类型。

7. 简述拖拉机电源设备的特点及电气设备的一般接线原则。

8. 拖拉机为什么设有动力输出轴？何谓标准式动力输出轴和同步式动力输出轴？

9. 轮式拖拉机轮胎为什么大而宽？

10. 试述悬挂机构的组成，何谓两点悬挂、三点悬挂？各有何特点？

11. 简述液压悬挂系统的组成及各部分功用。

12. 耕深调节方法有哪些？说出其调节原理及其对耕作质量的影响和特点。如何选择不同的耕深调节法？

第三章　电动机

电动机是将电能转化为机械能的动力设备，广泛应用于农业生产上。电动机的种类很多，按电源性质分为直流电动机和交流电动机；按交流电源的相数，分为三相交流电动机和单相交流电动机；按定子磁场与转子的转速关系，又分为交流异步电动机和交流同步电动机；按转子的结构形式，交流异步电动机又分为笼式和绕线式。

由于交流电便于产生、输送和分配，所以交流电动机在生产和生活中应用广泛。其中的

交流异步电动机由于转子绕组不需与其他电源相接，因此具有结构简单，制造、使用、维护方便，运行可靠以及成本低、质量轻等优点，在农业生产中应用最为普遍。

异步电动机工作原理是基于气隙旋转磁场与转子绕组中感应电流相互作用产生电磁转矩，从而实现电能向机械能的转换。因其转子转速低于旋转磁场转速故称为异步，又因转子绕组中电流是感应产生的，因此也称为异步感应式电动机。

异步电动机分为单相和三相。三相异步电动机广泛应用在工农业生产中，作为风机、水泵、粉碎机、农副产品加工设备及其他一般机械的原动机；单相异步电动机功率较小，一般不超过 750 W，多作为家庭用小型作业机械的动力，如风扇、通风机、小水泵等。

第一节　三相交流异步电动机

一、三相感应电动机构造与原理

（一）构造

三相异步电动机由定子（固定部分）和转子（旋转部分）两个基本部分构成（图3-1）。定子是由机座和装在机座内的圆筒形铁芯组成。机座一般用铸铁或铸钢制成，铁芯由相互绝缘的硅钢片叠成，铁芯的内圆周表面冲有槽，用以放置对称的三相绕 U_1U_2、V_1V_2、W_1W_2，汇成 6 个端头分别引到接线盒中，可以连接成Y形或△形。定子和转子铁芯片如图 3-2所示。

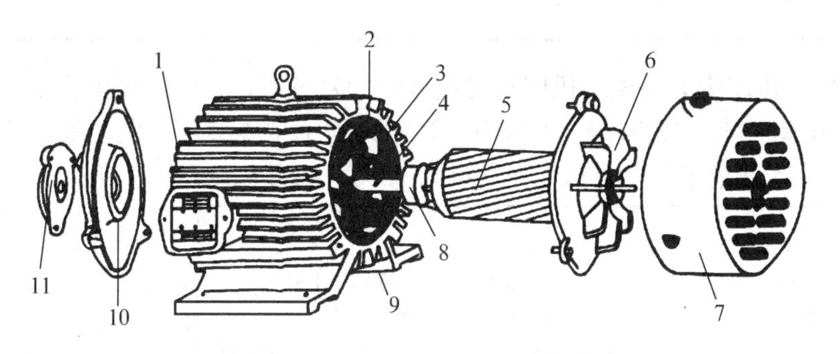

图 3-1　三相异步电动机构造
1. 接线盒　2. 铁芯　3. 定子绕组　4. 转轴　5. 转子
6. 风扇　7. 罩壳　8. 轴承　9. 机座　10. 端盖　11. 轴承盖

图 3-2　定子和转子铁芯片

三相异步电动机转子在构造上分为笼型和绕线型两种。转子铁芯是圆柱状，用表面冲槽型的硅钢片叠制而成，将铁芯装在转轴上，转轴承受机械负载。

目前对中小型笼型异步电动机是在转子槽中浇铸铝液铸成笼型导体，这样做工艺简单，也节省铜材，以代替铜条式笼框，如图 3-3 所示。

绕线转子异步电动机的构造如图 3-4 所示。其转子绕组和定子绕组一样，也是三相，并连成Y形，每相始端连在 3 个铜制集电环上，集电环固定在转轴上。3 个环之间及环与转轴间互相绝缘，在集电环上用弹簧压着炭刷与外电路连接，以便启动和调速。

交流异步电动机均按规定标准制成不同系列，每种系列又用不同型号表示。随着制造工艺的进步和材料的更新换代，并注意与国际标准的接轨，电机系列号也在更新。目前国产异步电动机产品名称及代号见表 3-1。

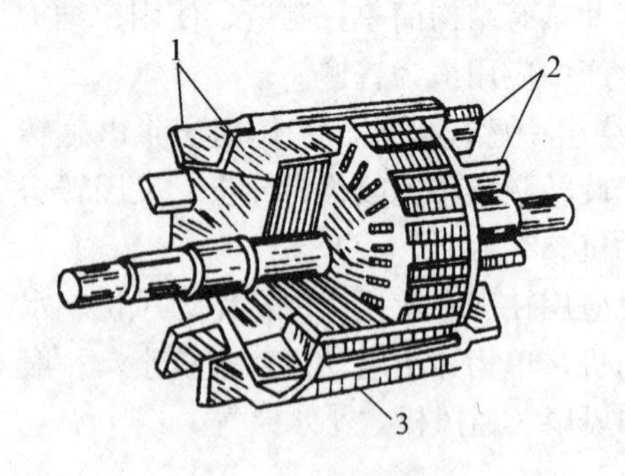

图 3-3　铸铝型转子

1. 铸铝条　2. 风叶　3. 铁芯

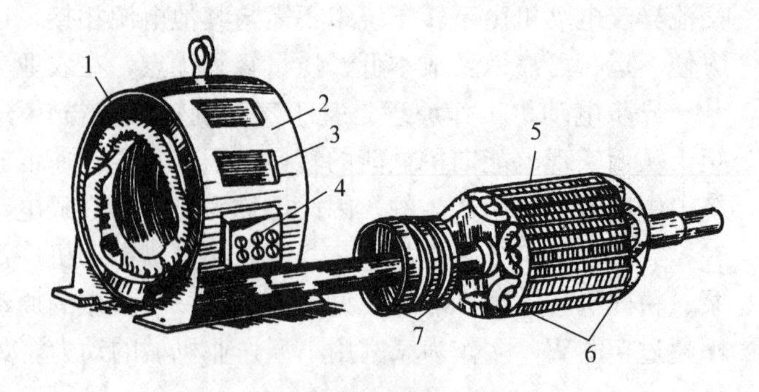

图 3-4　绕线转子异步电动机的构造

1. 绕组　2. 机座　3. 铁芯　4. 接线盒　5. 绕组　6. 铁芯　7. 集电环

表 3-1　几种国产异步电动机名称及代号

产品名称	代号	汉字意义	旧代号
笼型异步电动机	Y（Y-L）	异	J、JO
绕线转子异步电动机	YR	异绕	JR、JRO
防爆型异步电动机	YB	异爆	JB、JBS
高启动转矩异步电动机	YQ	异启	JQ、JQO
微型三相异步电动机	AO	—	—

型号命名方法：代号—机座中心高度—机座长度代号——磁极数。其中：机座长度代号为 S（短机座）、M（中机座）、L（长机座）；Y 及 Y-L 系列为小型笼型异步电动机。Y 系列定子绕组为铜线，Y-L 系列定子绕组为铝线，功率为 0.55～90 kW。

三相异步电动机		
型号　Y-L132M-4	功率　7.5 kW	频率　50 Hz
电压　380 V	电流　15.4 A	接法　△
转速　1 440 r/min	绝缘等级　B	工作方式　连续
年　月　编号　××电机厂制造		

例如：Y132M-4 为小型笼型异步电动机、定子绕组为铜线；机座中心高 132 mm；机座长度中等；磁极数 4。

（二）工作原理

1. 旋转磁场的产生　三相异步电动机的定子铁芯中放有三相对称的绕组 U_1U_2、V_1V_2 和 W_1W_2。假设将三相绕组Y形连接，并接于三相电源上，绕组中便流入对称电流为

$$i_u=I_m\sin\omega t \qquad (3-1)$$

$$i_v=I_m\sin(\omega t-120°)$$

$$i_w=I_m\sin(\omega t+120°)$$

其绕组连接和电流波形如图 3-5 所示。

设各绕组从始端 U_1、V_1、W_1 分别到末端 U_2、V_2、W_2 方向为电流的正方向，并设电流正半周其值为正，负半周其值为负，从图 3-5 中看到电流的实际方向与电流正方向，在

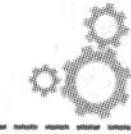

正半周是一致的，在负半周则相反。

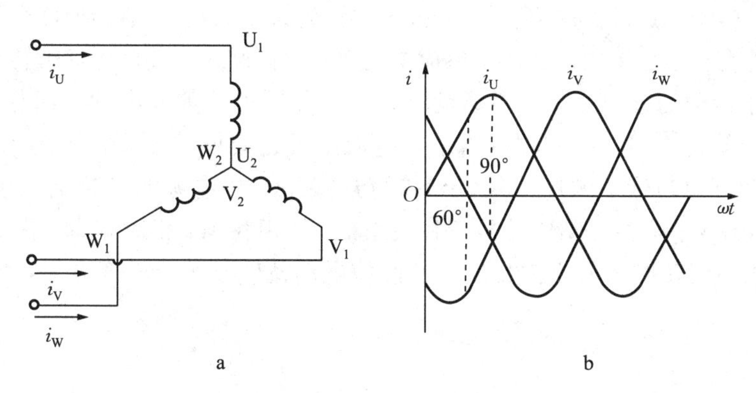

图 3-5 绕组连接成Y型和电流波形

a. 三相对称绕组Y连接 b. 三相对称电流的波形

在上述假设条件下，在 $\omega t=0$ 的瞬间，定子绕组中的电流方向，$i_U=0$；i_V 是负的，其方向与正方向相反，即自 V_2 到 V_1；i_w 是正的，其方向自 W_1 到 W_2。将各相电流产生的磁场相加，得出三相电流产生的合成磁场，其轴线方向是自上而下。如图 3-6a 所示。

在 $\omega t=60°$时，定子绕组中电流的方向和三相电流产生的合成磁场的方向如图 3-6b 所示。这时的合成磁场已在空间转过了 60°。

同理，可得在 $\omega t=120°$时三相电流产生的合成磁场与 $\omega t=60°$相比，在空间又转过了 60°，如图 3-6c 所示。

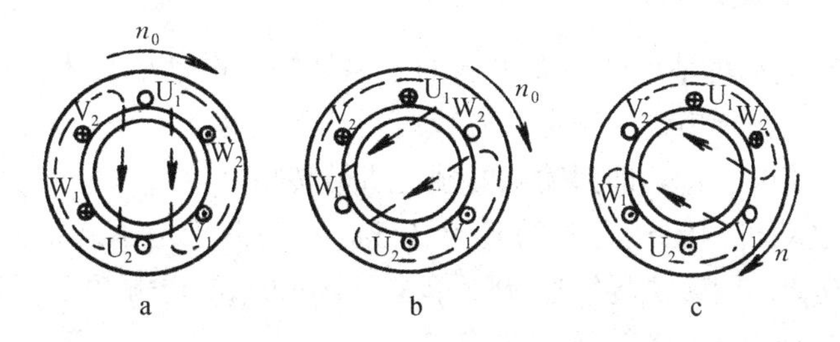

图 3-6 三相电流产生的旋转磁场

a. $\omega t=0°$ b. $\omega t=60°$ c. $\omega t=120°$

由上面的分析可知，当定子绕组中通入三相电流以后，它们共同产生的合成磁场是随电流的交变而在空间不断地旋转着，即称旋转磁场。旋转磁场同磁极在空间旋转作用完全相同。三相电流产生的旋转磁场切割转子导体，在其中感应出电动势，相应在闭合导体中产生电流，转子导体电流与旋转磁场相互作用而产生电磁转矩，使电动机转动起来。

2. 电磁转矩的产生 由于转子被定子铁芯包围，定子产生的旋转磁场切割转子导体，使导体产生感应电动势（图 3-7）。由于转子导体被端环接通，所以在感应电势作用下，导体内就有感应电流流过。通有感应电流的转子导体在与定子旋转磁场的相互作用下，产生电磁作用力 F，力的方向由左手定则确定。此力在转子上形成一电磁转矩 M，使转子产生旋转。

由此可见，转子的旋转方向将与旋转磁场的旋转方向一致。但旋转速度会低于旋转磁场速度，这样才能在转子导体内不断产生感应电动势和电磁转矩，使转子继续转动。

电动机转子转动的方向和旋转磁场旋转方向是相同的，如要电动机向相反方向转动，必须改变磁场的旋转方向。在三相电路中，电流出现正幅值的顺序依次为 $U_1 \rightarrow V_1 \rightarrow W_1$，因此磁场的旋转方向与这个顺序一致。如果将连接于三相电源的三相绕组的任两相对调位置，例如 V_1 与 W_1 两相，则电动机三相绕组的 V_1 相和 W_1 相对调后，由于三相电源的相序未改变，因而旋转磁场的方向相反，从而使电动机转子跟着改变方向，即反转，如图 3-8 所示。

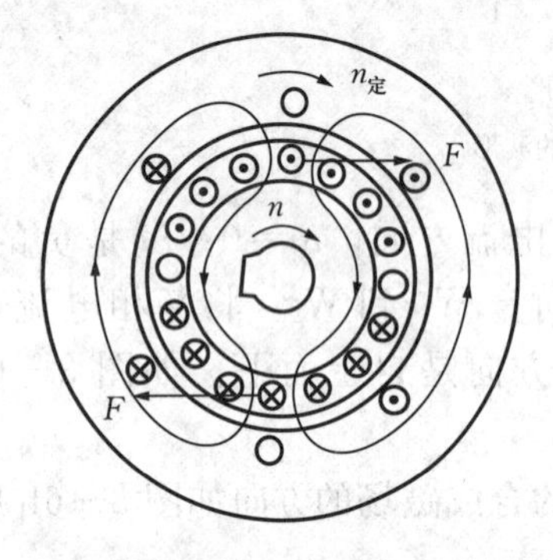

图 3-7 感应电动机的工作原理

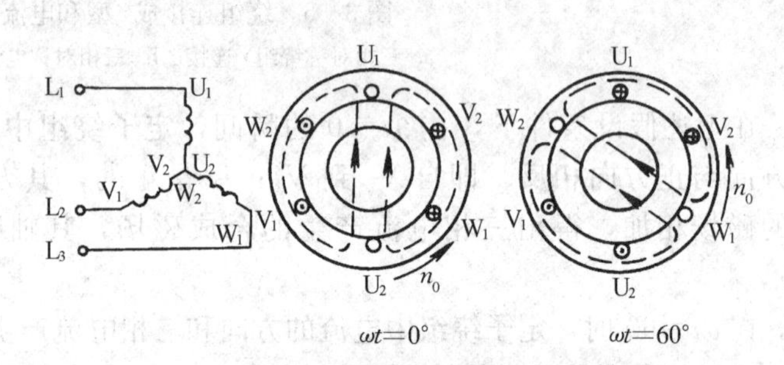

图 3-8 旋转磁场反向

二、三相感应电电动机技术性能

1. 转矩 是指与电动机轴反转矩相平衡的电磁转矩。电动机技术性能表上说明的是指电动机额定运行时的电磁转矩称为额定电磁转矩，其单位为 N·m。由于电动机自身的反转矩很小，故可认为额定电磁转矩即为输出的额定机械转矩。

2. 转速 是指电动机额定运行时的转子转速，它略低于定子绕组内的旋转磁场转速，并随负荷变化稍有改变。旋转磁场转速 n_0（单位：r/min）与电源频率 f 成正比，而与绕组内形成的磁极对数 P 成反比。它由下式决定：

$$n_0 = \frac{60f}{P} \tag{3-2}$$

我国采用的电源频率为50Hz，因此产生一对磁极（一个N极和一个S极）的电动机的旋转磁场转速为3 000 r/min。能产生两对和三对磁极的旋转磁场转速 n_0 分别为1 500 r/min 和1 000 r/min。

一般电动机在空负荷（反转矩等于零）时，转子转速 n 与旋转磁场转速 n_0 近似相等，在达到额定负荷（额定转矩）时，转子转速 n 比旋转磁场转速 n_0 低 2%～8%。

3. 功率 是指电动机可供转子轴输出的机械功率，它与输出转矩 M 和转速 n 之间的关系为

$$N = 1.05M \cdot n10^{-4}\ (\text{kW}) \tag{3-3}$$

式中 M——电动机轴输出的转矩（N·m）；

n——电动机转速（r/min）。

由于电动机输出的转矩与加在电动机轴上的反转矩相平衡，故输出功率随外界加在电动机轴上的负荷变化而变化。在电动机技术性能表上说明的功率是指电动机在额定转矩下工作时输出的额定机械功率。

4. 电压　电动机技术性能表上标明的电压值是电动机额定运行时线端间电压，以 V（伏）为单位。电动机的额定电压应为下列标准值之一：

三相交流电动机：36、42、380

单相交流电动机：12、24、36、42、220

电动机必须按铭牌规定的额定电压运行。如电压过高，对交流电动机将使其铁耗及励磁电流增加，电机过热。如电压过低，仍需要输出相同的负载转矩，则电机电流过大，同样导致过热。

5. 电流　是指流入电动机定子绕组内的电流。它随着外界负荷变化而变化，以使电动机产生相应的机械能来平衡外界负荷的变化。技术性能表上说明的额定电流值是指电动机达到额定功率时流入定子绕组内的电流值。使用时，不能使电流长期超过额定值，否则电动机绕组的绝缘会过热而烧毁。

6. 效率　电动机的输出功率与输入功率之比为效率。当电动机输出功率等于或接近于额定功率（相差不超过 25%～30%）时，效率将达到最高。

7. 功率因数　是指电动机定子绕组输入电路的功率因数。由于电动机绕组属电感性负载，故在运行时绕组内的电流落后于电压的变化，形成电流与电压之间的相位差角 ϕ，它的余弦称为功率因数 $\cos\phi$，它是一个小于 1 的数值，并随负荷变化而变化，一般为 0.7～0.9。当外界负荷不及其额定功率一半时，功率因数下降。故在选用和使用电动机时应尽量接近额定负荷，以保持较高的功率因数值。

第二节　单相交流异步电动机

单相感应电动机是用单相交流电源供电的异步电动机。它也分为定子和转子两部分。定子部分包括定子铁芯、机座、机壳、绕组等。定子中有两个绕组，一个称为启动绕组，另一称为工作绕组。绕组由单相交流电源供电。转子多为笼形。单相感应电动机（除罩极电动机外）结构与三相异步电动机基本相似，不再赘述。

当单相正弦电流通过定子绕组时，产生交变脉动磁场（图 3-9）。这个磁场的轴线，就是定子绕组的轴线，在空间保持一固定位置。每瞬时空气隙中各点的磁感应强度 B 按正弦规律分布，它随电流在时间上做正弦变化。图 3-10a 所示为单相定子电流波形。图 3-10b 所示是假设将图 3-9 所示的定子圆周，从正中切开，将圆弧拉成直线的展开图。图中，磁感应强度 B_m 对应于定子电流 $i=I_m$ 时的定子绕组轴线上的磁感应强度。

为了分析单相感应电动机的旋转原理，这里假想将交变脉动磁场分成两个旋转磁场。它们以同一转速 n_0 向相反方向旋转，其 n_0 为

$$n_0=\pm 60 f_1/P \qquad (3-4)$$

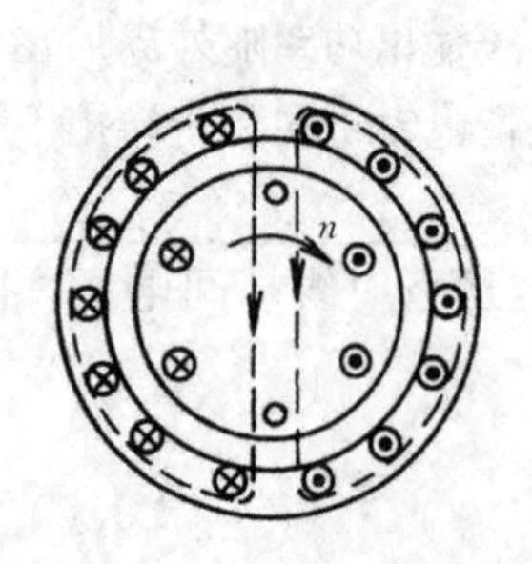

图 3-9　单相异步电动机中的脉动磁场

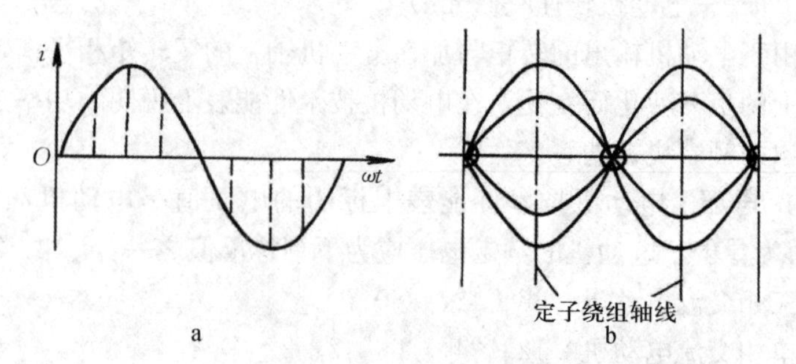

图 3-10　单相异步电动机定子电流及磁场
a. 单相定子电流波形　b. 磁感应强度分布

两个旋转磁场的磁感应强度 B 的幅值相等，并等于脉动磁场的磁感应强度幅值的 1/2，即

$$B_m' = B_m'' = B_m/2 \tag{3-5}$$

图 3-11 表明不同瞬时两个转向相反，转速相同的旋转磁场的磁感应强度幅值在空间的位置，以及由它们合成的脉动磁场 B 随时间变化的情况。

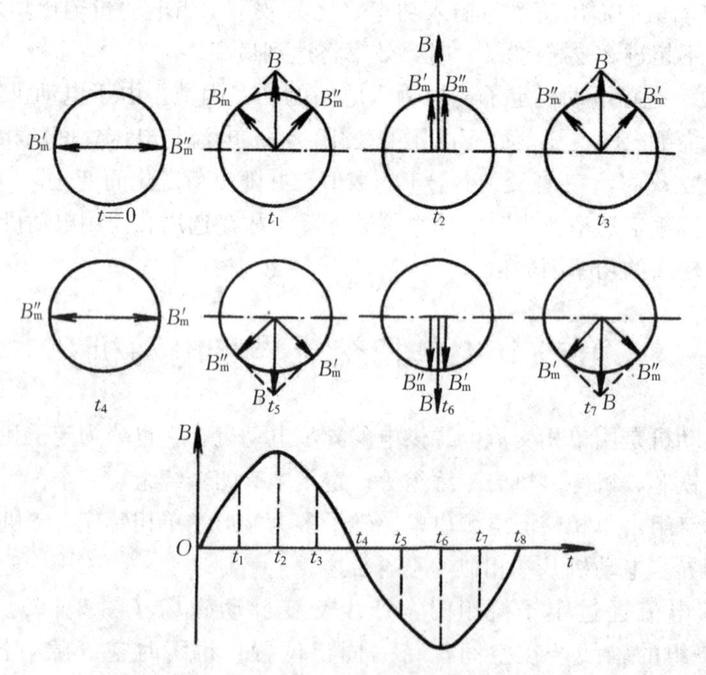

图 3-11　两个转向相反旋转磁场合成脉动磁场

在 $t=0$ 时，两个旋转磁场的磁感应强度矢量 B_m' 和 B_m'' 反相，其合成磁感应强度为 $B=0$；到 $t=t_1$ 时刻，B_m' 和 B_m'' 按相反方向各在空间转过了 ωt_1 角度，其合成磁感应强度为

$$B = B_m \sin \omega t_1$$

以此类推，任何时刻 t，合成磁感应强度应为

$$B = B_m \sin \omega t \tag{3-6}$$

同三相异步电动机原理一样，笼型转子在旋转磁场的作用下应产生电磁转矩。这里正向

旋转磁场应产生正向电磁转矩 T_+，反向旋转磁场应产生反向电磁转矩 T_-。

如果电动机的转子是静止的，两个转向相反的旋转磁场产生的转矩是大小相等、方向相反而互相抵消。此时，启动转矩为零。如果将电动机转子推动一下，则电动机会沿推动的方向转动起来。这是因为，与推力转向相同的旋转磁场以转子的作用与三相异动电动机一样。它相对转子的转差率和转子频率分别为

$$s'=(n_0-n)/n_0$$

$$f_2'=s'f_1 \tag{3-7}$$

而反向旋转磁场相对转子的转差率为

$$s''=(-n_0-n)/(-n_0)=2-s'$$

因此，反向旋转磁场在转子中产生的感应电动势很大，电流的频率也很高。

$$f_2''=s''f_1=(2-s')f_1\approx 2f_1$$

在此频率下，转子感抗增大，而决定反向转矩大小的 $I_2\cos\varphi_2$ 很小。也就是，正向和反向旋转磁场对转子产生的转矩虽然方向相反，但大小不等，且 $T_+\gg T_-$。所以合成转矩 $T=T_+-T_-$ 使电动机转子做正向旋转。

单相异步电动机没有启动转矩，这是它的缺点。因此，需用某种特殊方法使其启动。单相异步电动机启动的条件是：定子应具有在空间不同相位的两个绕组，然后两相绕组通入不同相位的交流电流。实际的单相异步电动机定子中总是放入两个绕组，分别为启动和工作绕组。两绕组在空间相隔 90°电角度。如果两绕组分别通入在相位上相差 90°（或接近 90°）的两相电流，也能产生旋转磁场。

设两相电流分别为

$$i_U=I_{U_m}\sin\omega t$$

$$i_V=I_{V_m}\sin(\omega t+90°) \tag{3-8}$$

将相差 90°的两相电流分别通入工作绕组中，也会像三相异步电动机一样，其合成磁场也是在空间旋转的。两相电流波形和两相旋转磁场形成的示意图，如图 3-12a、b 所示。

如何实现图 3-12 所示的相差 90°相位的供电电源呢？这里介绍两种方法：

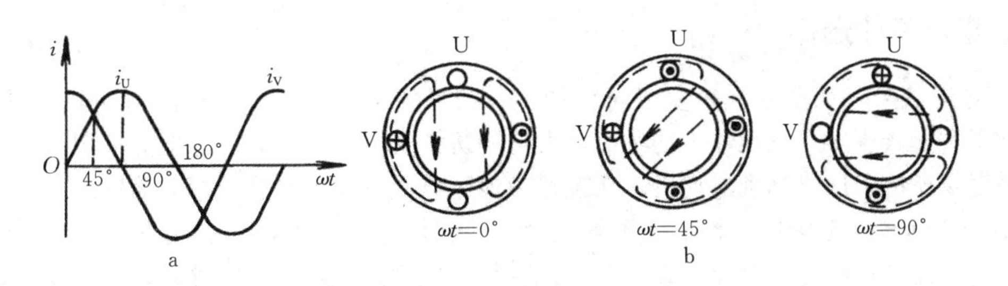

图 3-12　两相绕组电流及旋转磁场的形成

a. 两相电流波形　b. 两相旋转磁场的形成

1. 交流电源分相式电路　电路如图 3-13a 所示。其相量图如图 3-13b 所示。

从相量图可知，$\dot{U}_{UV}$与$\dot{U}_{DW}$相位差 90°。将 U_{UV} 和 U_{DW} 分别接于单相异步电动机两个绕组，可以实现启动和运行。

2. 电容分相式电路　如图 3-14a 所示，其相量图如 3-14b 所示。图中 U_1U_2 绕组并联

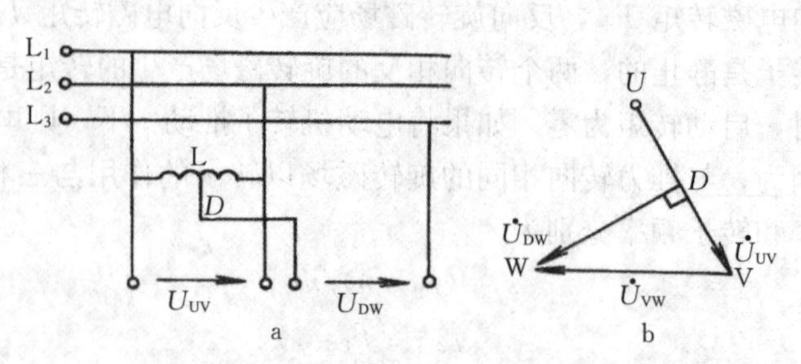

图 3-13　产生 90°相位差的分相式电源及相量图

a. 分相式电源　b. 相量图

于同一电源上，电容的作用使 V_1V_2 绕组串联一个电容 C 和一个开关 S，然后再与 U_1U_2 绕组并联于同一电源上，电容的作用使 V_1V_2 绕组回路的阻抗呈容性，从而使该绕组在启动时电流超前电源电压 U 一个相位角，又由于 A 绕组阻抗为感性，其启动电流落后电源电压 U 一个相位角。这样一来，在电动机启动时，两绕组电流相差一个近似 90°的相位角。

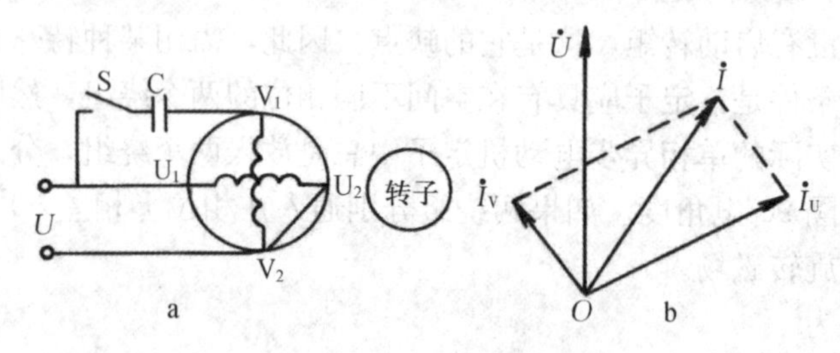

图 3-14　产生 90°相位差的电容分相式电路及相量图

a. 电容分相式电路　b. 电容分相相量图

分相式启动的单相异步电动机改变转子的转向，一般采用将某一绕组反接的方法。

第三节　电动机的正确使用

一、电动机的选择

1. 型号的选择　在潮湿、多尘或面粉加工、饲料加工等场所，应选用封闭式电动机；在机械加工等比较干燥、飞灰较少的场所，可选用防护式电动机；潜水电泵应采用密封式电动机；易爆场所应采用防爆型电动机；在湿热带地区应尽量采用湿热带型电动机。

2. 容量的选择　电动机的容量应正确选择。若选得容量过小，则往往不能启动。即使能够启动，电流也会超过额定值，导致电动机过热或烧毁。若容量选择过大，则不能充分发挥电动机的作用，电动机的效率和功率因数不高，造成电力和资金浪费。

电动机容量一般应选比负载功率稍大一点（大 10%左右）。

选择电动机容量时，要考虑变压器的容量。直接启动的最大一台电动机的容量，不宜超过变压器容量的 35%左右。

3. 转速的选择　电动机和它所拖动的生产机械都有自己的额定转速。转速配套的原则是：配套后，电动机和生产机械都在额定转速下运行。

选择电动机时，应先了解生产机械的额定转速和传动方式，以便确定电动机的额定转

速。如果用联轴器直接传动，电动机的额定转速应等于生产机械的额定转速。如果用皮带传动，电动机的额定转速不应和生产机械的额定转速相差太多，相差太多，皮带容易打滑。

二、电动机安全使用

1. 启动前的检查　对新投入或长时间停用的电动机，启动前要检查基座是否稳固，螺丝是否拧紧，接线是否正确，是否缺油。熔丝是否符合额定电流要求，启动装置是否灵活，触头是否接触良好。使用自耦变压器时要检查是否缺油，油是否变质。检查启动设备的金属外壳是否可靠接地，用验电笔检查三相电源是否有电。联轴器的螺丝和销子是否坚固，皮带连接处是否良好，紧松程度是否合适。不应有摩擦、卡位及不正常的声音。同时检查电动机周围有没有妨碍运行的杂物或易燃易爆品。

2. 启动时的注意事项

（1）操作者检查自己的衣帽是否符合作业要求，防止误被卷入机器之中，机组旁边不得有人。

（2）拉合刀闸时，操作人员应站在一侧，防止被电弧烧伤，拉合闸动作要果断迅速。

（3）使用双刀闸启动，Y－D启动器或自耦降压启动时，必须按顺序操作。

（4）数台电动机共用一台变压器时要从大到小逐台启动。

（5）一台电动机连续多次启动时，要按规定间隔一定时间，防止电动机过热。一般连续启动不宜超过3～5次。

（6）合闸后如果电动机不转或声音不正常要迅速拉闸检查。

3. 运行中的监视　对运行中的电动机要进行监视，主要有以下几个方面：

（1）电动机的电流不得超过其额定电流。

（2）电动机的电压不可过低。

（3）电动机的温升不得超过允许温升。对E级绝缘的电动机定子线圈最高允许温度为105℃，转子线圈最高允许温度为105℃；最高允许温升均为65℃。

（4）轴承温度一般不应超过70℃。

（5）电动机运转声音是否正常。

4. 电动机的日常维护

（1）经常保持清洁，不允许有水滴、油污和飞尘落入机内。

（2）负载电流不允许超过额定值。

（3）经常检查油环润滑轴承。一般在更换润滑油前，将轴承及轴承盖先清洗干净，润滑油的容量不应超过轴承内容积的70%。

（4）经常监听运行声音是否正常。

（5）监测电动机各部温度。

（6）检查机壳接地或接零线是否良好。

（7）每年至少对电动机进行两次定期检查，并进行一次大修。大修的拆解程度视电动机使用程度而定。

复习思考题

1. 交流电动机主要分为哪几种？各有何优缺点？

2. 简述三相交流异步电动机的构造及工作原理。

3. 简述单相交流异步电动机的工作原理及启动转矩的产生方法。

4. 交流异步电动机主要性能指标有哪些?

5. 交流异步电动机的型号是如何标定的?

6. 简述交流异步电动机的使用方法。

第二篇

耕种与管理机械

土壤耕作、播种或移栽、中耕、植物保护和灌溉是作物生产过程的基本作业环节，也是农业机械化首要解决的问题。其中，从作物出苗到收获的整个过程中，会不断遇到土壤板结、杂草滋生、病虫害出现、干旱等一系列问题，解决这些问题所采用的机械称为管理机械，主要包括中耕机械、除草、植保机械和灌溉机械等。

第四章　土壤耕作机械

土壤耕作机械是对农田土壤进行处理、使之更适合作物生长发育的机械。土壤耕作是作物栽培的基础环节，其耕作质量直接影响作物的播种或移栽，对作物苗期出苗、生长发育和产量具有显著的影响。

第一节　概　　述

一、土壤耕作目的

从土壤耕作学、作物栽培学等农艺角度看，土壤耕作目的是创造一个有利于作物生长发育的耕层土壤环境，从而提高作物产量。土壤耕作目的具体包括以下方面：

（1）改善耕层土壤结构。经过种植和人工干预后的土壤耕层变得坚硬、部分团粒结构遭到破坏，土壤耕作可疏松土壤，恢复土壤团粒结构，保持土壤中的水、肥、气、热等因素协调，有利于作物种子发芽和根系生长。

（2）消灭杂草与害虫。翻耕土壤可将杂草翻埋于耕层下部，将蛰居害虫暴露于地表，破坏其生存环境。

（3）翻埋作物秸秆与残茬。将作物秸秆与残茬翻埋于土壤之中，以便腐化并改善土壤物理性质。

（4）耕层表土处理。粉碎地表的作物残茬与秸秆，或进行地表松碎、平整或整形（如开沟、作畦等），以利于作物播种或移栽作业。

（5）表土压实。将过于疏松的土壤表面进行适当压实，以保持土壤水分，有利于作物根系发育。

二、耕作机械种类

土壤耕作机械种类较多，根据耕作深度和用途不同，土壤耕作机械可分为两大类：耕地机械和整地机械。

（1）耕地机械。耕地机械是对整个耕作层进行耕作的机械，如各种铧式犁、开沟犁、圆盘犁、深松机、重型耙等。

（2）整地机械。整地机械是对土壤浅层表土进行处理的机械，如旋耕机、圆盘耙、齿耙、滚耙、水田耙、镇压器、轻型松土机、中耕机、耕耙犁、联合耕作机等。

三、传统耕作方法

传统耕作法也称为常规耕作法，通常指在作物生产过程中，用耕翻、耙压和中耕等一系列机械进行土壤耕作的方法，也称为传统耕作方式或模式。

在常规耕作模式下，每一季作物生长期间从耕翻、耙碎、镇压、播种、中耕、除草、施肥、开沟、喷药到收获等作业，机械进地作业多次，不断地对土壤处理、压实等，不仅仅消耗大量的机械能量，增加了耗油，而且由于机械与土壤作用，使土壤压实，破坏了土壤团粒结构，同时造成土壤裸露，加剧了土壤水分蒸发、土壤的风蚀和水蚀。

四、保护性耕作法

相对传统耕作法而言，保护性耕作法是指对农田实行免耕、少耕并用作物秸秆覆盖地表，以减少土壤风蚀与水蚀，抑制土壤水分蒸发，提高土壤肥力和抗旱能力的耕作技术。

随着现代农业科学技术的发展，常规的耕作方法已不适应农作物的种植和生长对耕作质量的要求，而少耕、保水耕作、免耕（残茬覆盖、地表灭茬）等保护性耕作技术越来越受到重视。早期的保护性耕作法也称为少耕或免耕（conservation tillage，保护性耕作）。保护性耕作的核心的内容是少耕、覆盖，减少耕作次数，减少对土壤的搅动量。

少耕是指在常规耕作基础上减少土壤耕作次数和强度（如田间局部耕翻、以耙代耕、以旋耕代犁耕、耕耙结合、板田播种、免中耕等）；保水耕作是对土壤表层进行疏松、浅耕，防止或减少水分蒸发的一种耕作方法（如浅旋耕、浅耙、中耕除草等）；免耕则是免除土壤耕作，直接播种农作物的一类耕作方法，它一般不进行播前土壤耕作，播后也很少进行土壤管理。地表灭茬主要是对收获后的作物残茬或秸秆进行粉碎、还田，消除残茬，利于耕翻、播种，保持土壤水分的一种耕作方法。

据文献介绍，少耕和免耕可减少地表径流量60%，增加储水量14%～15%，提高水分利用效率15%～17%，特别是可以提高春季土壤含水率3%～7%；可以有效地防止土壤沙化，减少土壤水蚀和风蚀60%～90%；减少扬沙，保护环境；秸秆覆盖可增加土壤有机质含量0.02%～0.03%，土壤团粒结构和含水孔隙增加；实行保护性耕作，可减少机械作业次数2～4次，降低成本10%～15%，增产5%～8%，增收20%～30%。

第二节　铧式犁

一、铧式犁的种类及特点

铧式犁按动力可分为畜力犁和机力犁；按与拖拉机连接的形式可分为牵引犁、悬挂犁和半悬挂犁；按重量可分为轻型犁和重型犁；按用途分可分为旱地犁、水田犁、果园犁、灌木-沼泽地犁等。

根据适用地区不同我国机引铧式犁可分南方水田犁和北方旱作犁两大系列。每一系列依其强度及适于土壤比阻值范围不同，又分多种型号。南方水田犁系列主要为中型犁，水旱耕通用，耕深一般为16～22 cm，单犁体耕宽为20～25 cm。北方系列犁可分为中型犁和重型犁两类，耕深范围是18～30 cm。单犁体耕宽为25～35 cm，犁体数为2～5个。中型犁适用于地表残茬较少的轻质和中等土壤，重型犁适用于残茬较多的黏重土壤。

1. 牵引犁　牵引犁（图4-1）与拖拉机单点挂接，拖拉机的挂接装置对犁只起牵引作用，在工作或运输时，其重量均由本身具有的轮子承受。耕地时，借助机械或液压机构来控制地轮相对犁体的高度，从而达到控制耕深的目的。

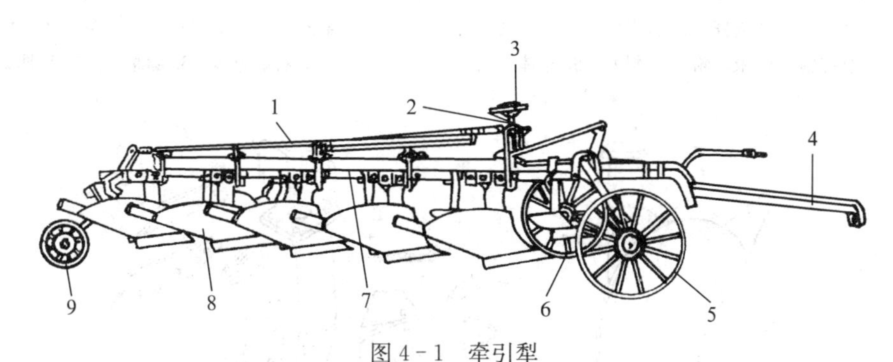

图4-1　牵引犁

1. 尾轮拉杆　2. 水平调节手轮　3. 深浅调节手轮　4. 牵引杆
5. 沟轮　6. 地轮　7. 犁架　8. 犁体　9. 尾轮

牵引犁结构较复杂，作业时地头转弯半径大，机动性差。

2. 悬挂犁　悬挂犁（图4-2）是通过悬挂架与拖拉机的三点悬挂机构连接，靠拖拉机的液压提升机构升降，运输时，全部重量由拖拉机承受。悬挂犁结构紧凑、质量轻、机动性强，应用广泛。

半悬挂犁的结构特点介于牵引犁与悬挂犁之间。

3. 翻转犁　翻转犁（图4-3）可实现双向翻土，国内目前采用较多的是在犁架上下装两组不同方向的犁体，通过翻转机构在往返行程中分别使用，达到向一侧翻土的目的。这种犁国内主要用在中型拖拉机上，犁体数为2～4对。翻转犁主要优点是耕后地表平整，没有沟垄，在斜坡耕作时，沿等高线向下翻土，还可减少坡度。

二、铧式犁的工作部件

铧式犁的工作部件有犁体、小前犁和犁刀。

1. 犁体　犁体是铧式犁的主要工作部件，一般由犁铧、犁壁、犁侧板及犁柱、犁托组成（图4-4）。犁铧、犁壁、犁托等部件组成一个整体，通过犁柱安装在犁架上。犁体的功用是切土、破碎和翻转土壤，达到覆盖杂草、残茬和疏松土壤的目的。

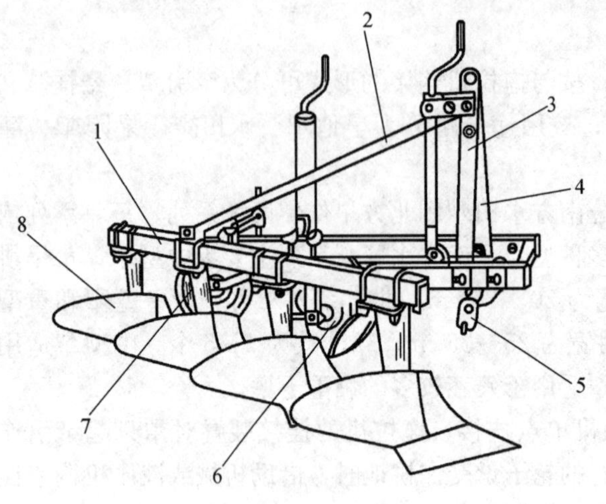

图4-2 悬挂犁

1. 犁架 2. 中央支杆 3. 右支杆 4. 左支杆 5. 悬挂轴 6. 限深轮 7. 犁刀 8. 犁体

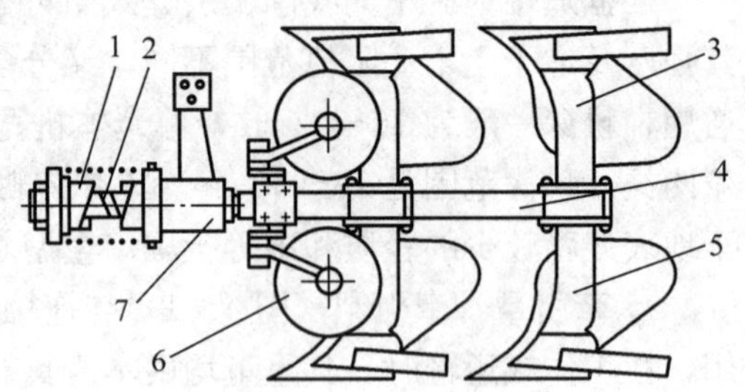

图4-3 翻转犁

1. 翻转机构 2. 犁轴 3. 左翻犁体 4. 犁架 5. 右翻犁体 6. 圆犁刀 7. 悬挂架

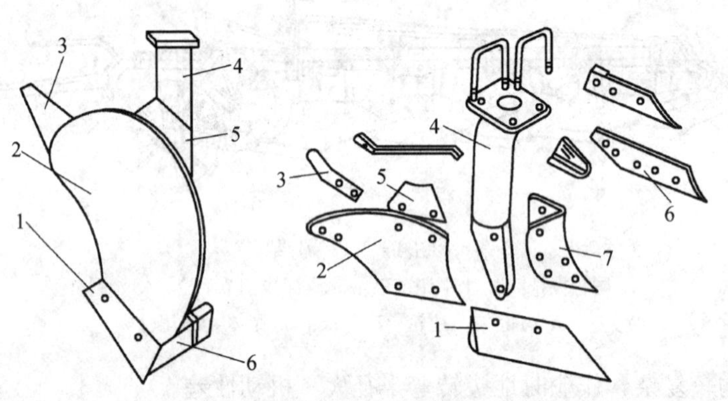

图4-4 犁 体

1. 犁铧 2. 犁壁 3. 延长板 4. 犁柱 5. 滑草板 6. 犁侧板 7. 犁托

犁铧主要起入土、切土作用，常用的有凿形、梯形和三角形犁铧（图4-5）。犁壁与犁铧构成犁体曲面，将犁铧移来的土壤加以破碎和翻转，犁壁有整体式、组合式和栅条式。犁侧板位于犁铧的后上方，耕地时紧贴沟壁，承受并平衡耕作时产生的侧向力和部分垂直压力，具有保持犁体直线前进、稳定耕宽和耕深的作用。犁托将犁铧、犁壁、犁侧板、犁柱联成一体，起承托和传力作用。犁柱用来将犁体固定在犁架上，并将动力由犁架传给犁体，带动犁体工作。

2. 小前犁 小前犁的作用是将土垡上层一部分土壤、杂草耕起，并先于主垡片的翻转而落入沟底，从而改善主犁体的翻垡覆盖质量。在杂草少、土壤疏松的地区，不用小前犁也能获得良好的耕翻质量。较常用的小前犁为铧式小前犁（图4-6），其构造与主犁体相似，犁柱和犁托常作成一体，无犁侧板。固定在犁架上。铧式小前犁切下的垡片为矩形，耕宽为

主犁体的 2/3，耕深约为主犁体的 1/2。

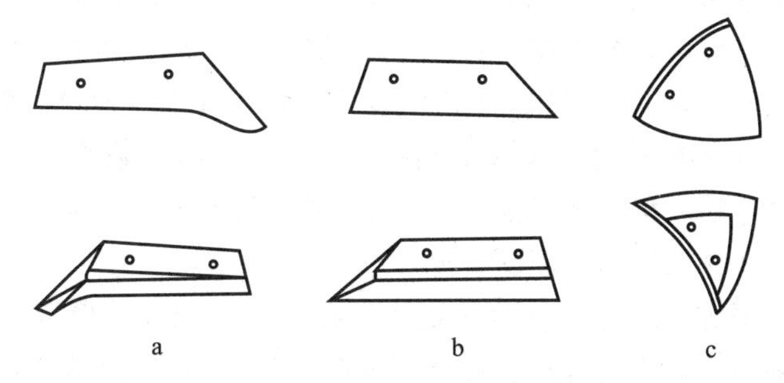

图 4-5　常用犁铧型式

a. 凿形铧　b. 梯形铧　c. 三角形犁铧

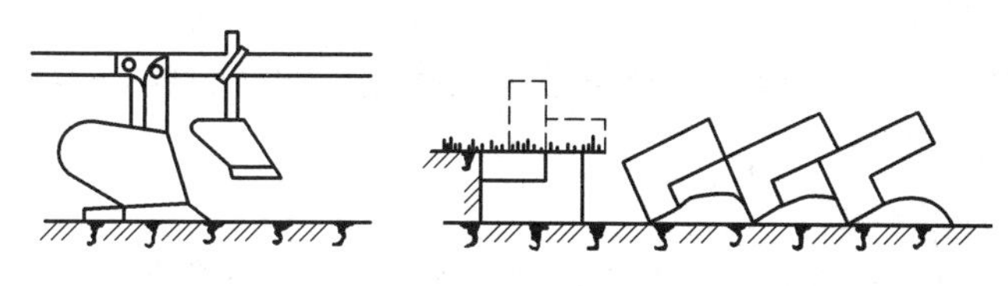

图 4-6　铧式小前犁

3. 犁刀　犁刀的作用是切出整齐的沟壁，减少土壤对犁铧和犁壁胫刃部分的压力，以及切断杂草和残茬，改善覆盖质量。

犁刀有圆犁刀和直犁刀两种形式。圆犁刀比直犁刀的阻力小，切土效果好，且不易缠草，在通用犁上普遍采用。图 4-7a、b、c 所示是三种不同形式的刀盘。普通刀盘（图 4-7a）使用广泛，容易入土，脱土性好，且便于磨锐修复。缺口刀盘（图 4-7b）用于黏重而多草的田地，刀盘的缺口可将杂草压倒，便于切断。但磨损后不易修复。波纹刀盘（图 4-7c）切断草根的效果最好，由于波纹与土壤紧密接触，所以犁刀不易滑移。虽经磨损，但刃口仍保持锋利；缺点是在干硬土壤上不易入土。直犁刀（图 4-7d）最初被用在畜力犁上，以后在机力犁上也有应用。在耕深大、工作条件恶劣的地区（如多石、灌木地等）多用直犁刀。

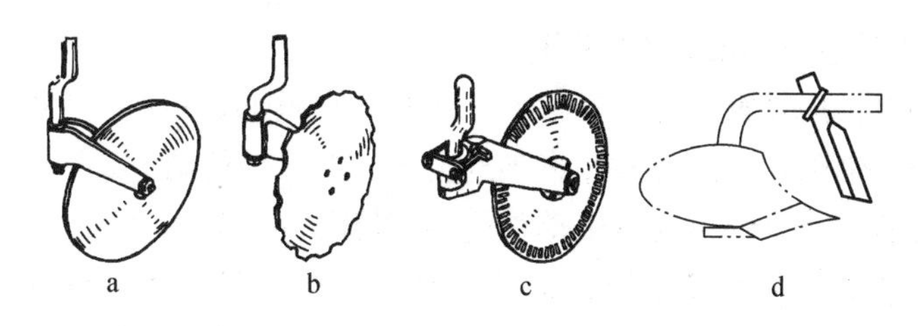

图 4-7　犁　刀

a. 普通刀盘　b. 缺口刀盘　c. 波纹刀盘　d. 直犁刀

三、铧式犁的使用

（一）铧式犁的调整

以悬挂犁为例说明铧式犁的调整方法。

1. 耕深调整　悬挂犁的耕深调整有三种方式，即高度调整、力调整和位调整。高度调整是通过调节限深轮与犁架的相对位置来调整耕深的。轮子抬高，耕深增加；反之，耕深减少。力调整是根据犁体阻力的大小自动调节耕深。力调节手柄不变，阻力增加，则耕深减小。位调整是由拖拉机液压系统来控制的，这种方法，犁和拖拉机相对位置固定不变，当地表不平时，耕深变化较大，上坡变深，下坡则变浅，适于在平坦地块上耕作。

2. 耕宽调整 耕宽调整的目的是减少漏耕和重耕。当有漏耕现象时，可通过转动曲拐轴，使右端向前移，左端后移，铧尖指向已耕地，耕宽减小；有重耕现象时，调整方法与上述相反。或通过左右横移悬挂轴来调整耕宽。

3. 偏牵引调整 凡是机组由于挂接不当而存在偏转力矩并使拖拉机产生自动摆头现象的，称为偏牵引。调整方法是通过调节下悬挂点相对犁架的位置，即当拖拉机向右偏转时，左悬挂点向右移；反之，左移。

4. 纵向水平调整 多铧犁在耕作时，若前后犁体耕深不一致，可通过改变上拉杆的长度来调节。当前浅后深时，应缩短上拉杆；反之，则伸长上拉杆。

5. 横向水平调整 可通过改变拖拉机悬挂机构右提升杆长度来调整。当犁架出现右侧高于左侧时，应伸长右提升杆；反之，则缩短。

(二) 犁的使用注意事项

(1) 在地头转弯时应将犁升起，严禁在犁出土之前转弯或倒退。

(2) 耕地或运输时，犁架上严禁坐人。

(3) 机组在行进中，不允许排除故障或用手、脚直接清除杂草、泥块等堵塞物。

(4) 犁在道路运输时，行进不能太快，犁体应升至最高位置并锁定。

第三节 旋耕机、灭茬机与秸秆还田机

一、旋耕机

旋耕机能一次完成耕耙作业。其工作特点是碎土能力强，耕后的表土细碎，地面平整，土肥掺和均匀，广泛应用于果园菜地、稻田水耕及旱地播前整地。缺点是功率消耗较大，耕层较浅，翻盖质量较差。

(一) 旋耕机的类型、构造与工作原理

旋耕机按旋耕刀轴的位置可分为横轴式（卧式）、立轴式（立式）和斜轴式；按与拖拉机的连接方式可分为牵引式、悬挂式和直接连接式；按刀轴传动方式可分为中间传动式和侧边传动式。侧边传动式又分侧边齿轮传动和侧边链传动两种形式。

旋耕机主要是由机架、传动系统、旋转刀轴、刀片、耕深调节装置、罩壳等组成（图4-8)。旋耕刀轴由无缝钢管制成。轴的两端焊有轴头，用来和左右支臂相连。轴上焊有刀座或刀盘。机架由中央齿轮箱、左右主梁、侧边传动箱和侧板等组成。悬挂架同悬挂犁上的相似，挡泥罩和平土板用来防止泥土飞溅和进一步碎土，也可保护机务人员的安全，改善劳动条件。

旋耕机工作时，刀片一方面由拖拉机动力输出轴驱动做旋转运动，另一方面随机组前进做等速直线运动。刀片在切土过程中，先切下土垡，抛向并撞击罩壳与平土拖板细碎后再落回地表上。机组不断前进，刀片就连续不断地对未耕地进行松碎（图4-9)。

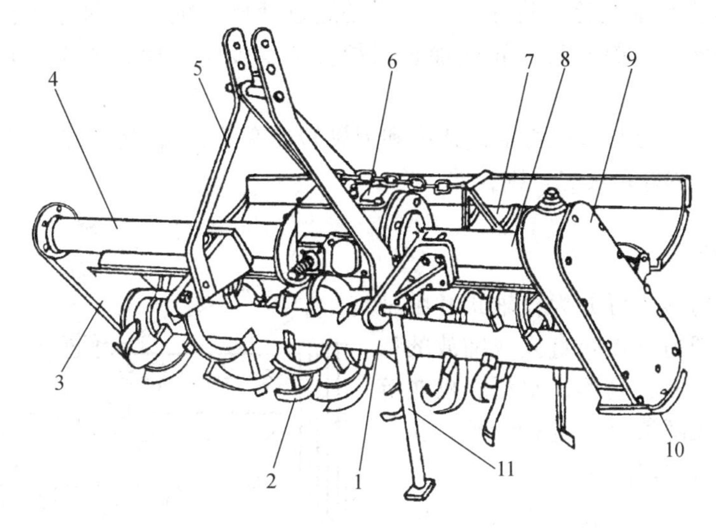

图 4-8　旋耕机的构造
1. 刀轴　2. 刀片　3. 右支臂　4. 右主梁　5. 悬挂架　6. 齿轮箱
7. 罩壳　8. 左主梁　9. 传动箱　10. 防磨板　11. 撑杆

（二）旋耕机的主要工作部件

刀轴和刀片是旋耕机的主要工作部件，刀轴主要用于传递动力和安装刀片。常见的刀片有弯形、凿形和直角刀片（图 4-10）。弯形刀片（分左弯和右弯）有滑切作用，不易缠草，具有松碎土壤和翻土覆盖能力，但消耗功率较大。国内生产的旋耕机大多配用弯形刀片。凿形刀片入土和松土能力较强，功率消耗小，但易缠草，适用于土质较硬或杂草较少的旱地耕作。直角刀片的性能与弯形刀片相近，国内生产和使用的较少。

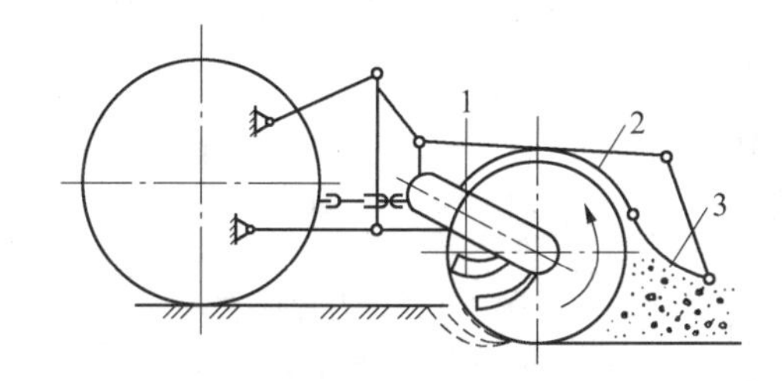

图 4-9　施耕机的工作过程
1. 刀片　2. 罩盖　3. 平土拖板

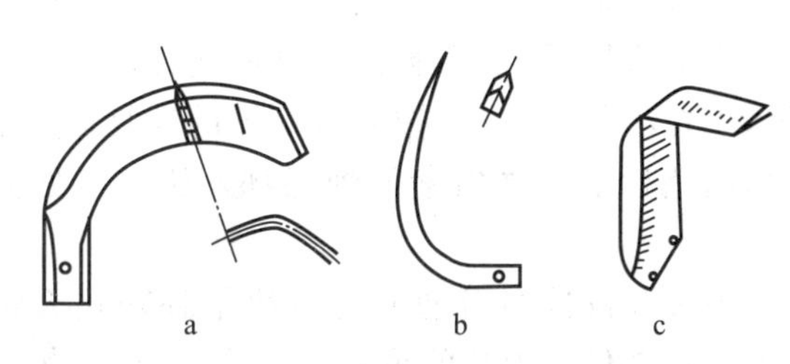

图 4-10　刀片的形式
a. 弯形刀片　b. 凿形刀片　c. 直角刀片

（三）旋耕机的使用

1. 正确安装旋耕机刀片　旋耕机刀轴上的刀座排列呈两条螺旋线，且左右弯刀交叉排列，每条螺旋线上的刀片弯向相同，安装刀片时应参照说明书，从刀轴一端起，沿一条螺旋线安装同一弯向刀片，然后再安装另一螺旋线上的刀片，并拧紧所有紧固螺母。

2. 正确操作旋耕机　启动发动机前应将旋耕机离合器手柄置于分离位置，进地前，将旋耕机升起，再接合动力，让旋耕机空转，待达到预定转速后，挂上前进挡，缓松离合器踏板，慢慢降落旋耕机使其逐渐入土，并逐渐加大油门进入正常作业状态。严禁先降落后再接合动力的错误做法。转弯和倒车时，必须在提升后进行，禁止工作中转弯和倒车。

3. 耕深和碎土性能调整 耕深调整一般是通过液压手柄、限深轮或改变斜拉杆的长度进行的。手柄向下，提升限深轮或加长斜拉杆的长度均可使耕深增加；反之，则耕深减小。

旋耕机的碎土性能与拖拉机前进速度和刀轴转速有关。当刀轴转速一定时，拖拉机前进越慢，碎土质量越好；反之，则变差。

二、灭茬机

灭茬机按结构形式可分为立轴式和卧轴式两种，主要用于粉碎田间直立或铺放的秸秆，可对玉米、小麦、高粱、水稻、棉花等作物秸秆、根系及蔬菜茎蔓进行粉碎，粉碎后的秸秆自然散布均匀。

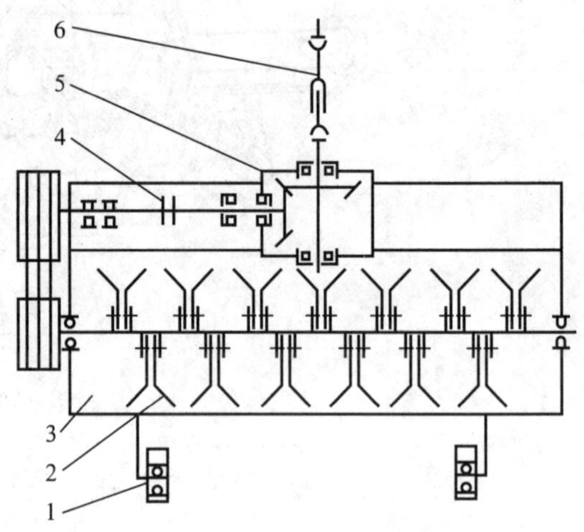

图 4－11 卧轴式灭茬机结构

1. 限深轮 2. 工作部件 3. 粉碎壳体 4. 联轴器 5. 变速箱 6. 万向节转动轴

卧轴式灭茬机主要由传动机构、粉碎室及辅助部件三大部分组成（图 4－11）。传动机构将拖拉机的动力传给工作部件进行粉碎作业，它由万向节、传动轴、齿轮箱和皮带传动装置组成。粉碎室由罩壳、刀轴和铰接在刀轴上的刀片（也称动刀或甩刀）组成，用于粉碎、抛送和撒布碎秸秆。辅助部件包括悬挂架和限深轮等。通过调整限深轮的高度，可调节刀片的离地间隙即留茬高度，灭茬刀片一般不打入土中，否则会造成动力负荷过大，刀片过早磨损。

机组作业时刀轴上铰接的甩刀一方面绕刀轴转动，一方面随机组前进，旋转的动刀先把定刀床下的茎秆从根部砍断，并向前方抛起，使茎秆进入罩壳，在甩刀片、罩壳和定刀的反复作用下，粉碎后的茎秆沿罩壳内壁滑到尾部，从出口处抛撒到田间。

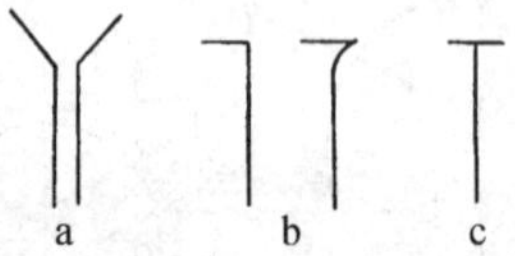

a b c

图 4－12 刀片形式

a. 钝角 L 形 b. 直角 L 形 c. T 形

刀轴及铰接在刀轴上的刀片是卧轴式灭茬机的主要工作部件。刀片的形式有钝角 L 形、直角 L 形和 T 形三种（图 4－12）。直角 L 形刀的粉碎效果好，但容易缠草；钝角 L 形的工作稳定性好，所以应用较广。但钝角 L 形刀片工作时有将茎秆向一侧推的作用，所以在安装时刀片应将左右向 L 形刀片成对安装在同一铰轴上，避免在两侧存留长茎秆，降低粉碎质量。

三、秸秆还田机

秸秆还田是在灭茬基础上翻旋地表土壤并与碎秸秆混合均匀再埋入田间，秸秆掩埋率达85％以上。

按秸秆粉碎轴结构的不同，秸秆还田机可分为卧轴式和立轴式两种，其结构分别见图 4－13 和图 4－14。其秸秆粉碎的原理同灭茬机，二者均配带有灭茬旋耕刀进行灭茬覆盖。

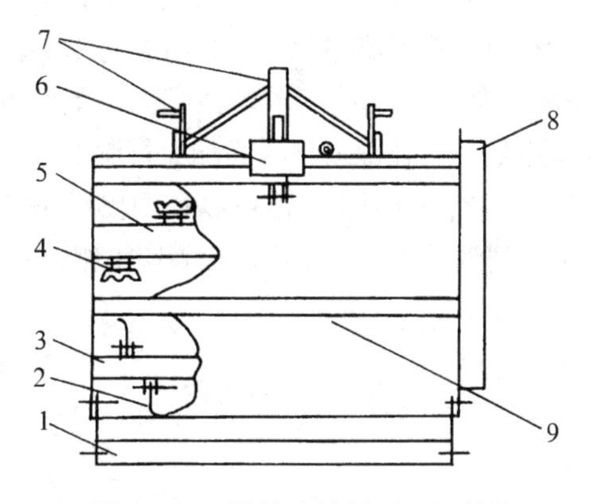

图 4－13　卧轴式秸秆还田机结构

1. 限深滚筒　2. 旋耕刀　3. 旋耕刀轴　4. 锤爪　5. 粉碎滚筒　6. 主变速箱　7. 挂接装置　8. 侧变速箱　9. 壳体

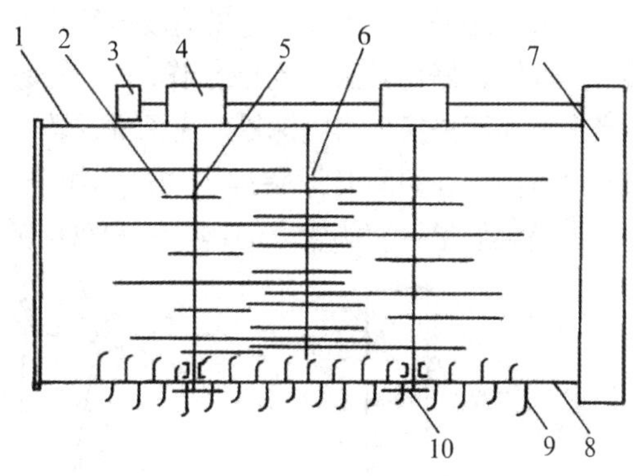

图 4－14　立轴式秸秆还田机的结构

1. 机架　2. 滑切粉碎刀片　3. 皮带轮　4. 变速箱　5. 粉碎刀轴　6. 辅助粉碎刀轴　7. 侧传动　8. 根茬破碎轴（旋耕轴）　9. 旋耕刀片　10. 底刀片

第四节　深松机与联合耕作机

一、深松机

深松机是对超过正常犁耕深度的土壤耕层进行松土作业，它可以破坏坚硬的犁底层，加深耕作层，增加土壤的透气和透水性，改善作物根系生长的环境。常用的深松机有深松犁和层耕犁。

深松犁一般采用悬挂式，基本结构如图 4－15 所示。主要工作部件是装在机架后横梁上的凿形深松铲。连接处备有安全销，以防碰到大石头等障碍时，剪断安全销，保护深松铲。限深轮装于机架两侧，用于调整和控制耕作深度。有些小型深松犁没有限深轮，靠拖拉机液压悬挂油缸来控制深度。

深松铲与铧式犁组合，即为层耕犁，如图 4－16 所示。铧式犁在正常耕深范围内翻土，而深松铲将下面的土层松动，达到上翻下松、不乱土层的深耕要求。

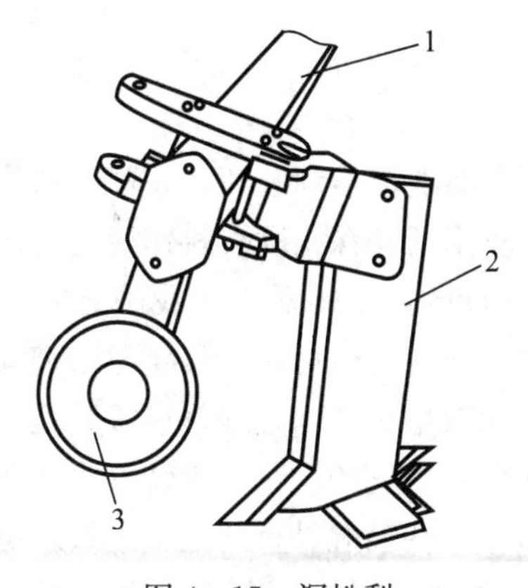

图 4－15　深松犁

1. 机架　2. 深松铲　3. 限深轮

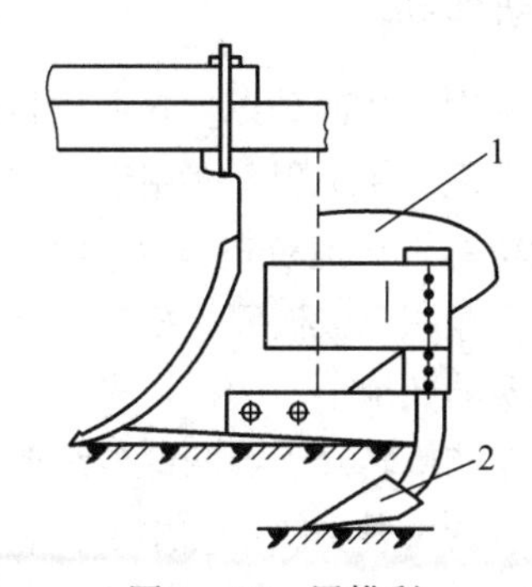

图 4－16　层耕犁

1. 主犁体　2. 松土铲

深松铲是深松机的主要工作部件，由铲头和立柱两部分组成（图 4－17）。铲头是深松铲的关键部件。最常用的是凿形铲，它的宽度较窄，和铲柱宽度相近，形状有平面形，也有圆脊形。圆脊形碎土性能较好，且有一定翻土作用，平面形的工作阻力较小，结构简单，强度高，制作方便，磨损后易于更换，行间深松、全面深松均可适用，应用最广。在深松铲后面配上打洞器，还可成为鼠道犁，在田间开深层排水沟；若作全面深松或较宽的行间深松，还可以在两侧配上翼板，增大松土效果；铲头较大的鸭掌铲和双翼铲主要用于行间深松或分层深松时松表层土壤。

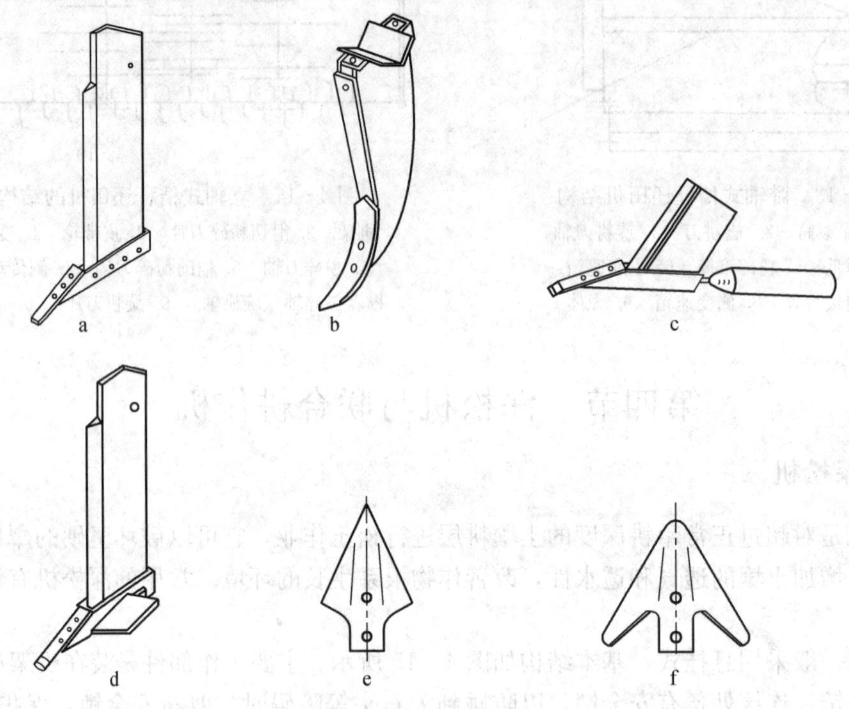

图 4－17　深松铲

a. 平面凿形　b. 圆脊形　c. 带打洞器深松铲　d. 带翼深松铲　e. 鸭掌铲　f. 双翼铲

深松铲柱最常用的是断面呈矩形，结构非常简单，入土部分前面加工成尖棱形，以减小阻力。由于深松铲侧面阻力一般很小，故这种铲柱强度是足够的。有的铲柱采用薄壳结构，质量较小，但结构较复杂。

二、联合耕作机

耕作机械能一次完成两种以上作业项目的机具称为联合耕作机。按联合耕作的方式不同可分为深松联合耕作机、耕耙犁、多用组合犁等多种形式。深松联合耕作机是为适应机械深松少耕法的推广和大功率轮式拖拉机发展的需要而设计的，主要适用于我国北方干旱、半干旱地区。以深松为主，兼顾表土松碎、松耙结合的联合作业，既可用于隔年深松破除犁底层，又可用于形成上松下实的熟地全面深松，也可用于草原牧草更新、荒地开垦等其他作业。耕耙犁的工作部件由铧式犁和旋转碎土器两部分组成，在犁体翻垡的同时，旋转碎土器将垡片打碎，兼有铧式犁和旋耕机的两种功能，适用于水、旱耕作，在潮湿黏重的土壤上效果更为显著。

耕耙犁按其碎土器的配置方式不同，可分为分组立式、分组卧式和整组卧式三种。其中分组立式耕耙犁国内外应用较多，其结构如图 4－18 所示。

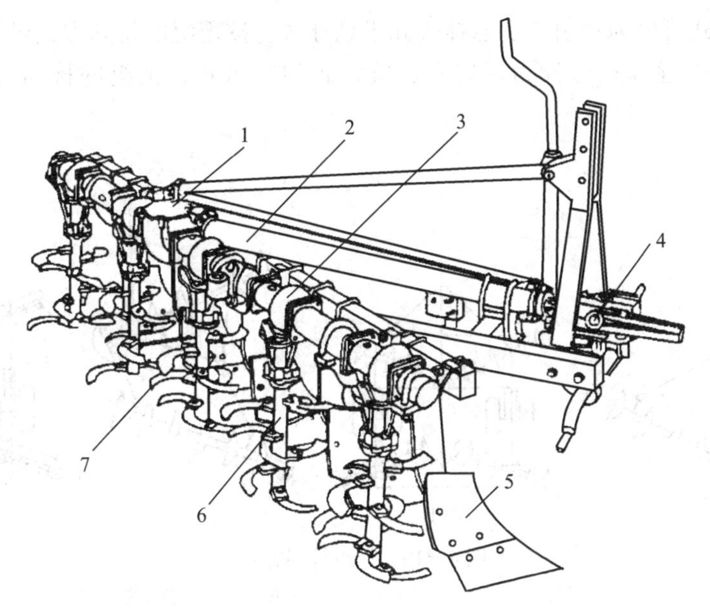

图 4－18　分组立式耕耙犁

1. 主传动轴　2. 输入轴　3. 分传动轴　4. 万向节　5. 铧式犁　6. 旋转碎土器　7. 弯刀

第五节　表土耕作机械

表土耕作机械的目的是松碎表层土壤、平整和适当压实地表、混合化肥和消除杂草等，为播种及作物生长创造良好的土壤条件。

旱地表土耕作的农业技术要求是：及时耕作，防旱保墒；作业深度均匀一致，符合要求；耕作后土壤，表层松软，下层紧密；不漏耕，不漏压，耕后地表平整。

表土耕作机械主要有耙地机械（圆盘耙、齿耙、滚耙）、镇压器及轻型松土机等。

一、耙地机械

（一）圆盘耙

按机重、耙深和耙片直径可分为重型、中型和轻型三种，其结构参数和适用范围见表4－1。

表 4－1　圆盘耙的分类

类型	轻型圆盘耙	中型圆盘耙	重型圆盘耙
单片机重/kg	15～25	20～45	50～65
耙片直径/mm	460	560	660
耙深/cm	10	14	18
牵引阻力/(kN/m)	2～3	3～5	5～8
适应范围	适应于中等壤土的耕后耙地，播前松土，也可用于轻壤土的灭茬	适应于黏壤土的耕后耙地，也可用于中等壤土的以耙代耕	适应于开荒地、沼泽地和黏重土壤的耕后耙地，也可用于黏壤土的以耙代耕

注：单片耙重＝机重/耙片数。

按机组的挂接方式可分为牵引式、悬挂式和半悬挂式。按耙组的排列方式可分为单列耙和双列耙，按耙组的配置方式可分为对置式、偏置式和交错式。耙组的排列与配置方式见图4-19。

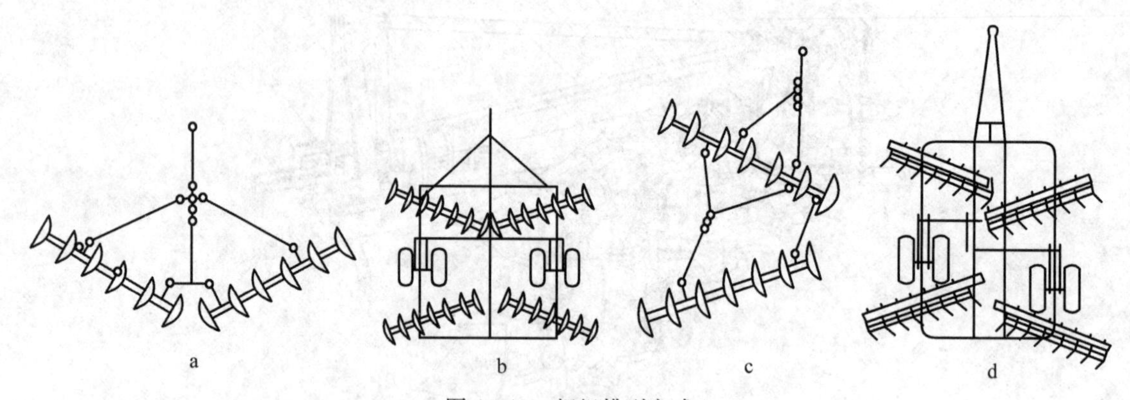

图4-19 耙组排列方式

a. 单列对称式 b. 双列对称式 c. 双列偏置式 d. 交错排列式

1. 圆盘耙的功用与构造 圆盘耙主要用于耕后碎土和播前耙地，也可用于收获后浅耕灭茬、飞机撒播后盖种。有时为了抢农时、保墒也可以耙代耕。

圆盘耙一般由耙架、耙组、牵引或悬挂架及偏角调节装置等组成（图4-20）。

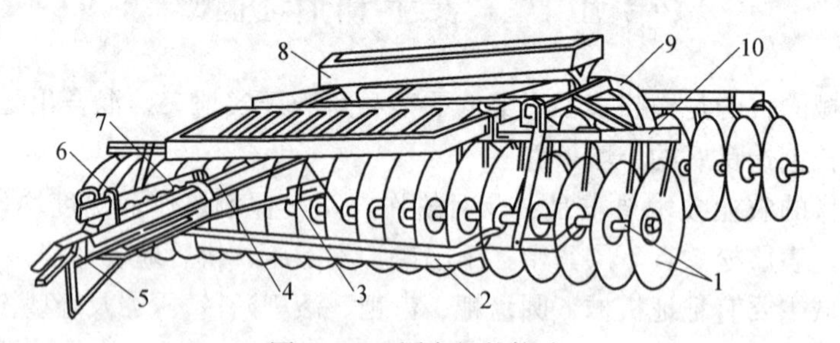

图4-20 圆盘耙的构造

1. 耙组 2. 前列拉杆 3. 后列拉杆 4. 主梁 5. 牵引器 6. 卡子 7. 齿板式偏角调节器 8. 加重箱 9. 耙架 10. 刮土器

2. 圆盘耙主要工作部件 耙组是圆盘耙的主要工作部件，一般由5～10片球面圆盘耙片穿在一根方轴上，耙片之间用间管隔开，保持一定间距，最后用螺帽拧紧、锁住而成（图4-21）。每个耙片都有刮土器，安装在刮土器架上，用以清除耙片上的泥土。

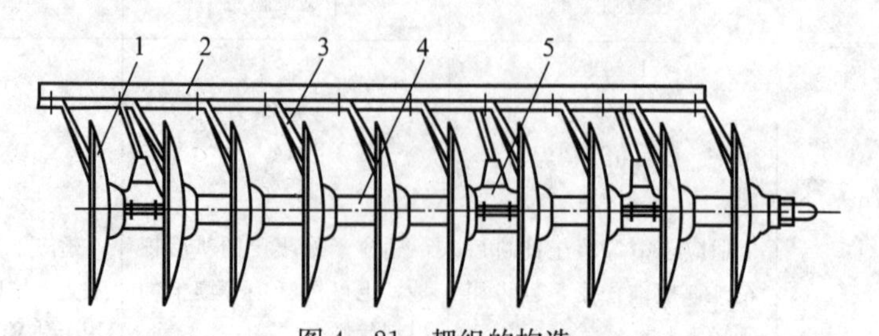

图4-21 耙组的构造

1. 耙片 2. 横梁 3. 刮土器 4. 间管 5. 轴承

耙片是一球面圆盘，其凸面一侧的边缘磨成刃口，以增加入土和切土能力。耙片可分为全缘和缺口两种形式（图4－22）。缺口耙片的刃口较长，切土和碎土的能力都较全缘耙片强，适用于新开垦土地和黏重土壤。耙片的凹面是工作面，直径相同的耙片，凹度大的，入土和碎土性能较强。

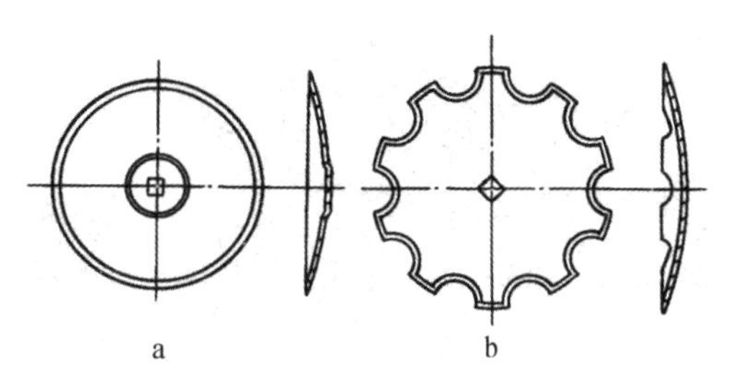

图4－22　耙　片
a. 全缘耙片　b. 缺口耙片

3. 圆盘耙的使用与调节

（1）耙地时应根据土质、地块大小、形状及农业技术要求等情况，选择适当的耙地方法，图4－23是常用的几种耙地方法。梭形和回形耙地也称顺耙或横耙，适于以耙代耕或浅耕灭茬。交叉耙地也称斜耙，大田耕后耙地需采用这种方法，其碎土和平地作用较好，但行走路线复杂，易发生重耙、漏耙。

（2）耙地作业中不许急转弯和倒退，以免损坏耙片。禁止在行进中清除泥土、杂草和排除故障。耙架上不准站人或坐人。

（3）耙深的调节　可通过调整耙组偏角的大小、改变悬挂点的高低位置、增减附加重量或靠拖拉机上液压升降操纵手柄的位置来实现。

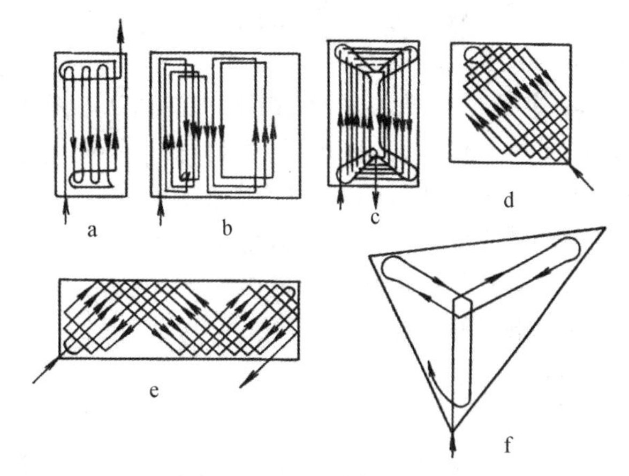

图4－23　耙地方法
a、b. 梭形耙地　c、d. 回形耙地
e. 交叉耙地　f. 三角形地块耙法

（4）耙架水平调节。牵引耙一般用吊杆上的调节孔来进行水平调整，以保持耙组耙深一致。悬挂耙是依靠调整拖拉机上的右提升杆和上拉杆的长度来保持耙组的左右和前后水平的。

（二）齿耙

齿耙主要用于旱地犁耕后进一步松碎土壤、平整地面，为播种创造良好条件。也可用于覆盖撒播的种子、肥料以及进行苗前、苗期的耙地除草作业。常用的齿耙有钉齿耙和弹齿耙。

1. 钉齿耙　钉齿耙的类型很多，按其结构特点可分为固定式、振动式、可调式和网状钉齿耙等（图4－24）。固定式钉齿耙的结构特点是耙齿固定安装在耙架的齿杆上，耙的入土深度取决于耙的重量，钉齿耙的纵杆呈Z形，横杆与纵杆交点处配置耙齿，每3～4根Z形纵杆用3～5个横杆结合起来，作为一节。再用刚性牵引架把数节连接起来，各节可单独摆动，工作较平稳，仿形效果好。可调式钉齿耙与固定式钉齿耙结构相比增加了钉齿角调节机构，用于调整钉齿的倾角，耙架用5根横梁连接而成，每根横梁上装有5～7根钉齿，每个耙组上有25～35根钉齿，通过悬挂架或牵引架把2～4组耙组连接起来。在运输状态，左右耙组可以折叠。网状钉齿耙的特点是耙架为柔性，像网状一样，能紧贴地面工作，仿形性

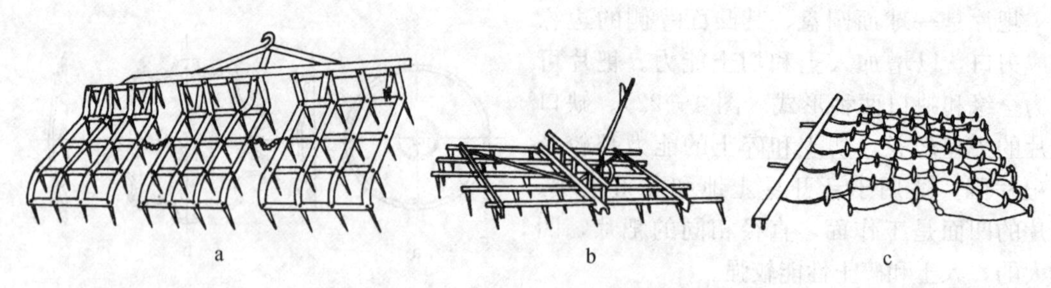

图 4-24　钉齿耙的类型
a. 固定式　b. 可调式　c. 网状式

能好，耙深比较稳定，有较强的平土性能。

2. 弹齿耙　耙齿由弹簧钢制成（图 4-25），有一定的弹性，遇到石砾时不易损坏，弹齿的颤动能增强碎土能力，松土效果也较好。适合于凸凹不平或多石的地面作业，也可用于牧草地、果园的整地和中耕。

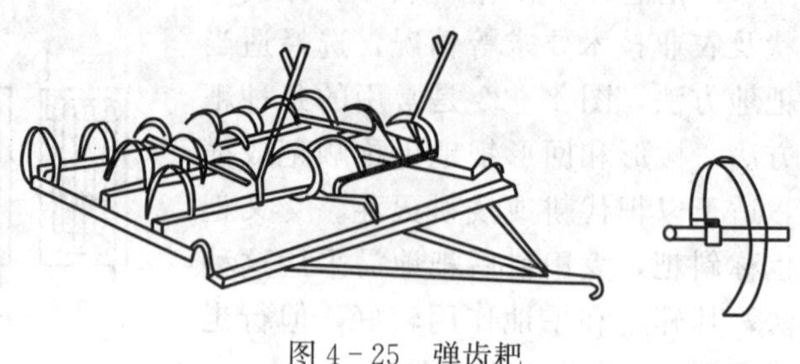

图 4-25　弹齿耙

二、镇压器

镇压器主要用于压碎土块，压紧耕作层，平整土地或进行播后镇压，使土壤紧密，有利土壤底层水分上升，促使种子发芽，也可用于压碎雨后地表硬壳。在干旱多风地区还能防止土壤的风蚀。常用的镇压器根据形状不同有 V 形、网环形和圆筒形三种（图 4-26）。

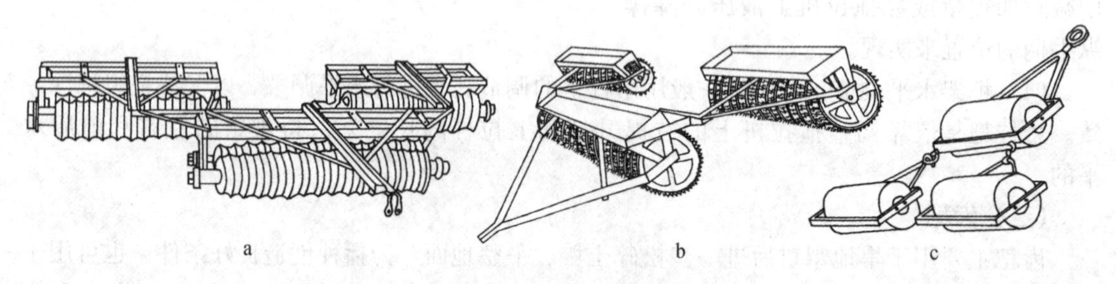

图 4-26　镇压器
a. V 形　b. 网环形　c. 圆筒形

V 形镇压器（图 4-26a）由若干个具有 V 形边缘的铸铁镇压轮穿在一根轴上组成，一般由三组镇压轮排列成品字形。具有碎土能力强、压后地表呈波状起伏、可减少风蚀的特点。镇压轮的轴孔与轮轴之间有较大间隙，工作时，镇压轮绕轴回转，并上、下窜动，可防止轮面粘土，网环形镇压器（图 4-26b）的构造与 V 形镇压器相似，但工作部件（网环）的外缘为网形，而且直径和质量也较 V 形轮大，压后地表呈网状压痕。其特点是下透力大，以压实心土为主，并使表土保持疏松，有较好的保墒作用，适合镇压黏重土壤。圆筒形镇压器（图 4-26c）是用铸铁或钢板制成圆柱形筒。其特点是结构简单，接地面积大，压强小，对表土镇压作用强，而对心土镇压作用弱，压后地表易有裂痕，会造成透风和水分蒸发。

第六节　中 耕 机

中耕是在作物生长期间进行松土、除草、追肥、培土及间苗等作业，目的在于疏松地表、消灭杂草、蓄水保墒，促进有机物分解，增加土壤透气性，以利于作物生长。根据不同作物不同生长时期的需要，中耕作业项目各有不同，有时着重于除草，有时偏重于松土、培土。中耕作业的农业技术要求是：除净杂草，不伤及幼苗，表土松碎且不伤害作物根系；土壤翻动量要小，不乱土层；中耕深浅一致，能满足不同行距的要求；仿形性好，工作可靠，调节方便。

一、中耕机类型与构造

中耕机的种类很多，按用途分为通用和行间中耕机等；按工作条件可分为旱地和水田中耕机；按工作部件形式可分为锄铲式和旋转式中耕机。我国北方地区普遍采用播种中耕通用机，可大大提高机器的利用率。

中耕机一般由工作部件（即除草、松土和培土部件）、仿形机构、机架、地轮、牵引或悬挂架等组成。图 4－27 所示的是典型播种中耕通用机的中耕状态，它主要用于除草和松土。中耕机由机架和中耕单组两部分组成，每个中耕单组由一组中耕部件和一个仿形轮组成，并通过四杆仿形机构与机架（主梁）相连接。由于单组仿形，所以对地面不平的仿形效果好。在机架主梁上装有悬挂架和行走轮。

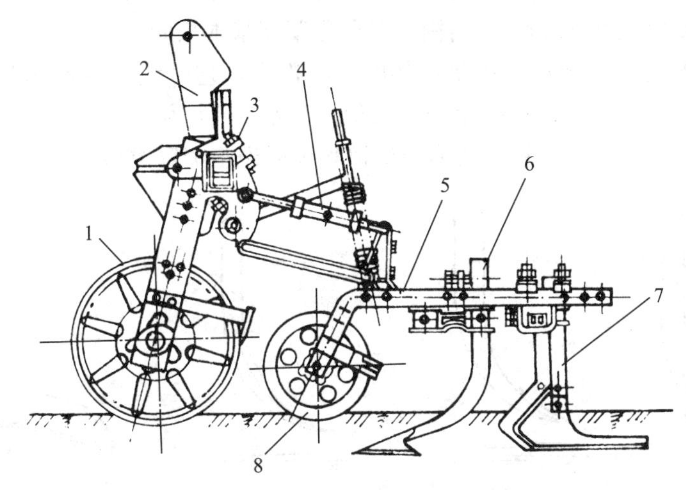

图 4－27　典型播种中耕通用机中耕状态

1. 地轮　2. 悬挂架　3. 方梁　4. 平行四连杆仿形机构
5. 仿形轮纵梁　6. 双翼铲　7. 单翼铲　8. 仿形轮

二、中耕机的工作部件

中耕机的工作部件有锄铲式和旋转式两大类型，其中锄铲式应用较广，按其作用可分为除草铲、松土铲和培土铲三种类型。

1. 除草铲　除草铲主要用于行间的松土和除草作业。按结构不同可分为单翼铲、双翼

铲、双翼通用铲三种形式（图 4－28)。

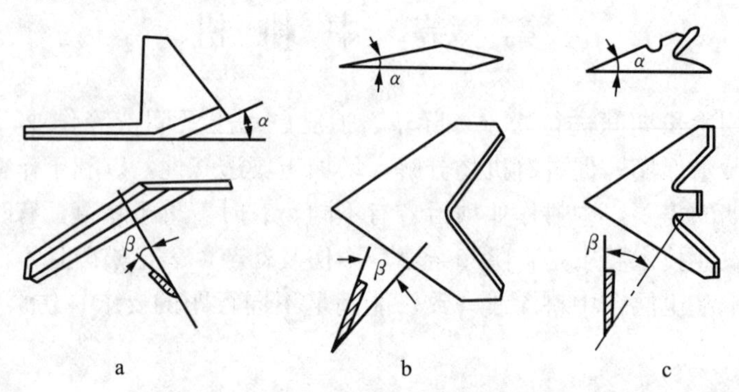

图 4－28　除草铲的类型

a. 单翼除草铲　b. 双翼除草铲　c. 双翼通用铲

单翼铲可用于作物早期除草作业，工作深度一般不超过 6 cm。单翼除草铲由水平锄铲和竖直护板两部分组成（图 4－28a)。锄铲用于锄草和松土，护板用于防止土块压苗，因而可使锄铲安装位置靠近幼苗，增加机械中耕面积。护板下部有刃口，可防止挂草堵塞。单翼除草铲有左翼铲和右翼铲两种类型，中耕时要对称安装分别置于幼苗的两侧。

双翼除草铲（图 4－28b）作用与单翼铲相同。除草作用强而松土作用较弱，工作深度为 8 cm，常与单翼通用铲组合使用。

双翼通用铲（图 4－28c）则有较大的入土角 α 和碎土角 β，因而可以兼顾除草和松土两项作业，工作深度可达 8～12 cm，结构与双翼除草铲基本相同。

2. 松土铲　松土铲主要用于中耕作物的行间松土，它可使土壤疏松但不翻转，松土深度可达 16～20 cm。松土铲由铲头和铲柄两部分组成。铲头为工作部分，它的种类很多，常用的有箭形松土铲、尖头松土铲、凿形松土铲和铧形松土铲等类型（图 4－29)。

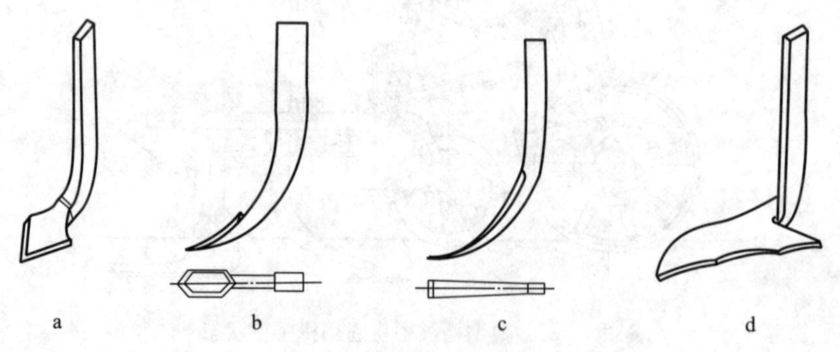

图 4－29　松土铲的类型

a. 箭形松土铲　b. 尖头松土铲　c. 凿形松土铲　d. 铧形松土铲

箭形松土铲的铲尖呈三角形，工作面为凸曲面，耕后土壤松碎，沟底比较平整，阻力比较小，应用广泛。尖头松土铲的铲尖单独制成，两头开刃，磨损后易于更换，可调头使用。凿型松土铲的铲尖呈凿形，铲尖与铲柄为一整体，也可将铲柄与铲尖分开制造，再用螺栓连接，便于磨后更换。这种松土铲的宽度较小，入土能力强，碎土能力较差，工作深度可达 18～20 cm。铧形松土铲的铲尖呈三角形，工作曲面为凸曲面，与箭形松土铲相

似，只是翼部向后延伸得比较长。这种松土铲只适于东北垄作地第一次中耕松土作业，应用不广泛。

3. 培土铲　培土铲主要用于中耕作物的根部培土和开沟起垄。按工作面的类型不同可分为曲面型培土铲和平面型培土铲。

曲面型培土铲一般由铲尖、铲胸、左右培土壁和铲柄等组成（图 4－30）。左右曲面培土壁开度可调，以适应不同垄沟尺寸的作业要求。作业时可使行间土壤松碎，翻向两侧，完成培土或开沟工作，工作阻力小，常用于北方平原旱作地区。平面型培土铲由三角形铧、分土板和两个培土板组成（图 4－31）。两个培土板左右对称配置，开度可调，特别适于东北垄作地区的作物中耕培土作业。

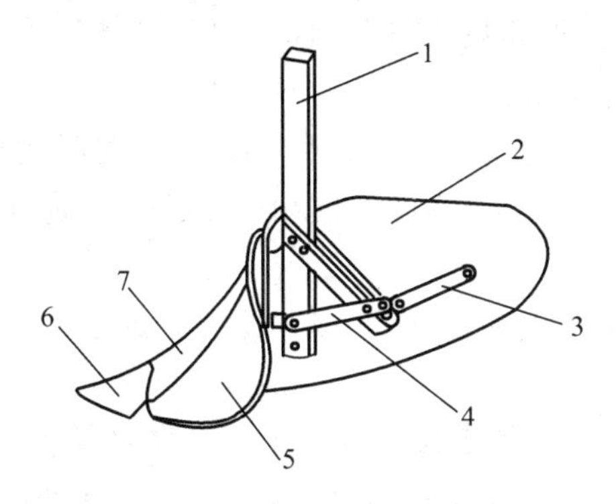

图 4－30　曲面型培土铲

1. 铲柄　2. 右培土壁　3. 右调节臂　4. 左调节臂　5. 左培土壁　6. 铲尖　7. 铲胸

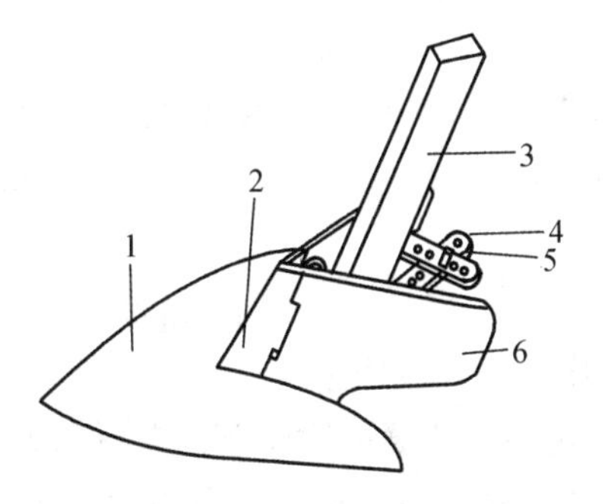

图 4－31　平面型培土铲

1. 三角犁铲　2. 分土壁　3. 铲柄　4. 调节板　5. 固定销　6. 培土板

复习思考题

1. 耕作机械有哪些种类？各有何功用？
2. 铧式犁主要由哪些零件组成？
3. 铧式犁的调整方法有哪些？
4. 旋耕机主要由哪些零部件构成？
5. 铧式犁与旋耕机在工作质量等方面有何区别？
6. 何谓整地机械？
7. 简述保护性耕作基本原理。
8. 简述中耕机械的类型与基本构造。

第五章　播种施肥机械

播种是作物栽培过程中早期关键环节，必须根据农业技术要求做到适时作业。施肥是调节土壤营养元素构成、改善植物生长发育条件的重要措施。目前，随着复合肥料、缓释肥料等新兴肥料的普遍应用，在确保土壤中种子与肥料安全距离情况下，农业生产中普遍将播种与施肥作业同时进行。机械播种与施肥可实现均匀、准确，深浅一致，而且效率高，同时为田间管理作业创造良好条件，是实现农业现代化的重要技术手段之一。

第一节　播种方式与技术要求

一、播种方式

我国地域辽阔，播种方法因地区、作物品种和栽培制度而异。常用的播种方法有撒播、条播、穴播和精密播种等。

1. 撒播　将种子按要求的播量撒播于地表，称为撒播。该方法主要用于飞机撒播，以便高效率完成大面积种草、造林或直播水稻，以及山区瘠瘦坡地种植小麦、谷子等。

2. 条播　将种子按要求的行距、播深和播量播成条行，称为条播。条播的作物便于田间管理作业，故应用很广。

3. 穴播　按要求的行距、穴距和播深将几粒种子集中播入1穴，称为穴播。穴播法适用于中耕作物，可保证苗株在田间分布合理、均匀，与条播相比，穴播能节省种子，减少间苗工时。对于棉花、豆类等成穴播种，还可提高出苗能力。

4. 精密播种　按精确的粒数、间距和播深将种子播入土中，称为精密播种。精密播种可以是单粒精播，也可以将多于一粒的种子播入1穴，要求每穴粒数相等。精密播种可节省种子和间苗工时，与普通条播相比，精密播种播量精确，种子在行内分布均匀，因而有利于作物生长，可提高产量。为保证每公顷株数以保证产量，精播用种应进行精选分级和处理，保证种子发芽率和出苗能力，并防止病虫害。

二、播种技术要求

播种的农业技术要求包括播种期、播量、均匀度、行距、株距、深度和压实程度等。

作物的播种期不同，对出苗、分蘖、发育生长及产量都有显著影响。不同的作物有不同的适播期；即使同一种作物，不同地区的适播期也相差很大。因此，必须根据作物的种类和当地条件，确定适宜播种期。

播量决定单位面积内的苗数、分蘖数和穗数；行距、株距和播种均匀度确定了田间作物的群体与个体关系。确定上述指标时，应根据当地的耕作制度、土壤条件、气候条件和作物种类综合考虑。

播深是保证作物发芽生长的主要因素之一。播得太深，种子发芽时所需的空气不足，幼芽不易出土。但覆土太浅，会造成水分不足而影响种子发芽。

播后压实可增加土壤紧实程度，使下层水分上升，使种子紧密接触土壤，有利于种子发芽出苗。适度压实在干旱地区及多风地区是保证全苗的有效措施。我国几种主要作物播种的农业技术要求见表5-1。

表 5-1　几种主要作物播种的农业技术要求

作物名称	小麦	谷子	玉米		大豆	高粱	甜菜	棉花
播种方法	条播	条播	穴播	精播	精播	穴播	精播	穴播
行距/cm	12～25	15～30	50～70	50～70	50～70	30～70	45～70	40～70
播量/(kg/hm²)	105～300	4.5～12	30～45	12～18	30～45	4.5～15	4.5～15①	52.5～75②
播深/cm	3～5	3～5	4～8	4～8	3～5	4～6	2～4	3～5
株（穴）距/cm	—	—	25～50	15～40	3～10	12～30	3～5	18～24
穴粒数	—	—	3±1	1	1	5±1	1	5±2

① 单芽丸粒化种子，直径 2.5～3 mm，千粒重 20 g 左右。

② 浸种拌灰后的质量，棉籽单位容积质量为 591 g/L 左右。

三、播种机性能要求及性能指标

对播种机的性能要求可分为农业技术要求和使用要求。

对播种机的农业技术要求：保证作物的播种量，种子在田间分布均匀合理，保证行距株距要求，种子播在湿土层中且用湿土覆盖，播深一致，种子损伤率低，施肥时要求肥料分施于种子的下方或侧下方。

对播种机的使用要求：能播多种种子，开沟深度可调且能保证调整后的位置，种箱清扫容易，便于更换种子。

播种机的播种质量常用如下性能指标来评价：

1. 排量稳定性　指排种器的排种量不随时间变化而保持稳定的程度，可用于评价条播机播量的稳定性。

2. 各行排量一致性　指一台播种机上各个排种器在相同条件下排种量的一致程度。

3. 排种均匀性　指从排种器排种口排出种子的均匀程度。

4. 播种均匀性　指播种时种子在种沟内分布的均匀程度。

5. 播深稳定性　指种子上面覆土层厚度的稳定程度。亦可用播深合格率作为评价指标。如规定播深±1 cm，则视为合格。

6. 种子破碎率　指排种器排出种子中受机械损伤的种子量占排出种子量的百分比。

7. 穴粒数合格率　穴播时，每穴种子粒数以规定值±1 粒或规定值±2 粒为合格。合格穴数占取样总穴数的百分比即为穴粒数合格率。

8. 粒距合格率　单粒精密播种时，设 t 为平均粒距，则 $1.5t \geqslant$ 粒距 $> 0.5t$ 为合格；粒距 $\leqslant 0.5t$ 为重播；粒距 $> 1.5t$ 为漏播。合格粒距数占取样总粒距数的百分比即为粒距合格率。

第二节　通用播种机

一、播种机类型和构造

1. 播种机的分类　播种机的类型很多，有多种分类方法。按播种方式可分为撒播机、条播机和穴播机；按播种的作物的不同可分为谷物播种机、棉花播种机、牧草播种机和蔬菜播种机；按联合作业方式可分为施肥播种机、旋耕播种机、铺膜播种机、播种中耕通用机；按牵引动力可分为畜力播种机、机引播种机、悬挂播种机和半悬挂播种机；按排种原理可分为机械式播种机、气力式播种机和离心式播种机。按机械结构及作业特征播种机可分为谷物条播机和中耕作物穴（点）播机两大类。

2. 播种机工作过程和一般构造 播种机工作时，开沟器开出种沟，种子箱内的种子被排种器连续均匀地排出，通过输种管均匀地分布到种沟内，然后由覆土器覆土。有些播种机带有镇压装置，覆土后进行镇压，使种子和土壤紧密接触以利于种子发芽。

无论是谷物条播种机还是中耕作物播种机，其构造一般都由机架、种（肥）箱、排种（肥）器、输种（肥）管、开沟器、覆土器、镇压器、传动机构、开沟器起落及深浅调节机构组成（图 5-1），只是具体的结构形式不同。

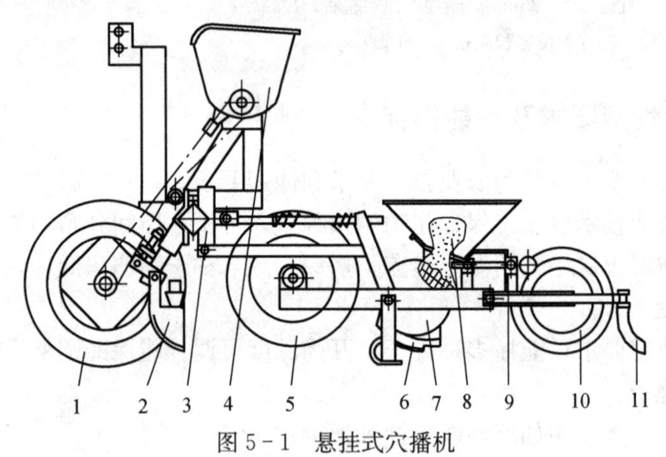

图 5-1 悬挂式穴播机

1. 机轮 2. 施肥开沟器 3. 单体架 4. 施肥部件 5. 驱动轮 6. 开沟器 7. 排种器 8. 种子箱 9. 开沟深度调节装置 10. 镇压轮 11. 覆土器

二、播种机主要工作部件

播种机主要工作部件有种（肥）箱、排种（肥）器、输种（肥）管、开沟器、覆土器、镇压器。

（一）种（肥）箱

谷物播种机多采用整体式种肥箱，即由一个种肥箱供全部排种器（排肥器）排种（肥），多用薄钢板制造。一般肥箱置于种箱的前边，中间用隔板分开。种肥箱的容积由播种量和施肥量的大小而定。

（二）排种器

排种器是播种机的心脏，其性能直接影响播种机的工作性能。排种器一般安装在种箱的底部，用来把种箱内的种子按要求的播种方式，分离成种子流，并连续均匀地排出。条播排种器的类型有外槽轮式、滚齿式、磨盘式、摆杆式、离心式及气吸式等（表 5-2）。中耕作物排种器的类型有水平圆盘式、窝眼轮式、型孔带式及气力式（表 5-3）。排肥器一般安装在肥箱的底部，用于排施化肥，主要有外槽轮式、水平星轮式、离心式、振动式等。

表 5-2　谷物条播排种器的类型

类型	简　　图	工作原理	特点和适用范围
外槽轮式	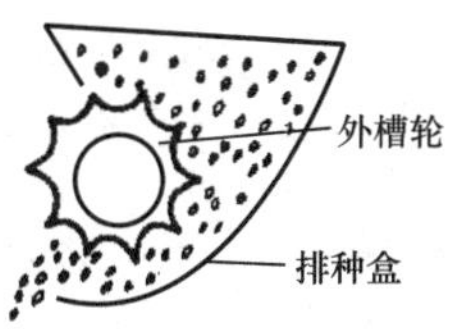 外槽轮 排种盒	工作时外槽轮旋转，种子靠自重充满排种盒及槽轮凹槽，槽轮凹槽将种子带出实现排种。从槽轮下面被带出的方法称为下排法；改变槽轮转动方向，使种子从槽轮上面带出排种盒的方法称上排法	槽轮每转排量基本稳定，其排量与工作长度呈直线关系。主要靠改变槽轮工作长度来调节播量。一般只需 2～3 种速比即可满足各种作物的播量要求。结构简单，制造容易，国内外已标准化。对大、小粒种子有较好的适应性，广泛用于谷物条播机，亦可用于颗粒化肥、固体杀虫剂、除莠剂的排施
内槽轮式	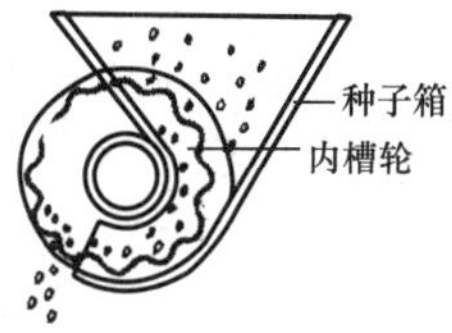 种子箱 内槽轮	凹槽在槽轮内圆上，槽轮分左右两部分，可排不同的种子。工作时槽轮旋转，种子靠内槽和摩擦力被槽轮内环向上拖带一定高度，然后在自重作用下跌落下来，由槽轮外侧开口处排出	主要靠内槽和摩擦力拾起种子，靠重力实现连续排种，其排种均匀性比外槽轮好。但易受振动等外界因素影响，适于播麦类、谷子、高粱、牧草等小粒种子，排种量主要靠改变转速来调节，传动机构较复杂
滚齿式	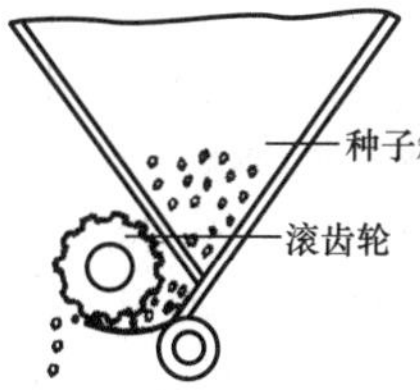 种子箱 滚齿轮	是一种固定工作长度的滚齿轮排种器。滚齿轮位于种子箱下面排种口的外侧。滚齿轮轮齿拨动种子，从排种舌外端排出	主要靠滚齿对种子的正压力和摩擦力来排种，工作长度固定，靠改变转速来调节播量，因而需要有几十个速比的变速机构。更换不同的滚齿轮可播大、中、小粒种子，亦可用于排施化肥
磨盘式	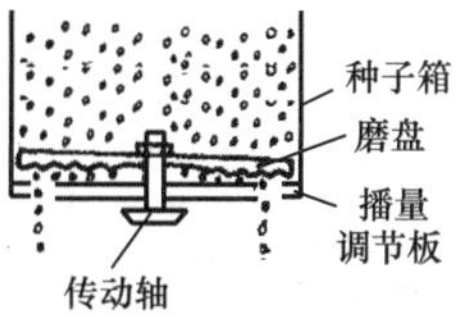 种子箱 磨盘 播量调节板 传动轴	在排种磨盘和播量调节板或底座之间保持一定的间隙，间隙中充满种子。工作时弧纹形磨盘旋转，带动种子向外圆周运动，到排种口的种子靠自重下落排出	既可作为单独的条播排种器，亦可与水平圆盘排种器组成通用排种器，用于中、小粒种子的条播。对流动性较好的种子排种均匀性较好
摆杆式	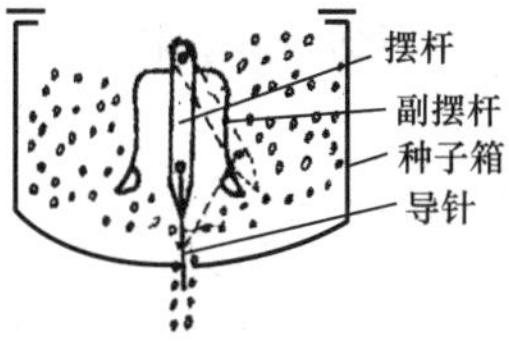 摆杆 副摆杆 种子箱 导针	工作时曲柄连杆机构带动摆杆往复摆动，来回搅动种子，导针在排种口做上、下往复运动，可消除种子堵塞和架空现象，保证排种的连续性	根据耧的原理改进而成，结构简单，制造容易。对小麦、谷子、高粱、玉米等种子的适应性较好，排种均匀性较好。但播量调节较困难，排种口大小对播量影响较大
离心式	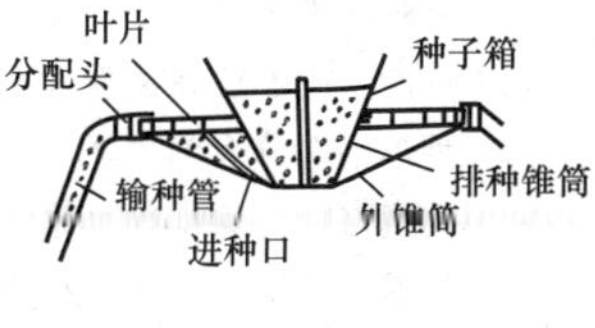 叶片 分配头 种子箱 输种管 排种锥筒 外锥筒 进种口	属于集排式排种器。工作时排种锥筒带动种子高速旋转，在离心力的作用下，种子被甩出排种口实现排种	一个排种器可排 10 多行，通用性好，大小粒种子都能播，亦可用于种子、化肥混播，播量的调节主要靠改变进种口的大小，亦可改变排种锥筒的转速来调节

表 5-3　中耕作物排种器的类型

类型	简　图	工作原理	特点和适用范围
水平圆盘式	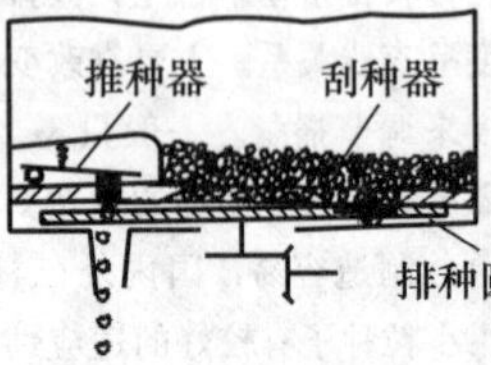 推种器 刮种器 排种圆盘	当水平排种圆盘回转时，种子箱内的种子靠自重充入型孔并随型孔转到刮种器处，由刮种舌将型孔上的多余种子刮去。留在型孔内的种子运动到排种口时，在自重和推种器的作用下，离开型孔落入种沟，完成排种过程	水平圆盘式排种器结构简单，工作可靠，均匀性好；使用范围广，可换装棉花排种盘作为棉花条播机使用；可换装磨盘式排种器条播中耕作物。但对高速播种的适应性较差，在单粒精密播种时，种子必须按尺寸分级。适用播种玉米、高粱、大豆等
窝眼轮式	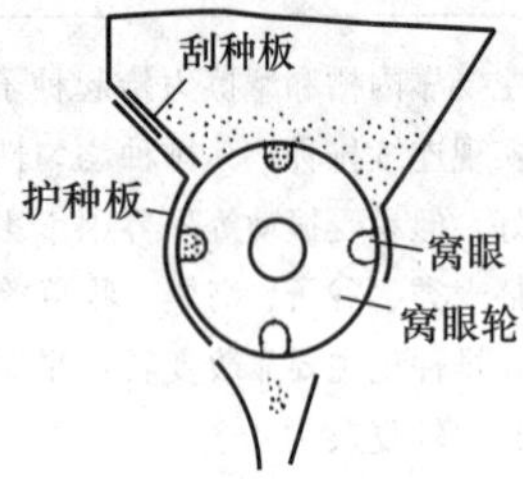 刮种板 护种板 窝眼 窝眼轮	种子箱内的种子靠自重充入窝眼轮的窝眼内，当窝眼轮转动时，经刮种板刮去多余种子后，窝眼内的种子随窝眼沿护种板转到下方一定位置，靠重力或由推种器投入输种管，或直接落入种沟。单粒精播时每个窝眼内要求只容纳一粒种子	窝眼的型孔形状有圆柱形、圆锥形和圆弧形。为了便于种子充填和刮种时减少种子损伤，型孔上带有前槽、尾槽或倒角。充种角越大，充种路程越长，种子进入窝眼内的机会越多，充填性能越好。窝眼轮线速度一般不大于 0.2 m/s。该排种器适于播长、宽、厚差别不大的种子，以播球状种子效果最佳
型孔带式	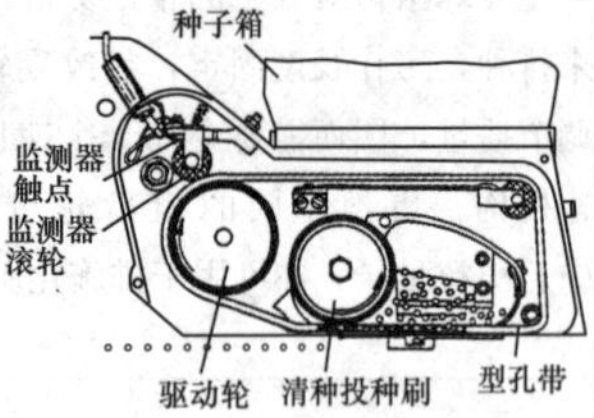 种子箱 监测器触点 监测器滚轮 驱动轮 清种投种刷 型孔带	种子从种子箱靠自重流入种子室，并在排种胶带运动时进入其型孔内依次排列。充有种子的型孔运动到清种轮下方时，与排种带移动方向相反旋转的清种轮将多余种子清除。排种带型孔内的定量种子离开鼓形托板后，种子靠重力落入种沟	通用性好，可更换不同型孔的排种带进行单粒点播、穴播和带播；能播玉米、豆类等中粒种子，也能播蔬菜、甜菜等小粒种子；种子损伤率低，粒距均匀性好。但不适于较高速作业，对种子要求较严
气吸式	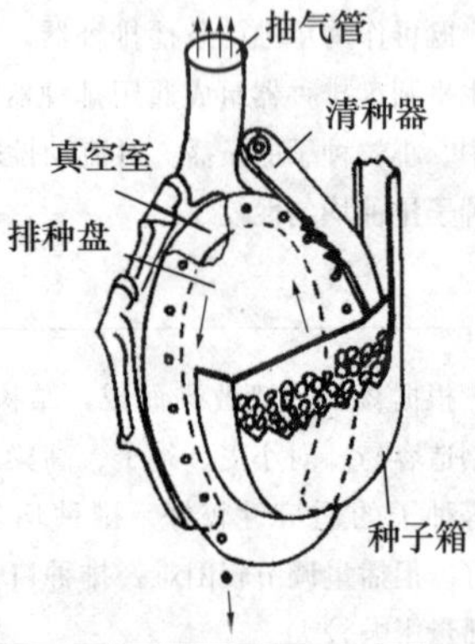 抽气管 清种器 真空室 排种盘 种子箱	气吸式排种器是利用真空吸力原理排种的。当排种圆盘回转时，在真空室负压作用下，种子被吸附于吸孔上，随圆盘一起转动。种子转到圆盘下方位置时，附有种子的吸孔处于真空室之外，吸力消失，种子靠重力或推种器下落到种沟内	通用性好，更换具有不同大小吸孔和不同吸孔数的排种盘，便可适应各种不同尺寸的种子及株距要求。但气室密封要求高，结构较复杂，易磨损
气吹式	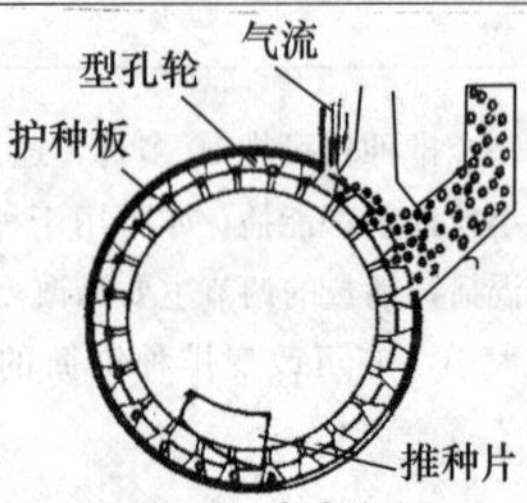 型孔轮 气流 护种板 推种片	种子在自重作用下充入排种轮窝眼内，当盛满几粒种子的窝眼旋转到气流喷嘴下方时，在喷出气流作用下，窝眼内上部的多余种子被吹回到充种区。而位于窝眼底部的一粒种子在压力差作用下紧附在窝眼孔底。当窝眼进入护种区，种子靠自重逐渐从窝眼里滚落	窝眼做成圆锥形，外口直径较大，一个窝眼内可装入几粒种子，提高了充种性能，适于较高速作业播种。可以播种不精选分级的种子，对同一品种不同规格种子的排种可采用气流清种，使清种及排种性能大为提高

（续）

类型	简　图	工作原理	特点和适用范围
气压式	弹性卸种轮 接种漏斗 风管 清种刷 排种筒	风机气流从进风管进入排种筒，部分气流通过筒壁小孔泄出，在窝眼孔产生压力差，使种子紧贴在窝眼内并随排种筒上升。当排种筒上方的弹性卸种轮阻断窝眼与大气相通的小孔消除压力差，种子卸压并在重力作用下分别落到各行的接种漏斗内进入气流输种管，被气流输送到各行种沟内	用一个排种筒可播多行种子，结构紧凑、传动简单且通用性好，但株距合格率稍差。换播种子需更换排种筒，改变株距靠调整排种滚筒传动比或更换排种筒

1. 外槽轮式排种器（图5－2）　当外槽轮旋转时，种子靠自重充满排种盒及凹槽，凹槽将种子带出实现排种。从槽轮下方被带出称为下排；改变槽轮转动方向，使种子从槽轮的上方排出称为上排。外槽轮排种器主要靠改变槽轮的工作长度和速比来调节播量。一般只需2～3种速比即可满足各种作物的播量要求。其结构简单，容易制造，国内外已标准化，对大、小粒种子有较好的适应性，广泛应用于谷物条播，亦可用于化肥排施。

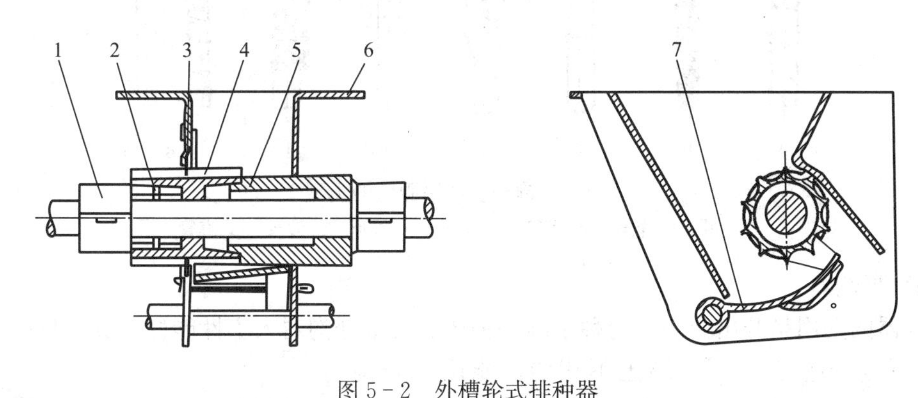

图5－2　外槽轮式排种器

1. 卡箍　2. 轴销　3. 花形挡圈　4. 外槽轮　5. 阻塞套　6. 排种杯　7. 排种舌

2. 水平圆盘排种器（图5－3）　当水平排种盘回转时，种箱内的种子靠自重充入型孔并随型孔转到刮种器处，由刮种舌刮去多余的种子。留在型孔内的种子运动到排种口时，离开型孔落入种沟，完成排种过程。该排种器适用于中耕作物穴播或单粒点播，还可换装棉花排种盘条播或穴播棉花，或换装磨盘式排种器进行条播。

3. 窝眼轮式排种器（图5－4）　工作时，种子箱内的种子靠自重充入窝眼，当窝眼轮转动时，经刮种板刮去多余的种子，窝眼内的种子随窝眼沿护种板转到下方一定位置时，落入种沟。用于穴播或单粒点播。

（三）输种管和输肥管

输种管和输肥管是种子和肥料由排种器、排肥器排出进入开沟器开出的种、肥沟的通道。管的上端挂接在排种器和排肥器上，下端插入开沟器。要求输种管和输肥管具有一定的通过断面，且内壁光滑，以便种肥流动畅通，不破坏种子流和肥料流的均匀性。图

5-5所示为输种管和输肥管的类型。

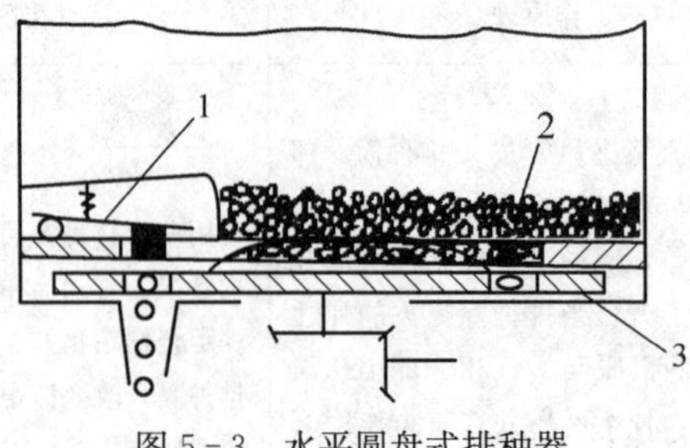

图5-3 水平圆盘式排种器

1. 推种器 2. 刮种器 3. 排种盘

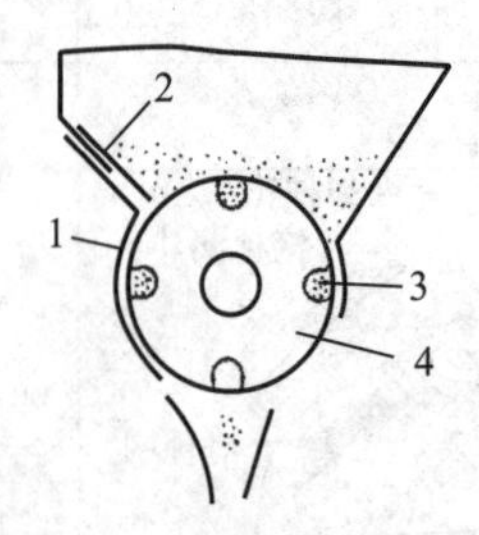

图5-4 窝眼轮式排种器

1. 护种板 2. 刮种板
3. 窝眼 4. 窝眼轮

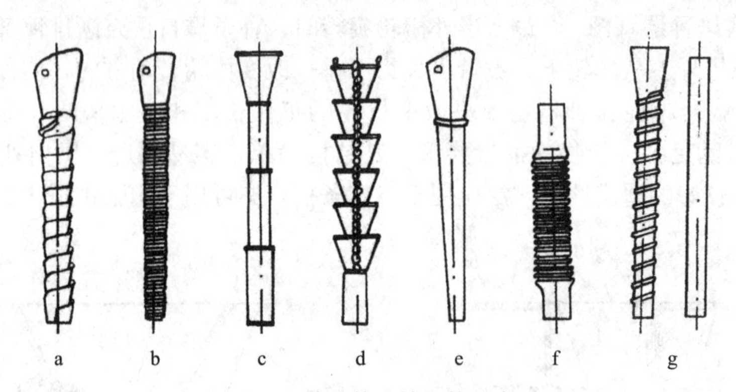

图5-5 输种管和输肥管的类型

a. 卷片 b. 卷丝 c. 套筒 d. 漏斗 e. 锥形 f. 波纹 g. 直管

(四) 开沟器

开沟器的功用是开出种沟，为种子准备种床。要求开沟器入土性能好，具有良好的走直性，不挂草，不壅土，干、湿土不相混，能调节开沟深度。

1. 双圆盘开沟器（图5-6） 工作时，圆盘滚动前进，切开土壤并向两侧挤压成种沟，种子在两圆盘间经导种板散落于沟中，圆盘过后土壤自然回落覆土，有利于湿土覆盖种子，多用于谷物条播机。

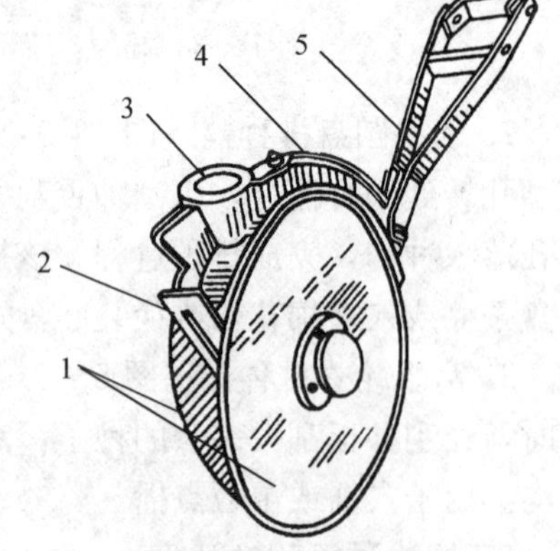

图5-6 双圆盘开沟器

1. 圆盘 2. 导种板 3. 导种管
4. 开沟器体 5. 拉杆

2. 锄铲式开沟器（图5-7） 工作时，开沟铲入土，将部分土壤升起，使底层土壤翻到上层，对前端和两边土壤挤压而形成种沟。开沟阻力小，入土能力强，有干、湿土相混现象，多用于畜力或小型机力谷物播种机。

3. 滑刀式开沟器（图5-8） 工作时，滑刀向前滑动切开土壤，两侧板及底托推挤土壤形成种沟，湿土从侧板后部先下落。其直线行驶性好，多用于中耕作物播

种机。

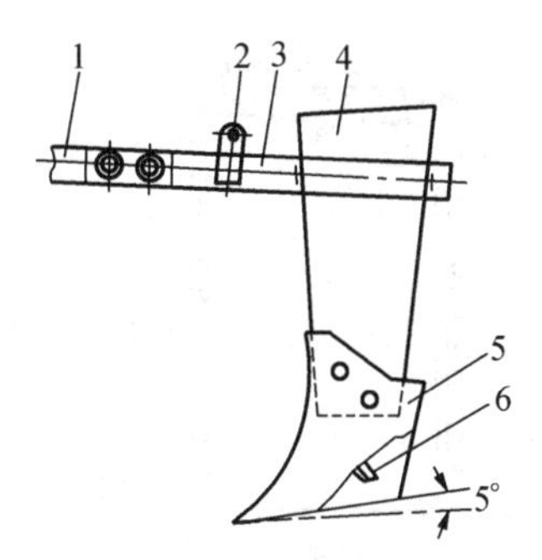

图 5-7　锄铲式开沟器

1. 拉杆　2. 压杆座　3. 夹板　4. 开沟器体　5. 开沟铲　6. 导种板

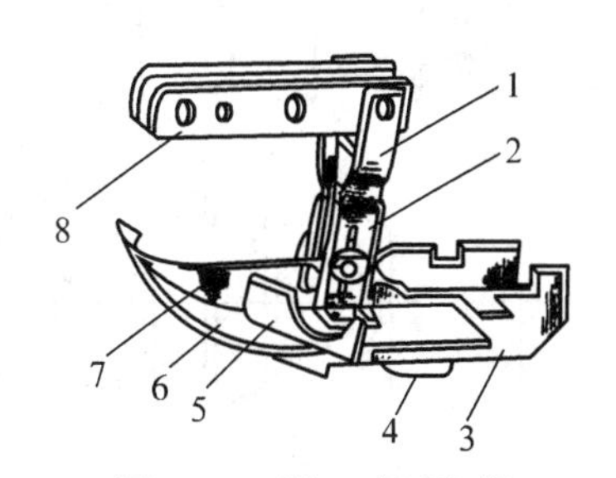

图 5-8　滑刀式开沟器

1. 开沟器体　2. 调节齿座　3. 侧板　4. 底托　5. 推土板　6. 限深板　7. 滑刀　8. 拉杆

（五）覆土器

覆土器的作用是将土覆盖种子上面，以达到要求的播种深度。谷物条播机上的覆土器有链环式、拖杆式、弹齿式和爪盘式等（图 5-9）。

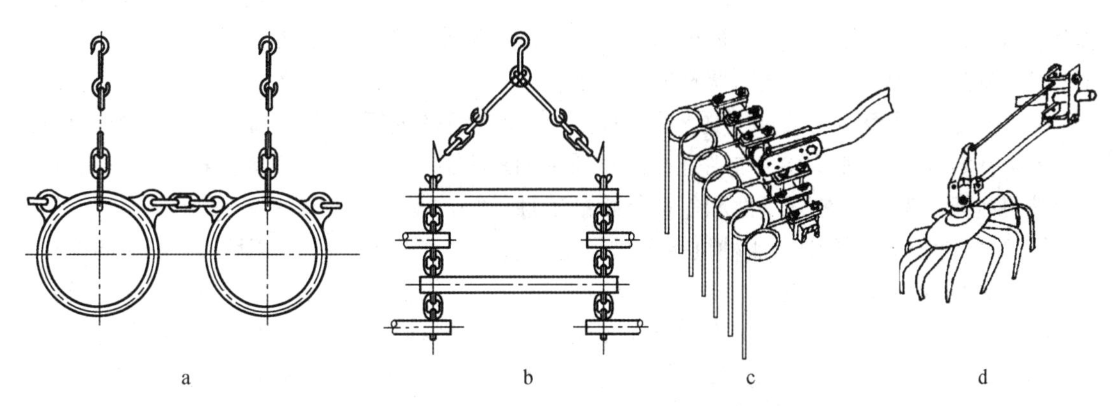

图 5-9　谷物播种机上常用的覆土器

a. 链环式　b. 拖杆式　c. 弹齿式　d. 爪盘式

（六）镇压器

镇压器一般用于中耕作物播种机，用来压紧土壤使其表面适当致密，减少水分蒸发，使种子和湿土紧密接触。压强要求一般为 30～50 kPa，压紧后的土壤密度一般为 0.8～1.2 g/cm^3。镇压轮按材料可分为金属镇压轮（图 5-10a）和橡胶镇压轮（图 5-10b）。平面和凸面镇压轮的轮辋较窄，主要用于沟内镇压。凹面镇压轮从两侧将土壤压向种子，有利于幼芽出土。宽型橡胶镇压轮内腔是空腔，并通过小孔与大气相通，又称零压镇压轮。工作时由于橡胶轮变形与复原反复交替，因此易脱土，镇压质量好，多用于精密播种机。

三、播种机的使用

（一）播种机的一般调整

1. 播量的调整　应根据农业技术要求进行播前调整和田间校核，切实保证播种质量。

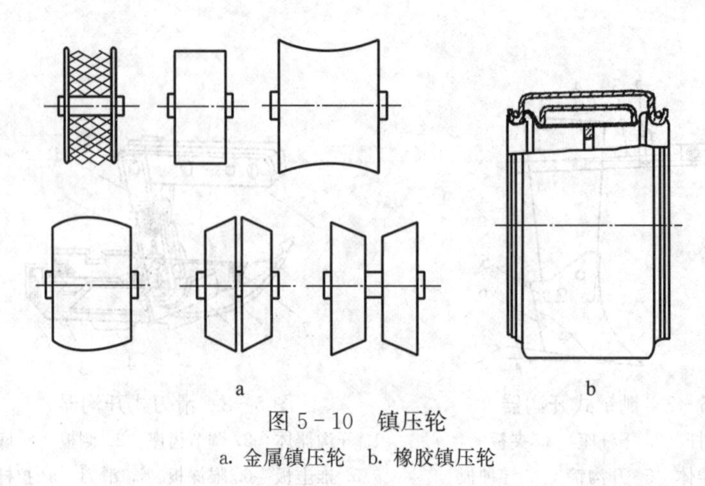

图 5-10　镇压轮

a. 金属镇压轮　b. 橡胶镇压轮

2. 行距的调整　不同作物对行距要求不同，因此应按农艺的规定保证行距。

3. 播种深度的调整　不同作物对播种深度有不同的要求，播种深度主要取决于开沟器的开沟深度。调整方法：在双圆盘开沟器上加装限深环；在滑刀式开沟器上加装限深板；锄铲式开沟器改变其牵引铰点位置或加配重；利用弹簧增压机构改变开沟器上的压力；利用限深轮控制，覆土量的大小也影响播种深度，可以调节覆土机构（覆土器的长短或覆土板的倾角）来调节覆土量的大小，从而调整播种深度。

4. 划行器的调整　为了保证播种机播行正直和机组往返行程有正确的邻接行距，在播种机上装有划行器。划行器的作用是在没有播过的地上划一道浅沟，作为供机手在下一行程时行进的标记，保证行驶直线性和邻接行距准确性。

（二）播种质量的检查　播种机播种质量是否满足农艺要求，可作以下几个方面的检查：

1. 条播时播种量的检查　检查方法有以下几种，可根据具体情况配合使用：检查播种机外槽轮工作长度是否一致、工作中有无变化，来检查播种过程中播量变化与否。根据已播面积和已经消耗的种子量计算实播的播种量。扒开种沟上的覆土，检查每米内落粒数，然后计算农艺要求播种量的每米落粒数。将两者对比，看是否一致。

2. 播种深度的检查　可与播种量的检查同时进行。检查时，按地块四角的对角线方向选点测量，测点数应大于 10。将测量结果取平均值，并将其与农艺要求的播种深度进行比较，当偏差不超过10%时，播深即符合要求。

3. 行距的检查　扒开已播的相邻两行种子上的覆土，到种子外露为止，再用直尺测量两行苗幅（种子分布宽度）中心距，与要求值核对。要求同一机组内相邻两台播种机邻接两行行距的误差不应超过±1.5 cm，相邻两行程之间邻接行距的误差不应超过±2.5 cm。

4. 伤种情况的检查　从输种管下接取一定量的种子，测定伤种率：查数样本种子中带伤种籽粒数，计算带伤种籽粒数占样本种子总粒数的百分率，再减去种子的原始破碎率，即为伤种率。一般大粒种子的伤种率不超过 1%；小粒种子的伤种率不超过 0.5%。

第三节　施 肥 机

按适用肥料施肥机分为化肥施肥机、厩肥施肥机和液肥施肥机，按照施肥所处耕作不同

阶段可分为基肥撒播机、播种施肥联合作业机（用于播种同时施播种肥）和中耕施肥机（用于中耕同时施肥）等。目前常用播种与施肥联合作业机。

由于肥料物理性状不同，施肥机的构造也有所不同。化肥施肥机一般由肥料箱、排肥器、导肥器、撒肥器及传动装置等构成。厩肥撒播机则由肥料箱、输肥链、推击筒、撒肥器及传动装置组成。液肥施肥机是利用内燃机的进、排气系统的高低压来控制吸肥和排肥。

一、固态化肥施肥机

1. 撒肥机　该类机械主要用作整地前将化肥均匀撒布地面，再进行耕翻整地，将肥料埋入耕作层下。由于耕作时易与土壤混搅，达不到深施目的，播种时会对种子形成烧伤，另外也增加了作业工序，国内使用较少。它的优点在于撒施幅宽大，工作效率高。目前使用较成熟的机械有离心圆盘式、气力式和链指式等撒肥机。

2. 犁底施肥机　犁底施肥机通常是在铧式犁上安装肥箱、排肥器、导肥管及传动装置等，在耕翻的同时进行底肥深施。图 5－11 所示是与小四轮拖拉机悬挂双铧犁配套的犁底施肥机。该机采用摆动式排肥器，排肥器由限深轮通过摇杆机构带动，在一定的范围内摆动将肥料破碎、疏导及排出。排出的化肥经导肥管散落在犁沟内，由犁铧翻土覆盖。该机结构简单，可排施碳酸氢铵等流动性差的化肥，排量及其稳定性受化肥湿度、作业速度、肥箱充满程度等因素的影响小，作业性能稳定。

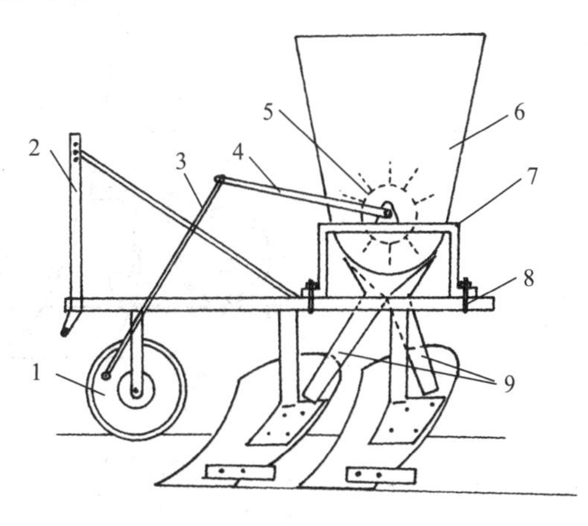

图 5－11　犁底施肥机

1. 限深轮　2. 悬挂架　3. 连杆　4. 摇杆　5. 排肥器　6. 肥箱　7. 支架　8. U 形卡　9. 导肥管

3. 播种施肥机　在播种机上采用单独的肥料箱、输肥管与施肥开沟器，也可采用一体式种箱和肥料箱与组合式开沟器。图 5－12 所示为谷物施肥沟播机，采用播后留沟的沟播方式和种肥侧位深施工艺。作业时，镇压轮通过传动装置带动排种器和搅刀-拨轮式排肥器工作，化肥和种子分别排入导肥管和导种管。同时，施肥开沟器先开出肥沟，化肥导入沟底后由回土及播种开沟器的作用而覆盖；位于施肥开沟器后方的播种开沟器再开出种沟，将种子播在化肥侧上方；然后由镇压轮压实所需的沟形。用谷物沟播机进行小麦沟播施肥，可以提高肥效，增加土壤含水量，平抑地温，减少冻害和盐碱化危害，因

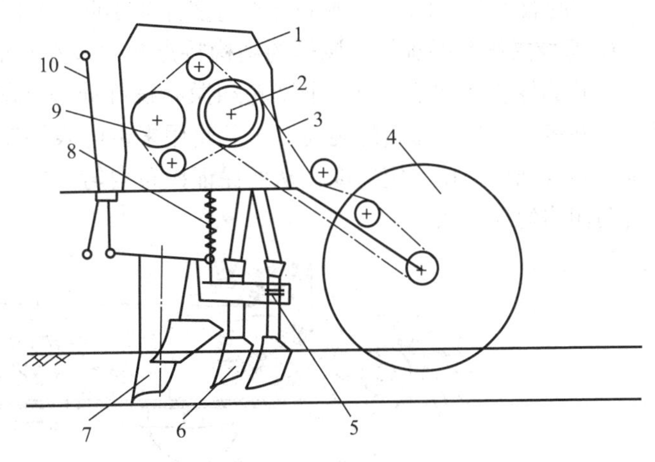

图 5－12　谷物施肥沟播机

1. 种箱　2. 排种器　3. 链条　4. 镇压轮　5. U 形卡　6. 排种开沟器　7. 施肥开沟器　8. 深浅调节机构　9. 排肥器　10. 悬挂架

而出苗率高，麦株生长健壮，成穗率高。在干旱和半干旱地区中低产田应用，具有显著的增产作用；在灌区高产田增产效果不明显。

4. 追肥机 追肥机可分为单行深施和多行侧施。图 5－13 所示多用途碳酸氢铵追肥机为单行畜力追肥机，适用于旱地深施碳酸氢铵，也可兼施尿素等流动性好的化肥。工作时由畜力或小型拖拉机牵引，一次完成开沟、排肥（或排种）、覆土和镇压四道工序。该机采用搅刀-拨轮式排肥器，能可靠、稳定、均匀地排施碳酸氢铵；采用锄铲式开沟器，肥沟窄而深，阻力小，导肥性能良好；换用少量部件可用于播种中耕作物。

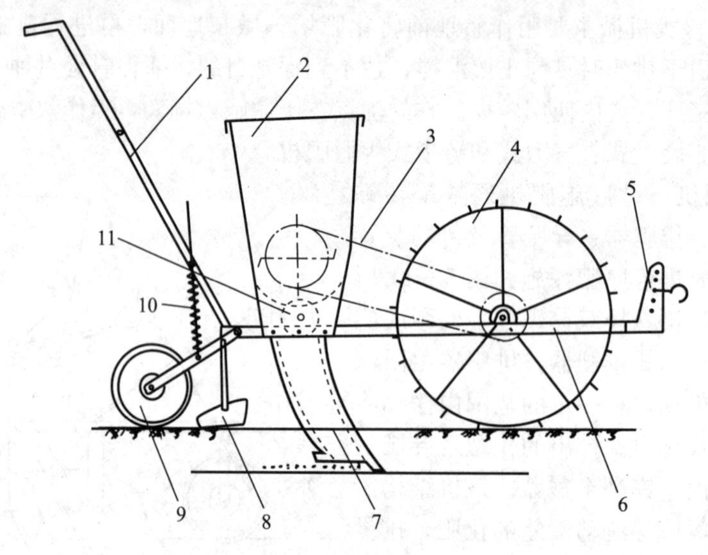

图 5－13　多用途碳酸氢铵追肥机

1. 手把　2. 肥箱　3. 传动链　4. 地轮　5. 牵引板　6. 机架
7. 凿式沟播器　8. 覆土板　9. 镇压轮　10. 仿形加压弹簧　11. 排肥器

二、厩肥撒布机

厩肥的撒布方法很多，厩肥撒布机有多种型号的，其中以下三种是较为常用的厩肥撒布机。

1. 螺旋式厩肥撒施机 该机的结构特点是由装在车厢式肥料箱底部的输肥部件进行撒布。撒肥部件包括撒肥滚筒、击肥轮和撒布螺旋筒等（图 5－14）。撒肥滚筒的作用是击碎肥料，并将其喂送给撒布螺旋筒。击肥轮用来击碎表层厩肥，并将多余的厩肥抛回肥箱中，使排施的厩肥层保持一定厚度，从而保证撒布均匀。撒布螺旋筒高速旋转，将肥料向后和向左右两侧均匀地抛撒。

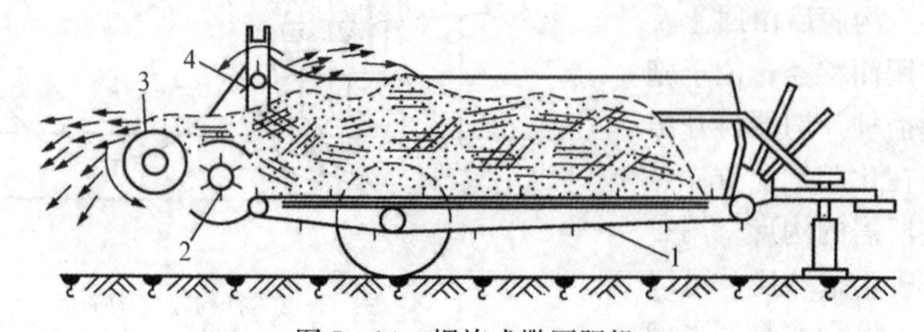

图 5－14　螺旋式撒厩肥机

1. 输肥链　2. 撒肥滚筒　3. 撒布螺旋筒　4. 击肥轮

2. 牵引式厩肥撒施车　牵引式厩肥撒施车以拖拉机动力输出轴为动力，也有把撒肥车做成既能撒肥又能装肥的结构。图 5－15 为国外销售的一种牵引式自动装肥撒肥车。装肥时，撒肥器位于下方，将肥料上抛，由挡板导入肥箱。这时，输肥链反转，将肥料运向撒肥车前部，使肥箱逐渐装满。撒肥时，油缸将撒肥器升到靠近肥箱的位置，同时更换传动轴接头，改变转动方向，进行撒肥。

3. 甩链式厩肥撒布机　甩链式厩肥撒布机采用圆筒形肥箱，筒内有一根纵轴，轴上交错地固定着若干根端部装有甩锤的甩肥链（图 5－16）。工作时，甩链由拖拉机动力输出轴驱动，以 200～300 r/min 的转速旋转，破碎厩肥，并将其甩出。这种撒布机除撒布固体厩肥外，还能撒施粪浆。它的侧向撒肥方式可以将厩肥撒到机组难以通过的地方；但侧向撒肥均匀度较差，近处撒得多，远处撒得少。

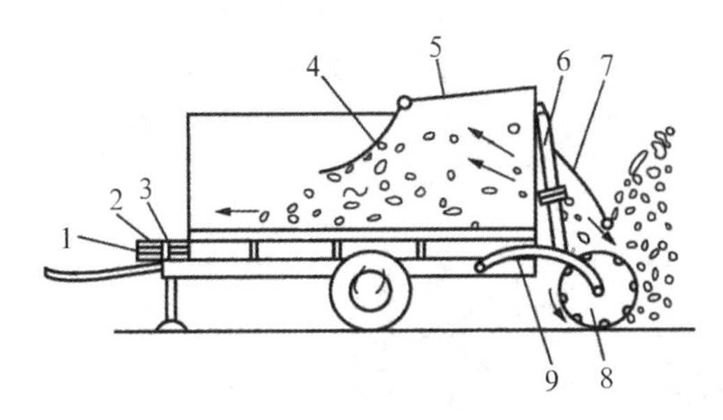

图 5－15　牵引式装肥撒肥车

1. 撒肥传动接头　2. 装肥传动接头　3. 转向器　4、5、7. 挡板　6. 升降油缸　8. 撒肥装肥器　9. 传动支臂

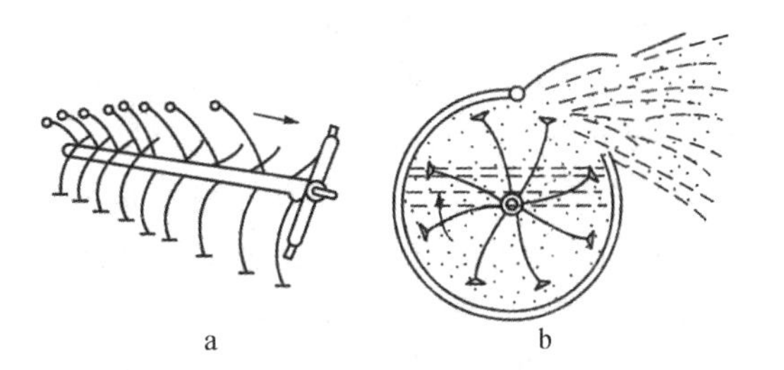

图 5－16　甩链式厩肥撒布机

a. 甩链　b. 工作示意

三、液肥施肥机

液肥包括化学液肥和厩液肥，化学液肥的主要品种是液态氨与氨水。液态氨为无色透明体，含氨 82.3%，是制造铵肥的工业原料，价格较固体化肥低 30%～40%，而且肥效快，增产效果显著。但是，液氨只能在高压下存放，必须用高压罐装运，因此从出厂、运输、储存到田间施肥都必须有一整套高压设施。施肥机上的容器也必须耐高压，否则会存在安全问题，这是液氨在我国施肥受到限制的主要原因。我国农业上使用的液态化肥主要是氨水，农用氨水的含氮量为 15%～20%。氨水对钢制零件的腐蚀不显著，但会使铜合金制件迅速腐蚀。

施用液态化肥氨或它的水溶液时，为了防止挥发损失，必须将其施在深度为 10～15 cm 的窄沟内，并应立即覆土压实。

1. 化学液肥施肥机　不管是液氨或氨水，其施肥机都需有液肥箱、输液管、排液器、液肥开沟器及操纵控制装置。

氨水的施用机械结构较为简单，氨水经液箱、输液管、可控排量的排液器排出，通过开沟器施于土壤中。排液装置有自流式和压力泵式两种，自流式排液装置主要靠液箱与开沟器的位置差、通过开关控制流量将液肥排出，故排液不能保持恒定。在大型施肥机上都装有压力泵排液器，泵的类型有离心泵、齿轮泵和柱塞泵等多种形式。图 5－17 是采用柱塞泵排液的工作原理简图，这种排液装置能精确地控制排液量，使排量稳定，不受作业速度变化的影响。

2. 厩液肥施肥机 厩肥主要是指人、畜粪尿的混合物和沼气池的液肥等，它是农业生产的重要有机肥源。

我国广大农村历来重视沤制和施用厩液肥，但长期以来缺乏厩液的装运和施洒机具，仍停留在使用粪勺、木粪桶或木粪箱的原始状态，不仅劳动强度大、作业效率低，而且影响操作人员卫生并污染环境。近年来已逐步引用和自行设计厩液肥施肥机并应用到生产中去。

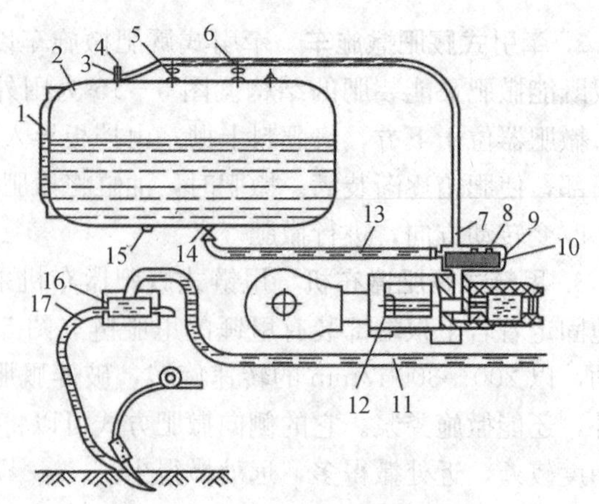

图 5-17 柱塞泵式排液装置

1. 液面指示标 2. 液罐 3. 超压阀 4. 吸液阀 5. 联合阀 6. 通气阀 7、13. 胶管 8. 过滤网 9. 滤清器壳体 10. 空气室 11. 压液胶管 12. 排液泵 14. 三通开关 15. 放液口塞 16. 分配器 17. 输液胶管

厩液肥施肥机分为泵式和自吸式。泵式厩液肥施洒机装有抽吸液泵，用来将厩液肥从储粪池抽吸到液罐内，在运至田间后再由泵对液罐增压，或直接由液泵压出厩液。自吸式厩液肥施洒机是利用拖拉机发动机排出的废气，通过引射装置将厩液肥从储粪池吸入液罐，再进行施洒。这种厩液肥施洒机结构简单、使用可靠，不仅可以提高效率、节省劳力，而且采用封闭式装、运厩液肥，有利于环境卫生。

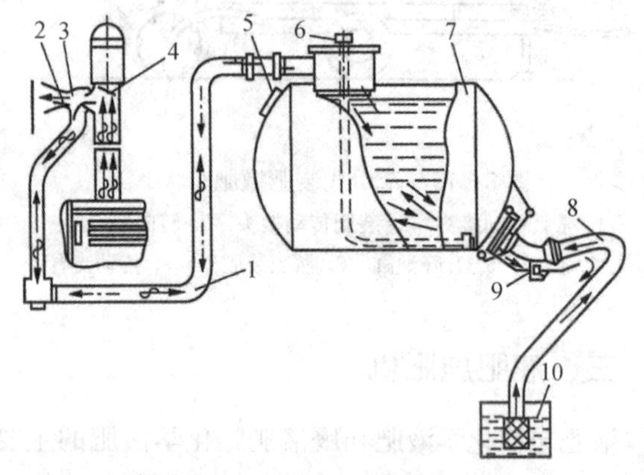

图 5-18 自吸式厩液肥施洒机

1. 吸压气管 2、4. 气门 3. 引射器 5. 观察窗 6. 搅拌气管顶盖 7. 液罐 8. 吸液管 9. 排液管 10. 厩液池

自吸式厩液肥施洒机在吸液状态时（图 5-18），液罐尾端的吸液管放在厩液池内，打开引射器终端的气门 2，关闭气门 4，然后使发动机加速，达到最大转速。当排出的废气流经引射器 3 时，其流速增大，而使引射器 3 的吸气室内产生真空。此时，厩液罐与吸液管内的空气受压差作用，在废气流引射带动下而使液罐内出现负压，于是厩液池内的液肥在大气压力作用下源源不断地流入罐内。待罐内液肥达到观察窗上缘时，即可关闭进液口，并打开气门 4，降低发动机的转速。取出吸液管放在液罐的支架上。待运至田间施肥时，则应使发动机排出的废气流经压气管进入液罐。为此，需关闭气门 2、4，打开排液口，液肥即从尾管流出。在吸液与排液过程中，搅拌气管的外端需加盖，液罐也应密封不漏气。位于发动机排气管上的引射器由喷嘴、吸气室、扩散管构成。

第四节 铺 膜 机

地膜覆盖技术是一项保护地面的栽培技术，起源于 20 世纪 50 年代的日本，我国引进该技术已 50 多年，广泛应用于农业生产。它是把厚 0.012～0.015 mm 的塑料薄膜，用人工或

机械的方法紧密地覆盖在作物的苗床（畦或垄）表面，以达到增温、保墒、抑制杂草滋生、促使作物早熟增产的目的。

地膜覆盖技术要求良好的整地筑畦质量，表层土壤尽量细碎，畦形规整（以横断面呈龟背形为佳），无杂草、根茬及残膜；薄膜质量要好，厚度适中；薄膜必须紧贴地面且不会被风吹跑；薄膜尽量绷紧，覆盖泥土要连续、均匀；耕整地后，越早覆盖效果越好。

铺膜的田间准备：铺膜地块必须耕透、耙细、耱平，达到地表平整，土壤细碎，无根茬土块和杂草；施肥量要适当，铺膜播种机无施肥装置时，要一次施足底肥，与常规栽培相比，覆膜后铵肥用量可减少 20%～30%；铺膜前要喷洒适当的农药，以防止病虫害；要喷洒适量的化学除草剂，以防止膜下杂草拱起地膜，影响铺膜效果。

一、铺膜机的类型与构造

（一）铺膜机的类型

地膜覆盖机按其工作性能可以分为以下几种：

1. 简易地膜覆盖机　只装有基本的铺膜部件，由人力或畜力牵引，在已作好的畦上进行铺膜作业，或直接进行平作铺膜。

2. 机引作畦铺膜机　这种铺膜机与拖拉机配套，一次完成作畦、铺膜作业。有的还配有喷药和施肥装置，可在铺膜前喷洒除草剂、施化肥（图 5－19）。

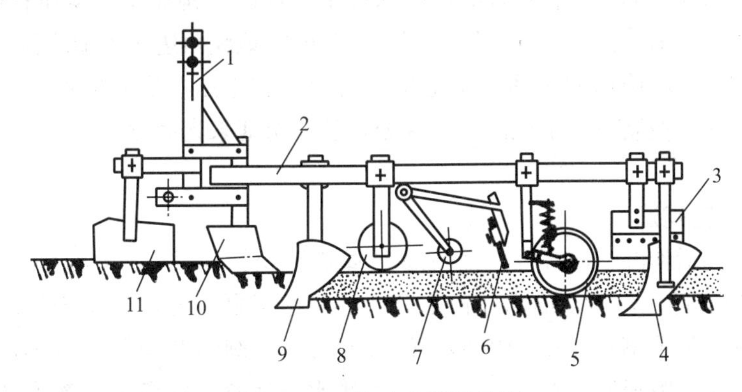

图 5－19　作畦地膜覆盖机

1. 悬挂装置　2. 机架　3. 挡土板　4. 覆土犁铧　5. 压膜轮　6. 展膜机构　7. 挂膜架　8. 镇压器　9. 开沟器　10. 整形板　11. 收土器

3. 旋耕铺膜机　由中型以上的拖拉机悬挂并由动力输出轴驱动，一次完成旋耕、作畦和铺膜作业。也可配备喷药和施肥装置。

以上三种机具铺膜后，均须用手动点播器开穴、播种、覆土或人工开穴放苗。

4. 播种铺膜机　由拖拉机悬挂或牵引，一次完成播种和铺膜作业。但幼苗长出后，需人工适时开穴放苗，放迟了则会烧死幼苗。

5. 铺膜播种机　由拖拉机悬挂或牵引，一次完成铺膜和播种作业，即先铺膜，而后在铺好的塑料薄膜上开孔播种（图 5－20）。

地膜覆盖机按其他方法分类还有：按铺膜后对地膜两侧的封闭方法不同分为压膜式和嵌膜式两种，以压膜式应用较多；按配套动力可分为人力、畜力和机力铺膜机，其中机力铺膜机又分为牵引式和悬挂式两种，以悬挂式应用较多。

（二）地膜覆盖机的工作原理

地膜覆盖机的类型及构造很多，但其工作原理基本相同。如图 5－19 所示，覆盖地膜前，先将地膜覆盖机下降到工作高度，拉出一部分地膜埋好，起步后，在拖拉机的牵引下，收土器将地表耕整过的松软土由畦两侧向中间推移，形成地垄。人字形整形板将地垄土分向两侧，形成畦面并将畦面抹平。开沟器按畦宽要求在畦两侧将土外翻，开出地膜沟。镇压器将畦面压实，把土块压碎，压不碎的土块及石头等硬物压入畦面土中，为覆膜提供良好条件。摆动式挂膜架的摆动臂将膜挟住，随膜卷变细而向下移动，使膜卷始终沿畦面向前滚动，防止作业时风吹入膜下。展膜机构靠重力紧压在膜上向前滚动，将膜纵向拉紧疏平，消除褶皱并起防风作用。压膜轮将地膜两边压入地膜沟，防止风从两侧吹入膜下，其侧向力将膜横向拉紧。覆土犁铧将向内翻土压在展开的地膜两边，将地膜埋好。挡土板将有效地控制覆土不抛向畦面深处，从而保证采光面宽度，至此，全部覆膜作业完成。

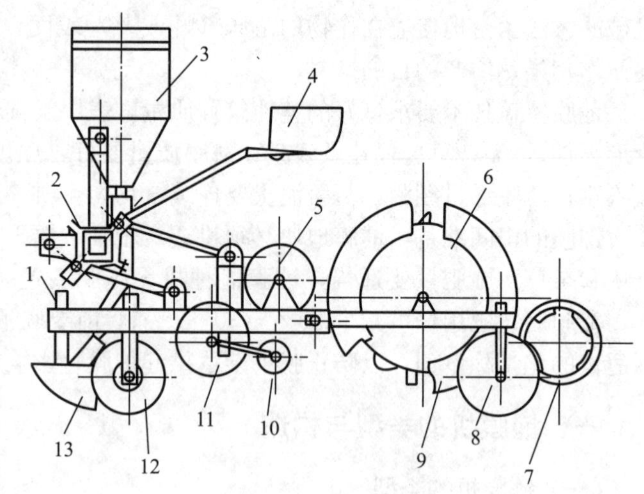

图 5－20　地膜覆盖播种机

1. 框架　2. 主梁　3. 肥料箱　4. 座位　5. 薄膜　6. 点播滚筒　7. 盖土轮　8. 覆土圆盘　9. 展膜轮　10. 铺膜辊　11. 铺膜辊　12. 开沟圆盘　13. 滑刀式施肥器

（三）铺膜机的构造

地膜覆盖机包括作畦整形部件、铺膜部件和覆土部件。

1. 作畦整形部件　作畦整形部件包括开沟器和整形器。开沟器用于作畦或起垄，有圆盘式和铧式两种。整形器用于畦面整形，使畦面规整。圆盘开沟器阻力小，畦两侧起形明显，若再配以封闭式整形器（图 5－21），当土壤水分适宜、圆盘工作深度适当时，可得到规整而丰满的畦形。圆盘开沟器和封闭式整形器配套使用时，圆盘工作深度对作畦整形质量影响大，必须注意调节。铧式开沟器结构简单，入土性能好，但工作阻力大。用铧式开沟器作畦，畦形不太规整，若配以封闭式整形器，作畦质量会明显提高，畦形比较规整丰满。

2. 铺膜部件　铺膜部件包括挂膜架（图 5－22）、压膜轮（图 5－23）和畦面镇压轮（图 5－24）等部件。挂膜架用于安装膜卷。安装时，用手捏住挂膜架手柄，拉出 L 形管，将膜卷芯轴两端分别套在左右锥形卡头上，再将 L 形管推回，夹紧膜卷芯轴，然后松开手柄，锁住销钉。转动装在挂膜架上的膜卷，膜卷应能自由转动。挂膜架的上下、左右位置都可调整，以保证膜卷的正确位置。压膜轮用于将薄膜横向拉平拉紧，将薄膜两边缘压入小沟。压膜轮由泡沫塑料制成，有圆柱形和圆锥形两种。通过调节丝杆改变弹簧张紧度调整压膜轮对膜面的压力。畦面镇压轮位于挂膜轴后，采用泡沫塑料组合轮形式，其功用是使薄膜紧贴畦面，膜面舒展平整。不同畦形可采取不同形式的畦面镇压轮。它起导向和压膜作用，使铺膜机在风天作业时仍能保证铺膜质量。

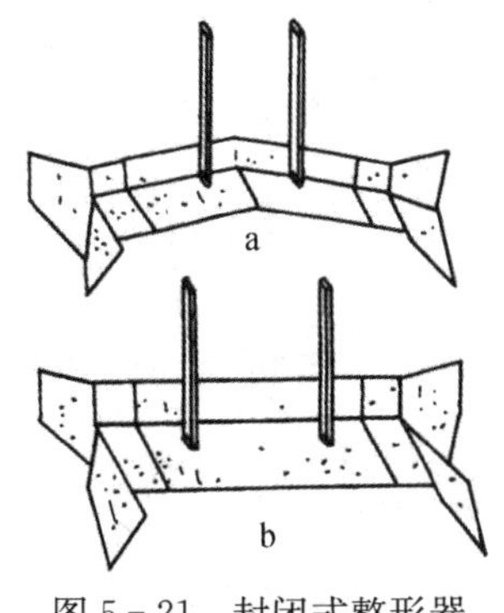

图 5-21　封闭式整形器

a. 屋脊形整形器　b. 梯形整形器

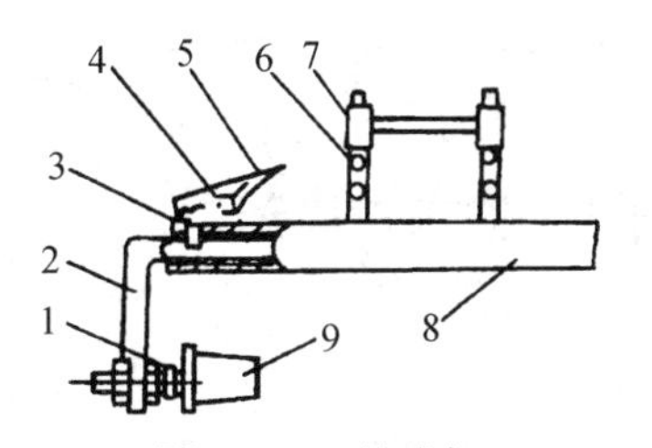

图 5-22　挂膜架

1. 压簧　2. L 形管　3. 锁销　4. 扭簧　5. 手柄　6. 导柱　7. 套管　8. 横管　9. 锥形卡头

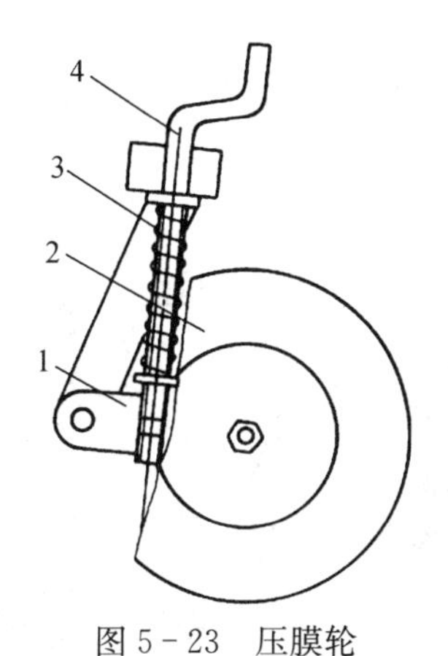

图 5-23　压膜轮

1. 浮动杆　2. 泡沫轮　3. 压力弹簧　4. 调节丝杆

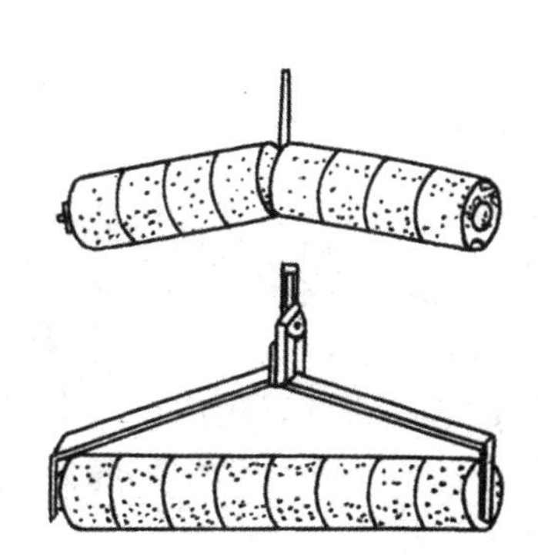

图 5-24　畦面镇压轮

3. 覆土部件　覆土部件主要采用圆盘式和犁铧式两种覆土器。功用是给膜边覆上适量的土，以防薄膜透气或被风刮起。覆土后垄沟内应尽量平整，不破坏邻膜，因此覆土器尺寸不宜过大。覆土量靠调整其上下位置或圆盘偏角来调整。圆盘式覆土器工作时，若沟内有土块，会产生跳动现象，因此，有些地膜覆盖机采用缺口式圆盘覆土器。犁铧式覆土器当犁翼过大或机组速度过高时，会造成抛土过远，影响膜面采光。

二、简易地膜覆盖机

地膜覆盖机（图 5-25）的机架采用矩形钢管焊接而成，开沟器和覆土器均为一对 ϕ300 mm的球面圆盘，其开沟和覆土原理与圆盘耙类似。左右圆盘间距及圆盘偏角均可调整。压膜轮采用胶轮或泡沫塑料轮。挂膜架固定在机架的小横梁上，为顶尖式，一端固定，另一端为活动压缩弹簧机构。两顶尖间距可调，以适应不同的薄膜宽度。作业时，开沟圆盘在畦面两侧开出两条沟槽，地膜辊在两沟槽间的畦面上滚动铺膜，两侧压膜轮将地膜两边压入沟槽，再由覆土圆盘将开沟圆盘推到畦面两侧的土覆盖到地膜边上，压实封严地膜。若是嵌膜式机具，则覆土圆盘换装为水平设置的嵌膜圆盘，并由嵌膜圆盘将地膜嵌入两侧畦边的土壤中（图 5-26）。在嵌入地膜时，嵌膜圆盘侧上方的土壤落下，压到嵌入部分的地膜上，将地膜压紧并固定封严。

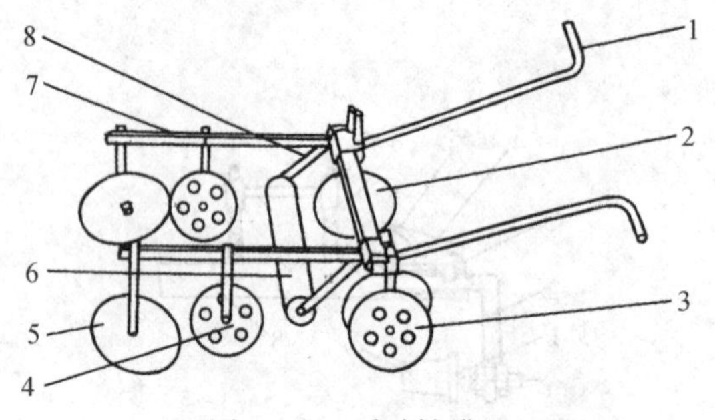

图 5-25 手动铺膜机

1. 手柄 2. 开沟器 3. 限深轮 4. 压膜轮
5. 覆土器 6. 塑料膜卷 7. 机架 8. 挂膜架

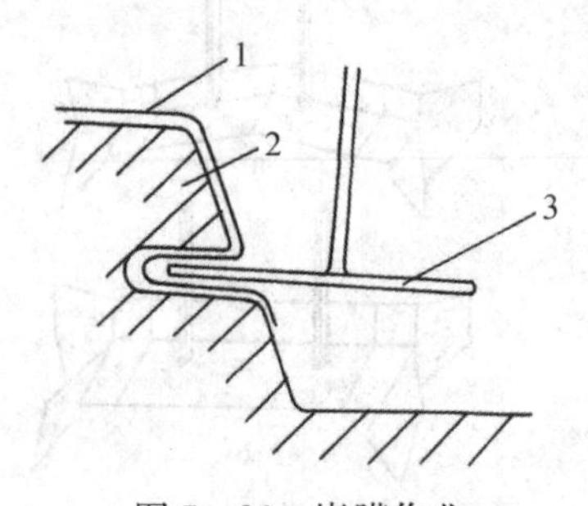

图 5-26 嵌膜作业

1. 地膜 2. 畦断面 3. 嵌膜轮

第五节 特种播种机

一、马铃薯播种机

马铃薯播种机和一般播种机相似，由机架、种薯箱、排薯装置、开沟器、覆土器、地轮和传动部分等部件组成。其工作过程为：排薯装置由地轮通过传动装置带动，从种薯箱内舀取薯种，输送到输种管进入开沟器所开的种沟中，随后由覆土装置覆土，完成播种工作。

排薯装置是马铃薯播种机的主要部件，实为分薯和取薯机构。常见的形式有以下几种：

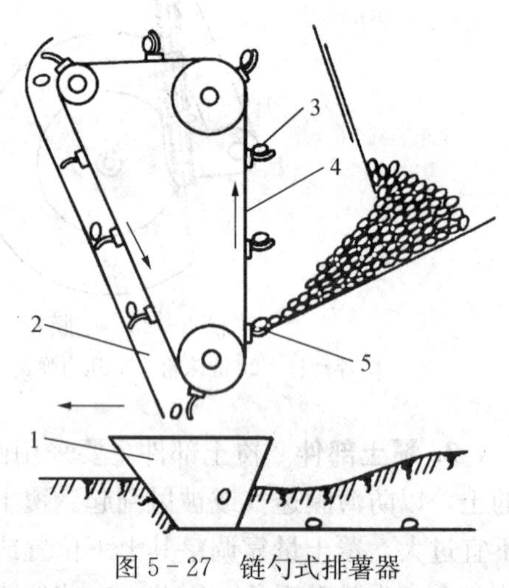

图 5-27 链勺式排薯器

1. 开沟器 2. 输种管 3. 舀勺
4. 链条 5. 种薯

1. 链勺式排薯器 链勺式排薯器由盛种的舀勺和链条组成（图 5-27）。工作时，舀勺通过种薯时舀起一块种薯，被舀取的种薯，最初可能是各种状态：或以长轴竖立于勺内，或以宽轴侧立于勺内，或以厚轴平放于勺内，也可能以其他形式置于勺内。由于机器振动等，薯块最终将取最稳定的状态置于勺内，其中以厚轴平躺最为稳定。舀勺尺寸设计合理，传动链的线速度适宜，可保证一个舀勺只盛一块种薯。种薯被舀勺带入输种管时，靠自重落下离开舀勺，但被前一个舀勺背面托住，保持了相互位置。由于投种点较低，株距变化不大。

2. 夹指式排薯器 夹指式排薯器如图 5-28 所示，夹指靠弹簧作用压在舀勺上，舀勺是常闭的，靠滑道作用压开夹指。工作时，装有夹指式排薯器的圆盘转动，夹指机构上的松放杆在滑道作用下张开，舀勺通过种薯箱时舀起一块种薯，当松放杆脱离滑道时，夹指夹住种薯。夹住种薯的舀勺随圆盘转至下方开沟器附近时，松放杆被滑道压开，种薯靠自重落入开沟器。

3. 针刺式排薯器 针刺式排薯器如图 5-29 所示。针刺杆为一复合杠杆，后端装在圆

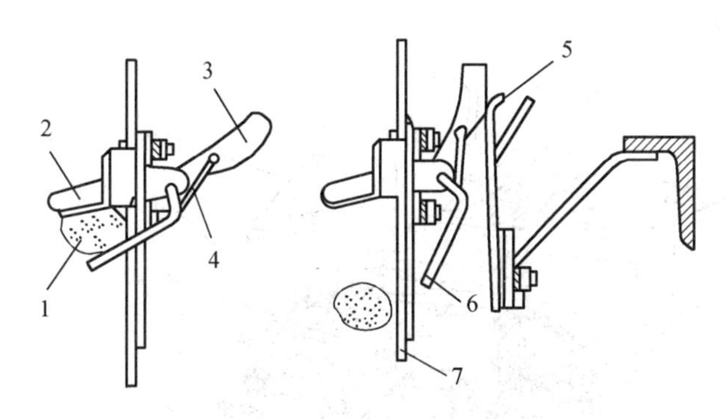

图 5-28 夹指式排薯器

1. 种薯 2. 舀勺 3. 松放杆 4. 弹簧 5. 滑道 6. 夹指 7. 圆盘

盘上，其外端有两根针刺，靠弹簧的作用，针刺由推薯杆的孔中伸出。工作时，针刺随圆盘转到种薯箱时，针刺即刺起一块种薯，并随圆盘向上转，当转到滑道位置时，针刺杆外端向外张开，在推薯杆的作用下，推出种薯，播入种沟。当针刺杆离开滑道后，在弹簧作用下又回到原位。

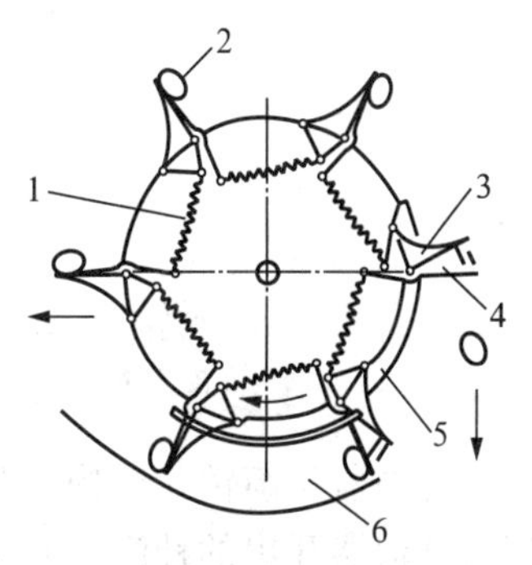

图 5-29 针刺式排薯器

1. 弹簧 2. 种薯 3. 针刺杆 4. 推薯杆 5. 滑道 6. 种薯箱

二、坐水播种机

针对我国北方干旱、半干旱地区，在作物播种时期，雨水缺少、土壤墒情差的情况，采取抗旱坐水种（滤水种）技术，可以适时播种，提高播种质量，达到苗齐、苗壮的目的。坐水种和滤水种是分别针对穴播和条播而言的，其作业程序是挖穴（或开沟）、注水、点种、施肥、覆土和镇压。这种技术的实施，除人工作业外，主要由机具来完成。目前，我国各地相继研究试制了多种坐水抗旱播种机，并在生产中取得了较好的效果。

（一）穴播穴灌铺膜机

穴播穴灌铺膜机是一种多用节水灌水机具。它有以下几种主要功能：可以播种玉米、豆类、高粱、向日葵、棉花等宽行大田作物，作业功能包括开沟、播种、覆土、镇压等工序；在播种的同时可以在下种的穴位按农业技术要求灌入适量的水，提供种子萌发生长所需的水分；在播种的同时还可以施底肥；在施肥播种后进行铺膜，将塑料薄膜平整地覆盖在已播种的种床上。

穴播穴灌铺膜机主要包括穴播机、穴灌装置和铺膜机三大部分（图 5-30）。

1. 穴播机 穴播机是悬挂式多粒排种的通用穴播施肥机，其主要工作部件包括排种器、排肥器、开沟器、覆土器、镇压轮、划印器、机架、仿形机构、种肥箱、地轮、限深轮和传动部件等。

排种器采用窝眼式（型孔轮），为适应不同穴距、不同作物种子的需要，随机配有不同窝眼数、不同窝眼形状的窝眼轮。这种排种器结构简单，传动方便，通用性好；缺点是每穴播种的粒数不够精确。

排肥器采用外槽轮式结构，可施颗粒肥料，如磷酸氢二铵、尿素等。

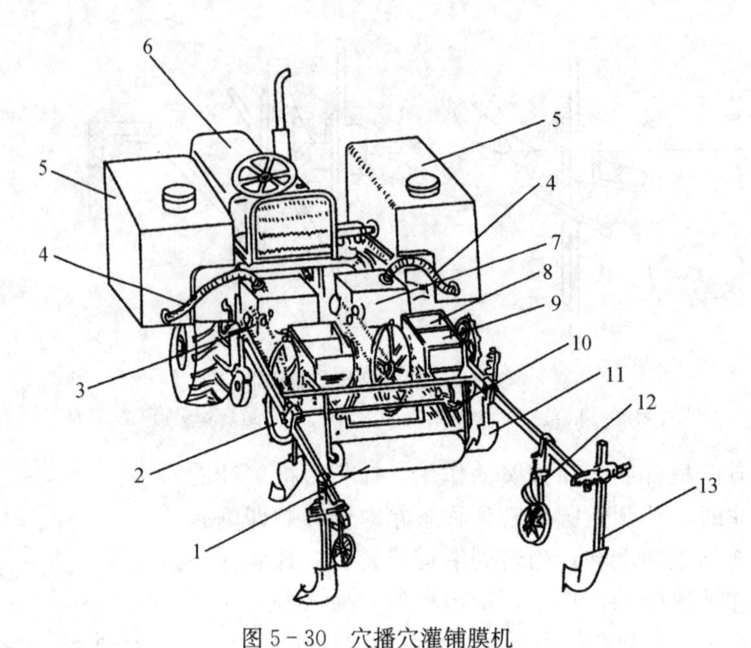

图 5-30　穴播穴灌铺膜机

1. 挂膜机构　2. 地轮　3. 传动系　4. 进水管　5. 主水箱　6. 拖拉机　7. 副水箱
8. 肥箱　9. 种箱　10. 覆土器　11. 开沟器　12. 压膜轮　13. 地膜覆土器

开沟器是箭铲式结构，开沟宽度为 60 mm，箭铲用钢管固定在横梁上，穴灌水从此钢管流入开沟器开出的种沟。开沟器翼铲两侧各接有 80 cm 长、14 cm 宽的挡泥板，其作用是挡住种沟两边的泥土，不让其落入种沟，使灌入种沟的水充分渗入种沟两侧与沟底的土壤，在机组前进 80 cm，灌溉水渗入土壤之后，再将种子播入种沟，这对防止漂种、种子和泥有很好的效果。

2. 穴灌装置　穴灌装置的作用是在播种过程中，将作物种子萌发所需的水量灌入穴中或种沟中。该装置包括主水箱、副水箱、穴灌机构、稳定水压装置和传动装置等。

主水箱有左右两个，分别安装在拖拉机左右两块挡泥板上，两个水箱用两根 50.8 mm（2 in）的钢管连起来，担在拖拉机后桥及驾驶台底板上。水箱用 2 mm 厚的钢板焊接而成，结构安装简单，固定牢固。两水箱之间的距离可调，可以安装在不同型号的拖拉机上。水箱上部有加水口，下部有出水口，出水口用塑料管与副水箱连接。两个水箱之间有水管连通，使两个水箱的水互相补充。

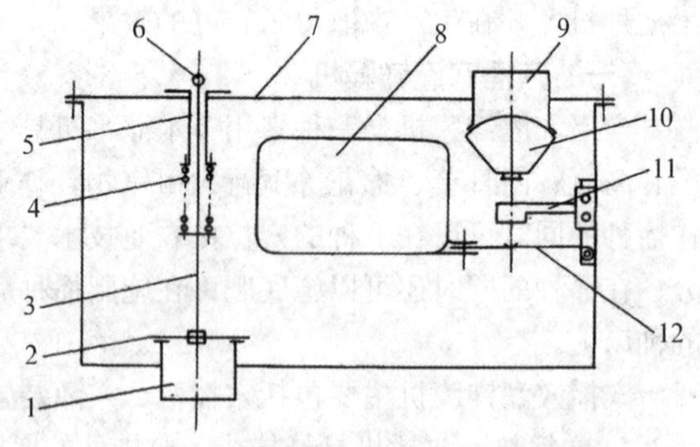

图 5-31　副水箱

1. 出水口　2. 出水口水塞　3. 提升杆　4. 压缩弹簧
5. 导向套　6. 销孔　7. 副水箱　8. 浮子　9. 进水口
10. 进水口水塞　11. 限位臂　12. 浮子臂

副水箱的作用是在灌溉时保持副水箱的水压一定，即保持恒压供水，使每穴的灌水量不受主水箱水位高低的影响；出水口在穴灌机构的控制下间歇向种沟（或种穴）灌水。副

水箱的结构与工作原理如图 5－31 所示。水箱上盖有进水口与主水箱连通，水箱底部有出水口，直通开沟器的立管。水箱内有浮子，浮子壁通过顶杆与进水口的水塞相接。当主水箱的水流入副水箱时，浮子漂起，将顶杆向上推，当浮子漂到一定高度时，顶杆通过水塞关闭进水口。当副水箱的水排出时，浮子下降，水塞随之下降，进水口被打开，主水箱的水重新流入副水箱，浮子又上升，周而复始地使副水箱的水保持在同一个水位上，从而保持水压不变，均匀供水。

间歇供水机构由出水口水塞、压缩弹簧、提升拉杆及穴灌机构组成。水塞由压簧紧压在出水口，阻止水的流出，压簧中间穿有提升拉杆，提升拉杆的下端与水塞相连，上端从副水箱的上盖伸出与穴灌机构铰连。当穴灌机构升降一次拉杆时，出水口便打开关闭一次，水箱中的水便向种沟灌水一次。灌入种沟的水量大小，取决于提升拉杆被提升的高度和提升时间的长短。提升越高提升时间越长，出水量越大；反之，出水量越小。

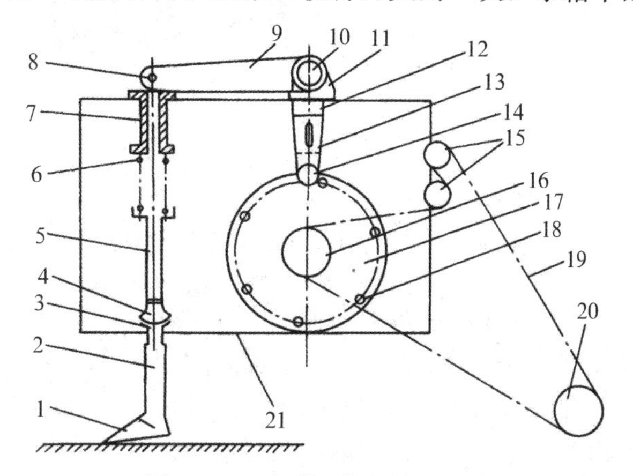

图 5－32　穴灌机构与传动机构

1. 开沟器　2. 排水管（开沟器立柱）　3. 出水口　4. 出水口水塞　5. 提升杆　6. 压缩弹簧　7. 导向套　8. 销轴　9. 上摆臂　10. 轴承　11. 轴承座　12. 下摆臂　13. 调节杆　14. 滚轮　15. 张紧轮　16. 从动链轮　17. 拨盘　18. 拨销　19. 链条　20. 主动链轮　21. 副水箱

穴灌机构由上摆臂、下摆臂、调节杆、轴承座、滚轮和拨盘等部件组成（图 5－32）。

上摆臂水平地安装在副水箱上盖上，其一端用销子与副水箱出水口水塞的提升拉杆上端绞连；另一端固定在水箱盖上的轴承座上，上摆杆的转轴可以在轴承内转动。上摆臂的转轴与下摆臂连成为一个刚体，两个摆臂成 90°夹角，下摆臂在副水箱侧面垂直安装。

下摆臂下部固定调节杆，用来调节灌水量的大小。调节杆下端装有滚轮，滚轮下方安装有拨盘，拨盘通过轴承座安装在水箱的侧面，拨盘圆周开有 12 个通孔，根据不同穴距的要求，将相应的通孔中安上拨销，例如当穴距要求是 25 cm 时，可在拨盘上相隔 60°均布的 6 个通孔中安上拨销。拨销每转一周，下摆臂的滚轮被拨动 6 次，使上摆臂将出水口打开 6 次，向种沟放 6 穴水。拨盘的转动由地轮通过传动机构带动。

铺膜机由开沟小铧、展膜辊、压膜轮、覆土铲等部件组成。工作原理与专用铺膜机相同。

（二）条播条灌机

条播条灌机是实现谷物节水播种、高产栽培技术的机具。

1. 供水系统的组成与工作原理　条播条灌机的供水系统都是由水箱、水量调节机构、快速接头、自动吸水机构、挂接机构、水位显示器、三通、管接件、软管、吸水管等部分组成的（图 5－33）。它的工作原理是借助于发动机的进气管，与供水系统的自吸机构连接，供水箱内形成真空负压，打开水量调节机构，水即由吸水管吸到水箱内，当水满时，关掉水量调节机构，使进气管与吸水机构脱离。工作时，将分配器的快速接头接上，按需要打开水量调节机构，即开始工作。

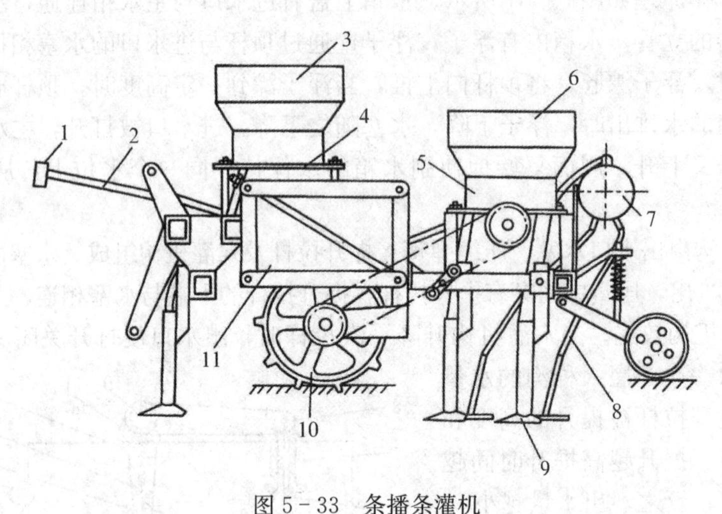

图 5-33 条播条灌机

1. 快速接头 2. 水管 3、6. 肥种箱 4. 排肥器 5. 排种器 7. 分水器
8. 分水管 9. 分层播种开沟器 10. 驱动仿形轮 11. 机架

2. 整机结构与工作原理 条播条灌机的结构如图 5-33 所示。工作时，肥料由肥箱通过外槽轮排肥器将肥料排出，通过导肥管施入沟内，然后覆土。播种和灌水是一体机构，在一个开沟器内完成播种和灌水，种子由种箱通过锥盘式精密排种器将种子排出，由导种管到开沟器，将种子播入沟内，然后覆土。水由分配器将水引到分水管，再将水引到箭铲鼠道式开沟器的水管里，在播种覆土后施水。

复习思考题

1. 简述播种机的一般构造与工作原理。
2. 排种器有哪些类型？各有什么特点？
3. 开沟器的类型有哪些？各自的特点是什么？
4. 特种播种机的类型有哪些？
5. 简述施肥机的分类及一般构造。

第六章 育苗移栽机械

农作物种植方式基本上可分直接播种和育苗移栽两种。直接播种比较简单，成本低，工效高，实现机械化效果显著，应用比较普遍；而育苗移栽比较复杂，成本高，工效低，实现机械化难度大，但是具有明显的增产效果，成为水稻、蔬菜生产的一项重要措施。由于人工育苗技术落后，效率低，易受不良气候和病虫害影响。在生产中，为了满足生产要求，提高效率，减轻劳动强度，必须实现育苗移栽的机械化和电气化。

第一节　育苗机械与设备

近年来随着水稻工厂化育苗技术的发展，果蔬工厂化育苗和电热温床育苗技术在我国各地迅速发展起来，已有许多相应的机械和设备在生产上应用。工厂化育苗和电热温床育苗可以使苗床温度、湿度、光照适宜，管理精细，从而为保证作物幼苗健壮及迅速生长发育创造极为有利的条件。

一、育苗架与育苗盘

（一）育苗架

育苗架用于放置育苗盘进行营养土育苗。为了充分利用温室或大棚的空间，常采用立体多层育苗架。这种方法占用土地少，可育更多的秧苗，并能较方便地改换育苗盘的位置，使幼苗均匀地得到日照和水分。育苗架有固定式和移动式两种。固定式育苗架有两个缺点：一是上层遮阴，影响下层的生长；二是管理不方便。活动式育苗架可以克服上述缺点。多层活动式育苗架的结构如图 6－1 所示，由支柱、支承板、育苗盘支持架及移动轮等组成。不但整个育苗架可以移动，而且育苗盘支持架也可以水平转动，使育苗盘处于任何位置，保证幼苗得到均匀的日照，同时管理也比较方便。

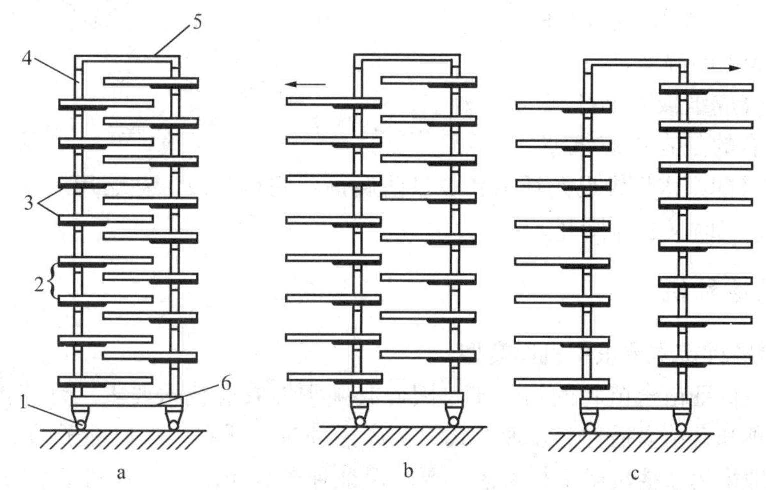

图 6－1　多层活动式育苗架

a. 支持架收回　b. 支持架左转　c. 支持架两侧转动

1. 移动轮　2. 育苗盘支持架　3. 支承板　4. 支柱　5. 顶框　6. 底框

（二）育苗盘

现在蔬菜育苗越来越多地采用育苗盘（图 6－2）营养土育苗，其优点是可以移动，管理方便。育苗直接影响着分苗和栽植。这种形式是带土移栽，可直接把育苗盘放在机器上，给机械化移栽创造有利条件。我国从国外引进的一种全自动蔬菜移栽机，就是把温室中育苗盘直接放在机器的苗箱框内。工作时，育苗盘移动，由活塞推动的压苗棒将培育在育苗盘中的苗，一格一格地压到移栽器上进行移栽。所以用育苗盘育苗对育苗管理和移栽机械化都具有重要的意义。当然用育苗盘育成的苗可用人工栽植。

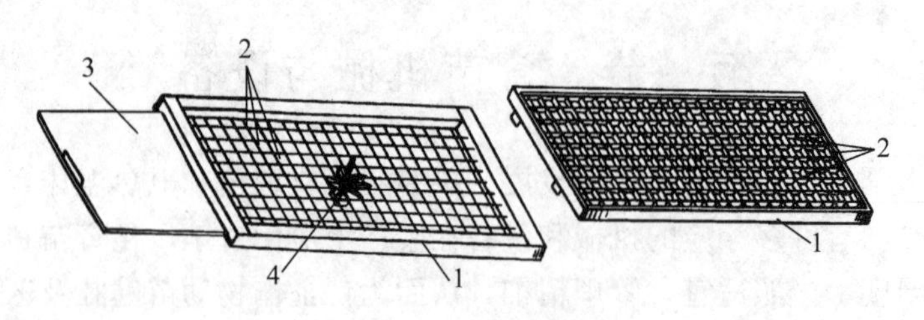

图 6-2　育苗盘

1. 育苗盘　2. 小格　3. 底板　4. 苗

(三) 纸质育苗钵

纸质育苗钵是用一条有一定长度的纸带弯折粘贴而成的无底纸筒（图 6-3），筒的大小因作物的种类和苗的大小而异。这种育苗钵，不用时可以折叠起来，育苗时将纸钵展开，放在垫板上装入营养土，然后播种、覆土和灌水，放入室内育苗。垫板上有很多小孔可以通气透水，以便在育苗期调节营养土的湿度。

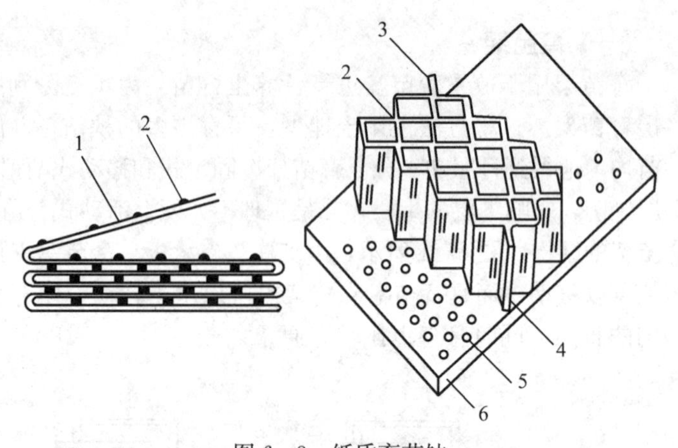

图 6-3　纸质育苗钵

1. 纸　2. 粘结部　3. 切断部　4. 起点　5. 小孔　6. 垫板

苗钵纸为合成纸或类似于纸的树脂薄膜，有的是在牛皮纸浆中加 10%～30%的亲水性维尼龙纤维和少量防腐剂及肥料制成。粘贴用黏合剂要保证育苗期内不脱粘，移栽时又容易撕开。

二、育苗播种机

(一) 育苗播种技术要求和机具类型

育苗播种是保证苗全苗壮的第一步，因此必须掌握农业技术要求。育苗播种有苗床播种、营养钵播种和育苗盘播种等多种形式。苗床播种时，播中、小粒种子的蔬菜如茄果类、叶菜类等，一般采用撒播法或窄行条播，要求保证种子分布均匀，有利于幼苗生长和分苗。大粒种子，如瓜、豆类，一般采用点播，不分苗，要求保证不空穴，穴距合理。营养钵育苗播种，要求种子饱满，发芽率高，保证苗齐苗壮。育苗盘播种是一种比较先进的育苗方法，便于管理和机械化作业。

机械播种的优点是播种均匀，秧苗营养面积合理，有利于培育短壮苗和分苗，节省种子，因此育苗播种机受到国内外的重视。目前出现的机具种类很多，有吸嘴式气力播种机，适于营养钵单粒播种；板式气力播种机，适于育苗盘播种；磁力播种机，适于每穴多粒或单粒播种。这些机具的性能特点是对种子的适应性强，不损伤种子，播种均匀可靠。

(二) 简易育苗播种机

简易育秧盘播种机由机架、育秧盘移动机构、种子箱、排种装置、土箱、排土装置、

传动装置、手柄等部件组成（图 6 - 4）。

当转动手柄时，通过传动机构、输送皮带使育苗盘在排土装置和排种装置下方移动，同时排土轮转动进行排土，排种装置完成播种。用于平底育秧盘的排种器一般为宽幅式外槽轮，其结构如图 6 - 5 所示，而钵体育苗盘排种器多采用型孔轮式排种器，其结构如图 6 - 6 所示。

图 6 - 4　简易播种机

1. 手柄　2. 输送皮带　3. 排种轮
4. 种子箱　5. 土箱　6. 排土轮

（三）吸盘式育苗播种机

吸盘式播种机由带孔的吸种板、吸气装置、漏种板、输种管、育苗盘和输送机构等组成（图 6 - 7）。工作时，种子被快速撒在吸种板上，通过吸气装置使板上每个孔眼吸附一粒种子，剩余种子流回板的下面。将吸种板转动到漏种板处时，通过控制装置去除真空吸力，种子便自吸种板孔落下，通过漏种板孔及下方的输种管落入各个相对应的育苗钵上，然后覆土和浇水。这种播种机能有效地吸附各种颗粒状的种子，也能吸附非颗粒状的种子，如辣椒子等。可配置各种尺寸的吸种板，以适应各种类型的种子和育苗钵。

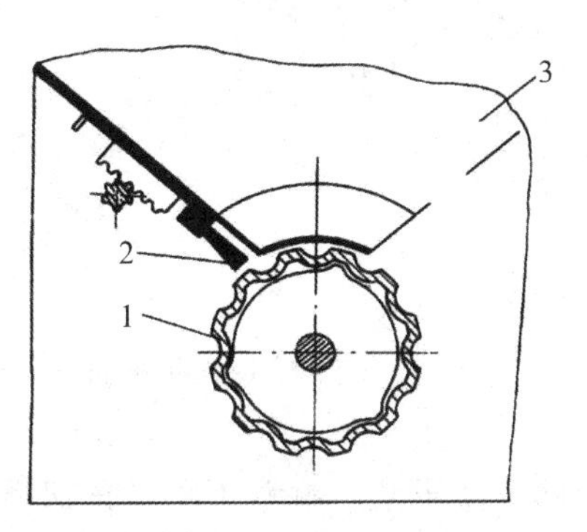

图 6 - 5　外槽轮式排种器

1. 外槽轮　2. 阻种刷　3. 种子箱

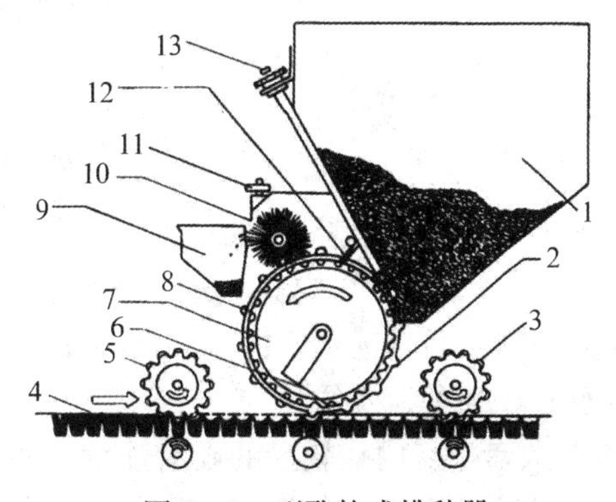

图 6 - 6　型孔轮式排种器

1. 种子箱　2. 排种轮驱动链轮　3. 压种轮　4. 秧盘
5. 压土轮　6. 推种弹簧片　7. 排种轮　8. 护种板
9. 接种箱　10. 旋转刷　11. 调节播量把
12. 固定刷　13. 调节螺母

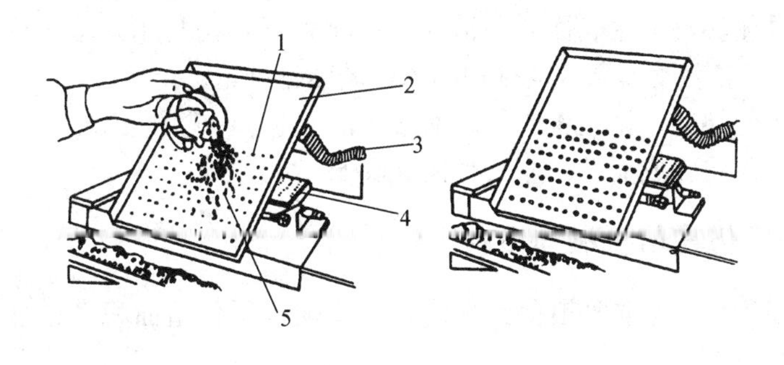

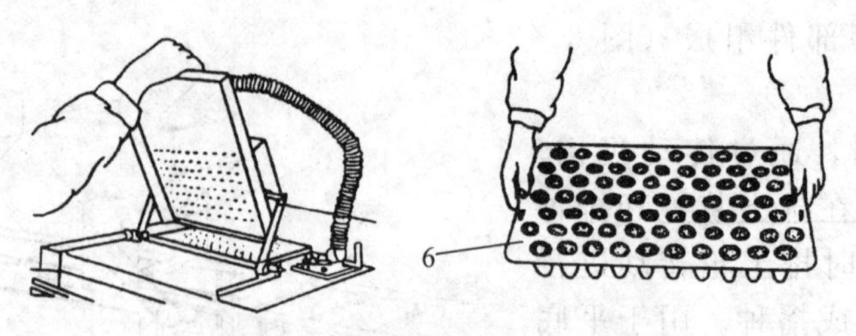

图 6-7 吸盘式育苗播种机

1. 吸孔 2. 吸种板 3. 吸气管 4. 漏种板 5. 种子 6. 育苗盘

三、盘育秧播种流水线

盘育秧播种流水线（图 6-8）由机架、育秧盘、移动机构、充土机构、洒水机构、播种机构和覆土机构等组成。

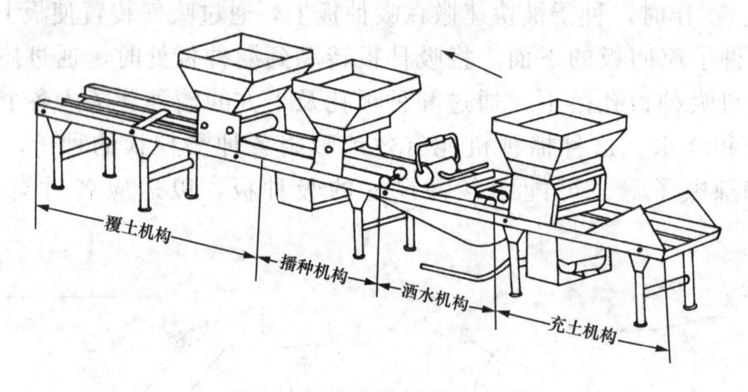

图 6-8 盘育秧播种流水线

盘育秧播种机工作过程如下：

人工放盘→充土→洒水→播种→覆土→人工取盘

由于人工放盘后，充土、洒水、播种、覆土四个工艺过程在机器上一次完成，所以称该机作业为盘育秧播种流水线。

1. 人工放盘 将内衬软盘的硬盘连续放置于一端输送带上。输送带是盘育秧移动机构的一部分，主动三角带轮依靠链条驱动，通过三角带轮的驱动，各机构是同步联动的。

2. 充土 由充土机构完成，充土皮带自动将床土箱的土壤送出，落入育秧盘，再经过人字形旋转毛刷，压实和平整盘内土壤，一般充土层为 2 cm 厚。可通过调节皮带与上方刮土板的间隙来调整充土厚度。

3. 洒水 将水箱内的水均匀喷洒在充土后的秧盘内。

4. 播种 排种轮转动，轮表面的凹槽或凹孔将种子均匀排出，落入秧盘内湿土上。转动调整手柄，联动齿轮带动齿条改变排种间隙，调整排种量。

5. 覆土 覆土轮转动，将土壤均匀地抛撒在种子上，一般覆土层为1 cm厚。

6. 取盘 在一端将完成播种作业的育秧盘取下。

四、水稻工厂化育苗机械与设备

水稻是我国乃至人类的重要粮食作物之一。我国水稻种植面积占粮食作物播种面积的

1/3 左右，产量达 2 亿 t，是单产高的粮食作物。水稻栽培方式分为两种，即直播和育苗移栽。直播按播前耕整地条件可分为旱直播和水直播，按种子在田间的分布分为撒播、条播、穴播。育苗移栽是中国、日本、韩国等亚洲国家传统的水稻栽培方式。按育苗方式分为旱育苗、水育苗和营养液育苗，按育苗盘形状分为盘育苗和钵盘育苗。旱育苗稀插秧是适于我国北方地区的水稻高产栽培技术。

育秧盘旱育苗所用育苗机械和设备如图 6－9 所示。旱育苗可在农户的育秧田或工厂化育苗室里进行，但所用机械设备的工作原理基本相同。工厂化育苗设备比较全，技术容易实施。我国水稻育苗多采用硬盘（俗称母盘）配合使用，即在作业时将硬盘内衬软盘，充土、洒水、消毒、播种、覆土后，软盘连同土壤和种子从硬盘中端出；育秧硬盘只用于播种，可以重复使用。这样，在维持能够连续作业情况下，硬盘数量不需太多，大大降低了成本。

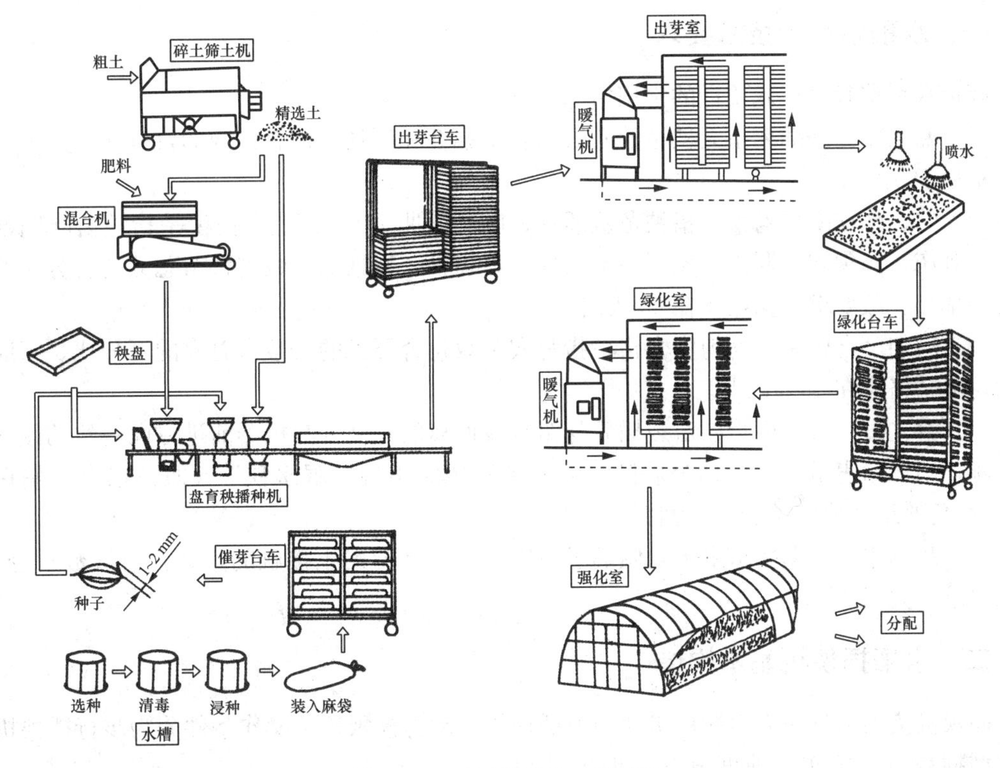

图 6－9　工厂化育秧一般过程

育秧盘旱育苗的一般工艺过程：

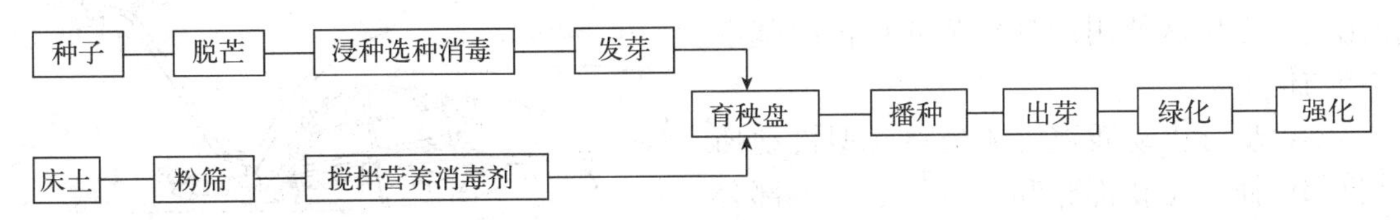

所需要设备有脱芒机、消毒浸种槽、催芽车、碎土机、混土机、播种机、出苗车、出苗室、绿化室和塑料大棚。

我国的育秧盘按其厚度分为硬盘和筒塑盘，按其形状分为平底盘和钵体盘。平底盘育出的秧苗一般称为毯状苗，而钵体盘育出的秧苗称为钵体苗。

第二节　水稻插秧机

水稻插秧季节性强、用工量多，人工插秧劳动强度大、效率低。我国从1953年开始研究水稻插秧机，创造出多种型号的人力插秧机和机动插秧机，当时在生产上起到了一定的作用。20世纪60年代，日本开始研究与盘育苗相结合的插秧机，并很快就应用于生产；80年代多数为采用曲柄连杆式分插机构的步行或乘坐型插秧机；80年代后期开始生产行星轮式分插机构的滚动直插式插秧机。

我国水稻移栽主要有插秧和钵体苗插秧或抛秧，北方地区多数采用带土中苗或钵体大苗插秧或钵体苗抛秧、有序摆秧。

一、水稻移栽的技术要求

衡量水稻移栽机移栽质量的常用指标如下：

(1) 漏插率。漏插率指无秧苗的穴数（包括漏插和漂秧）占总穴数的百分比。一般要求漏插率低于5%。

(2) 勾、伤秧率。勾秧是指秧苗栽插后，叶鞘弯曲至90°以上。伤秧是指秧苗叶鞘部有折伤、刺伤、撕裂和切断等现象。秧苗栽插后，勾秧、伤秧的总数占秧苗总数的百分比称为勾伤秧率。一般要求勾伤秧率在4%以下。

(3) 均匀度合格率。均匀度合格率指每穴苗数符合要求的穴数占总穴的百分比。一般要求均匀度合格率在85%以上。

(4) 直立度。直立度指秧苗栽插后与铅垂线偏离的程度，与机器前进方向一致的倾斜称为前倾，用正角表示，反之称为后倾。为避免刮风时出现“眠水秧”（即秧梢全部躺在水里），该角的绝对值应小于25°为宜。

(5) 翻倒率。翻倒率指带土苗倾翻于田中，使秧叶与泥土接触的穴数占总穴数百分比。一般要求不大于3%。

二、水稻插秧机基本构造

插秧机按动力分为人力插秧机和动力插秧机。动力插秧机按操作条件分为步行插秧机和乘坐型插秧机，按作业速度分为一般插秧机和高速插秧机，按所完成的作业项目分为施肥插秧机和少耕或免耕插秧机。这里主要介绍国内北方地区使用的带土苗插秧机的基本结构与使用。

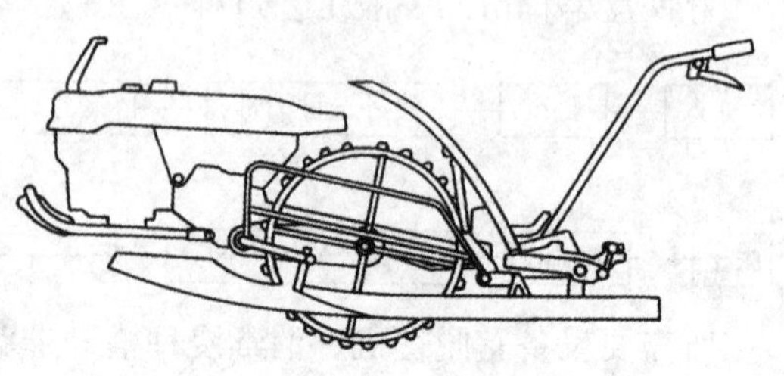

图6-10　步行插秧机

不论步行机动插秧机还是乘坐型机动插秧机都由插秧工作部分和动力行走两大部分组成。

图6-10和图6-11分别为步行插秧机和乘坐型高速插秧机。

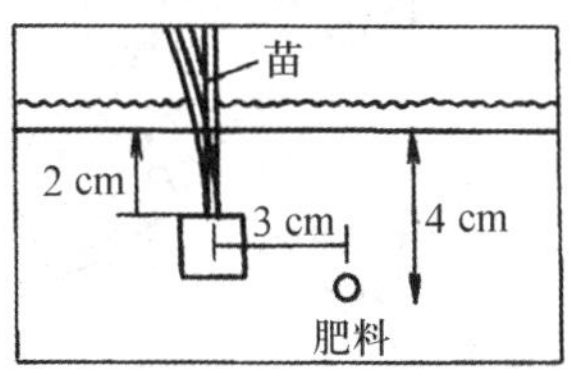

图 6－11　乘坐型高速插秧机

图 6－12 为延吉插秧机厂生产的 2ZT－935 型机动插秧机。

(一) 插秧工作部分

插秧工作部分由分插机构、供秧机构、秧船、传动机构和机架等组成。

1. 分插机构　用来完成取秧、分秧和插秧任务的机构称为分插机构。从秧箱里取秧、分秧并完成插秧的工作零件(部件)称为秧爪，控制秧爪运动轨迹的机构称为分插机构。插带土苗的秧爪形式有针状、板状、筷状等（图 6－13)。分插秧原理有纵分往复直插和滚动直插两种。纵分往复直插分插机构多采用曲柄连杆机构（图 6－14)，而滚动直插分插机构多采用行星偏心齿轮机构（图 6－15）或转臂滑道式分插机构（图 6－16)。

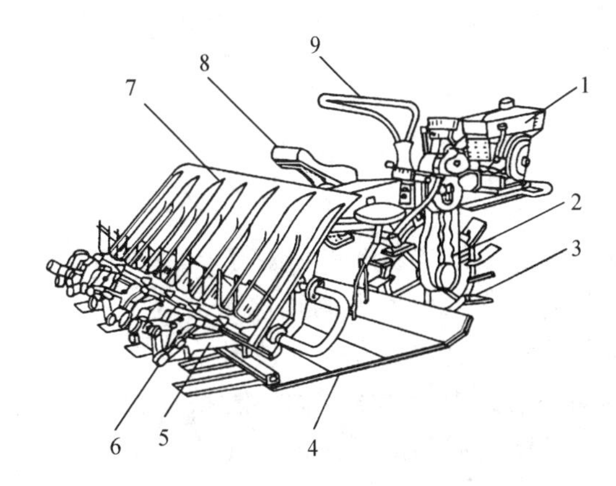

图 6－12　2ZT－935 型机动插秧机

1. 发动机　2. 行走传动箱　3. 地轮　4. 秧船　5. 分插链箱　6. 分插机构　7. 秧箱　8. 驾驶座　9. 操纵盘

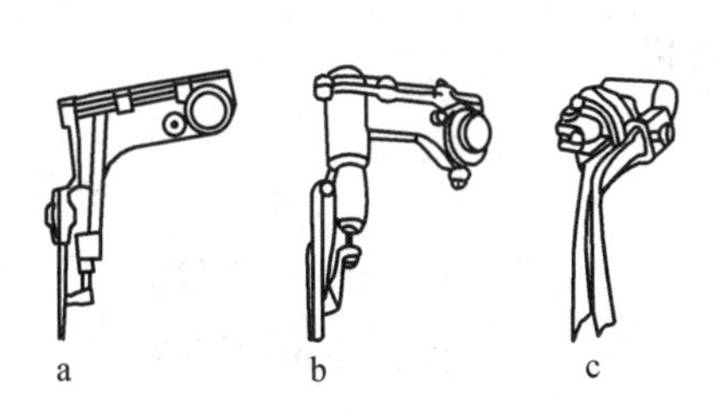

图 6－13　秧爪的型式

a. 针状　b. 板状　c. 筷状

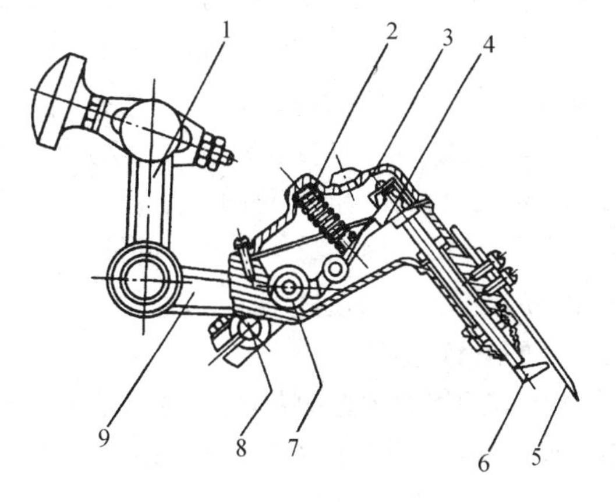

图 6－14　曲柄连杆式分插机构

1. 摆杆　2. 推秧弹簧　3. 栽植臂盖　4. 拨叉　5. 分离针　6. 推秧器　7. 凸轮　8. 曲柄　9. 栽植臂

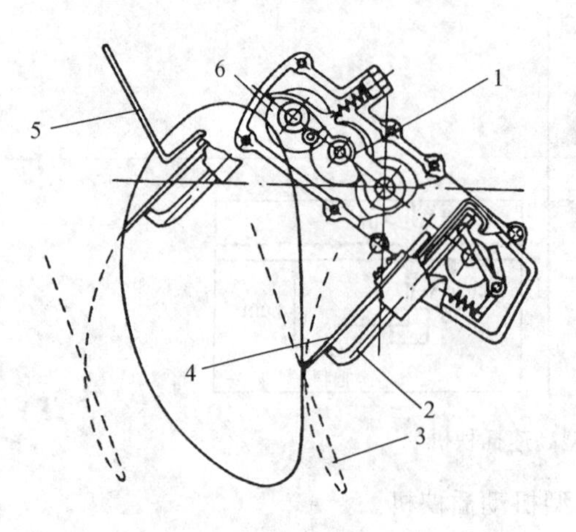

图 6-15　行星偏心齿轮式分插机构

1. 防止秧爪振动装置　2. 推秧针　3. 绝对轨迹　4. 秧爪　5. 秧箱　6. 行星齿轮

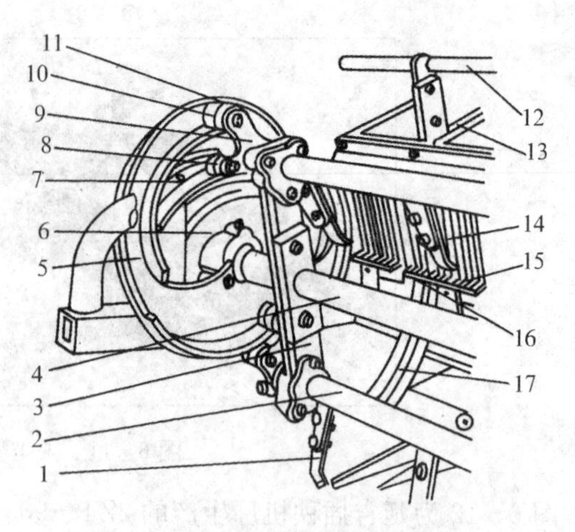

图 6-16　转臂滑道式分插机构

1. 秧爪滑道　2. 秧爪轴　3. 分插轮转臂　4. 分插轮轴　5. 环形滑道　6. 链轮箱　7. 辅助滑道　8. 小滚轮　9. 拐臂　10. 大滚轮　11. 取秧滑道　12. 拦秧杆　13. 秧箱　14. 秧帘　15. 毛刷　16. 秧门　17. 护秧槽

插秧机工作时秧爪尖相对于插秧机机架的轨迹称为相对轨迹，而相对于田面的轨迹称为绝对轨迹。秧爪尖的轨迹可分为分秧、运秧、插秧、出土、回程五个部分。秧爪进入秧箱取秧走过的轨迹为分秧段，分秧之后到插秧之前的轨迹段称为运秧段，插秧时秧爪尖绝对轨迹称插秧段，插秧之后到离开田面称出土段，出土之后回到取秧之前称回程段。

2. 供秧机构　把秧苗定时输送到秧爪取秧部位的机构称为供秧机构，主要由秧箱、横向送秧机构和纵向送秧机构组成。秧箱是存放秧苗的部件。横向送秧通过横向送秧机构带动整个秧箱移动的方法来完成，因此又叫作移箱机构。纵向送秧机构一般安装在秧箱底部，由秧箱底部的橡胶带定时转动来完成纵向送秧，秧箱移动到极限位置时完成一次纵向送秧。图6-17 所示为往复直插分插机构与供秧机构的示意图。

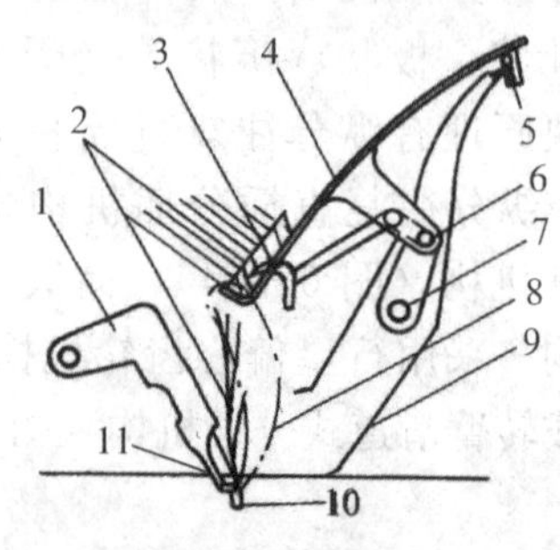

图 6-17　往复直插分插机构供秧机构

1. 分插机构　2. 秧苗　3. 送秧爪　4. 秧箱　5. 导轨　6. 移箱轴　7. 移箱螺纹槽　8. 秧爪轨迹　9. 秧船　10. 秧苗根部　11. 田面

3. 机架和秧船　插秧工作部分零部件都安装在机架上并由秧船支承。秧船还起插秧前整平田面的作用。

（二）动力行走部分

20 世纪 90 年代的乘坐型插秧机的动力行走部分多采用四轮驱动的小型拖拉机，而 70 年代的步行插秧机和我国的 2ZT-935 型插秧机多数为专用插秧机。不论哪一种插秧机其动力行走部分都由发动机、传动减速机构、地轮、牵引架、操纵装置和座位等组成。

1. 发动机　国内一般采用 2.2～2.9 kW 风冷汽油机或柴油机，而国外高速施肥插秧机多采用 4.4～5.9 kW 汽油机。

2. 传动减速机构　发动机的动力通过传动减速机构最终传到地轮和插秧工作部分。插秧机设有插秧工作离合器，并为满足不同株距插秧的要求设有变速机构。在每个挡位里工作部件与地轮的传动比是固定的，因此，发动机转速不影响株距。

3. 牵引架　牵引架是连接传动减速机构和插秧工作部分的部件。

4. 操纵装置　包括离合器、工作离合器、制动器和油门操纵手柄等。国外乘坐插秧机还设有液压升降操纵机构。

三、插秧机的使用

要保证机插质量，除了从育苗、插秧机、整地各方面做好准备外，还应该注意正确使用和调整等实际操作。

1. 秧苗准备　插秧机要求苗齐、苗壮。这与播种均匀性、播量和育苗管理有关。北方单季稻栽培地区以插中苗或成苗为好。中苗盘播量为100～150 g，以插叶龄为3.5～4.5叶、苗长15 cm左右的秧苗为好。

2. 稻田准备　耕层深度不宜过深，以免插秧机陷地，一般认为12～15 cm为宜。耙、平地在1～3d之前为好，以防机插时壅泥和影响直立性。耙地要细碎，但次数过多的耙地会加速水稻根的老化。保证水深在0～3 cm，露出部分的比例占80%左右为宜，以防漂秧。

3. 插秧机的准备　检查全机各零部件技术状态是否正常，运动是否灵活，配合关系是否正确等。检查各部润滑状态，特别要注意发动机、减速箱、齿轮箱等处的油位。按农艺要求调整好机器的有关部位，比如株距、移箱距离、取秧量等。

4. 插秧中应注意的事项　机动插秧机在田头转弯或越埂作业时，必须先停止插秧工作，为此应分离插秧工作离合器。插秧时，在秧箱移动到左端或右端时装秧苗，以防插秧过程中带土苗下部产生弧状。

插秧机一般采用梭形作业法。我国的2ZT－935插秧机由于不能倒退，所以采用如图6－18所示的行走法。如果是可以倒退的插秧机入田则可以从一边开始，没有必要留最后绕一周插秧的田面。但要注意不论是哪种情况，为了最后一趟正好是一个工作幅，插倒数第二趟时应拿去田边几个秧箱内的秧苗，使最后留下一个工作幅。

一般机动插秧机都有划行器，保证邻接行的准确性及行驶的直线性。

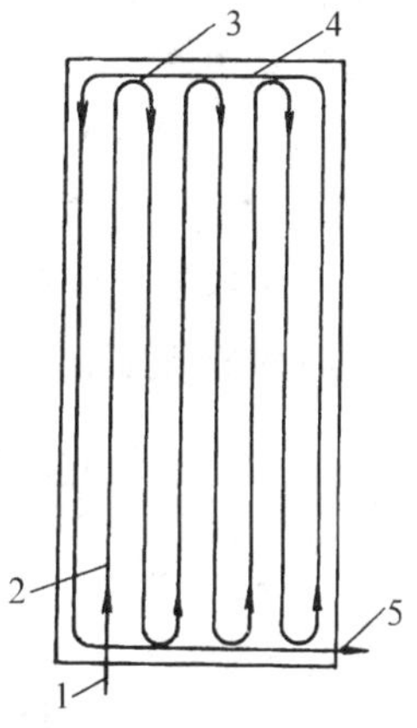

图6－18　插秧机田间行走法
1. 入田　2. 作业　3. 转弯不插
4. 最后绕田一周插秧
5. 插完后出田

四、水稻钵苗移栽机

利用钵体盘育出来的秧苗称为钵体苗或钵苗，利用移栽机有序摆秧或无序抛秧到田间。由于钵苗根系之间相对独立并带有土坨，移栽后不缓苗，返青快且分蘖早，可以实现浅植，这种栽培方法对北方寒冷地区增产效果尤其明显，一般认为增产10%～30%。但若无序抛秧，存在后期倒伏和移栽密度不均匀的不良影响。

（一）水稻抛秧机

水稻抛秧机按秧苗落地方式可分为有序和无序两种。无序抛秧机分气力式和离心甩盘式，采用离心甩盘式机构的抛秧机作业时，用人工将钵苗从穴盘中拔出，连续放入旋转甩盘，钵苗在离心力作用下呈抛物线甩出，根部土钵落地入土，由于落地自由离散，无规律，故称“无序”。有序行抛机采用机械或人工将钵苗或平盘毯状秧苗从盘中分离出来，放入导苗管落到田面，因钵苗落地成行，故称“有序”（图 6－19），这种有序抛秧可以成行，株距也大致可以控制，通风透光，有利于水稻后期生长，农民容易接受。

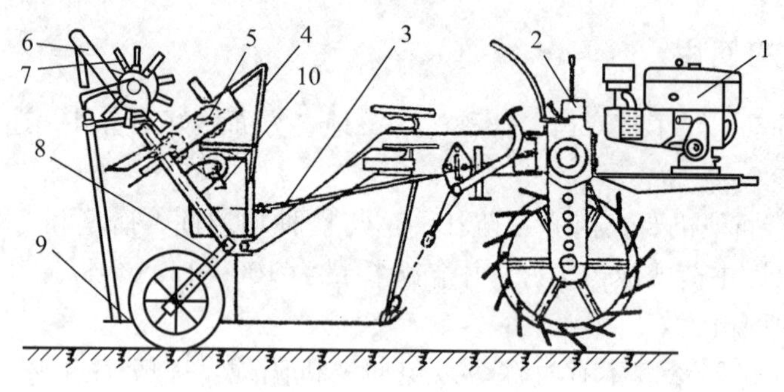

图 6－19　水稻抛秧机

1. 发动机　2. 行走动力总成　3. 万向节传动轴　4. 抛秧托盘总成
5. 纵向进给机构　6. 机架总成　7. 机械手滚筒总成　8. 行走轮
9. 船板　10. 工作传动箱

（二）水稻钵苗摆栽机

水稻钵苗摆栽是“无序”抛秧技术的发展，其将钵苗与插秧的两方面优点结合在一起，可明显提高单产。

日本米诺鲁（Minoru）株式会社生产的专用于插钵体苗的插秧机，其外形结构与一般的插秧机类似（图 6－20）。使用该插秧机需要用该会社特制的育苗盘育苗，育苗盘形状如图 6－21 所示。它的材质比较特殊，有比较好的绕性和韧性，插秧时直接把盘放在插秧机上，并绕秧箱底部圆弧部分通过。育秧盘的两边有方形孔，以保证准确地纵向送秧和定位。

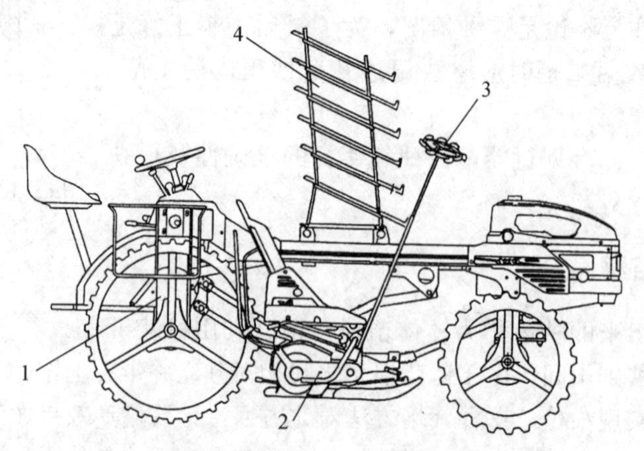

图 6－20　钵苗全自动摆栽机结构

1. 四轮驱动行走底盘　2. 钵苗自动栽植机构
3. 划印器　4. 秧盘支架

该专用钵体苗插秧机的分插机构也比较特殊，由推秧、接秧和翻转机构、输送机构和插秧机构等组成（图 6－22）。该分插机构工作过程如下：把育苗盘放在固定的位置后锁紧手柄锁住，则推苗棒从盘底的 Y 形孔推出钵苗，钵苗被放进接苗部件并锁紧。接秧部件在上下送秧机构的动作支配下把钵苗翻转 180°后将其放在横向输送带上面向两边移动。被输送到两边的钵苗等待秧爪来插秧。由于秧爪特殊的运动轨迹可以实现垂直插秧。

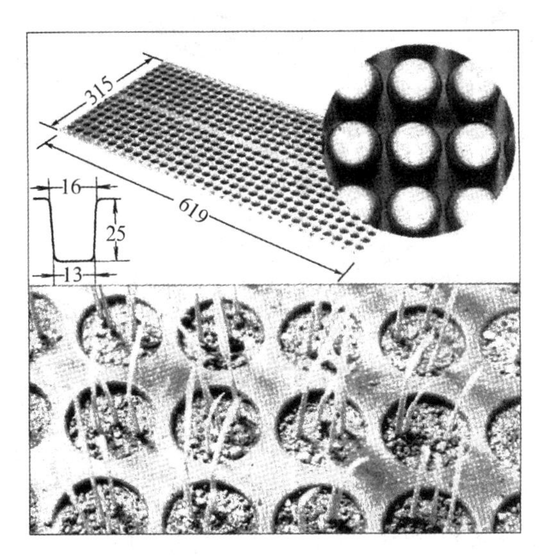

图 6－21　米诺鲁专用钵体育苗盘

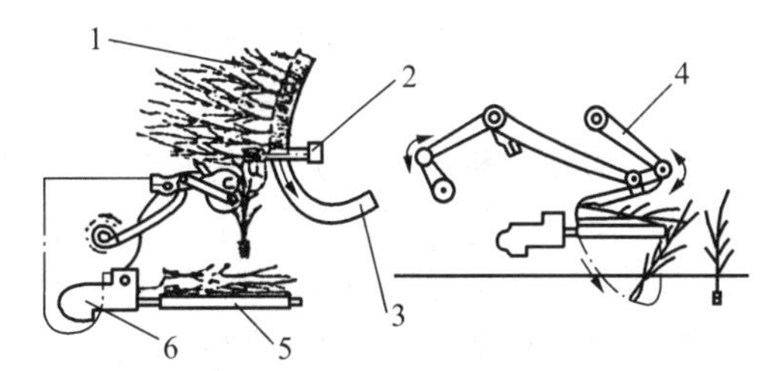

图 6－22　钵苗分插机构

1. 钵苗　2. 推秧机构　3. 秧盘滑道　4. 接秧和翻转机构　5. 横向输送机构　6. 插秧机构

第三节　旱田作物移栽机

移栽技术作为一种现代化农业的增产措施，正在国内外农业生产中逐步推行。目前我国已将该技术应用于玉米、油菜和棉花等大田作物。根据秧苗的特征不同，旱田作物移栽分为钵苗移栽和裸苗移栽两类。一般栽植机械的主要工作部件可以分为喂入和栽植两大部分，为了完成整个作业过程还配有覆土、浇水和镇压等辅助部分。钵苗栽植机种类较多，按栽植原理分，有钳夹式（圆盘钳夹式和链条钳夹式）、导苗管式（导管推落式、导管直带落苗式和导管直落苗式）、吊篮式及挠性圆盘式等。

一、导管直落式玉米移栽机

导管直落式玉米移栽机的构造如图 6－23 所示，其排苗机构如图 6－24 所示，为水平放置的格盘，每格中能放入一个钵苗。格盘由锥齿轮带动，在滑道中运动。其排苗口在导苗管的正上方。

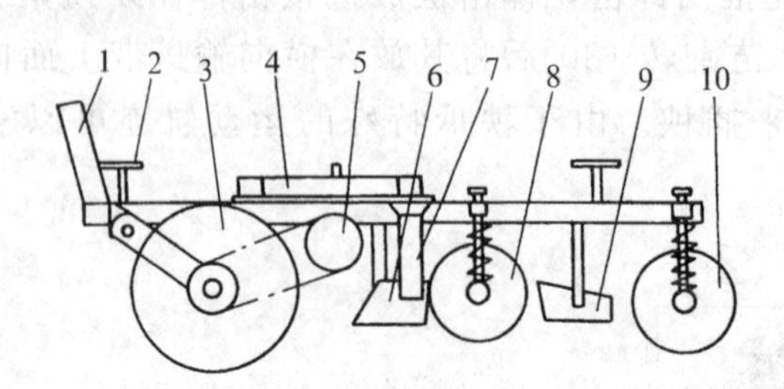

图 6－23　导管直落式玉米移栽机

1. 机架　2. 座位　3. 地轮　4. 排苗机构　5. 传动机构　6. 开沟器　7. 导苗管　8. 挤压轮　9. 覆土器　10. 镇压轮

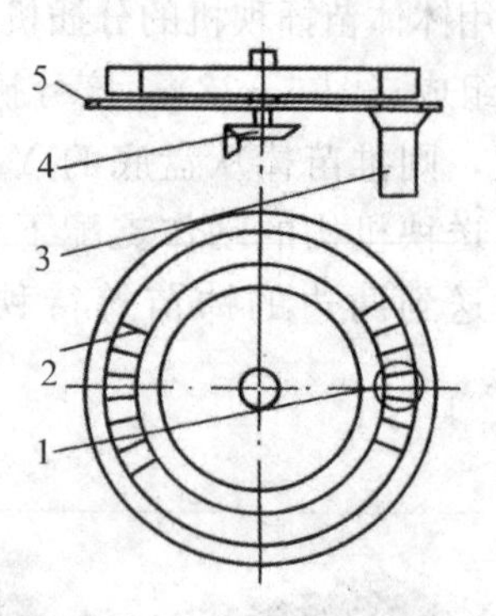

图 6－24　排苗机构

1. 排苗口　2. 格盘　3. 导苗管　4. 传动齿轮　5. 滑道

传动机构由地轮、链轮、链条和齿轮构成。地轮机构（图 6－25）是排苗机构的动力来源，既要起限深作用，又要能仿形保证动力传递。

该玉米移栽机的工作过程包括开沟、喂苗、栽植、挤压和覆土压密等程序。工作时，人工向排苗机构中连续加入钵苗，在地轮驱动下，排苗机构依次将钵苗推入出苗口，经过导苗管最终落到开沟器开出的苗床上，通过挤压轮挤压后站稳，再经过覆土、镇压，完成移栽全过程。

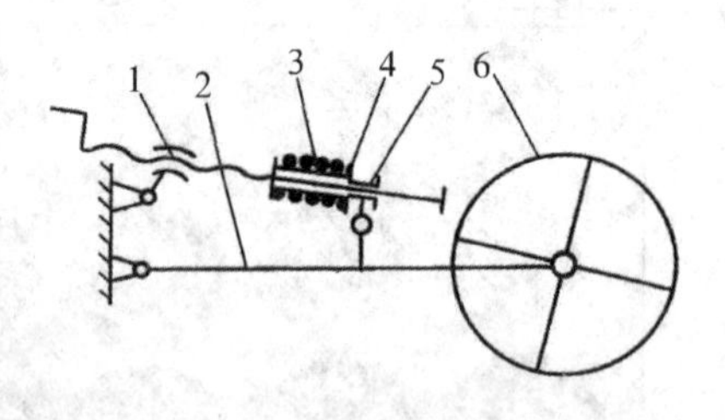

图 6－25　地轮机构

1. 丝杆、丝母　2. 地轮臂　3. 压缩弹簧　4. 间隔套　5. 导向套　6. 地轮

二、导管推落式棉花移栽机

导管推落式棉花移栽机如图 6－26 所示，其适用于移栽圆台形钵体棉苗，由两个栽植单体、机架及浇水装置（图 6－26 中未画出）等组成。栽植单体间距在机架上可调，以适应不同行距的要求。机架上设有钵苗架，栽植单体上方设有喂入带，地轮起支承作用并控制开沟深度，由于地轮离开沟器很近，故还起到仿形作用；地轮又是机具的动力源，按一定的传动比把动力和运动传给喂入带以满足一定的株距要求。喂入带与左右两个护板形成钵苗通道，在该通道终端设有分钵器和扶正器，扶正器下方设有导苗管，导苗管的下端通入开沟器。

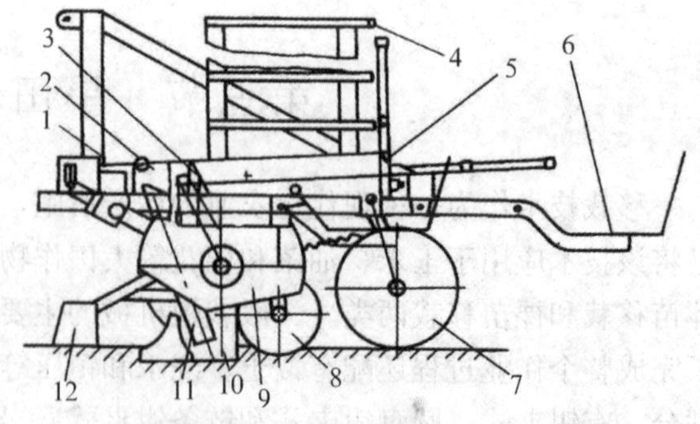

图 6－26　导管推落式棉花移栽机

1. 机架　2. 扶正器　3. 分钵器　4. 苗盘架　5. 栽植单体　6. 座位　7. 镇压轮　8. 覆土轮　9. 地轮　10. 开沟器　11. 导苗管　12. 刮土板

操作者把钵苗盘从钵苗架移至机架上，一次推一行（10 个）钵苗进入喂入带的通道，

钵苗被喂入带向终端推送。接近终端时被分钵器挡住，所有的钵苗均相对喂入带滑动，处于等待状态。当分钵器开启时允许一个钵苗通过，其余的钵苗被挡住仍然等待。按时逐个通过的钵苗到达喂入带终端时被扶正器扶住上端，其下端在做圆周运动的喂入带作用下继续向下、向终端运动，于是整个钵体在终端被转至直立状态而落入导苗管。导苗管的倾角可以调节，机具前进速度与导苗管的倾角相互协调可保证钵苗落在种沟底部时直立。钵苗被推入通道后经过等待→分钵→转钵→下落四个环节完成喂入栽植过程，继而经过覆土镇压而栽植在预先做好的苗床上。

三、带式甜菜钵苗移栽机

带式甜菜钵苗移栽机如图 6－27 所示。送苗装置（图 6－28）的横向输送带为一薄的平面圆形橡胶带，水平转动。纵向输送带为上下转动的圆形带齿的橡胶带。两带的齿交错在一起，将纸筒苗夹住进而送到橡胶移栽盘中。

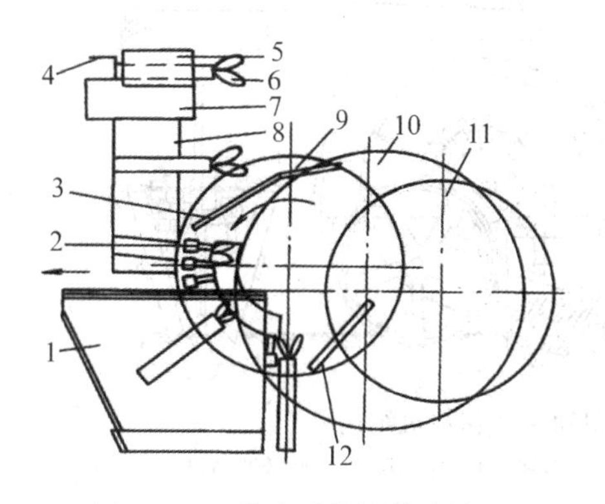

图 6－27　带式甜菜钵苗移栽机

1. 靴式开沟器　2. 夹持盘　3. 上导杆　4. 挡苗板　5. 送苗辊　6. 纸筒苗　7. 横向输送带　8. 纵向输送带　9. 移栽盘　10. 镇压轮　11. 驱动轮　12. 下导杆

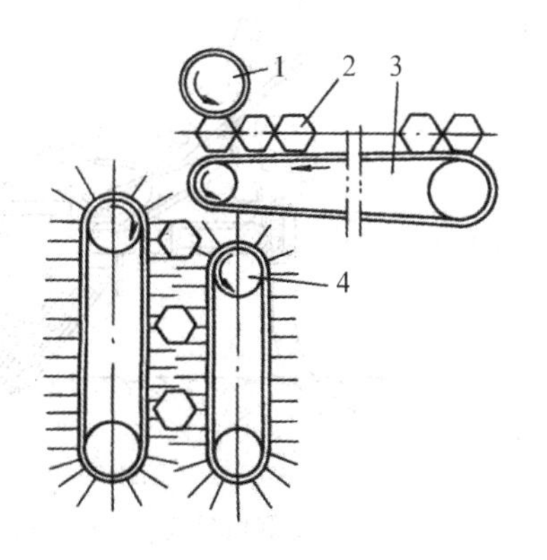

图 6－28　送苗装置

1. 送苗辊　2. 纸筒苗　3. 横向输送带　4. 纵向输送带

橡胶移栽盘（图 6－29）由一对圆形橡胶盘组成，固定于机架的同一轴上。移栽盘由水平位置将苗接住转至下方最低位置区间，被固定于机架上的夹持盘所夹持，滚轮安装于固定在夹持盘架上的板弹簧的轴上，夹持盘位置左右调整，可改变夹持力的大小。

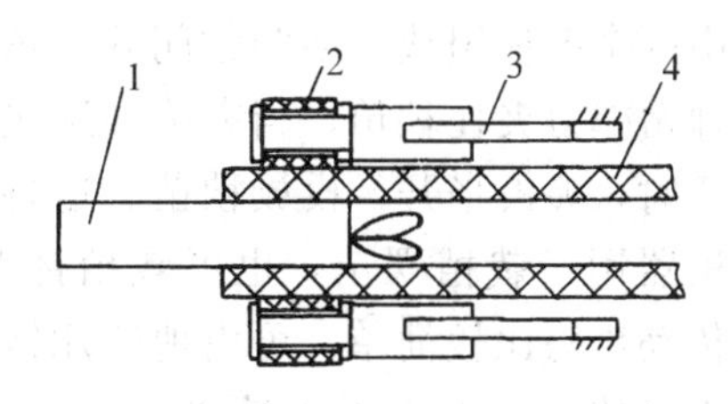

图 6－29　夹持盘与移栽盘

1. 纸筒苗　2. 夹持滚轮　3. 板弹簧　4. 移栽盘

靴式开沟器入土深度可调，可适应不同高度纸筒的栽植深度。

镇压机构的镇压轮压实秧苗的程度靠改变镇压轮压缩弹簧的长度来调整。

机具的传动由地轮带动，该地轮采用人字花纹橡胶轮胎。

工作时，带土的纸筒苗由人工整齐地铺放在横向输送带上，由挡苗板将苗的根部靠齐，无苗的纸筒由人工剔除。当纸筒苗横向输送到带的末端时，由圆辊形弹性送苗辊将每只纸筒苗单个地送入纵向输送带中，从而形成了纸筒秧苗的间距。改变横向输送带的主动辊传动链轮齿数，便改变横向输送带的转速，从而改变单位时间内横向输送带输送秧苗的数量，即可改变移栽秧苗的株距。橡胶移栽盘夹着纸筒苗随机具前进而向下转动，到最低位置前脱离移栽盘的夹持，靠重力落入由靴式开沟器开出的沟内，再由镇压轮将苗两侧压实，至此，完成了整个移栽的过程。

第四节　蔬菜移栽机

一、圆盘钳夹式移栽机

图 6－30 为一种圆盘钳夹式移栽机，它与中型拖拉机配套，除完成开沟、栽植、覆土、镇压外，还可浇水和深松。但是秧苗由人工喂入，仍属半机械化栽植机。

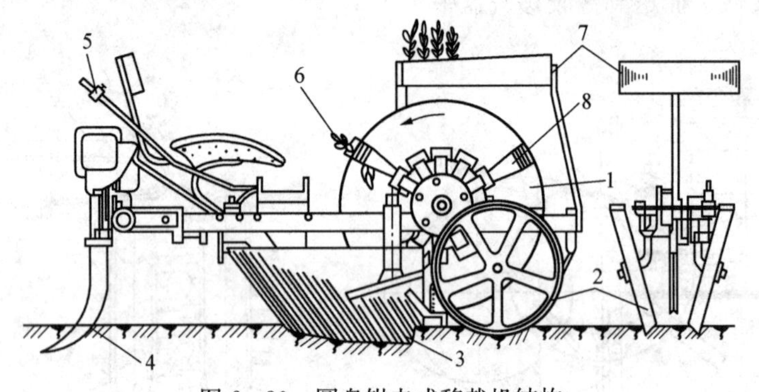

图 6－30　圆盘钳夹式移栽机结构

1. 栽植圆盘　2. 镇压轮　3. 开沟器　4. 松土器　5. 水量调节杆　6. 秧苗　7. 秧苗箱　8. 夹苗器

圆盘钳夹式栽植器（图 6－31）主要由栽植圆盘、圆盘轴、夹苗器、上下开关、滑道等组成。该栽植器圆盘为平面，其上装有夹苗器。夹苗器由两个夹板组成，多为常闭式，依靠弹簧弹力夹住秧苗，当夹苗器通过滑道时，夹板张开，投放秧苗。这种栽植器用于栽植裸苗，也可栽植钵苗。传动机构比较简单，可由地轮用链条直接传动，人工喂入速度为 40～50 株/min。圆盘钳夹式栽植器上的秧夹运动轨迹在开沟器中心线铅垂面内，故其最小栽植株距受秧苗高度的限制，秧苗越高，最小株距越大。即在栽植要求株距小的秧苗时，所用秧苗不能过高；否则已栽植的秧苗会被秧夹碰倒。

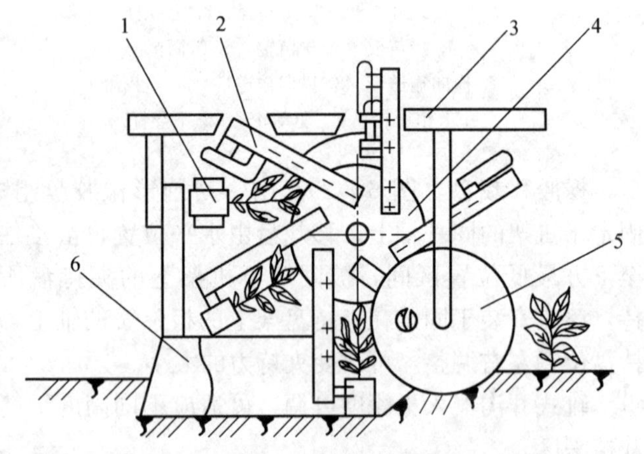

图 6－31　圆盘钳夹式钵苗栽植器工作过程

1. 钵苗　2. 秧夹组合　3. 机架　4. 栽植器圆盘　5. 覆土器　6. 开沟器

栽植钵苗作业时，栽植圆盘做圆周运动。当秧夹旋转到转轴的前方约平行于地面时，抓

取由横向输送链送来的钵苗，在转到垂直地面的位置时，钵苗处于垂直状态，这时秧夹脱离滑道控制，钵苗在自重作用下，落入沟内，接着覆土镇压，完成栽植作业。

二、吊篮式移栽机

吊篮式移栽机结构如图 6-32 所示，它包括爪手、栽植圆环、偏心圆环和滑道等部件。栽植圆环与转轴固定，在圆环侧面装有栽植爪手，轴转动时带动栽植圆环一起旋转。偏心圆环是保证爪手做平行运动的主要部件，它通过偏心板与栽植圆环连接，并保持水平向前 50 mm 的偏心。栽植爪手由两个爪片组成，爪片张开靠滑道的作用，关闭则靠弹簧的作用。

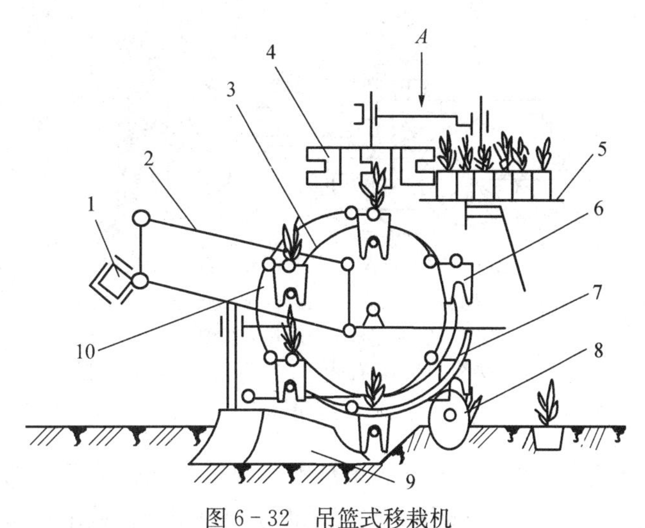

图 6-32　吊篮式移栽机

1. 方梁　2. 拉杆　3. 栽植圆环　4. 抓苗器　5. 送苗盘　6. 爪手　7. 滑道　8. 覆土器　9. 开沟器　10. 偏心圆环

栽植机的工作过程：机组前进时，开沟器破土成沟，钵苗自动喂入机构将钵苗放入旋转着的爪手里。栽植爪手在偏心圆环的作用下，始终垂直于地面，当运行到接近于最低位置时，栽植爪手在滑道的作用下被张开，钵苗落入沟中。部分土壤从开沟器两侧尾部滑至秧苗周围，其余的土壤靠覆土器推送覆盖秧苗根部。脱离滑道控制的栽植爪手靠弹簧作用自行合拢。

为了使钵苗栽入沟中保持直立，栽植爪手始终应做垂直于地面的运动，当转至最低位置投放钵苗时，爪手的线速度应该与机器前进速度相等，方向相反，即投入钵苗时，爪手绝对速度接近于零，这样才能保证钵苗平稳落入沟内。机器前进速度应根据株距及喂入量来确定。

吊篮式移栽机具有适应性广、不容易破碎钵体等优点，但是结构较复杂。

三、导苗管式（杯式）移栽机

导苗管式移栽机主要特点是秧苗在导苗管内的运动是自由、非强制性的，因此不易伤苗，如图 6-33。另外，喂入器由水平转动的多个（一般为 4 个）喂入杯构成（图 6-34），人工喂入时，其喂入速度可以提高，人工喂入速度可达 60～70 株/min，比链夹式栽植器的人工喂入速度可提高 30%～50%，但这种移栽机的结构较复杂。

四、圆盘式裸苗半自动移栽机

图 6-35 所示为圆盘式裸苗半自动移栽机，该机采用横向喂秧输送带和挠性盘式栽植器。工作时，喂秧手将秧苗一株一株放到喂秧输送带的槽内，输送带将秧苗喂入栽植盘，由栽植盘把秧苗栽入开沟器开出的沟内。栽植盘由两个橡胶盘合并而成，具有一定的弹性。栽植盘在接受输送带送来的秧苗时利用开盘轮使其局部张开，秧苗进入开口后因其弹性自动

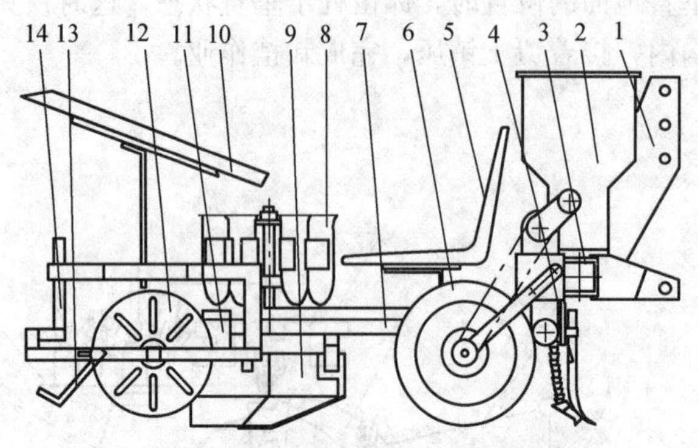

图 6-33　导苗管式（杯式）钵苗移栽机

1. 悬挂机构　2. 肥箱　3. 主梁　4. 施肥杆齿　5. 座位　6. 地轮　7. 单组机架　8. 喂入机构　9. 开沟器　10. 秧盘　11. 送苗机构　12. 镇压轮　13. 覆土器　14. 栽深调整杆

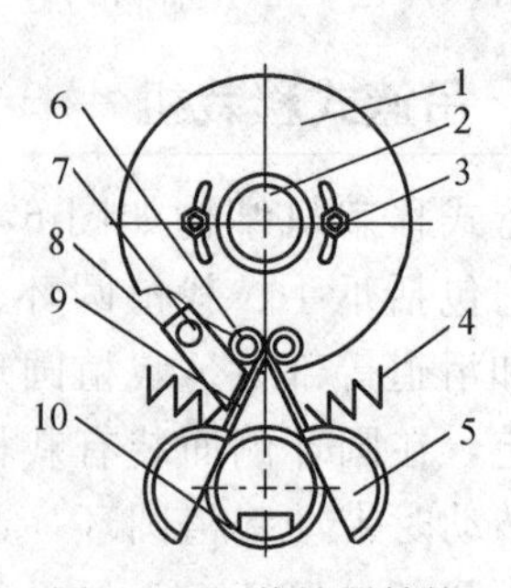

图 6-34　栽植器结构

1. 圆盘凸轮　2. 立轴　3. 紧固螺栓　4. 弹簧　5. 喂入杯　6. 杯轴　7. 滚轮　8. 滚轮支架　9. 喂入杯支架　10. 送苗器

（或用闭合板）闭合。栽植盘夹住秧苗转到开沟器下部时，利用开盘叉使之松开放下秧苗。这时从开沟器侧板滚下的碎土覆于秧苗根部使秧苗直立，然后再覆土压实。秧苗在进入开沟器张开处时为纵向平放，待其夹着转到开沟器下部放苗时已成根部向下的直立状态。秧苗根部对于沟底是相对静止状态，以便于覆土和压紧。

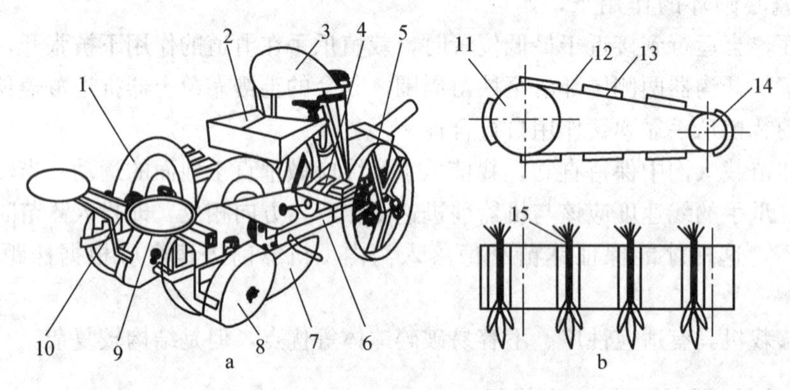

图 6-35　圆盘式裸苗半自动栽植机

a. 整机结构　b. 喂秧输送带

1. 栽植盘　2. 秧箱　3. 牵引车　4. 喂秧输送带　5. 大拨轮　6. 机架　7. 开沟器　8. 压密轮　9. 座位　10. 尾轮轴套　11. 主动辊　12. 放秧槽　13. 泡沫塑料块　14. 被动辊　15. 秧苗

这类移栽机的两个圆盘可以一个为挠性，一个为刚性，也可以两个均为挠性。

五、链夹式裸苗半自动移栽机

图 6-36 为链夹式裸苗移栽机，可一次完成开沟、分秧（人工）、栽植、覆土和压实等项作业，是与手扶拖拉机配套的半机械化栽植机。其工作幅宽为 1 100 mm，株行距可调，栽植机每行喂入株数为 30～45 株/min。

该机由机架、栽植机构、开沟器、地轮、镇压轮及传动部分等组成，栽植器为链夹式，每

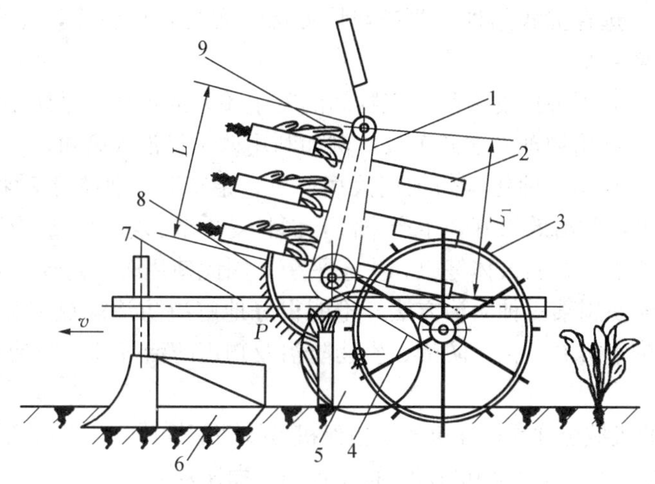

图 6-36　链夹式移栽机结构

1、4. 链条　2. 秧夹　3. 驱动地轮　5. 镇压覆土轮
6. 开沟器　7. 机架　8. 滑道　9. 秧苗

组栽植器由 8 个秧夹均匀地固定在环形栽植器链条上。

工作时，地轮转动，通过链条带动栽植器链条运动。当秧夹进入喂秧区 L 时，由栽植手将秧苗喂入秧夹上，秧苗随秧夹由上往下平移进入滑道，借助滑道作用迫使秧夹关闭而夹紧秧苗，秧苗由上下平移运动变成回转运动，秧夹转到与地面垂直时，脱离滑道控制的秧夹，在橡皮弹力作用下，自动打开，秧苗脱离秧夹垂直落入已开好的沟中。秧苗根部接触沟底瞬间，由镇压轮覆土压实，秧苗被栽植。机组不断前进，秧夹继续随链条运动。通过返程区 L_1，然后又进入喂秧区，如此循环进行栽植作业。

链夹式移栽器是国内外栽植机上常见的一种栽植器，它由秧夹组、链轮、链条、滑道等组成。工作时，秧夹回转一圈，要经过喂秧区 L、回转区 P，返程区 L_1 再经上部相邻秧夹距离又进入喂秧区（图 6-36）。

复习思考题

1. 水稻工厂化育苗机械与设备有哪些？
2. 简述水稻插秧机的总体构成。
3. 水稻插秧机分插机构主要有哪些类型？
4. 旱田移栽机有哪些种类？

第七章　植保机械

植保作业的目的是消灭病、虫、草的危害，保证稳产高产。植保方法可按其原理分为以下几类：

1. 农艺防治法 选育抗病品种，改进栽培方法，实行合理轮作，深耕和改良土壤，加强田间管理及植物检疫等。

2. 生物防治法 利用害虫的天敌、生物间的寄生关系或抗生关系防治病虫害。

3. 物理防治法 利用物理方法和工具，例如利用诱杀灯消灭害虫。

4. 化学防治法 利用各种化学药剂消灭病、虫、杂草和其他有害动物的方法。这种方法的特点是操作简单，防治效果好，生产率高，而且受季节影响少，故应用最广。但存在化学残留问题，污染环境，影响人体健康和生态平衡，因此使用时一定要注意。

实践证明单纯地使用某一种防治方法，不能很好地解决防治病虫害和消灭杂草的问题，只有充分发挥农业技术防治、化学防治、生物防治及物理防治等综合防治才能更有效地进行植物保护。

施用化学药剂的机械统称为植保机械。植保机械按药剂性质和施药方法分为喷雾机、喷粉机、土壤消毒机，按动力分为手动和机动，按携带的方式分为人力背负、畜力牵引、拖拉机牵引或悬挂以及航空植保等。植物保护需要及时观测并在大面积上及时、同时实施，否则效果不好。

喷雾、喷粉的农业技术要求：药液浓度和喷药量应符合要求；喷施量稳定、均匀、不漏喷、不重喷；作业效率高，喷洒药剂不受或少受风、温度等天气的影响，药剂的飞散损失少；遵守喷药的安全规则，尽量减少农药对操作人员和周围环境的污染和危害。

随着人类对环境保护和绿色食品意识的增强，对农药的残留量和毒性提出了一些新的要求。

第一节 喷 雾 机

喷雾是化学防治法的重要方面，它的优点是受气候的影响较小，药液能较好地覆盖在植株上，药效较持久，缺点是耗水量大，因此在缺水或离水源较远的地区喷雾较困难。

按施药量的大小，喷雾机械分为高容量、中容量、低容量及超低容量喷雾机等。各类喷雾机的施液量标准及雾滴直径的范围可参见表 7 - 1。

利用机械方法使药液雾化的方式有三种：一是将药液加压通过喷孔喷出，与空气撞击而雾化，即为液力式喷雾机；二是利用高速气流冲击液滴并吹散使之雾化，即为风送式喷雾机（弥雾机）；三是通过高速转盘的离心力将药液雾化，即离心雾化（超低量喷雾机）。其中液力式喷雾机较为常见。液力式喷雾机按给药液加压的方式分为液泵式喷雾机和气泵式喷雾机。

表 7 - 1 各类喷雾机的施液量标准及雾滴直径

名称	符号	雾滴直径/μm	施液量/(L/hm²)
超超低容量	U - ULV	10～90	＜0.45
超低容量	ULV	10～90	0.45～4.5
低容量	LV	100～150	4.5～45
中容量	MV	100～150	45～450
高容量	HV	150～300	＞450

注：根据美国农业工程学会标准折算结果。

喷雾机主要由药液加压泵、喷头、连接管、药箱、空气室、调压阀、喷杆、阀门、手柄等附属装置组成。

一、手动喷雾器

人力喷雾器多为背负式，有液泵式（图 7－1）和气泵式（图 7－2）两种。液泵式喷雾器操作时边揿动手杆边喷药，操作人员容易疲劳。而气泵式喷雾器操作时经过两、三次充气可喷完一桶药液（约 5 L），操作省力，因此有人又称它为自动喷雾器。气泵式喷雾器的制造精度要求比较高。人力喷雾器常用于温室和蔬菜地。

1. 液泵式喷雾器　手动背负式喷雾器是最为常见的喷雾器，它主要由活塞泵、空气室、药液箱、胶管、喷管、开关及喷头等组成。工作时，操作人员将喷雾器背在身后，通过手压杆带动活塞在缸筒内上下运动。药液经过阀门进入空气室，再经出水阀、输液胶管、开关及喷头喷出。这种泵最高压力可达到 800 kPa。为了稳定药液的工作压力，在泵的出水阀处装有空气室。由于这类喷雾器都由人背负在身后工作，故又称为手动背负式喷雾器。

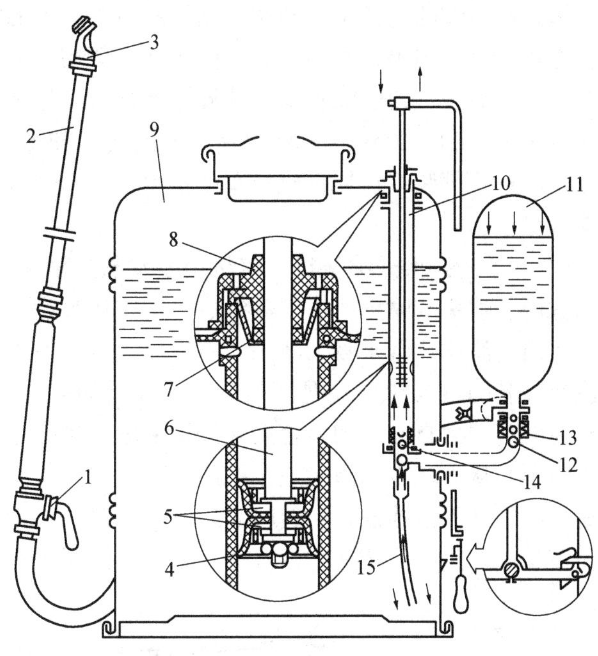

图 7－1　手动背负式喷雾器

1. 开关　2. 喷杆　3. 喷头　4. 固定螺母　5. 皮碗　6. 活塞杆　7. 毡圈　8. 泵盖　9. 药液箱　10. 缸筒　11. 空气室　12. 出水球阀　13. 出水阀座　14. 进水球阀　15. 吸水管

2. 气泵式喷雾器　气泵式喷雾器由气泵、药液箱和喷射部件等组成（图 7－2）。气泵式喷雾器工作时，通过上、下移动手杆向药箱内打压空气，使药箱内压力升高，药液通过喷头压出，实现喷雾。

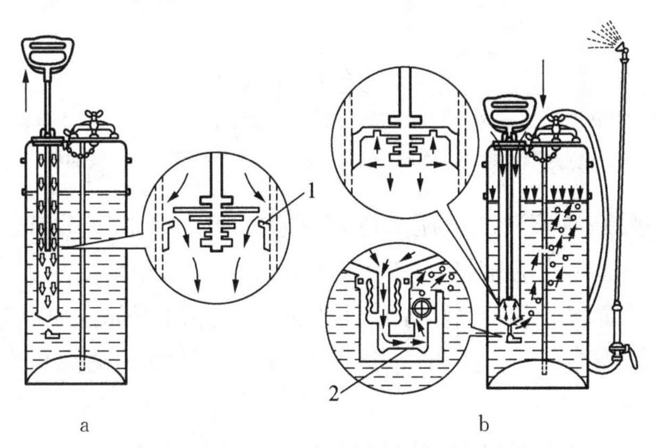

图 7－2　气泵式喷雾器

a. 手杆上提　b. 手杆下压

1. 皮碗　2. 出气阀

二、动力喷雾机

为了提高喷药生产率，利用小型发动机为动力的喷雾机常用于果园、大田的打药。按照使用方式可分为固定式和移动式。固定式一般用于大型果园，把动力机、药液箱和喷雾机安装在一个机械房，通过配置在（或埋设在）果园地里的塑料管子（或钢管）压送药液，并利用一定距离（20～40 m）安装在管子上的阀栓和橡胶管来喷药。移动式是指把液泵、药液箱、发动机等都装载在拖拉机拖车或畜力车上，边行走边喷雾的方法。此外，还有背负式动力喷雾机。

图 7－3 为担架式喷雾机。该机由发动机、液泵、调压阀、压力表、空气室、流量控制阀、滤网、喷头或喷枪、机架等组成。其工作过程如图 7－4 所示。当发动机驱动液泵工作时，水通过滤网、管子吸入液泵，然后压入空气室内。其压力可从压力表读出。压力水流经过流量控制阀进入射流式混药器，借混药器的射流作用，水和母液（原药加少量水稀释而成）在混药器内自动均匀混合后，经输液软管到喷枪，进行远射程喷雾。使用喷枪时药液不通过液泵，从而减少药液对液泵的腐蚀，可延长其使用寿命。当雾化程度要求高和近射程喷雾时，必须卸下混药器，换装喷头，将滤网放入药液箱即可工作。在田间转移停止喷药时，关闭流量调节阀，使药液作内部循环，以免液泵干磨。

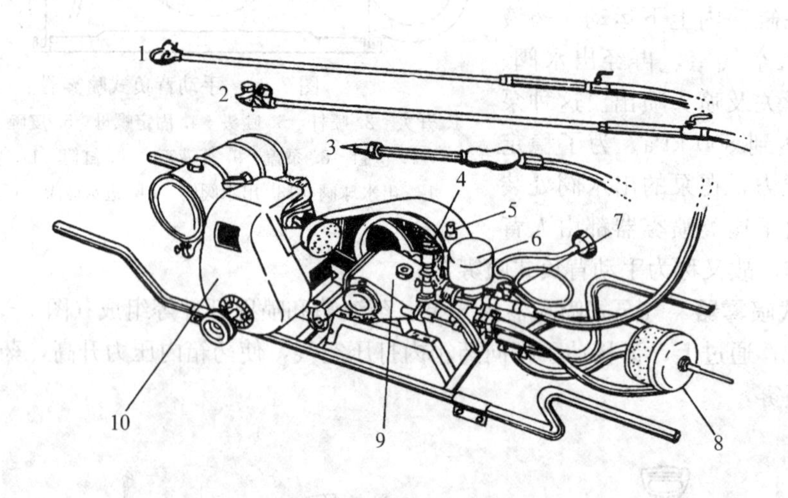

图 7－3　担架式喷雾机

1. 双喷头　2. 四喷头　3. 喷枪　4. 调压阀　5. 压力表　6. 空气室　7. 流量控制阀　8. 滤网　9. 液泵（三缸活塞泵）10. 汽油机

1. 泵　喷雾机的泵是使药液产生压力以克服管道阻力和利于喷雾的部件。泵常见的形式有柱塞式、活塞式、活片式活塞泵，皮碗式活塞气泵，离心泵，隔膜式泵。喷雾机的泵应由黄铜或青铜制造，以防腐蚀和耐磨。泵的底部或吸入药液管部位应有过滤网。泵内的进液阀和排液阀均为单向阀，泵吸入药液时，进液阀打开，排液阀关闭；泵排液时，排液阀打开，进液阀关闭。

活片式活塞泵是在动力喷雾机上使用较多的一种，有单缸、双缸、三缸式。动力喷雾机上常用三缸式，担架式喷雾机就采用三缸活片式活塞泵。它主要由泵室、进液管、曲柄连杆组、活塞组（由胶碗、胶碗托、三角支承套筒组成）、活塞杆、平阀、带孔平阀、排液阀、

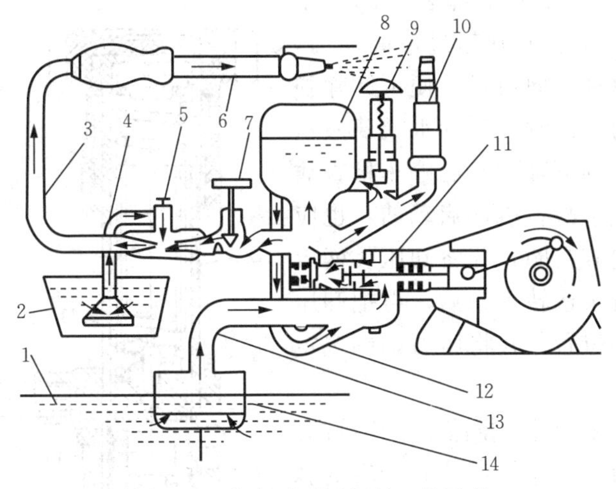

图 7-4　担架式喷雾机的工作示意

1. 水源　2. 母液桶　3. 输液软管　4. 吸药管　5. 混药器　6. 喷枪　7. 流量控制阀
8. 空气室　9. 调压阀　10. 压力表　11. 液泵　12. 回流管　13. 吸液管　14. 滤网

弹簧、空气室和排液管等组成（图 7-5）。工作时，活塞杆左移，当胶碗托的后平面靠住平阀时，活塞开始左移，左腔药液被挤压推开排液阀，进入空气室。而泵的右腔体积增大，压力下降，药箱药液进入泵右腔。活塞杆右移，由于胶碗与泵壁的摩擦作用，胶碗托暂时不能随动，因而托与平阀间出现间隙，泵的左右腔相通，活塞杆继续右移，带动活塞右移，排液阀在弹簧作用下关闭，左泵腔体积增大，压力降低，右泵腔体积减小，压力增加，于是药液吸入泵左腔。使用中，带孔平阀与平阀及胶碗托两平面磨损后，会造成密封不严而影响排液量。

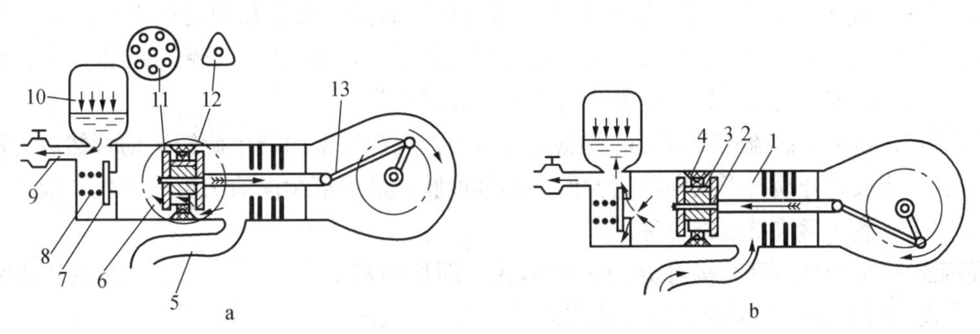

图 7-5　活片式活塞泵的组成和工作

a. 进液　b. 排液

1. 泵室　2. 平阀　3. 胶碗托　4. 胶碗　5. 进液管　6. 活塞　7. 排液阀
8. 弹簧　9. 排液管　10. 空气室　11. 带孔平阀　12. 三角支承套筒　13. 连杆

2. 调压阀　为了适应多种形式的喷雾工作，动力喷雾机设有调压阀。调压阀的结构如图 7-6 所示。其锥形阀门用弹簧压紧，转动调压轮改变弹簧力，即可增减锥形阀门的压力。当空气室内水或药液对阀门的压力超过弹簧压力时，便将锥形阀门顶开，水或药液沿回水管回流到吸水管，直到空气室内压力小于弹簧对阀门的压力时，便停止回流，保持压力稳定。在调压轮的下部装有卸压手柄，如遇到泵的压力突然上升超过最高压力，可将卸压手柄沿顺时针方向扳足，便可卸除弹簧对锥形阀门的压力。此时大量的水或药液从回水管回流，压力立刻下降，然后停车检查故障，这样可避免发生事故。机器启动前，也应将调压轮向减压方向旋几圈，并将卸压手柄扳至“卸压”位置，待泵运转正常后，再把卸压手柄扳回到“加压”位置，并将压力调到规定数值。

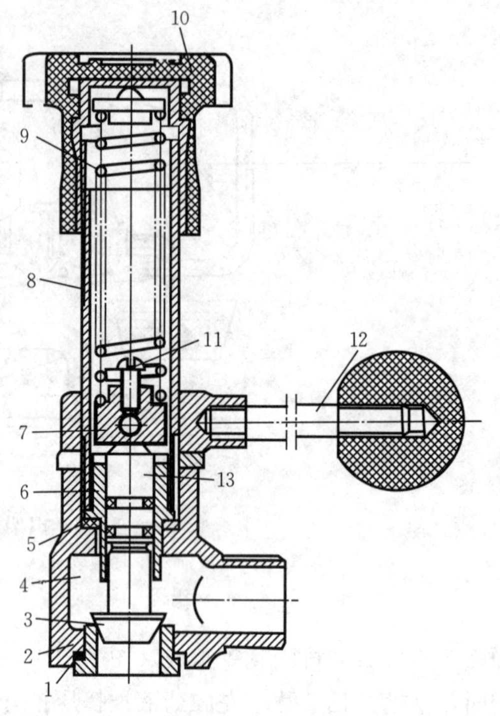

图 7-6　调压阀

1. 垫圈　2. 阀座　3. 锥阀　4. 回水室　5. 垫圈　6. 阀套　7. 弹簧托　8. 套管　9. 弹簧　10. 调压轮　11. 螺钉　12. 卸压手柄　13. 阻尼塞

3. 空气室　往复泵的进、排液是不连续的。空气室的功用是平衡往复泵供药液时产生的脉冲压力，起稳定压力和连续喷雾的作用，它必须有一定容积以容纳足够的空气。多缸泵脉冲较小，在较高的转速时可使排液压力较均匀，因此空气室的容积也可以小些。喷雾机长时间连续工作，空气将逐渐溶于药液中，空气室内的空气容积越来越小，使喷雾压力的稳定性变差。现在生产的机动喷雾机的空气室用橡胶隔膜将药液与空气隔开。一般空气室的容积为泵工作容积的 6～7 倍，耐压力应大于最高使用压力的 3 倍。

4. 喷头　喷头是雾化药液的最重要的工作部件，雾滴的大小和均匀性以及药液的分布都与喷头的形式、结构和配置有关。为了防止腐蚀和耐磨，喷头应由黄铜或青铜制作。常用的喷头形式有圆锥雾式喷头、扇形雾式喷头和单孔式喷头。

圆锥雾式喷头（涡流式喷头）的特点是压力药液在涡流室内产生旋转运动，然后再从喷孔中喷出，药液离开喷孔形成向前延伸的空心锥液膜，液膜继续向前破裂成液丝，液丝再进一步断裂成雾滴，形成空心锥形雾。

涡流式喷头按其内部结构可分为三种形式，即切向离心式（图 7-7）、涡流片式喷头（旋水片式，图 7-8）和涡流芯式（旋水芯式，图 7-9）。

切向离心式喷头由喷头帽、喷孔片、喷头体等组成，喷头加工成带锥体芯的内腔和与内腔相切的输液斜道。喷孔片的中央有一喷孔，孔径有 1.3 mm 和 1.6 mm 两种规格。内腔与喷孔片之间构成锥体芯涡流室。

涡流片式喷头（旋水片式）由喷头片、喷头帽和涡流片等组成，在涡流片上沿圆周方向对称地冲有两个贝壳形斜孔。在喷孔片与涡流片之间夹有垫圈，由此构成一个涡流室。这种喷头仅用于人力喷雾器上，逐步被切向离心式喷头所代替。

涡流芯式喷头（旋水芯式）由喷头体、喷头帽和涡流芯等组成。有大田型和果园型两种，大田型涡流芯的螺旋槽截面小，与芯顶的夹角小，涡流室浅且一般不可调节，喷孔较

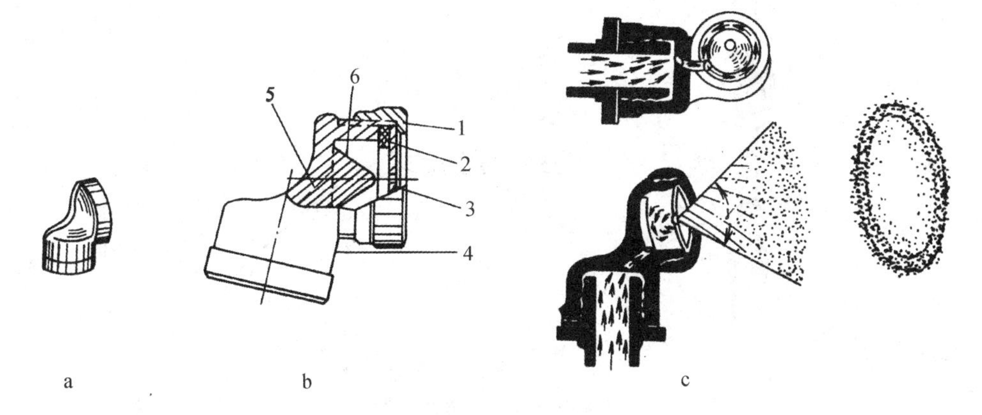

图 7－7　切向离心式喷头结构与工作原理

a. 喷头外貌　b. 喷头结构　c. 喷头工作原理

1. 喷头帽　2. 垫圈　3. 喷孔片　4. 喷头体　5. 输液斜道　6. 锥体芯

小，喷出的雾锥角较大，雾滴较小，喷量较少。果园型的特点与上述相反，且涡流室深浅可调节，故喷量较大，雾锥角可变，射程也可变，雾滴也较大。

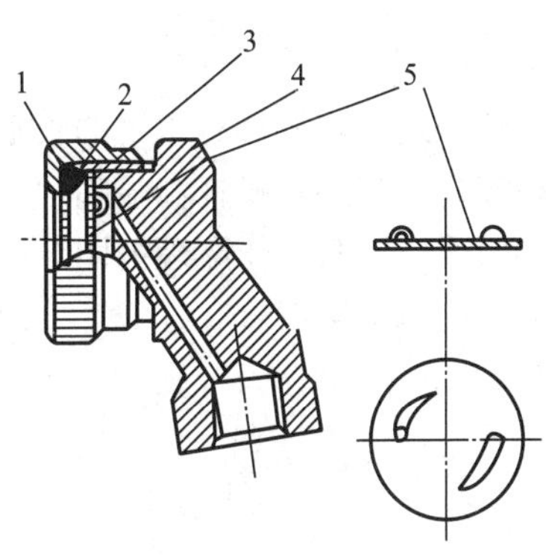

图 7－8　涡流片式喷头

1. 喷头片　2. 垫圈　3. 喷头帽　4. 喷头体　5. 涡流片

单孔式喷头（撞击式）只有一个喷孔，高压液流通过喷孔，高速喷出碰撞在一反射板或直接与空气撞击而雾化，雾化质量较差。主要用于远射程的喷雾，如果树、树木、行道树及稻田的喷药。它由扩散片、喷嘴、喷嘴帽和枪管等组成（图 7－10）。

扇形雾喷头是从其喷出的雾面形状像扇面而得名。扇形雾喷头雾化的质量不如圆锥雾式，其喷施量大，雾滴直径也较大。多用于喷洒除草剂和肥料上，它由垫圈、喷嘴和压紧螺母等组成。在喷嘴上开有内外两条半月形槽，且互相垂直，两槽相切处，形成一正方形的喷孔。

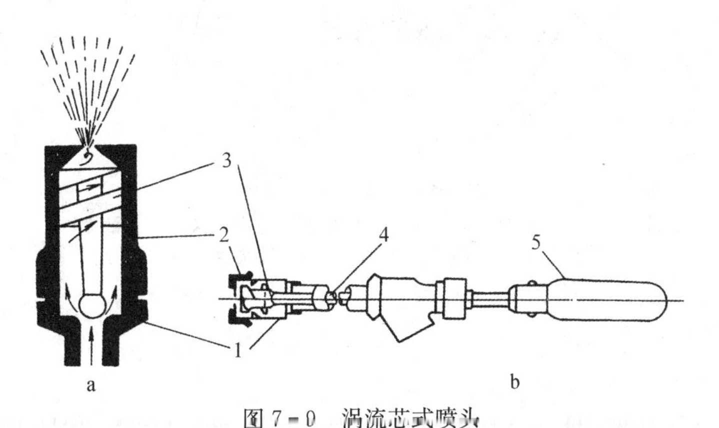

图 7－9　涡流芯式喷头

a. 大田型　b. 果园型

1. 喷头体　2. 喷头帽　3. 涡流芯　4. 推进杆　5. 手柄

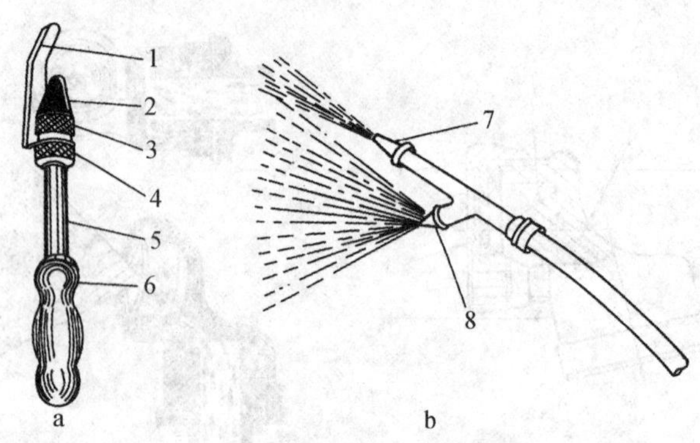

图 7-10 撞击式喷头

a. 远射程喷枪 b. 组合式喷枪

1. 扩散片 2. 喷嘴 3. 喷嘴帽 4. 紧帽 5. 枪管
6. 手柄 7. 锥形腔孔喷嘴 8. 狭缝式喷嘴

三、喷杆式喷雾机

喷杆式喷雾机具有水平的长喷杆，一般悬挂在四轮拖拉机上，利用拖拉机动力输出轴来驱动液泵，利用长喷杆和喷嘴喷雾，喷管长度可达 9～13.5 m，具有 27～40 个喷孔，常用于大田喷药。其工作原理如图 7-11 所示。

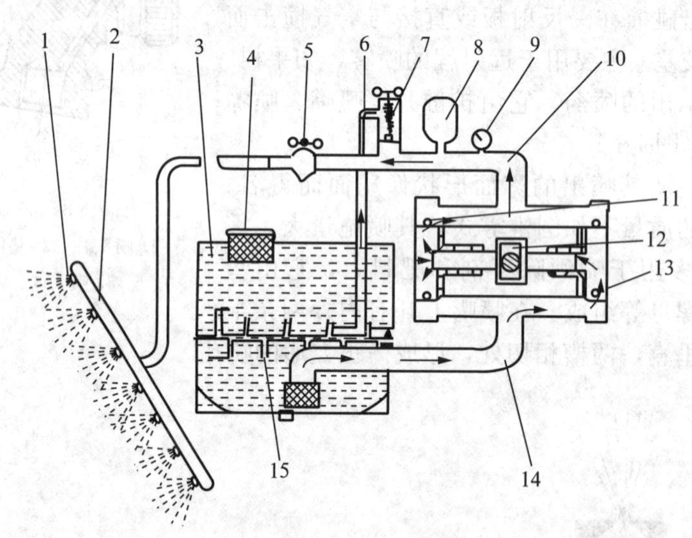

图 7-11 喷杆式喷雾机

1. 喷头 2. 喷杆 3. 药液箱 4. 滤网 5. 截止阀 6. 回液管
7. 调压阀 8. 空气室 9. 压力表 10. 排液管 11. 排液阀
12. 液泵 13. 进液阀 14. 进液管 15. 搅拌器

四、弥雾机

弥雾机又称风送式喷雾机，利用高速气流把药液雾化成更细碎的雾滴并输送到远距离。弥雾机具有如下特点：比喷雾机雾滴更细小，附着性好，可以微量喷雾，雾滴分布比喷雾均

匀得多，可以减少药害；可以使用浓度高的药剂，节省配药和运输劳力。弥雾机适应于喷药比较频繁的蔬菜和果树。

按照使用方式弥雾机可分为背负型和装载型。背负型以 0.66～0.88 kW 的风冷式二行程汽油机为动力；装载型是以 1.47～2.2 kW 的风冷四缸汽油发动机为动力的弥雾机，装在手推车或三轮车上作业，不能进车的地可安装在担架上进行喷雾作业。

按雾化原理分，弥雾机有两种形式，一种是靠液力雾化后由风机的风力输送的；一种是利用高速气流将药液雾化，并由风机进一步将雾滴吹向作物。前者多为大型喷雾机采用，一般用在果园，具有很高的生产率；后者一般为小型动力喷雾机采用，其风机的气流速度高而流量少，可用于蔬菜地、大田作物、苗圃和葡萄园等。

弥雾喷粉机由药液箱、风机、药液喷头和喷管等组成。喷雾工作时，风机产生的高速气流流经喷管和喷口，使喷口处静压降低，风机产生的另一部分气流流经进风阀、进气塞、软管、滤网、出气口，进入密封的药液箱形成一定的风压，使药液从喷头喷出，遇到从喷管喷出的高速气流进一步细化雾滴并吹送到作物上（图 7-12）。

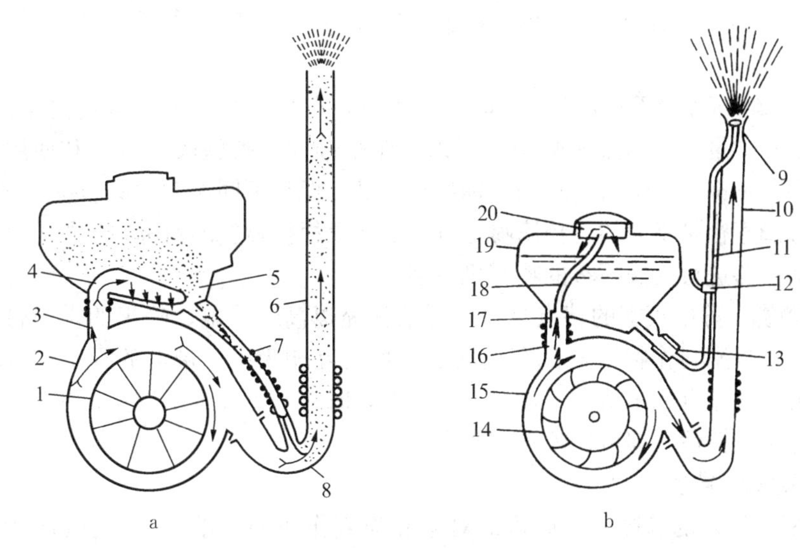

图 7-12 弥雾喷粉机结构与工作过程

a. 喷粉 b. 喷雾

1. 叶轮 2. 风机 3. 进风阀 4. 吹风管 5. 排粉门 6. 喷管 7. 输粉管 8. 弯头 9. 喷头 10. 喷管 11. 输液管 12. 开关 13. 出液接头 14. 叶轮 15. 风机 16. 进风阀 17. 进气塞 18. 软管 19. 药箱 20. 滤网

喷头的雾化，主要靠进入喷头的气流的吹散作用和喷管高速气流的粉碎作用。

弥雾机还备有离心式喷头，它由驱动叶片、分流锥、齿盘组合和喷嘴轴等组成（图 7-13）。齿盘组由前、后齿盘和驱动叶片组成，三者用塑料铆钉铆在一起。齿盘外边缘有齿距为 1.3 mm、齿高为 1 mm 的 180 个小锯齿，前后齿盘间距为 1.4 mm。外径 106 mm，6 个叶片。在高速气流的作用下驱动叶片带动齿盘组高速旋转（8 000～10 000 r/min），药液从药箱经输液管、调量开关流入空心喷嘴轴，并从喷嘴轴上的小孔流进齿盘之间，在离心力的作用下沿齿尖方向高速甩出，克服了黏结力与表面张力后，并与气流相互作用雾化成 80～100 μm的小雾滴。

五、喷雾作业

（一）喷雾方法

喷雾方法有以下几种：

1. 针对性喷雾　即把喷头指向目标物直接喷施药液，一般使用常量喷雾。其特点是操作方法简单，安全可靠，漂失损失较少；但能量消耗大，生产率较低。

2. 漂移喷雾　漂移喷雾主要是依靠自然力（如风力、气流、重力）将雾滴飘送并使之沉积于目标物上的施药方法，一般用于超低量喷雾。这种方法依靠自然力飘送雾滴，喷幅大，生产率高，节省能量，但雾滴漂移不易控制，药液浓度又较大，需要完整的技术，操作较复杂，并要求专用的油剂药液。

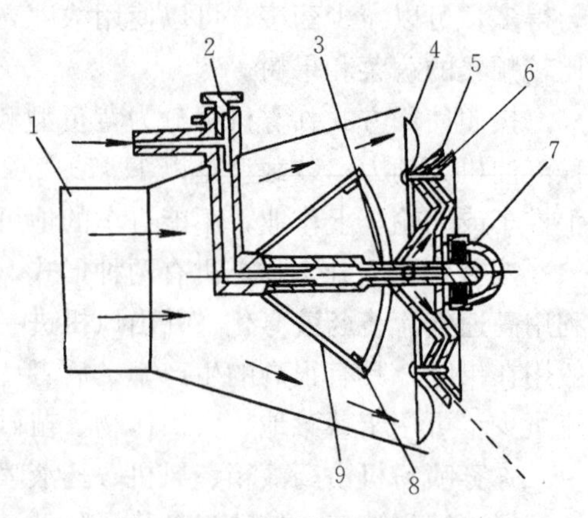

图 7－13　喷雾机超低量喷头

1. 喷口　2. 调量开关　3. 空心轴　4. 驱动风扇叶轮　5. 后齿盘　6. 前齿盘　7. 轴承　8. 分流锥盖　9. 分流锥体

3. 控滴喷雾（简称 CDA 法）　常量大雾滴时，有相当数量的药液流失于地面和漂失，既浪费了农药和能量，又污染了环境，所以近年来倾向于喷施较少容量和使用高效低毒农药，要求农药尽量都沉积于所要求的目标物和区域。但是不同喷射对象和喷射部位的最佳沉积所要求的雾滴直径是不同的，控滴喷雾方法是要求根据喷施的目标物选择合适的雾滴尺寸的喷雾。目前能够进行控滴喷雾的喷雾机不多。

4. 静电喷雾　静电喷雾的特点是对喷雾液体充以高压静电，喷出的雾滴带有电荷。由于电场的存在，雾滴与作物植株具有相反的极性而互相吸引。带电的雾滴在电场力的作用下，沿着电力线分布沉积于植株上，并缩短了沉降时间，也减少了漂失。在喷雾器（机）上安装高压静电发生器后，即可使喷雾雾滴带电。

（二）喷雾机的准备

1. 喷雾机（器）的选择　根据防治对象和喷雾作业的要求，选择合适的喷雾器类型、喷头和喷孔尺寸。如使用液力式喷雾器防治大田病虫害时，应选择圆锥雾喷头；除莠时，应选择扇形雾喷头，并根据施药液量选择合适的喷孔尺寸；果园喷药时，应使用带果园型喷枪的高压液力式喷雾器（机）或者具有大容量风机的风送式喷雾机（弥雾机）；在温室、仓库、郁闭的森林，还可以选择烟雾机。

2. 机具准备　作业开始前，应对喷雾机进行检修和保养。应做到开关灵活、各连接部分畅通又不漏水；对润滑的部位，应根据说明书要求注入适量的润滑油。

3. 试喷　液力式喷雾机使用前，应检查压力指示装置和安全阀、喷雾压力和喷雾质量，必要时更换部分液泵零件和已磨损变形的喷头或喷孔片。

（三）施药量的调整

根据防治病虫害的要求，规定了单位面积应施农药的有效剂量，这是通过调节农药的浓度、喷雾器的喷量和改变喷雾作业的行走速度来实现的。浓度大，施药量小一些；反之，则量大一些。药液浓度的调节，目前主要靠人工配药时完成。喷雾器喷量的调整主要靠更换具有不同尺寸喷孔的喷嘴来实现。喷雾压力一般在作业前确定，不随意改变，因喷雾性能随喷

雾压力而变化。这样，作业时只需调节行走速度就能满足单位面积应施的农药的有效剂量。行走速度可按下式计算：

$$v=600q/(BQ) \tag{7-1}$$

式中　v——作业时行走速度（km/h）；

q——喷雾器的喷药量（L/min）；

Q——施药液量（L/hm^2）；

B——喷雾器喷幅（实际喷幅或有效喷幅，m）。

当计算出的行走速度过高或过低需要改变喷量时，所需调整的喷量如不超过±10%时可调节喷雾压力；如超过±10%，则需更换喷头（改变喷孔直径）。

（四）大田喷杆式喷雾机的使用

1. 喷量的测定　可用塑料管罩住喷头，下接容器，按喷雾时的压力和喷孔直径喷雾，用秒表计时，测定单位时间内单个喷头的喷量（L/min）。喷杆的总喷量等于喷杆上各喷头喷量的总和。

2. 喷头在喷杆上的配置　喷杆式喷雾机对不同的作物和作物不同的生长时期喷药时，喷头的配置应使整株作物都处在喷雾雾体之中，喷头应与作物保持一定的高度（约 30cm）；对中耕作物行间的地面喷施除莠剂时，应防止喷头把除莠剂喷施在作物枝叶上（可装护罩或护板）。喷头的配置有多种形式（图 7－14）。

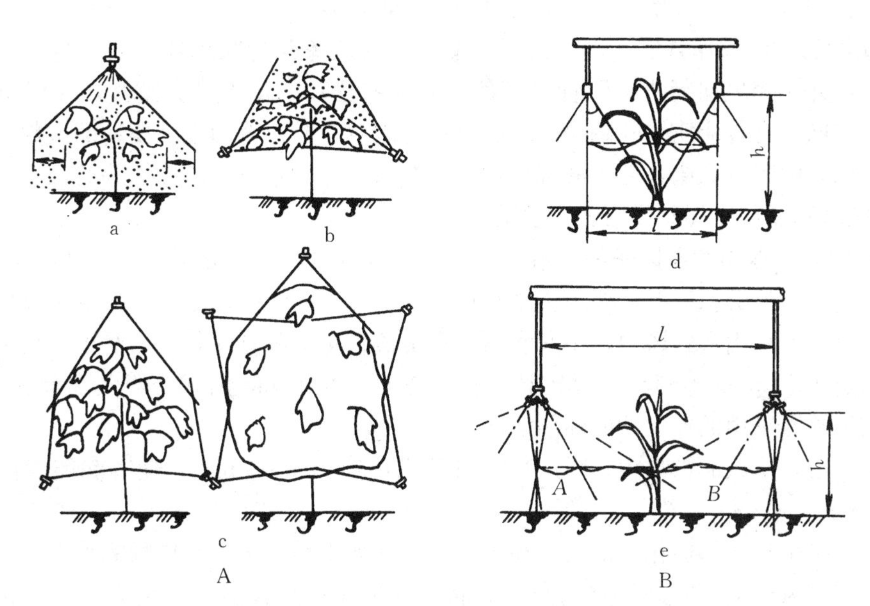

图 7－14　喷头的配置

A. 对中耕作物喷雾　B. 行间喷施除莠剂

a. 早期喷药　b. 中期喷药　c. 后期喷药　d. 单喷头雾体　e. 组合喷头雾体

3. 喷杆高度的调整　向下喷雾时，喷杆的高度对作物或地面受药量的影响很大，圆锥雾喷头正对喷头中心处受药量少，而两边药液量多；而扇形雾喷头则是中间药液量多，往两边递减。因此安装圆锥雾喷头时，喷杆的高度应使相邻喷头的喷雾面稍有交叉重叠，这样可以避免漏喷，但交叉过多，反会使相邻雾面的雾滴相撞而变成大雾滴。

4. 行走方法 一般采用梭形行走方法。

5. 田间作业 根据计算的速度选择拖拉机的挡位及相应的发动机转速。正式喷药前应在田间量出一定距离，进行试验，并在第一趟喷药结束时检查药液箱的液面，估算出药液量与所要求的是否相符，如不符可改变行走速度。

（五）果园喷雾作业

我国在果园喷药中使用的机动喷雾机，多是三缸活片式活塞泵，工作压力为1 500～2 000 kPa，可以使用果园喷枪，也可以使用普通喷枪绑在长竹竿上的喷雾方式；前者效率高，但药液浪费多。

（六）背负弥雾机的使用

1. 喷量和喷幅的确定 通过试喷测出喷量。方法是：将一定数量的水加入药液箱，盖好药箱盖，启动发动机并达到额定转速后，打开喷雾开关，用秒表计时，测出每分钟喷量。

由于背负式弥雾机在大田作业时，操作人员是边摆动喷管边行走，其喷幅可参照下式计算：

$$B=2L\sin(\theta/2) \tag{7-2}$$

式中 B——喷幅（m）；

L——有效射程（能保证2 m/s以上风速的距离，m）；

θ——喷管摆动角度（°）。

测得喷量和喷幅后，按单位面积施药量确定行走速度。

2. 大田喷雾时的操作方法 进行大田作业时，为避免药物吹到作业人员身上，喷管应指向下风向，并应侧风向行进。喷管口稍朝下并左右摆动，使雾滴分布开，并保持一定喷幅，风速和方向的变化能使枝叶翻动，雾滴有可能附着在叶片背面上。摆动的次数应与行走速度配合协调，做到有规律，使药液沉积均匀。喷口与作物距离2 m左右为宜。

（七）地面超低量漂移喷雾方法的使用

1. 漂移喷雾作业与气象因子的关系 使用超低量喷雾，施药量在4.95 L/hm^{2}以下，为达到有效覆盖要求的沉积密度，要求雾滴直径小，一般为80 μm左右，但药液为高效和高浓度。超低量喷雾是利用自然风力将小雾滴输送和雾滴自重沉降到作物上，受到气象因子的影响。直径小于100 μm的水滴在气温较高、较干燥时，在1 min内就会因蒸发而无法沉降，因此，超低量喷雾采用低挥发性的油剂溶液。

雾滴直径小，受风的影响大。因此喷雾时要求风速为1～5 m/s，使雾滴能飘散开又不至于漂移过远。

对叶片水平生长（如棉花、油菜）和垂直生长（如水稻、小麦）作物的喷雾，对风速的要求有所不同。风速大，雾滴漂移角小，雾滴主要沉积在垂直面上；风速小，雾滴漂移角大，雾滴主要沉积在水平面上。所以，在微风的情况下，适合对小麦和水稻的喷雾；而风速较小时适合于对棉花、油菜的喷雾。如有辅助风力输送雾滴，则在无风条件下喷雾，效果较好。

2. 漂移喷雾有效喷幅的确定 有效喷幅就是能够达到有效覆盖密度区域的距离，亦即每次喷药行走相隔的距离。因为漂移喷雾的雾滴距喷头近处密度高，远处密度小，覆盖密度是不均匀的。为改善这一状况，可以采用累计性的喷雾雾滴沉积方法（图7-15），即在一段距离内可有数次累计沉降，以达到均匀分布。有效喷幅是在田间利用编了号的纸片承接雾滴来实际测定。

3. 喷量的测定方法　根据施药量调整喷头上的流量挡位开关，将黏度与药液相同的液体加入药箱，盖好盖，使发动机达到额定转速，喷头高度与实际喷药时相同，承接1 min的流量的方法测定。

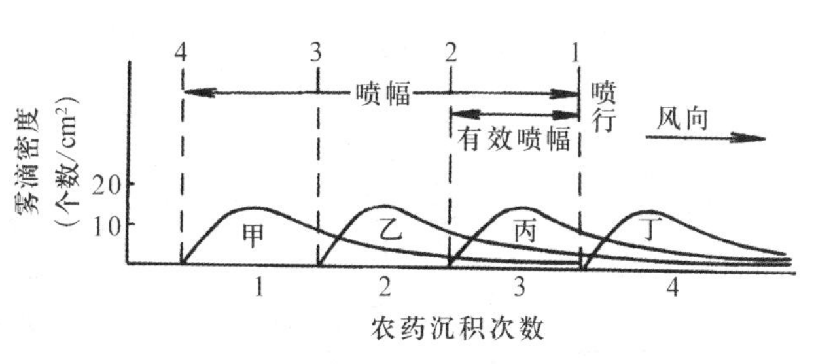

图 7－15　漂移累计性喷雾雾滴密度分布

4. 田间行走速度的确定　测得有效喷幅和喷量后，即可计算作业时的行走速度。

5. 地面超低量喷雾的操作方法　田间作业时，根据自然风向确定走向和喷雾方向，喷头应指向下风向（与风向垂直或与风向成小于45°的夹角）。喷头距作物顶端 0.5～1 m（根据风速大小而定），以使雾滴分散和达到一定的喷幅，并注意保持喷头稳定，不要上下晃动。喷施时应从下风向的第一个喷幅的一端开始。

第二节　喷 粉 机

喷粉机（器）是利用气流把药粉喷施到目标物的机械，分为人力、畜力和动力喷粉机。和喷雾相比喷粉具有如下特点：无需配药液，不用水；喷粉机质量轻，价格低；没有药液箱、管子等部件，使用比较方便；水源远或不足的情况可以打药。但也有不利的一面，即粉剂不易黏附于目标物。容易被雨水冲洗掉，防治效果差等。

喷粉机一般由药粉箱、搅拌装置、排粉装置、调节排粉量装置、送风装置、喷头和驱动装置所组成。

一、人力喷粉器

农用喷粉机以手摇式为主，主要有背负式、胸挂式，其具有手把和增速机构，其增速比可达 40 倍，当以 40～60 r/min 的转速转动手把时，送风机叶轮以 1 200～2 000 r/min 的转速回转。药粉箱的容量为 4～10 L，喷粉量利用设在喷粉箱和送风机之间的调节板来调节。丰收- 5 型胸挂喷粉器的药粉箱的容量为 5 L，增速比为 49.20，当以 36 r/min 转动摇把时，风扇转速为 1 771 r/min，风量不小于 0.8 m^3/min，出口风速不小于 10 m/s，喷幅为 2.6 m，用直管单喷头时，喷幅为 0.5 m。适用于大田、蔬菜、仓库喷药和卫生防疫等。

二、动力喷粉机

动力喷粉机种类有背负式、担架式、装载式等。一般的动力喷粉机主要由药粉箱、搅拌器、输粉管、风机、喷管和喷粉头等组成。药粉箱用以存放药粉，由塑料或薄钢板制成。搅拌装置用以搅拌药粉以防止吸湿结块和架空。搅拌装置有机械式和气流式，最常用的机械式搅拌器有螺旋式、叶片式和刮板式。气流式搅拌装置则同时具有输粉的作用。风机用以产生高速气流，有三种类型，即高速和小流量风机、中等速度和中等流量风机、低速和大流量风机。风机采用离心式的较多。离心式风机主要由风扇叶片和风扇壳体组成。风扇叶片呈直立或前倾地焊接在轮轴上，风扇壳则成蜗壳形。喷管和喷粉头安装在气流出口处，喷管前端安装一个或几个喷头。喷头是控制喷粉方向的部件，有扇锥形、匙形和圆筒形等几种（图7－16）。

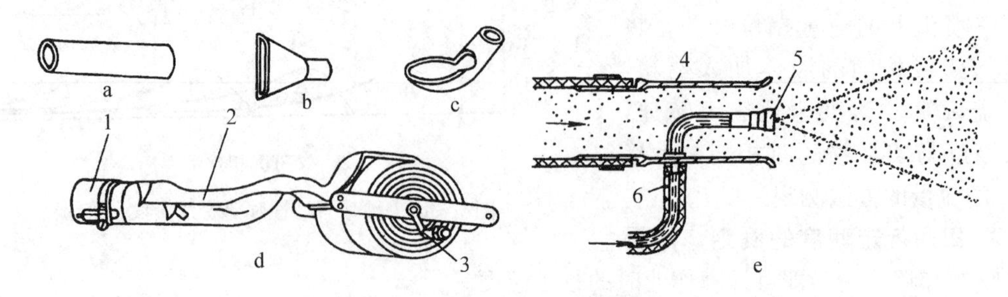

图7－16 喷粉头的类型

a. 圆筒形 b. 扇锥形 c. 匙形 d. 长薄膜喷粉管 e. 湿润喷粉头

1. 接头 2. 塑料薄膜喷管 3. 手摇柄 4. 喷管 5. 喷头 6. 水管

喷粉机工作时，风机产生高速气流，大部分流经喷管，一部分经进风门进入吹粉管。进入吹粉管的气流，速度高且有一定风压，从吹粉管周围的小孔进入药粉箱后，将药粉吹松，并送往排粉门，输粉管内由于高速气流从其出口经过形成低压，药粉经输粉管吸出，通过弯头到喷管，这时流经喷管的高速气流就将药粉从喷口喷出，形成均匀的粉雾。

三、喷粉机的使用

（1）作业开始前，应对喷粉机进行检修和保养，并用滑石粉进行喷施试验。

（2）根据农业技术要求，决定农药浓度，并用滑石粉进行稀释。加入药箱的药粉应干燥，并过筛，以防作业时架空或堵塞排粉孔。

（3）根据农业技术要求选择不同的喷头。喷粉作业最好在早晨露水未干时进行。作业结束后要将药粉全部倒掉，将残存在风机和管路内的药粉全部排出。

（4）喷粉量的调整　喷粉量的调整可通过排粉门开度和作业时的行走速度来进行。若单位面积施药粉量和行走速度已确定，则喷粉机每分钟喷粉量 q（L/min）可用下式计算：

$$q=vBQ/600 \tag{7-3}$$

式中 v——作业时的行走速度（km/h）；

Q——施药粉量（L/hm^2）；

B——喷粉机喷幅（m）。

调整时，手动喷粉器以作业时的手摇速度摇转喷粉器，测定每分钟的排粉量；机动喷粉机则应在发动机达到额定转速时测定每分钟排粉量，如与计算不符，可调节排粉门大小。

第三节　烟雾机

烟雾机是利用冷凝或分散的方法把药剂变成空中漂游的烟雾，由作物吸附。它应用于农业、卫生消毒和消防。烟雾机按形成烟雾的方式分热烟雾和常温烟雾两种。

一、热烟雾机

热烟雾机是利用燃烧产生的高温气体使油溶剂受热，迅速热裂挥发呈烟雾状，随同

燃烧后的废气喷出，遇到空气冷凝成细小雾滴，然后被自然风力或烟雾机产生的气流向目标物输送。其烟雾粒子的直径一般为 5～20 μm。在农业、林业和蔬菜病虫害防治方面有所应用。由于雾滴小，受风和地面上升气流影响大，故多用于温室、仓库和郁闭森林。

热烟雾机按其工作原理分为废气预热式、脉冲式和增压燃烧式。它们都由热能发生器、药液雾化装置、燃料和药液的调控系统等部分组成。烟雾机要求使用油剂药液。

1. 废气预热式　其工作原理是利用发动机排出的废气热量加热药液，使其形成烟雾排出。这种烟雾机用烟雾装置替代排气管的消声器。风机的部分气流先将药液从药液箱中压出，经预热管预热后再由药液喷嘴喷出，与汽油机排出的废气混合被加热挥发，排出机外，在风机出口的弯头处装有导流装置，将烟雾吹向远方。

2. 脉冲式　脉冲式烟雾机的工作部件是脉冲式喷气发动机。其工作过程如下：先使燃油箱增压，把燃油压向雾化器和喷嘴，与空气混合成可燃混合气，喷进燃烧室，由火花塞点燃后发动机启动工作。燃烧后的高温高压气体以 450m/s 的速度经喷管向外喷射。由于高速气流的惯性作用，燃烧室的压力低于大气压，而吸入空气和汽油，借助燃烧室的残余火焰和燃烧室壁预热点燃，这样按一定的频率连续爆发燃烧；药液箱也借助燃烧室爆炸压力充气增压，使药液输送至尾喷管内热裂挥发，喷出后遇空气冷凝成烟雾。

3. 增压燃烧式　是由风机以一定的压力向燃烧室供给空气和燃料。从离心风机来的空气分成两股：一股直接进入燃烧室与喷入的雾状汽油形成可燃混合气进行燃烧；另一股气流进入位于燃烧室和外罩间的环行通道，经过一系列小孔进到燃烧室，使燃烧更加充分，药液送到喷嘴后热裂挥发形成烟雾。

二、常温烟雾机

常温烟雾机是指在常温下利用压缩空气使药液雾化成 5～10 μm 雾滴的设备。由于在常温下雾化，农药有效成分不会被分解，且水剂、乳剂、油剂和可湿性粉剂等均可使用。主要用于防治温室内作物的病虫害。常温烟雾机的一种主要形式是使用气液喷头，由喷头体和喷头帽组成，压缩空气先进入喷头体的共鸣腔，产生超声波，形成涡流，使压缩空气以接近超声波的速度喷出，由于排液孔前端的负压，药液被吸入喷头体中。共鸣腔产生超声波的作用主要靠选择适当的共鸣腔和喷头帽之间的距离来实现。

三、烟雾机使用中应注意的问题

农业上一般使用小功率烟雾机，可以固定在一个地方或手提喷施烟雾，主要用于防治密闭仓库、温室、塑料大棚以及郁闭森林的害虫。

由于烟雾机使用的是油溶剂，又形成细小的雾滴，与空气混合后，很容易点燃发生火灾。所以，在密闭室内使用烟雾机时，必须熄灭所有明火和切断电源。通常要求在 1 m^3 的空间烟雾剂的喷施量不大于 0.002 5 L（此时明火还能点燃）。如果在 15 m^3 空间内含有 1 L 煤油制剂的烟雾，则一个小火花就能引起爆炸燃烧。因此，喷施烟雾剂时必须仔细计算和严格掌握施药量。喷施烟雾剂时，温度以 18～29 ℃为宜，植物的枝叶应是干燥的，而且尽量不在高湿度条件下施用，同时还应避免太阳直射，以免植物中毒。

在室内喷施时，应将所有通气口密闭，且保持一段时间，否则影响效果。

在室外喷施烟雾剂时，应在早晚没有上升气流时进行，以保证雾滴沉降在作物枝叶上。喷施时，使烟雾尽可能贴近地面分散在作物丛中，风速不应超过 1.6m/s，以减少漂失。

第四节　除草剂喷施机和土壤消毒机

田间除草方法分为利用中耕除草机翻埋的机械式除草和利用除草剂的化学除草。液剂除草剂可以利用人力或动力喷雾机喷施。也有专门用于喷施除草剂的机械，一般称为除草剂喷施机。

土壤消毒是指消除土壤中有害动植物的作业，有物理和化学两种方法。物理方法包括烧土、蒸气消毒和电气消毒；化学方法主要向土壤中注入药剂。用于土壤中注入药剂的机具称为土壤消毒机。

一、除草剂喷施机

除草剂喷施机按喷施时的压力分为常压式和加压式两种。

1. 常压式除草剂喷施机　容积为 15～20 L 的镀锌板制的药箱底部出口上安装长 70～80 cm的橡胶管，在管子的端部套上喷头，就构成喷施机。喷头的形状有圆盘形、扇形和 T 形，喷头具有 30～50 个 ϕ0.1～0.8 mm 的小孔，很像喷壶。还有梳子型喷头（图 7－17），这种喷头可以把药液喷施到水稻根的周围而不喷到叶上，效果较好。

图 7－17　手扶拖拉机配套喷施机及其梳子形喷头
1. 喷出口　2. 料斗

常压式的喷射压力小而雾滴较粗，不能把药液喷施到繁茂的杂草丛里，因此，作业时多装药液增加水位差来增加压力。一般生产率为 0.4～0.8 hm^2/d。

2. 加压式除草剂喷施机　它的结构与人力喷雾机相同，有背负式、腰挎式。加压式喷施机喷射压力大，雾滴细小，可以均匀地喷施。一般生产率为 0.6～1 hm^2/d。

二、土壤消毒机

可分为人力和动力两种土壤消毒机。

（一）人力土壤消毒机

它是上部有手把，手把下方设有药液箱，药液箱下方装有注入用喷嘴和深度调节板，长 1 m、宽 28 cm，总重量约 2.5 kg 的简单机具。只要摁一下杆状摁钮就可以把药液注入地里（图 7－18）。

（二）动力土壤消毒机

有与小型拖拉机配套的和与大型拖拉机配套的两种，前者多为牵引式，而后者多为悬挂式。按注入机构可分为注入刀刃式和注入棒式。

1. 注入刀刃式土壤消毒机　一般为牵引式，结构如图 7－19 所示。注入刀刃安装在拖

拉机的后部，药液由隔膜泵加压后经过管子和安装在管子前端的注入刀刃点注入地里。药液箱的容积一般为 20 L，常用压力为 49～69 kPa。

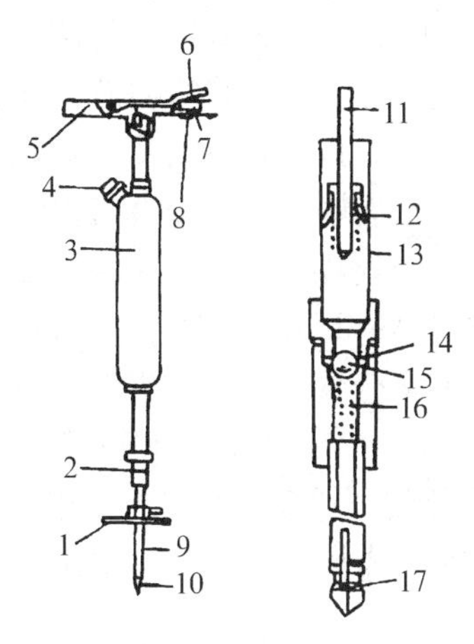

图 7－18　人力土壤消毒机

1. 深度调节板　2. 阀门　3. 药箱　4. 盖　5. 手把　6. 注射手柄　7. 喷量调节阀　8. 阀限位螺栓　9. 注入管　10. 喷头　11. 活塞杆　12. 活塞　13. 缸筒　14. 阀座　15. 球阀　16. 弹簧　17. 喷头

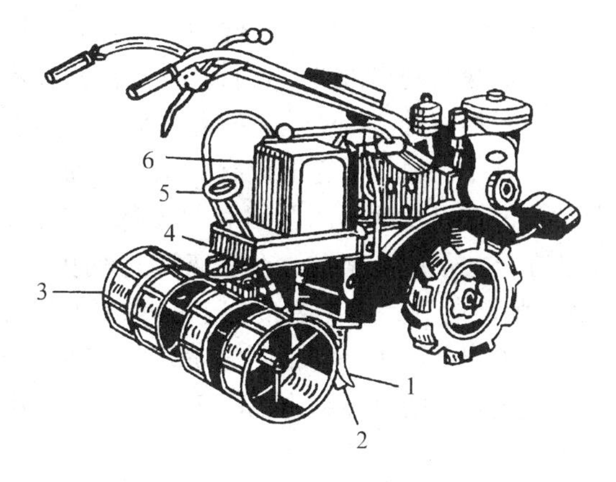

图 7－19　手扶拖拉机配套土壤消毒机

1. 注入刀刃　2. 注入口　3. 镇压轮　4. 注入开闭龙头　5. 注入深度调节手柄　6. 药箱

2. 注入棒式　一般具有两根注入棒，利用双曲柄连杆机构带动注入棒，使注入棒上下垂直运动，避免残根、作物秸的挂阻。喷嘴的一次喷施量为 0～0.5 mL，注入间距为 30 cm，注入深度为 22 cm 左右，可用尾轮来调节。

第五节　航空植保机械

航空植保技术始于 1918 年美国的草原防治。日本于 1953 年开始航空植保，1977 年航空植保面积已到达 388 万 hm^2。航空技术不仅应用于喷洒农药，还可以播种、施肥、农地测量、农业巡视，今后应用领域会越来越广。航空植保比地面植保生产率高、经济、及时，它利用飞机的向后、向下气流扩散农药，防治效果好。

一、农用飞机

农用飞机一般为功率为 110～184 kW 的小型飞机，有单翼飞机、双翼飞机和直升机（图7－20）。对农用固定翼飞机要求是装载量多，上升性能好，着陆滑行距离短，视野性好，飞行慢。直升机比固定翼飞机结构复杂，价格高；但容易上下，低速飞行，着陆不需多大面积。美国常用固定翼飞机，而日本常用直升机。我国除运－5 型、运－11 型飞机常用于农业外，目前正在推广小型、无人直升机。

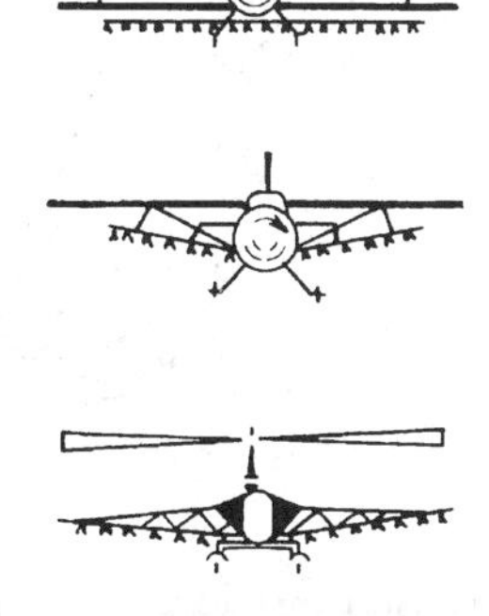

图 7－20　装载喷雾装置的飞机

二、喷雾装置

运-5型飞机上所配备的喷雾装置由药箱、出液活门、喷液管、吸液管、排液管、液泵和风车组成（图7-21）。药箱容积为1 400 L，喷雾和喷粉共用。药箱上的加液管在需要加液时，可接加液泵的出液管，进行自动加液。在不需要加液时，以作透气管用。药箱顶上的加液口为人工加液处。AM-42型离心水泵，其吸液管与药箱连接。两根排液管由一个出液活门控制。其中一根排液管上设有一支管，通入药箱，作液力搅拌用。液泵由风车驱动。风车的驱动和停车以及活门的开启和关闭都有气力动作操纵。喷液管用流线型截面的钢管制成，安装在机翼下的支架上。在喷液管上等距离地焊接有许多分管。分管轴线与机身水平线呈60°角，朝前向下。分管端部装有可拆卸的单向阀门（图7-22），当液泵停止工作时，它便阻止药液喷出。为了得到不同的喷雾量，在单向阀门的外端可固定不同规格的限流喷嘴。运-11型飞机配用的喷嘴结构如图7-22所示。喷药工作时，先操纵风车驱动液泵工作，关

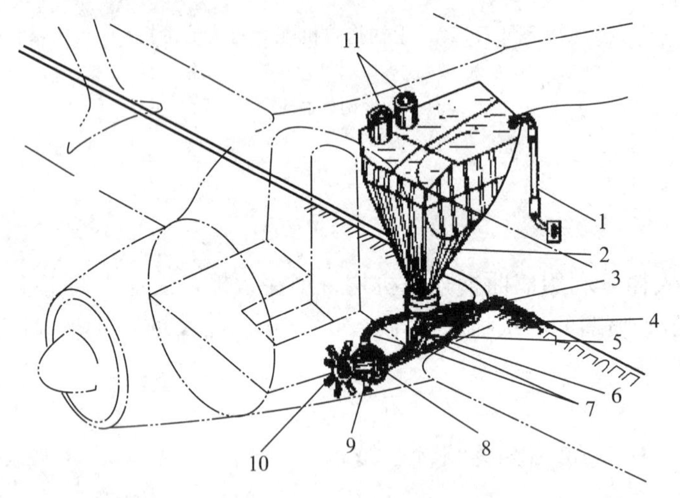

图7-21　航空喷雾装置

1. 加液泵　2. 药箱　3. 出液活门　4. 喷液管
5. 吸液管　6. 活门气力动作筒　7. 排液管　8. 液泵
9. 风车制动气力动作筒　10. 风车　11. 加液口（加粉口）

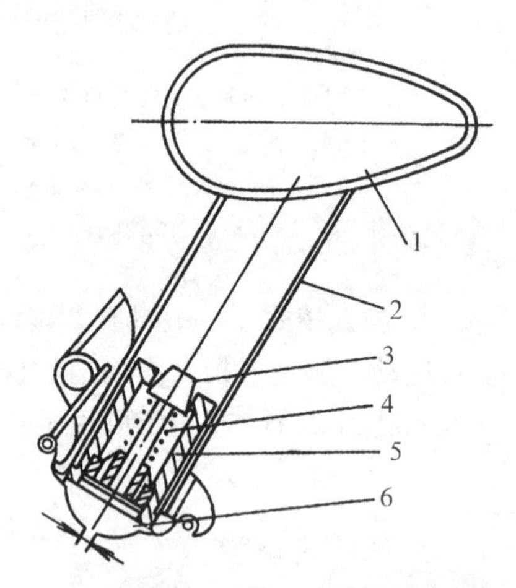

图7-22　航空喷嘴结构

1. 喷液管　2. 分管　3. 阀门
4. 弹簧　5. 阀座　6. 喷嘴

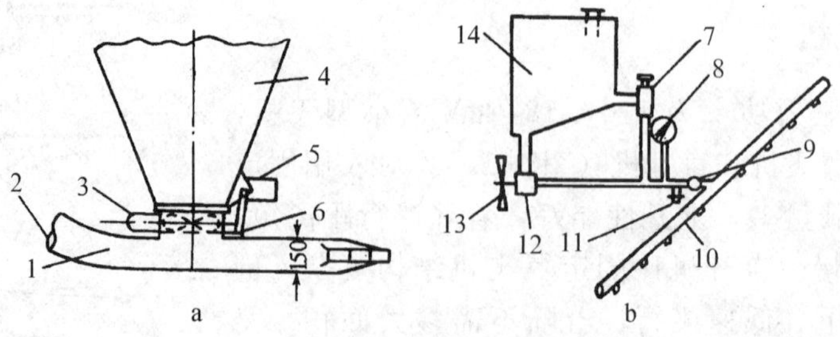

图7-23　直升机装载的喷粉装置

a. 喷粉装置　b. 喷雾装置

1. 喷管　2. 发动机冷却废气　3. 搅拌用电动机　4. 粉箱　5. 开闭用电动机
6. 喷量调节板　7. 压力调节装置　8. 压力表　9. 开闭阀　10. 喷管
11. 排出阀　12. 液泵　13. 风车　14. 药液箱

闭出液阀门，进行搅拌药液，然后开启出液阀门喷雾。液泵排出的药液流经出液阀门、喷液管、分管、单向阀门（承受压力超过48 kPa时开启），由限流喷嘴喷出。喷出的雾滴在飞行气流的冲击下进一步雾化成细小雾滴。直升机装配的喷雾、喷粉装置如图7-23所示。

三、航空喷粉装置

航空喷粉装置由风车、粉箱、粉门和喷粉风洞等组成（图7-24）。粉箱装在飞机内部，风车装在机身顶上面，通过减速装置与搅拌器轴连接，带动粉箱中的立式搅拌器旋转。风车的启动和停止由气力动作筒控制的制动组件来完成。喷粉洞装在机身下面，通过粉门与粉箱连接，喷粉风洞的前端是迎风矩形口，后部是左、中、右三个可折向式风洞。粉门由两扇形半圆铁板组成，用两个气力动作筒操纵开和关。粉门下面装有定量盘，用以调节喷量，在喷粉前应调节好。工作时，风车驱动搅拌器转动，防止药粉架空，高速气流从喷粉风洞迎风口水平进入，对药粉产生吸力，使药粉垂直落入喷粉风洞，这时空气与药粉相混合，从左、中、右三个折向式风洞扩散喷出。

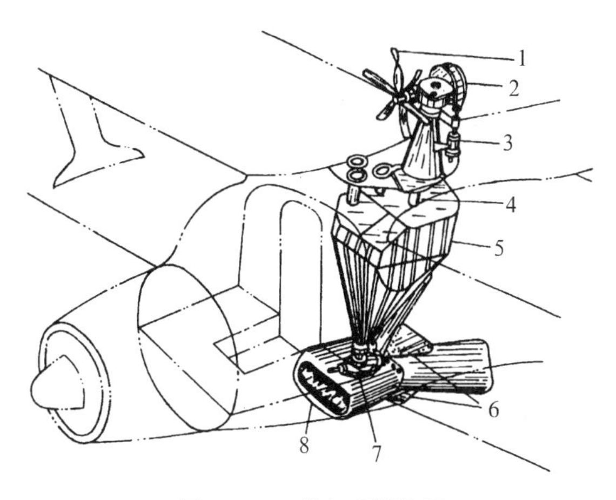

图7-24 航空喷粉装置

1. 风车 2. 制动组件 3. 气力动作筒 4. 搅拌器轴 5. 粉箱 6. 左、中、右可折向式风洞 7. 粉门 8. 喷粉风洞

直升机装配的喷粉装置结构如图7-24所示。

四、航空喷洒作业

航空喷洒作业可分为准备工作、地面组织和飞行作业三个部分。准备工作包括作业地图的制作、药剂的准备、燃料的准备和气象情报的调查。

地面作业包括作业规划、作业所需物资的运输、信号及信号队的组织、气象观测和选建临时机场等。作业规划时，根据作业区的分布情况、面积大小、地块数目、地理环境、气候、病虫害程度以及一个架次作业面积等，制定规划，并绘出作业图，作为飞行的指导。充分做好加水加药的组织工作，尽量用机械来完成，以保证缩短时间和节约劳力。

信号是飞机按预定路线进行喷洒作业的指示标志。一般以活动信号为主，固定信号只有在活动信号转移困难的地区或喷撒剧毒农药时采用。活动信号多数为信号手利用旗子站在地块的两端（必要时中间加一名），作飞行的标志。

飞行喷洒作业一般要求在风速3.6 m/s以下喷雾和2.2 m/s以下喷粉，飞行方向最好是垂直于风向，并沿着地块的长边。飞行高度以在喷雾时2～5 m、喷撒肥料时6～7.5 m、播种作业时15～18 m为宜。飞行速度对固定翼飞机为96～128 km/h，对直升机为48～56 km/h。有效喷幅一般为10～20 m。

复习思考题

1. 常见的植物保护方法有哪些？各有何特点？
2. 植保机械分哪些类型？
3. 动力喷雾机由哪些部分构成？简述喷雾机的工作过程。
4. 喷雾机空气室起什么作用？
5. 简述药液喷头的类型、工作原理。
6. 简述航空喷洒作业的基本要求。

第八章　灌溉机械

灌溉是保证农作物正常生长的需水量而调节土壤水分状况，提高土壤肥力，为农业生产增产服务的重要农业工程措施。

农田灌溉的方法及分类见表 8－1。

表 8－1　灌溉方法及其分类

灌溉方法	类　　型
地面灌溉	畦灌、沟灌、淹灌、波涌灌、膜上灌
喷灌	固定式喷灌系统 移动式喷灌系统 半固定式喷灌系统：滚移式、端拖式、绞盘式、时针式
微灌	滴灌系统、微喷灌系统、小管出流灌溉系统、渗灌系统

沟灌、畦灌和淹灌等地面灌溉方式我国沿用已久，其优点是简便易行，耗能少，投资小，主要缺点为用水浪费大，灌溉水利用率只有 50%左右，地面工程大，只改变土壤湿度，但未不改变田间小气候，生产率低。

喷灌、滴灌等灌溉方法，具有省水、省工、省地、保土、保肥、适应性强及便于实现灌溉机械化、自动化等优点。与地面灌溉相比，一般可省水 30%～50%，作物可增产 10%～30%，工效可提高 20～30 倍，节省沟渠占地 7%～13%，是农田灌溉的发展趋向。

近年来，随着世界特别是我国水资源日趋紧张，我国灌溉用水有效利用率低、水的浪费大，粗放灌溉产生的一些生态环境问题等引起了重视。围绕发展节水农业的工程输水、田间储水和作物蒸腾三大关键环节，形成了工程节水、农艺化学节水和管理节水三大基本节水技术系统。工程节水是节水农业的基本组成部分，主要包括低压管道输水、渠道防渗、喷微灌、地面灌溉技术改进和水稻节水灌溉。发达国家高质量、高科技含量的节水灌溉硬件设备的研制生产已经产业化、规模化，不仅供应国内市场，而且还大量出口。

排灌机械是实施排灌工程的基本条件和手段，是农业机械化的重要组成部分，它对改变

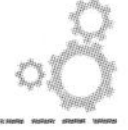

农业生产的自然条件，抵御自然灾害，确保农作物的高产、稳产具有十分重要的作用。

第一节　农用水泵

目前农田排灌机械中使用最多的是离心泵、混流泵和轴流泵。在我国北方地区，还广泛用井泵、潜水泵等抽取地下水进行灌溉。而在南方的丘陵山区，水力资源丰富，有时则利用水轮泵来提水灌溉。

一、离心泵

1. 构造　离心泵主要由泵体、泵盖、叶轮、泵轴、轴承、支架及填料等部件组成（图 8-1）。

(1) 叶轮。叶轮是水泵的重要工作部件。其作用是将动力机的机械能传递给水体，使被抽送的水获得能量，具有一定的流量和扬程。因此，叶轮的形状、尺寸、材料和加工工艺对水泵性能有决定性的影响。

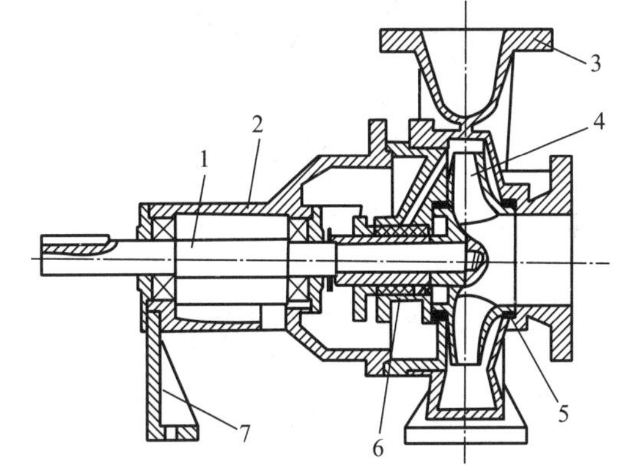

图 8-1　离心泵的构造
1. 水泵轴　2. 轴承体　3. 泵体　4. 叶轮
5. 密封圈　6. 填料　7. 支架

根据水泵使用场合的要求，离心泵的叶轮分为封闭式、半封闭式和敞开式三种（图 8-2）。封闭式叶轮两侧有盖板，里面有吸入口。这种叶轮适合抽送清水。半封闭式叶轮只有后盖板和叶片，叶片比较少，叶槽较宽。敞开式叶轮只有叶片，没有盖板。由于半封闭式和敞开式叶轮不易堵塞，因此适用于抽送污水。

只有一个叶轮的离心泵，叫单级泵。具有若干串联的叶轮称为多级泵。多级泵的扬程等于同一流量下各个叶轮所产生的扬程之和。

工作时，单吸离心泵的水流沿轴向单侧吸入，双吸离心泵的水流沿轴向双侧吸入（图 8-3）。它们的进、出水方向互成 90°角。

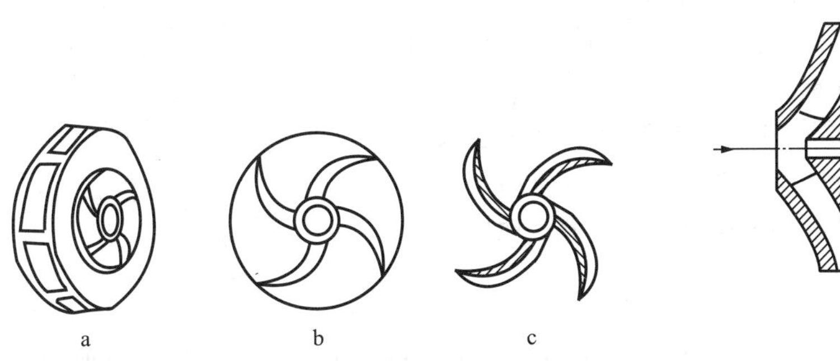

图 8-2　离心泵叶轮
a. 封闭式　b. 半开式　c. 敞开式

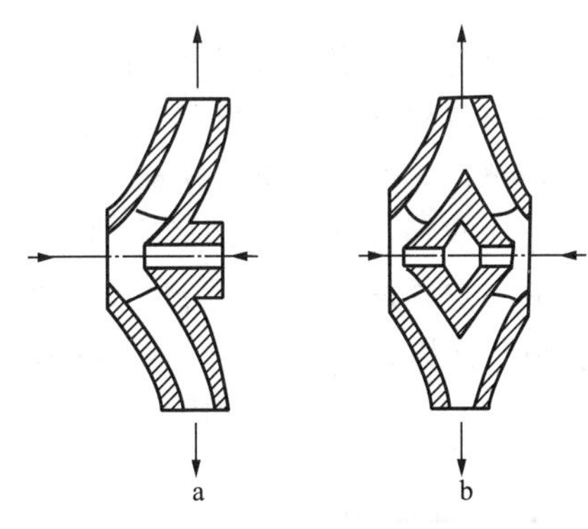

图 8-3　离心泵叶轮水流方向
a. 单吸泵　b. 双吸泵

（2）泵体。离心泵的泵壳（图 8－4）似蜗壳形。其作用是以最小的阻力损失，将从叶轮甩出的水汇集起来，借助蜗壳形成过水断面由大到小的变化，将水流在流道内实现能量的转换。在蜗壳的顶部各有一个螺孔，用螺栓堵塞，分别用于充水和排水。

（3）填料函密封装置。填料函设在泵轴穿过后泵盖的轴孔处，用以减小压力水流出泵外和防止空气进入泵内。起密封作用，同时还可起到支承、冷却等作用。

填料函由填料座、填料（油浸棉纱或棉绳）、水封环、压盖和填料盒组成（图 8－5）。用螺栓改变压盖位置可调整松紧度。通常可在试运转时进行调整。

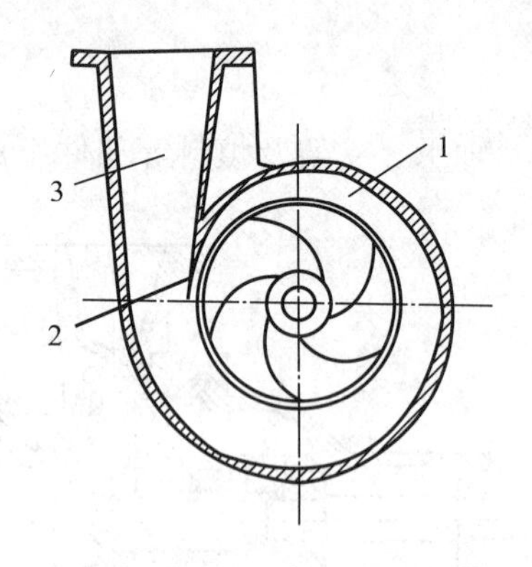

图 8－4　离心泵泵壳

1. 蜗道　2. 隔舌　3. 扩压管

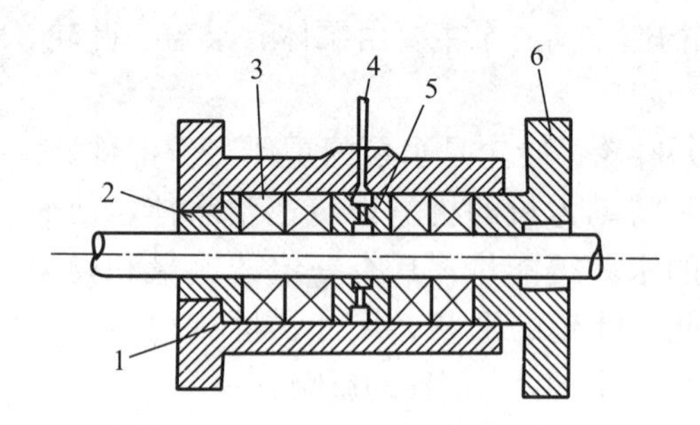

图 8－5　填料函

1. 填料盒　2. 填料座　3. 填料　4. 水封管　5. 水封环　6. 压盖

2. 工作原理　离心泵是借离心力的作用来抽水的。如图 8－6 所示为单级离心泵的工作原理。当水泵叶轮在泵壳内高速旋转时，在离心力的驱使下，叶轮里的水以高速甩离叶轮，射向四周。射出的高速水流具有很大的能量，它们汇集在泵壳里，互相拥挤，速度缓慢，压力增加，压向出水管。此时叶轮中心部分由于缺水而形成低压区（负压区），水源在大气压力的作用下，经进水管不断地进入泵内。这样，叶轮不停地转动，水就不停地被吸入泵内并压送到高处。

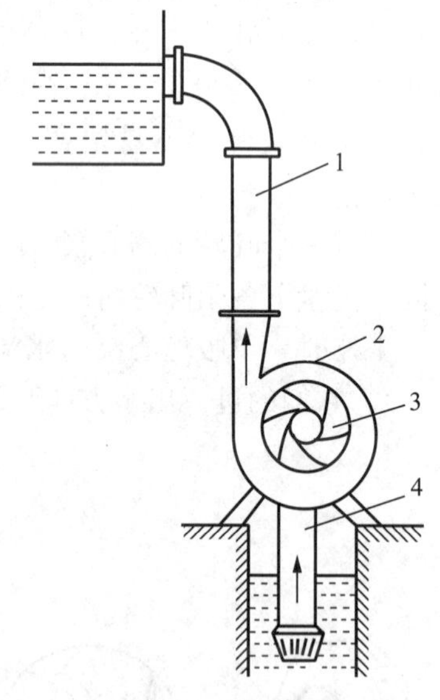

图 8－6　离心泵工作原理

1. 出水管　2. 泵体
3. 叶轮　4. 进水管

3. 特点　单级离心泵扬程较高、流量较小，水泵出水口方向可以根据需要进行上、下、左、右的调整。这种水泵结构简单，体积小，使用方便。

单级双吸式离心泵，泵体与泵盖内部构成双向进入流道。其特点是扬程较高，流量较单级泵大。因为泵盖可以方便掀开，所以检修较方便，适合于丘陵和较大灌区使用，但其体积较大，所以固定使用比较方便合适。

二、轴流泵

轴流泵由进水进水口、叶轮、导水叶、出水弯管、泵轴、橡胶轴承、填料函等组成（图

8-7)。泵壳、导水叶和下轴承座铸为一体，叶轮正装在导水叶的下方，在水面以下运转。泵轴在上下两个用水润滑的橡胶轴承内旋转。

轴流泵的导水叶片有6～8片，它可以形成流线型弯曲面，其作用是消除离开叶轮后水流的旋转运动，把动能转变为部分压能，并引导水流流向出水弯管。它的工作是利用叶轮旋转所产生的推升力来抽水的（图8-8），其叶轮浸没在水里，当叶轮旋转时，水流相对叶片就产生急速的绕流。这样叶片对水产生升力作用，不断把水往上推送，水流得到叶轮的推力就增加了能量，通过导水叶和出水弯管送到高处。

轴流泵是一种低扬程大流量的水泵，适于平原河网地区的大面积农田灌溉和排涝。

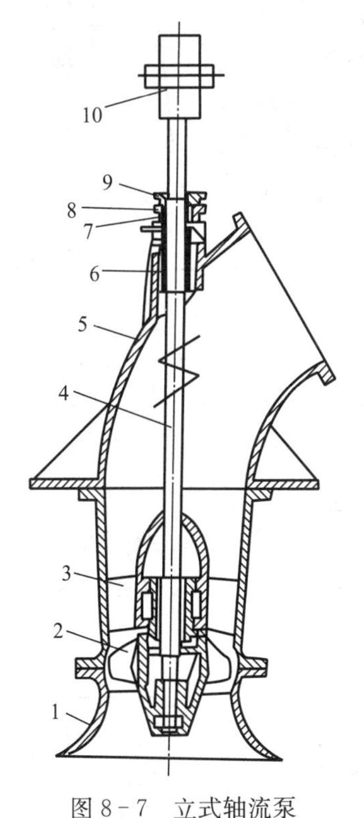

图8-7　立式轴流泵

1. 进水口　2. 叶轮　3. 导水叶　4. 泵轴　5. 出水弯管
6. 橡胶轴承　7. 填料盒　8. 填料　9. 填料压盖　10. 联轴器

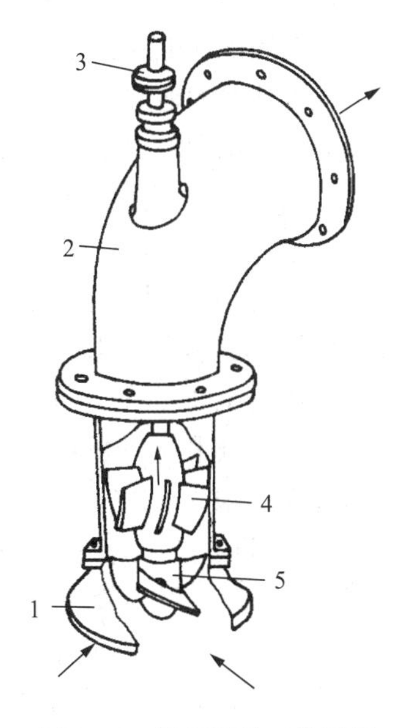

图8-8　轴流泵的工作原理

1. 进水喇叭　2. 出水弯管
3. 联轴器　4. 导水叶　5. 叶轮

三、混流泵

混流泵是介于离心泵和轴流泵之间的一种泵型，其外观构造很像B型离心泵，叶轮形状粗短，叶槽比较宽阔，叶片扭曲，且多为螺旋形（图8-9）。

混流泵工作时，其叶片既对水产生离心力，又对水产生推升力，靠这两种力来完成抽水。它的特点是扬程适中，流量较大，高效，范围较宽，适合于平原河网地区和丘陵地区使用。

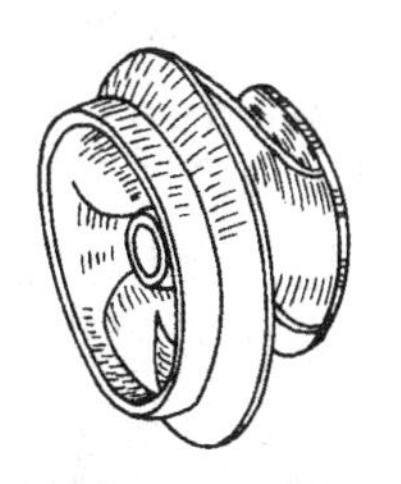

图8-9　混流泵叶轮

四、水轮泵

水轮泵是利用水流能量进行抽水的机械，由作为动力用的水轮机和离心泵所组成（图8-10）。水轮机转轮与泵叶轮同装在一根轴上，当具有一定水头的水向下流动时，冲击水轮机的转轮，从而带动水泵叶轮旋转。水轮机的转轮为四叶片螺旋桨式，叶片与轮毂铸在一起，水轮机进水口处装有导流轮，导流轮上固定着12～18片流线型导叶，用来使水流均匀平顺地进入转轮，在转轮下部有混凝土浇筑的吸出管。

水轮泵的特点是结构简单、紧凑，因靠水力作用运转，无需用油耗电，只要有1 m以上的水头，流量一定的溪流跌水的地方都可以安装建筑水轮泵站，适用于山区的抽水和农田排灌。

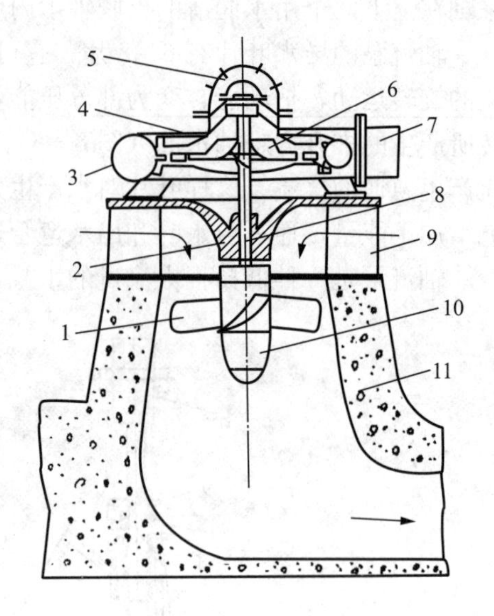

图8-10　水轮泵

1. 转轮　2. 导流轮毂　3. 泵壳　4. 泵盖　5. 滤网　6. 水泵叶轮　7. 出水管　8. 主轴　9. 导水轮　10. 轮毂　11. 吸出管

五、井用泵

井用泵是专门用于抽提井水的水泵。根据井水水面的深浅和扬程的高低分成深井泵和浅井泵两种。井泵机组由带有滤水器的泵体部分、输水管和传动轴部分以及泵座和电动机组成。深井泵是一种立式、多级（叶轮一般2～20个）离心泵，泵体部分浸没在井水内，动力机安装在井上，中间用泵轴相连（图8-11）。其扬程一般在50 m以下。

深井泵能从几十米到上百米的井下抽水，多用于小口径机井，适用于平原井灌地区。浅井泵为单级立式离心泵，常用于大口井或土井提水。

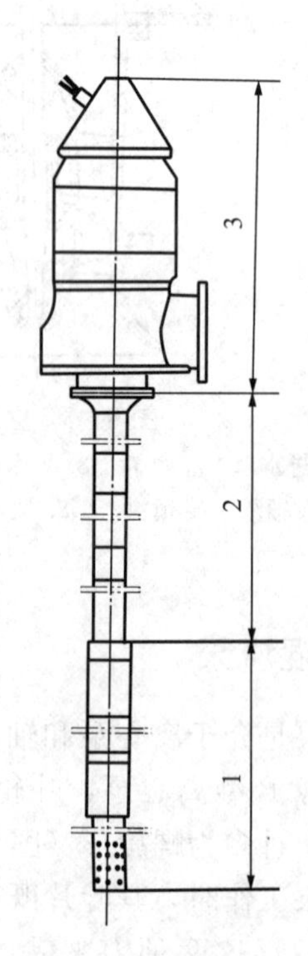

图8-11　井泵外形

1. 泵体部分　2. 扬水管部分　3. 传动部分

六、潜水泵

潜水泵是立式电动机与水泵的组合体，工作时电动机与水泵都浸没在水中。电动机在下方，水泵在上方，水泵上面是出水管部分。

潜水泵由电动机、水泵、进水部分和密封装置等四部分组成（图8-12）。

泵体部分由叶轮、上下泵盖、导流壳、进水节等零部件组成。电动机为普通三相鼠笼式电动机。潜水泵密封装置包括整体式密封盒和大小橡胶密封环，分别装在电动机伸出端及电动机与各部件的结合处。

潜水泵具有结构紧凑、体积小、质量轻、安装使用方便、不怕雨淋水淹等特点。但潜水泵供电线路应具有可靠的接地措施，以保证安全。潜水泵严禁脱水运转，潜水深度最深不超过 10 m。潜水泵放置水下时，应垂直吊起，被抽的水温不高于 20 ℃，一般为无腐蚀性的清水，水中含砂量不应大于 0.6%。

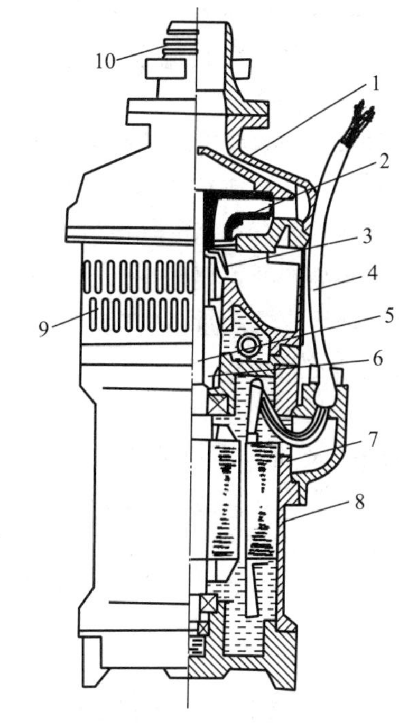

图 8-12 潜水泵构造

1. 上泵盖 2. 叶轮 3. 甩水器 4. 电缆 5. 轴 6. 密封盒 7. 电机转子 8. 电机定子 9. 滤网 10. 出水接管

七、水泵的工作性能和选型

（一）水泵的工作性能

水泵的主要性能参数有流量、扬程、功率、效率等。

（1）流量。又称出水量，是指水泵在单位时间内能抽出的水量，用符号 Q 表示，单位为 L/s 或 m^3/h（1 L/s=3.6 m^3/h）。

（2）扬程。又称水头，是指水泵能够扬水的高度。用符号 H 表示，单位为 m。

水泵总扬程以水泵轴线为界，分为吸水扬程 $H_{吸}$ 和压水扬程 $H_{压}$（图 8-13），即

$$H=H_{吸}+H_{压} \tag{8-1}$$

其中，$H_{吸}=H_{实吸}+H_{吸损}$，$H_{压}=H_{实压}+H_{压损}$。

因此，总扬程 H 还可表示为

$$H=(H_{实吸}+H_{实压})+(H_{吸损}+H_{压损})=H_{实}+H_{损} \tag{8-2}$$

式中 $H_{实}$——实际吸水扬程和实际压水扬程之和，为进水池水面到出水池水面的垂直高度，称为水泵的实际扬程（净扬程）；

$H_{损}$——吸水管路和进水管路的损失扬程之和。

水泵的扬程可以是几米，几十米甚至上百米，而其中的吸水扬程总是在 3～7 m 的范围之内。

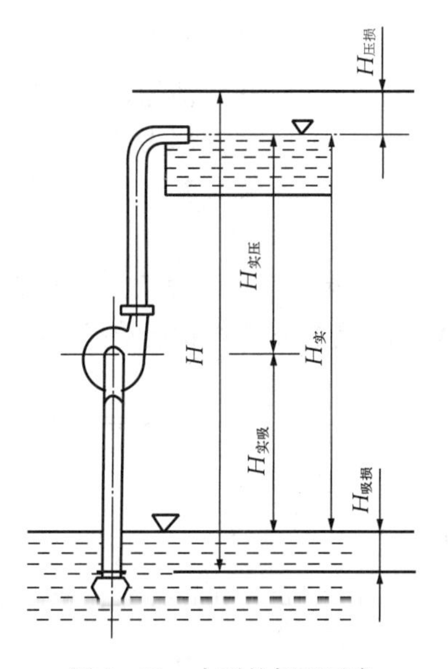

图 8-13 水泵的扬程示意

（3）功率。是指水泵在单位时间内所做功的大小，用符号 N 表示，单位为 kW。水泵功率分为有效功率、轴功率和配套功率三种。有效功率 $N_{效}$ 是指水泵中水流得到的净功率，即输出功率。轴功率 $N_{轴}$ 是指动力机传给水泵轴的功率，即水泵的输入功率。通常所说的水泵的功率就是指水泵的轴功率。$N_{轴}=N_{效}/\eta$，其中 η 为水泵的效率。配套功率 $N_{配}$ 是指一台水泵应配套动力机的功率数值，它应大于水泵的轴功率，以防意外过载。

（4）效率。指水泵的抽水效能，反映水泵对动力的利

用情况。它可以表示为有效功率和轴功率之比，用符号 η 表示。一般农用水泵的效率为60%～80%，有些大型轴流泵可达90%。水泵铭牌上的效率是指水泵有可能达到的最高效率。

（5）转速。指水泵叶轮每分钟转数，用 n 表示，单位为 r/min。水泵铭牌上的转速值称为额定转速（设计转速）。

（6）允许吸上真空高度（或汽蚀余量）。它反映水泵不产生汽蚀时的吸水性能，是用来确定水泵安装高度的重要数据。离心泵和混流泵用允许吸上真空高度 H_S 来反映其吸水性能，轴流泵则用汽蚀余量 Δh 来反映其吸水性能，其单位为 m。

（二）水泵的选型

水泵应满足生产中提出的流量和扬程要求；水泵工作稳定，其工作点尽量落在高效区内；建站投资和所需用的功率应为最小，运行费用最低；装机台数不宜过多或过少，尽量选用同一型号的水泵，以便于操作、维修和管理。

1. 设计流量的确定 根据作物的灌水定额、灌溉面积、灌水时间、土壤性质及水泵每天工作小时数等条件通过下式计算得设计流量：

$$Q=\frac{MA}{Tt\eta_w} \tag{8-3}$$

式中 Q——灌溉实际所需流量（m^3/h）；

M——作物最大一次需水量（m^3/hm^2）；

A——灌区面积（hm^2）；

T——作物轮灌延续天数（d）；

t——水泵每昼夜开机时数（h）；

η_w——灌溉水的利用系数，一般取 $\eta_w=0.75\sim0.85$。

2. 设计扬程的确定 考虑灌区的实际扬程和管路损失扬程，可得到灌溉设计扬程，它是用来作为泵选型的主要依据，用公式表示为

$$H_{灌}=h_{上}-h_{下}+h_{损} \tag{8-4}$$

式中 $h_{上}$——出水池的设计水位（m）；

$h_{下}$——进水池的设计水位（m）；

$h_{损}$——管路损失扬程（m）。

在选择水泵时需注意：水泵铭牌总扬程必须符合使用条件下装置总扬程的要求，且应先满足吸程要求。

3. 水泵型号的确定 根据设计流量和设计扬程，利用《水泵性能表》《水泵性能综合型谱图》等技术资料初步选择所需的水泵型号。

表 8-2 离心泵铭牌

清水离心式水泵			
型号	200S—42	转速	2 950 r/min
扬程	42 m	效率	82%
流量	288 m³/h	轴功率	40.2 kW
允许吸上真空高度	3.6 m	重量	219 kg
出厂编号	10—23	出厂日期	年 月
××水泵厂			

表 8-2 为某离心泵铭牌，其型号 200S-42 中的 200 为水泵进水口直径（mm）；S 为单级双吸卧式离心泵；42 为最佳工况时扬程（m）。

八、水泵的安装与使用

（一）水泵的安装

1. 安装位置

（1）安装高度。水泵安装高度＝水泵吸水扬程－吸水损失扬程

（2）安装距离。水泵离水井、河流的水平距离要适当，一般以 1～3 m 为宜。太近，不安全；太远，阻力大，损失扬程增加。

（3）安装方向。一般吸水口应朝向水源，可减少吸水弯管和缩短管路，同时也便于安装。

2. 管路的安装和选配　目前广泛使用的水泵，一般进口流速保持在 3～3.5 m/s，出口流速保持在 4 m/s 以上。这样大的流速在管路中会引起很大的水力损失，因此一般采取水泵尺寸小，而管路直径比水泵口直径略为放大的安装方式，以减缓管路流速，减少扬程损失。实践证明，一般以进水管路流速不超过 2 m/s、出水管路流速不超过 3 m/s 为宜，这就是人们所说的“经济流速”。

（二）水泵的使用

1. 试车前的检查　为了保证安全运行，在开车前应对整个抽水装置做全面的检查。检查内容包括：机组转子的转动是否灵活，叶轮旋转时是否有摩擦的声音，旋转方向是否正确；各轴承中的润滑油是否充足、干净，油质和油量是否符合规定要求；填料压盖的松紧程度是否合适；水泵和动力机的地脚螺栓及其他各部件的螺检有否松动；检查各部件安装位置是否正确，阀门启闭是否灵活，检查防护安全工作。

2. 水泵充水　离心泵、混流泵和卧式轴流泵的叶轮均安装在进水水位以上，所以在启动前必须充水。充水的方法有储水法充水、自然法充水、手压泵或真空泵充水、进排气法充水、人工挑抬充水等。

立式和斜式轴流泵的叶轮是浸在水中，因此启动前不需充水。

3. 启动　离心泵在充水前已将出水管路上的阀门关闭，在充水后应把抽气孔或灌水装置的闸阀关闭，同时启动动力机，并逐渐加速，待达到额定转速后旋开真空表和压力表，观察它们的指针是否正常。如无异常，可慢慢将出水管路上的闸阀开启到最大位置，完成整个启动过程。轴流泵启动比较简便，在检查及准备工作就绪后，只要加上润滑水润滑上橡皮轴承即可启动运转。

4. 停车　离心泵停车时，应先关闭压力表，再慢慢关闭出水管路闸阀，使动力机处于轻载状态。然后关闭真空表，最后停止动力机即可。

停机后注意事项：擦净外部的水和杂物；检查水泵基础及连接情况，注意螺丝有无松动；冬季停机后，应及时将泵内及管路中的积水放净，以防冻裂；水泵长期停用，应将运转部分拆下、擦干、涂油，妥善保管。

第二节　节水灌溉机械与设备

、喷灌设备

喷灌是将灌溉水通过由喷灌设备组成的喷灌系统（或喷灌机具），形成具有一定压力的水，

由喷头喷射到空中，形成水滴状态，洒落在土壤表面，为作物提供必要的水分。

喷灌的优点：一是可提高农作物产量，实践表明，喷灌比地面灌溉可提高产量15%～25%；二是可节约用水量，灌水均匀度可达80%～85%，水的有效利用率为80%以上，用水量比地面灌溉节省30%～50%；三是具有很强的适应性，可用于各种类型的土壤和作物，受地形条件的限制小；四是可节省劳动力，各种喷灌机组可提高工效20～30倍；五是可提高土地利用率，减少田内沟渠、田埂的占地，提高耕地利用率7%～15%。

喷灌的缺点：受风的影响大，一般在3～4级风时应停止喷灌；蒸发损失大，尤其在干旱季节，水滴降落在地面前可蒸发掉10%，可能出现土壤底层湿润不足的问题；喷灌系统消耗能量较大。

喷灌系统通常由水源工程、首部装置、输配水管道系统和喷头等部分组成。

(一) 喷头

喷头是喷灌系统最重要的工作部件。其作用是将水流的压力能转变为动能，喷射到空中形成雨滴，对作物进行灌溉。它的性能好坏对整个喷灌系统的工作质量、可靠性和经济性起决定性的作用。

1. 喷头的分类及工作性能指标

(1) 分类。按喷头的工作压力和射程，可分为微压、低压、中压和高压四类（表8-3）。按喷头的结构形式和喷洒特征，可分为旋转式（射流式）、固定式（散水式、漫射式）和喷洒孔管三类。

表8-3 喷头按工作压力和射程分类表

类别	工作压力/kPa	射程/m	流量/($m^3 \cdot s^{-1}$)	特点及适用范围
微压喷头	50～100	1～2	0.008～0.3	耗能省，雾化好，适于微灌系统，可用于花卉、园林、温室作物的灌溉
低压喷头（近射程喷头）	100～200	2～15.5	0.3～2.5	耗能少，水滴打击强度小，主要用于菜地、果园、苗圃、温室、公园、草地、连续自走行喷式喷灌机等
中压喷头（中射程喷头）	200～500	15.5～42	2.5～32	均匀度好，喷灌强度适中，水滴合适，适用范围广，如公园、草地、果园、菜地、大田作物、经济作物及各种土壤等
高压喷头（远射程喷头）	>500	>42	>32	喷灌范围大，生产率高，耗能高，水滴大，适用于对喷洒质量要求不太高的大田、牧草等的灌溉

(2) 工作性能指标。

① 压力。喷头压力包括工作压力和喷嘴压力，单位为kPa，工作压力指喷头工作时，其进水口前的静水压力；喷嘴压力是指喷头出口处的水流总压力（即流速水头）。

② 流量。指单位时间内喷头喷出的水的体积，单位为m^3/h或L/min。影响喷头流量的主要因素是工作压力和喷嘴直径。

③ 射程。射程是指在无风情况下，喷头正常工作时的喷洒润湿圆半径，即指喷洒有效水所能达到的最远距离，又称喷洒半径，单位为m。

④ 喷灌强度。喷灌强度是指单位时间内喷洒到单位面积上的水深，单位为 mm/h。

⑤ 水滴的打击强度。是指喷洒作物受水面积范围内，水滴对作物或土壤的打击动能。一般用雾化指标或水滴直径大小来表示。

⑥ 喷洒水量分布特性。常用水量分布图来表示喷洒水量分布特性。水量分布图是指在喷灌范围内的等水深（量）线图，能准确、直观地表示喷头的特性。图 8－14 为一个做全圆喷洒的旋转式喷头，在转速均匀、无风情况下，水量分布等值线图及其两个直径方向的剖面，给出了喷头径向水量分布曲线。图 8－15 为有风情况时的水量分布，可见风对喷灌的影响之大。

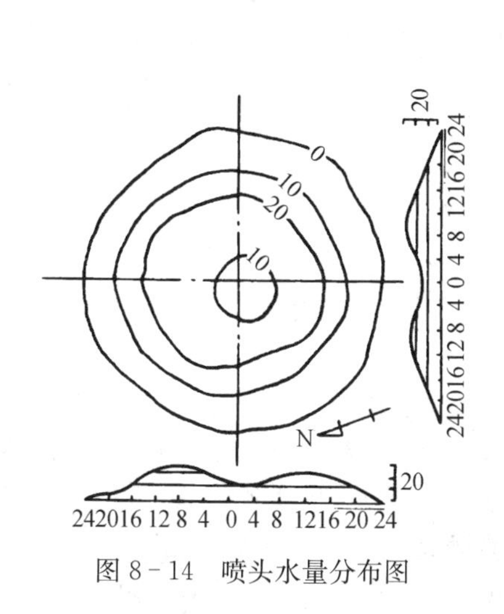

图 8－14 喷头水量分布图

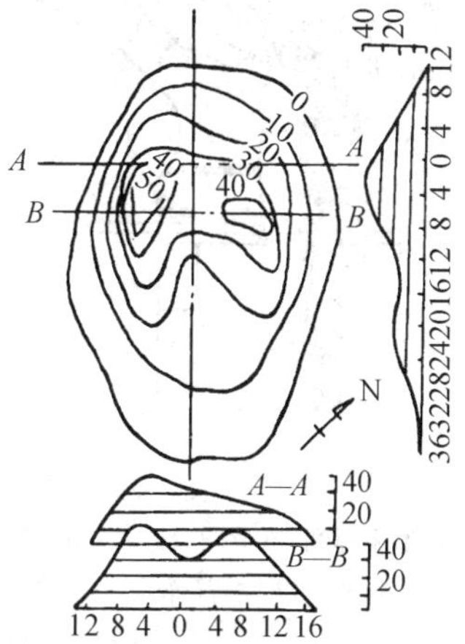

图 8－15 风对喷头水量分布的影响

2. 旋转式喷头 旋转式喷头包括摇臂式、垂直摇臂式、全射流式和地埋式等。

摇臂式喷头是一种使用广泛的旋转式喷头，图 8－16 所示为该喷头的典型结构，它由下列几部分组成。

（1）旋转密封机构。常用的有径向密封和端面密封两种形式，由减磨密封圈、胶垫（或胶圈）、防沙弹簧等零件组成。

（2）流道。水流通过喷头的流道，包括空心轴、喷体、喷管稳流器、喷嘴等零件。

（3）驱动机构。由摇臂、摇臂轴、摇臂弹簧、弹簧座等零件组成，用以驱动喷头转动。

（4）扇形换向机构。由换向器、反转钩、限位环（销）等零件组成，其作用是使喷头在规定的扇形范围内喷洒。

（5）连接件。摇臂式喷头与供水管常用螺纹连接，其连接件多为喷头的空心轴套。

摇臂式喷头与其他旋转式喷头在结构上的不同之处在于驱动机构。驱动摇臂式喷头旋转的是摇臂机构。工作时摇臂在射流作用下绕自轴摆动，以较大的碰撞冲量撞击喷管或喷体，使喷头旋转。这种间歇施加的撞击驱动力矩，时间短，作用力大，能使喷头转速均匀而稳定，射流集中定向，所以，摇臂式喷头的射程较远而均匀度较高。

垂直摇臂式喷头是利用水舌对喷头的反作用力直接推动喷头旋转的。

全射流喷头是利用俯壁式水射流元件的互控或自控作用，使喷射水流在喷嘴内腔附壁，以偏离喷嘴中心线的方向射出，产生间歇的反作用力而获得驱动力矩。

美国雨鸟公司生产的地埋式喷头，则是利用水涡轮和齿轮减速机构，使喷头旋转的。

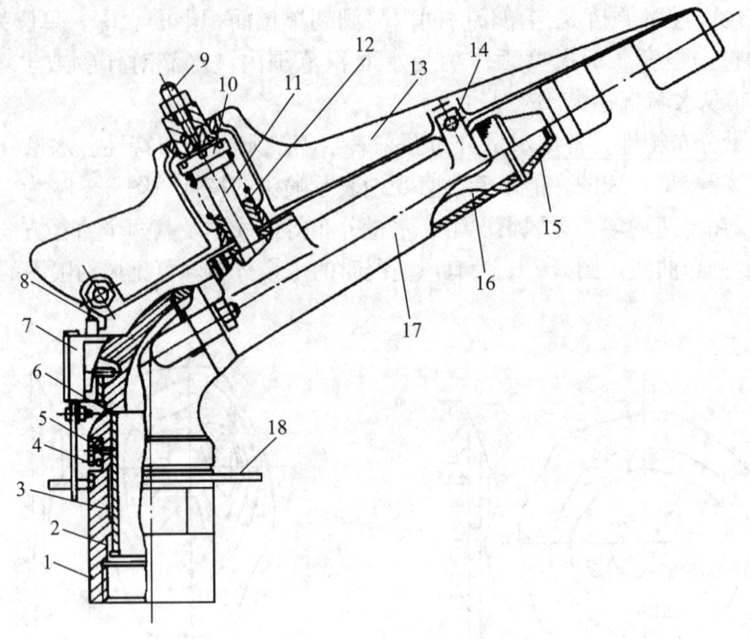

图 8-16 单嘴摇臂式喷头结构

1. 空心轴套 2. 减磨密封圈 3. 空心轴 4. 防沙弹簧 5. 弹簧罩 6. 喷体 7. 换向器 8. 反转钩 9. 摇臂调位螺钉 10. 弹簧座 11. 摇臂轴 12. 摇臂弹簧 13. 摇臂 14. 打击块 15. 喷嘴 16. 稳流器 17. 喷管 18. 限位环

3. 固定式喷头 按照固定式喷头的结构和喷洒特点，分为折射式（图 8-17）、缝隙式和离心式三类。

折射式喷头的工作原理是当喷头工作时，有压水流由喷嘴直接射出后，遇到折射锥的阻挡，形成薄水层向四周射出，在空气阻力作用下，伞形的薄水层就散裂为小水滴而降到地面。

缝隙式喷头的工作原理同折射式喷头的工作原理基本相同。

固定式喷头的优点是结构简单，没有旋转部分，工作可靠，喷洒水滴对作物的打击强度小，要求的工作压力较低（100～200 kPa）；缺点是喷孔易被堵塞。它常用在温室、菜地、草坪、苗圃、园林等处。

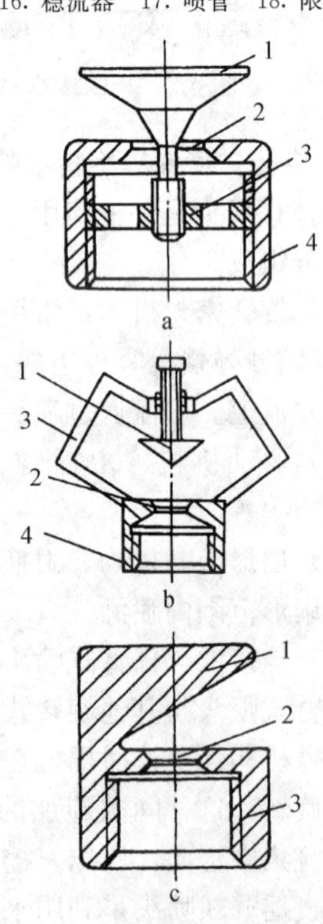

图 8-17 折射式喷头结构

a. 内支架式 b. 外支架式 c. 整体式

1. 折射锥 2. 喷嘴 3. 支架 4. 管接口

（二）管道与管件

喷灌管道是喷灌工程的主要组成部分，管材必须保证在规定工作压力下不发生开裂、爆管现象，工作安全可靠。目前可供喷灌选择的管材主要有钢管、铸铁管、钢筋混凝土管、石棉水泥管、塑料管、薄壁铝合金管、薄壁镀锌管及涂塑软管等。

管材附件是指管道系统中的控制件和连接件，它们是管道系统中不可缺少的配件。控制件的作用是根据喷灌系统的要求来控制管道系统中水流的流量和压力，如

阀门、压力调节器、安全阀、空气阀等。连接件的作用是根据需要将管道连接成一定形状的管网，也称为管件，如弯头、三通、四通、异径管、堵头等。

（三）喷灌机

喷灌机的种类很多，按运行方式可分为定喷式和行喷式两类，每类中又有不同的机型，具体划分如下：

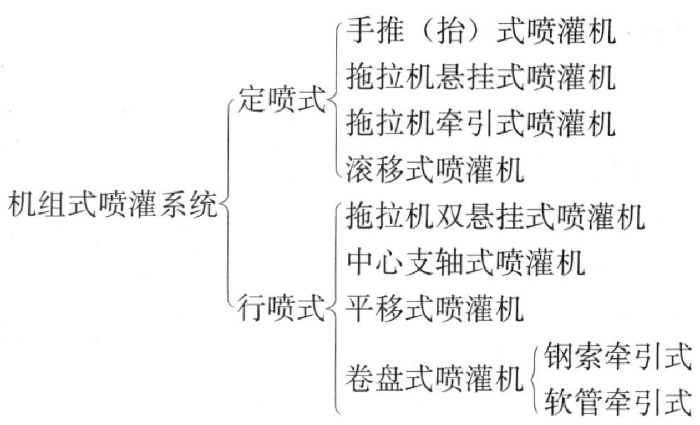

1. 定喷式喷灌机　手推管引式喷灌机是一种典型的定喷式喷灌机，在我国使用较早，是较为成熟的一种机型。其工作特点是喷头（或喷灌机）定点进行喷洒，满足灌溉要求后，移至下一点，移动距离受喷头射程的控制，移动方向应根据风向选择，同时将喷头设成扇形旋转进行工作，以防淋湿机行道。

2. 行喷式喷灌机　卷盘式喷灌机是一种典型的行喷式喷灌机。它是指用软管输水，在喷洒作业时利用喷灌压力水驱动卷盘旋转，卷盘上缠绕软管（或钢索），牵引远射程喷头，使其沿管（线）自行移动和喷洒的喷灌机械，又称绞盘式或卷筒式喷灌机，如图 8－18 所示。这种机型适用于各种地块和作物，应用广泛。目前已被公认为最好的灌溉机械之一。

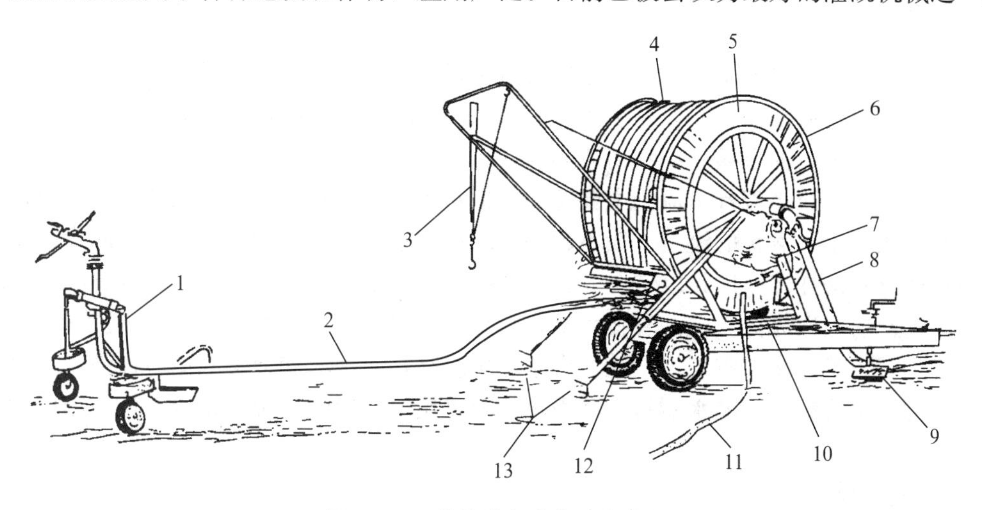

图 8－18　软管卷盘式自动喷灌机

1. 喷头车　2. 软管　3. 喷头车收取吊架　4. 盘管　5. 卷盘　6. 卷盘车　7. 伸缩支囊式水动力机　8. 进水管　9. 可调支腿　10. 旋转底盘　11. 泄水孔管　12. 自动排管器　13. 支腿

这种喷灌机一般由喷头车、卷盘车两大部分组成，利用压力干管或移动抽水装置供给压力水。卷盘车包括卷盘、半软管、机架、行走轮、动力机、调速装置及安全机构等。喷头车较简单，它包括喷头和车架，运输时喷头车可以装在卷盘车上。

该机的突出优点是：结构简单，投资较低；规格多，机动性好，适用范围广；操作技术简单，可自动控制，生产率较高。

主要缺点是：受机型限制管径小，长度大，而且逐层缠绕，因而水头损失大，耗能多，运行费用高；要求较宽的机器行道，占地较多。

软管卷盘式喷灌机的田间运行如图8-19所示。由卷盘车缠绕软管拖动喷头车边走边喷。作业过程：用拖拉机将喷灌车牵引到地边第一条带的给水栓处，将卷盘车支稳，连接给水栓；用拖拉机将喷头车（连接半软管）牵引到地头；打开给水栓，压力水即进入管道和喷头，开始喷洒。卷盘缠绕半软管牵引喷头车边走边喷洒（240°～300°扇形喷洒），至卷盘车处自动停车。然后，用拖拉机将喷灌机原地转动180°，将喷头车拉至该条带的另一侧，依以上步骤进行喷灌。该条带全部喷完后，用拖拉机将喷灌机牵引到相邻条带继续喷灌。

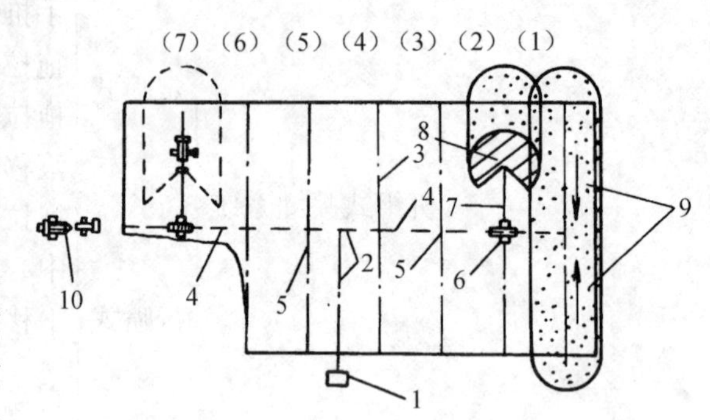

图8-19 软管卷盘式喷灌机典型作业方案
1. 泵站 2. 地埋干管 3. 喷头车道 4. 卷盘车道 5. 给水栓 6. 卷盘车 7. 软管 8. 喷头车 9. 喷头车转动方向 10. 拖拉机牵引进地

中心支轴式和平移式等大型行喷式喷灌机，自动化程度高，结构复杂，造价高，多用于大型农场。

二、微灌设备

微灌是新兴的节水灌溉技术，其主要特点是以低压小流量出流将灌溉水供应到作物的根区土壤，可以实现局部灌溉。以断续滴出的形式供水时称为滴灌，以喷洒的方式供水时称为微喷灌。此外，还有涌泉灌、小管出流等方式。

微灌虽然以低压小流量出流为主要特征，但对单个灌水器（滴头、微喷头）的流量并无统一标准。国际上，滴头的流量一般不超过8 L/h，但国内曾研制过20 L/h的滴头。微喷头的流量比较常见的在150 L/h以下，但有的产品也可达到240 L/h，甚至更多。从实用的角度看，上述范围足以充分反映两种技术的各自特点，可以作为参考的划分标准。

微灌的优点是省水，省工，节能，灌水均匀度高，对土壤和地形的适应性强，可以充分利用小水源；主要缺点是灌水器过水断面小，容易堵塞，影响系统的正常工作，因此对水质要求严格。

（一）灌水器

灌水器是微灌系统的出流部件，它的质量好坏直接影响整个系统的质量及灌水质量的高低。

1. 灌水器的种类和结构特点 按结构和出流形式的不同，灌水器主要有滴头、滴灌管（带）、微喷头、滴水器、渗灌管（带）等。

（1）滴头。通过流道或孔口将毛细管中的压力水流变成滴状或细流状的装置称为滴头。按滴头的结构可分为如下几种：

① 长流道型滴头。是靠水流与流道壁之间的摩擦消耗来调节出水量的大小。如微管滴头（图 8－20）、内螺纹式滴头等。

② 孔口型滴头。是靠孔口出流造成的局部水头损失来消耗调节出水量的大小。

③ 涡流型滴头。是靠水流进入灌水器的涡室内形成的涡流来调节出水量的大小。

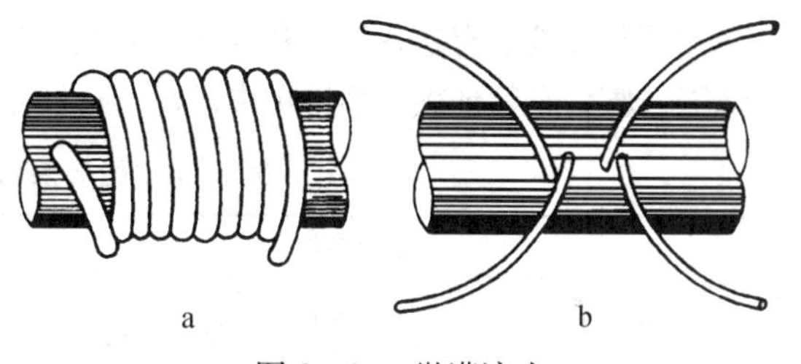

图 8－20　微灌滴头
a. 缠绕式　b. 散放式

④ 压力补偿式滴头。是利用水流压力对滴头内弹性体（片）的作用，使流道（或孔口）形状改变或过水端面面积发生变化，即当压力减小时，增大过水断面面积；当压力增大时，减小过水断面面积，从而使滴头流量自动保持稳定，同时还有自清洗功能。

（2）滴灌管（带）。滴头与毛管制成一体，兼具配水和滴水功能的管称为滴灌管（带）。按滴灌管（带）的结构可分为两种：

内镶式滴灌管是指在毛细管制造过程中，将预先制造好的滴头镶嵌在毛管内的滴灌管。

薄壁滴灌带有两种，一种是在 0.2～1.0 mm 厚的薄壁软管上按一定间距打孔，灌溉水由孔口喷出湿润土壤；另一种是在薄壁管的一侧热合出各种形状的流道，灌溉水通过流道以滴流的形式湿润土壤。

（3）微喷头。微喷头是指将压力水流以细小水滴洒在土壤表面的灌水器。单个喷头的喷水量一般不超过 250 L/h，射程一般小于 7 m。

按结构和工作原理，微喷头分为射流式、离心式、折射式和缝隙式四种，图 8－21、图 8－22 所示分别为射流旋转式和折射式微喷头的结构。

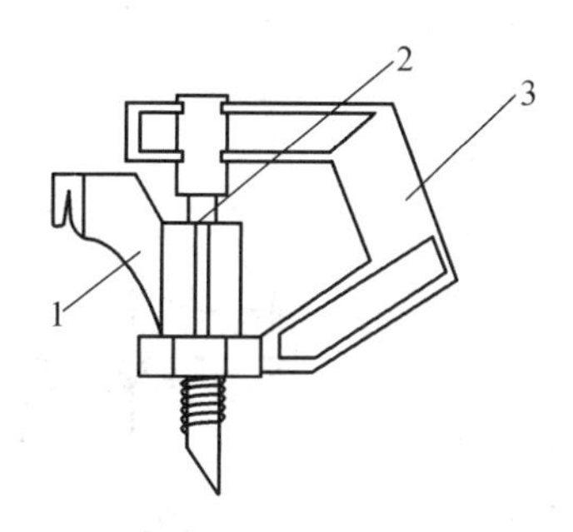

图 8－21　射流旋转式喷头
1. 旋转折射臂　2. 喷嘴　3. 支架

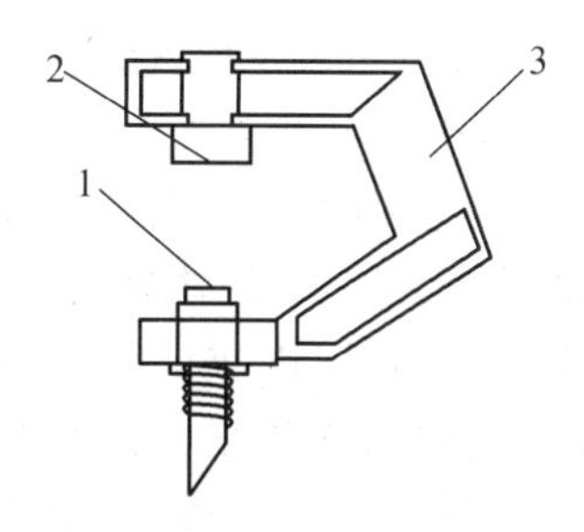

图 8－22　折射式微喷头
1. 喷嘴　2. 折射锥　3. 支架

（4）小管灌水器。它是由 ϕ4 mm 塑料小管和接头连接插入毛管壁而成。它的工作水头低，孔口大，不易被堵塞。

（5）渗灌管。渗灌管是用 2/3 的废旧橡胶（为旧轮胎）和 1/3 的 PE 塑料混合制成可以渗水的多孔管，这种管埋入地下渗灌，渗水孔不易被泥土堵塞，植物根也不易扎入。

2. 灌水器的结构参数和水力性能参数　结构参数和水力性能参数是灌水器的两项主要技术参数，见表 8－4。其中 Cv 值是我国行业 SL/T. 67. 1～3—94 的规定。

（二）过滤设备

微灌系统中灌水器出口直径一般都很小，灌水器极易被水源中的污物和杂质堵塞。任何水源，都不同程度地含有各种污物和杂质。因此，对灌溉水源进行严格的净化处理是微灌中必不可少的首要步骤，是保证微灌系统正常运行、延长灌水器使用寿命和保证灌水质量的关键措施。

表 8-4　微灌灌水器的技术参数

灌水器种类	结构参数					水力性能参数					
	流道或孔口直径/mm	流道长度/cm	滴头或孔口间距/cm	带管直径/mm	带管壁厚/mm	工作压力/kPa	出流量/(L/h)	X	Cv	射程/m	灌水强度/(mm/h)
滴头	0.5～1.2	30～50				50～100	1.5～12	0.5～1.0	<0.07		
滴灌带	0.5～0.9	30～50	30～100	10～16	0.2～1.0	50～100	1.5～3.0	0.5～1.0	<0.07		
微喷头	0.6～2.0					70～200	20～250	0.5	<0.07	0.5～4.0	
涌水器	2.0～4.0					40～100	80～250	0.5～0.7	<0.07		
渗灌管				10～20	0.9～1.3	40～100	2～4	0.5	<0.07		
压力补偿型								0～0.5	<0.15		

注：X——流态指数，反映灌水器的流量对压力变化的敏感程度；Cv——灌水器的制造偏差系数，反映制造偏差对流量的影响程度。

灌溉水中所含污物及杂质分为物理、化学和生物三类。物理污物及杂质是悬浮在水中的有机的或无机的颗粒。化学污物或杂质主要指溶于水中的某些化学物质，如碳酸钙、碳酸氢钙等。在一定情况下，这些物质会变成不可溶的固体沉淀物，造成灌水器的堵塞。生物污物或杂质主要包括活的菌类、藻类等微生物和水生动物等。它们进入系统后可能繁殖生长而造成管道端面减小，或使灌水器堵塞。

清除水中化学杂质和生物杂质的方法是在灌溉水中注入某些化学药剂以中和有碍溶解的反应，或加入消毒药品将微生物和藻类杀死，称为化学处理法。最常用的化学处理方法有氯化处理和化学处理两种。氯化处理是将氯加入水中，当氯溶于水时起着很强的氧化剂作用，可以杀死水中藻类真菌和细菌等微生物，是解决由于微生物生长而引起的灌水器孔口堵塞问题的有效而经济的办法。加酸处理可以防止可溶物的沉淀（如碳酸盐和铁等），酸可以防止系统中微生物的生长。

微灌系统中对物理杂质的处理设备与设施主要有拦污栅（筛、网）、沉淀池、过滤器（水砂分离器、砂石介质过滤器、筛网过滤器）。

1. 旋流水砂分离器　又称离心式过滤器或涡流式水砂分离器。常见的结构形式有圆柱形和圆锥形两种。这种分离器能连续过滤高含沙量的灌溉水，其缺点是不能除去与水密度相近和比水轻的有机质等杂物，一般作初级过滤器使用。

2. 砂过滤器　又称砂介质过滤器。它利用砂石作为过滤介质。

3. 筛网过滤器　过滤介质是尼龙筛网，它是一种简单而有效的过滤设备，这种过滤器造价低，在国内外微灌系统中使用广泛，其结构如图 8-23 所示。筛网的孔径大小

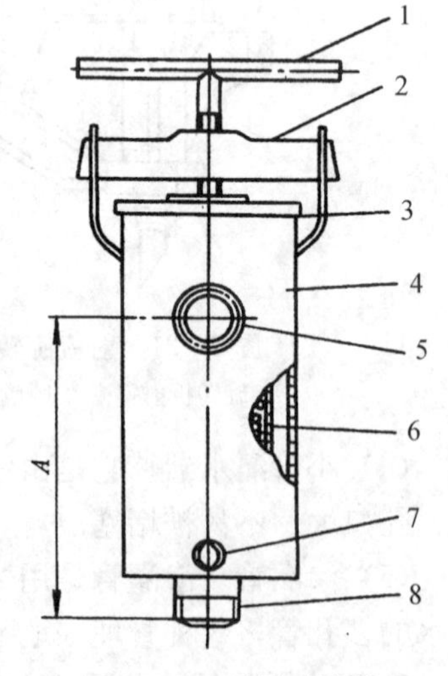

图 8-23　筛网过滤器

1. 手柄　2. 横杠　3. 顶盖　4. 壳体　5. 进水口　6. 不锈钢滤网　7. 冲洗阀门　8. 出水口

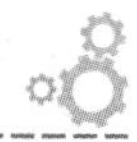

根据灌水器类型及流道端面的大小而定。根据实践经验，一般要求所选用的灌水器的滤网孔径大小应为所用灌水器孔径大小的 1/10～1/7。滤网的目数与孔径尺寸关系见表 8-5。

表 8-5　滤网规格与孔口大小的对应关系

滤网规格		孔口尺寸/mm	土粒类别	粒径/mm
目/in	目/cm^2			
20	8	711	粗砂	0.50～0.75
40	16	420	中砂	0.25～0.40
80	32	180	细砂	0.15～0.20
100	40	152	细砂	0.15～0.20
120	48	125	细砂	0.10～0.15
150	60	105	极细砂	0.10～0.15
200	80	74	极细砂	<0.10
250	100	53	极细砂	<0.10
300	120	44	粉砂	<0.10

筛网过滤器用于过滤灌溉水中的粉粒、砂和水垢等污物，过滤有机污物的效果较差。

（三）施肥施药装置

微灌系统中向压力管道内注入可溶性肥料或农药溶液的设备及装置称为施肥（药）装置。常用的施肥装置有以下几种。

1. 压差式施肥罐　压差式施肥罐的结构组成如图 8-24 所示。其工作原理是在输水管上的两点形成压力差，利用这个压力差，将化学药剂注入系统。储液灌为承压容器，承受与管道相同的压力。

施肥罐应选用耐腐蚀、抗压能力强的塑料或金属材料制造。罐的容积应根据微灌系统控制面积的大小及单位面积施肥量和化肥溶液浓度等因素确定。

压差式施肥罐的优点是加工制造简单，造价较低，不需外加动力设备。缺点是溶液浓度变化大，无法控制；罐体容积有限，添加化肥次数频繁；输水管道因设有调压阀而造成一定的水头损失。

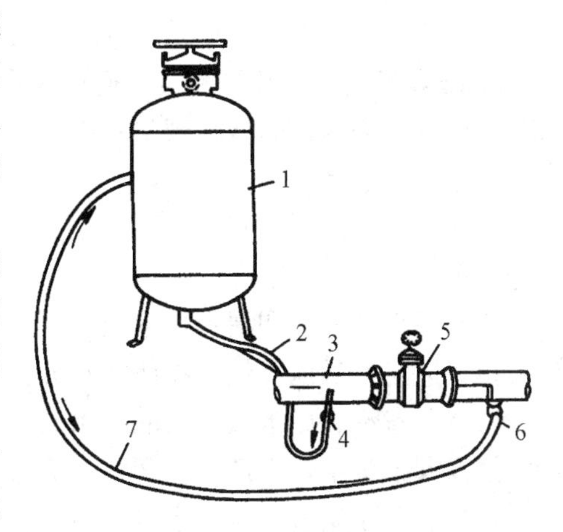

图 8-24　压差式施肥罐

1. 储液管　2. 进水管　3. 输水管　4. 阀门　5. 调压阀门　6. 供肥液管阀门　7. 供肥液管

2. 敞开式肥料箱自压施肥装置　在自压灌溉系统中，使用敞开式肥料箱（或修建一个肥料池）非常方便，只需把肥料箱放置于自压水源如蓄水池的正常水位下部适当位置，将肥料箱供水管及阀门与水源相连接，将输液管及阀门与微灌主管道连接，打开肥料箱供水阀，水进入肥料箱可将化肥溶解成肥液。关闭供水管阀门，打开肥料箱输液阀，化肥箱中的肥液就自动地随水流输到灌溉管网及各个灌水器，对作物施肥。

3. 文丘里注入器　它可与敞开式肥料箱配套组成一套施肥装置，主要适用于小型微灌系统（如温室微灌）向管道注入肥料或农药。

4. 注射泵 根据驱动水泵的动力来源又可分为水驱动和机械驱动两种形式。它的优点是肥液浓度稳定不变，施肥质量好，效率高。

为了确保微灌系统施肥时运行正常并防止水源污染，必须注意：化肥或农药的注入一定要放在水源与过滤器之间，肥液经过滤后再进入灌溉管道；施肥、施农药后必须利用清水把残留在系统内的肥液或农药全部冲洗干净，防止设备被腐蚀；在化肥或农药输液管出口处与水源之间一定要安装逆止阀，防止肥液或农药进入水源，严禁直接把农药和化肥加进水源而造成环境污染。

（四）管道与连接件

管道是微灌系统的主要组成部分，各种管道与连接件按设计要求组合安装成一个微灌输配水管网，按作物需水要求向田间和作物输水和配水。它在微灌工程中的用量大，规格多，所占投资比重大，因而所用的管道与连接件型号规格和质量的好坏，不仅直接关系到微灌工程费用的大小，而且也关系到微灌能否正常运行和寿命的长短。

对微灌用管与连接件的基本要求是：能承受一定的压力；耐腐蚀、抗老化性强；规格尺寸与公差必须符合技术标准；价格低廉，安装施工容易。

1. 微灌管道的种类 微灌系统常用的塑料管主要有聚乙烯管和聚氯乙烯管两种。聚乙烯管（PE管）常用于ϕ63 mm以下的管，它分为高压低密度聚乙烯管和低压高密度聚乙烯管。前者为半软管，管壁较厚，对地形的适应性强；后者为硬管，管壁较薄。聚氯乙烯管（PVC管）常用于ϕ63 mm以上的管。按使用压力可分为轻型和重型两类，微灌系统中多数使用轻型管，即在常温下承受的内水压力不超过600 kPa。每节管的长度一般为4～6 m。

2. 微灌管道连接件的种类 连接件是连接管道的部件，亦称管件。它包括接头、三通、弯头、堵头、旁通、插杆、密封紧固件等。

第三节 灌溉系统设计

正确的灌溉方法和灌水技术应达到下列要求：

（1）适时适量地提供作物所需水分。

（2）节省灌溉用水量提高灌溉水的利用率；在灌溉面积上灌溉水的分布均匀，输水损失和深层渗漏损失小，不产生田间水土流失、“跑水”等现象。

（3）有利于调节土壤中水分、热、空气及养分状况，不断改善土壤肥力。

（4）节省灌水劳动力，提高劳动生产率，并与其他农业措施密切配合。

目前普遍使用的地面灌水方法，不能适应节水农业的要求，需对这种灌水技术加以改进，如采用波涌灌溉、地面浸润灌溉、负压差灌溉和膜上灌等。

喷灌和微灌系统的设计，应在灌区总体规划的基础上，综合考虑当地自然、经济和作物种植等条件，因地制宜，合理选择。

一、喷灌系统设计

（一）管道式喷灌系统设计步骤

1. 资料收集 包括地形、气象、土壤（质地、土层厚度、冻土深度、土壤入渗度等）、作物品种和种植制度、动力、水源（出水量、动水位等）。

2. 水量平衡计算

目的：已知水源供水量，确定灌溉面积；已知灌溉面积，确定引水量和调蓄容积。

方法：按照来水量等于用水量的原则计算。

3. 选择喷灌系统的形式　参见表 8－6。

表 8－6　灌溉系统分类及用途

喷灌系统形式	用　　途
固定式	用于灌次数多，经济价值高的作物
半固定式	用于小麦等
小型机组式	山区或经济价值高的作物
绞盘式喷灌机	小麦等大田作物
大型平移或时针式喷灌机	大型农场

4. 选择喷头及确定喷头组合形式　喷头的选择见表 8－7。

表 8－7　喷头选择参考

考虑因素		选择要求
灌溉作物	蔬菜	水滴小、喷灌强度较小的中低压喷头
	玉米、高粱等	水滴较大、喷灌强度较大的高压喷头
土壤	沙壤土	喷灌强度较大的喷头
	黏壤土	喷灌强度较小的喷头
风　　速		风速大时宜选用喷灌强度较大、直径较大的中大喷头

喷头的组合方式有正方形、矩形、正三角形和扇形等（图 8－25）。喷头组合的原则是在保证喷洒均匀、不留空白的情况下，使喷头和支管的距离应尽量大。

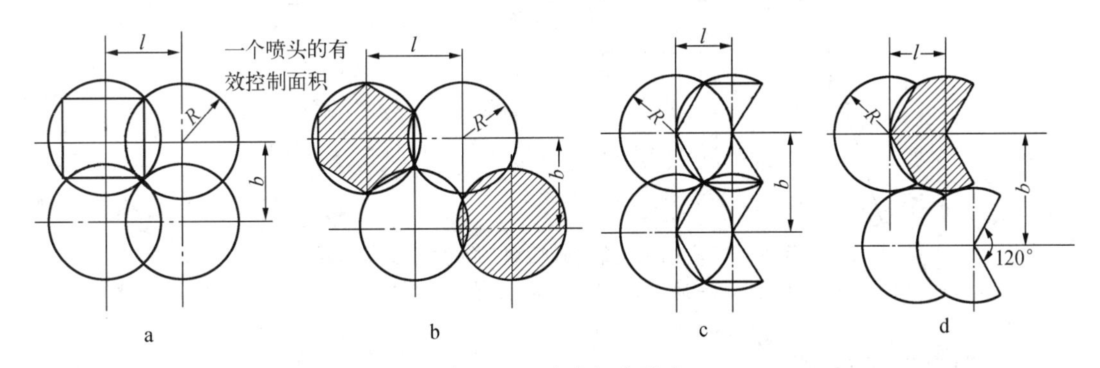

图 8－25　喷头组合形式

a. 正方形布置　b. 正三角形布置　c. 矩形布置　d. 三角形布置

5. 布置干、支管

6. 拟定喷灌工作制度　包括灌水定额、一次灌水时间、允许一次同时工作的喷头数、同时工作的支管数和轮灌组数。

7. 管网水力计算　目的是确定干管、支管直径、系统总扬程和流量，配置水泵。

（二）全固定式喷灌系统实例

某灌区面积为16.7 hm^2，地势平坦，种植小麦和玉米，南北垄向，灌溉水源为井水。水井的出水量为50 m^3/h，动水位30 m，土质为壤土，电力有保证。

1. 管道系统布置 据此灌区的具体条件采用二级管道，主干管东西向布置，长420 m支管南北向布置，长200 m，每条支管设11个喷头，如图8-26。

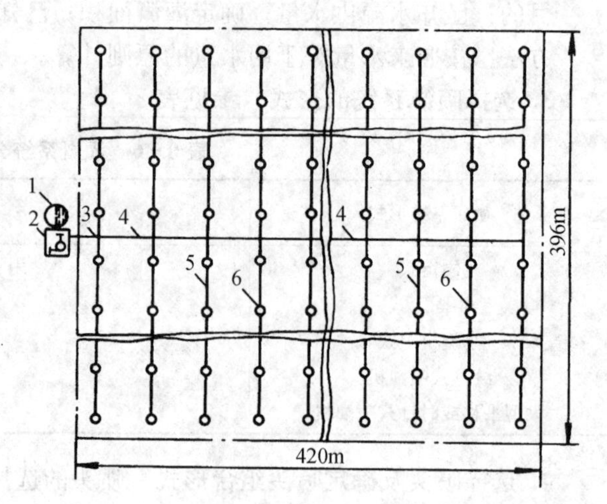

图8-26 全固定管道式喷灌系统布置

1、2. 井、泵 3、4. 主干管 5. 支管 6. 喷头

2. 喷头选择及组合间距的确定 土壤的允许最大喷灌强度为12 mm/h，要求雾化指标大于3 000～4 000，选用ZY2-1型2.7/3.2喷头。工作压力为30 N/cm^2，雾化指标为4 286，流量3.47 m^3/h。采用18 m×18 m正方形组合布置（图8-27）。

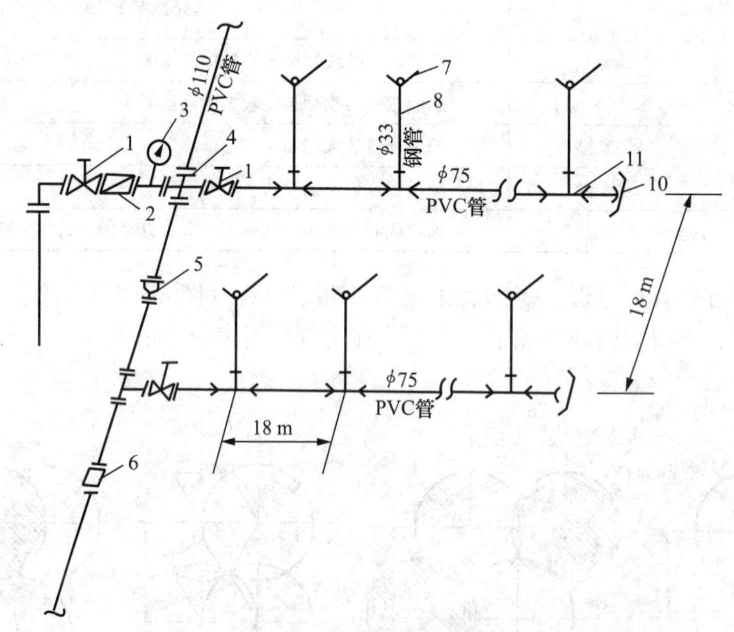

图8-27 全固定管道式喷灌系统设备配套示意

1. 阀门 2. 水表 3. 压力表 4. 三通 5. 通气阀 6. 安全阀 7. 喷头 8. 竖管 9. 三通 10. 堵头

二、微灌系统设计

微灌系统设计的内容可分为：资料收集；水源分析；设计参数的选择；灌水器的选择；灌水器的布置；灌水小区设计；轮灌组划分与最不利轮灌的选择；确定支毛管管径；确定干管直径；首部枢纽设计；确定系统的工作压力；水泵选型；系统校核与压力均衡；绘制系统布置图、结构及安装图；材料单和预算；施工注意事项；运行管理注意事项。

微灌系统的组成如图8-28所示。

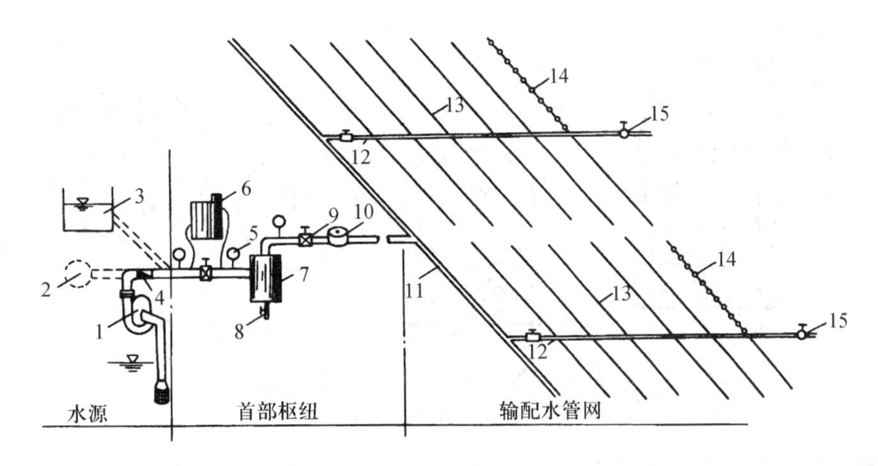

图 8-28　微灌系统示意

1. 水泵　2. 供水管　3. 蓄水池　4. 逆止阀　5. 压力表　6. 施肥罐　7. 过滤器　8. 排污管　9. 阀门　10. 水表　11. 干管　12. 支管　13. 毛细管　14. 灌水器　15. 冲洗阀门

三、雨水集蓄工程的节水灌溉技术及设计

雨水集蓄工程因受水源、地形和面积等条件的限制，北方干旱地区均采用如滴灌、渗灌、抗旱坐水种、注射灌和地膜穴灌等节水灌溉方法。其中滴灌方法最有发展前途。

(一) 瓦灌渗灌

我国北方一些干旱地区，如宁夏、山东等地，应用瓦灌进行渗灌，取得了较好的节水增产效益。瓦灌渗灌的灌水器是用不上釉的粗黏土烧成，四周有微孔（也有在罐壁按一定间距钻 ϕ1 mm 微孔的），灌水时需人工向罐内注水，水从罐四周微孔渗出，借助土壤毛细管的作用，水渗入作物根区。瓦灌底面不打孔，壁厚 4～6 mm，上口加盖，盖中心留 ϕ10 mm 的圆孔，供进排气及向罐内注水用。渗水半径随土质不同，可达 30～40 cm，埋深 30～40 cm，可就地取材，造价低。适宜株行距较宽的作物，如瓜类、玉米、果树上进行抗旱保苗和灌关键水。播种时随即埋设瓦灌，果树应埋在树冠半径的 2/3 处（李锡录等，1993），图 8-29、图 8-30 所示为大田和果树瓦灌渗灌的布置。

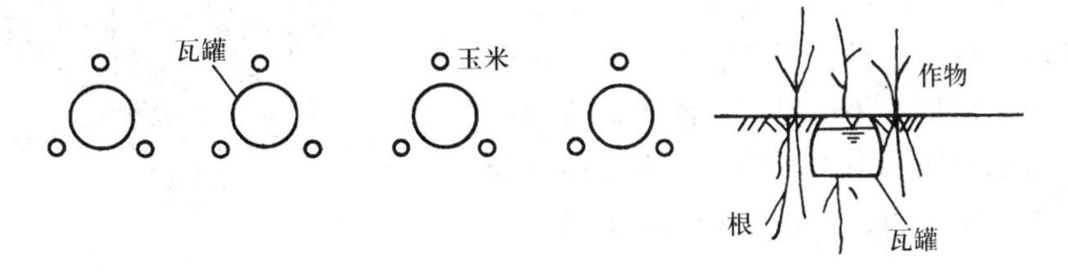

图 8-29　大田作物瓦灌渗灌布置

(二) 抗旱坐水种技术

我国北方干旱、半干旱地区，在作物播种时期，由于雨水缺少，常出现土壤墒情差、含水量低的情况，造成出苗晚或缺苗断垄，甚至不出苗，严重影响农业生产。为保证出全苗、出壮苗，农民在生产实践中摸索出一套称为坐水种（滤水种）的方法。坐水种和滤水种是分

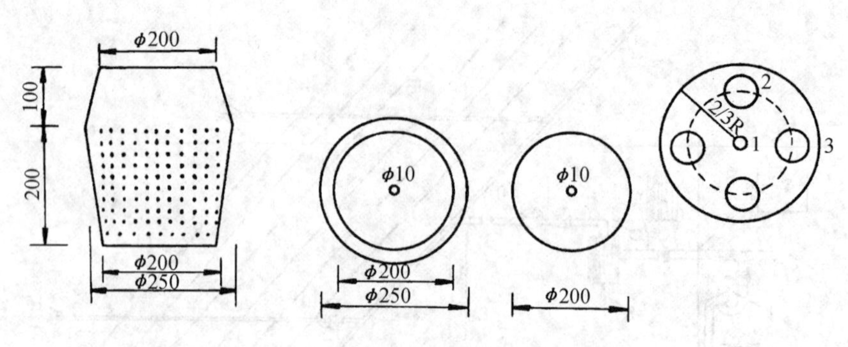

图 8-30 果树瓦灌渗灌灌水器与布置

1. 树干 2. 渗灌瓦灌 3. 树冠投影

别针对穴播和条播而言的。其作业程序是挖穴（或开沟）、注水、点种、施肥、覆土和镇压。采用此法，出苗率可达95%以上，据宁夏试验，玉米可增产15%～20%。

1. 坐水种的技术参数 坐水种技术参数主要指坐水量和注水深度。坐水量要依据土壤的干旱程度来确定。对于注水深度，一方面考虑播种深度，另一方面要考虑到干土层的厚度，一般播种深度为5 cm左右，因此注水深度应大于此深度为宜，以利于与底墒相衔接，增强抗旱能力。

2. 坐水种的方式与机具

（1）人工坐水种方式。这种方式除运水外，其余作业全靠人工完成，完成全部作业程序需5～7人，日播种面积0.3～0.4 hm^2，效率低。

（2）机械开沟滤水方式。用机械开沟，再将灌溉水滤入沟中，待水入渗后，人工进行播种、施肥和覆土作业，一般也需5～7人，效率较人工坐水种方式提高1倍左右。

（三）注射灌与地膜穴灌

1. 注射灌技术 它是利用特制的注水器向根区土壤注水（或水肥溶液）的一种灌水方法。目前宁夏是借用全国推广的LYJ追肥枪，安装在农用喷雾器上，依靠喷雾器的打气压力，通过喷枪嘴，将水注入作物根区（图8-31）。其特点是：灌水、追肥、根区施药可一次完成；节水，主要用于干旱地区果树、瓜类、葡萄、玉米等作物灌溉关键水；根据作物长势情况定量灌溉，苗期可少灌浅灌，需水盛期可多灌深灌。灌水定额每公顷仅30～45 m^3，一般每处（株）注水0.5～1 kg。

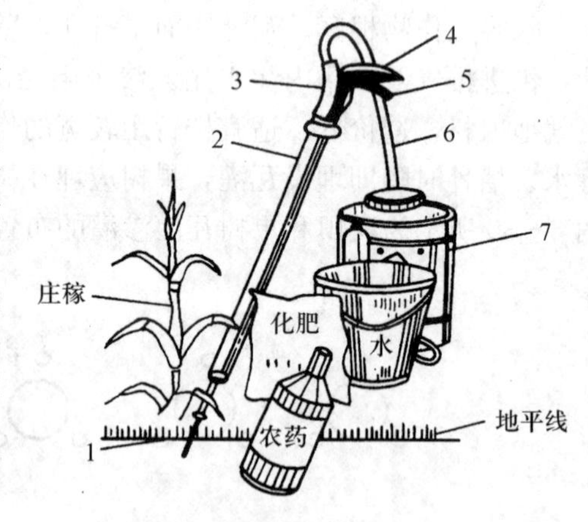

图 8-31 追肥枪

1. 枪头 2. 枪杆 3. 枪把 4. 手柄 5. 扳机 6. 胶管 7. 喷雾器

有条件的地方可采用软管移动式注射灌溉。

2. 地膜穴灌技术 它是在抗旱坐水种的基础上进行的。播种后覆上地膜，当作物出苗快接触到地膜时，宜在气候温暖时呈十字形划破地膜，待苗长出地膜外，再把播种孔扩大为灌水孔，即地膜集流穴。通过地膜集流穴可以收集天然降水时降到其他部分地膜上的雨水，达到集流穴灌目的，也可每孔根据

集流植株的大小人工灌水 1～3 L。

复习思考题

1. 作物灌溉方式有哪几种？各有何特点？
2. 何谓节水灌溉？简述节水灌溉方式和特点。
3. 离心泵一般包括哪几部分？各自作用是什么？
4. 微灌设备有哪些？各起什么作用？
5. 简述喷灌的优点和缺点。

第三篇 收 获 机 械

收获是作物生产的重要环节，也是作物栽培过程的最后一个环节。作物收获季节性强，劳动强度大，收获质量直接影响到农产品的产量与品质，同时还影响到下茬作物的种植。本篇主要介绍谷物、油料作物、糖料作物和棉花等大田作物收获机械。相比而言，作物收获是包含多个工序的复杂工艺过程，而且因作物品种不同收获工序存在很大差异。收获机械种类很多，包括完成某一收获作业环节的所有机械，如收割机、脱粒机、摘果机、脱壳机、清选机等，以及一次完成所有收获环节的联合收获机。根据收获的作物不同，收获机分为水稻收获机、稻麦收获机、玉米收获机、棉花收获机、甜菜收获机、甘蔗收获机和花生收获机等。

由于作物品种繁多，如谷物类、豆类、块茎类、根茎类等，有些作物果实在地上，有些果实在土里，其收获过程比较复杂。一般情况下，机械收获作物有三种方法，即分段收获、两段收获和联合收获。这三种机械收获法的作业效率和质量不同，机械结构和技术难度具有很大差别。

1. 分段收获 分别用机械单独完成收获过程中的某个或几个环节作业，如谷物的收割、铺放在田间，打捆运输，在田间或打谷场进行脱粒，最后进行分离和清粮。

2. 两段收获 用两种机械先后两次完成作物的整个收获过程，如先用割晒机将谷物割倒，晾晒和后熟，然后用装有捡拾器的联合收获机进行捡拾、脱粒、分离和清粮。这种收获方法多用于北方地区。

3. 联合收获 用联合收获机一次完成作物的整个收获过程，如目前广泛应用的水稻联合收获机、玉米联合收获机等。

第九章 分段收获机械

水稻、小麦、玉米等谷物是我国主要粮食作物，种植面积和总产量大，对我国粮食安全具有重要意义，实现谷物收获机械化是我国农业机械化的重点。

谷物收获过程一般包括收割、运输、脱粒、分离和清粮等作业环节，采用分段收获法则需要相应的机械分别完成各项作业。

谷物收获要求适时收获，收获质量好，损失少，割茬高度适宜，茎秆和颖壳分别堆放或将切碎的茎秆均匀撒于田间。

第一节　收割机械

一、收割机功用和类型

收割机的功用是将作物的茎秆割断，并按后继作业的要求铺放于田间，它是分段收获和两段收获中常采用的机具。

按铺放方式不同，收割机可分为收割机、割晒机和割捆机。收割机将作物割断后进行转向条铺，即把作物茎秆转到与机器前进方向基本垂直的状态进行铺放，以便于人工捆扎。割晒机将作物割后进行顺向条铺，即把茎秆割断后直接铺放于田间，形成禾秆与机器前进方向基本平行的条铺，适于用装有捡拾器的联合收获机进行捡拾联合收获作业。割捆机将作物割断后进行打捆，并放于田间。

收割机按割台与输送装置的不同，可分为立式割台、卧式割台和回转割台三种。按收割机的挂接方式不同，可分为牵引式、悬挂式和自走式。悬挂式应用较普遍，且一般采用前悬挂，以便于工作时自行开道。

二、收割机的构造与主要工作部件

收割机的类型很多，但其主要构成部分基本相同，主要工作部件有切割装置，拨禾、扶禾装置，输送器，分禾器等（图 9-1）。

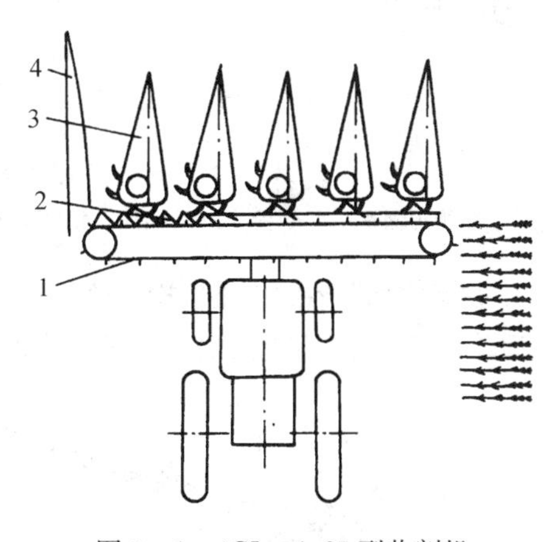

图 9-1　4GL-1.85 型收割机

1. 输送带　2. 切割器　3. 扶禾器　4. 分禾器

当机组进入收割区时，先由割台前面扶禾器的扶禾带拨齿和星轮相配合，将谷物上部拨送到割台的上输送带。此时谷物的下部被切割。当谷物被切割后，星轮又和上、下输送带拨齿相配合将谷物夹持向右输送，压力弹簧则使谷物在输送过程中紧贴台面以防止前倾造成堵塞。当谷物输送到割台右端时，由导向板辅助被抛送出去，转向 90°成条铺放在机具的右侧。

图 9-2 所示为 4GW-1.7 型收割机。机组进入收割区时，分禾器将待割和暂不割作物分开，拨禾轮把待割作物扶持引向切割器切割，割下的禾秆被拨禾轮推送倒在帆布输送带上，向左输送，由于后输送带较长也较高，作物在输送带的推送作用和机组前进速度的配合下，以螺旋扇形运动离开割台向左侧连续成条地横向铺放在茬地上。

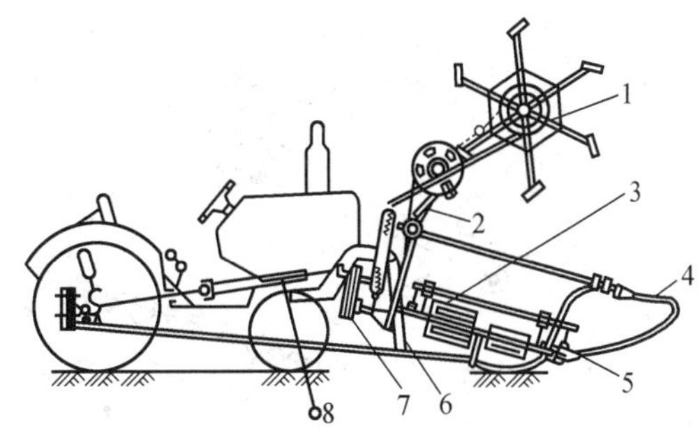

图 9-2　4GW-1.7 型收割机

1. 拨禾轮　2. 机架　3. 输送装置　4. 分禾器　5. 切割器　6. 悬挂架　7. 传动带　8. 传动联轴器

（一）切割装置

切割装置又称切割器，用来切断作物茎秆。按动刀的运动方式不同，切割器分为回转式和往复式两类。回转式切割器的动刀片在水平面内做回转运动，一般为无支承切割。优点是切割速度高，切割能力强，机具振动小；允许机器高速作业，刀片更换方便。但其传动机构复杂，功率消耗大，不适合大割幅和多行作物收割机使用，常用于割草机。往复式切割器动刀做往复运动，在定刀的配合下切割作物，适应性强，工作可靠。适于宽幅作业，但惯性力较大。谷物收割机多用往复式切割器。

1. 往复式切割器的构造及类型 构造如图 9－3 所示。按国家标准规定，标准型往复式切割器分为Ⅰ型、Ⅱ型、Ⅲ型三种。其工作性能基本相似，只是零件的几何尺寸和装配关系上稍有差异。

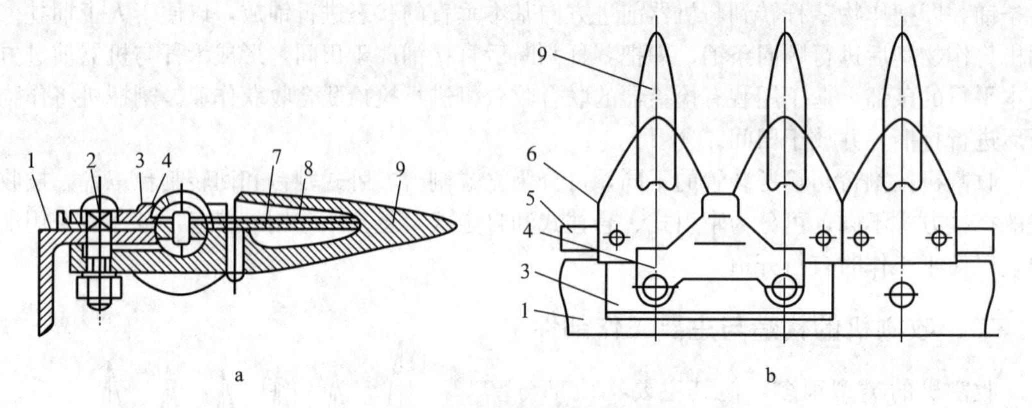

图 9－3 往复式切割器

a. 切割器端面 b. 切割器

1. 护刃器梁 2. 螺栓 3. 摩擦片 4. 压刃器 5. 刀杆 6. 护板 7. 定刀片 8. 动刀片 9. 护刃器

2. 往复式切割器的传动机构 该切割器的传动机构的作用是将传动轴的回转运动变为割刀的往复运动，使割刀平稳地工作。该机构有曲柄连杆机构（图 9－4）和摆环机构（图9－5）两种。

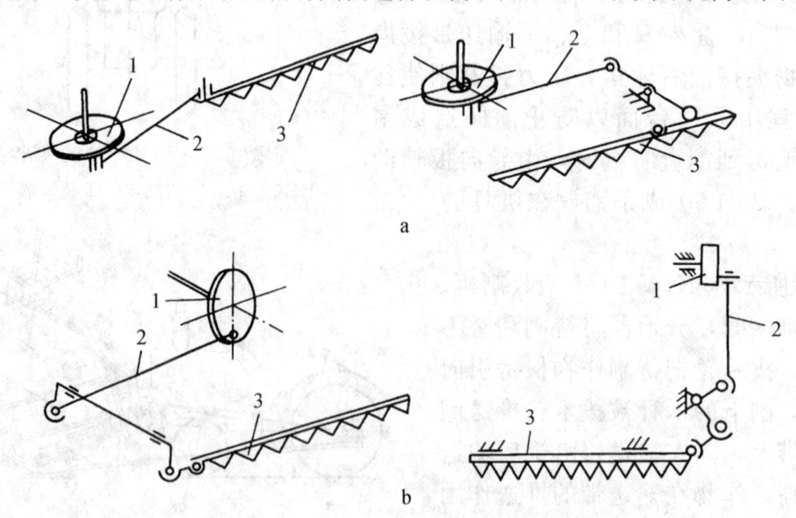

图 9－4 曲柄连杆机构

a. 立轴式 b. 卧轴式

1. 曲柄盘 2. 连杆 3. 割刀

（二）拨禾和扶禾装置

拨禾、扶禾装置的功用是将作物扶持引向切割器切割，并将切割后的作物推送到割台，以免作物堆积在切割器上二次切割而造成损失。卧式割台谷物收割机上拨禾装置为拨禾轮，立式割台谷物收割机上一般为星轮扶禾器或八角轮。

1. 拨禾轮　拨禾轮分为普通拨禾轮和偏心式拨禾轮，现代联合收割机上均采用偏心式拨禾轮（图 9－6）。

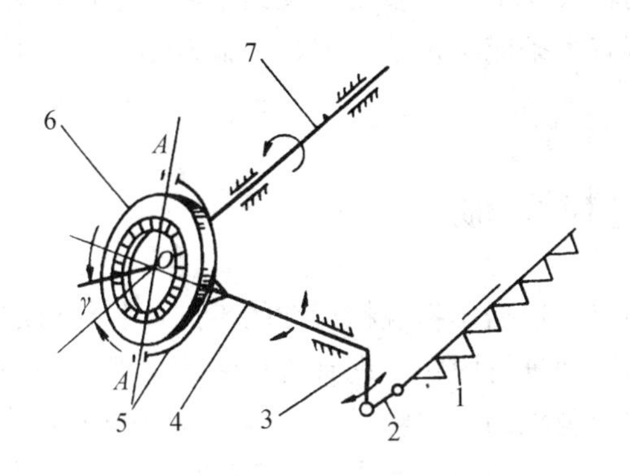

图 9－5　摆环传动机构

1. 割刀　2. 连杆　3. 摆杆　4. 摆动轴　5. 摆叉　6. 摆环　7. 主动轴

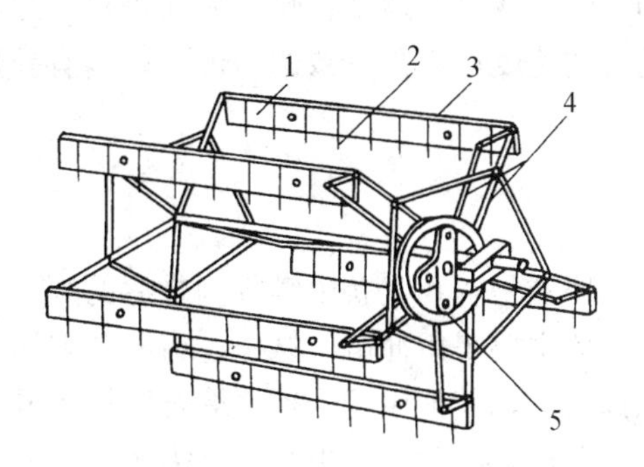

图 9－6　偏心式拨禾轮

1. 压板　2. 弹齿　3. 钢管　4. 辐条　5. 偏心环

2. 星轮扶禾器（图 9－7）　分装扶禾齿带和不装扶禾齿带两种形式。星轮和扶禾齿带由输送带上的拨齿拨动，在与地面成一定夹角的平面内回转，扶禾齿带与倾斜盖板配合将倒伏作

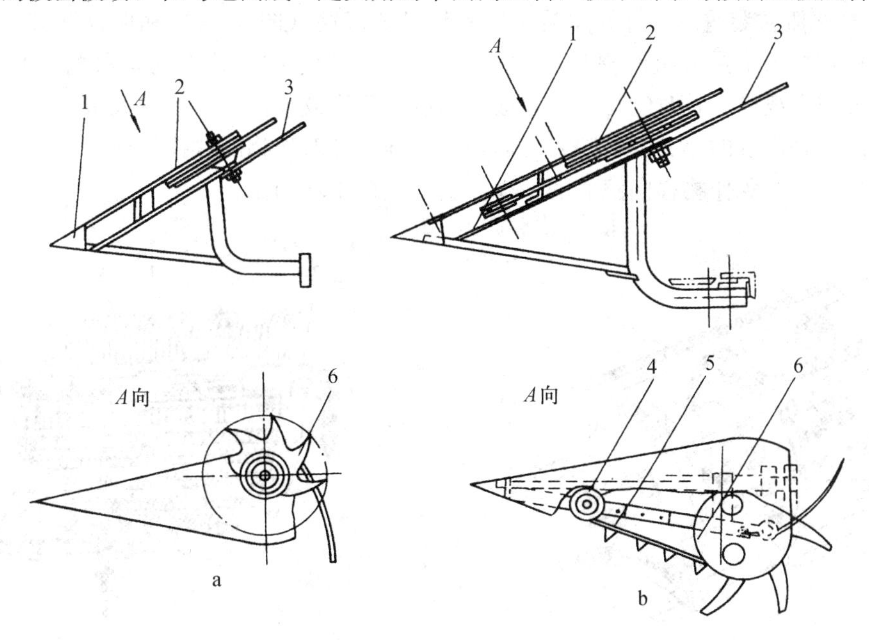

图 9－7　星轮扶禾器

a. 不装扶禾齿带　b. 装扶禾齿带

1. 扶禾器架　2. 扶禾罩　3. 压力弹簧　4. 张紧轮　5. 扶禾齿带　6. 星轮

物扶起。星轮将作物引向割台起拨禾作用，与压力弹簧配合将作物压向挡板，保持直立输送。由于扶禾齿带对轻倒伏作物的扶起效果不甚明显，且易缠草，有些割台不装扶禾齿带。

（三）输送和铺放装置

立式割台谷物收割机的输送铺放装置一般由直立的带有拨齿的上、下输送带，主动轴及其带轮，被动轴及其带轮等组成。拨齿高度通常约为50 mm。在卧式割台谷物收割机上输送铺放装置一般由卧置的前、后帆布输送带，主动轴及其带轮，被动轴及其带轮等组成。为了加强输送效果，通常在帆布表面每隔一定距离铆有木条或小角铁。上、下输送带或前、后输送带的速度可以是一致的，也可以稍有差别。

第二节　脱粒机械

脱粒是谷物收获中继收割之后的一个重要环节。根据作物脱粒特性的不同，脱粒机的脱粒装置主要采用冲击、揉搓、梳刷和碾压等不同原理进行脱粒。现有脱粒装置一般以某一种原理为主，其他原理为辅，综合利用不同原理进行脱粒的。脱粒机按结构和性能分为简易式（需再分离和清选）、半复式（需再清选）和复式脱粒机（完成脱粒、分离和清粮）；按作物喂入方式分为半喂入式和全喂入式脱粒机；按作物在脱粒装置内的运动方向分为切流型和轴流型。各种脱粒机构造不一，脱粒、分离和清粮装置是脱粒机的主要工作装置。

一、脱粒机的主要工作装置

（一）脱粒装置

1. 纹杆式脱粒装置　纹杆式脱粒装置由纹杆式滚筒（图9-8）和栅格凹板（图9-9）组成。纹杆直接固定在多角形辐盘上，表面有沟纹。为了提高脱粒时沟纹对作物的揉搓作用，沟纹方向和滚筒回转时的切线方向成一角度，且沟纹前低后高。在大多数情况下，纹杆的安装方向都是沟纹的小头朝着喂入方向，以加强纹杆对作物的揉搓作用。相邻两纹杆的沟纹方向相反，以避免作物移向滚筒的一端，造成负荷不均匀。

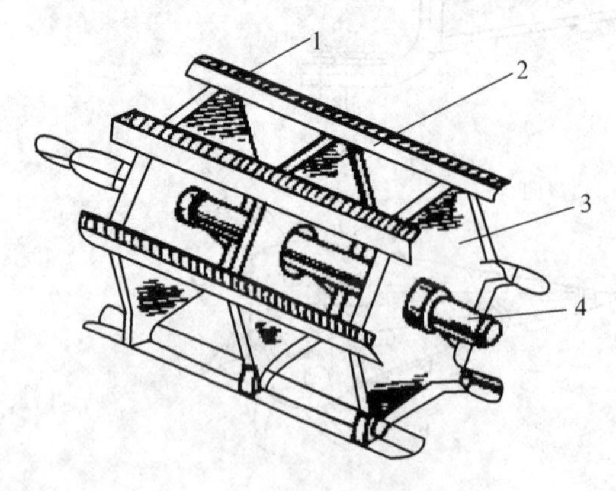

图9-8　纹杆式滚筒

1. 纹杆　2. 中间支承圈　3. 辐盘　4. 滚筒轴

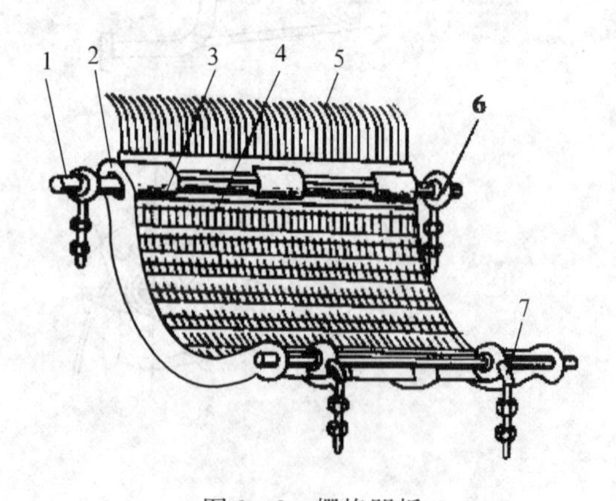

图9-9　栅格凹板

1. 凹板轴　2. 侧板　3. 横板　4. 钢丝　5. 延长筛　6. 出口调节螺钉　7. 入口调节螺钉

栅格式凹板（凹板筛）与滚筒构成脱粒腔即脱粒间隙，一般情况下，腔的入口间隙是出口间隙的3～4倍。

2. 钉齿式脱粒装置 钉齿式脱粒装置由钉齿滚筒和钉齿凹板组成（图9-10），常用的钉齿有楔形齿、刀形齿和杆形齿。脱粒时，谷物进入脱粒装置，被高速旋转的滚筒钉齿抓取并拖入脱粒腔，谷粒在钉齿的冲击和揉搓作用下脱落，并使谷物通过脱粒腔，沿滚筒切线方向在凹板后部排出。

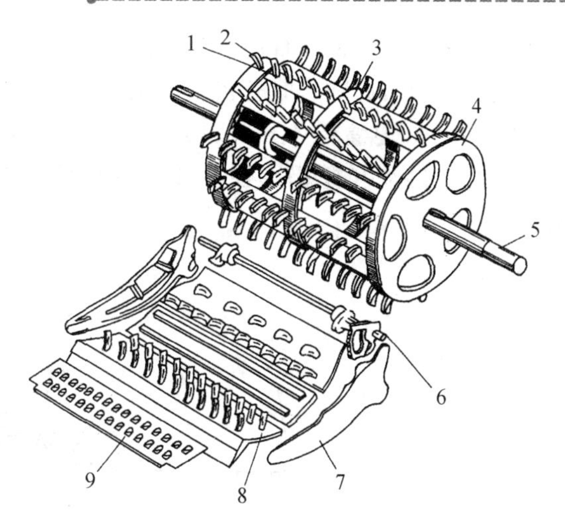

图9-10 钉齿滚筒、凹板

1. 齿杆 2. 钉齿 3. 支承圈 4. 辐盘 5. 滚筒轴 6. 凹板调节机构 7. 侧板 8. 钉齿凹板 9. 漏粒格

3. 弓齿式脱粒装置（图9-11） 弓齿按螺旋线排列在滚筒体上，滚筒体上各部位的弓齿分为脱粒齿、加强齿和梳整齿三种。凹板是由铁丝编织成的网状筛。弓齿式脱粒装置主要用于水稻脱粒机上。工作时，作物沿滚筒的轴向移动，穗部受弓齿的冲击和梳刷作用而脱粒。

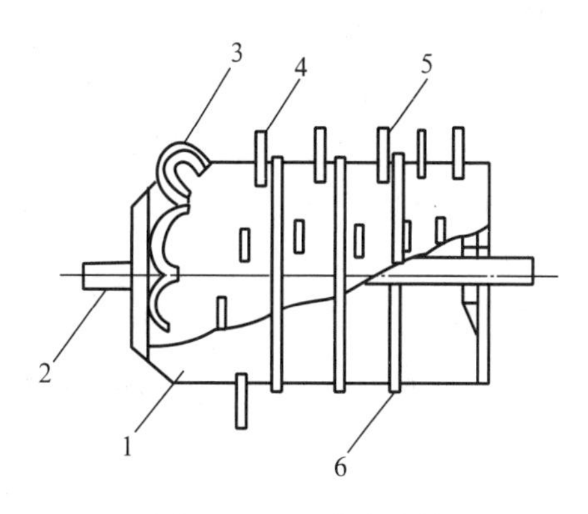

图9-11 弓齿式滚筒

1. 滚筒体 2. 滚筒轴 3. 梳整齿 4. 加强齿 5. 脱粒齿 6. 加强筋

（二）分离装置

分离装置的功用是将以长茎秆为主的脱出物中夹带的谷粒及断穗分离出来，并将茎秆排出机外。分离装置的结构形式有键式、平台式、转轮式等几种。主要利用抛扬原理或离心原理进行分离。

1. 键式逐稿器 键式逐稿器由几个互相平行的键箱组成，根据键箱的数量不同，有三键式、四键式、五键式、六键式等几种，以双轴四键式（图9-12）应用最广，键箱做平面运动，将其上的滚筒脱出物不断地抖动和抛扔，达到分离的目的。逐稿器的前上方安有薄钢板制成的逐稿轮，其作用是把滚筒脱出的茎秆抛送到逐稿器上方进行分离，防止滚筒缠草堵塞。挡帘装在逐稿器的

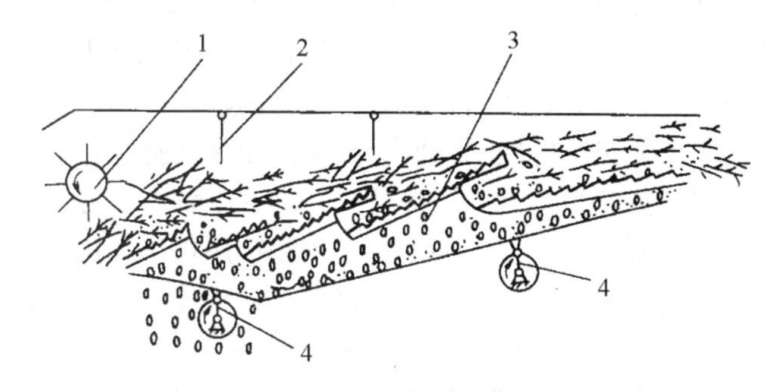

图9-12 键式逐稿器

1. 逐稿轮 2. 挡帘 3. 键箱 4. 曲轴

上方，其作用是降低茎秆向后运送的速度，使茎秆中夹杂的谷粒能全部分离出来。键式逐稿器在复式脱粒机和联合收获机上应用广泛。

2. 平台式逐稿器（图 9－13） 平台具有筛状表面，其运动近似直线往复运动，脱出物受到台面的抖动和抛扔，谷粒穿过茎秆层经台面筛孔分离。一般用于中小型半复式脱粒机上。

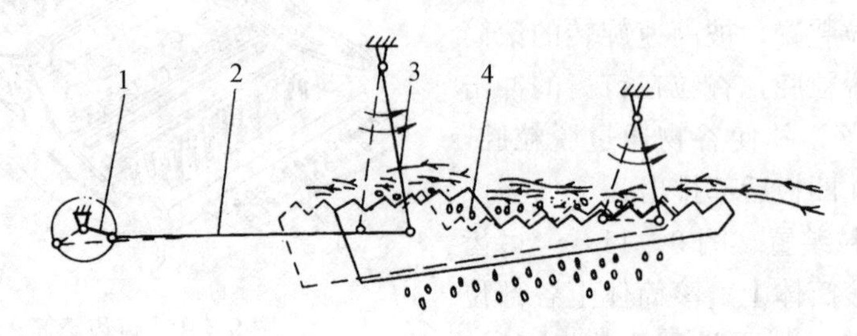

图 9－13 平台式逐稿器

1. 曲柄 2. 连杆 3. 吊杆 4. 平台

（三）清粮装置

清粮装置（图 9－14）的功用是从来自凹板和逐稿器的短小脱出物中清选出谷粒，回收未脱净的穗头，把颖壳、短茎秆等杂余排出机外。使用时，应依据谷粒的清洁率和损失率情况合理调整风量和筛孔开度及倾角的大小。

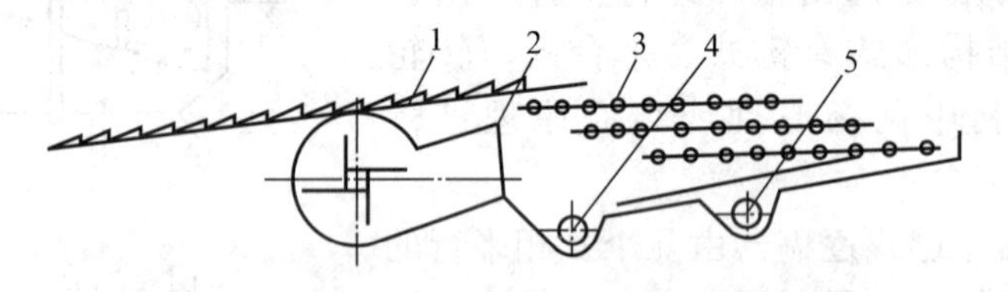

图 9－14 清粮装置

1. 阶梯抖动板 2. 风机 3. 筛子 4. 谷粒推运器 5. 杂余推运器

二、稻麦脱粒机

1. 复式脱粒机 该机构造如图 9－15 所示，可完成脱粒、分离和清粮作业，以脱小麦为主。工作时，谷物经输送喂入装置，进入钉齿式滚筒和冲孔式凹板组成的第一脱粒装置，进行第一次脱粒。脱下的谷粒颖壳、短茎秆等穿过冲孔凹板筛分离出来。未脱净的谷物及茎秆随即进入纹杆式的第二滚筒进行复脱。两凹板筛分离出来的籽粒颖壳、短茎秆等落在阶梯板上。茎秆及其夹杂物经逐稿轮抛到键式逐稿器上。夹在茎秆中的谷粒被抖出，穿过键面筛孔，沿键箱底板滑落到阶梯板上。键面上的茎秆运动到键尾被排出机外。阶梯板上夹杂着的颖壳和短茎秆等由气流配合经筛子被分离清除出机外；穗头经杂余推运器送到复脱器，并由抛掷器抛回阶梯板，再次进入第一清粮室。第一清粮室的谷粒，由推运器推送至除芒器，而后进入第二清粮室。在第二清粮室风扇的清选作用下，清除谷粒中的颖壳和短茎秆，清洁的谷粒则分成两个等级，从两个出粮口排出。

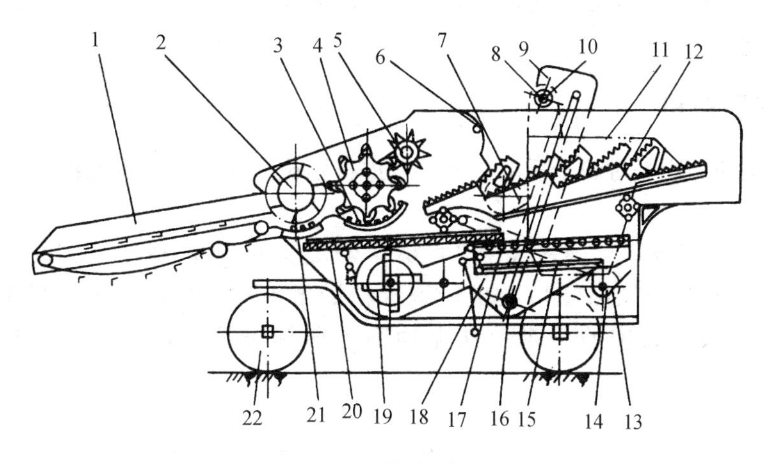

图 9－15　复式脱粒机

1. 输送装置　2. 第一滚筒　3. 第二凹板　4. 第二滚筒　5. 逐稿轮　6. 挡草帘　7. 第二风机　8. 除芒器　9. 升运器　10. 除芒螺旋推运器　11. 第二清粮室　12. 逐稿器　13. 复脱器与输送器　14. 杂余螺旋推运器　15. 冲孔筛　16. 谷粒螺旋推运器　17. 鱼鳞筛　18. 第一清粮室　19. 第一风机　20. 阶梯板　21. 第一凹板　22. 行走轮

2. 轴流式脱粒机　该机是一种以脱稻麦为主，兼脱其他作物的脱粒机（图 9－16）。谷物从喂入台喂入脱粒装置，在滚筒杆齿和上盖导向板的共同作用下，沿凹板从喂入口向排草口轴向螺旋脱粒，脱下的籽粒经栅格凹板筛分离；长茎秆不断抖动分离夹带的谷粒后，经排草板从排草口排出。脱下的谷粒、颖壳、短茎秆等通过凹板落在振动筛面上，随着筛面的振动和风扇气流的清选，谷粒经筛孔落入水平搅龙，被推送至叶轮抛射器。抛射叶轮将谷粒从抛射筒抛出机外。颖壳、短茎秆等从排杂口送出。其特点是不设专门的分离装置，利用谷物在脱粒装置中脱粒时间较长，在较低的滚筒转速和较大的脱粒间隙条件下，用凹板筛直接分

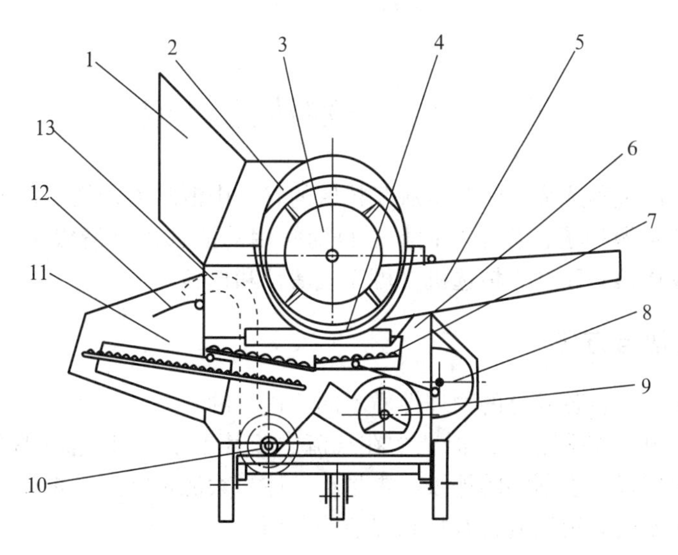

图 9－16　轴流式脱粒机

1. 排草口　2. 导向板　3. 杆齿滚筒　4. 凹板筛　5. 喂入台　6. 机架　7. 振动筛　8. 偏心轮　9. 风机　10. 谷粒搅龙　11. 排杂口　12. 调节滑板　13. 谷粒抛射器

离籽粒。轴流式脱粒机，谷物的脱净率高，籽粒破损少，所以不仅大田收获应用，且适于育种收获的机械化。

三、玉米脱粒机

玉米脱粒机的功用是对晾干后的玉米果穗进行脱粒。常用玉米脱粒机的构造如图 9－17 所示。

工作时，人工将玉米果穗从喂入斗喂入，经滚筒和凹板脱粒，脱出物通过凹板孔由风机气流清选，轻杂物经出糠口吹出，玉米粒沿出粮口送出，玉米芯借助螺旋导板排到振动筛上，混杂在其中的玉米粒从振动筛孔漏到出粮口，玉米芯从振动筛上排出机外。

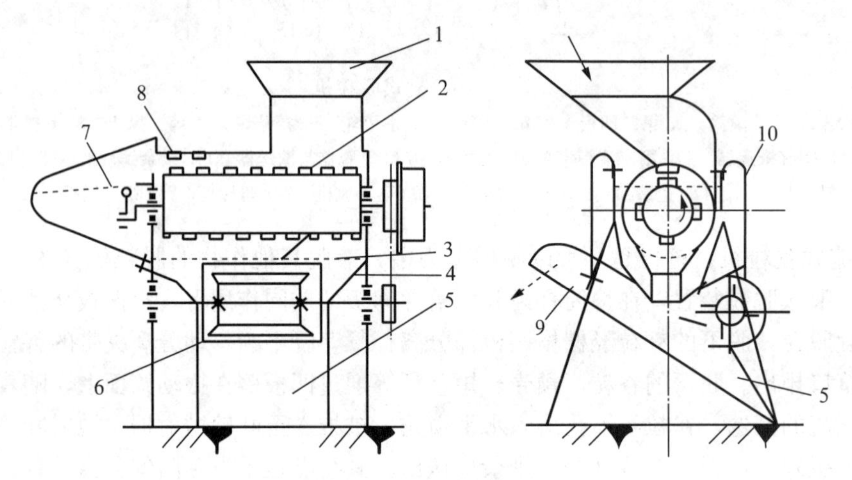

图 9－17　玉米脱粒机

1. 喂入斗　2. 滚筒　3. 凹板　4. 滑板　5. 出粮口　6. 风机
7. 振动筛　8. 螺旋导板　9. 出糠口　10. 弹性振动杆

第三节　谷物清选机械

谷物清选包括清粮和选粮。清粮是从脱粒后的谷物中清除夹杂物，选粮是将清除夹杂物的粮食分级，以分别做种子、食用和饲料。目前常用的清选机有清粮机（只能完成清粮）、选粮机（只能完成选粮）和复式精选机（可完成清粮和选粮）。

一、清选原理与方法

清选是利用被清物料各成分的物理性质不同而进行的。

1. 气流清选　由于各种谷粒及混杂物在气流中依其重量和对气流的接触面积的大小不同，可以将种子分成轻、重不同的等级，重量小、体积大能被吹走，重量大、体积小则先落下。所以，按重量不同利用气流将谷粒和混杂物分离。

某物体在垂直气流的作用下，当气流对物体的作用力等于该物体本身的重量而使物体保持飘浮状态时气流所具有的速度称该物体的飘浮速度（临界速度）。可利用谷物与混杂物飘浮速度不同而分离。

2. 筛选 筛选是使混合物在筛上运动，由于混合物中各种成分的尺寸和形状不同，可把混合物分成通过筛孔和通不过筛孔两部分，以达到清选的目的。常用的有编织筛、鱼鳞筛和冲孔筛。筛孔形状有圆孔和长孔。圆孔筛按谷粒的宽度分选，长孔筛按谷粒的厚度分选。

3. 窝眼筒清选 窝眼筒又称选粮筒，它是按谷粒的长度进行分选。窝眼筒是用金属板围成的圆柱筒，内壁上有许多直径一致的圆凹形的窝眼，窝眼筒稍作倾斜放置，筒内装有固定的分离槽。工作时，谷粒从窝眼筒的一端进入筒，在窝眼筒旋转过程中，长度小于窝眼直径的谷粒，进入窝眼，随窝眼旋转到一定高度时，靠自身的重量落入分离槽从末端出口排出；长度大于窝眼直径的谷粒，不能进入窝眼被带走，即沿窝眼筒轴向运动到另一端流出，完成分选。

4. 按谷粒的密度分离 谷粒的密度依种类、湿度、成熟度和受害虫损害程度等不同而不同。根据密度的大小可将混合物分离。在一定浓度的液体中，密度小的物体易浮起，密度大的物体易下沉。因此，可以利用密度进行分选。所用液体的浓度，依混合物的种类和要求而不同。

5. 按谷物的表面特性分离 可根据种子表面光滑和粗糙程度的不同而将其分离，如按谷粒摩擦系数的不同，谷粒沿斜面下滑的倾角和速度不同而分离。

二、常用清选机械

（一）扬场机

扬场机是谷物收获后和加工前初清（去除颖壳、短茎秆、草籽、尘土等轻杂物）最常用的机具。它结构简单，使用方便，效率高，其构造如图 9－18 所示，利用空气阻力和谷粒重量来分离。当联合收获机收获的谷粒湿度较大或含杂物较多时，收后可立即用它清选，可使谷物清洁，并减少水分。

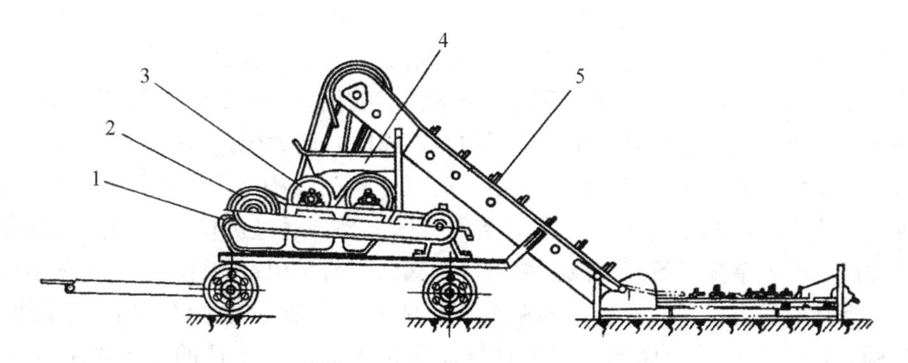

图 9－18 扬场机

1. 机架 2. 扬谷带 3. 压紧辊 4. 料斗 5. 输送带

（二）复式精选机

图 9－19 为复式精选机的结构及工作过程简图。

1. 精选机的结构 该机主要由三部分组成：

（1）风选部件。由前吸风道、前沉积室、中间沉积室、后沉积室、后吸风道、风机、风

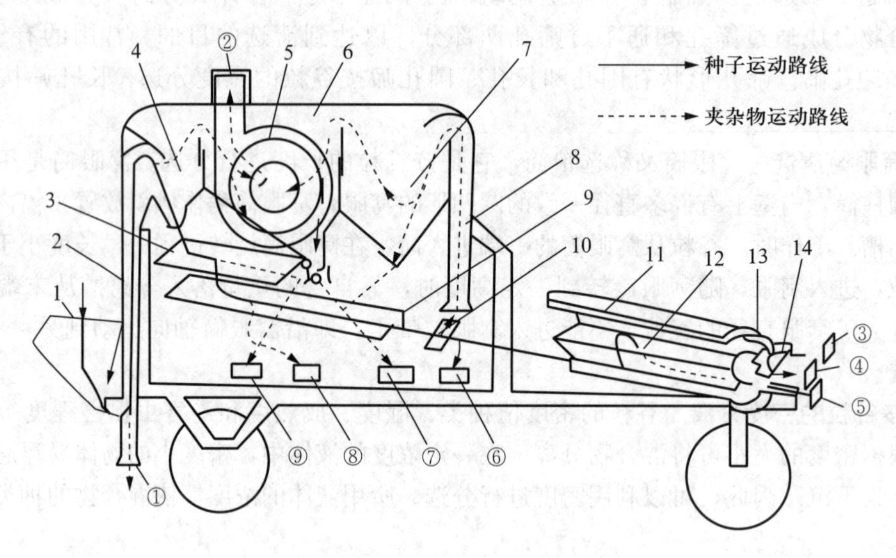

图 9-19 复式精选机

1. 料斗 2. 前吸风道 3. 上筛 4. 前沉积室 5. 风机 6. 中间沉积室 7. 后沉积室 8. 后吸风道 9. 下筛 10. 后筛 11. 选粮筒 12. 承种槽 13. 叶轮 14. 排种槽

①重夹杂物出口 ②风机出风口 ③④⑥种子出口

⑤短种子及夹杂物出口 ⑦⑧⑨夹杂物出口

量调节机构及活门组成。

(2) 筛选部件。由上筛、下筛、后筛等组成。

(3) 选粮筒等。

2. 工作原理 复式种子精选机主要利用种子几何尺寸和垂直气流的清选原理进行去杂和分级的。

工作时，在风机产生的垂直气流的作用下，种子等由料斗经喂入辊来到前吸风道。由于前吸风道气流速度小于重杂的飘浮速度，于是重杂逆流而下，从出口①排出；但此时的气流速度大于种子的飘浮速度，于是种子等随气流来到前沉积室。由于前沉积室断面积大于前吸风道的断面积，所以气流速度降到小于种子的飘浮速度，而大于杂质的飘浮速度，于是种子沉积下来；杂质随气流进入中间沉积室。中间沉积室断面面积又大于前沉积室的断面面积，气流速度进一步下降，飘浮速度比较大的杂质沉积下来，通过机械开闭的活门由出口⑦排出；飘浮速度小的轻杂随气流经过风机由出口②吹出。前沉积室的种子压开常闭活门进入上筛，在上、下筛的作用下，尺寸较大的粗杂从⑨排出，细杂从⑧排出。留在下筛面上的种子流向后筛，后筛正对后吸风道，在垂直气流作用下病弱、虫蛀的种子被吸入后沉积室沉积下来，后从出口⑦排出，轻的夹杂物从出口②排出；留在后筛的优良种子如不再按长度进行分级，就从出口⑥装袋。如还要按长短分级，盖住出口⑥，打开去选粮筒的通道，种子在选粮筒作用下，较长的种子进入承种槽，向后运动由出口⑤排出；而较短的种子沿选粮筒底部向后运动进入叶轮，叶轮随选粮筒转动将短种子带到上方，从出口③、④排出。

气流速度可通过风量调节板调整，以适应不同种子。为防止筛片堵塞，上筛安有打击

锤，下筛安有毛刷等清筛装置。

（三）重力精选机

重力精选机是在种子经过初选以后，再按其密度的不同进行分级时使用。

图9-20为重力精选机结构简图，由风机、吸气管路、分离筒、闭风箱、振动电机、分级台等部分组成。

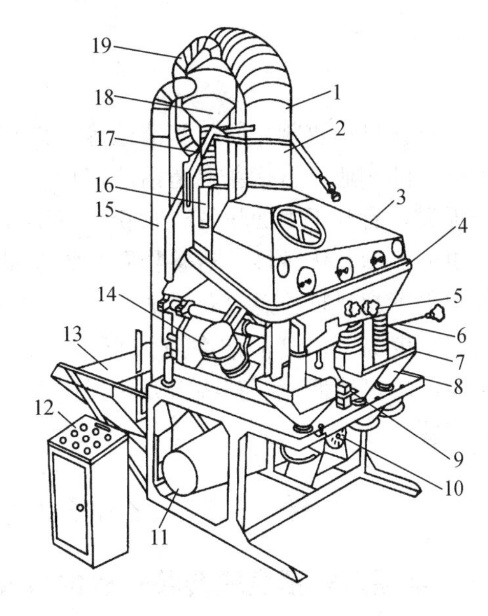

图9-20 重力精选机

1. 吸风管 2. 伸缩风管 3. 密封罩 4. 分级台 5. 分级挡板调整手柄 6. 纵向倾角调整机构 7. 闭风袋 8. 接种斗 9. 横向倾角调整机构 10. 电机 11. 风机 12. 控制箱 13. 料斗 14. 振动电机 15. 输料管 16. 闭风箱 17. 伸缩输料管 18. 分离筒 19. 支管

工作时料斗里的种子被输料管内的垂直气流送到分离筒，夹在种子中的重杂质逆流由管子下端排出。由于分离筒体积增大，气流速度下降，种子沉积下来，经伸缩管进入压力式闭风箱；种子中的轻杂物随气流经支管、风机排出机外。闭风箱中堆积的种子重力克服弹簧力时推开压力门流进分级台。

分级台由台体、密封罩、回料管、分级挡板等组成。台体由网状的台面承接种子，下面是隔板，起支承台面和导流的作用，再下面是冲孔板，起匀布气流作用。台体的一侧长槽内设有可调节的分级挡板。整个台面用密封罩封闭，空气只能从下面冲孔板进入分级台。分级台面沿纵向和横向各有一倾角。

工作时，分级台在振动电机的作用下纵向振动，将来到分级台上的种子均匀地分布在台面上，风机工作气流由冲孔板吸入，流向筛网式台面，作用于种子层，种子在机械振动和向上气流的作用下，按密度不同上下分层，轻的在上层、重的在下层，并以不同运动路线流向出种槽的不同位置而排出，没有分开的混淆的种子经回料口回到分级台重新进行分级。台面上轻杂由吸风管、风机排出。

重力精选机的振动方向、振幅、分级台的纵向和横向倾角、吸风管的风压等都可调整，以适应不同密度的种子进行分级。

复习思考题

1. 作物的机械收获方法哪几种？各有何特点？按功能分类，收获机械包括哪些机械？
2. 简述收割机的功用与基本构成。玉米收割机有几种结构形式？主要由哪几部分组成？
3. 谷物脱粒的方法有哪些？举例说明几种典型脱粒装置。
4. 叙述轴流滚筒脱粒装置的构造和特点。
5. 简述谷物清选的主要原理。

第十章　谷物联合收获机

联合收获机集收割、脱粒和清选等工作装置为一体，一次完成作物的切割、脱粒、分离和清粮等全部作业，直接获取清洁的粮食。它能有效地提高劳动生产率、降低劳动强度、减少谷粒损失，有利于大面积及时收获，特别在收获季节降雨较多的地区，用联合收获机抢收稻麦，更能显示其优越性。对谷物联合收获机的农业技术要求为：收割、脱粒、分离、清粮等总的损失不超过籽粒总收获量的2%；籽粒破碎率一般不超过1.5%；收获的籽粒应清洁干净，以小麦为例，其清洁率应大于98%；割茬高度愈低愈好，一般要求在15 cm左右，割大豆时应尽可能低。对某些需要茎秆还田地区，或因客观条件限制降低割台高度有困难，允许高一些。

第一节　全喂入式稻麦联合收获机

一、全喂入式稻麦联合收获机的分类

1. 按动力驱动方式分类　稻麦联合收获机可分为牵引式、自走式和悬挂式三种类型（图10-1）。

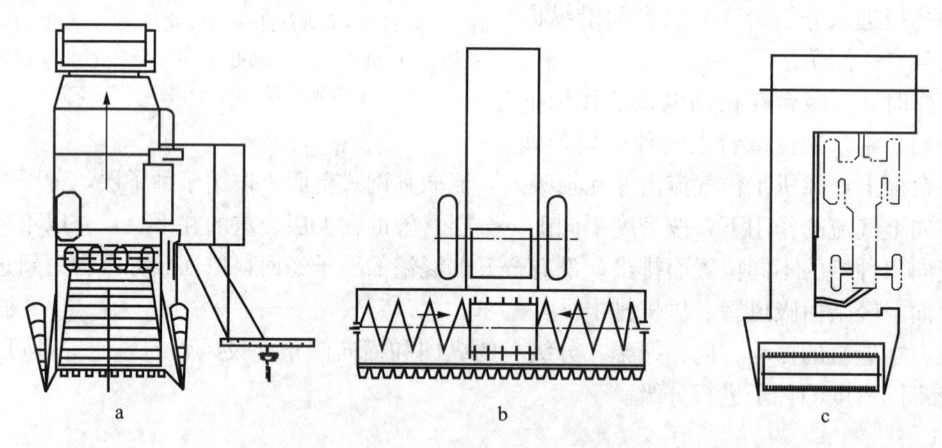

图10-1　联合收获机动力种类

a. 牵引式　b. 自走式　c. 悬挂式

（1）牵引式。牵引式联合收获机又可分为本身带发动机和不带发动机两种，工作时均由拖拉机牵引前进。自带发动机的牵引式联合收获机，其工作部件所需动力由本身所带发动机供给，故机器的动力充足，可以增大割幅，提高生产率。不带发动机的牵引式联合收获机，使拖拉机的动力得到充分利用，由于受拖拉机动力的限制，割幅不能过大。牵引式联合收获机的缺点是机组庞大，机动性差，收获台不能配置在机组的正前方，不能自行开道。

（2）自走式。自走式联合收获机自带发动机和行走系统，收获台配置在机器的正前方，

机动性好，生产率高。缺点是造价高，发动机和底盘不能全年充分利用。目前，工业发达国家生产的联合收获机绝大部分是自走式。

（3）悬挂式。悬挂式联合收获机分为全悬挂和半悬挂两种，半悬挂式联合收获机使用极少。悬挂式联合收获机具有牵引式和自走式联合收获机的主要优点，造价较低，能有效利用拖拉机的动力。但总体布置受拖拉机的限制，驾驶员视野不好，机器的动力传递较为复杂。

2. 按作物的喂入方式分类　联合收获机可分为全喂入式和半喂入式两种。

（1）全喂入式。被割下稻麦全部喂入脱粒装置中进行脱粒。按稻麦通过滚筒的方向不同，全喂入式又可分为切流滚筒式和轴流滚筒式两种。切流滚筒式联合收获机工作时，稻麦沿旋转滚筒的切线方向运动，经脱粒后，沿滚筒后部切线方向排出。切流式全喂入联合收获机适合收获小麦。轴流滚筒式联合收获机工作时，稻麦从滚筒的一端喂入，并沿轴流滚筒轴向做螺旋状运动，它通过滚筒的时间较长，脱下的谷粒可以被充分分离，因此可省去尺寸庞大的逐稿器，减小了机器的体积和重量，它对小麦、水稻作物均能通用。

（2）半喂入式。割下的稻麦用夹持链夹住茎秆基部，仅使穗头部分进入脱粒装置，因此能保持茎秆比较完整，它特别适合收获水稻。

二、全喂入联合收获机一般构造

全喂入自走式联合收获机一般由收割台、脱粒装置、分离清选装置、发动机、底盘、传动系统、电气系统、液压系统、驾驶室和粮箱等部分组成，有些机型还配有集草箱或茎秆切碎装置等附件。

1. JL1065 型谷物联合收获机　该机构造如图 10－2 所示。工作时，作物在拨禾轮的扶持作用下，被切割器切割。割下的作物在拨禾轮的铺放作用下，倒在收割台上。收割台推运器将作物从两侧向割台中部集中，伸缩扒指将作物送到倾斜输送器，如有石块或坚硬物，则落入滚筒前的集石槽；作物进入脱粒装置，在纹杆式滚筒和凹板的作用下脱粒。大部分脱出物（谷粒、颖壳、短碎茎秆）经凹板栅格孔落到阶梯抖动板上；茎秆在逐稿轮的作用下抛送到键式逐稿器上，经键式逐稿器和横向抖草器弹齿的翻动，使茎秆中夹带的谷粒分离出来，经键箱底部滑到抖动板上，键面上的长茎秆被排出机外。落在抖动板上的脱出物在向后移动的

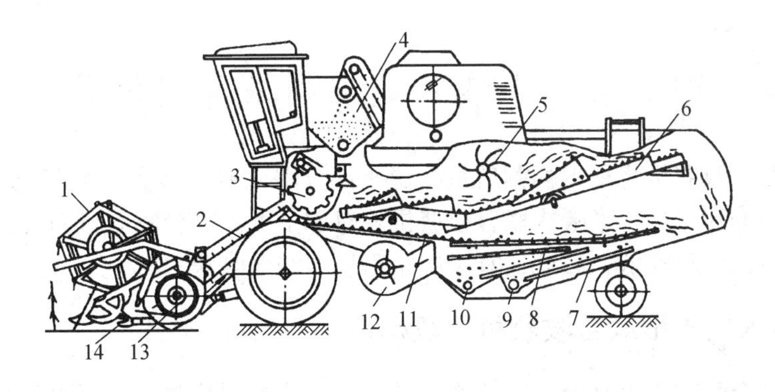

图 10－2　JL1065 型谷物联合收获机

1. 拨禾轮　2. 倾斜输送器　3. 滚筒　4. 粮箱　5. 横向逐稿轮　6. 键式逐稿器
7. 滑板　8. 筛子　9. 杂余螺旋推运器　10. 谷物螺旋推运器　11. 抖动板　12. 风机
13. 割台输送器　14. 切割器

过程中，颖壳和碎茎秆浮在上层，谷粒沉在下面。脱出物经过抖动板尾部栅条，又被蓬松分离，进入清粮筛，在筛子的抖动和风扇气流的作用下，将大部分颖壳、碎茎秆等吹出机外，未脱净的穗头经尾筛落入杂余推运器，经升运器进入脱粒装置再次脱粒；通过清粮筛筛孔的谷粒，由谷粒推运器和升运器送入粮箱。

2. 新疆-2型谷物联合收获机 新疆-2联合收获机（图10-3）是一种小型自走式联合收获机，以收获小麦为主，还可兼收水稻、大豆等作物。其特点是结构紧凑，操作方便，机动灵活，特别适应于小块地和作物含水量大或在潮湿地收获作业。该机脱粒部分采用双滚筒结构。第一滚筒为齿板式滚筒，抓取作物的能力强，便于作物均匀连续地喂入脱粒装置，脱粒效果好。第二滚筒为多种脱粒元件组合的轴流式滚筒，可对第一滚筒排出的脱出物多次反复地冲击和搓擦，确保脱粒干净。由于采用轴流滚筒，茎秆中的籽粒在脱粒的同时就与稿草全部分离，稿草由第二滚筒抛出机外。所以，该机省去了庞大的逐稿器，整机小巧玲珑。

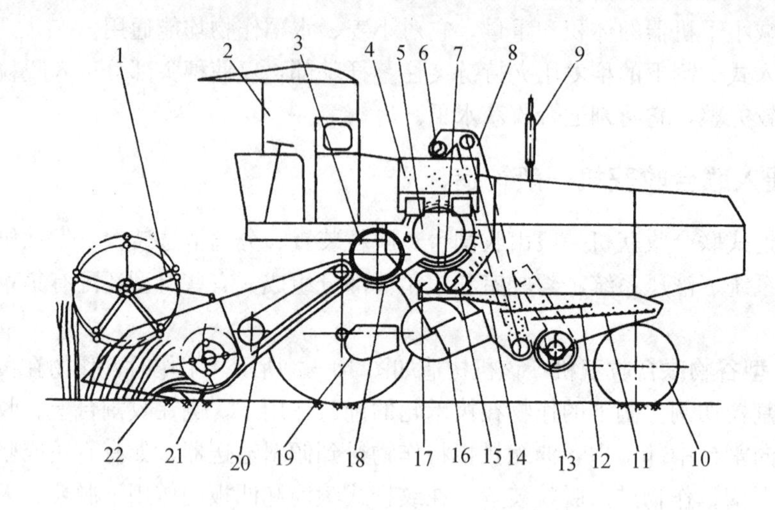

图10-3 新疆-2型谷物联合收获机

1. 拨禾轮 2. 驾驶台 3. 板齿滚筒 4. 粮箱 5. 轴流滚筒 6. 卸粮搅龙 7. 凹板 8. 籽粒升运器 9. 发动机排气管 10. 转向轮 11. 下筛 12. 上筛 13. 复脱器 14. 抖动板 15. 第二分配搅龙 16. 离心风机 17. 第一分配搅龙 18. 板齿滚筒凹板 19. 前桥 20. 倾斜输送器 21. 割台输送器 22. 切割器

第二节 半喂入式水稻联合收获机

半喂入式联合收获机将稻麦切割后只有穗头部分喂入脱粒装置，它特别适合水稻收获。由于半喂入脱粒的特殊性，半喂入联合收获机相对于全喂入联合收获机而言，机型较小，结构较复杂，单位功率消耗低，因此适宜于中小田块的稻麦收获。

一、半喂入式水稻联合收获机一般构造

半喂入式联合收获机由割台、夹持输送链、弓齿滚筒脱粒装置、二次脱粒装置、清粮装置、行走装置、动力及传动装置等组成（图10-4）。割台采用立式割台，个别采用卧式割台；一般采用橡胶履带行走装置，也有的采用船式结构加驱动叶轮。对这类机型的一般要求是：要有良好的水田通过性能，总损失率低于3.5%，并要考虑茎秆的收集与处理。我国在

20世纪70年代至80年代研制了多种半喂入式水稻联合收获机。

半喂入水稻联合收获机的结构和工作特点是：割台切割下来的作物要保持整齐；采用较长的夹持输送链夹持作物茎秆以完成中间输送并送给脱粒夹持链；作物在脱粒夹持链夹持下穗部进入脱粒滚筒脱粒；由于茎秆在夹持状态下喂入穗部脱粒，因而滚筒上脱粒元件梳脱穗头的功耗低，籽粒损伤少；茎秆可完整输出；省去了分离装置。为了能将作物夹持牢固和保持整齐及为了保证较高的脱净率，夹持链运动速度不能太高，夹持厚度不能太厚，因而限制了这种机器的生产率。故半喂入式水稻联合收获机是一种小型联合收获机。

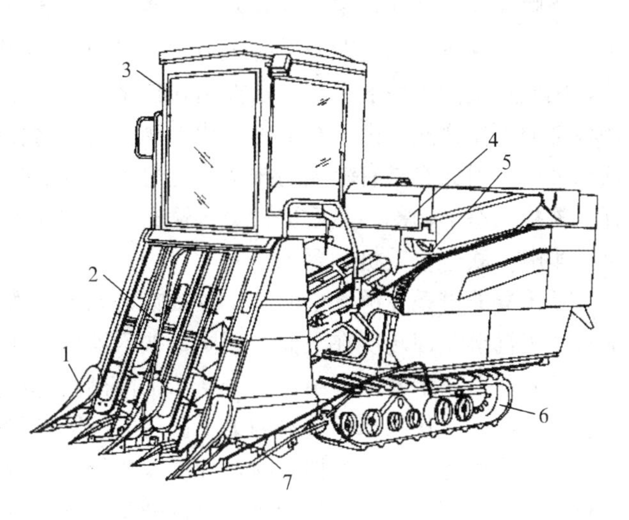

图10-4 半喂入联合收获机

1. 分禾器 2. 扶禾器 3. 驾驶室 4. 脱粒装置 5. 输送链 6. 行走装置 7. 切割器

二、典型半喂入式水稻联合收获机

目前，我国已大面积应用半喂入式水稻联合收获机，其中有日本产的久保田、洋马等系列产品等，也有国内产品（图10-5）。

图10-5 典型半喂入式水稻联合收获机

a. 久保田系列半喂入水稻联合收获机 b. 洋马牌半喂入水稻联合收获机 c. 太湖牌半喂入水稻联合收获机

半喂入联合收获机采用立式割台，通常由扶禾器、辅助拨禾装置、切割器等部件组成。用于扶起、理齐、切割及直立输送作物。由于在立式割台上，扶禾器易和输送装置发生干涉，因此立式割台一般采用链条拨指式扶禾器（以下简称扶禾器）。工作时扶禾器拨指从作物根部插入作物丛，由下至上将倒伏作物扶起或将作物理齐。而不是像拨禾轮那样从作物的顶部插入。因此它具有较强的扶倒伏能力和茎秆梳理作用。在辅助拨禾装置的配合下，使茎秆在扶持状态下切割，然后进行交接输送。这样能保持茎秆直立、禾层均匀不乱，较好地满足了半喂入联合收获机的要求。

扶禾器的链条在链盒中回转。铰接在链条上的拨指，受链盒内导轨的控制，可以伸出和缩进。根据链条回转所在平面的不同，扶禾器可分倾斜面型和铅垂面型两种。

倾斜面型扶禾器的链条在一个与水平面倾斜 70°～78°的平面内回转，这种扶禾器以链盒的正面宽度进入作物丛，链盒内上下链轮之间装有导轨，拨指通过链节销与链条铰连。当拨指头部的导块运动到作物穗部时，导块脱离导轨，拨指缩进链盒。缩进点可根据作物的高度进行调节。相邻两链盒的拨指是成对排列工作的。倾斜面型扶禾器的优点是：拨指和导轨的结构简单；拨指伸出时运动平衡。由于相邻两个链盒“无拨指工作区”的宽度较大（一般在 400 mm 左右），此处的作物需要由分禾器将其推斜到拨指的工作区内，以便被扶起，因而茎秆的横向倾斜较大，不利于收获窄行距和矮秆作物。

第三节　玉米联合收获机

玉米联合收获机按机器结构和完成收获作业的程度，可分为卧辊式玉米摘穗剥叶联合收获机、立辊式玉米摘穗剥叶联合收获机和玉米籽粒联合收获机。近年来，我国研制的玉米收获机已普遍应用，收获籽粒玉米联合收获机正在研制开发中。

一、纵卧辊式玉米摘穗剥叶联合收获机

4YW－2 纵卧辊式玉米摘穗剥叶联合收获机如图 10－6 所示。

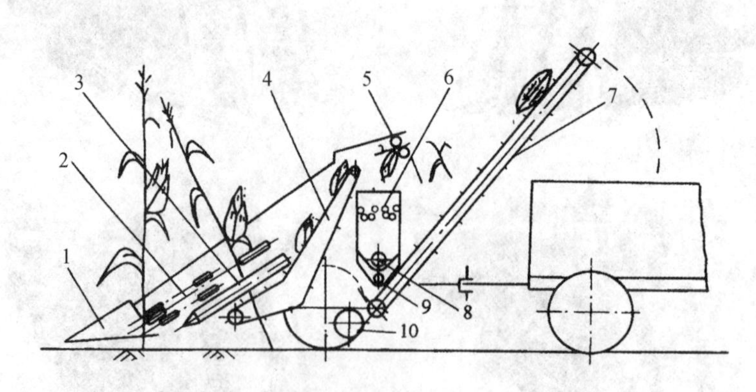

图 10－6　纵卧辊式玉米摘穗剥叶联合收获机

1. 扶导器　2. 喂入链　3. 摘穗辊　4. 第一升运器　5. 排茎辊　6. 剥叶装置　7. 第二升运器　8. 苞叶螺旋推运器　9. 籽粒回收螺旋　10. 茎秆切碎器

工作时，分禾器将秸秆导入秸秆输送装置，在拨禾链的拨送和挟持下，经纵卧辊前端的

导锥进入摘穗间隙，摘下果穗，落入第一升运器送向升运辊，摘下残存的茎叶，落入剥叶装置。剥下苞叶的干净果穗落入第二升运器，送入机后的拖车中。剥下的苞叶及夹在其中的籽粒、碎断茎叶一起落入苞叶螺旋推运器，在向外运送过程中，籽粒通过底壳上的筛孔落入籽粒回收螺旋推运器，经第二升运器，随同清洁的果穗送入机后的拖车，苞叶被送出机外。

作业前应进行全面检查与调整，使机具的技术状态达到正常要求，适宜本地待收玉米的具体情况。主要的调整有以下几方面：

1. 摘穗辊间隙的调整　是通过调整摘辊前轴承的位置来实现的。摘辊工作间隙增大，可以改善抓取条件，但会增加果穗的咬伤并减小拉引茎秆的能力。收获乳熟期和蜡熟期的玉米时，需适当增大摘辊的工作间隙，以提高抓取能力，并防止过多地拉断压碎茎秆。收获完熟期特别是过熟期的玉米时，摘辊工作间隙应适当调小，以提高摘穗可靠性，并减少果穗损伤。一般两摘辊的工作间隙为12～16 mm，调节范围为11～13 mm。

2. 剥叶装置的调整　剥叶装置在使用中需调整剥辊贴紧程度和输送器位置。每对剥辊应有适度的贴紧力，并且整个长度上贴紧力应该一致，若入口端有间隙，剥叶效果会下降，若出口端有间隙，会造成堵塞。所以两端必须协调调整。在4YW－2型玉米收获机上，剥辊间压紧力是通过调压螺母来调整的。每对剥辊间的压力不能过大，否则会使胶辊磨损过快。压送器相对剥辊的高低位置也是可调的。在果穗粗、产量高、苞叶松散的情况下，压送器应调高；反之，应降低。一般压送器的橡胶板与剥辊的距离为20～40 mm。

3. 扶导器与摘穗辊入禾高度的调整　扶导器的功用是将倒伏的玉米植株扶起来，使之进入喂入机构和摘穗辊之间，防止漏收。依据玉米结穗部位的高低和倒伏情况，扶导器尖和摘穗辊尖的一般调整原则为：结穗部位低、倒伏严重时，摘穗辊尖和扶导器尖都应尽量低。摘辊尖低到不致刮地为止，扶导器尖贴近地面滑动；结穗部位高、倒伏严重时，摘辊尖可以适当提高，而扶导器尖仍应贴近地面滑动；结穗部位高、茎秆直立时，摘辊尖和扶导器尖均应提高。摘穗辊尖的高低是通过机架的起落机构来调整的。扶导器尖的位置除随起落机构变动外，还可通过专用机构进行调整。扶导器尖与扶导器体铰接，改变多孔连接板的固定孔位，即可调整扶导器尖的高低。

二、立辊式玉米摘穗剥叶联合收获机

立辊式玉米摘穗剥叶联合收获机如图10－7所示，工作时，茎秆在分禾器、拨禾链的作用下，进入夹持链，当茎秆被喂入链轮抓取夹住后，被切割器从根部切断。割下的茎秆继续被夹持输送链向后输送，经挡禾板的阻挡转一角度后从根部喂入摘穗辊。果穗在摘穗辊的作用下被摘下，落入第一升运器（横向）并被送入剥叶装置。果穗受到剥辊的作用，在向后滚动的过程中，被剥下苞叶，落入第二升运器。剥下的苞叶和其中的籽粒在随苞叶螺旋推运器向外运动的过程中，籽粒通过底壳上的筛孔落到下面的回收螺旋推运器中，经第二升运器，随同清洁的果穗一起送入机后的拖车中，苞叶被送出机外。

三、玉米籽粒联合收获机

目前使用较广泛的玉米籽粒收获机是专用的玉米摘穗台（又称玉米割台），配套于谷物联合收获机上，由摘穗台摘下玉米果穗，利用谷物联合收获机上的脱粒、分离、清粮装置来

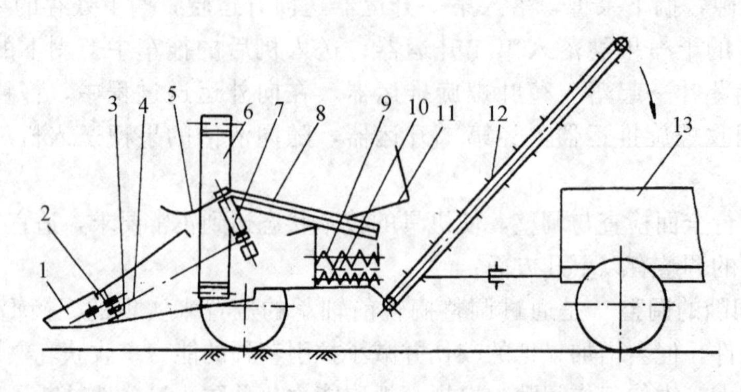

图 10－7　立辊式玉米摘穗剥叶联合收获机

1 分禾器　2. 拨禾链　3. 切割器　4. 夹持输送链　5. 挡禾板　6. 第一升运器　7. 摘穗辊　8. 剥叶装置　9. 苞叶螺旋推运器　10. 籽粒回收推运器　11. 茎秆铺放装置　12. 第二升运器　13. 拖车

实现直接收获玉米籽粒。专用玉米摘穗台简化了玉米收获机的结构，提高了谷物联合收获机的利用率，经济效益高，是玉米收获机械化发展的趋势。玉米摘穗台有摘穗板式、切茎式、摘板切茎式等几种，目前主要采用的是摘穗板式摘穗台（图 10－8）。

玉米摘穗台工作时，分禾器从茎秆根部将茎秆扶正，导向拨禾链（两组相向回转），拨禾链将茎秆引进摘穗板和拉茎辊的间隙中。每行有一对拉茎辊，将茎秆向下拉引。在拉茎辊的上方设有两块摘穗板，两板的间隙小于果穗的直径，便于摘落果穗。摘下的果穗被拨禾链带向果穗螺旋推运器，将果穗从割台两侧向中部输送，经中部的伸缩拨指送入倾斜输送器，再送入谷物收获机的脱粒装置去脱粒。拉茎辊的下方设有清除刀，能及时清除缠绕在拉辊上的杂草，防止阻塞。

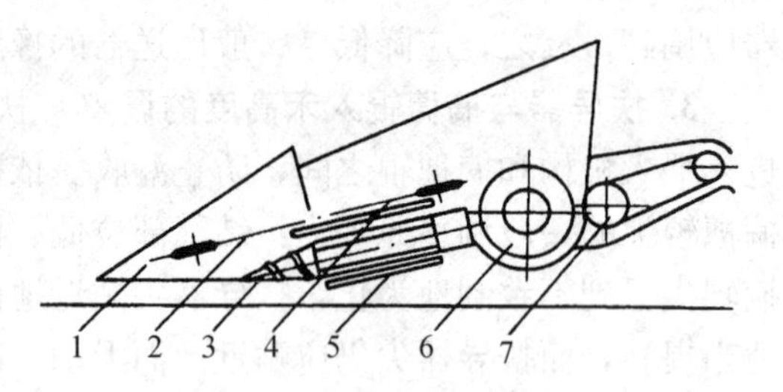

图 10－8　摘穗板式摘穗台

1. 分禾器　2. 拨禾链　3. 拉茎辊　4. 摘穗板　5. 清除刀　6. 果穗螺旋推运器　7. 倾斜输送器

将摘穗台配置在谷物联合收获机上收获玉米时，应对脱粒、分离、清粮等装置根据所收获玉米的参数要求进行适当的调整。收获的行数，根据谷物联合收获机的收获能力确定。联合收获玉米时，要求玉米的成熟程度基本一致，籽粒湿度在 30％以下；应有相应的干燥设备，及时使籽粒湿度降到 13％，达到安全储存要求。

复习思考题

1. 何谓联合收获机？
2. 简述水稻联合收获机的分类和基本构成。
3. 谷物联合收获机的农业技术要求有哪些？
4. 玉米联合收获机有哪几种型式？
5. 简要叙述半喂入式水稻联合收获机的总体构成和工作过程。

第十一章 经济作物收获机械

除谷物等作物外，我国还大量种植各种经济作物，如花生、甜菜、棉花和甘蔗等。这些经济作物不仅具有很强的地域性，而且机械收获难度比较大，收获机械正在不断完善。

第一节 花生收获机械

我国花生常年种植面积约500万hm^2，总产不但占我国油料作物50%而位居首位，而且也是世界花生产量第一大国。然而，我国花生种植方式多样，收获机械研究起步较晚，花生联合收获机、捡拾收获机等技术尚存在适应性问题，花生收获作业仍以分段收获和两段收获的小型机械为主，机械化水平相对较低，在一定程度上制约了我国花生生产的持续发展。由于我国花生主产区主要分布在河南、山东、安徽、河北、辽宁、湖北、江苏及吉林等多个省份，气候条件、土壤类型、种植模式、花生品种与植株性状、耕地规模和耕作制度等地域差异性显著，对花生收获机械适应性提出了更高要求。

一、花生收获方法与工艺流程

花生“地上开花、地下结果”的特点使得收获过程比较复杂，其包括起挖、去土、晾晒、捡拾、摘果、清选等多个工艺环节。同谷物机械收获方法相类似，花生机械收获也分为分段收获、两段收获和联合收获三种方法。不同收获方法决定了机械化收获工艺流程和所用机械及其机械化效果不同。根据花生用途与耕作制府的不同、机械收获方式的不同，花生收获工艺流程具有显著的差异。

1. 分段收获 该方法是花生收获过程各主要环节分别由相应的机械来单独完成作业的一种机械收获方法。机械分段收获花生的工艺流程如图11-1和图11-2所示，而所需机械如图11-3所示，该种收获方法需要采用多种机械完成花生收获过程的主要环节作业，其中主要有花生起收机、田间运输机、花生摘果机和花生清选机等。该收获方法相对简单，但所用机械种类和数量多，小型机械多，机械作业单一且作业次数多，作业效率低，花生损失比较大等，是一种较低水平的机械化收获方式。

（1）分段收获干花生工艺流程。一年一季种植或花生收获距离下茬作物播种时间间隔较大的花生产区，通常在花生荚果含水率降低到一定程度时进行摘果即收获干花生。分段收获花生工艺流程一般分3个阶段9～10个工艺环节。

第一阶段称为“起花生”或“拔花生”，有时也叫“收花生”，由起挖、抖土、放铺、晾晒4个环节构成。“起挖”是将花生地下根部和荚果一起从土壤中挖出或拔出；“去土”是指去除花生根部和荚果间粘结和夹带的土壤或石块；“放铺”是将去土后的花生植株有序地放成条铺，以便收到更好的自然晾晒效果；“晾晒”是使花生植株条铺在田间自然晾晒，降低水分。

起挖→去土→放铺→晾晒→集堆→运输→摘果→清选→集果集秧

图 11-1　人工或机械分段收获干花生工艺流程

第二阶段是“拉花生”或“运花生”，一般由打捆或集堆、运输 2～3 个工艺环节构成，即将晾晒一定程度的花生植株打捆或集堆、装车运输至场院或庭院，进一步晾晒以便集中摘果作业。

第三阶段是“摘花生”或称“打花生”，一般由摘果、清选、集果和集秧等 4 个工艺环节构成。“摘果”是将花生荚果与植株分离；“清选”是将花生荚果中的石子、土块和碎秸秆等杂质清除；“集果”和“集秧”是分别将清洁后的花生荚果装袋，将花生茎秆堆积处理。

(2) 分段收获鲜花生工艺流程。我国鲜花生收获分下两种情况：一是收获鲜食用的花生；二是将花生收获后及时腾地种植下茬作物。显然，鲜花生收获工艺过程不同于干花生收获：花生起挖后不进行田间晾晒、运输，而是鲜湿状态进行摘果作业，因而整个收获工艺流程变短且相对简单，但花生摘果条件和植株性状显著不同。鲜花生的人工收获工艺过程如图 11-2 所示。

起挖→去土→放铺→集堆→摘果→清选→集果→集秧

图 11-2　人工或机械分段收获鲜花生工艺流程

2. 联合收获　联合收获是指一次完成花生收获整个工艺流程中的起挖、去土、输送、摘果与清选等全部环节的机械收获方法（图 11-3）。采用该种收获方法只需一种花生联合收获机，但由于没有放铺晾晒环节，只能收获鲜湿的花生。花生联合收获机配备有挖拔装置、输送去土装置、摘果装置与清选装置等，前两种装置完成花生的起挖、去土，后两种装置同时完成花生的摘果和清选等作业。该收获方法只能收获鲜湿花生，不需要进行花生植株的放铺、晾晒作业等。从理论上讲，联合收获应该是最理想的花生机械化收获方式，但花生联合收获机需要与花生对行并同时完成鲜花生的起挖、输送、摘果和清选作业环节，收获对象是鲜湿的花生植株与荚果等，机械在潮湿土壤等较差条件下工作，所以机械结构比较复杂且要求与花生垄距、植株高度等农艺结合。

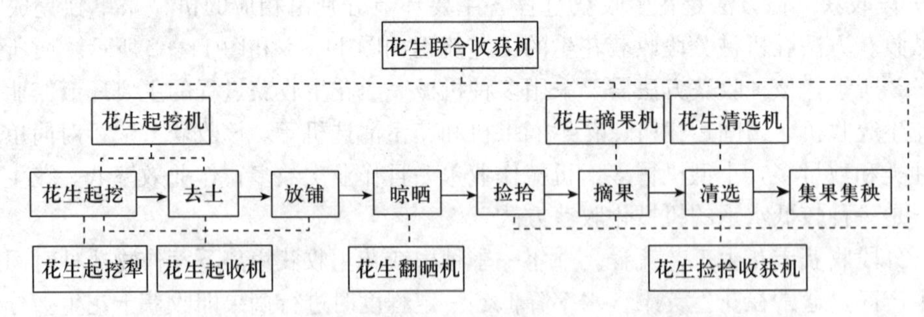

图 11-3　机械收获花生工艺流程及相应环节作业机械

3. 两段收获　将花生收获全过程分为前、后两个主要阶段进行，即第一阶段用花生起收机完成花生的起挖、去土、放铺作业，后一个阶段用捡拾收获机将晾晒于地表的花生植株进行捡拾、摘果、清选和集果等作业。两段收获结合了分段收获与联合收获各自的优点，既解决了鲜湿花生收获难度大、作业条件差且要求适应花生垄距、植株状况等农艺的问题，同时又提高了机械收获作业的效率。典型的两段式花生收获只需要花生起收机和花生捡拾收获

机两种机械，美国花生收获即采用该种收获方法。

二、花生收获的要求与收获机械分类

（一）花生的特性及对收获的要求

根据花生植株形态不同，花生可分为蔓生型、直生型和半蔓生型三种。蔓生型花生除主茎外，其分枝匍匐于地面，果实亦分散，收获时易落果。直生型花生的分枝与主茎间的夹角较小，均为30°～40°，果实集中，不易落果。半蔓生型的花生的形态介于上述两者之间。

花生的种植方式有平作和垄作两种，行距一般为40～50 cm。用机械收获花生时，应满足以下要求：

① 损失率小于3%。

② 按重量计的花生中的含土量低于25%。

③ 荚果破碎率不高于3%。

（二）花生收获机械的概念与分类

1. 花生收获机械 代替人工或蓄力实现花生收获作业的机械统称为花生收获机械。根据花生机械化收获工艺流程中机械作业内容的不同，花生收获机械包含并可分为花生起挖犁、花生起挖机、花生起收机、花生翻晒机、花生摘果机、花生清选机、花生联合收获机和花生捡拾收获机等（图11-3）。

2. 花生起挖机 实现花生起挖和去土两项功能但不能进行放铺的机械称为花生起挖机。

3. 花生起收机 代替人工或畜力进行花生起挖、抖土、放铺的机械称为花生起收机。

4. 花生捡拾收获机 完成花生两段收获工艺流程中的后段即捡拾与摘果等作业的机械称为花生捡拾收获机。

5. 花生联合收获机 指一次完成花生收获整个工艺流程中的起挖、去土、输送、摘果与清选等全部环节的机械称为花生联合收获机。

三、花生起收机

（一）我国花生起收机的主要类型

根据分类方式不同，将花生收起机分为以下主要类型：

（1）按起收后花生植株放铺方式的不同，分为无铺式花生起收机（图11-4a），即只将花生从土壤起出、振动去土，去土后的花生植株不能翻转形成一定条铺，而是荚果接地、自然地留在地表；有序放铺式花生起收机（图11-4g、图11-4i），即将花生从土壤起出、振动去土、去土后的花生植株荚果在一侧有序地横向放成条铺；无序放铺式花生起收机（图11-4d、图11-4e、图11-4f和图11-4h等），即将花生从土壤起出、振动去土、去土后的花生植株能够放成条铺，但植株没有固定的顺序知方向。

（2）按花生植株输送方式和输送部件不同，分为铲夹组合式花生起收机（分为夹持带式和夹持链式）（图11-4g、图11-4i），即起土铲铲起的花生植株通过夹持带或夹持链，将花生植株向后输送，该种夹持输送装置容易实现输送中的去土和有序放铺；铲链组合式花生起收机（图11-4d、图11-4e和图11-4h），即起土铲铲起的花生植株通过回转运动的链杆，将花生植株向后上方输送过程中，振动去土并升起后落到地面；铲筛组合式花生起收机（图11-4b、图11-4c、图11-4l和图11-4k），即将起土铲铲起的花生植株通过特定运动参数的振动筛，在振动去土的同时将花生植株输送机组后方，自然落到地面；振动杆式花生起收机（图 11－4a、图 11－4f 和图 11－4j），即将起土铲铲起的花生植株通过振动杆的上下摆振，实现去土和输送。

（3）按花生去土方式与去土部件不同，分为振动铲式花生起收机（图 11－4a），即通过花生起土铲在挖掘的同时振动，去除花生荚果与根部的土壤；拍土板或振土轮式花生起收机（图 11－4g、图 11－4i），即通过安装在夹持输送装置下方的拍土板或拍土轮拍打花生植株靠近荚果与根部部位去除土壤，这种去土装置一般用于夹持输送式花生起收机；链杆式花生起收机（图 11－4d、图 11－4h）、振动筛式花生起收机（图 11－4b、图 11－4c）和振动杆式花生起收机（图 11－4f、图 11－4j），均通过花生输送过程中对花生植株整株振动进行去土。

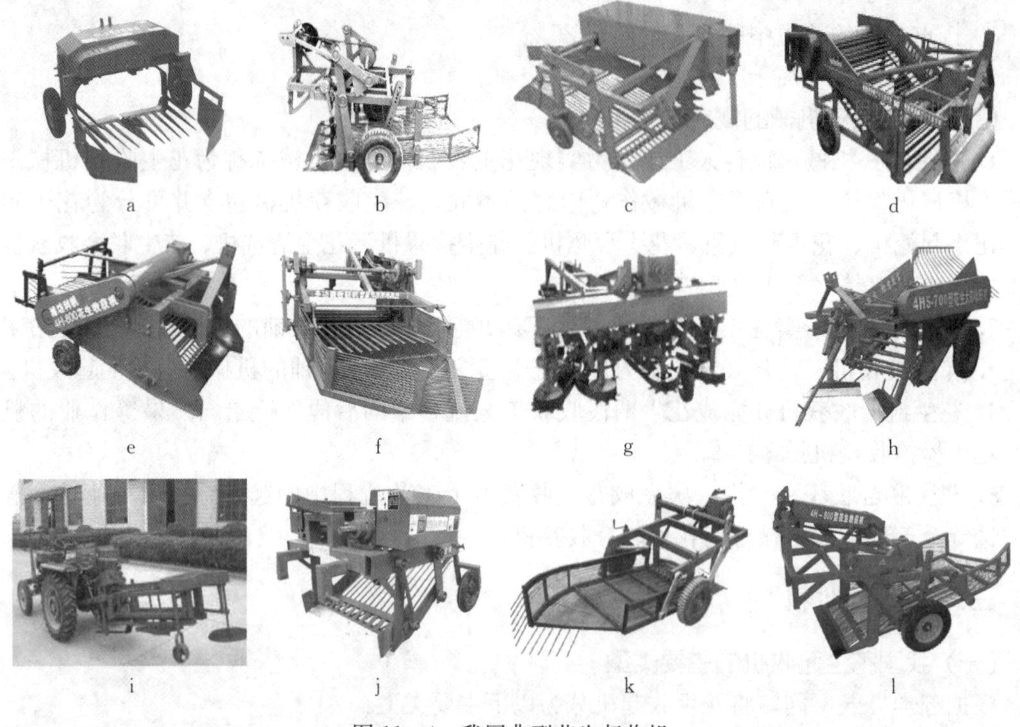

图 11－4　我国典型花生起收机

（二）美国花生起收机

如图 11－5 所示，美国花生起收机分为双行、四行、六行和八行，花生生产应用最多的

c

图 11－5　美国典型花生起收机

a. 双行花生起收机　b. 四行花生起收机　c. 六行花生起收机

是六行花生起收机。美国生产的花生起收机与花生种植农艺配套，起收时将花生去土后翻转放铺，使花生荚果朝上，一般在田间晾晒 5～7 d 即可捡拾收获。

四、花生收获机械构造与原理

我国北方地区，由于气候较干燥，一般采用带蔓的分段收获法。即挖起的花生植株在分离泥土后在田间铺放成条，经过晾晒再运回场院摘果。而在南方由于气候潮湿，则需采用随收随摘果的联合收获法。

用于分段收获花生的机械有起收机、摘果机和捡拾摘果机等。花生联合收获机有挖拔式和夹拔式两种。

1. 花生起收机　图 11－6 为 4HW－1100 型花生起收机的结构。它主要由机架、左右犁铧式挖铲、输送分离机构、铺放滑条、地轮、左右护板及变速传动装置等组成。它悬挂在 20 kW 左右的拖拉机上作业。工作时，带蔓花生与土壤一起由起收机铲挖，沿铲面上升到输送链上，土壤在输送过程中被分离，带蔓的花生最后被送到铺放滑条，沿其下落而在地上铺成条铺。

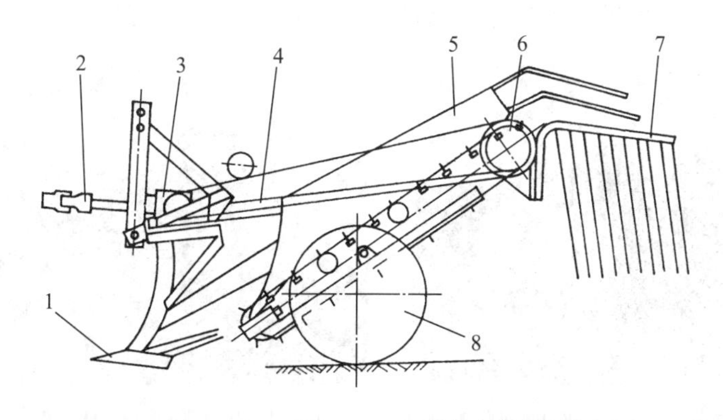

图 11－6　4HW－1100 型花生起收机

1. 挖掘铲　2. 万向节　3. 变速箱　4. 机架　5. 侧板　6. 输送分离链　7. 铺放滑条　8. 地轮

为了增加分离效果，有的机器上在升运链后面又设置了另一个分离装置（如圆弧筛等）。有的机器还设有翻棵转轮，以便通过翻棵抖动进一步除去泥土，并使花生果荚朝上铺放，便于晾干，减少损失。

2. 花生摘果机 花生摘果机的结构和作用与简易谷物脱粒机相似，一般也由钉齿滚筒、凹板筛及风扇等组成。我国目前生产中使用的花生摘果机有全喂入和半喂入两种。前者主要用于北方从晾干后的花生蔓上摘果，后者对干、湿花生蔓都适用，主要用于南方地区。

图 11-7 为全喂入式花生摘果机的工作过程。

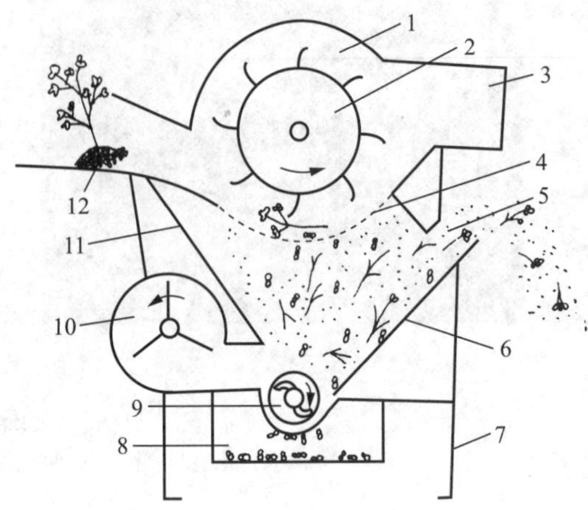

图 11-7 全喂入式花生摘果机的工作过程
1. 顶盖 2. 滚筒 3. 蔓叶排出口 4. 凹板筛 5. 杂余出口 6. 后滑板 7. 机架 8. 集果箱 9. 螺旋输送器 10. 风扇 11. 前滑板 12. 喂入台

3. 花生捡拾收获机 图 11-8 为美国生产的自走式和牵引式花生捡拾收获机，其花生捡拾收获原理如图 11-9，该机工作时，捡拾器的弹齿将铺于地表的带蔓花生挑起，并沿弧形板向后输送，由螺旋喂入筒把花生蔓向中间集拢，并拨喂至摘果滚筒组。各滚筒上均安有若干排弹齿，但弹齿排数不同。第一滚筒主要起升运和喂入作用，第二、第三滚筒主要起摘果作用。花生果主要由第三滚筒凹板漏下到清选筛。第四滚筒的作用是摘净蔓上残余的花生果，并将花生蔓传送到分离机构。分离机构由 4 个分离轮和 4 个分离凹筛组成，4 个分离轮的结构和尺寸均相同，两排弹齿安装在分离轮的框架上，为使 4 个分离轮能连续协调地向后传送，各轮上弹齿的位置互相错开一个角度。夹带在茎蔓中的花生果经分离轮的翻转和抖动作用，经分离凹筛漏到清选机构上。而花生蔓则被排到机外。清选机构由振动筛和风扇组成。振动筛的前部为开孔的阶梯板，接收从摘果滚筒凹板漏下的花生果及其夹杂物。振动筛的中部为无孔的阶梯板，仅起输送作用。振动筛的后段为可调鱼鳞筛，筛的下方有导风板，可使筛面得到均匀的气流。振动筛在风扇气流的配合作用下，使碎蔓叶沿筛面向后移动而排到机外，花生果下落到除梗器的上筛，而后进入除梗器。除梗器由 3 排锯齿圆

a

b

图 11-8 美国典型花生收获机械
a. 自走式花生捡拾收获机 b. 牵引式花生捡拾收获机

盘组成，相互回转将果柄钩除，再经除梗器上筛进入水平输送器向左侧输送，落入气流输送管道。管道自风扇出风口起，其截面积逐渐减小，使水平输送器与气流管道衔接处产生真空度，花生果就顺利地被吸送至集果箱，待集果箱装满后，通过油缸将集果箱提起翻转卸入拖车。

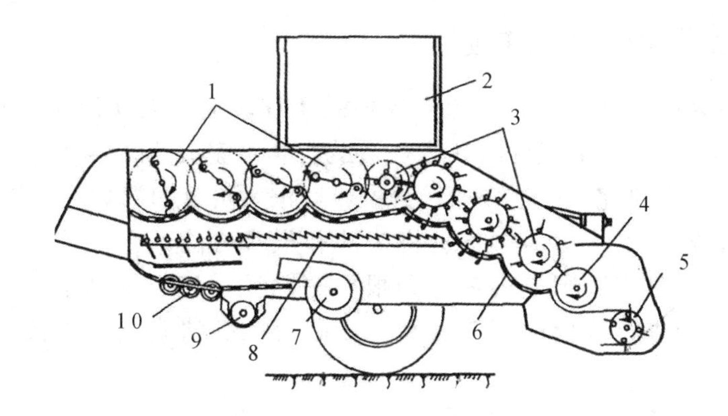

图 11－9　美国利斯顿 1580 型花生捡拾收获机工作过程

1. 分离轮组　2. 集果箱　3. 摘果滚筒组　4. 螺旋喂入筒　5. 捡拾器　6. 摘果滚筒凹板　7. 清选风机　8. 振动筛　9. 输送器　10. 除梗器

第二节　甜菜收获机械

一、甜菜特性及对收获的要求

甜菜是一种根茎类经济作物，其块根含糖量很高（约 20%），它不仅是制糖工业的主要原料之一，而且其茎叶和糖渣也是家畜的优良饲料。由于它具有很高的经济价值，甜菜的生产在许多国家得到了迅速发展。我国东北、内蒙古和甘肃等北部较寒冷地区是主要产地，其中以黑龙江省为最多。

甜菜块根分为根头、根顶和根体三部分（图 11－10）。根头（也称青顶）上生长着叶片，由于根头含糖量少并且有较多的灰分和有害氮，以全部切除为好。在机械化收获中，为了减少糖分损失，多从新叶柄基部将其切除。根头和根体之间的部分叫根颈，是收获的主要部分。由于直径在 8～10 mm以下的根尾部分含糖量极少，对块根的加工和储存都不利，在收获时应除去。

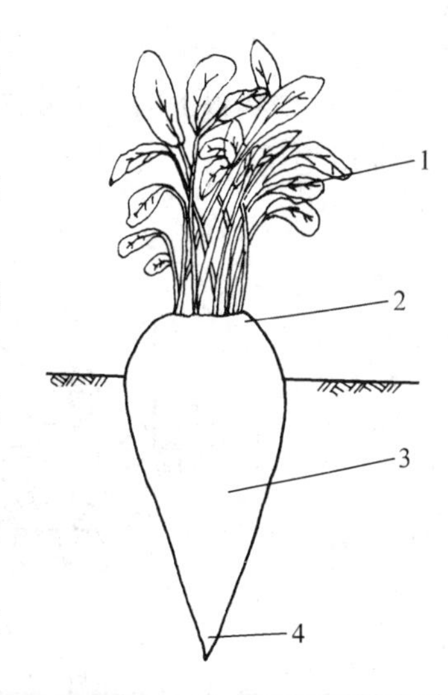

图 11－10　甜菜的形态

1. 茎叶　2. 根头　3. 根颈　4. 根体

我国甜菜块根最大部分的平均直径约为 80 mm，平均重量约为 500 g，长度多在 250 mm 以内，叶长 150～160 mm。

甜菜收获应满足下列要求：

（1）收获时应将 98.5%以上的块根挖掘出来。

（2）收获后，附在块根上的土壤重量不能超过总重的 8%。

（3）切去茎叶和青顶，机收的漏切率低于 5%，由于切顶过低造成的损失不应超过 3%。

(4) 按要求将顶叶收回做饲料或铺撒在田间做肥料。

(5) 除去块根上细长的侧根及尾根。

(6) 严重损伤的块根不应超过5%，轻伤的应低于20%。

二、甜菜收获机构造和工作过程

甜菜收获包括切除茎叶和根头、挖掘块根及清理装运三大项作业。据完成上述所有作业需要的次数不同，可把甜菜的收获方法分为分段收获法和联合收获法两类。分段收获法采用不同的机具分别完成上述作业。分段收获法又可分为两段收获法和三段收获法。两段收获法一般是先用茎叶切削集条机将茎叶和根头去除，再用挖掘装载机将块根挖出并清理装运。三段收获法则是将茎叶和根头去除后，先用挖掘集条机将块根挖出并收集成条，再用机器进行块根的捡拾和装运。联合收获法则是用机器一次完成上述所有作业。

目前，我国多为人工及半机械化分段收获。已研制出一些机械化收获机具。国外甜菜收获机械的类型很多。为了提高生产率，正向着增加工作幅宽，提高作业速度，增加茎叶、块根的清理输送能力和储箱容积及增加配用动力功率等方向发展。如已经大量出现三行、四行、六行的联合收获机；工作速度已达10 km/h；块根储箱最大的已达9～12 t；配用动力最高已达200 kW等。另外，液压技术（包括液压导向、提升、调整挖掘器入土深度和储箱翻转等）和自动控制技术（如自动对行、自动调节挖掘深度等）也得到了越来越广泛的应用。

如前所述，甜菜收获方法有分段收获和联合收获两种。因此，据收获项目的不同也就有不同结构和功能的机器。

图11-11为一甜菜切顶机示意图。该机由一拖拉机牵引，由斜切刀将甜菜的青顶切下，切割高度由仿形器控制，切下的青顶和叶子由叶子捡拾器捡起并输送到输送螺旋上。这样可把切顶机一次切下的六行甜菜的青顶和叶子集成一个条堆。如果机器来回工作时的切下物集中在一条，那么一个条堆上就集中了十二垄甜菜的青顶和叶子。残叶清除刷的作用是将切顶后残留在甜菜块根上的叶子除掉。如果该机再配上集叶箱和相应的装置，则该机可一次完成切顶和集叶作业。

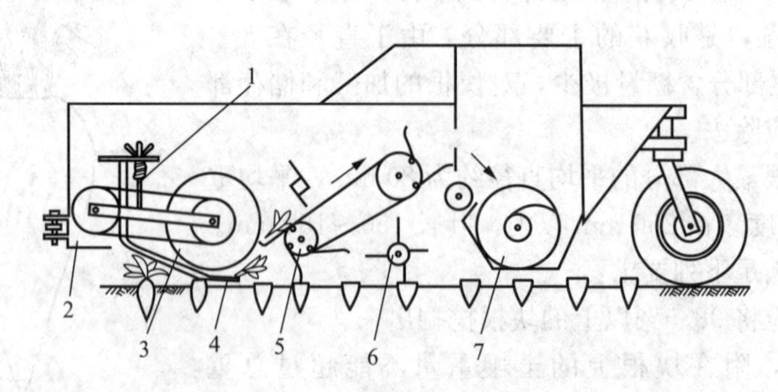

图11-11　将六垄或十二垄叶子集成条堆的牵引式甜菜切顶机

1. 切顶器弹簧　2. 机架　3. 仿形器　4. 斜切刀
5. 叶子捡拾器　6. 残叶清除刷　7. 残叶输送器

集成条堆的叶子，可再由相应的捡拾装载设备将其收集并运走。如果切顶机未能将切下的青顶、叶子集成条堆，在用机械将其装运之前，还须将其搂成条堆。可用搂草机完成这一作业，但是这样叶子带土多并且损失较大。

用来挖掘出切去青顶的甜菜的挖掘机有多种形式。简单的挖掘机只有挖掘机构，没有任何清理装置。挖掘机构悬挂在一个简单的机架上。这种挖掘机掘起的块根就留在地里或者稍稍被推往一侧。由于收获的块根带土太多，这种简单的挖掘机已很少作为独立的机器使用。挖掘器和清理装置结合起来才能算是真正的挖掘机或者叫清理挖掘机。有的挖掘机将挖出的块根集成条铺，集成条铺的块根再由相应的装载机进行装运；机械化程度较高的挖掘机，能把清理过的块根集中起来，装载到拖车上。

图 11－12 为双行甜菜装载挖掘机的结构简图。该机工作时，铧式挖掘器挖出的块根由收集输送器进行收集后输送，块根上的泥土在这种杆带式输送器上得到部分清除，并被送到由圆杆制成的旋转滚筒内，在滚筒中由于块根之间的撞击以及在旋转筒的圆杆上的擦蹭而将块根上的泥土清除掉。滚筒上的圆杆以螺旋形配置使得块根一边除去泥土，一边移向出口。装有叶片的滚筒的后部分正处于装载输送器的前面，滚筒叶片将从滚筒落到固定栅板上的块根沿栅板推到输送器上，输送器将其装到拖车上。

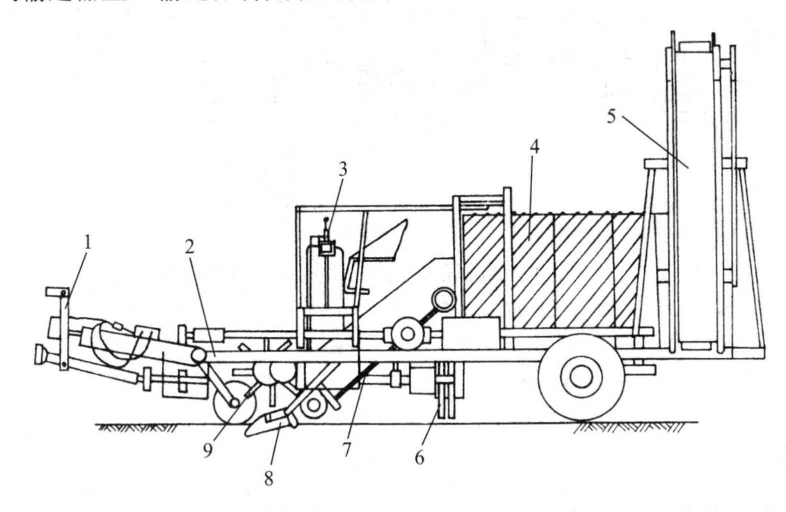

图 11－12　双行甜菜装载挖掘机

1. 牵引杆　2. 机架　3. 液压分配器　4. 清理滚筒　5. 装载输送器
6. 刷子　7. 收集输送器　8. 铧式挖掘器　9. 喂入轮

如将切顶与挖掘装置合在一起，就产生了两种布置方式：一种是将两种装置串联，另一种是将其并联。在串联系统中，切顶和挖掘装置在各个行程中都在同一条菜垄上工作。在并联系统中，切顶和挖掘装置在各个行程中都是在相邻的菜垄上工作。串联式甜菜收获机的工作幅宽要比并联式的窄，机器较长，对行收获性能好，能与精密播种机的行很好配合。并联系统的机器要求播种行距准确，否则收获时就会有许多块根受到损伤或漏收，其优点是机器较短，易于观察重要工作部件的工作情况。

图 11－13 为一并联安装的牵引式双行甜菜联合收获机简图。工作时它同时对四行甜菜作业，两行切顶、两行挖掘。切顶装置切下的青顶、叶子由叶子收集输送器经由抛送器和叶子输送器送至集叶箱；切顶后残留在块根上的叶子由清除刷进一步清除。而铧式挖掘器挖掘

出的块根由清理装置除泥后通过块根输送器将其送至块根箱。

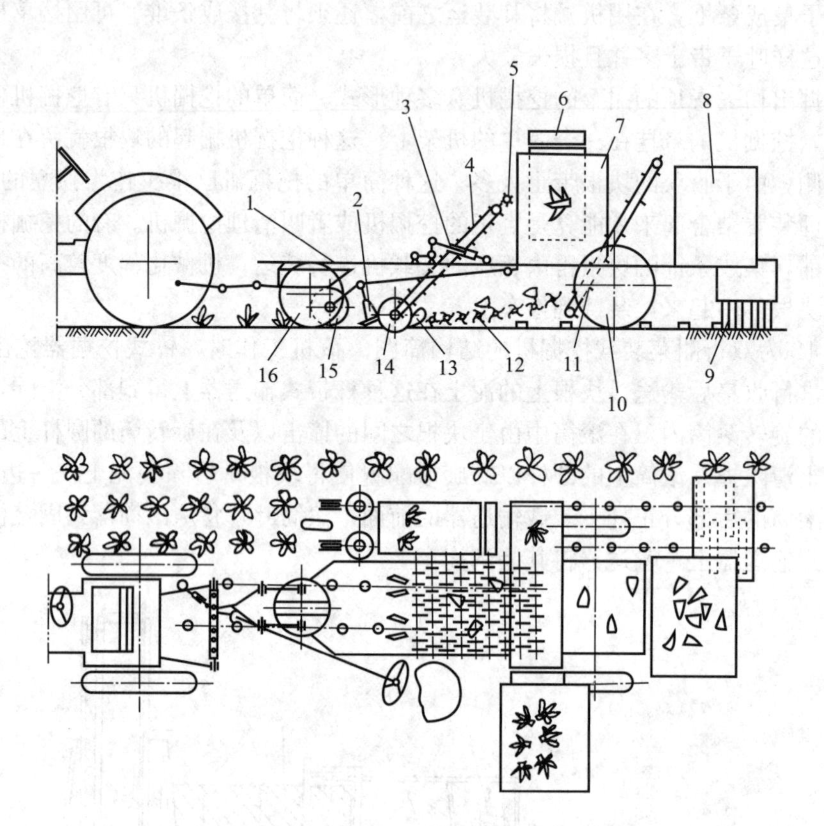

图 11-13 切顶-挖掘并联安装的牵引式双行甜菜联合收获机

1. 机架 2. 仿形圆盘切刀 3. 液压油缸 4. 叶子收集输送器 5. 抛送器
6. 叶子输送器 7. 集叶箱 8. 块根箱 9. 清除刷 10. 地轮 11. 块根输送器
12. 清理装置 13. 铧式挖掘器 14. 圆盘犁刀 15. 切顶下降限制轮 16. 限深器

三、切顶装置

切顶装置是甜菜收获机的关键部件，其在甜菜被挖掘前将甜菜切顶。工作良好的切顶装置应能满足下列要求：

(1) 切顶应是水平的、平整的，恰好在基叶的下方。

(2) 切顶的高度不应受甜菜地面以上高度和株距的影响。

(3) 在切顶过程中，不得将甜菜块根推倒。

(4) 应能按要求将切下的带叶菜顶从垄移放到地里，或将其装入集叶箱或拖车，叶子应尽可能保持清洁。

(5) 结构简单，操作方便，工作可靠，适应性好。

切顶装置的主要工作部件是切刀和仿形元件或仿形器。仿形器的作用是根据甜菜高出地上部分的高度来确定切刀在垂直平面上的位置。仿形器主要有：滑脚式仿形器、轮式（圆盘）仿形器、履带式仿形器和螺旋仿形器（旋转轴线与垄线平行）等四种。

轮式仿形器又有被动式和主动式（动力驱动）两种，履带式和螺旋仿形器则一般都是由

动力驱动的。

切顶装置中使用的切刀有斜切刀、弧形刀，以及动力驱动和非动力驱动的圆盘刀等几种（图 11 - 14）。

切刀和仿形器的连接可采用刚性的或铰接的。如果是刚性连接，切刀和仿形器的间距 h_g（刀刃与仿形元件下缘的垂直距离，一般称为垂直间隙）在切顶过程中不能改变。如果是铰接的，超前量 w（位于水平中心线处的刀刃至仿形元件最下缘的水平距离，又称水平间隙，一般为青顶的平均半径）和间距 h_g 两者在作业过程中都可自动改变。这种改变在于仿形器撞到甜菜顶部时，甜菜顶端离地面愈高，h_g 和 w 值也就变得愈大。这就是说，甜菜长出地面愈高，被切菜顶的高度也就愈大。这与甜菜的生态学特性是一致的。因为，一般来说，甜菜长出地面愈高，生长叶子的菜顶高度 h_g 也愈大，并且甜菜的直径也愈大。

在上述几种仿形器中，其中以动力驱动的圆盘式和滑脚式仿形器应用最广，而切刀则是弧形切刀和斜切刀用得最多。

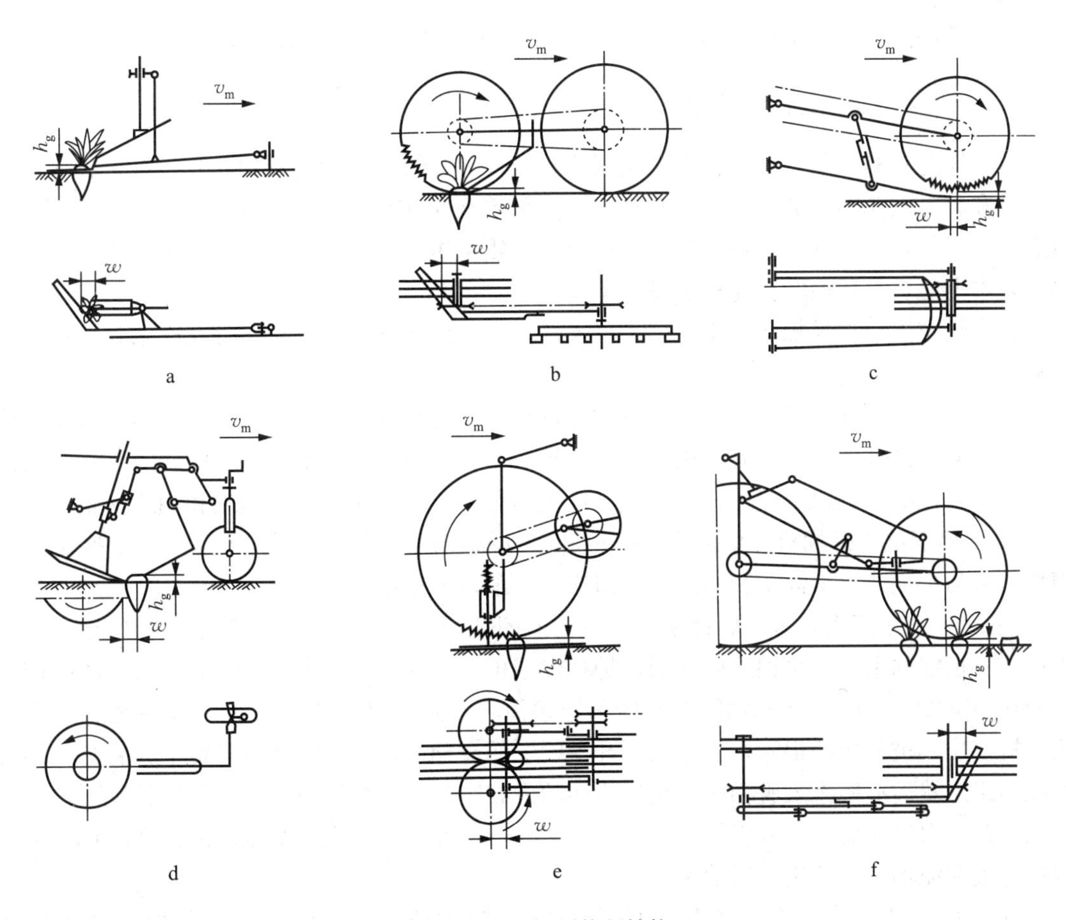

图 11 - 14 切顶装置结构

a. 装斜切刀和仿形滑脚式的仿形器 b. 装斜切刀和动力驱动轮式仿形器
c. 装弧形切刀和动力驱动圆盘仿形器 d. 装动力驱动圆盘切刀和滑脚式仿形器
e. 装非动力驱动圆盘切刀和动力驱动圆盘仿形器 f. 装斜切刀和动力驱动圆盘仿形器

第三节　棉花收获机械

棉花是重要的纺织工业原料。棉花生产不仅仅是经济问题，其对国民的生活和国家的纺织安全具有重要影响。

棉花机械化收获主要包括采前的化学脱叶催熟处理，机器采棉和机摘籽棉的清理加工等作业项目。用机器采摘棉花应达到以下要求：

（1）采摘率应在 95%以上，落地棉不大于 2%，棉株上的挂枝棉、胡子花等不超过 3%。

（2）碰落或损伤青铃平均每 10m 长棉行上不超过 3 个。

（3）采下的籽棉不应被油或绿色汁液弄污，棉籽不被损伤，籽棉中不应有青铃、棉秆皮。

（4）能采湿度为 20%的籽棉，用水湿润摘锭的采棉机，采入棉箱的籽棉湿度不应超过采收时籽棉自然湿度的 5 个百分点。

（5）采摘的籽棉含杂率不超过 10%，其中小杂含量不应大于 3%。

一、棉花收获机主要构成

由于棉花具有无限生长的特点，其现蕾、结铃和吐絮是逐渐进行的，所以机械收获有一次收花和分次收花两种方法。一次收花或一次采棉法是用摘铃机一次摘下全部籽棉和青铃，然后将籽棉与青铃分开。这种方法比较适合在无霜期短、棉花吐絮比较集中和在化学脱叶催熟后基本上能在枯霜前吐絮完毕的条件下应用。

分次收花或分次采棉法是用采棉机只采摘已吐絮的成熟籽棉，可以分几次采收，在霜后用摘铃机摘下未开的棉铃。

人们曾研究过气流式及电气式棉花收获机械，但均未获成功，目前广泛使用机械式采棉机。根据采棉部件的形式不同，用于分次采棉的采棉机分为水平摘锭式和垂直摘锭式两种，用于一次采棉的采棉机有梳齿和摘辊式采棉机两种，而摘辊又有金属摘辊和刷式摘辊等。

1. 水平摘锭式采棉机　根据安装摘锭和带动摘锭运动的部件形式不同，水平摘锭式采棉机可分为平面式、滚筒式和链式。目前应用得最多的是滚筒式。

图 11－15 是滚筒式水平摘锭采棉机结构简图。当采棉机沿着棉行前进时，扶导器压缩棉株，并把棉株引入由采棉滚筒和固定护板形成的工作室（采棉区），棉株在采棉区内被压紧板压至宽度为 80～90 mm，旋转着的采棉滚筒将高速自转的水平摘锭有规律地送入采棉区，摘锭插入被挤压的棉株，当碰到裂开棉铃中的籽棉时，将其缠绕在摘锭上并将其从棉铃中拉出来。然后摘锭进入脱棉区，高速旋转的橡胶圆盘式脱棉器将摘锭上的籽棉脱下，落入集棉滚筒，由气流管道送入棉箱。摘锭从湿润器下边通过时，表面被水湿润并清除掉其上的绿色汁液和泥垢，重新进入采棉区。

这种采棉机的棉铃进入工作室的运动路线较合理，摘锭数量多，一般采摘率可达 85%～90%，是目前批量生产的采棉机中采摘率较高的一种，而且落地棉少，籽棉含杂率也较低；但结构复杂，质量大，价格高。

2. 垂直摘锭式采棉机　这种采棉机的采棉部件由两个相对转动的采棉滚筒组成。如

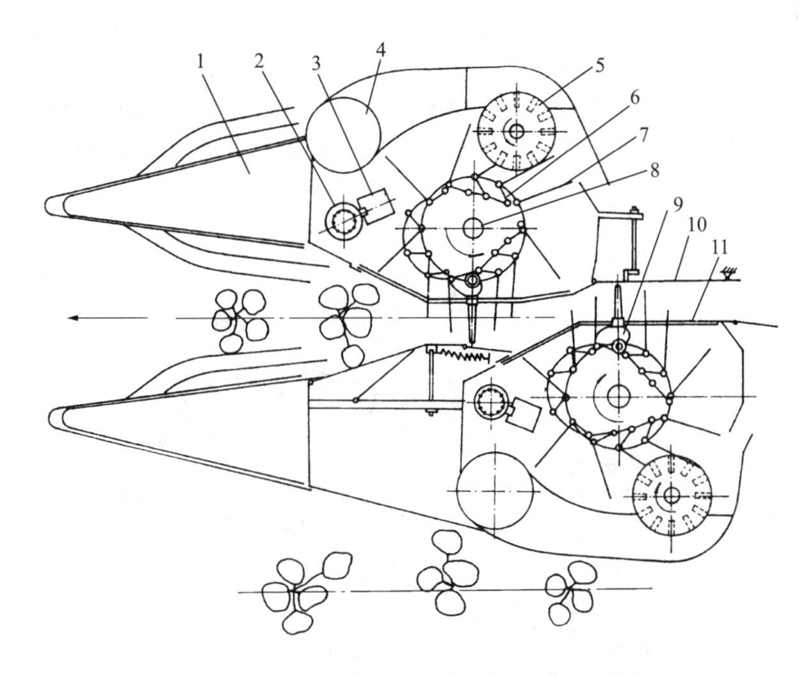

图 11－15　滚筒式水平摘锭采棉机的主要结构

1. 棉株扶导器　2. 湿润器供水管　3. 湿润器垫板　4. 气流输棉管　5. 脱棉器　6. 导向槽　7. 水平摘锭　8. 集棉滚筒　9. 曲柄滚轮　10. 棉株压紧板　11. 栅板

图 11－16所示。为了增加采棉率，一般采用前后排列的两组采棉滚筒，每组两个，工作时采棉滚筒相对转动，棉株由扶导器导向工作室，高速旋转的摘锭同棉铃相接触时，其齿抓住全开的铃壳内的籽棉并将籽棉缠绕在摘锭上，从而将籽棉采摘下来，当摘锭从采棉区进入脱棉区后，摘锭的自转方向改变以利于将籽棉脱出，由高速旋转的集棉滚筒将摘锭上的籽棉刷下来并将其抛入棉箱，有些机型还配有气流捡拾器以收回落地的籽棉。

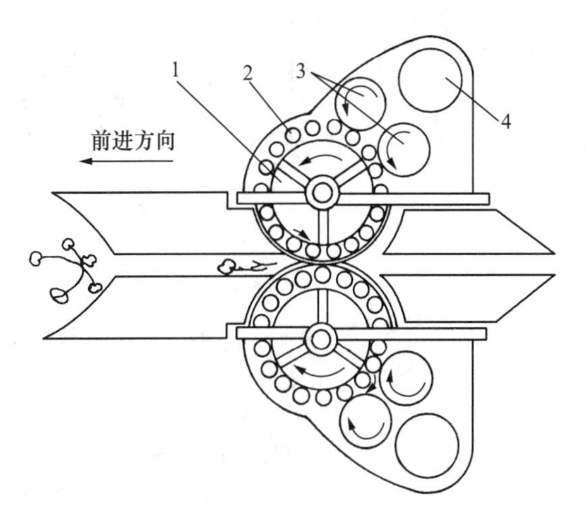

图 11－16　垂直摘锭式采棉机工作原理

1. 采棉滚筒　2. 摘锭　3. 脱棉器　4. 集棉滚筒

这种采棉机采摘率比水平摘锭式要低得多，采集的籽棉率含杂率也较高，落地棉也较多，对棉株损伤稍大，适应性也较差；但结构较简单，制造容易，成本较低。

3. 一次采棉机　图 11－17 为摘辊式一次采棉机或摘棉铃机的结构。工作时，扶导器将棉株引入采棉器。这种机器的采棉器为两根倾斜安装的摘辊，摘辊的圆周上间隔地安装着橡皮条和尼龙刷，摘辊间的间隙可据棉株的大小进行调整，但必须小于棉铃直径。当棉株进入两摘辊间时，其上的籽棉和青铃便被摘辊的刷条和叶片打击摘下。为采摘靠近地面的棉铃，机器的前下方装有低棉铃采摘器。低棉铃采摘器由若干排成梳状的钢丝组成，当棉铃与低棉铃采摘器相遇时，棉铃被梳下并被送到摘辊上，被采下的籽棉和青铃在离心力的作用下被抛到挡板和筛网上，弹落到输棉螺旋推运器中，采下的籽棉和青铃的混合物经中央集棉螺旋推运器被送到青铃分离器。在青铃分离器利用青铃和籽棉飘浮速度不同的原理将青铃和籽棉分离开。分离出的青铃滑入青铃收集箱，籽棉则被收入棉箱。这种采棉机也可在分次采棉后用于采摘青铃。

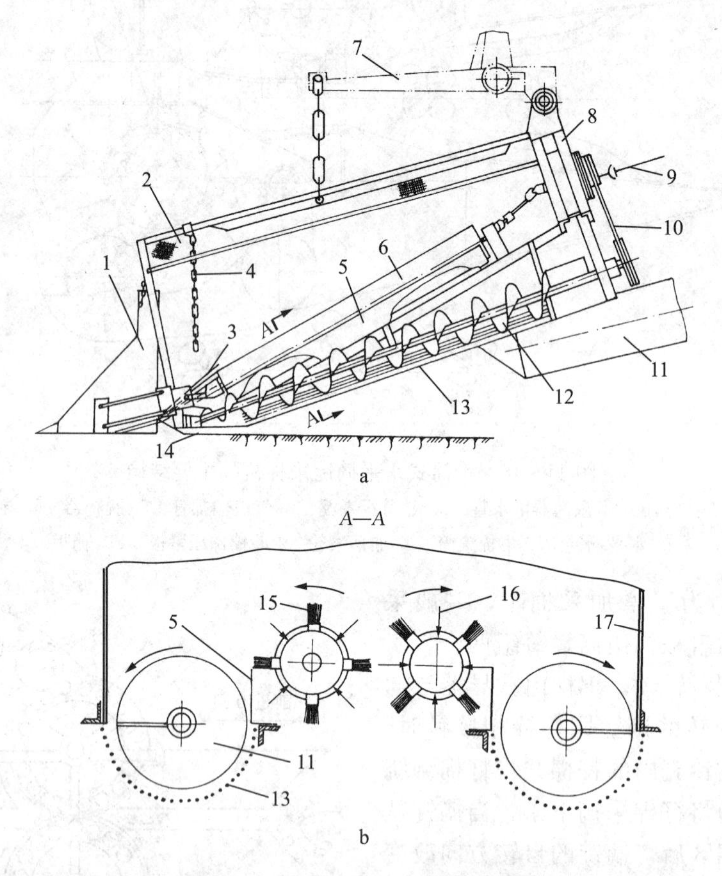

图 11－17　摘辊式一次采棉机结构

1. 棉株扶导器　2. 网罩　3. 低棉铃采摘器　4. 挡帘　5. 脱棉板
6. 摘辊　7. 升降吊臂　8. 采棉部件吊架　9. 万向节　10. 传动胶带
11. 集棉螺旋　12. 输棉螺旋　13. 格条筛式包壳　14. 滑撑　15. 尼龙丝刷
16. 橡胶叶片　17. 侧壁

这种一次采棉机结构简单，金属消耗少，制造工艺要求低。采摘率高，损失少，价格低(只有水平摘锭式采棉机的10%左右)，但所采棉花含杂率很高，需经强烈清花，才能保证棉花的品质。

二、棉花收获机主要工作部件和参数选择

1. 采棉滚筒　滚筒式水平摘锭采棉机和垂直摘锭式采棉机的采棉滚筒的结构和参数均有所不同。

(1) 滚筒式水平摘锭采棉机的采棉滚筒。这种滚筒的结构如图 11－18 所示。采棉滚筒

呈圆柱形，摘锭组体安装其内，采棉滚筒做旋转运动，摘锭组体上的曲拐滚轮嵌入滚筒上方的导向槽内。工作时摘锭的位置由导向槽的轨道所决定。

在这种采棉滚筒上摘锭是成组安装的，每个摘锭组体从上到下成组配置 12 个、14 个（低滚筒）或 20 个（高滚筒）水平摘锭，所谓摘锭组体是一个中空的、内部装有带动摘锭旋转的传动机构的圆管。

采棉滚筒的直径由行距、集棉室的配置、摘锭组数、摘锭组间距、摘锭在工作室内必要的停留时间及摘锭长度等因素决定。以圆弧之弦计的摘锭组体中心距为 54～59 mm，在 12 个摘锭组时，按摘锭组体中心计算，采棉滚筒直径一般为 209～227 mm。

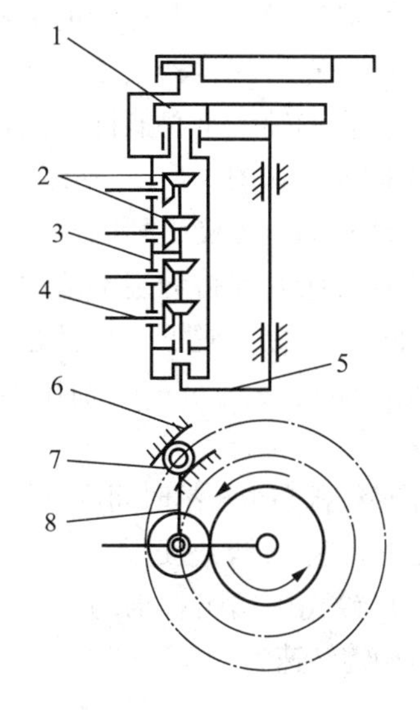

图 11－18　滚筒式水平摘锭采棉机的采棉滚筒

1. 齿轮　2. 锥齿轮　3. 摘锭座管　4. 水平摘锭　5. 滚筒　6. 导向槽　7. 滚轮　8. 曲柄

（2）垂直摘锭式采棉机的采棉滚筒。为了提高采摘率，垂直摘锭式采棉机一般用多组滚筒采摘一行棉花。一般的，采用 15 根摘锭的大滚筒时，一行棉花用两组滚筒，采用 12 根摘锭的小滚筒时，则用 3 组，滚筒组再增加，采摘率变化不大。

2. 摘锭

（1）水平摘锭。水平摘锭的结构如图 11－19 所示。它是带有向摘锭端部倾斜的齿的锥形体，这种形状便于脱掉被锭缠绕的籽棉，并可防止籽棉缠绕在摘锭的根部。摘锭另一端的齿轮与摘锭组体中相应的一个锥齿轮相啮合，工作时摘锭在支座管套中旋转。

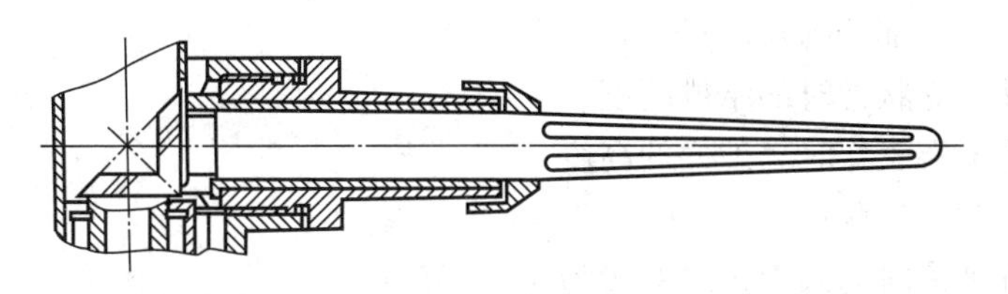

图 11－19　水平摘锭

摘锭的直径对工作性能有很大影响，直径小，摘棉能力强，脱棉困难，直径大则反之。一般的，中部断面直径为 9.5～10 mm，锥角为 6.5°～8°，摘锭的工作长度由工作室的宽度决定，一般为 70～80 mm，比工作室宽度小 20～30 mm，以免破坏未开棉铃。

采摘时间或摘锭在工作室内的停留时间对采摘能力也有影响，采摘时间 t 越长，采棉效果越好。一般取 $t=0.25$～0.30 s。

摘锭转速对采摘率的影响与棉铃的开放程度有关，对初开棉铃的影响要比对全开棉铃的影响大，当转速达到一定数值（约 2 300 r/min）后，转速对全开棉铃的采摘率的影响已不

大。但再提高转速，初开棉铃的采摘率似有较快增加，故目前摘锭的转速一般取为 2 300～3 000 r/min，在一些机器上该转速还可调节。

（2）垂直摘锭。垂直摘锭为圆柱形，表面均匀排列着 4 排齿，如图 11－20 所示。

垂直摘锭的直径受下列因素的限制，摘锭齿要能抓住棉花纤维并保持缠绕不落地；脱棉器能从摘锭表面顺利地将棉花脱下。直径过大，不能很好地缠绕棉花，而直径过小，脱棉困难，一般直径取 18～24 mm。

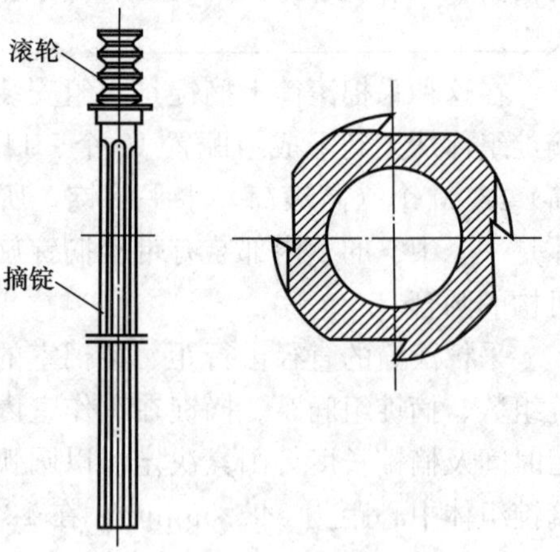

为了将籽棉在很短的时间内缠绕在摘锭上，摘锭应有一定的转速，但转速过高，易将棉瓣扯断，把棉花抛掉。从铃壳中摘出籽棉的适宜速度为 1.5 m/s，故相应的摘锭转速为

$$n=\frac{1.5\times 60}{\pi d}$$

图 11－20　垂直摘锭

式中　n——摘锭转速（r/min）；

　　　d——摘锭直径（m）。

3. 摘辊　尼龙丝刷-橡皮叶片摘辊是一次采棉机的主要工作部件，该种摘辊是多棱体状。平行于轴线而交替地排列着尼龙丝刷和橡皮叶片，共 3 排。为防止棉瓣卷绕到摘辊上使采棉性能变坏，摘辊横断面的周长应大于棉瓣被拉伸后的长度（70～230 mm），一般摘辊直径为 152～160 mm。

摘辊的长度要保证能采下所有的棉铃，主要由棉株的平均结桃高度和摘辊在工作时的倾角大小来决定，即

$$L=\frac{H\sin\beta-h}{\sin\alpha}$$

式中　L——摘辊工作部分的长度；

　　　H——棉株直立状态时的结桃高度；

　　　h——摘辊下端工作时离地面的高度；

　　　α——工作时摘辊倾角；

　　　β——棉株被采时的倾斜角（一般为 40°～55°）。

一般尼龙丝刷-橡皮叶片摘辊的长度取为 1 016～1 200 mm，钢制摘辊取为 1 200～1 500 mm。

摘辊转速过高，可将棉瓣拉断，采摘率降低，转速过低，断枝增多，采摘率也降低，尼龙丝刷-橡皮叶片摘辊的合适转速为 650～750 r/min，而钢制摘辊为 800～1 050 r/min。

复习思考题

1. 简述花生收获方法及工艺流程。
2. 简要说明花生收获机械的种类与功能。

3. 说明花生联合收获机与捡拾收获机主要区别和适应性。
4. 简述花生起收机的结构及工作原理。
5. 甜菜收获应满足的基本要求有哪些?
6. 简述机器采摘棉花应达到的基本要求。

第四篇

园艺与草业机械

水果、蔬菜等园艺产品对满足人们生活需要、提高农民经济收入具有极其重要的作用。然而，一般的果蔬生产需在一特定生产环境中进行，如菜田、果园和温室，由于作业的空间和时间有限，而且果蔬品种多样、形状各异，人工作业费工费时、劳动强度大、效率低，机械作业技术难度大，急需解决机械化问题。

饲草生产对畜牧业生产和生态环境建设具有重要的意义，草坪种植与管理对城镇居民的生活环境与休闲活动具有重要作用。草业机械是发展草业的重要手段和措施，主要包括牧草生产机械、草坪种植机械及草坪养护管理机械等。

第十二章　温室机械

我国北方特别东北地区受到自然气候影响，冬天很难露地生产蔬菜和水果。如北京地区只有半年多时间可以露地生产，东北地区全年无霜期平均仅有 120 d 左右，个别地方甚至更少。在这种情况下，发展人工温室、塑料大棚等保护地栽培，人为地创造适于作物生长、发育的小气候条件进行设施园艺作物的生产，可摆脱自然气候条件的制约。

常见的园艺设施有温室、塑料大棚及塑料薄膜等。随着设施园艺栽培技术的迅速发展，用于设施园艺的机械设备也得到了迅速的发展和广泛应用，如栽培管理机械、地膜覆盖机械、通风机械、环境调控设备、电气设备及控制系统等。

第一节　温　　室

温室是比较完善的保护地设施。温室能改善栽培环境条件，实现超时令的园艺作物生产，在我国北方广大地区有着广阔的应用前景。

按照不同的分类方法，可将温室分成很多种类型。

一、按加温方式分类

1. 加温温室　温室冬季生产时，室内的热源主要来自采暖设备进行供热，否则不能维

持冬季生产，这种温室称为加温温室。

2. 日光温室　温室冬季生产时，室内热源主要来自太阳辐射，只有连续阴天和极冷天才少量加温（指加温的时间短并且消耗的燃料少）。

二、按用途分类

1. 育苗温室　专门用来培育各种蔬菜、花卉、果树幼苗或水稻秧苗的温室。一般每年可培育 3～4 批苗。生产的苗子可移栽至栽培温室、大棚或露地，或供出售用。这种温室一般都有加温设备。

2. 栽培温室　苗子移入定植直至收获全过程都在这种温室进行。有的育苗温室在育苗季节结束后，又可当栽培温室使用。

3. 专门用途温室　如用于水产（鱼、虾、鳖等）养殖或饲养猪、鸡、牛等畜禽的温室，也有的用于生产菌类和药材。各地方发展起来的适于庭院生产的四位一体（指猪舍、沼气池、厕所和温室）已成为北方能源生态的一种模式。人和猪的粪尿在沼气池内发酵，产生的沼气用于做饭或点灯，沼液沼渣作为温室肥料，猪呼出的二氧化碳作为植物的气肥，形成种、养互补的良性循环。

三、按骨架材料分类

1. 竹木结构温室或大棚　这类温室大棚室内多用木杆、竹竿做柱、梁，竹片做拱杆。因其造价低，可就地取材，在多竹木的山区、林区或较贫困的地区还在大量采用。但其承载能力和耐久性受到限制，空间小，遮挡严重，室内多柱而使操作不便，不适于工厂化种植与管理，在经济较发达的大、中城市郊区应逐步淘汰。

2. 焊接钢管或钢筋骨架温室或大棚　多用塑料薄膜覆盖。骨架常做成平面桁架，上弦用厚壁管，下弦和腹杆用钢筋焊接而成，纵向设 4～5 道系杆，用螺栓与桁架连接，便于安装和拆卸。室内无柱跨度大，空间大，便于机械作业，承载力强，遮挡少。如较早生产销售的鞍山鞍Ⅰ型大棚和鞍Ⅱ型日光温室骨架（图 12－1 和图 12－2）、近年由沈阳农业大学等单位研制的辽沈Ⅰ型日光温室（图 12－3）。

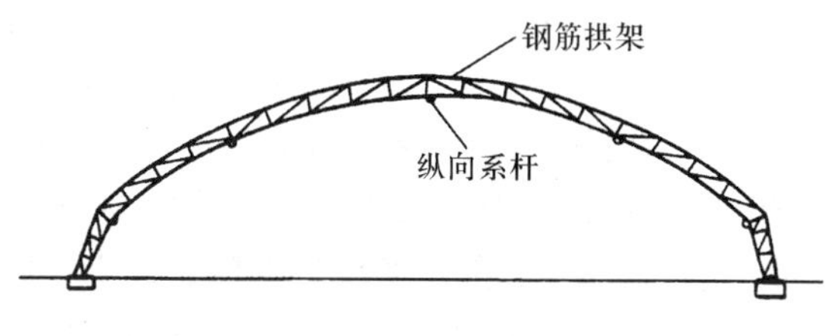

图 12－1　鞍Ⅰ型塑料大棚骨架

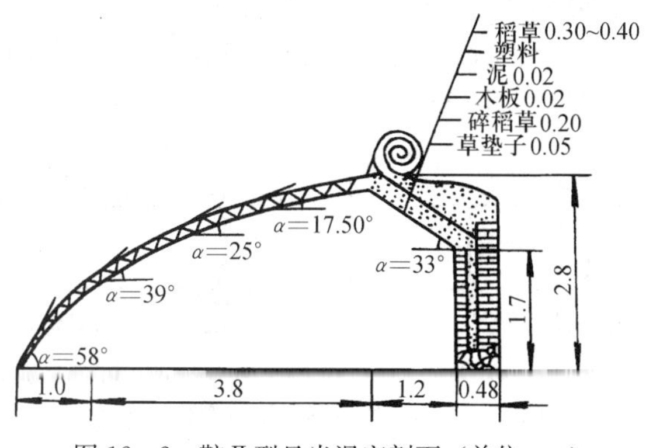

图 12－2　鞍Ⅱ型日光温室剖面（单位：m）

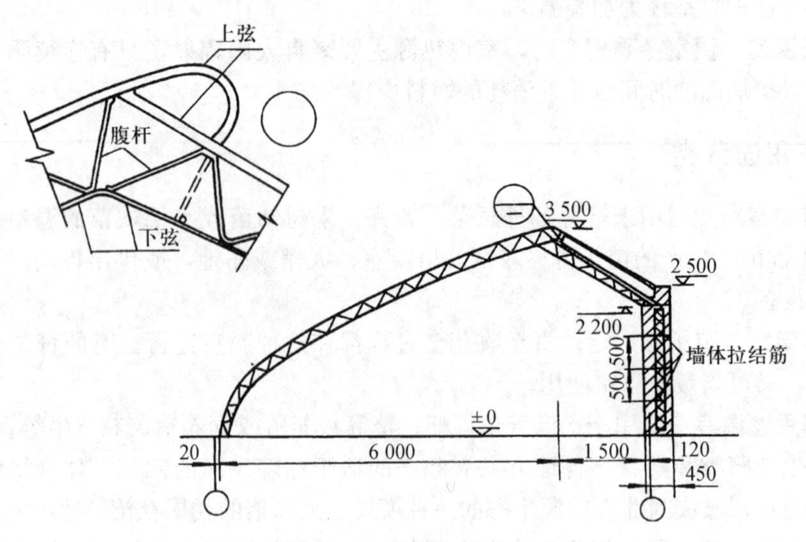

图 12-3　辽沈Ⅰ型 7.5 m 日光温室剖面（单位：mm）

3. 镀锌薄壁钢管骨架塑料大棚或温室　采用热浸镀锌防锈，其镀层较厚并可双面镀。

四、按建筑形式分类

1. 单栋温室　常用于小规模的生产和试验研究。又可分为单坡屋面和双坡屋面两种形式。

（1）单坡屋面温室。一般为坐北朝南或稍微偏西或偏东，屋脊东西走向，具有朝南的透光单坡用屋面。折线形的常用玻璃覆盖，曲线形的可用塑料薄膜覆盖。这种形式在我国最为普遍，尤其是在北方地区大量建造的日光温室数量居世界首位。通常把北墙、山墙、北坡做成不透明的围护结构，就墙体而言多做成异质复合墙体，以便增加热阻，减少厚度。后坡的保温材料也是不可少的。前坡夜间通常用草帘、纸被或特制保温被等材料覆盖，以减少夜间散热。

（2）双坡屋面温室。其屋面形成有人字形对称双坡屋面（常用玻璃覆盖）、不对称双坡屋面、折线形屋面、拱形屋面（常用塑料覆盖）等。这种温室采光量比单坡屋面的大，但保温性较差。如果在北方越冬生产，通常需要加温。

2. 连栋温室　如果把两栋以上单栋温室在屋檐处连接起来，去掉相连处的侧墙，加上檐沟（即天沟），就构成了连栋温室。连栋温室节省土地和建筑材料，土地利用率高，内部空间大，便于机械作业及多层立体栽培，适合工厂化生产。但在北方寒冷地区，冬季生产耗能大，天沟积雪排除困难并加大遮挡的阴影和骨架的荷载，栋数较多时自然通风困难，常用机械排风，夏季降温也较困难（图 12-4、图 12-5、图 12-6、图 12-7、图 12-8）。

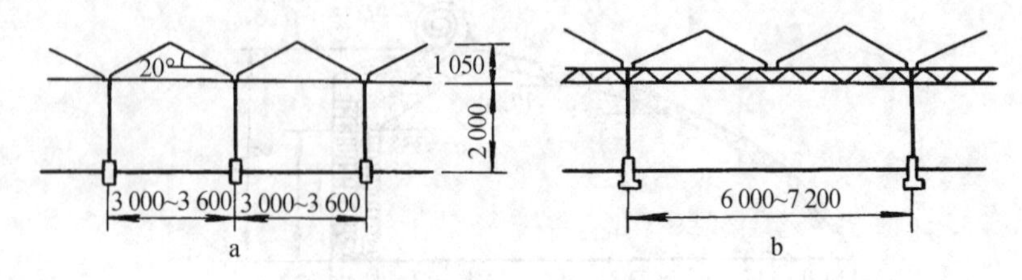

图 12-4　荷兰型连栋温室（单位：mm）

a. 荷兰 A 型　b. 荷兰 B 型

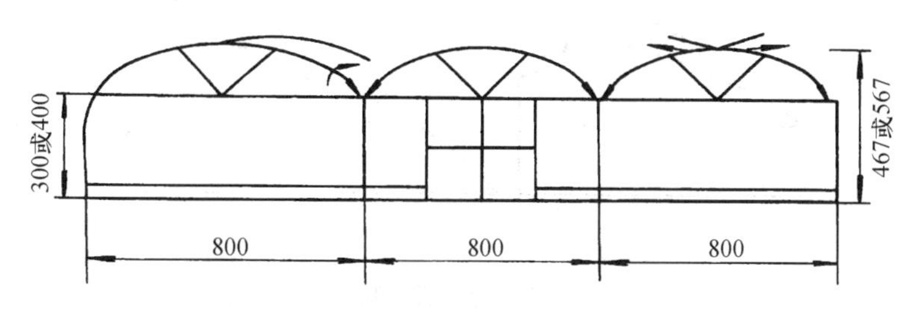

图 12-5　GK-80 型连栋温室（单位：cm）

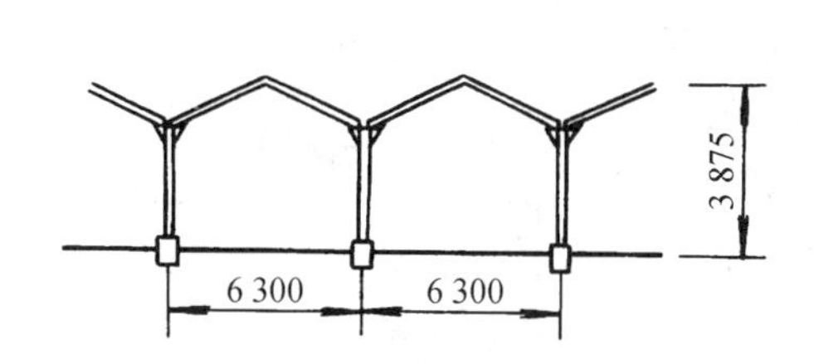

图 12-6　门式钢架连栋温室（单位：mm）

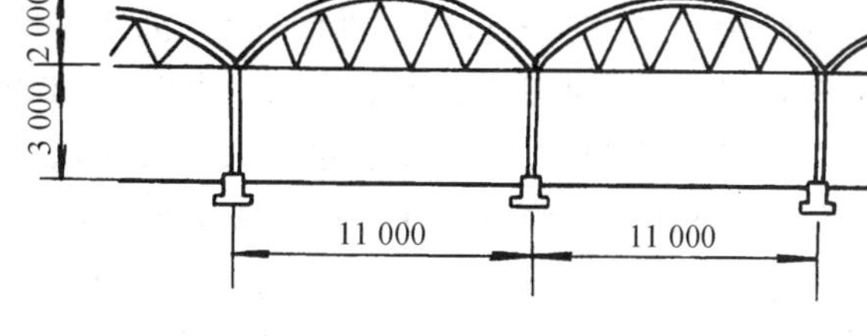

图 12-7　FRP 板连栋温室（单位：mm）

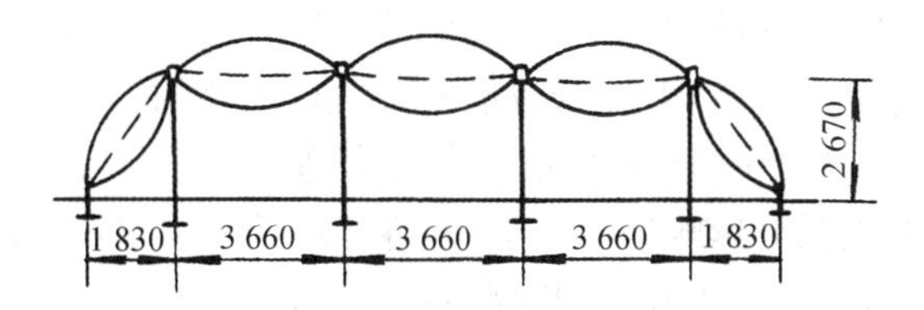

图 12-8　双层塑料薄膜充气温室（单位：mm）

第二节　温室环境调控设施

为了使温室更好地高效节能，只有基本结构还不够，还要有各种配套设施。温室的主要配套设施有卷帘机、保温被、放风机械、夏季降温装置、地中热交换系统、备用加温设备、灌溉施肥系统、增施二氧化碳气肥装置及内部保温幕等。

一、卷帘机

我国的日光温室在冬季绝大多数是人工卷、放草帘或草帘加纸被。据调查，667 m^2 温室，两个人卷草帘一般需要 1.5 h，并且要有一人站在屋顶上，费工费时，劳动强度大。一般来说，纸被（多层牛皮纸等物缝制而成）的宽度大，草帘的宽度小，二者不能同步，在这种情况下，卷、放工作更麻烦。如果用卷帘机卷、放，情况就大不相同了，电动卷、放帘一般只需要 5 min 左右，而且人不必上屋顶，只在室内按开关就行了，不但极大地节省了时间，减轻了轻劳动强度，而且每天增加进光时间 2 h 以上，停电时手摇也只需 20～30 min。

卷帘机由减速机、电动机、摇把、机架、大轴及其支架、卷绳等组成（图 12-9）。

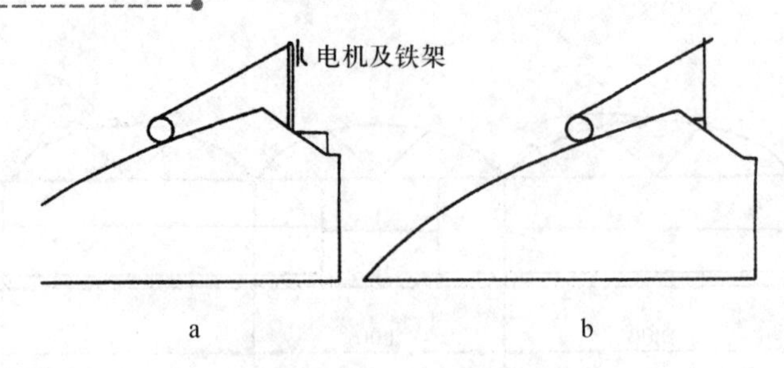

图 12-9　卷帘机安装示意
a. 卷帘机架　b. 大轴支架

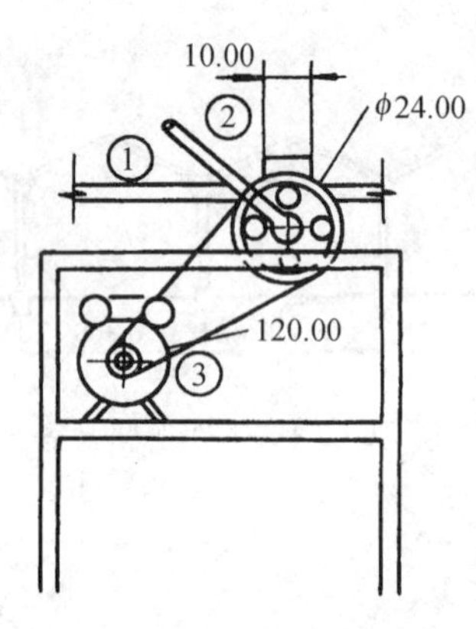

图 12-10　卷帘机结构

在承重骨架安装就位后，上后坡之前，先把机架和大轴支架焊在骨架上（要求在同一铅垂面内），机架应放在温室长度的中央，以便使大轴所受的扭矩均衡。做完后坡以后，安装各机械及大轴（图 12-10）。在卷帘机大轴支架底部后侧焊一根 6 分管，以便固定压膜线、保温被（或草帘）及其卷绳等用。

通电以后，电动机通过皮带将动力传给减速机，减速机通过输出轴（与大轴连在一起）带动大轴转动，大轴在转动过程中把卷绳绕在轴上，从而带动保温被不断卷起升高，直至到达屋脊预定位置处停机；放帘时反转即可，这由倒逆开关来控制。停电时手摇，直接把手摇的动力传给减速机。值得注意的是，保温被下端要平齐，放下时整齐地靠紧在前地垄墙外侧（前地垄墙也要平直，否则漏缝影响保温效果）；各卷绳长短一致，上端与大轴连接处不要有相对运动，应用粗尼龙绳，如果用麻绳则吸湿后易冻结在大轴上。应采取有效措施保证各绳在轴上缠绕的范围一致，否则各绳有松有紧，使保温被卷不齐，造成遮光。

二、地中热交换系统

日光温室在晴天的中午室内气温经常达到 30 ℃以上，有时超过作物生长所需要的温度；而凌晨揭帘之前室内气温往往较低（是一天中室内气温最低的时刻）。为了缓解这种矛盾，把白天多余的热量储入地下以增加地温，在凌晨再把地中储存的热量放出来以提高凌晨的最低气温。采用地中热交换系统是个有效的方法，其纵断面如图 12-11 所示。

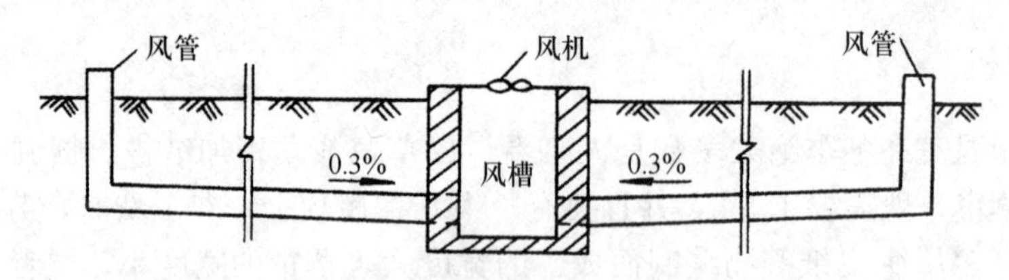

图 12-11　地中热交换系统纵断面

集风槽用砖砌，宽深各约 0.5 m，上部用盖板盖严，中间留有风机孔可安装风机。风管材料有多种，有的用缸瓦管，有的用砖砌，还有的用各种硬质塑料管或软质塑料波纹管，管的一端通向风槽，另一端在距风槽一定距离（20～25 m）之外伸出地面约 20 cm，上面罩上纱布，防止杂物掉入。内管间距 0.5 m 左右，埋深 30～40 cm（视作物根系深度而定）。当

室温升至超过作物生长所需要的温度时，打开风机，热量就经由内槽流入各风管，风管中的热量与周围的土壤进行热交换，从而提高了地温；当凌晨室温较低时再打开风机，地中储存的热量又从风管流出，从而提高了凌晨最低气温。

三、温床加热装置

温室中育苗或栽培温床的加热，通常采用电加温线加热方法（图 12－12）。

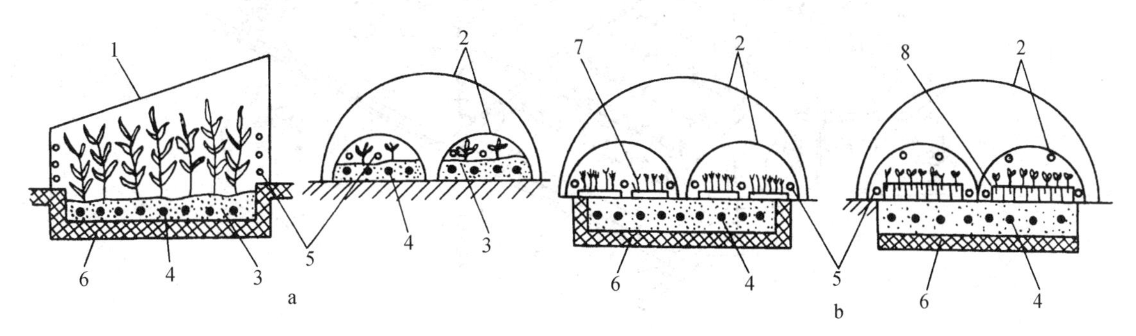

图 12－12　电热育苗或栽培的温床构造

a. 电热栽培温床　b. 电热育苗温床

1. 玻璃　2. 塑料薄膜　3. 床土　4. 电加温线　5. DKV 电加温线　6. 隔热层　7. 育苗盘　8. 营养钵

在同一温室，根据具体情况，可同时用两种系列的加温线，也可选用其中之一。

目前用于温室加热的电加温线有 DV 和 DKV 两个系列。DV 系列加温线主要用于土壤的加温，而 DKV 系列电加温线主要用于空气的加温。

一定容积的空间，需要布多少根加温线，与室内所需达到的温度、外界气温及建筑物保温等因素有关。

电加热线电压为 220V，一般功率 250～1 000 W，长度为 50～120 m，使用温度≤35～40 ℃。电加热线的接线方法如图 12－13 所示。

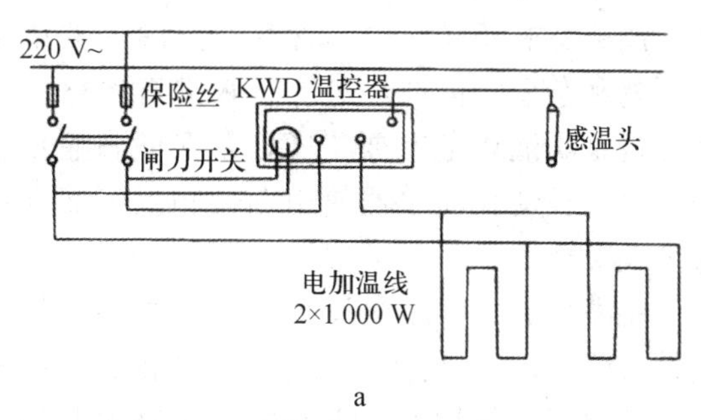

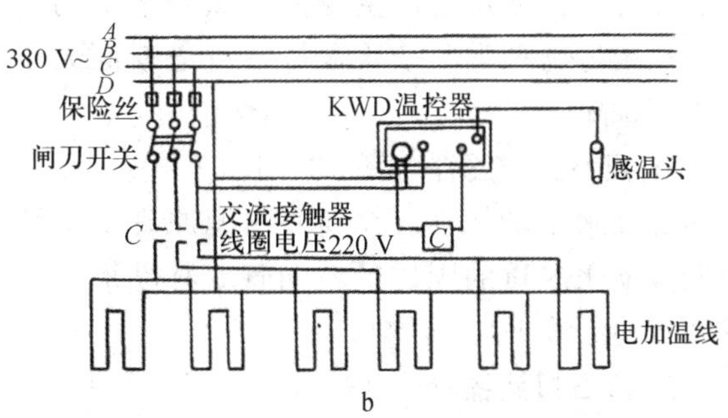

图 12－13　电加热线接法

a. 单相温控接法（功率≤2 000 W），用 KWD 温控器

b. 三相四线温控接法，用 KWD 温控器＋交流接触器

四、温室滴灌设备

温室滴灌系统是由水泵、仪表、控制阀、施肥罐、过滤器等组成的首部枢纽及担负着输配水任务的各支、气管组成的管网系统和直接向作物根部供水的各种形式的灌水器三部分组成的。其中灌水器是完成灌水任务中最末级关键设备，被称为滴灌工程的心脏，其性能的高低反映着一个国家滴灌的档次水

平。图 12－14 为温室滴灌系统示意图。

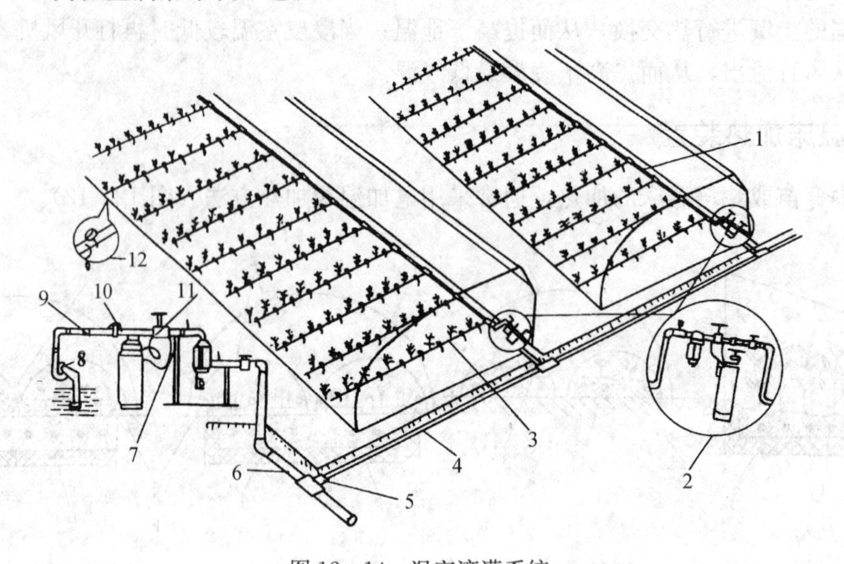

图 12－14 温室滴灌系统

1. 支管 2. 棚内首部枢纽 3. 毛细管 4. 干管 5. 三通 6. 主管道 7. 压力表 8. 水泵 9. 逆止阀 10. 球阀 11. 调压阀 12. 灌水器

（一）过滤设备

滴灌要求灌溉水中不含有造成灌水器堵塞的污物和杂质，因此，对灌溉水进行严格的净化处理是滴灌中的首要步骤，是保证滴灌系统正常进行、延长灌水器使用寿命和保证灌水质量的关键措施。

滴灌系统中的净化设备与设施主要包括拦污栅（筛网）、沉淀池、离心式过滤器、滤网式过滤器等。在使用时，主要根据灌溉水源的类型、水中污物种类、杂质含量及流道断面大小等进行选配。

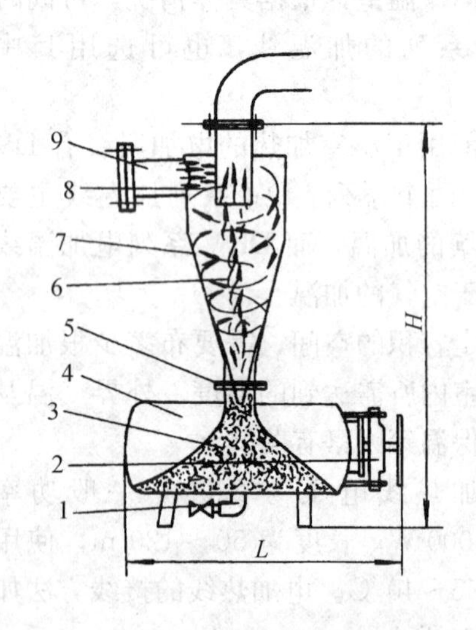

图 12－15 离心式过滤器

1. 冲洗口 2. 排沙口 3. 沙石 4. 集沙罐 5. 接沙口 6. 水流 7. 外壳 8. 出水管 9. 进水管

1. 离心式过滤器（图 12－15） 其主要用于清除井水中的泥沙。靠离心过滤原理推动沙石及其他比水重的固体颗粒向管壁移动形成涡流，促使泥沙进入集沙罐。

2. 沙石过滤器（图 12－16） 主要用于水库、塘坝、渠道、河流及其他敞开水面水源中有机物的前级过滤。水由进水管进入过滤器，并以渗透的方式通过介质层，水流在介质层孔隙中的运动过程即为过滤过程。过滤后的水通过过滤元件进入出水管。

（二）压差式施肥罐

由储液罐、罐盖、进水管、出水管、输水管、调压阀及进出水管控制阀等部分组成（图

12-17)。具体操作如下：

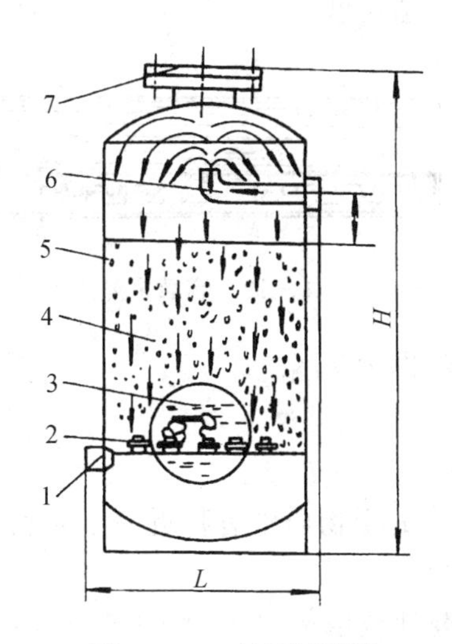

图 12-16　沙石过滤器

1. 出水口　2. 过滤元件　3. 毛孔　4. 过滤介质　5. 罐体　6. 进水口　7. 封盖

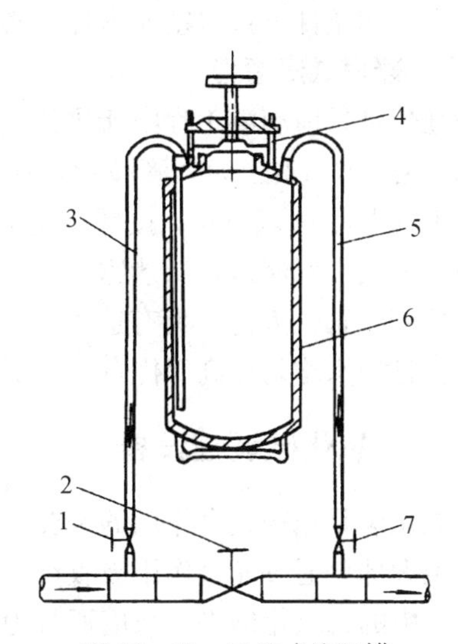

图 12-17　压差式施肥罐

1. 进水管控制阀　2. 输水管控制阀　3. 进水管　4. 罐盖　5. 出水管　6. 储液罐　7. 出水管控制阀

首先在系统正常运行情况下，关闭进出水管控制阀，打开罐盖，将溶解好的化肥溶液倒入储液罐，并盖好罐盖。此时打开进出水管控制阀，逐渐关小输水管控制阀，使其产生局部阻力而水头损失，造成控制阀前压力大于阀后压力而形成一定压差（一般 2 m 左右）。这样使控制阀前一部分压力水由进管进入储液罐，而后罐中的肥液便通过出水管进入滴灌管网并对作物进行灌溉施肥，经过一段时间后待储液罐内的肥液稀释为零时，关闭进出水管控制阀，打开罐盖，将罐内存水排出并对其进行清洗。如继续施肥则按以上步骤重复进行，操作时应注意掌握施肥作业完成后至少应保证再灌水 30 min。

（三）脉冲滴灌

脉冲滴灌系统是微灌中又一种新的灌水形式。它是通过水的自压形成脉冲能，以连续积累和释放的方式将灌溉水冲出灌水器的滴灌系统。其特点是灌水均匀、抗堵塞、成本低并主要用于温室大棚经济作物的灌溉。该系统设备主要包括过滤器、施肥器、脉冲发生器（图 12-18）、脉冲滴灌管及所需的输配水管材、管件等，其中脉冲发生器是该系统的关键部件。它的整体由壳体、型芯和脉冲胶囊三部分组成，工作时脉冲胶囊在压力水的作用下不断地扩张与收缩，使连续进入胶囊体的压力水间歇地以脉冲形式输入作物灌溉区域。系统中滴灌管是内径为 6 mm 微管，且在其管壁上用激光间隔一定距离均匀地打出 $\phi 0.6$ mm 的出水孔。

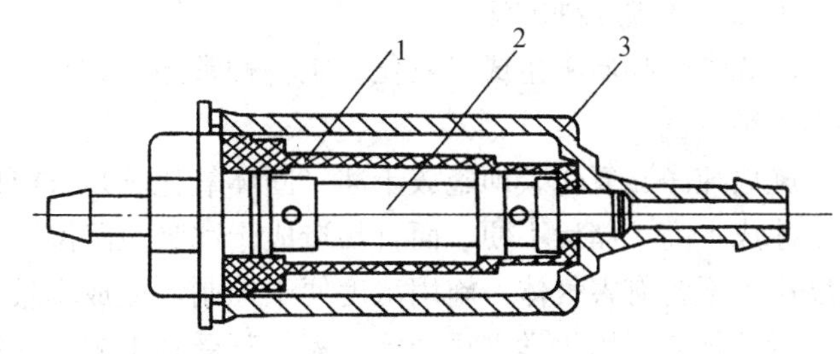

图 12-18　脉冲发生器

1. 壳体　2. 型芯　3. 脉冲胶囊

脉冲滴灌系统的特点在于脉冲过程中产生的频率振动，使灌水器在形成一个脉冲的同时被强力冲洗一次，使浮在灌水器出水口的沙粒或污物容易被冲掉。所以脉冲滴灌系统的最大优点是在相同条件下抗堵塞能力优于其他滴灌方式，并且造价低。

（四）迷宫式滴灌带

滴灌带是目前滴灌工程中所采用的一种较为先进的灌水设备（图 12-19）。滴灌带是在内径 15 mm 的薄壁管上（壁厚 0.25 mm）按照一定间距（300 mm）均匀地加工成出水流道，像迷宫一样。它是一种带灌水器的薄壁毛管。因此，具有造价低、使用方便、铺设距离长且灌水均匀度高等优点，广泛用于大田及大棚的作物灌溉。

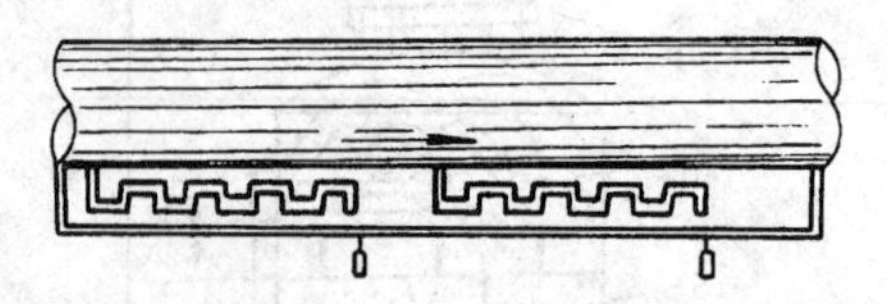

图 12-19　滴灌带灌水器

五、二氧化碳调控设备

二氧化碳是作物光合作用的重要原料之一。蔬菜产品的干物质中有将近一半元素是碳，这些碳绝大部分通过光合作用吸收空气中的二氧化碳获得。

大气中的二氧化碳平均浓度通常为 0.33 mL/L。在露地栽培条件下，由于空气流动，作物周围空气中的二氧化碳不断进行补充，能维持作物的正常光合作用。但由于温室内外空气流动受阻，二氧化碳浓度下降，作物群体内部的二氧化碳浓度常常低于平均浓度，特别在封闭的日光温室内，如果不进行通风换气或增施二氧化碳，就会使作物处于长期的饥饿状态，从而严重地影响作物的光合作用和生长。

提高二氧化碳浓度的方法主要有三种：一是通风换气；二是土壤中增施有机质；三是人工施用二氧化碳。

许多研究和生产实践证实，在温、光、湿度等条件较为适宜的情况下，一般蔬菜作物在 0.6～1.5 mL/L 二氧化碳浓度下的光合最快，其中果菜类蔬菜以 1.0～1.5 mL/L 为宜，叶菜类蔬菜以 0.6～1.0 mL/L 为宜，而且晴天应取高限，阴天应取低限。二氧化碳浓度过高，不仅增加成本，而且超过一定限度后还会对作物产生不良影响。利用通风换气调控二氧化碳浓度，由于外界气温低，对于温室冬季生产是困难的。

目前，国内外采用的二氧化碳发生源主要有燃烧含碳物质、施放纯净二氧化碳和化学反应产生二氧化碳三种方法。

燃烧含碳物质来生成二氧化碳是一种常用的方法，但操作起来不易控制，容易对作物产生不利影响。

施放纯净二氧化碳即施放干冰（固体氧化碳），这种方法便于定量施放，所得气体纯净，但干冰成本高，储运不便，而且易造成干冰吸热降温。二氧化碳可从制酒等行业中得到，它纯度高，不含有害气体，施用浓度便于控制，但成本较高。

近几年来，用化学方法增施二氧化碳受到重视。这种方法主要采用强酸与酸盐反应而产生二氧化碳。目前我国北方一些日光温室中常用稀硫酸加碳酸氢铵的方法来产生二氧化碳。适用于温室等保护地栽培的蔬菜、瓜果、苗木、花卉等。

二氧化碳发生器主要由储酸桶、反应桶、过滤桶、导气、导酸管等组成。使用时，先将设备按图 12-20 组装好后，向反应桶内加碳铵和水，然后加上密封圈，把内盖盖好，拧紧外盖。根据室内面积确定定量管长度，剪好定量管后，插入进酸口，并拧紧。向储酸桶加硫酸，把储酸桶放到反应桶上方，处于工作位置。接通平衡管、导气管和导酸管。将过滤桶加

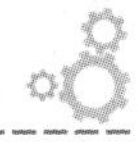

水至水位线。先把阀门B手柄旋转朝上，再打开阀门A，让硫酸注满定量桶（可从回气管观察到），关闭阀门A，把阀门B手柄旋转朝下即可反应。施用时间在育苗和作物生长的前期、中期，一般定植移栽后即开始使用。每天早晨日出后1 h开始使用，遇阴雨、寒流等光线弱和低温天气停止使用；春季放风季节应照常使用，使用后须适当推迟放风时间，一般施后1 h即可放风，因二氧化碳密度大于空气，最好采用顶部放风。

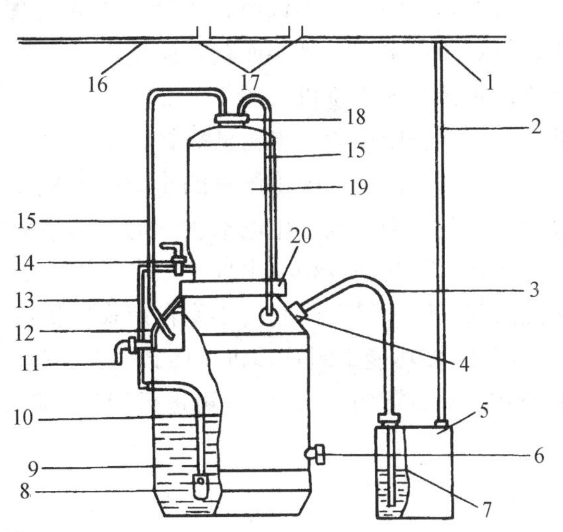

图12－20　平衡式二氧化碳气肥发生器

1. 三通　2. 导气管　3. 排气管　4. 出气口　5. 过滤桶　6. 排液口　7. 水位线　8. 沉降头　9. 反应桶　10. 装料线　11. 阀门B　12. 定量桶　13. 导酸管　14. 阀门A　15. 平衡管　16. 输气管　17. 出气孔　18. 压盖　19. 储酸桶　20. 压盖

使用时应注意：①所用硫酸对人体皮肤、衣服有腐蚀性，搬运操作要小心。②62%的稀释方法：先取一定体积的水置入塑料或陶瓷容器（不能用铁容器），在用木棒慢慢搅动下将同体积的98%浓硫酸缓慢倒入水中。不能将水倒入硫酸中。③每使用5次要更换一次过滤桶中的水，并分两次打开排液口放出部分反应液。④放出的反应液不能直接使用，应把它稀释100倍以上。⑤不可在反应时更换过滤桶中的水和放液。⑥在安装各连接件、阀门时注意加放垫片。⑦经常检查各密封件是否完好。

第三节　设施农业机具

耕整地是农业生产中的重要环节，随着保护地面积的扩大，土地耕整成为突出问题。随着菜农收入的增加，迫切需要蔬菜生产机械化作业，从而减轻劳动强度，提高作业质量，提高效率，增加收入。而小规模的棚室高度较低，中脊高度为2.4～2.8 m，跨度为5.5～10 m，前坡面弯折处高度为1 m左右。现有机具无法适应棚室内正常作业，所以必须发展小型化、多功能适应保护地作业的农机具。

一、小型耕整地机具发展简况

国外已有许多生产小型耕耘机的公司，例如美国专门生产小型拖拉机的吉尔森公司生产的自走式旋耕机。该机的主要特点是旋耕机直接由底盘驱动轴带动，机体重量全部压在旋耕刀片上，刀盘直径为35.5 cm，耕幅为30.4～66 cm，传动形式为链传动和蜗轮蜗杆传动两种。功率为3.68 kW左右，适于菜园、温室等地作业。不旋耕时可换上轮子配带其他农具如翻转犁、除草铲、中耕铲、齿耙等作业。

意大利M·B公司生产一种单轮驱动的旋耕机，动力为3.3 kW汽油机，单机重量为40 kg。适于菜园、花圃中耕作业，一次完成旋耕培土两项作业。

该公司还生产5.89～7.36 kW多用自走底盘，由驱动轴配带旋耕机完成田间旋耕作业，换上轮胎后又可完成犁耕、运输、喷雾等作业。

日本和韩国，蔬菜育苗、种植、田间管理收获、产品处理与加工等工序都已实现机械化。机具的突出特点是小而精，耐用，使用起来轻松自如。例如日本生产的适于温室作业的带驱动轮行走式旋耕机（图 12-21）；韩国生产的万能管理机，一台主机配带 40 多种农机具，可用于农田作业，果树低矮树枝下、温室大棚等地作业。

日本、美国、韩国等国家的小型耕耘机多以 2.2～8 kW 的汽油机为动力。为减少对棚室内的空气污染出现了用电动机作动力的小型自走式旋耕机。

近几年，我国也相继出现了很多适于保护地作业的小型机具。许多地区由大专院校、科研院所和工厂相结合研制的小型自走式旋耕机，适于棚室耕整地作业。

DTJ4 多功能田园管理机（图12-22）配套动力为 2.2 kW，重量为 70 kg，手柄可作水平 360°、垂直方向 30°调整，可进行旋耕、除草、开沟、培土、覆膜等作业。

图 12-21　带驱动轮行走式旋耕机

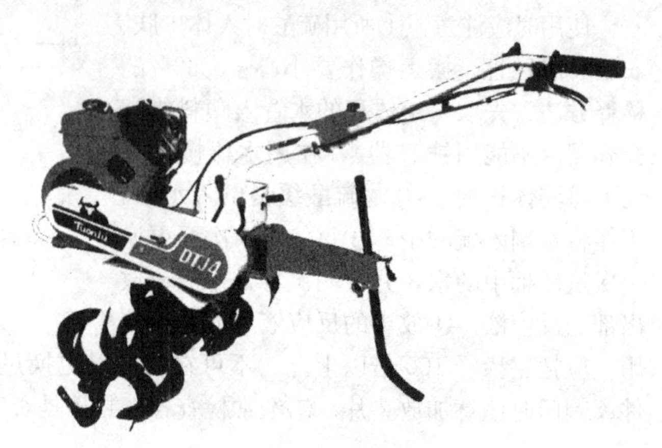

图 12-22　DTJ4 多功能田园管理机

二、小型自走式旋耕机一般构造及工作原理

尽管适应棚室耕整地的旋耕机种类繁多，但它们的结构、特点及工作原理基本相同，主要由动力部分、旋耕部件、传动部件、操纵部件、阻力铲等部分组成（图 12-23）。

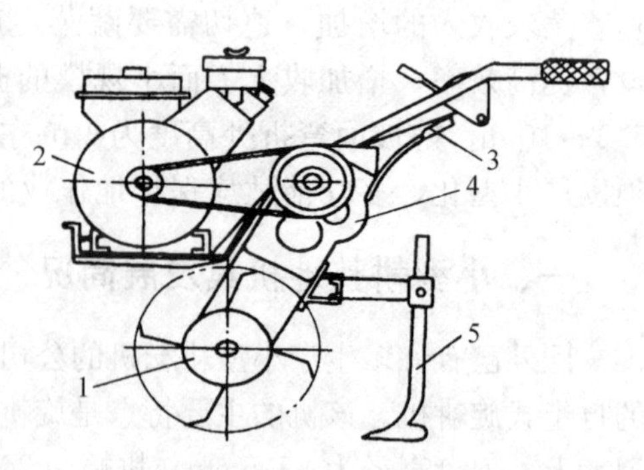

图 12-23　自走式旋耕机结构
1. 旋耕部件　2. 发动机　3. 操纵部件　4. 变速箱　5. 阻力铲

工作时，发动机运转，动力经变速箱传给变速箱下方的驱动轴，驱动安装在轴上且位于变速箱两侧的两组旋耕部件旋转，切削土壤，将切下的土壤向后抛扔、破碎，同时通过土壤反力推动机器前进；变速箱下方的土壤被阻力铲耕松，从而防止漏耕，同时还起到稳定耕深和限制耕深的作用。

结构特点：

（1）自走式旋耕机没有行走轮，所以又称无轮式旋耕机。具有结构紧凑、体积小、重量轻等特点，适应于棚室等地作业。

（2）该机根据选择动力不同，其最佳转速也不相同。但无轮式旋耕机工作时的转速不能

太高，否则机器不能前进，只在原地旋转。

(3) 耕深比较浅，一般需要两遍作业，适应比较松软的土地作业。

(4) 自走式旋耕机必须安装阻力铲。阻力铲除防止漏耕、起到控制耕深的作用外，更重要的作用是能保证机器稳定作业。如不安装阻力铲，则机器只能在地面滚动，而不能入土，因此不能正常作业。

自走式旋耕机在我国是近几年出现的新机型，虽然工作部件的运动轨迹仍为余摆线，但它的切土节距、旋转速比（λ 值）、刀轴扭矩、功率消耗及刀片如何排列更合理等理论问题还需完善，有待进一步研究。

复习思考题

1. 简述温室机械的种类和特点。
2. 温室环境调控设施有哪些，各起什么作用？
3. 分析小型自走式旋耕机的基本构造与工作原理。
4. 分析卷帘机的构成与工作原理。
5. 简述地膜覆盖机基本构造及工作过程。

第十三章　果园机械

果园机械包括建园机械、苗圃机械、果树栽植机械、果园管理机械等。我国果园多建在沙滩地、丘陵或半山地，其生态差异较大，即使是同一作业项目，由于树种不同，使用的机械类型也不相同。果树是多年生植物，一经定植，管理作业环节的好坏，直接影响着果品的产量和品质。

果园机械种类繁多。耕整地、苗圃播种、中耕、施肥、灌溉、植保等机械可借用大田、蔬菜、林业、牧草等机械，本章只介绍果园生产中的专用机械。

第一节　果园建植机械

在果园建植和恢复修整过程中，首先要对建植地进行清理。在所需要的机械设备中，除大型的挖掘机、铲土机、运输机械外，还需要一些中小型机具完成清理作业，如割灌机、油锯等。

一、割灌机

割灌机是使用最广泛的一种小型清理机械。它利用旋转式工作部件切割灌木，分为手扶式、悬挂式和背负式三种。

割灌机的技术要求：割茬低、切口平、割尽，控制倒向、不伤苗、压苗；小型轻便，便于携带上山，林地通过性好；结构简单，耐用可靠，操作、保养、维修方便；振动、噪声小；一机多用。

（一）侧背式割灌机

1. 侧背式割灌机的构造 国产DG－2型侧背式割灌机如图13－1所示，该机采用硬轴传动，主要由发动机（1E40F型汽油机）、传动系统、离合器、工作部件、操纵部分及背挂部件等组成。

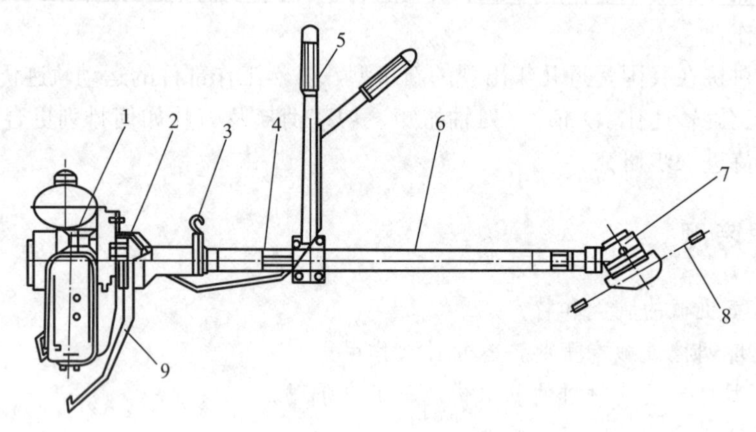

图13－1　DG－2型割灌机

1. 发动机　2. 离合器　3. 挂钩　4. 传动部分　5. 操纵部分　6. 套管　7. 减速器　8. 工作部件　9. 支脚

（1）离合器。该机离合器可实现过载自动打滑，以保护工作部件不受损坏，空载怠速时能自动切断动力。它主要由离心块、主动盘、弹簧、从动盘等组成（图13－2）。弹簧嵌在离心块的环槽中，并将其紧箍在离合器主动盘上。离合器主动盘与风扇固定在一起，风扇安装在曲轴上，构成离合器主动部分。从动盘是被动件，固定在传动轴上。当发动机的转速达到2 800～3 200 r/min时，离心块在离心力作用下克服弹簧的紧箍力而向外张开，靠摩擦作用与从动盘结合为一体并将动力传给传动轴，带动工作部件进行割灌作业。当发动机的转速低于2 800 r/min时，由于离心力减小，则离心块在弹簧力的作用下恢复原位，动力切断，工作部件停止旋转。

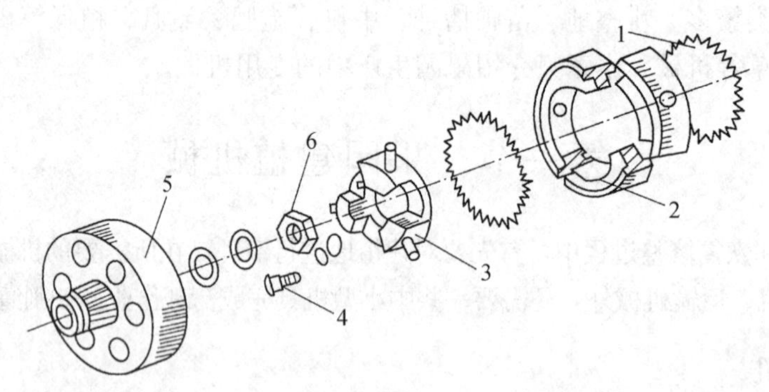

图13－2　离心式离合器结构示意图

1. 弹簧　2. 离心块　3. 主动盘　4. 连接螺钉　5. 从动盘　6. 连接螺母

（2）传动轴与减速器。传动轴属于硬轴，将离合器传来的发动机动力传给减速器。减速器可改变传动方向，与工作部件总称为工作头。减速器的减速比为1.21（小齿轮19个齿、大齿轮23个齿），若发动机的转速是5 000～6 000 r/min，工作件的转速则为4 130～4 950 r/min。

（3）工作部件。割灌机的工作部件类型很多，多为圆锯片和刀片（图 13－3），圆锯片广泛用于切割灌木和小径级立木，刀片多用于割草和切割藤蔓。

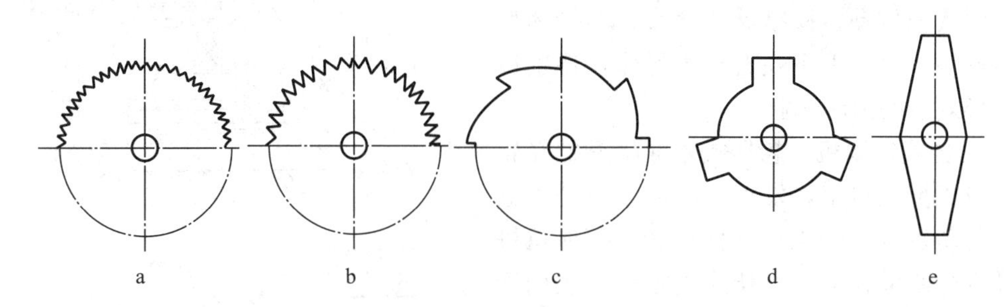

图 13－3　工作部件的类型
a. 80 齿圆锯片　b. 40 齿圆锯片　c. 8 齿圆锯片　d. 3 刃刀齿　e. 双刃刀齿

2. DG－2 型侧背式割灌机的使用与维修

（1）割灌机的使用。割灌机进行作业时，发动机转速一般在 5 000 r/min 左右为宜，严禁在 6 000 r/min 以上长时间作业，以防损坏发动机零件，降低使用寿命。操作方式可根据林地具体条件选择。在坡地作业可沿等高线进行；切割小灌木和杂草时，可双手左右摆动连续切割，割幅在 1.5～2 m 之内；切割根径在 8 cm 以下的乔灌木时，可采用单向切割，一次伐倒；切割 8 cm 以上的乔灌木时，应根据倒向先割下锯口；发生卡锯时，立即关小油门，待离合器分离后抽出锯片或刀盘；严禁冲击式砍切根径在 3 cm 以上的乔灌木；工作完后，减小油门低速运转 3～5 min，待机器冷却后停机，严禁高速运转时突然停机。

（2）割灌机的维护与保养。工作结束后要清理整机表面的油污，用热水清洗锯片（刀片）上的树脂和草渍。清洗空气滤清器和离合器。检查油管接头和外部紧固件是否松脱；工作 50 h 后，还应清洗油箱、沉淀杯和化油器浮子室，清洗减速箱后应换新润滑油，清除消声管和火花塞中的积炭，拆下启动轮，检查白金底盘螺钉是否紧固；工作 100 h 后，要完成 50 h 保养内容，然后检查离合器磨损情况，拆洗发动机；工作 500 h 后，要全部拆卸、清洗、检查各部件损坏情况，并进行更换和修理；长期保存时，应擦洗整机，气缸内注入少量润滑油，变速箱换新润滑油，锯片（刀片）修磨后涂上润滑脂，整机放置于干燥通风处。

（二）其他常用割灌机

1. FBG－1.3 型背负式软轴割灌机　FBG－1.3 型背负式软轴割灌机示意图如图 13－4 所示，它由发动机、软轴和工作部件等组成，发动机为 1.3 kW 汽油机。工作部件配有 80 齿、40 齿和 3 齿等多种圆盘锯片及附件。80 齿锯片用于切割 ϕ8 cm 以下的树木，40 齿锯片用于收割小麦和直播稻。

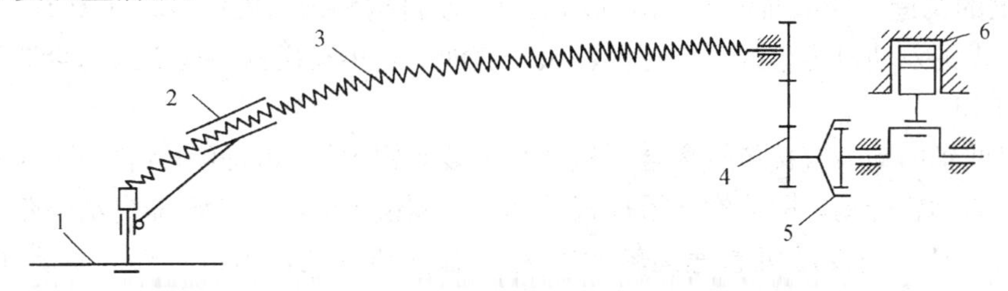

图 13－4　背负式割灌机示意图
1. 锯片　2. 套管　3. 挠性传动轴　4. 皮带轮　5. 离合器　6. 发动机

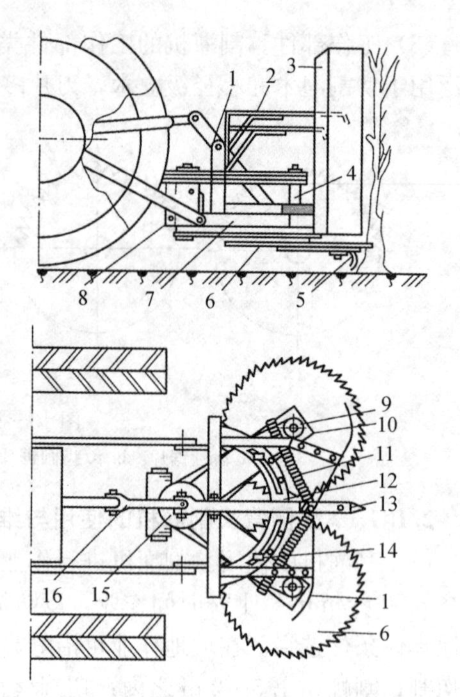

图 13-5　悬挂式双锯盘割灌机

1. 悬挂架　2. 推板支架　3. 推板　4. 垂直轴　5. 滑橇　6. 锯片　7、10. 支架　8. 减速器　9. 小皮带轮　11. 弹簧　12. 导向板　13. 纵梁支架　14. 支架固定螺钉　15. 大皮带轮　16. 万向节

工作时将割灌机背在肩上，发动机的动力通过离合器、三角皮带及软轴传到割灌机工作部件。因软轴传动、操纵灵活性大，不受地形和坡度影响，可以上下左右自由操作，特别适应于地形复杂的山区作业。

2. 悬挂式割灌机　悬挂式割灌机悬挂在轮式或履带式拖拉机上，发动机的动力由动力输出轴经传动机构带动工作部件旋转，随拖拉机的移动进行割灌作业。悬挂式割灌机一般用于大面积除灌作业。图 13-5 为悬挂式双锯盘割灌机，主要由机架、锯片、传动机构、悬挂架和推板等组成。

机架由左右两个支架组成，支架的一端铰接于减速器座上，并分成左、右两部分，支架的另一端用导向板和弹簧连接在一起。左、右支架与穿过导向板长孔中的螺栓连接，可根据作业要求调节分开的角度，当遇到障碍时可借助弹簧力的作用使支架越过障碍或回位。

传动装置包括万向节、减速器、皮带轮和三角皮带。减速器装在纵梁上，通过皮带传动带动锯片旋转。锯片立轴装在支架的前部，主轴上有小皮带轮，通过三角皮带与减速器皮带轮连接。两锯片旋转方向相同，锯下的灌木由推板推向右侧。推板铰接在支杆上，改变推板的安装位置可将锯下的灌木推向两侧。滑橇装在纵梁支架上，用于保持一定的锯切高度。

整机由悬挂装置支承和起升。除灌作业时拖拉机后退行驶，锯木直径为 10 cm，工作速度为 5 km/h。

二、油锯

清理果园建植地的粗大残次林木或更新粗大树木时，需要专用油锯进行清理，效果更好，效率更高。

1. 油锯的构造　轻型油锯主要由汽油机、传动机构和锯木机构组成（图 13-6）。

轻型油锯的发动机为单缸、二行程、风冷汽油机。传动机构由离心式离合器和驱动链轮等组成（图 13-7）。

发动机曲轴的动力直接传给离合器从动盘上装有锯木机构的驱动链轮。工作时，离合器结合，带动驱动轮转动，驱使锯链沿导板转动。当锯链卡阻时，离合器自动切断动力，使锯木机构免受损坏。当发动机怠速运转时，离合器自动分离，锯链停转，保证油锯和人身安全。

锯木机构由锯链、锯链导板、张紧装置和插木齿组成。

锯链是锯木机构的主要工作部件。锯齿连接片、导向齿等按一定顺序排列，由链轴铰接成闭合的链条。

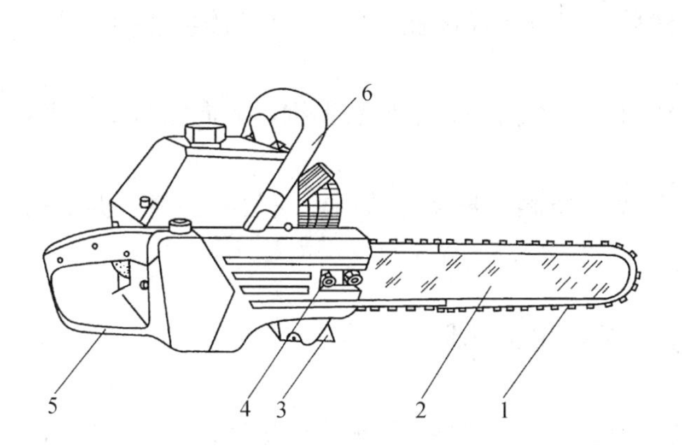

图 13-6 轻型油锯

1. 锯链 2. 导板 3. 插木齿
4. 张紧装置 5. 后把手 6. 前把手

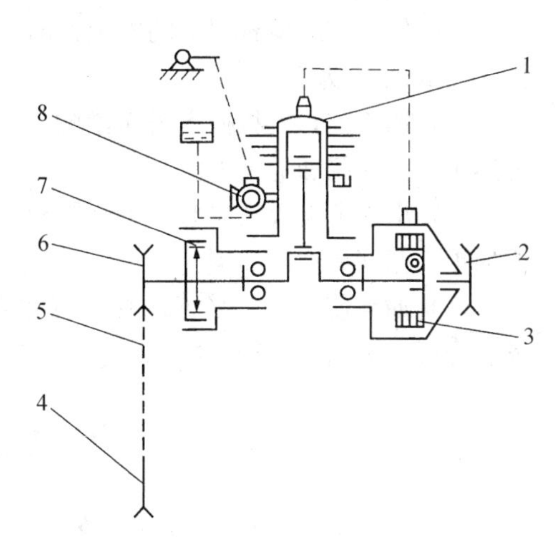

图 13-7 轻型油锯传动机构

1. 发动机 2. 启动器 3. 飞轮 4. 导板 5. 锯链
6. 驱动链轮 7. 离合器 8. 化油器

轻型油锯的锯链为万能锯链（图 13-8），也称刨刀式锯链，锯齿也称刨旋齿，为口形，分左刨旋齿和右刨旋齿两种。刨旋齿的构造如图 13-9 所示。

刨旋齿的垂直刃截断木纤维，形成锯口的两侧壁，起切齿作用。水平刃横向切削、刨掉锯口中的木片并带出锯口，起清理齿的作用。限量齿的作用是控制齿刃切入深度。导向齿使锯链在导板中运动。连接片连接锯齿。万能锯链可以从横向（垂直于树干方向）、纵向或斜向锯切树干。

导板是用于支承和引导锯链按一定方向运行的部件，有带导向轮和不带导向轮两种。导板边缘有沟槽，用于控制导向齿的走向。导板后端有长孔，用螺栓将其固定在机体上。锯链的张紧力由改变导板的位置来调整。导板尾部有润滑油孔，来自油箱的润滑油经此孔压入导板或锯链之间进行润滑。

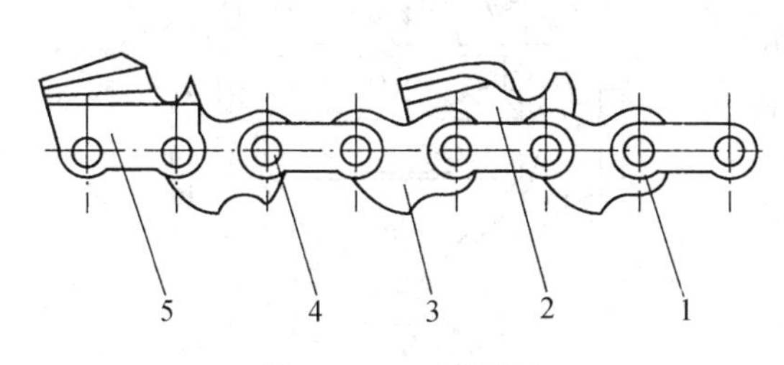

图 13-8 万能锯链

1. 连接片 2. 左刨旋齿 3. 导向轮
4. 链轴 5. 右刨旋齿

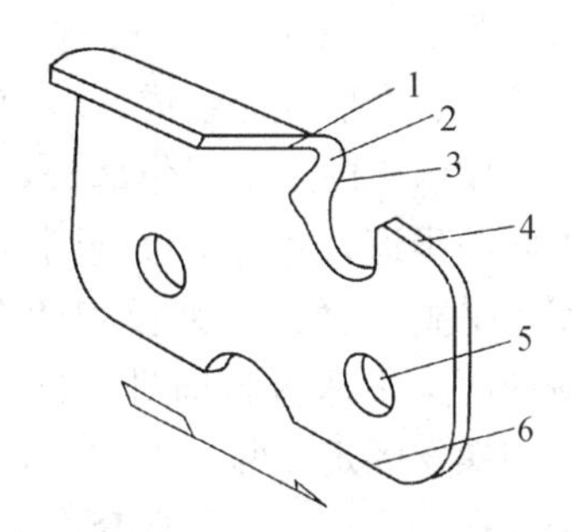

图 13-9 刨旋齿的构造

1. 水平刃 2. 切削角 3. 垂直刃
4. 限量齿 5. 铆钉孔 6. 齿尾

插木齿位于工作装置的后下方，固定在油锯体上。锯木时，插木齿抵住树干，作为油锯的一个支承点，以便油锯手控制油锯作业。

2. 油锯的使用和维护

（1）作业前应检查锯链的安装方向，调整锯链的张紧度。以手指向上抬锯链，使其离锯板 10 mm 左右为宜。

（2）锯割前，先将插木齿靠紧树干，然后使锯齿轻轻接触树干，等锯板锯入树干以后，再逐步增大油门和送锯力。

（3）出现卡夹等现象时，可将锯板在锯口中左右活动，若仍然夹锯，应向锯口中加楔，增加锯头宽度后抽出油锯。

（4）油锯使用后应妥善保存，应注意防潮、防晒。长期存放时，应放净油料，拆下锯链、导板，清洁后涂油存放。

第二节　苗圃机械

苗圃育苗具有面积小、作业集中、地形较平坦等有利条件，机械化程度较高。机械化育苗作业包括的工序很多，本节仅就苗圃作床、筑埂、插条、挖苗等作业环节所用机械加以讲述。

一、作床机

作床是一项繁重和季节性很强的作业。对作床的要求是苗床整齐，床面土壤松散、颗粒均匀，肥料和土壤搅拌均匀，床面平整适于机械播种。

作床机分为牵引式和悬挂式两种。根据机器一次作业所完成的内容可分为作床机和联合作业机。

（一）牵引式作床机

作床机主要由步道犁和床面整形器组成。图 13－10 为牵引式作床机的构造简图。它由机架、步道犁、平床板、升降机构、深度指示器、平床板转动机构、划印器、前轮、后轮、牵引板等组成。步道犁有左右两个，是作床机的主要工作部分，用于挖出苗床中间的步道，并将土壤翻到床面上。平床板用于平整床面，由钢板和两个支柱组成。两侧的两个平床板与前进方向成 37°角。平床板用螺丝固定在两个支柱上，支柱固定在机架的夹套中，支柱在夹套中的上下位置可以调节。中间右侧平床板上装有转动翼板，利用手杆可以改变翼板的倾斜角度。当中间两个平床板推集的土壤堆积过多时，可以利用手杆转动翼板，将堆积的土壤放成小土

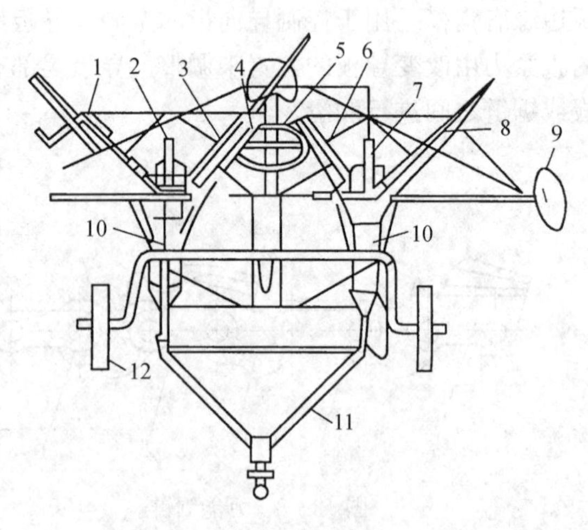

图 13－10　牵引式作床机

1、3、6、8. 平床板　2、7. 支持轮　4. 平床板调整手杆　5. 升降轮盘　9. 划印器　10. 步道犁　11. 牵引板　12. 行走轮

堆。作业前先调节支持轮与平床板下边缘间的相对位置，使平床板下边在支持轮支持面上方25 cm处。支持轮在工作时走在步道犁开出的步道中，支持轮进入步道后，装有平床板的后机架下降。操作人员利用手杆将左侧划印器自运输位置放到工作位置。步道犁的犁铧将土壤切下，并用犁壁将其翻向两侧，形成倾角为53°的苗床边坡。两个步道犁和四个平床板过去后便开出两个步道，中间形成一个完整的苗床，两侧形成两个半苗床。

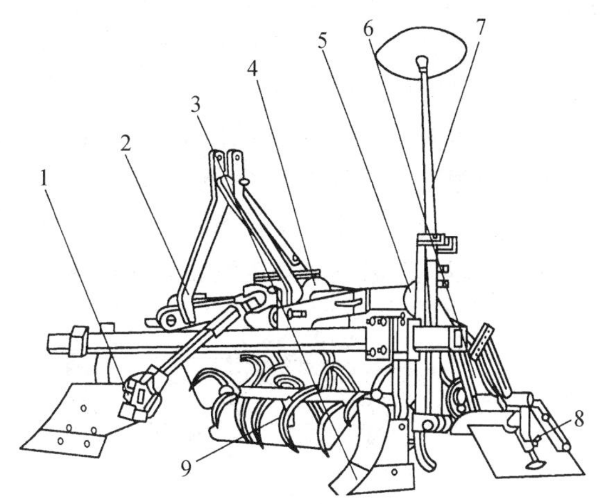

图13-11　悬挂式作床机
1. 万向轴　2. 悬挂架　3. 步道犁　4. 变速箱　5. 侧边传动箱　6. 机罩　7. 划印器　8. 成形器　9. 旋耕器

（二）悬挂式作床机

图13-11为悬挂式ZCX-1.1A型作床机。它由传动轴、悬挂架、步道犁、变速器、侧边链轮箱、卧式旋耕器及其罩壳、整形器和划印器等组成。由于该机有变速箱，因此它能悬挂在具有不同动力输出轴转速的拖拉机上。

作床机通过三点悬挂在拖拉机的悬挂机构上，可一次完成开步道沟、旋耕碎土、苗床整形三道工序。工作时，步道犁首先开出床间步道，并将土壤翻到床面上，然后再由旋耕器将土壤粉碎，最后由整形器成形苗床。

（三）作床机的使用与调整

1. 使用　机组作业前应进行空载试运转，试运转正常后，逐步加大负荷，直至全负荷正常作业，以防止突然过载刀齿折断。机组在转弯或后退时，将作床机升起，并切断动力；停车时不得悬空停放，以防发生事故。作业结束后，应及时保养，保证机械的技术完好性，以便适时高效地进行作业。

2. 调整　作床机在使用前，首先将拖拉机悬挂杆与作床机挂接点正确连接，并严格检查各零部件安装及润滑情况，然后进行如下调整：调整拖拉机悬挂装置两侧吊杆的长度，使作床机刀轴处于水平状态；调节上拉杆的长度，使作床机在工作状态下，传动轴处于水平位置（入土角为零）；锁紧悬挂杆限位链，使作床机不能左右摇摆。

二、平地筑埂机

平地筑埂机适用于沙荒地区大面积育苗地和宜林地耕耙后进行推平或筑埂作业，以利于储水或灌溉，为林木生长创造良好的生长发育条件。

YPZ-4型平地筑埂机如图13-12所示，它由机架、行走机构、起落机构、刮土器等组成。

1. 机架　机架是由纵梁和横梁组成的框架，机架上焊有油缸支座、拉板、挡板等。机架分前后两部分，前机架的牵引板上有垂直排列的牵引孔，用以调节牵引点，后机架主要用于安装刮土铲。

2. 刮土铲总成　刮土铲包括铲体和铲刃，铲体为圆柱形曲面，由钢板卷压焊成。铲刃由 10 块锰钢组成，分别用沉头螺栓与铲体连接，便于拆卸、刃磨和更换。在刮土铲的后端连有筑埂板，夹角可用螺杆调节，其作用是对土埂挤压、整形。刮土铲总成的特点是左右两铲刃间的水平夹角、铲刃与地面的夹角（即碎土角和翻土角）均可调节。因此，对各种不同类型的土壤都有较好的适应性。

3. 起落机构 液压起落机构由液压油缸、油缸支臂、油缸座及高压油管等组成。起落机构通过两根高压油管与液压分配器连接。油缸后部与机架铰接，前部的柱塞杆端部与支臂铰接，油缸支臂焊接于行走轮弯轴上。由分配器操纵油缸柱塞伸缩，使支臂逆时针或顺时针方向旋转，以调节耕深和操纵刮土铲起落（图 13－13）。

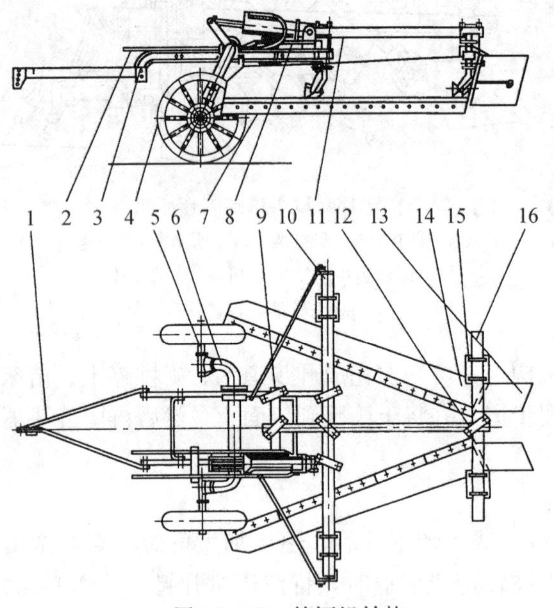

图 13－12 筑埂机结构

1. 牵引架 2. 高压油管 3. 机架 4. 行走轮 5. 半轴及轴套 6. 弯轴 7. 左刮土铲 8. 液压油缸 9. 前横梁 10. 中横梁 11. 后纵梁 12、15. U 形螺栓 13. 压板 14. 右刮土板 16. 后横梁

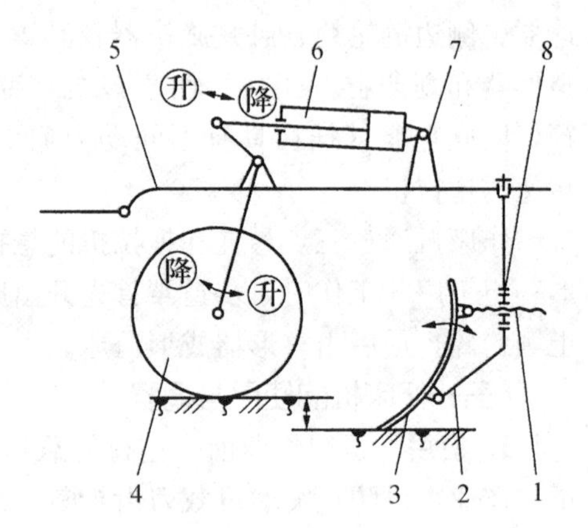

图 13－13 耕深调节示意图

1. 调节螺杆 2. 铲柱 3. 刮土铲 4. 行走轮 5. 机架 6. 油缸 7. 油缸支座 8. 调整螺母

三、插条机

用插条方法繁植苗木，操作方便，能保持母本的优良特性，可提早成苗。根据插条入土方式，插条机可分为埋条式和打入式两种类型。埋条式插条机适于在沙土、沙壤土、壤土及轻黏性土壤中进行开沟垄作或平作插条。

1. 插条机构造及工作原理 埋条式插条机主要由机架、地轮、传动装置、供条装置、开沟镇压装置、仿形机构、输条装置、储条箱、供条箱及立条斗等部分组成（图 13－14）。

工作时，从储条箱取条放入喂条箱，由箱底橡胶传送带（一级供条带）运送到输条槽带（二级供条带），供条带上方的泡沫塑料扫磙用来控制插条的输送量并限定槽内只容纳一株插条。插条被送到顶端后由于自重大端向下落入导槽，沿导槽落入开沟器开的沟内，因开沟器两壁夹角较小，开沟后回土较快，所以插条很快被埋上，保持直立位置，最后由锥形镇压轮压实。

2. 插条机的使用调整

(1) 调整行数。插条机每垄双行改成每垄单行作业时，要将外侧两组分条箱与垄行对齐，卸下中间两组分条链，放松供条皮带，卸掉立条斗和上导槽及相应的一组开沟刀，其余两组左右调换并与分条箱配合，然后将覆土轮半轴改向里侧，将镇压轮由双行改为单行。

(2) 调节株距。株距是由地轮与供条部件的传动比决定的，所以可以用互换链轮的方法进行调节。

(3) 调节扫磙间隙。扫磙间隙以不触及最粗插条的表面为宜，一般供条扫磙间隙应略大于补条扫磙间隙。

(4) 每垄双行插条时，条穗小端向内；单行时，条穗小端向外，注意防止乱条。

(5) 实际作业中，土壤、垄形、车速，对插条深浅、回土快慢、立条倾角都有一定影响，应根据实际情况进行相应的调整。

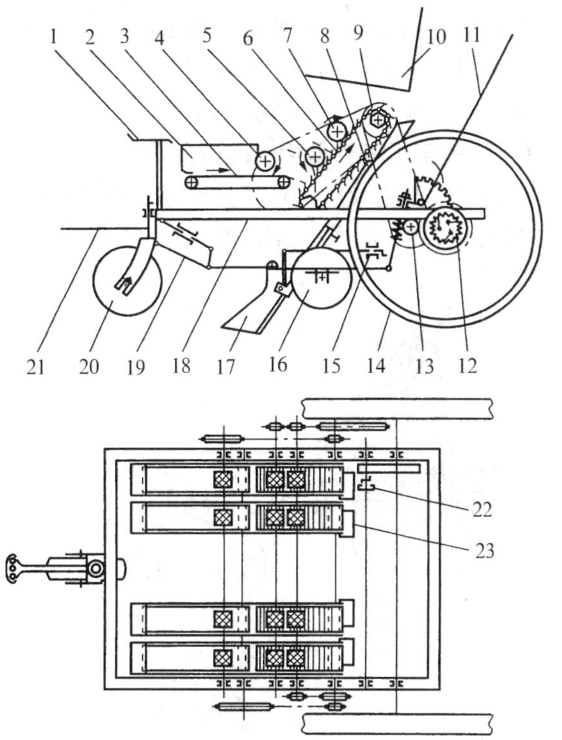

图 13－14　插条机结构

1. 喂条员座位　2. 喂条箱　3. 一级供条带　4. 一级供条扫磙　5. 二级供条扫磙　6. 二级供条带　7. 补条扫磙　8. 输条滑道　9. 传动轮　10. 储条箱　11. 起落手柄　12. 棘轮　13. 离合器轴　14. 地轮　15. 开沟器角度调节机构　16. 镇压轮　17. 开沟器　18. 机架　19. 仿形机构　20. 前导轮　21. 牵引杆　22. 离合器　23. 立条装置

① 改变镇压轮垂直安装高度来调节插条深度。

② 根据车速快慢改变覆土轮位置，调节回土速度，防止出现“倒条”或“高条”。

③ 调节立条倾角，使插条直立或后倾 0°～30°，方向一致。可通过仿形架丝杆进行调节。车速快时，将丝杆加长，使开沟器后倾角变小；车速慢时，将丝杆缩短，使开沟器后倾角变大。同时要改变镇压轮安装高度，以保证只改变开沟器倾角而不改变深度。

④ 通过下导槽托板上的调节螺栓调节插条落点。车速快时，将下导槽倾角变小，则插条落点前移；车速慢时，将倾角变大，使插条落点后移。

四、挖苗机

苗圃中挖苗作业包括挖苗、拔苗、清除苗根上的土壤、分级及捆包等工序。

造林季节为及时提供大量苗木，适时挖苗出圃，是苗圃作业中繁忙的工序之一。手工挖苗，尤其挖大苗，因根系粗大，主杆较高，劳动强度大，劳动效率低，占用大量劳力，所以广泛使用挖苗机进行挖苗作业。

目前，国内外挖苗作业大部分是单项机械化，只有挖苗工序普遍使用了挖苗机，其他工序一般多为手工作业，为了满足大面积造林对苗木的需要，国外已研制出多种工序联合作业机，工作部件由固定式向振动式方向发展。

挖苗机应满足的技术要求：掘土深度应符合苗木根系生长要求，一般为25～60 cm；切开的土壤只许松碎，不得产生翻转和移动，以免埋没苗木；挖苗刀刃应锋锐，避免撕断根系；机具结构应合理，不得碰伤苗木。

（一）挖苗机的类型和一般构造

挖苗机按与拖拉机的连接方式分牵引式和悬挂式两种类型。按作业种类可分为垄作挖苗机（图13-15）、床作挖苗机（图13-16）和大苗挖苗机（图13-17）。

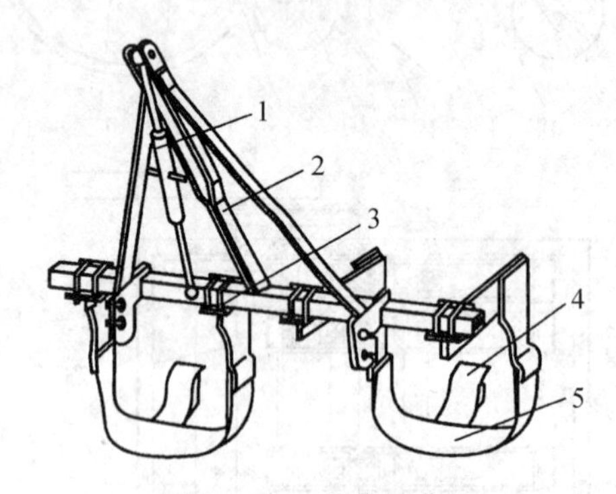

图13-15　垄作挖苗机

1. 丝杠　2. 悬挂架　3. U形螺栓
4. 碎土板　5. U形挖苗刀

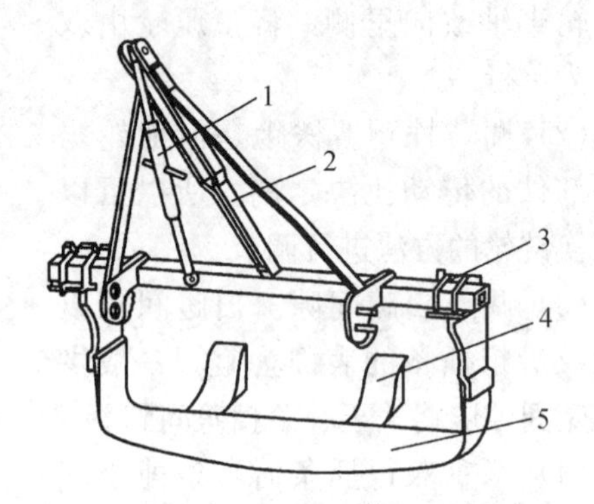

图13-16　床作挖苗机

1. 丝杠　2. 悬挂架　3. U形螺栓
4. 碎土板　5. U形挖苗刀

挖苗机的结构各有差异，但主要工作部件都是U形挖苗刀，并有碎土装置。

1. 挖苗刀　挖苗刀是挖苗机的主要工作部件，挖苗刀的入土角α及水平刃夹角2γ，是影响挖苗刀工作质量的主要因素（图13-18）。

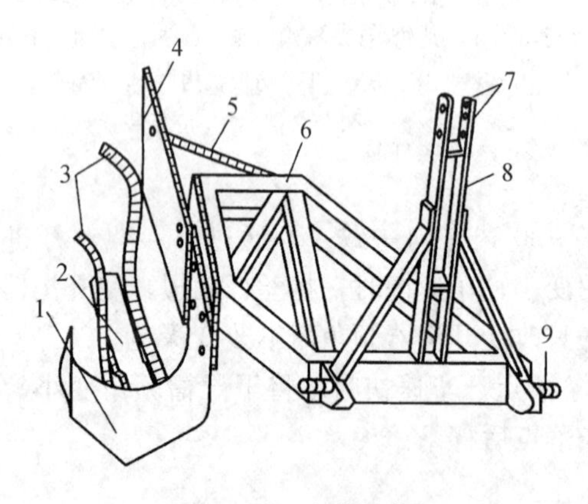

图13-17　大苗挖苗机

1. U形挖苗刀　2. 犁底　3. 碎土板　4. 侧板　5. 侧板调节杆
6. 机架　7. 上悬挂点　8. 悬挂架　9. 下悬挂点

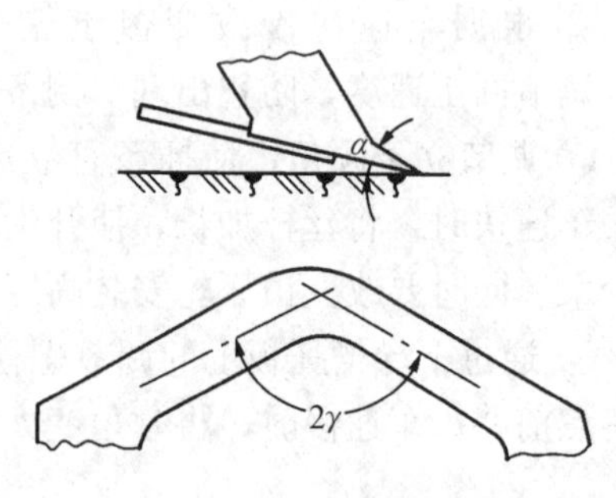

图13-18　挖苗刀参数

入土角α是刃面与水平面的夹角，过大会增加土壤对刃面的正压力和摩擦力，使阻力增大，引起苗木根系的损伤；过小则挖苗刀不易入土，影响抬土和松土作用。为便于切土和松碎土壤，可将刃面做成具有不同α角的光滑连接的曲面，一般取$\alpha=15°\sim25°$。

水平刃夹角2γ，使挖苗刀在工作时产生一定的滑切作用，以减少工作阻力。宽幅挖苗

刀，其 2γ 角不宜过小，否则会因刀尖突出而承受较大的弯矩，因而影响刀刃的使用寿命和工作的稳定性。

γ 角应满足下列条件：

$$\gamma < 90° - \psi$$

式中　ψ——苗木根系与金属的摩擦角（°）。

U 形刀两侧的垂直刀刃应稍向后倾，以利滑切而减少工作阻力。

2. 碎土装置　碎土装置用于松碎抖落苗木根系的土壤，以减轻拔苗的劳动强度，便于苗木分级、捆包和栽植。

碎土装置有碎土板式、转轮式和摆杆式。碎土板式呈曲面，安装在 U 形刀的后部，当苗木经挖苗刀移动到碎土板上时，在曲面的作用下，根部土壤被折断松碎而抖落。

转轮式碎土装置如图 13－19 所示，由前后两个敲打轮组成。前轮上装有固定式敲土杆，后轮上的敲土杆是铰接的。当苗木由敲打轮上方通过时，敲土杆便敲打根部，将根上的土壤敲落。

摆杆式碎土装置如图 13－20 所示，其敲土部分是一个梯形架，前端铰接在机架上，中间利用曲柄机构带动做上下及前后往复运动，利用梯形架敲打苗木根部，使土壤抖落。

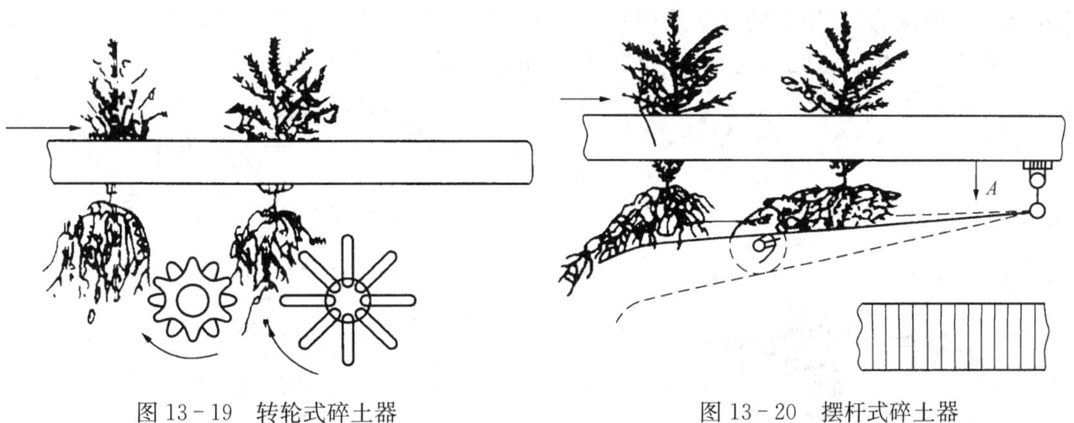

图 13－19　转轮式碎土器　　　　图 13－20　摆杆式碎土器

摆杆式碎土装置抖碎土壤的效果比转轮式好，不伤苗、不缠根，但有惯性力，使机器产生振动。

（二）挖苗机的使用

（1）挖苗机作业时，机架应是水平状态。横向调平，用悬挂机构左右提升杆来调节；纵向调平，用悬挂机构上拉杆调节。

（2）挖苗深度和犁耕耕深由左右调节轮同时调节，机组作业时应平稳，无偏牵引现象。

（3）作业时应使拖拉机（右轮履带）与苗行保持一定的距离，减少伤苗。

（4）机组地头转弯时应将挖苗机升起，以免损坏机器。

（5）运输时，应将限位链拉紧，减少机具的左右摆动，同时，用活塞杆上部定位块压住定位阀，以免运输途中液压系统受震动而损坏机件。

第三节　挖 坑 机

挖坑机也称挖穴机，主要适用于挖植树坑，也可用于果树栽植、橡胶树定植及大苗移植前的挖坑作业。

挖坑机作业时应满足以下技术要求：挖坑机挖出的坑径、坑深应满足栽植树木的要求；挖出的坑应有较高的垂直度，坑壁应整齐，但不宜太光滑，否则不利于根系生长；挖坑时应符合出土率的要求，在贫瘠的土壤上挖坑时出土率要求高，地上挖植树坑时，出土率低一些；挖坑时抛出土应在坑的周围，抛土半径不应太大，以便回填土方便。

挖坑机的类型：按配套动力和挂接方式的不同，挖坑机可分为悬挂式、牵引式、手提式和自走式。按挖坑机钻头的数量，可分为单钻头、双钻头和多钻头挖坑机。

一、手提式挖坑机

钻挖头装置与小型二行程汽油机配置成整体（图 13－21），由单人或双人操作。该机主要由小型二行程汽油机、离合器、减速器、钻杆及套、保护罩和钻头装置等组成。其工作原理是由发动机带动离心式离合器，当发动机转速达到啮合转速时，离合器接合，动力经减速器减速而驱动钻头做旋转运动（图 13－22）。该型钻头为带螺旋齿整地型钻头，又带有安全保护罩，它可以防止缠草、土壤抛散和保证操作者安全。它用于地形复杂的山区、丘陵区和沟壑区，在坡度为 35°以下的地区进行穴状整地或挖坑，同时，也可以用于果园、桑园、苗圃和城镇小树移植、追肥及埋设桩柱时挖坑，坑径一般在 0.3 m 以内。

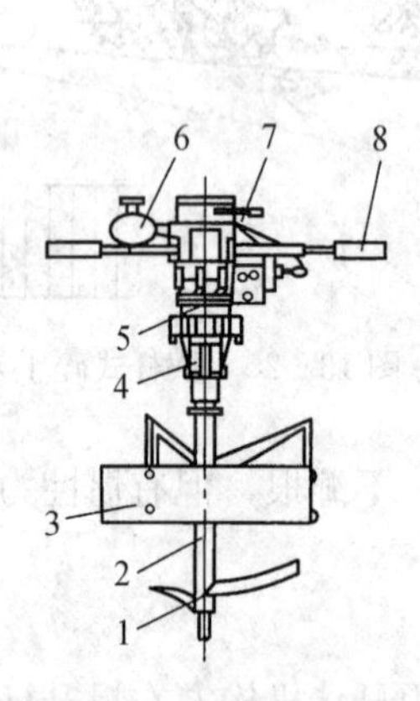

图 13－21　手提式挖坑机结构

1. 钻头装置　2. 钻杆及套　3. 安全保护罩　4. 减速器　5. 离合器　6. 油箱　7. 发动机　8. 手柄

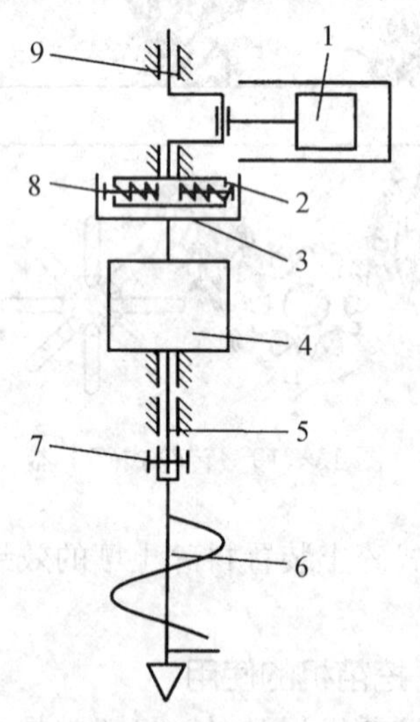

图 13－22　手提式挖坑机工作原理

1. 活塞　2. 离合器主体　3. 离合碟　4. 减速器　5. 主轴　6. 钻头　7. 销钉　8. 重锤　9. 曲轴

二、悬挂式挖坑机

钻头装置悬挂在拖拉机的前方、侧向或后方（图 13－23），由拖拉机动力输出轴带动挖坑机钻头转动，由拖拉机的液压系统操纵挖坑机的升降。它可以挖较大的坑径和较深的坑，

也可带动多钻头同时作业。悬挂式挖坑机多用于地形平缓、拖拉机可以顺利通过的地区进行作业。

悬挂式挖坑机由机架、动力输出轴、离合器、联轴器、减速器、上拉杆、左右下拉杆和钻头等主要零部件组成。其工作原理是由拖拉机动力输出轴、联轴器和减速器来传递动力，驱动挖坑机的钻头做旋转运动；拖拉机液压分配器手柄放在浮动位置，钻头装置靠自重向下做进给运动，钻头完成切土、升运土壤并抛至坑的周围。作业时拖拉机停止行驶，待完成一次挖坑作业后，拖拉机按照株距行驶到下一个位置进行作业。

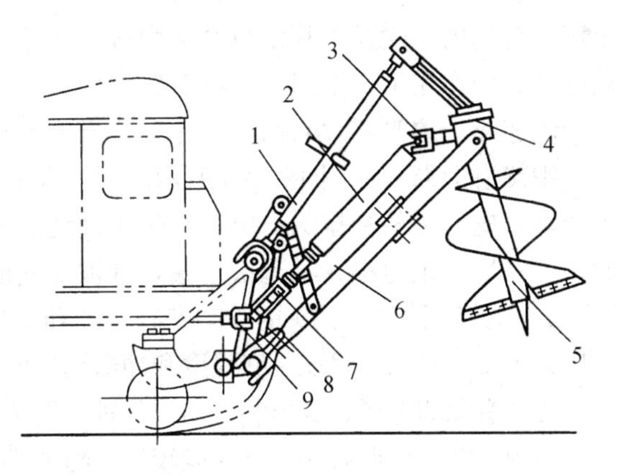

图 13－23 后悬挂挖坑机

1. 上拉杆 2. 传动轴 3. 联轴器 4. 减速器 5. 钻头 6. 下拉杆 7. 离合器 8. 油缸 9. 动力输出轴

三、挖坑机的主要工作部件

钻头是挖坑机的主要工作部件，由翼片、刀尖、钻尖和钻杆组成。

1. 钻头翼片 钻头翼片有螺旋形、叶片形和螺旋齿形三种。螺旋形分单螺旋和双螺旋两种形式（图 13－24）。螺旋形翼片是用一条垂直于钻头轴线的直线段作母线，沿圆柱体上的导向螺旋线移动而形成，所以螺旋形翼片不能展开成平面。单头螺旋翼片工作时消耗的能量少，但因单刀片切土受力不均衡，所以稳定性较差。一般可安装两个刀片径向布置以提高工作的稳定性。双螺旋翼片工作较稳定，但消耗能量大，一般用于悬挂式挖坑机。为了提高螺旋翼片的切削性能，可将螺旋边缘做成缺口，成为缺口形螺旋翼片。

叶片形翼片（图 13－25）的工作表面是锥形面，可以展开成平面，故制造简单，工作时消耗的能量较大。当挖坑深度和坑径之比等于或小于 0.75 时能较好地排除坑内的土壤。

螺旋形和叶片形翼片在挖坑作业中从穴中向上升运和排出土壤的性能较好，一般用于挖坑作业，故亦称为挖坑型翼片。

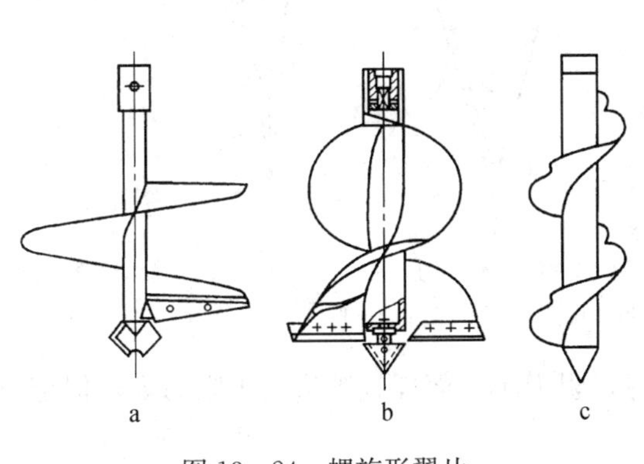

图 13－24 螺旋形翼片

a. 单螺旋 b. 双螺旋 c. 缺口螺旋

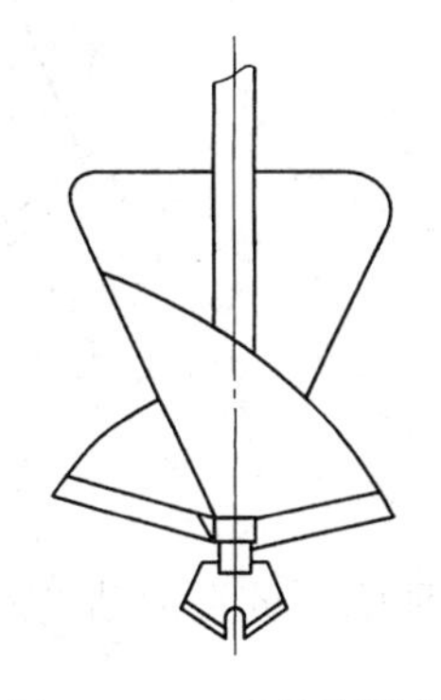
图 13－25 叶片形翼片

挖坑型翼片的工作原理：挖坑作业时钻头垂直向下运动，在扭矩和轴向力的作用下切削土壤。首先由钻尖及刀片定位并切削表层土壤，松碎的土壤在离心力的作用下被甩向坑壁，在摩擦力的作用下坑壁阻止土壤旋转，使其沿翼片表面向上滑移。外层土壤靠内摩擦力的作用带动相邻土层沿翼片斜面向上运动。土壤升运到地表面后被抛离到坑的周围。

螺旋齿形翼片如图 13－26 所示，刀齿呈径向后弯曲，有滑切作用，切割阻力小，有利于切断草皮、树根和排除石块，可防止缠绕阻塞。下齿刃短、上齿刃长，分段切削土壤，因此，下钻快、阻力小，易疏松土壤，且被疏松的土壤留在坑内。

2. 刀片和钻尖 钻头的前端安有刀片和钻尖，刀片是挖坑机切削土壤的主要部分，工作中最易磨损，要求在保证足够强度和冲击韧性的条件下，保持刃口锋利，以减轻切削阻力。

刀片有双刃矩形、梯形和三角形三种。双刃矩形刀片一面磨损后，可调换刃面使用，用于较坚硬的土壤。梯形刀片入土性能较好，阻力小。三角形刀片用于松软土壤（图 13－27）。

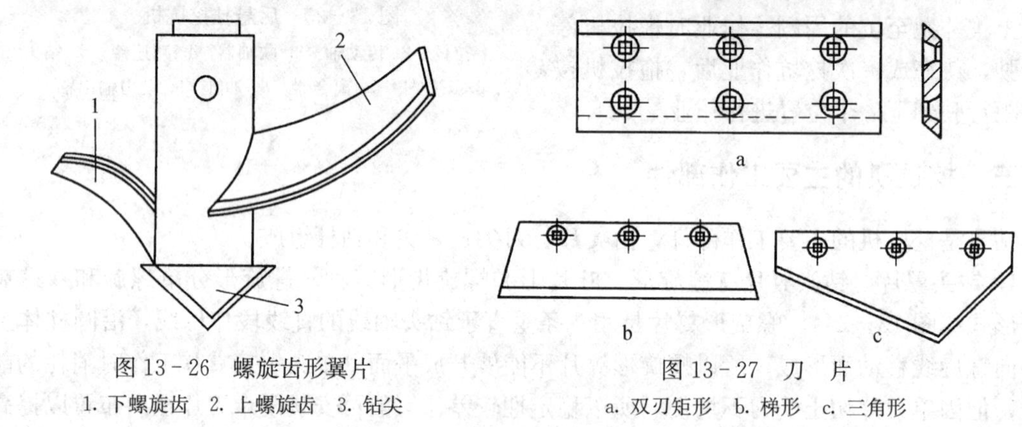

图 13－26 螺旋齿形翼片

1. 下螺旋齿 2. 上螺旋齿 3. 钻尖

图 13－27 刀 片

a. 双刃矩形 b. 梯形 c. 三角形

经试验可知，钻头刀片的外缘刀刃转过的路程较长，因此磨损较快。为延长刀片的使用寿命，在易磨损处将刀片加宽成凿形刀片或局部加厚，以利锻造延伸和刃磨。

钻尖也称定位尖，用于挖穴时定位并切去中心部分土壤。钻尖有分叉形、三角形和螺旋锥形三种（图 13－28）。

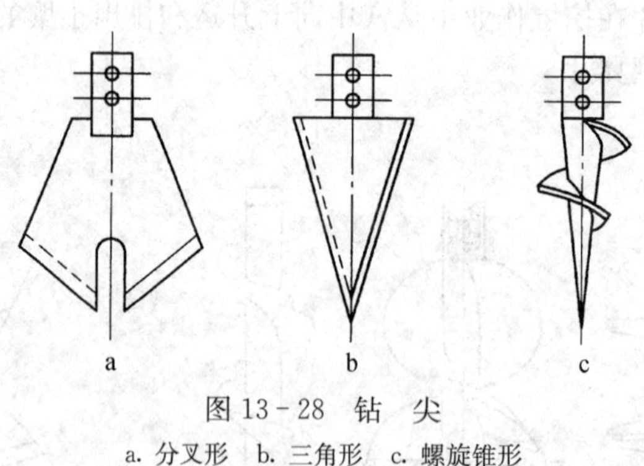

图 13－28 钻 尖

a. 分叉形 b. 三角形 c. 螺旋锥形

试验证明，分叉形钻尖入土性能好，阻力小，而螺旋锥形入土阻力大，但定位性能好。

第四节 植 树 机

为保持果园水土，削弱风、沙、寒冷对果园的侵袭，多在建园前营造果园防护林。大量

防护林的建造，可使用植树机来完成。

植树机将已经形成根系和茎干的苗木植入林地，也可进行插条作业。

植树机应满足以下技术要求：要有均匀一致的开沟深度；栽植的苗木保证苗根直立，须根舒展；保证苗木的根系要栽植在湿土层的松软土上，苗根底部要有 1～2 cm 的松软土层；覆土时要保证湿土与根系接触，覆土均匀一致。栽植后的苗木要有足够的压实力（拔苗力）；行距相等，株距均匀。

植树机的类型较多，按植苗作业的机械化程度可分为简单植树机、半自动植树机和全自动植树机三种。简单植树机可进行开沟、覆土和压实作业，植苗作业需由植苗员完成；半自动植树机可完成开沟、植苗、覆土和压实四道工序；全自动植树机除能完成上述四道工序外还能完成植苗前的递苗工序。

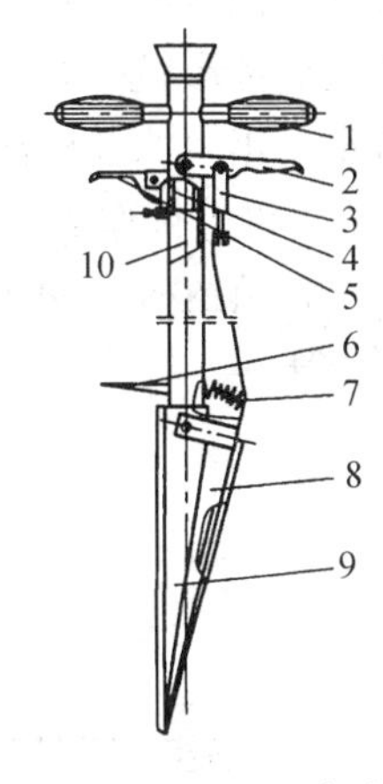

图 13－29　SZ－4G 型沙丘植树器

1. 把手　2. 手柄　3. 调整螺丝　4. 投苗筒　5. 投苗筒手柄　6. 脚蹬　7. 弹簧　8. 副开穴嘴　9. 主开穴嘴　10. 导管

一、植树器

1. 沙丘植树器　沙丘植树器有导管式和开式两种。导管式沙丘植树器的构造如图 13－29 所示，主要由苗木导管、开穴嘴、脚蹬、扶手、投苗筒等部分组成。开穴嘴在压缩弹簧的作用下处于常闭状态，由手柄操纵开启，用调整螺丝调整开穴嘴的开度。苗木导管内装有投苗筒，管外设有控制钩手，投苗筒经常置于苗木导管内，扳动钩手，投苗筒顺导管落下。

使用沙丘植树器时，用脚蹬将开穴嘴踩入沙丘，从导管上端喇叭口投入苗木，拔起植树器同时，用控制手柄将开穴嘴打开，沙土随即灌入植苗穴，将苗木根底部埋住。如果苗冠部太大而不易投下，可先将苗木塞入导管内的投苗筒，将冠部收拢，扳动投苗筒钩手，投苗筒随即投下，栽植完成后将投苗筒放回导管内。

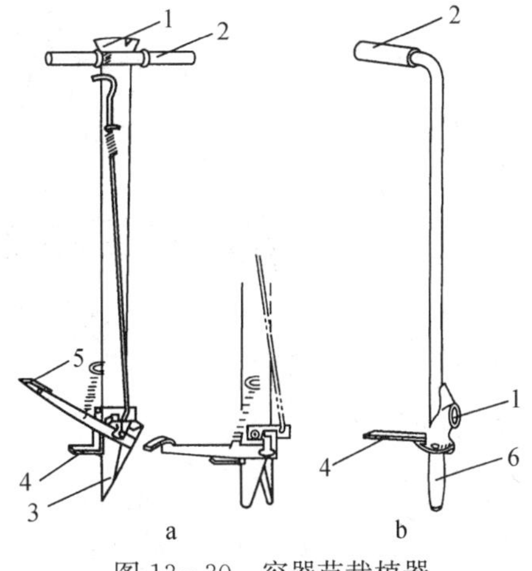

图 13－30　容器苗栽植器

a. 鸭嘴式栽植器　b. 挖穴铲

1. 苗筒　2. 手柄　3. 挖穴嘴　4. 挖穴踏板　5. 开嘴踏板　6. 挖穴铲

植树器可顺利地将苗木一次植入 35～40 cm 深的沙层中，因不挖坑，所以不搅乱干湿沙层，栽植后根部舒展，苗木直立，栽植效果好；结构简单，质量轻，便于制造和携带作业。

2. 容器苗栽植器　在地形复杂，不能使用机械的小块地，可以采用容器苗栽植器进行栽植作业。图 13－30 为两种简单的容器苗栽植器，结构简单，质量轻，便于携带，操作方便。

鸭嘴式栽植器的使用方法与沙丘植树器基本相同。

最简单的栽植器是挖穴铲，挖穴铲可在地上挖出一个与容器苗大小相等的圆穴，将苗木放入筒中，苗木自苗筒落入穴中。

二、半自动植树机

1. 构造与原理 JZ－30 型半自动植树机如图 13－31 所示，主要由锐角箱型开沟器、转盘式植苗机构、刮板覆土器、圆柱形压实轮、牵引装置、棘轮离合器和苗箱等组成。该机适用于经过整地而地形较平坦的地区，用于大面积机械化造林。可栽植 1～2 年生的杨、榆、槐等实生苗及一年生的杨树插条苗。可与东方红－802 拖拉机配套，每台拖拉机可同时牵引 3 台或 5 台植树机进行作业。机组前进时，行走轮的动力经传动机构（图 13－32）带动植苗机构转动，每台植树机有两名植苗员交替向苗夹放置苗木，植苗机构将苗木投放到植树沟中，然后覆土压实。

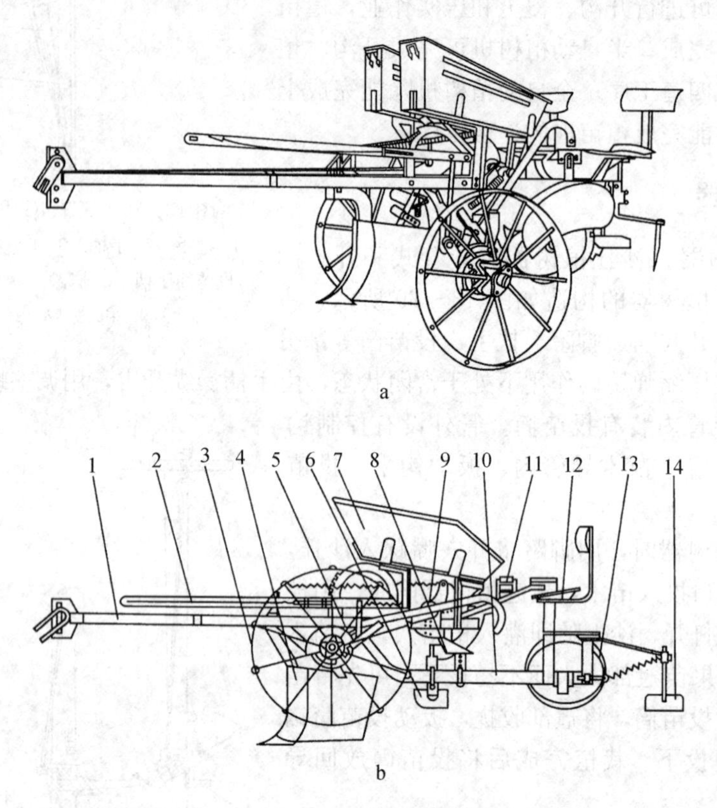

图 13－31 JZ－30 型半自动植树机结构
a. 外形 b. 结构
1. 前机架 2. 深浅调节装置 3. 行走轮 4. 开沟器 5. 起落机构 6. 前覆土器 7. 苗箱 8. 脚踏板 9. 传动机构 10. 后机架 11. 夹苗器 12. 座位 13. 镇压轮 14. 后覆土器

2. 使用与调整

（1）使用前将深浅调节手杆固定在所需要的开沟深度，机架处于水平状态。

（2）根据不同的土壤条件，调整前覆土板和镇压轮的前后距离及开度，以及时埋覆苗木根系和压实，保证苗木直立。

（3）覆土器调整后，其上下位置与开度应保证垄宽和垄高满足林业技术要求。

（4）根据苗木长度不同，调节夹苗器与植苗圆盘的相对位置，保证所需的栽植深度。

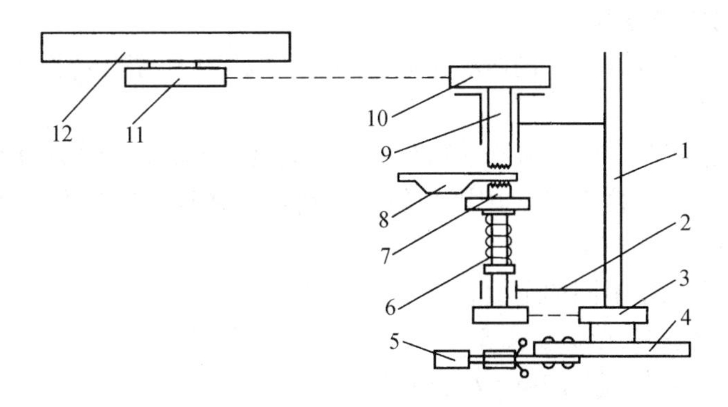

图 13－32　JZ－30 型半自动植树机传动机构

1. 支臂轴　2. 支臂　3. 最终传动链轮　4. 植苗圆盘　5. 夹苗器　6. 弹簧　7. 离合器被动件　8. 分离叉　9. 离合器主动件　10. 中间链轮　11. 主动链轮　12. 右行走轮

（5）通过调节苗夹开放滑道的安装位置，可改变苗木的倾斜角度。

三、大苗植树机

西北沙荒地区风沙危害严重，干旱少雨，造林技术上要求栽植大苗，开沟灌水，以保证苗木的成活率。KDZ 型大苗植树机（图 13－33）适于在沙荒地区大面积营造片林、防沙林和护田林。

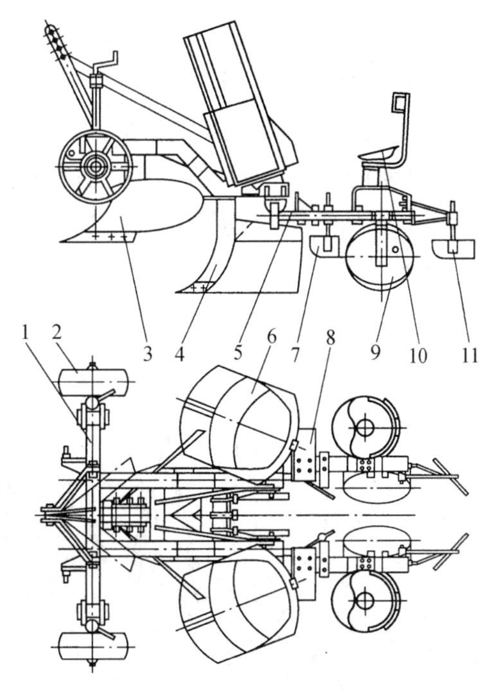

图 13－33　KDZ 型植树机

1. 前机架　2. 限深轮　3. 前开沟犁　4. 植苗开沟器　5. 后机架　6. 苗箱　7. 前覆土器　8. 脚踏板　9. 镇压轮　10. 座位　11. 后覆土器

1. KDZ 型植树机的构造　该植树机由机架、限深轮、开沟犁、开沟器、覆土器、压实轮、苗箱等部分组成。机架由前机架和后机架组成。前机架是植树机前部和中部的主体，由主机架、斜拉杆、悬挂架等组成。主机架是安装前开沟犁、开沟器、限深轮和苗箱等主要部件的骨架。两根主纵梁呈 Z 形，以适应植苗深度和前开沟犁开沟深度的需要。两根斜拉杆和悬挂支板的上端组成上悬挂点，并有 3 个孔可供调节使用，下悬挂轴装在前横梁上。限深轮装在主机架两侧，用调节丝杠可改变限深轮的高度。开沟犁体为两个铧式犁壁对焊而成的双壁犁体，用于植树前开灌水沟。苗箱为立式椭圆形，与机架安装时向前倾斜 23°，并沿纵向左右转 23°，以适应植大苗时的植苗作业，缩短投苗时间和减小植苗员的劳动强度。后机架上安装有前后覆土器、镇压轮等。与前机架铰接，因此后机架可以上下浮动，以适应地形变化，使压实力稳定，保证栽植质量。由于栽植的苗木比较高大，为便于苗木通过，则左右两侧各自成为整体，中间没有横梁连接。镇压轮采用圆柱斜轴式，倾斜 18°～20°，作用力中心汇交于沟底 30 cm 处，两轮最小间距为 160 mm，可用轮轴垫片调节。

2. KDZ型植树机的特点

(1) 一次完成植苗和开灌水沟两项作业，卸去后机架可用于开沟作业，卸去前开沟器可用于平原植树作业。

(2) 拖拉机三点悬挂，液压升降。操作省力，转移方便，可适应小块地作业。

(3) 悬挂机组采用高度调节，用限深轮调节耕深。在地表起伏和土壤比阻不同的条件下，都能得到良好的耕作质量。

(4) 作业部件可根据不同的土壤和苗木进行调节。

(5) 栽2～3年生的大苗。苗高1～4 m，栽植深度为30 cm。

(6) 适于栽植扦插苗，允许苗木根盘直径20 cm。

第五节　整形修剪机械

为了使果树具有合理、健壮的树体结构，应适时对果树进行修剪作业。剪去过密、病弱或长势不合要求的枝条，使果树形体具有V形或矩形等几何形状。修剪机械分为各种手动修剪工具和机动修剪机。

一、手动修剪工具

手动修剪工具类型较多（图13-34），主要根据果树枝条的粗细和硬度来选用。如图13-34所示的修剪工具，截锯用于切割较粗的干枝，修枝剪用于修剪桃枝或苹果枝，小型修枝剪用于修剪葡萄、矮灌木和小树枝，手动大型修枝剪用于修剪较粗的枝条，高枝剪用于修剪上部枝条。

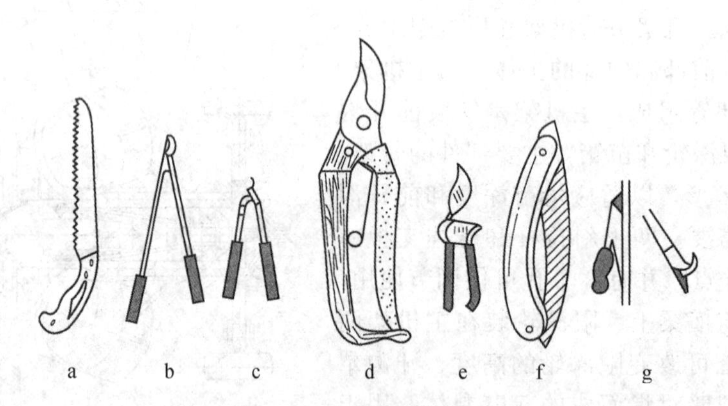

图13-34　手动修剪工具

a、f. 截锯　b. 修枝剪　c. 小型修枝剪　d、e. 大型修枝剪　g. 高枝剪

二、机动修剪机

常用的机动修剪机有液压剪枝机、绿篱机以及小型油锯（打枝机）等。小型油锯已在本章第一节中讲述过，本节不再赘述。

1. 液压剪枝机　图13-35所示是液压剪枝机组成。液压剪枝机一般由发动机、液压装置、油管、管杆、操纵手柄、液压修枝剪等组成。液压剪枝机工作时，液压油泵由发动机驱

动，在液压油管路中装有溢流阀，用来调整系统压力。液压装置的进油和回油管，接到操纵手柄的换向阀上，管杆连接在操纵手柄的进油孔口，高压油通过管杆传输到修枝剪的驱动油缸内。作业时，进入油缸中的液压油推动活塞前进，使修枝剪动刀片绕轴转动剪断树枝。此时，操纵手柄的换向阀使管杆内的液压油与回油管连通，管杆内液压油卸压，修枝剪驱动油缸内的活塞，在回位弹簧的作用下回复到原位，由此完成一次切割。由于液压油传输是在管杆内进行的，因此，装上修枝剪的长管杆可以到达比较高的树枝进行修剪。液压剪枝机构除修枝剪外，还有圆盘锯和链式锯两种。

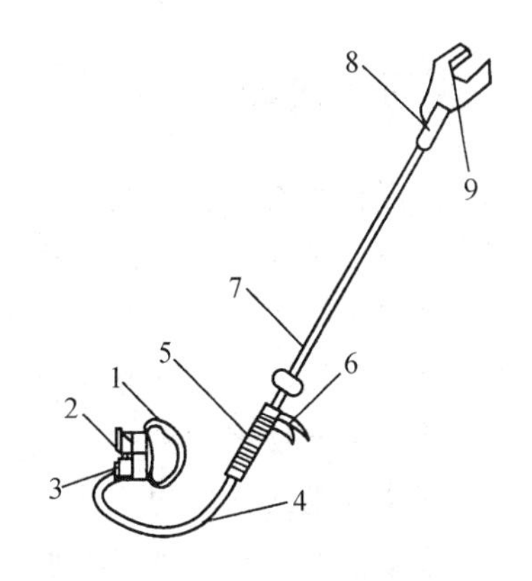

图 13－35　液压剪枝机
1. 背带　2. 发动机　3. 液压装置　4. 油管　5. 把手　6. 操纵手柄　7. 管杆　8. 油缸　9. 液压修枝剪

2. 绿篱机　绿篱修剪机有旋刀式和往复式两种。旋刀式电动绿篱修剪机使用蓄电池电源，在小型直流电动机的转轴上装有两边刃口的转刀，放射形机架上固定定刀片（定刀片共 10 把），通过转刀高速旋转剪切树叶和树枝。该机剪切平整，结构牢固，操作轻便，使用安全，广泛用于各种绿篱、树枝等园艺施工。

图 13－36 所示为 ZDY－1 型旋刀式电动绿篱修剪机的结构。其由 12 V 蓄电池作为动力，采用输出功率为 40 W 的微型电动机带动刀片旋转，工作时电动机驱动旋转刀片旋转切割绿篱。回转式电动绿篱修剪机的操纵部分，是装有电源插座的手柄和安装有开关的连接杆。当进行绿篱修剪作业时，先把蓄电池放在工作场地，接通绿篱修剪机电源，操作工人手持绿篱修剪机，开关打开后，电动机便带动 180 mm 长的回转刀齿相对固定刀齿旋转，这样便可连续进行剪切作业。刀片切割最大直径为 10 mm 的嫩枝。整机（不包括蓄电池）质量为 2 kg，旋转刀片空转转速时为 4 000 r/min，作业时转速为 3 100 r/min。

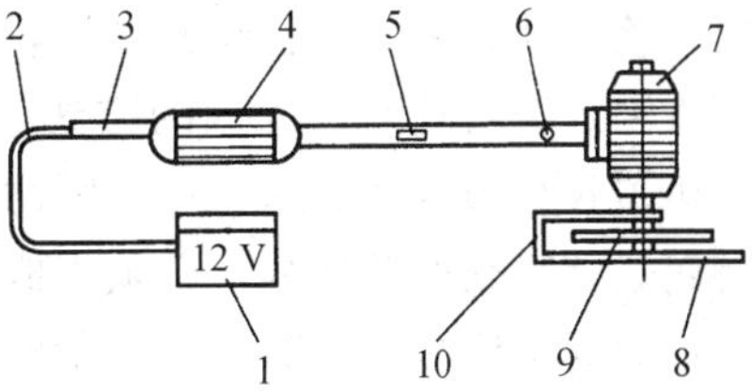

图 13－36　ZDY－1 型旋刀式电动绿篱修剪机
1. 蓄电池　2. 电线　3. 电源插头　4. 手柄　5. 开关　6. 调节装置　7. 微型电机　8. 定刀架　9. 旋刀　10. 定刀片

往复式绿篱修剪机有电动型和机动型两种。SJ－700 型剪枝机属于往复式机动绿篱修剪机（图 13－37）。该机将发动机的旋转运动，通过曲柄连杆传动机构变成直线往复运动。该机使用可靠，质量轻，有效剪枝槽宽 70 cm，适用于园林、住宅绿篱和茶园、茶树的修剪与剪枝。

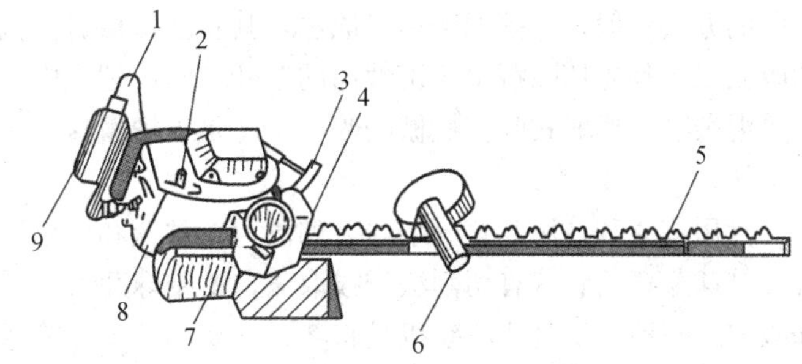

图 13－37　往复式机动绿篱修剪机
1. 左手柄　2. 开关　3. 启动绳　4. 油箱　5. 刀片　6. 右手柄　7. 空气滤清器　8. 齿轮箱　9. 油门手柄

复习思考题

1. 果园机械有哪些种类?
2. 结合当地实际，谈谈急需使用机械化作业的果园作业环节。
3. 简述手提式挖坑机的构成与工作原理。
4. 简述 YPZ-4 型平地筑埂机的构造及工作原理。
5. 简述半自动植树机的工作原理及特点。
6. 简述轻型油锯的构造及工作原理。
7. 整形修剪机械有哪些类型?简述液压剪枝机的构造及工作原理。

第十四章 果蔬收获机械

水果和蔬菜不但种类多，而且成熟期不一致，收获期持续时间长；可食用部分差异大，有根、茎、叶、果等，且鲜嫩多汁，极易碰伤。人工收获常根据尺寸、颜色、形状或其他一些直观因素进行选收，采摘的方法一般涉及切、掐、拉、弯、折、扭等动作中的一种或多种，机器收获很难达到这一点，因此实现果蔬收获机械化难度较大。但是，很多水果和蔬菜极易腐烂，收获季节性强，必须将成熟的果蔬及时收获、装运、挑选、分级、出售或立即加工。作业的工序多、工时多，质量要求高，劳动强度大。要保证增产增收，并以优质产品供应市场，果蔬的收获和加工必须依靠机械设备。

第一节 蔬菜收获机械

蔬菜的种类多，生态差异大，尤其是食用部分的形态和生长部位的差异很大，采用的收获方法也不同。

食用根菜（如萝卜、胡萝卜等）和有些食用茎菜（如洋葱、马铃薯等）生长于土壤中，收获的方法一般采用挖掘法和拔取法，其收获机械有挖掘式和拔取式两种。挖掘式收获机械的收获工序是先切除蔬菜露于地面的茎叶，然后把土中的食用根、茎挖出，再分离土块和杂草等混杂物。拔取式收获机械的收获工序是先把植株从土壤中拔出，然后分离非食用的茎叶和土块。

食用茎菜和食用叶菜分结球（如莴苣、甘蓝和白菜）和不结球（如芹菜、菠菜）两种形态。结球蔬菜的收获有切割法和拔取法；不结球蔬菜都采用切割法，其收获机械也有切割式和拔取式两种。切割式收获机是将茎、叶切割下来并输送至菜箱，根部留在土壤中；拔取式收获机是将结球蔬菜拔出后再切根，并分离零散外叶。茎、叶蔬菜的收获机械多为一次性收获。

番茄、黄瓜等果菜的收获工序有两种：一种是不切割植株，收获机进入行间摘果，然后

分离掉落的茎叶；另一种是先切割植株，送入机器再摘果，并分离茎叶。无论哪一种方法，都采用一次性收获，然后再进行分选。

一、根类蔬菜收获机械

（一）马铃薯收获机

马铃薯收获机有挖掘机和联合收获机两种。前者分为简易畜力挖掘机和大型挖掘机，大型挖掘机分为升运链式、离心滚筒式和抛掷式三类。

1. 升运链式挖掘机　该机可用畜力或拖拉机牵引，如图 14－1 所示。我国目前生产的 4WM－2 型马铃薯挖掘机与之类似（图 14－2），它由限深轮、挖掘铲、升运链和集条器等工作部件组成，适用于较平坦的大面积沙土或沙壤土作业，与 30 kW 以上的带液压提升装置的轮式拖拉机配套。工作时，挖掘铲将掘起的薯块和土层送往第一升运链，升运链条可随抖土轮上、下抖动，以增强粉碎和分离土块的能力。第二升运链进一步分离薯块与泥土，并降低薯块的高度，把薯块送到机器后部，由集条器将薯块积聚，在地面上铺放成条。升运链式挖掘机虽然结构复杂、笨重，升运链易磨损，但工作较为稳定可靠，并可兼用于其他块根、块茎作物的挖掘收获。

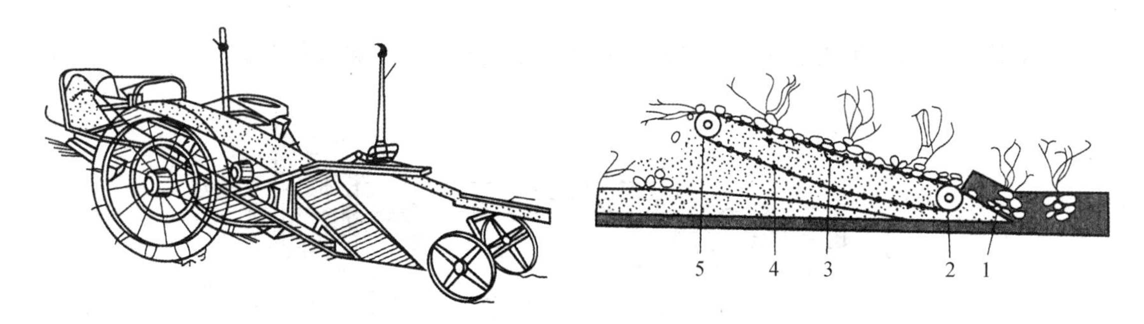

图 14－1　升运链式挖掘机

1. 挖掘铲　2、5. 链轮　3. 抖土轮　4. 升运链

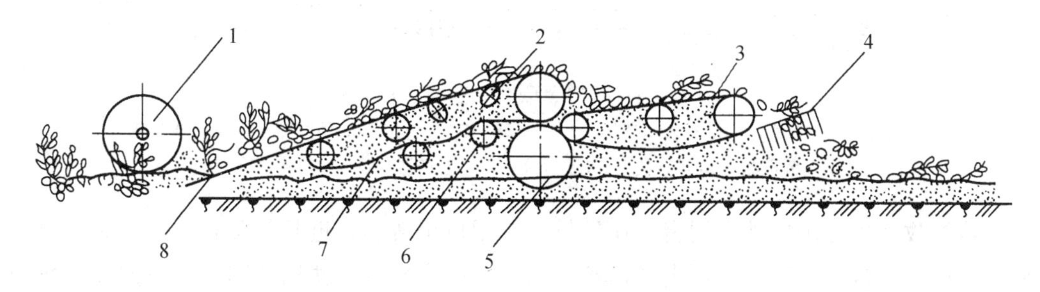

图 14－2　WM－2 型马铃薯挖掘机工作示意

1. 限深轮　2. 抖土轮　3. 第二升运链　4. 集条器　5. 行走轮　6. 托链轮　7. 第一升运链　8. 挖掘铲

2. 旋转分离栅式挖掘机　它由圆盘挖掘铲和旋转分离栅筒组成（图 14－3）。工作时，圆盘挖掘铲切入土壤，并由地面阻力带动，圆盘一边滚动一边前进。土壤连同掘起物一起沿圆盘面升起并翻转，表层土壤在下，薯块多在上，落在旋转分离栅上。分离栅由动力输出轴带动旋转，使土壤分离出去，并将薯块向后方输送，甩在地表上。圆盘挖掘铲适合于多草多石地，但结构复杂，价格高。

3. 马铃薯联合收获机 马铃薯联合收获机一次可完成挖掘、分离、初选和装箱等作业，主要工作部件包括挖掘铲、分离输送机构和清选台。分离机构包括抖动输送链、充气辊筒、分离筛、茎叶分离器和圆筒筛等部件（图 14-4）。

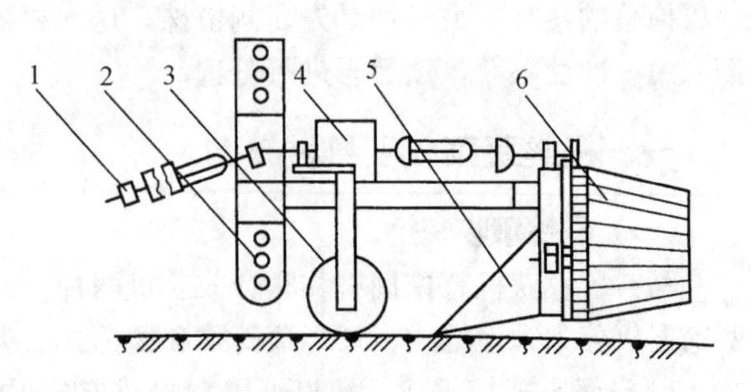

图 14-3 旋转分离栅式挖掘机示意
1. 传动轴 2. 机架 3. 限深轮 4. 变速箱 5. 挖掘铲 6. 分离栅筒

机器工作时，靠仿形轮控制挖掘铲的入土深度，被挖起的薯块和土壤送至输送链初次分离，在输送链下方设有强制抖动机构强化输送链的碎土和分离能力。输送链的末端有一对充气的土块压碎辊（气压为 1～5 N/cm²），辊长与输送链宽度相等，直径为 30 cm，两辊之间留有 1～3 cm 的间隙。当土壤和薯块在辊间通过时，土块被压碎，薯块上的泥土被清除掉，还可使薯块与茎叶分离；薯块和泥土进入摆动筛后进一步分离，再送到后部宽间距杆条输送器上，茎叶及杂草等长杂物由夹持输送带排出机外，薯块则从杆条缝隙落入圆筒筛。旋转的圆筒筛将薯块带到分选台上，同时作进一步分离，分选台两侧通常设有站台，工人可站在上面捡出杂物，薯块经分选台输送器和装载输送器装入薯箱或拖车。

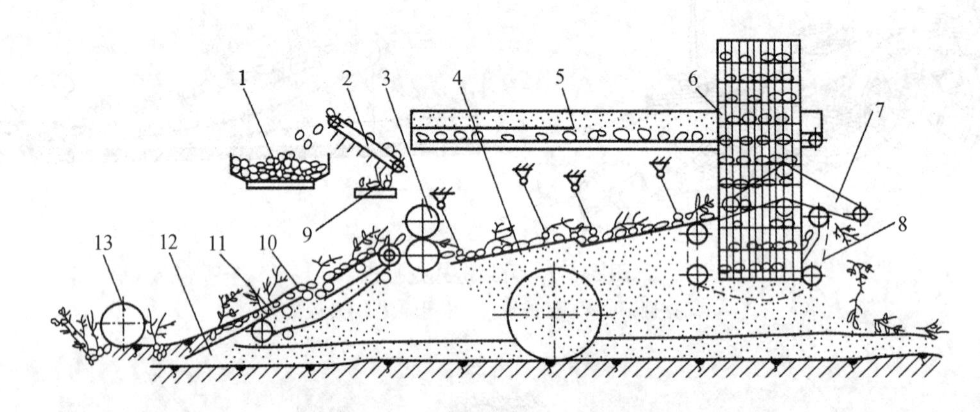

图 14-4 马铃薯联合收获机工作示意
1. 薯箱 2. 输送器 3. 土块压碎辊 4. 摆动筛 5. 分选台 6. 圆筒筛 7. 夹持输送带 8. 杆条式输送器 9. 排杂器 10. 抖动器 11. 输送器 12. 挖掘铲 13. 仿形轮

马铃薯收获机在国内外发展得都比较早，应用也很普遍，近几年又有新的发展，由双行发展到三行、四行作业，在机器上增设辅助设备以扩大机器的使用范围，采用弹性材料的工作部件，以减少对薯块的损伤，研制了马铃薯的分选装置，可以将马铃薯按要求的规格进行分选，提高其商品化标准。

（二）胡萝卜收获机

胡萝卜收获机一般使用甜菜挖掘机或马铃薯挖掘机收获胡萝卜，辅以人工捡拾和装运。专用胡萝卜收获机的收获工艺有两种：一种工作原理和马铃薯收获机相似，即先切除茎叶、挖掘块根，然后使块根和土壤分离；另一种工作原理是用夹持器夹住茎叶拔出块根，这种机器工作时块根损失较大，可达 20%。图 14-5 所示为拔取式胡萝卜收获机工作过程示意，作

业时，挖掘铲挖掘一行块根，扶茎器从地上把茎叶扶起，并把它引向夹持拔取皮带，皮带夹着茎叶，并将块根从挖掘铲疏松了的土壤中拔出，然后送往茎叶切除装置，切下的茎叶被送到侧边槽内，并抛到已收获过的地里，而块根则落到纵向输送器上，再由横向输送器将块根装入拖车，在整个输送过程中对泥土进行分离。试验表明，当工作速度为 1.2 km/h 时，该机收净率为 98.4%。

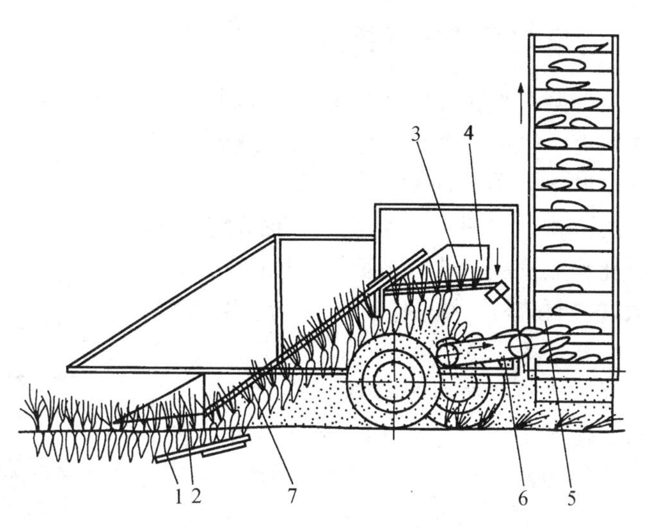

图 14-5　EM-11 型胡萝卜联合收获机工作过程示意
1. 挖掘铲　2. 扶茎器　3. 茎叶切除装置　4. 侧边槽
5. 横向输送器　6. 纵向分离输送器　7. 夹持拔取皮带

(三) 洋葱收获机

国外对洋葱收获机研制得较早，已有定型产品用于生产。早期用马铃薯挖掘机收获洋葱，后来又有简单的挖掘式洋葱收获机，这种机器收获前先由人工将茎叶切除，然后由机器挖出葱头，最后用人工捡拾，或用捡拾收获机捡拾。图 14-6 所示是一台挖掘切顶式收获机的结构简图，它可完成挖掘和切顶两道工序，由挖掘铲、升运器和切顶器等主要部件组成。

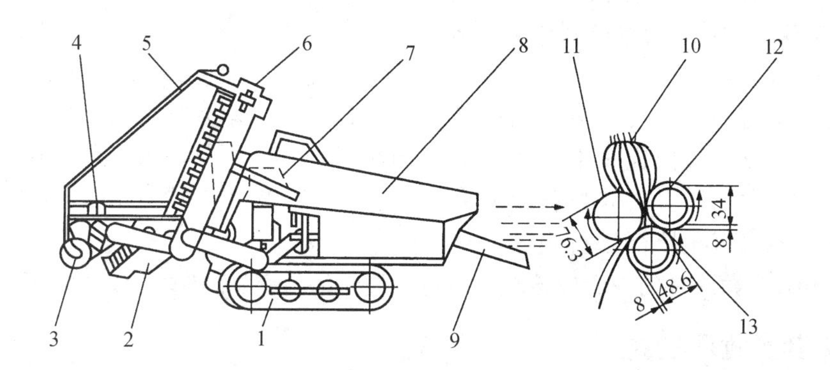

图 14-6　挖掘切顶式洋葱收获机结构
1. 橡胶履带　2. 挖掘铲　3. 限深轮　4. 滚筒　5. 调节杆　6. 升运器　7. 驾驶座
8. 切顶器　9. 导槽　10. 洋葱　11. 平滑辊轴　12. 喂入辊轴　13. 螺旋辊轴

工作时，洋葱由挖掘铲挖起，在喂入滚筒的帮助下，进入升运器，由升运器送入切顶器，切掉茎叶的葱头，经导槽铺在地上晾晒，晒干后再由捡拾收获机捡拾装车，也可不经晾晒直接装车。切顶器的功用是向后输送洋葱并切除茎叶。切顶器由许多组辊轴组成，辊轴的轴线方向与机器前进方向一致，洋葱被送到其工作面上。每组辊轴有三个辊，即光面辊轴、带塑料螺旋纹的喂入辊轴及螺旋辊轴。喂入辊轴使葱头茎叶喂入切顶器，并使之沿辊轴的轴线方向向后移动，然后由光面辊和下面的螺旋辊配合将茎叶切除。切顶后，葱头的残基为 3.5～4 cm，漏切率约为 2%。

二、叶菜类收获机械

叶菜类收获机根据收获对象不同，分为白菜收获机、菠菜收获机和芹菜收获机等，这类机器有些已用于生产，有些正处于研制阶段。

叶菜类种植面积比较大的是白菜，而且可一次性收获，收获量大，时间紧，机械化作业发展较快。下面以 MCK－1 型白菜联合收获机（图 14－7）为例说明其结构及工作过程。

该机与拖拉机半悬挂连接，一次收单行，生产率大约是 0.18 hm^2/h。由一名拖拉机手和两名检查工人操作。收割机由喂入搅龙、平整搅龙、割刀、叶子分离器及输送装置等组成，可一次完成切割、除叶和装车等作业。

当联合收获机沿行间作业时，喂入搅龙和平整搅龙绕到白菜叶子的下面，整平白菜，并把白菜引到圆盘刀的前面，圆盘刀把白菜切下。利用吊索式传送装置将白菜送到搅龙式叶子分离器，分离出老叶或残叶。然后白菜被输送带式检查台输送到卸菜升运器，送至拖车。

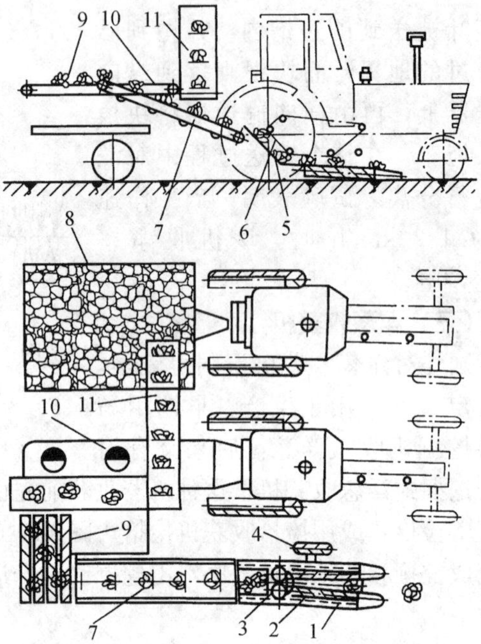

图 14－7　MCK－1 型白菜联合收获机

1. 喂入搅龙　2. 平整搅龙　3. 圆盘刀　4. 仿形轮　5. 提升托盘　6. 吊索式传送装置　7. 接收输送装置　8. 拖车　9. 叶子分离器　10. 检查工作台　11. 卸菜输送器

在卸菜升运器的尾部装有可按高度调整的弹性托盘，以减轻向拖车上装载白菜时的撞击损伤。白菜联合收获机行距的允许误差为±3 cm，而在接行处行距的允许误差为±5 cm，白菜头部的中心应该在离每行基线±10 cm 的范围内。

三、果菜类收获机械

果菜类包括番茄、黄瓜、辣椒、茄子、丝瓜等。这类蔬菜的特点是果实鲜嫩，成熟期不一致，对机械作用很敏感。例如番茄，在成熟的果实上作用 50～60 N 的压力就可以使表皮破裂；当果实从 0.5 m 高度自由落到胶合板上时，大约有 40%的果实受到损伤，表皮产生裂纹；由于这类蔬菜极易碰伤，故适于选择性收获，机械化作业难度大，同其他类蔬菜相比，机械化程度较低。现有的机械多适用于加工用产品的一次性收获，选择性收获机械还处于研制阶段，生产上应用较少。国外研制和应用较多的果菜类收获机为黄瓜收获机和番茄收获机。

1. 黄瓜收获机　图 14－8 为牵引式黄瓜收获机，该机主要工作部件是割刀、捡拾输送器和摘果辊轴。工作时，黄瓜植株被割刀切下，并被波纹捡拾输送器夹住，瓜蔓被输送器送至摘果辊轴，在离开输送器时，瓜蔓被风扇吹出的气流推动，叶子被气流吹

向辊轴，黄瓜蔓被辊轴夹住，果实被摘掉，落到下部横向果实收集输送器上，送入装箱台。

2. 番茄收获机　番茄收获机种类很多，但应用较为广泛的是一次性收获的联合收获机（图 14－9）。该机由割刀、拨禾轮、输送器及摘果器等组成。作业时，用割刀把番茄植株切下，利用拨禾轮送至捡拾输送器上，捡拾输送器再把植株送入摘果器，摘果器很像谷物联合收获机的键式逐稿器。键体的孔中水平安装有橡胶栅条，以免番茄的秧棵掉到摘果器的下面。摘果器利用振动和撞击的原理分离果实。摘下的番茄落到纵向果实收集输送器上，植株被键式摘果器从尾部抛到地上。为降低植株的运动速度，在摘果器上方装有梳齿。番茄由纵向输送器送到横向输送器，同时通过风扇吹出的气流吹除轻的杂物，然后转送到机器两侧的剔选台上。番茄从纵向输送器到横向输送器上时，在剔选台上，工人把土块、杂物以及青绿的、压碎的或腐烂的番茄挑出。挑选后的番茄送到倾斜输送器上，再由倾斜输送器送到与联合收获机并行的专用拖车上。机器的关键工作部件是果实分离器。目前在联合收获机上装有两种形式的果实分离器：输送带-振动筛式和键式。

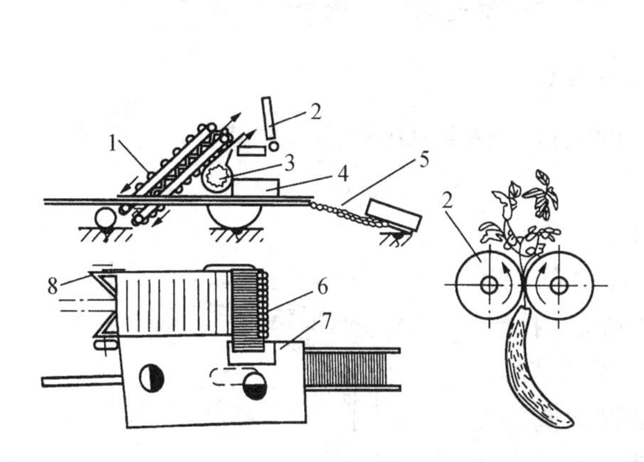

图 14－8　牵引式黄瓜收获机

1. 波纹捡拾器　2. 摘果辊轴　3. 风扇　4. 黄瓜收集箱　5. 滚道　6. 果实收集输送器　7. 装箱台　8. 割刀

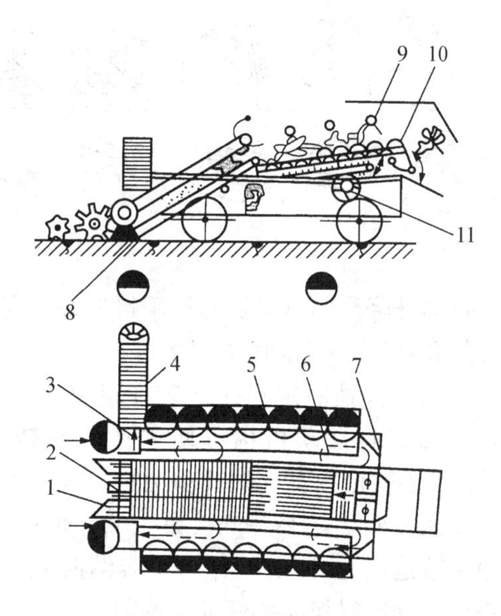

图 14－9　番茄联合收获机

1. 割刀　2. 拨禾轮　3. 横向输送器　4. 倾斜升运器剔选台　5. 剔选台　6. 纵向输送器　7. 倾斜输送器　8. 捡拾输送器　9. 梳齿　10. 键式摘果器　11. 风扇

第二节　果实采收机械

果实采收的方法主要有手工采收、半机械化采收和机械化采收三种。

手工采收是在果实收获季节，依靠大量劳动力，用采收提篮、挂篓和采收梯架进行单个采收。这种方法采收的果实损伤少，质量高，但生产率低。

半机械化采收是利用采摘工具（摘果钳等）进行选择性采摘，并借助采果作业台车移动工作位置，采用机械输送和搬运果品。这种由人工与机械结合的半机械化采收方法，比人工借助梯架直接采摘的方法提高工效50%～80%。鉴于我国目前劳动力资源丰富以及有食用新鲜果品的习惯，应用这种采收方法不但能提高工效，而且减轻了劳动强度，比较适合我国国情。

机械化采收是利用机械振动式或气动式采果机，使果实振摇掉落，由设置在果树下面的承接装置接收，并由输送装置输送至运输车上。机械振摇采果的工效高，但造成果品的损伤率也高，需要及时加工。应用这种无选择性的采收方法时，由于未成熟与过成熟果品都掉落，致使损失较多，产量降低。进行多次采收可以减少过熟果品的数量，但又会加重果树的损伤。

一、采收作业台

采收作业台包括梯架和自动升降台。梯架类型较多，可根据果园地势和树体特点选用（图14-10）。

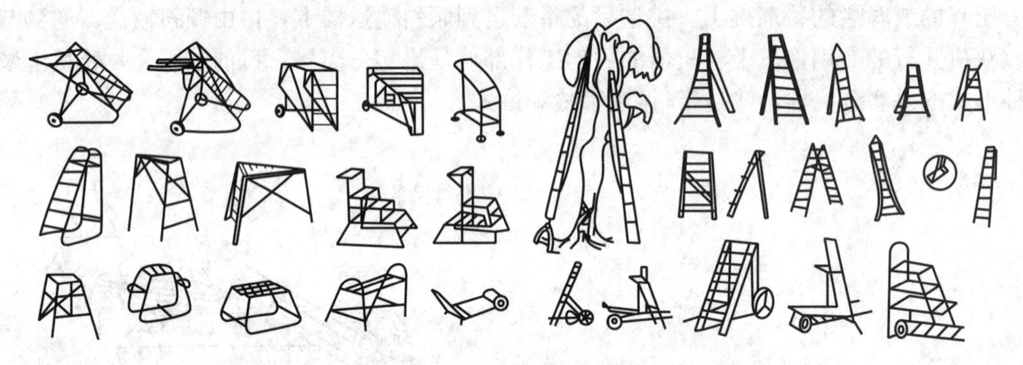

图14-10　梯架类型

自动升降台是靠机械的作用将工人送到必要的工位。它主要由机座、伸缩臂、工作台、前支架和液压系统等组成（图14-11）。

立柱与转轴固定在一起装在机座上，上端与伸缩臂铰接，下端装有摆动机构可使立柱左右转动，转动范围是120°。伸缩臂由内臂、外臂和油缸组成。油缸可控制内臂伸缩，最大伸缩量是120 cm；另一油缸可控制伸缩臂的仰角，仰角调节范围是70°。工作台可容纳两人，手动换向阀装在工作台上。操纵换向手柄可以调整工作台的位置：改变立柱摆角即调整工作台的左右位置；改变伸缩臂的仰角和伸出量，即调整了工作台的高低位置。

在工作台与内臂之间、伸缩臂与立柱之间分别装一个随动油缸。当调整工作台位置时，由于随动油缸的作用，可使工作台保持在基本垂直于地面的位置。

工作台升起的最大高度是8.5 m。

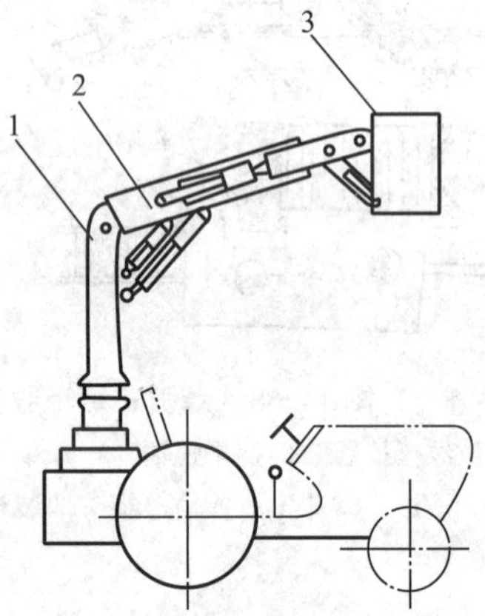

图14-11　自动升降台示意

1. 立柱　2. 伸缩臂　3. 工作台

二、采收机

机械摘果的基本原理是用机械产生的外力对果柄施加拉、弯、扭作用。当作用力大于果实的脱离阻力时，果实从与果树枝连接力最小处脱开，完成采摘过程。

采收机根据所用动力不同，可分为机械式和气力式两种。

（一）机械式采收机

机械式采收机采收方法分切割、梳下、振动等多种。应用较多的是振动式采收机。根据产生振动的形式不同，它又分为推摇式和撞击式两种。

1. 机械推摇式采收机 由推摇器（又称振动器）、夹持器及接载装置等组成（图 14-12）。工作前由人工用夹持器夹住树干或大树枝，并将接载装置布置在树冠下面。当推摇器工作时，树枝摆动，其上的果实产生加速度，树枝摇到极限位置时，果实具有的加速度达最大值，这时与果实加速度方向相反的惯性力也达最大值，这个惯性力对果柄施加拉、扭、弯等综合作用，当这一作用力大于果柄与枝条连接力时果实脱落，掉入接载装置并滚入中心，落到带式输送器上，输往运载车厢。卸果时，风扇产生的气流吹走轻杂物，清洁的果实落入装有缓冲带的运载车厢。

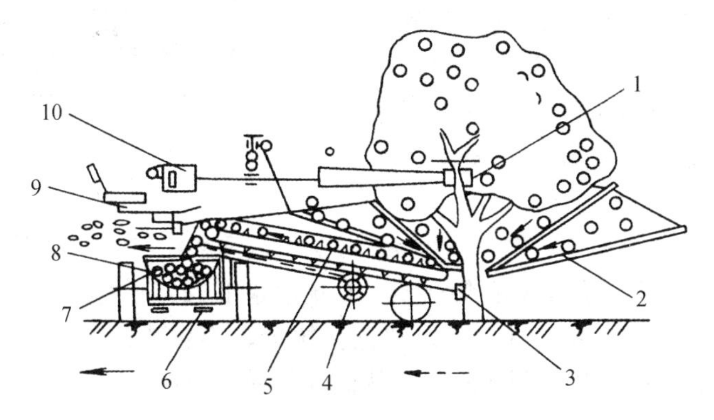

图 14-12 推摇式采收机作业工艺过程

1. 夹持器 2. 接载装置 3. 固定支柱 4. 风扇 5. 输送装置 6. 支撑架 7. 限制器 8. 运载车厢 9. 座位 10. 推摇器

推摇式采收机主要有以下工作部件：

(1) 推摇器（图 14-13）。它使果树产生振动，果实分离并落下。常见的推摇器有两种形式，一种是固定长冲程曲柄滑块式，另一种是非平衡偏心作用式。前者在拖拉机或液压马达等动力驱动推摇树干时，因机构冲程固定，则果树的振幅也一定（两者相等），且振幅较大，易伤果树。

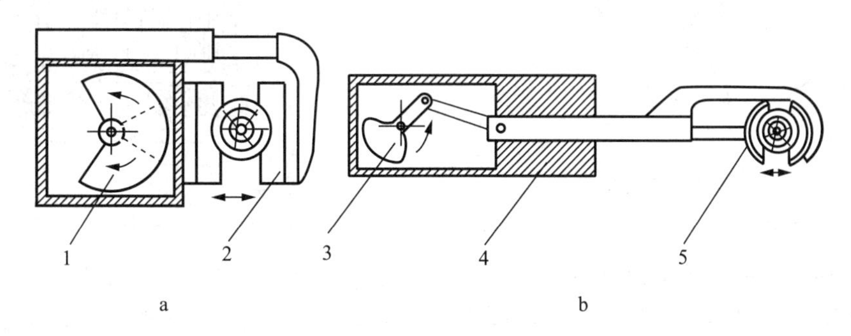

图 14-13 推摇器

a. 偏心重块对转式 b. 曲柄滑块式

1. 偏心重块 2、5. 夹持器 3. 曲柄 4. 机壳

非平衡偏心作用式由两个转动方向相反的偏心重块，分别装在各自轴上，却绕着同一轴心旋转，于是产生不平衡的离心力，离心力大小与重块的重叠量有关，重叠量愈大离心力愈大，当两偏心重块完全重叠时，产生的不平衡离心力最大，离心力方向，随重块重叠位置变化而变化。如果两重块的回转速度相同，则它们总在某一固定位置重叠，振动方向为往复式振动。两个重块回转速度若不同，它们重叠的位置是变化的，所以离心力方向也随之变化。这种非平衡偏心作用式推摇器，产生不平衡离心力作用在树干上使树干振动。

(2) 夹持器（图 14 - 14）。由活动夹头和固定夹头组成。在它们的内表面都安有弹性垫，以保持树干不被损伤。

夹持器的作用是将推摇器产生的振动传给树干，使树干径向产生剪切作用。当剪切力超过树皮的强度极限时，使树皮破裂，破坏果树。因此夹持器与树干的接触面积不可太小，否则损伤树皮。夹持器的开闭由液压装置控制。

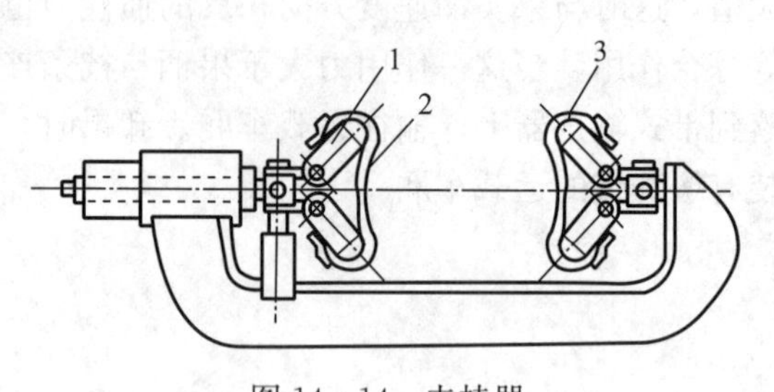

图 14 - 14　夹持器

1. 活动夹头　2. 弹性垫　3. 固定夹头

(3) 接载装置（图 14 - 15、图 14 - 16）。常见的有两种形式，一种倒伞形，它收集的果实都自动向中心滚落。另一种是双收集面型，收集面是平的，分别布置在树干两侧，并向树干倾斜，两个面中间有可收缩的部位，以便包住树干。接载装置上面装有一层到四层缓冲带，果实下落时速度在缓冲带作用下减小，从而降低果实损伤率。

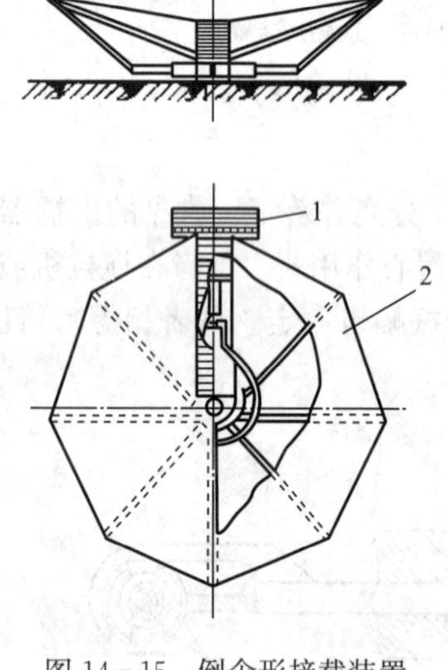

图 14 - 15　倒伞形接载装置

1. 输送装置　2. 收集面

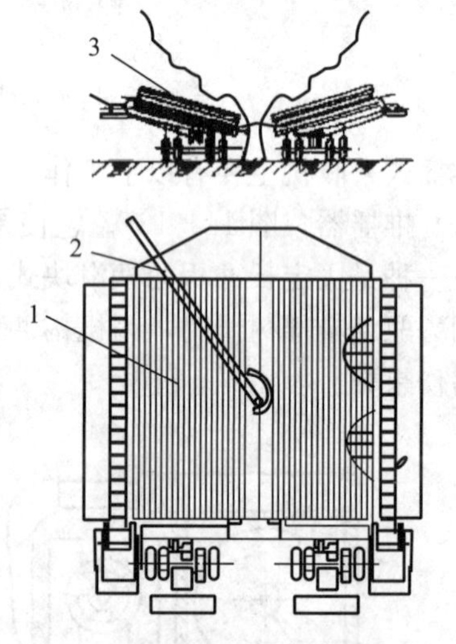

图 14 - 16　双收集面型接载装置

1. 收集面　2. 推摇器　3. 缓冲带

惯性力是影响推摇式采收机摘果率的主要因素，其大小由以下因素决定：

夹持部位：一般夹持在距树干分杈点约 1/3 树干处。夹持部位过低，振动幅度小，采摘效果差；夹持部位过高，树枝较软，吸振能力强，采摘效果也不好。

振动频率：即单位时间内振动的次数。振动树干一般频率应为 800～2 500 次/min；振摇大树枝时，应为 400～1 400 次/min。频率愈大，摘果率愈高，如果频率是交变的，采摘

率可达 90%～95%；频率为固定的采摘率低，并容易产生振摇“死点”，即果实对树枝没有相对运动。

振幅：指树干或树枝被抓点摆动的直线距离，一般树干振幅为 0.95～1.9 cm，大树枝振幅为 3.5～5 cm。振幅不能太大，否则损伤果树。但也不能太小，太小会降低摘果率。

2. 机械撞击式采收机　工作部件多装在自走式采收机上，边走边采收，也可定位采收后再移动工位。撞击式采收机作业方式有多种：一种通过撞击元件自身振动撞击果枝，使果实脱落；另一种是撞击元件绕立轴旋转，水平拨动果枝，果实被拨落；还有一种是撞击元件随横向（垂直果树行的方向）倾斜轴或水平轴转动，振落果实。这类采收机适应用于灌木类果树。撞击元件工作时插入灌木树丛中随轴转动，压条装置将枝条压向倾斜轴一侧，果实被工作元件振落，掉进接果装置。

下面介绍几种撞击式采收机：

(1) 用摘果工具采摘的收果机。

①“梳”式摘果工具。利用旋转滚筒上的细小指杆直接作用在果实上进行摘果。为了减轻对果实和树枝的损伤，指杆用弹性材料覆盖，工作时滚筒在垂直平面内振动，同时在水平面内绕固定轴旋转，滚筒和指杆在树枝内形成平行四边形运动机构，将果实摘下来。

② 旋转叶片摘果工具。工作时首先使旋转部件接近果实，通过轮叶的旋转将果实摘下来。这种采摘方式易伤果实和果树，所以要寻找一种弹性材料将摘果工具与果实及树木接触部位保护好，以减少损伤。

③ 橘子采收机。它的工作部件由采摘臂和挠性弧形指爪组成，采收装置上分 5 层交叉安装着 35 个采摘臂，每一采摘臂上装有 10 个弹簧钢丝做成的挠性弧形指爪，爪在采摘臂上可伸缩。工作时爪先缩进采摘臂，臂伸入树枝，并向下移动时指爪伸出，爪的形状可捕捉卡住成熟的橘子，并摘下；而小橘子和叶子则不受任何伤害地滑过，到摘完成熟橘子为止。

(2) 门式采收机。图 14-17 所示为荷兰制造的门式采收机，4 个轮子可单独或同时回转 90°，机架如门字形，工作时机架可随机器移动跨越树丛，摘果工具是顶部或两侧表面带有弹性针的垂直柱，柱与轴颈相连，使柱绕直径为 150 mm的圆周旋转，同时柱也做水平和垂直移动。垂直振动可使果实下落。针的水平移动可改善机器沿树行间行走的条件，减少对树枝的伤害。

图 14-17　有 3 层集果器的门式采收机

门式采收机有 3 层集果器，并带有振摇机，能在行进中振摇果树。该机集果器由两半构成，表面加装弹性材料，落入集果器的果实滚到运输带上，送入储存器。机器移动时，集果器两半分开，让出树干的通道。

(二) 气动式采收机

近年来，棕榈型果树不断增加，这种果树高一般不超过 3.2 m，树枝呈层状分布，树的株距为 2～3 m，行距为 3.5 m，树枝间有 600～800 mm 的相互搭接，推摇式采收机不适于在株、行距过小的情况下作业，而气动式采收机比较适应棕榈型果树的采收作业。

气动式采收机是以不断改变大小和方向的高压气流作用在树枝上，使树枝摇动，果实产生惯性力，当这惯性力大于果柄与树枝连接力时，果实下落。

气动式采收机（图 14-18）工作时，果树枝由竖直筒包围，鼓风机产生的气流，经断续器断续地吹向竖直筒，并作用在树枝上，使果实掉入网状的集果器。果实下落时，受气流的阻力作用，速度降低，减轻了果实的损伤。这种机器不能连续采收。

（三）手动式采收机

1. 手动式吸取器 它由抽气机和软管构成。软管末端分成两支后装有吸取器，在抽气机的抽吸作用下，通过软管和吸取器将果实摘下，并吸入软管，再通过软管进入真空的储存箱。

2. 手动摘果钳 其主要工作部件是充气胶囊和摘果囊（图 14-19）。作业时，摘果囊托住果实，手压充气囊，使摘果囊内气压增加，从而抓紧果实，人工将果实摘下放入容器。

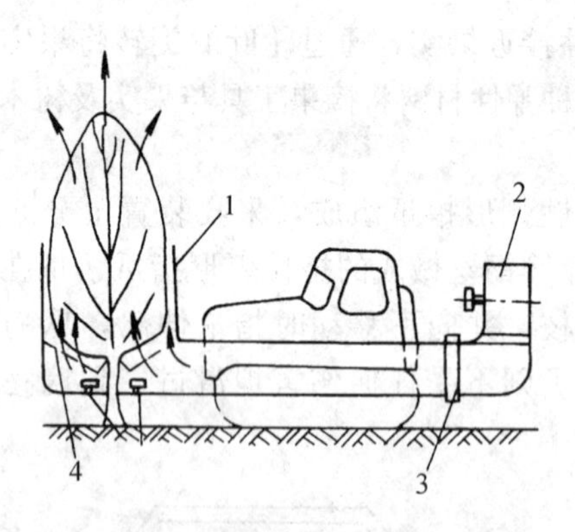

图 14-18 气动式采收机

1. 竖起筒 2. 鼓风机 3. 断续器 4. 集果器

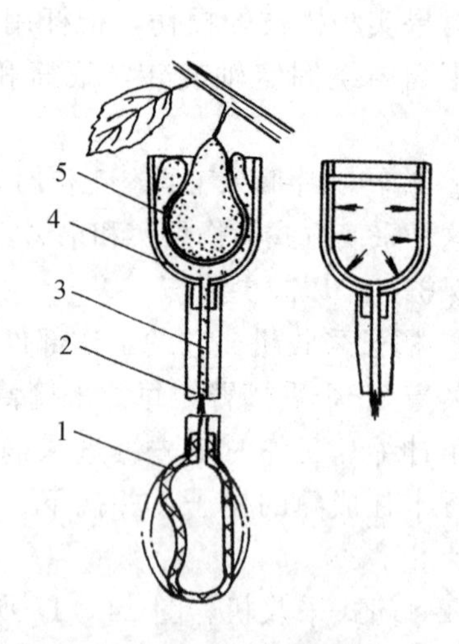

图 14-19 摘果钳

1. 充气胶囊 2. 钳柄 3. 通气管道 4. 托果杯 5. 摘果囊

采用机械收获果实，虽提高工效，但果实损伤率较高。要实现果实采收机械化，必须为机械化作业创造必要条件，即要有相应的树种和相应的栽培管理制度。

复习思考题

1. 结合当地蔬菜生产实际，谈谈哪些蔬菜急需实现机械化采收。
2. 举例说明某种蔬菜机械收获的难点。
3. 简述摇动式采果机构造及工作原理。
4. 简述马铃薯收获机的主要构造及工作原理。
5. 简述番茄收获机的构造及工作原理。

第十五章　草业机械

草业机械是发展草业的重要手段和措施，主要包括牧草播种机械、牧草管理机械、牧草收获机械、牧草种子收获机械及种子加工成套设备和草坪耕整地机械、草坪施肥与种植机械、草坪养护管理机械等各类草业机械。

本章主要介绍草坪机械、草地机械以及牧草收获机械。

第一节　草坪机械

草坪机械是指在草坪作业过程中使用的各种机械和设备，包括草坪建植机械和草坪养护管理机械。

一、草坪建植机械

目前，草坪建植中最常用的方法是草坪播种和草坪移植。播种质量的好坏直接影响到建坪质量的高低，草坪播种要求草籽适量、撒播均匀。它所采用的设备简单、操作方便，建植费用低。移植草坪是将草坪卷移植到待建草坪上，它具有成形快、见效快等特点，因而被广泛采用。

1. 草坪播种机　草坪播种机主要分为撒播机和喷播机。草坪撒播机是一种靠转盘的离心力将种子抛撒播种的机械，有的撒播机还可用于草坪施肥作业。撒播机的排种器为离心式排种器，其高速旋转的圆盘上部有四条齿板，种子箱内的种子，通过排种口落到圆盘上的齿板之间，此时网盘在驱动机构作用下高速旋转，种子在离心力的作用下不断沿径向由内向外滑动，当种子脱离圆盘后，继续沿径向运动，在空中散开，均匀撒落到地面上。

草坪喷播机是利用气流或液力进行草籽播种的机械。目前使用比较广泛的是液力喷播机。它以水为载体，将草籽、纤维覆盖物、黏合剂、保水剂及营养素经过喷播机混合、搅拌后按一定比例均匀地喷播到所需种植草坪的地方，经过一段时间的人工养护，形成初级生态植被。草坪喷播具有以下优点：特别适合在山地、坡地进行施工。喷播形成的自然膜和覆盖在地表的无纺布可有效地起到抗风保湿、抗雨水冲刷的作用。

2. 草坪起挖机　草坪起挖机一般分为手扶自行式和拖拉机悬挂式。手扶自行式草坪起挖机是目前使用最广的一种机型，一般由机架、驱动轮、被动轮、起草皮刀、发动机等部件组成（图 15－1）。发动机为汽油机或柴油机；驱动轮用于驱动机组前进，为了增加牵引力，常采用加宽的驱动轮，并套上带有特种花纹或直齿形花纹的橡胶轮胎胎面。这样既可提高草坪起挖机的附着性能，同时由于与地面接触面积加大而不致破坏草皮。但草坪起挖机在道路上进行较长距离行驶时，应在驱动轴上加装直径较大的行走轮，以提高行驶速度和通过性。起草皮刀由两把L形的垂直侧刀和一把水平底刀组成，侧刀形成草皮宽度，底刀使草坪与土壤分离。

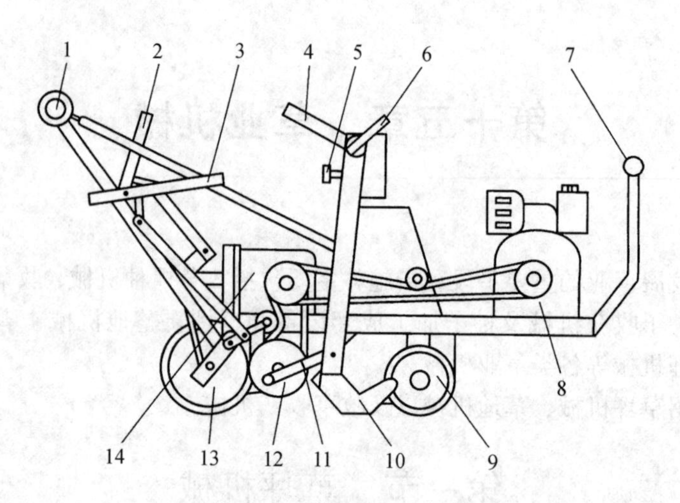

图 15-1 草坪起挖机结构

1. 油门 2. 行走离合器手柄 3. 切刀离合器 4. 切刀深度调整手柄
5. 定尺锁紧螺栓 6. 固定把手 7. 前把手 8. 发动机 9. 驱动轮
10. L 形割刀 11. 连杆 12. 偏心轮 13. 后支承轮 14. 减速箱

工作时发动机的动力通过带和链传动或齿轮传动，驱动位于铲刀前面的驱动轮，使草坪起挖机行走。进行起草皮作业时，首先调节切刀深度，使之达到规定的要求，L 形切刀用其前刃将未起草皮和已起草皮分开，水平底刀将草皮与地表分开，根据需要长度可用铲刀将草皮铲断，根据铺植和运输的需要打卷（图 15-2）。

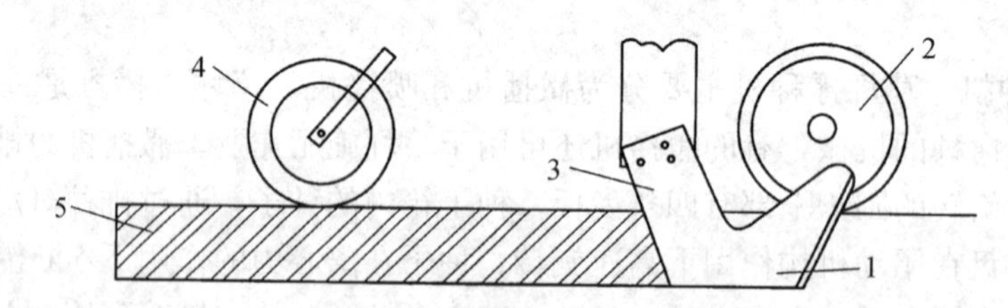

图 15-2 草坪起挖机工作原理

1. 水平刀 2. 前驱动轮 3. 垂直刀 4. 后轮 5. 起下的草皮

二、草坪养护管理机械

草坪养护管理机械是指用于草坪养护、管理的机械设备。草坪建植后，除进行定期的修建、施肥、灌水以维持草坪生长外，还要针对草坪的不同生长状况，不定期地进行打孔、梳草、滚压和病虫害防治等工作。因此草坪修剪机、施肥机、草坪打孔机等都是必不可少的。

1. 草坪修剪机 草坪修剪机种类很多，按驱动方式分为手推式、自走式、拖拉机牵引式和悬挂式；按工作部件的运动方式分为滚刀式、旋刀式和往复式等。

G—Ⅲ型草坪修剪机是一种机动滚刀式剪草机，由发动机、闭式链传动系统、滚刀、草斗、操纵系统和行走系统等组成。发动机为二行程汽油机，功率为 2.2 kW。它具有结构简单、紧凑，闭式链传动磨损小，维护保养简便等特点，适用于公园、体育场等大面积草皮修剪。

机动旋刀式草坪修剪机是草坪养护工作中主要的作业机械。旋刀式剪草机是依靠安装在机器腹部下方的旋刀高速旋转将草剪下，并通过护罩内形成的涡流运动将剪下的草屑经引导管抛进集草袋（图 15－3）。该机具有重量轻、功率大、结构紧凑、操作方便、生产率高等特点，应用广泛。XJ－50 型草坪修剪机、WB530A 型草坪修剪机都是机动旋刀式剪草机。

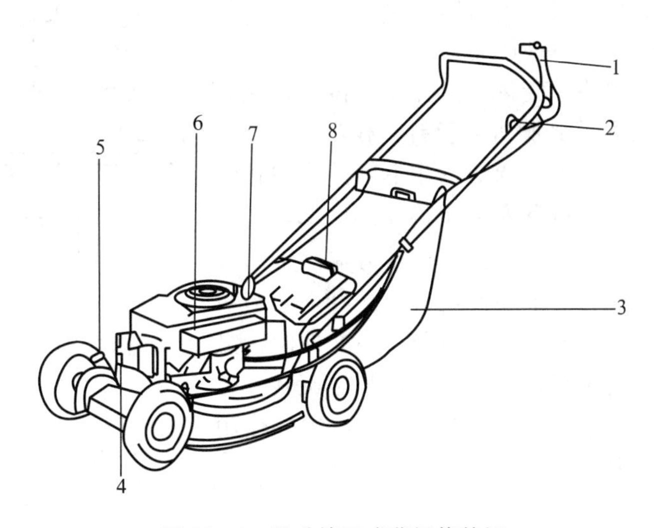

图 15－3　机动旋刀式草坪修剪机

1离合器操纵杆　2. 油门手柄　3. 集草袋　4. 消声器　5. 高度调整手柄　6. 空气滤清器　7. 启动绳　8. 集草袋把手

2. 草坪打孔机　草坪打孔是草坪养护的有效措施，可以增强土壤透气性，加速气体在草株根系附近的交换，使空气、水分、肥料能直接进入草株根部而被吸收，同时在用刀具通气时，通过切断部分根茎和盘根交错的匍匐侧根，能刺激新的根系生长，促进草坪复壮，延长其绿色观赏期和使用寿命。对人群活动频繁的公园草坪、运动场、高尔夫球场的草坪都有必要进行通气养护。

草坪打孔机是利用打孔刀具按一定的密度和深度对草坪进行打孔作业的专用机械，根据刀具在作业时的运动方式，打孔机分成垂直打孔机和滚动打孔机，这两种打孔机都有步行操纵的和乘坐操纵的。

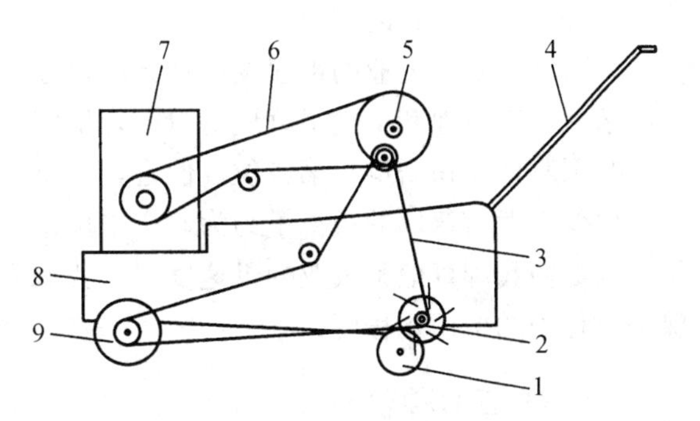

图 15－4　步行操纵滚动式打孔机组成

1. 行走地轮　2. 刀盘　3. 链传动　4. 把手架　5. 减速齿轮传动　6. 带传动　7. 发动机　8. 机架　9. 行走驱动轮

步行操纵滚动式打孔机由发动机、传动系统、打孔装置、行走轮、操纵机构等组成（图 15－4）。如北京可尔 CK30A－50H2 型滚动式打孔机，其发动机一般为四行程风冷汽油机，通过减速传动系统将动力传给打孔装置的刀盘轴，使固定在轴上的刀盘滚动前进，在刀盘滚动的过程中，安装在刀盘上的管刀在草坪上依次连续插入和拔出进行打孔作业。其管刀内径为 19 mm，共有 30 枚管刀，打孔深度为 75 mm，孔距 165 mm，行距95 mm，工作速度 4.75 km/h，工作效率 2 300 m^2/h。

3. 草坪施肥机 草坪施肥一般喷洒颗粒状或粉状肥料，草坪施肥机械的重要指标就是施肥均匀，使每一棵草都能得到生长所需要的养分。施肥机械要适用于颗粒状、粉状甚至液体肥料，施肥量可以调节；可用于已建成草坪的施肥作业和播撒草种作业。

转盘式施肥机由料斗、转盘、搅拌器、传动装置等组成（图 15－5），转盘式施肥机的肥料装载斗是一个倒锥形，下部有调节侧板，用以调节料斗下部边缘与转盘之间的间隙，即施肥量。转盘安装在料斗的底部，转盘上有沿径向布置的挡板，转盘由拖拉机动力输出轴通过传动机构驱动旋转。在料斗中还安装有搅拌器，它与转盘一起转动，以保证料斗中的肥料能源源不断地向转盘供料。作业时，转盘高速旋转，搅拌器也高速旋转，肥料从料斗与转盘的间隙落入转盘，在旋转离心力的作用下，肥料从转盘甩出撒向草坪。

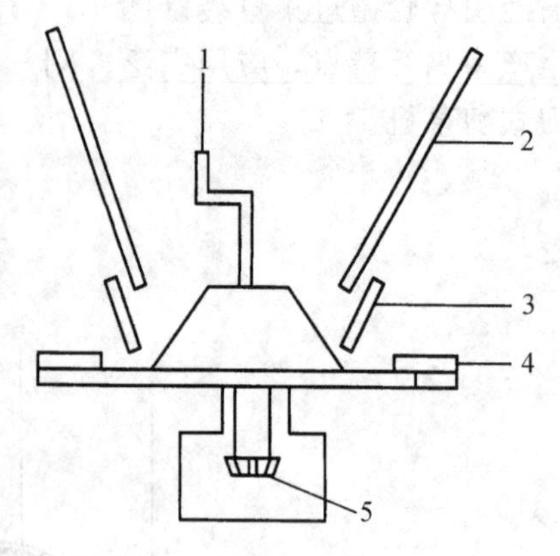

图 15－5　转盘式施肥机结构
1. 搅拌器　2. 料斗　3. 料斗调节侧板
4. 转盘　5. 锥齿轮

第二节　草地建植与保护机械

根据联合国粮农组织统计，世界草地总面积约 6.812×10^9 hm^2，占陆地总面积的 24%，约为耕地面积的 4.4 倍。每年植物的初级生产能力为 1.483×10^{10} t，占陆地生态系统生产的有机质生物产量的 13.82%。

我国是世界草地资源大国，草地植物种类组成较为复杂，生物多样性强，草地植物多数适口性好，具有较高的饲用价值。

然而，随着畜牧业的迅速发展和天然草地的退化，仅靠天然草地已不能满足畜牧业发展的需求。人工草地和半人工草地可以很好地解决这一问题。

我国草地面积居世界第二位，但是，与草地畜牧业发达国家相比，我国草地的生产能力还比较低，百亩草场的载畜量约为 5 个羊单位，而美国为 33 个羊单位，新西兰为 77 个羊单位。为促使我国草地畜牧业的迅速发展，我们应加强草地保护和草地建设，提高草地建植与保护过程中的机械化程度。

一、牧草播种机

建植人工草地首先要将原草地进行完全耕翻，然后进行碎土、整地，达到种植要求后进行牧草播种。其机械化作业主要包括耕、耙、播、施肥、镇压等环节。作业机械除因牧草种子的特殊性对播种机提出特殊要求外，其余与农业种植农艺中对农机的要求基本相同。

一般牧草种子含杂率高，籽粒小而轻，形状不规则，有的还有芒、绒毛等，流动性极差。因此，播种时不容易实现播量的准确、均匀。同时，由于牧草种子流动性差，易在种箱内出现种子架空或堵塞排种器现象。为此，播种牧草种子常采用专用播种机。

牧草种子专用播种机与农用播种机基本相同，只是排种器差别较大。

二、天然草地建植机械

为了对退化草地进行改良，使天然草地逐步恢复，提高其生产能力，对天然草地进行松土和牧草补播是一项必不可少的作业。松土可以改变土壤的板结状况，增强土壤透气性和吸水能力，有利于土壤中微生物的活动，促进土壤中有机质的分解。在松土的同时补播一些耐寒、抗风蚀能力强、产量高的优质牧草，以增加天然草地牧草的覆盖量，增加天然草地优良牧草植被成分。实践证明，对天然草地进行松土补播，效果显著。

天然草地常用的松土补播机械有铲式松土补播机和松土施肥补播机等。

1. 铲式松土补播机　目前我国研制的松土补播机多为铲式松土补播机。一般由机架、松土铲、圆犁刀、播种装置、镇压器、限深轮、深浅调节装置等组成，如图 15－6 所示。

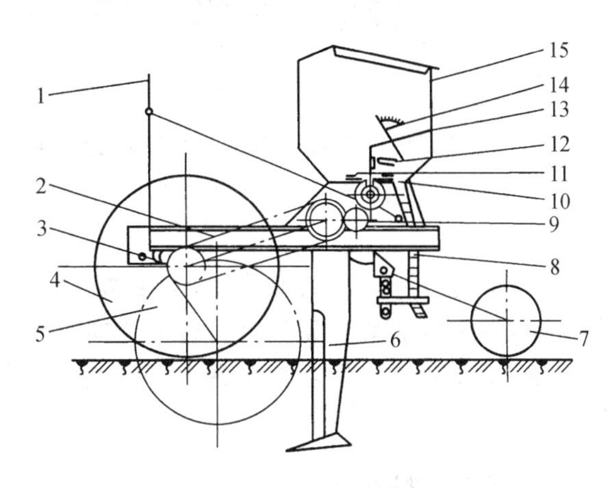

图 15－6　松土补播机示意

1. 悬挂架　2. 链条　3. 链轮　4. 限深轮　5. 犁刀　6. 松土铲　7. 镇压器　8. 输种管及接头　9. 传动齿轮　10. 漏斗　11. 星轮搅拌器　12、13、14. 播量控制装置　15. 种子箱

工作时，圆犁刀首先切入土壤，将草根切断。接着松土铲进行开沟、松土。当土壤尚未完全复原闭合时，排种器将牧草种子播入沟内，土壤继续闭合，将种子覆盖，然后由镇压器进一步覆土压平。松土铲是松土工作部件，包括锄铲和锄柄两部分。锄铲有凿形铲、鸭掌铲和双翼铲三种。凿形铲宽度较小，双翼铲宽度较大，鸭掌铲和双翼铲应用较多。

通常锄铲在地表下松土，为了减少松土阻力及避免破坏草地植被，一般铲柄厚度较小，且铲柄正面制成刃口状。松土铲入土工作时，在入土深度范围内，土壤在被锄铲向前推动的同时，还向两侧推动。当松土铲过后，形成一葫芦形松土区，松土区的土壤得到松碎，坚实度变小。

铲式松土补播机一般采用星形轮式、外槽轮式和双橡胶辊式排种器，双橡胶辊式排种器对牧草种子的适应性较强，对大、小粒种子，带芒、绒毛种子均能播种，且排量稳定性较好。

2. 松土施肥补播机　为了减少作业工序，提高劳动效率，降低作业成本，改善作物生长条件，为作物生长提供足够的肥力，国内外常将松土、播种和施肥作业工序合并在一起，研制出松土施肥补播机，如 9SB—2 型草地松土施肥补播机。该机主要由松土铲总成、传动装置、播种（排肥）器、开沟器、覆土器、镇压器和机架等组成，见图 15－7。

该机排种器的结构如图 15－8 所示，它由搅拌轮、播量调节器和一对排种橡胶辊组成。无论何种种子，只要种子箱内种子在搅拌器作用下，经排种口进入两橡胶排种辊与种箱底间的三角区，即可在该排种器两橡胶辊表面摩擦力和种子重力作用下，将种子强制排出并经输种管播入种沟。

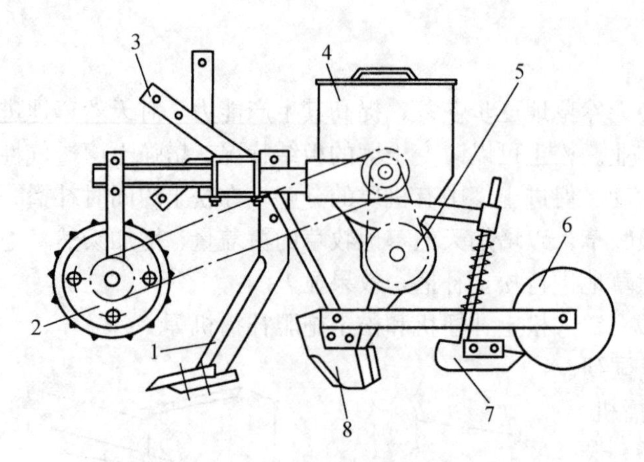

图 15-7 9SB—2 型草地松土施肥补播机

1. 松土铲 2. 地轮 3. 机架 4. 排种装置 5. 传动链轮 6. 镇压器 7. 覆土器 8. 开沟器

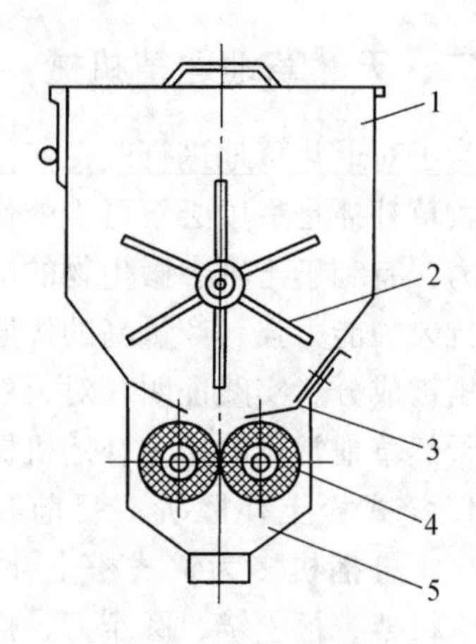

图 15-8 排种器

1. 种子箱 2. 搅拌轮 3. 播量调节板 4. 排种橡胶辊 5. 排种漏斗

作业时，松土铲首先入土并逐渐达到要求松土深度，同时由地轮经两级链传动将动力分别传给排种轴和搅拌轴。搅拌器将种子拨向排种口，种子进入排种区，在双橡胶辊的作用下，将种子强制排出，经输种管落入开沟器开出的种沟，然后由覆土、镇压器进行覆土、镇压。

三、草地保护机械

我国草地面积大，而且草地鼠害、虫害十分严重。据估算，2002 年因鼠、虫害全国损失鲜牧草约 $1.514\,28\times10^{7}$ t，折合经济损失 30.29 亿元。因此，搞好草地鼠、虫害防治对于防止草地退化、确保草地可持续发展和促进草地畜牧业的发展具有重要作用意义。

草地灭鼠可分为化学法和生物法两种。目前，在我国草地灭鼠中采用化学法（即撒施毒饵法）较为普遍，采用的机械主要有将毒饵撒施于草地表面的毒饵撒播机和将毒饵撒施于机器打出的洞内的草原灭鼠投饵机。草地灭虫主要以化学法防治为主，即通过超低量喷雾机等设备在草地撒施化学药剂进行灭虫。

1. 9DS-80 型毒饵撒播机 该机主要适用于大面积草地灭鼠作业。图 15-9 是该机外形，其主要由毒饵箱、毒饵定量供给装置、风机、传动系统、机架和行走装置等组成。其中，毒饵箱由薄钢板冲压和铆焊制成，通过支架固定在机架上。毒饵定量装置由螺旋推进器、左右轴套、螺旋推进器外壳、张紧弹簧、牙嵌式离合器和传动链等组成（图 15-10）。

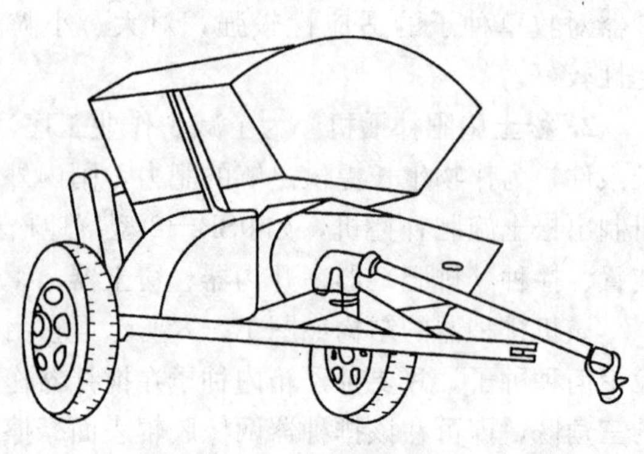

图 15-9 毒饵撒播机外形

当机器行走时，由机器行走轮通过一级

链传动带动螺旋推进器转动，当螺旋推进器转动时，毒饵被均匀地从箱内排出，在毒饵箱出口设有调节环9，用来调节毒饵排量，当机器停止作业时，调节环还可以将排饵口堵住，防止毒饵自动流出。此外，该机被用来消灭采食半径较大的鼠类时，可用中间调节环将中间排饵口堵住，使机器改成两行排饵。带有棘轮的牙嵌式离合器7，借助离合器把手8安装在螺旋轴上，并用轴上两个窝眼定位。当离合器把手卡入内窝眼时，为分离状态；卡入外边窝眼时，为接合状态。此时，离合器与链轮接合，螺旋轴3开始转动。链轮有大小各一个，将其铆在一起，可用来调节播量，当需要小播量时，采用大链轮，反之采用小链轮。行走轮的主动链轮上，采用自行车用的飞轮，以便倒车时空转，不会堵塞螺旋推进器。

该机有两个风机喷洒毒饵，为使喷洒射程远、喷洒均匀，风机应具有高压、高风速。因此，该机采用多叶片前弯曲离心式风机。工作时，箱内的毒饵在定量供给螺旋推进器作用下，分别进入左、右导饵管和中间排饵斗，左右导饵管5和10将毒饵送入左、右喷管，在风机2和11的高压、高速气流吹动下，喷向左右两侧。中间排饵斗内的毒饵由分风管3和9导入的气流吹向后方，使毒饵撒在地面并形成三条毒饵条带（图15－11）。喷洒在地面上毒饵的平均密度为5～10粒/m^2。

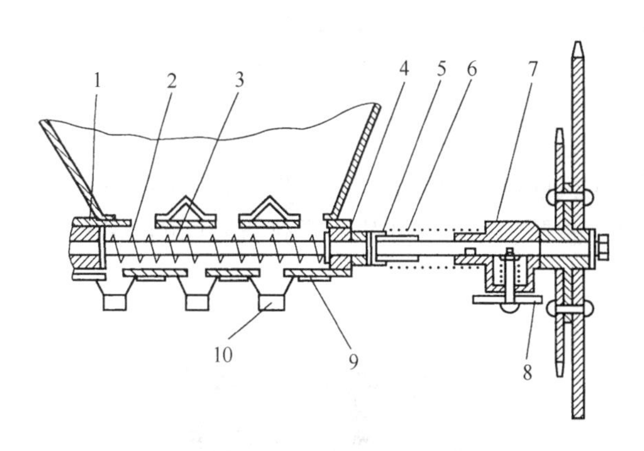

图15－10　毒饵箱及毒饵定量供给装置

1、4. 左、右轴套　2. 螺旋推进器　3. 螺旋轴　5. 弹簧座　6. 弹簧　7. 离合器　8. 离合器把手　9. 调节环　10. 排饵斗

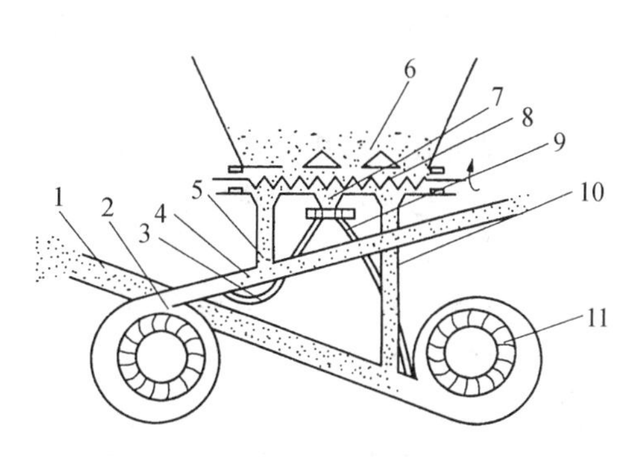

图15－11　9DS－80型毒饵撒播机工作原理

1、4. 喷管　2、11. 风机　3、9. 分风管　5、10. 导饵管　6. 毒饵　7. 中间排饵斗　8. 毒饵推进器

2. 9MS－80型草原灭鼠投饵机　该机主要用于草地地下模拟打洞，然后在洞内投饵、镇压。这种灭鼠方法不影响放牧，不破坏草地植被，且能起到松土、透气、渗水作用，从而促进牧草生长，适于草地各种鼠类的消灭工作。

图15－12是该机结构示意图。其主要由圆盘开沟器、机架、投饵箱组合、传动机构、模拟打洞器和限深轮等组成。开沟器采用三铧犁的圆盘开沟器，安装在机架主梁上，用于划破草皮。投饵箱组合包括排饵箱、排饵器两部分，如图15－13所示。排饵器安装在排饵箱下面，由排饵轮轴、排饵轮、堵饵轮和排饵盒等组成。工作时，由装在限深轮轴上的小链轮带动排耳轮轴端的被动链轮实现排饵。可通过改变排饵盒的工作长度调节排饵量的大小。模拟打洞器由锥柱、锥托、锥头和投饵管组成。锥头采用65Mn钢制造，与锥柱垂直焊接在一

起，然后用螺钉固定在锥托上，锥托与锥柱上分别有7个孔，用于调节打洞深度。限深轮采用通用部件，装在机架主梁末端。限深轮主要用来调节打洞深度，镇压模拟洞，为排饵器提供动力。

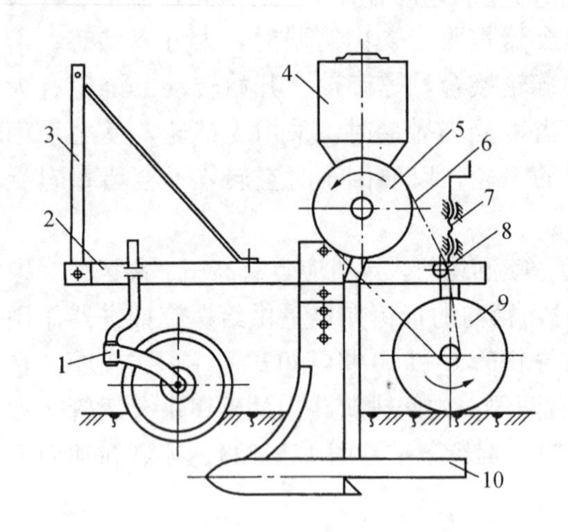

图15-12　9MS—80型草原灭鼠投饵机
1. 开沟器　2. 机架　3. 悬挂架　4. 排饵箱
5. 传动链轮　6. 链条　7. 调节杆　8. 张紧轮
9. 限深轮　10. 模拟打洞器

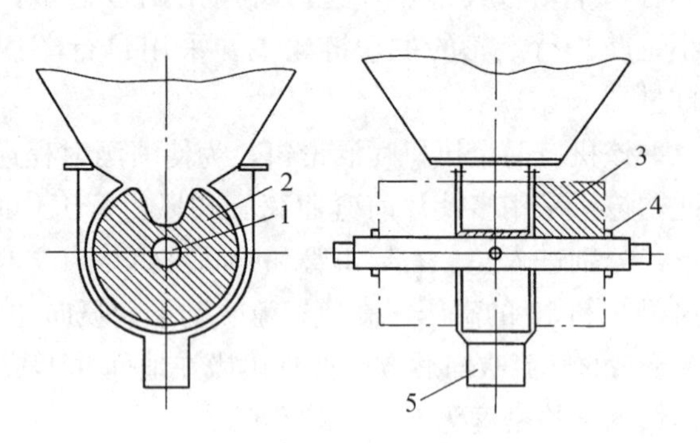

图15-13　排饵器
1. 排饵轮轴　2. 排饵轮　3. 堵饵轮
4. 固定圈　5. 排饵盒

该机悬挂在拖拉机上，工作时，机器随拖拉机前进，开沟器切入土壤，打洞器入土，达到打洞深度并打洞，限深轮压实洞穴上层土壤，并驱动排饵器排饵，经排饵管间隔地将饵料投入模拟鼠洞。

3. 3WW-100型微量喷雾机　3WW-100型微量喷雾机主要用于草原灭虫作业，主要由传动机构、液压转向机构、风机、输药及控制系统、悬挂架和雾化器等组成。其外形见图15-14，结构和工作原理见图15-15。该机采用气压输药、流量阀控制喷药量、风动离心雾化、风送喷雾原理。

图15-14　3WW—100型微量喷雾机外形

工作时，该机悬挂在拖拉机上，拖拉机动力输出轴驱动喷雾机变速箱8，将转速提高到3 500 r/min，变速箱输出轴带动风机9的叶轮高速旋转，产生的高速气流通过风筒内的分流锥导流，作用于雾化器4的叶板上，使雾化盘高速旋转。

拖拉机气泵产生的压缩空气经储气筒储备，再经输气管19、调压阀20、单向阀12进入储药箱15。液面在147～196 kPa压力作用下，药液从药箱流入输药管21，经闸阀11、滤清器10、流量阀23、输药开关24，通过雾化器4使药液雾化成雾滴，并由高速气流吹出，使雾滴均匀地覆盖在植物上。

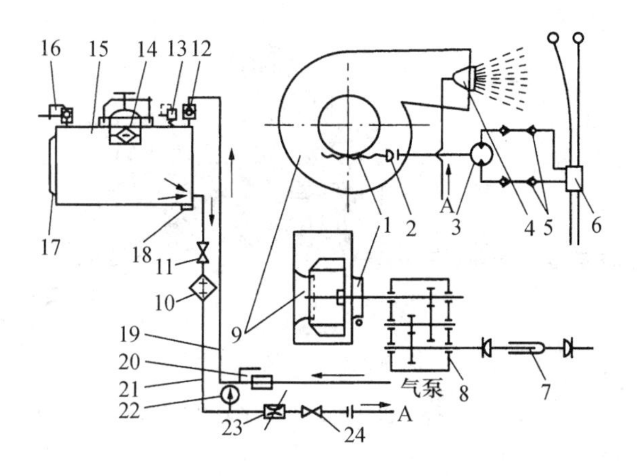

图 15－15 3WW－100 型微量喷雾机结构及工作原理
1. 蜗轮蜗杆 2. 弹性联轴器 3. 液压马达 4. 雾化器 5. 油管及接头 6. 双阀分配器 7. 万向节传动轴 8. 变速箱 9. 风机 10. 滤清器 11. 闸阀 12. 单向阀 13. 安全阀 14. 滤网 15. 储药箱 16. 放气阀 17. 药液指示管 18. 放残药塞 19. 输气管 20. 调压阀 21. 输药管 22. 压力表 23. 流量阀 24. 输药开关

第三节 牧草收获机械

牧草收获应适时，收获过早产量低，收获过晚会由于牧草纤维素增加而损失营养成分。收获时割茬高度应适当，在不影响牧草次年生长的条件下尽量低割。收获时牧草的湿度应适宜，湿度过大，牧草易变质霉烂，过干则会由于牧草花、叶的脱落和营养成分的降低而造成损失。

牧草收获过程一般由割、搂、集、垛、运等几项作业工序组成，每一项工序又由相应的作业机械来完成。如割草机、搂草机、压捆机、捡拾集垛机等。

一、割草机

割草机按切割原理的不同，可分为往复式和旋转式两种。

往复式割草机应用广泛，适于收获天然牧草和种植牧草，具有割茬低而均匀、铺放整齐、功耗小、价格低、使用调整方便等特点。但当收获高产或湿润牧草时，易出现堵刀现象。高速作业时，机器振动加剧，容易造成机件的损坏和磨损。

旋转式割草机适于收割高产、茂密、湿度较大的天然牧草和种植牧草，对倒伏严重的牧草也有较好适应性；结构紧凑，工作可靠，使用调整方便，不需惯性力平衡，也不产生堵刀现象。但功率消耗大，割茬不整齐，碎草多。

（一）往复式割草机

图 15－16 所示为 9GJ－2.1 型机引单刀往复式割草机。该机主要由机架、切割器、传动机构、起落机构、倾斜调整机构、牵引及转向机构等组成。工作时，地轮驱动传动机构，带动曲柄连杆机构，使割刀做往复运动，切割牧草，并将割后牧草均匀地铺放在草茬上。

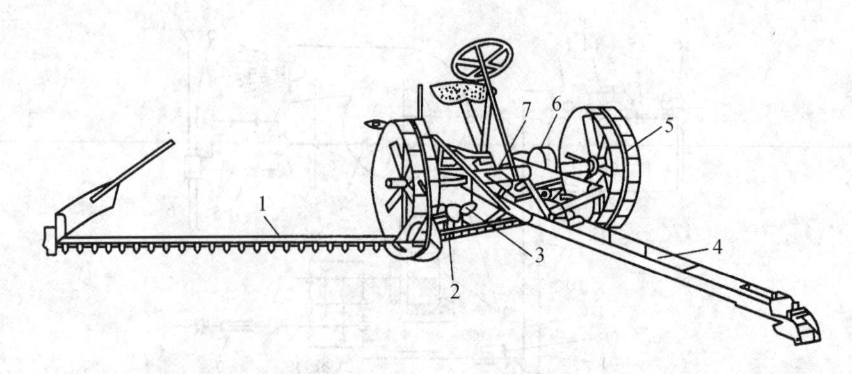

图 15-16　9GJ-2.1 型往复式割草机

1. 切割器　2. 倾斜调整机构　3. 起落机构　4. 牵引装置　5. 行走轮　6. 传动机构　7. 机架

切割器是割草机的主要工作部件，由割刀组件、刀梁组件、挡草板组件等部分组成，如图 15-17 所示。

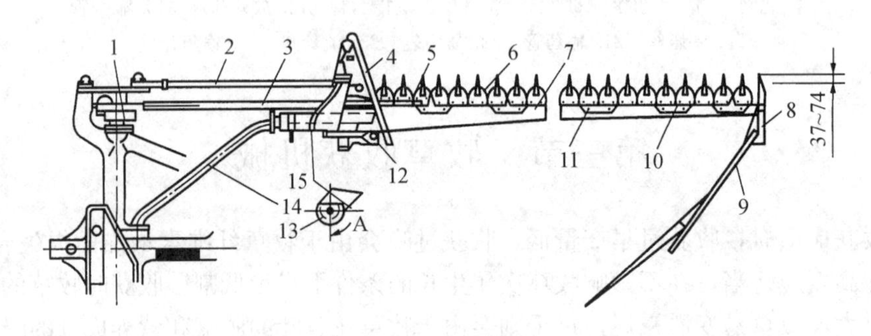

图 15-17　切割器

1. 曲柄盘　2. 前拉杆　3. 连杆　4. 挡草杆　5. 刀头　6. 刀片　7. 刀梁　8. 外滑掌　9. 挡草板　10. 压刃器　11. 摩擦片　12. 内滑掌　13. 偏心套　14. 后拉杆　15. 挂刀架

割刀组件由刀杆、铆在刀杆上的动刀片和刀头组成。刀头与连杆铰接，割刀由连杆带动做往复运动。在护刃器梁上固定有护刃器、压刃器和摩擦片，护刃器上铆有定刀片，切割器两端支承在内、外滑掌上贴地面滑行，以适应地形起伏保证低割。滑掌下面安有可拆卸的调节板，以调整割茬高度。外滑掌上有挡草板，将割下的牧草向左推移，以免下一次割草时割草机右轮碾压已割牧草。内滑掌上面装有挡草杆，用来把割下牧草推向切割器内，防止堵塞导槽和缠绕刀头，影响切割。整个切割器通过它的内滑掌与挂刀架铰接，而挂刀架又借助于前后拉杆所形成的可动机架与机架铰接，这样，切割器可绕挂刀架转动，并随同可动机架绕主机架转动，以满足它的升降及适应地形要求。

传动机构将行走轮的动力传给割刀，其由行走轮、棘轮装置、传动齿轮、爪式离合器和曲柄连杆等组成（图 15-18）。行走轮表面铸有高 10～15 mm 的纵横凸起，以防止地轮打滑和侧移。在行走轮与传动轴之间设有棘轮式单向离合器。行走轮向前滚动时，棘齿顶住卡爪，轮轴随之旋转；行走轮倒退时，棘齿滑过卡爪，轮轴停止转动；转弯时起差速作用。工作时，动力通过一对圆柱齿轮和一对圆锥齿轮经曲柄和连杆带动割刀运动，割刀动力的接合和分离由爪式离合器控制。

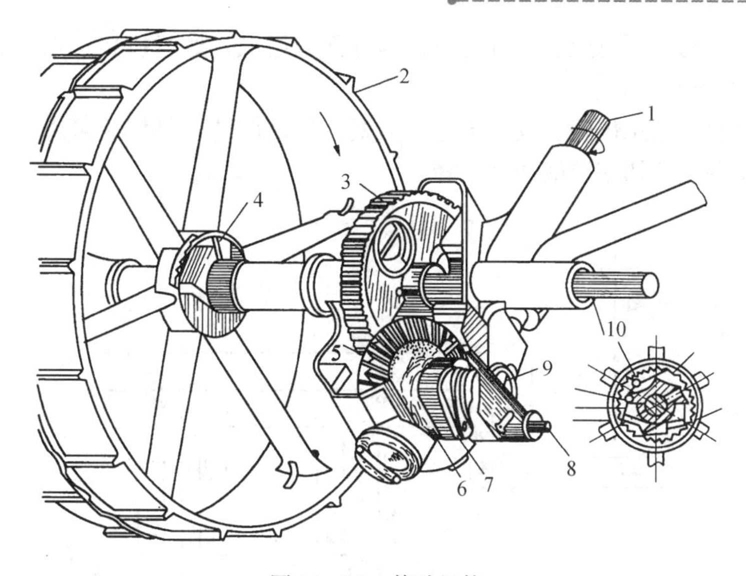

图 15-18　传动机构

1. 传动轴　2. 行走轮　3. 大圆柱齿轮　4. 棘轮装置　5. 大锥形齿轮　6. 离合器　7. 拨叉　8. 拉杆　9. 踏板　10. 棘轮轴

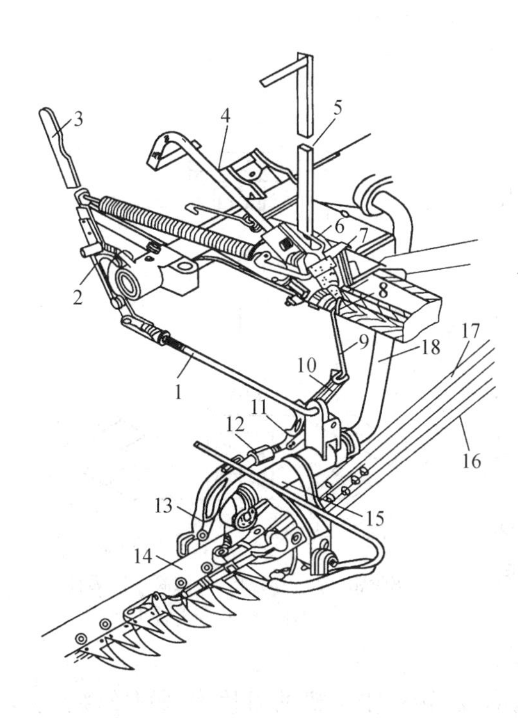

图 15-19　起落及倾斜调整机构

1. 调节杆　2. 扇形齿板　3. 倾斜调节手杆　4. 踏杆　5. 手杆　6. 齿板　7. 钩杆　8. 大摇臂　9. 双头钩杆　10. 小摇臂　11. 拉板　12. 调节拉杆　13. 弯杆　14. 切割器　15. 挂刀架　16. 前拉杆　17. 连杆　18. 后拉杆

起落及倾斜调整机构的作用是当割草机工作中遇到障碍物或在坡地上作业时，它可将切割器置于不同高度和位置；转移地块或长途运输时，可使切割器升到运输位置；调节切割器相对于地面的倾斜角，使切割器水平、下倾或上仰，以利于低割或避免护刃器尖插入土中（图 15-19）。

（二）旋转式割草机

旋转式割草机是以无支承切割原理进行工作的，切割器刀片安装在刀盘上，并随刀盘一起旋转进行割草。按其传动方式的不同可分为上传动和下传动两种。

图 15-20 所示为上传动式割草机。它主要由

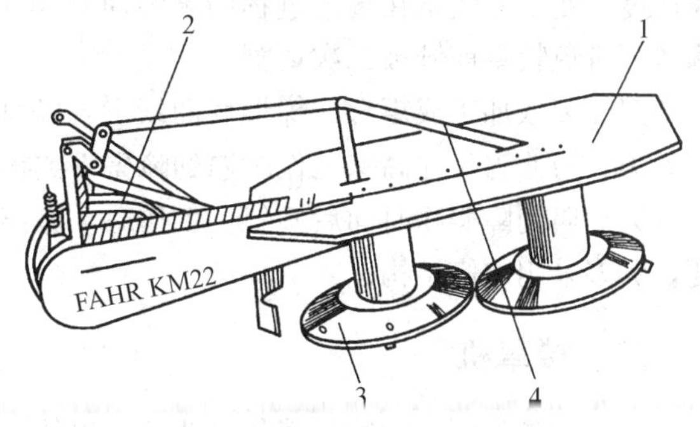

图 15-20　上传动式割草机

1. 机架　2. 传动机构　3. 切割器　4. 提升仿形机构

机架、传动机构、切割器总成、提升仿形机构等部分组成，通过机架三点悬挂在拖拉机上，由拖拉机动力输出轴驱动。

该类型割草机多采用齿轮和皮带传动。典型上传动旋转式割草机可采用图 15－21 所示的传动方式，实现相邻切割器的相对旋转。

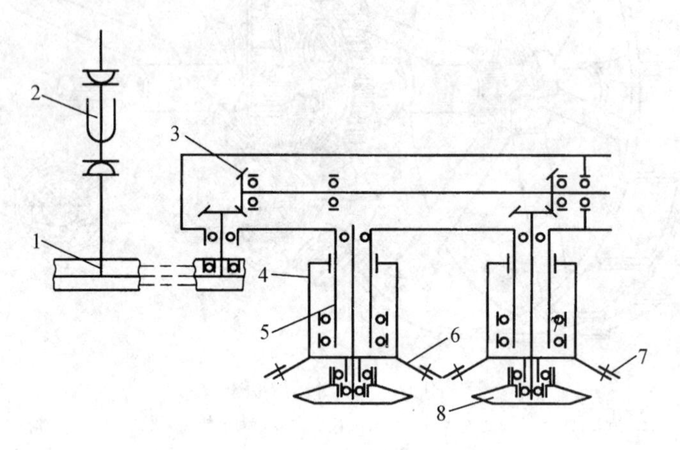

图 15－21　上传动式割草机传动示意图

1. 皮带轮　2. 万向节轴　3. 锥齿轮　4. 滚筒
5. 圆盘毂　6. 刀盘　7. 刀片　8. 滑盘

上传动旋转式割草机的切割器常采用滚筒式，见图 15－22，它主要由滚筒、刀杆、仿形滑板、刀片等组成。滚筒用于收集和条放牧草，它有圆柱和圆锥两种。圆柱滚筒由两半圆筒相对铆合而成，对铆处通常留有 10～15 mm 的凸缘，借以加大滚筒直径，以利于推送牧草。滚筒的高度取决于牧草的高度，二者之比可取 1∶3。滚筒的直径取决于牧草生长密度和滚筒之间的间隙。当牧草密度大，间隙太小时，易造成堵塞，使滚筒的阻力增加。反之，使形成的草条紊乱。一般滚筒直径为 0.3～0.5 m。圆锥滚筒是底部大、上部小，以增加底部线速度，使割后牧草在输送过程中被滚筒升起向后输送，避免牧草前倾被二次切割。

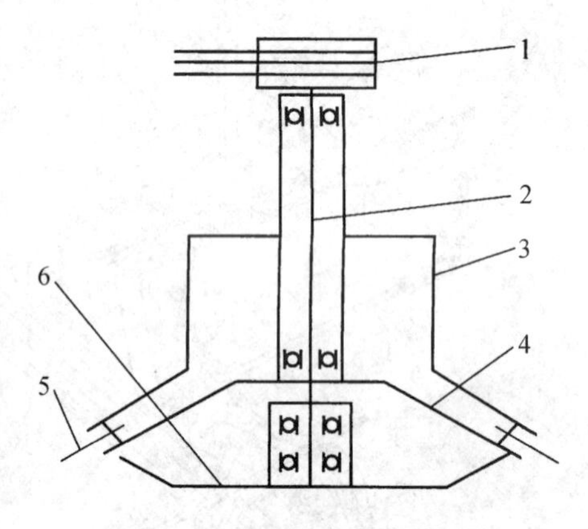

图 15－22　滚筒旋转式切割器

1. 皮带轮　2. 传动轴　3. 滚筒　4. 刀杆
5. 刀片　6. 仿形滑板

刀片多数加工成矩形、梯形和曲线形，端部具有刀刃。为使刀片在高速工作时遇到障碍不致损坏，旋转式割草机的刀片多采用铰接安装，保证刀片遇到障碍物时向后倾斜。工作时，靠离心力作用使其处于工作位置。为更换刀片方便，大多采用快卸结构。

二、搂草机

搂草机是将割下的牧草搂集成草条，以便于集堆、捡拾压捆或集垛。搂草的时间可由当地自然条件确定，尽量缩短晾晒时阳光的照射时间，以减少牧草的营养物质损失，可以在割

草同时，也可以在牧草稍晾干之后。搂草时应搂集干净，牧草损失小；不带陈草和泥土；草条要连续、松散、平直。

搂草机根据草条形成的方向可分为横向搂草机和侧向搂草机两大类。

横向搂草机搂集的草条与机器前进方向相垂直，它形成的草条不太整齐和均匀，陈草多，牧草损失也大，且不易与捡拾作业配套；但结构简单，工作幅可以较大，适于天然草原作业。

侧向搂草机搂集成的草条与机器前进方向平行；草条外形整齐、松散、均匀；牧草移动距离小，污染少，适于高产天然草原和种植草场作业。

（一）横向搂草机

图 15－23 为 9LC—6 型机引横向搂草机，它主要由搂草器、机架以及升降机构等组成。

搂草器是搂草机的主要工作部件，由搂草器梁、一排曲线形弹齿、齿托和除草杆组成。弹齿由齿托铰接在搂草器梁上，工作中可随地面起伏而上下做一定量的摆动。搂草器梁与机架后端的支架铰连。除草杆等距离地固定在机架上，当升降机构将搂草器升起时，除草杆可强制将草条清出。

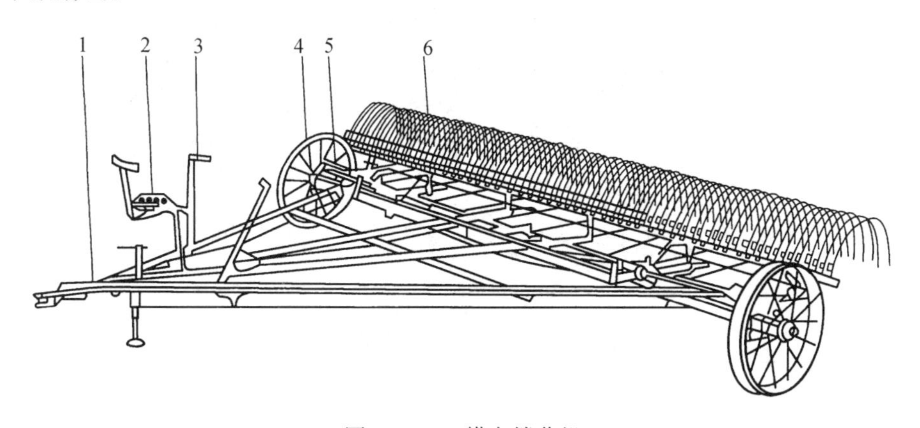

图 15－23 横向搂草机

1. 机架 2. 座位 3. 操纵手杆 4. 行走轮 5. 升降机构 6. 搂草器

升降机构分左、右两部分，安装在机架两侧，都由操纵手柄通过中间轴来控制，以保证两部分动作一致。升降机构由驱动部分和控制部分组成。驱动部件由大拉簧、滚子、控制杠杆、操纵轴、凸轮盘、棘轮、轮轴、小拉簧、棘爪、拉钩组成，控制部分由操纵链、接叉、闸杆、拨爪、拨杆、杠杆等组成。工作中依靠两大部件实现搂草器的升降，以满足工作和运输需要。

工作时，搂草器弹齿尖端触地并形成一工作曲面。当机器前进时，草层沿曲面上升，由于草层不断地上升，弹齿升角逐渐增大（图15－24），当草层升至某一极限位置后，便开始向下滚落。搂草机的弹齿应能使草层沿着弹齿面连续上升，连续卷落，以形成外部紧度较小的中空草条，这样便于干燥和减少损失。

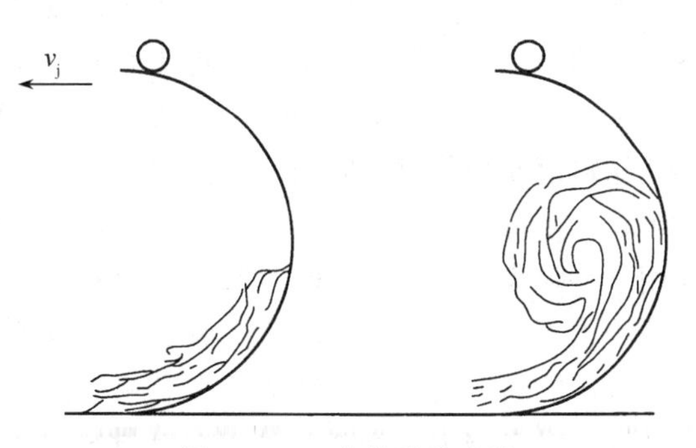

图 15－24 草条形成过程

横向搂草机工作时，每搂成一次草条，搂草器必须升降一次，以卸出草条。当机器前进时，会形成一段未搂区。

(二) 侧向搂草机

图 15 - 25a 所示为搂耙式侧向搂草机，它主要由机架、传动机构、搂耙等部分组成。机架由支承轮支持。工作时，拖拉机一面牵引机器前进，一面驱动搂耙做逆时针方向旋转。当搂耙运动到机器右侧和前面时，搂齿垂直并接近地面，进行搂草。当搂耙运动到机器左侧时，搂耙抬起，同时弹齿后倾成水平状态，将搂集牧草置于草茬上，形成与机器前进方向平行的草条。为使形成的草条整齐，在形成草条的一侧设有挡屏，挡屏通过支杆固定在机架上。图 15 - 25b 表示了由两套搂耙组成的搂耙式侧向搂草机的工作情况，两组搂耙旋转方向相反，可在两组搂耙中间形成一较大的草条。

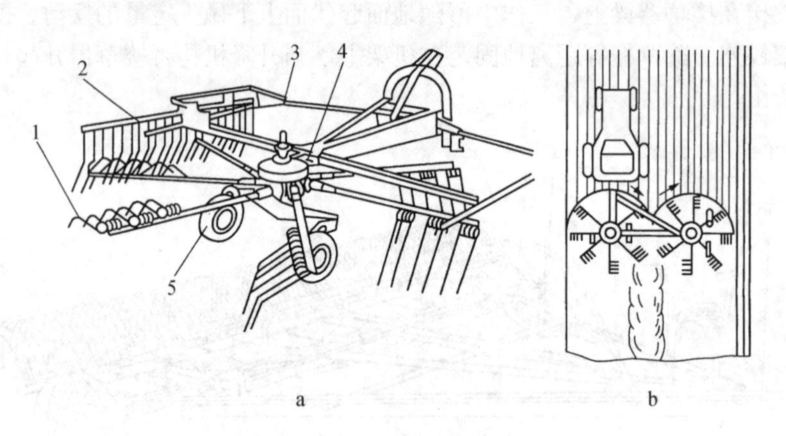

图 15 - 25　旋转搂耙式搂草机

a. 搂草机结构　b. 两套搂耙工作原理

1. 搂耙　2. 挡屏　3. 机架　4. 传动机构　5. 支承轮

传动机构由齿轮减速器、转盘、凸轮等组成（图 15 - 26a）。主动小锥齿轮以轴承装置在固定不动的转盘罩的孔中，与大锥齿轮相啮合。大锥齿轮滑套在立轴上，并驱动转盘旋转。立轴固定不转，其表面设有凸轮轨道，用来控制搂耙的工作状态。

搂耙由搂齿、耙杆等组成（图 15 - 26b）。搂齿成对地固定在耙杆外端。它的上端制成蜗卷，以增加弹性，便于越过障碍。下端制成弧线型，便于牧草沿齿面滚卷上升。这种形式比直线型工作性能好。耙杆滑套安装在转盘臂孔中，随转盘一起旋转。在耙杆内侧固定有曲柄，曲柄上设有滚轮，滚轮在凸轮轨道上运动。

工作时，拖拉机动力通过齿轮减速器带动转盘旋转。转盘又带动耙杆转动。当滚轮运动到凸轮轨道凹部分时，曲柄向下摆动，耙杆在转盘臂孔内也随着转一角度，使搂齿变成垂直位置，并接近地面，为搂草状态。当滚轮运动到凸轮轨道凸部分时，曲柄向上摆动，在耙杆作用下，弹齿离开地面，向后倾斜，为放草状态。

为了不产生漏搂区或增大重搂区，机器前进速度和搂耙转速之间要保持合理的比例关系。前进快时，搂耙的旋转速度也应相应提高，但不要将草抛扔出去。

这类机具的优点是结构简单、重量轻、可高速作业（时速 12～18 km/h）。集成的草条松散透风，牧草损失小，污染轻，便于与捡拾机具配套。

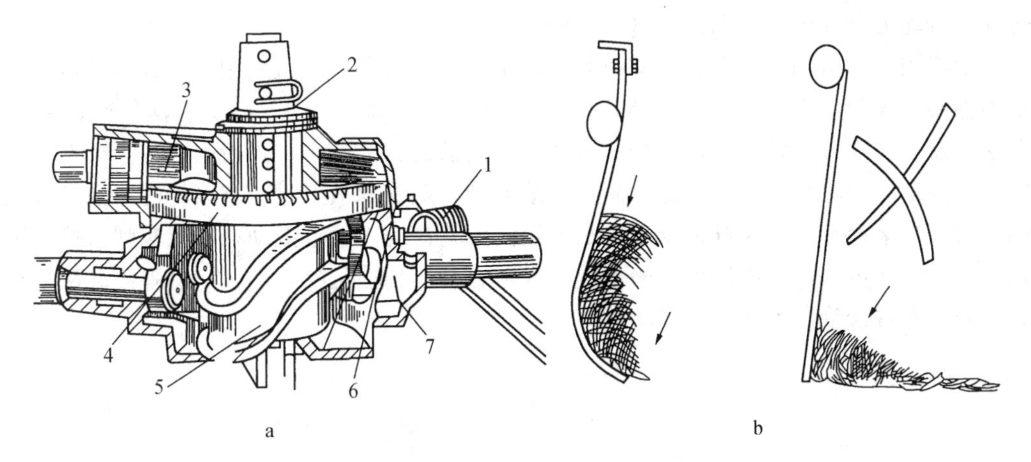

图 15－26 旋转搂耙式搂草机传动机构

a. 传动机构结构 b. 搂齿形状示意

1. 搂耙 2. 机架 3. 小锥齿轮 4. 大锥齿轮 5. 立轴 6. 罩体 7. 转盘

三、牧草压捆机

牧草成捆收获是目前比较先进的收获方法之一，其特点是提高牧草质量，减少牧草在制备和储运过程中的损失。由于草捆密度较大，缩小了牧草体积，便于运输、储存和饲喂，使其商品化成为可能。因此，成捆收获法发展很快，我国采用这种方法也越来越多，并开始生产各种压捆机具。压捆机按草捆形状分为方捆机和圆捆机两种；按压捆机的作业方式可分为固定式压捆机和捡拾压捆机。

（一）方捆捡拾压捆机

图 15－27 所示为 9KJ－1.4 型方捆捡拾压捆机，它主要由捡拾器、输送喂入器、压缩室、密度调节装置、打捆机构、曲柄连杆机构、传动机构和牵引装置等组成。

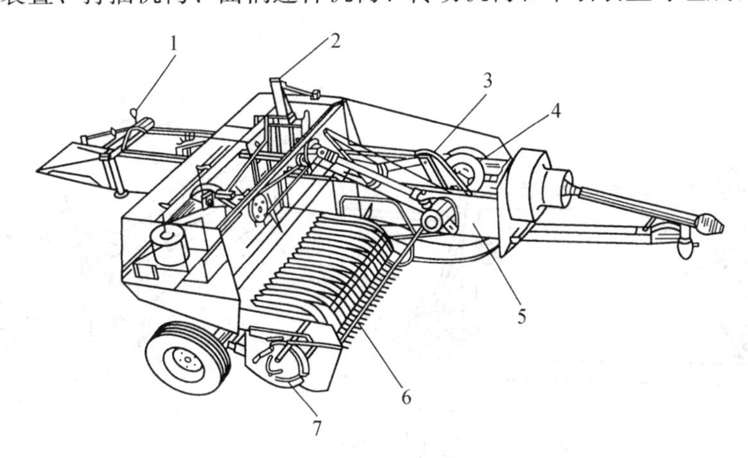

图 15－27 方捆捡拾压捆机构造

1. 密度调节装置 2. 输送喂入器 3. 曲柄连杆机构 4. 传动机构

5. 压缩室 6. 捡拾器 7. 捡拾器控制机构

工作时，动力从拖拉机动力输出轴，经万向节传动轴、主离合器及飞轮传至主传动箱。

主传动箱将动力分配于各运动部件进行工作。

捡拾器用于捡拾割茬上的牧草并将其升运至输送喂入器。该机采用滚筒式捡拾器，主要由捡拾器轴、滚筒、定向滚轮盘（凸轮滑道）、弹齿等组成（图 15-28）。滚筒轴的两端固定着滚筒盘，并随轴旋转，四根齿杆分别插入滚筒盘的四个孔中。弹齿固定在齿杆上。具有特殊形状的定向滚轮盘（凸轮滑道）固定在滚筒轴右端支承板上。带有滚轮的曲柄焊接在齿杆的右端。当滚筒旋转时齿杆带动滚轮沿着定向滚轮盘的内滚道滚动，以控制弹齿按一定的轨迹运动。使弹齿从护板内伸出，捡拾牧草并把它升运到输送喂入器，然后弹齿又从草层中顺利缩回，实现捡拾、升运、输送功能。

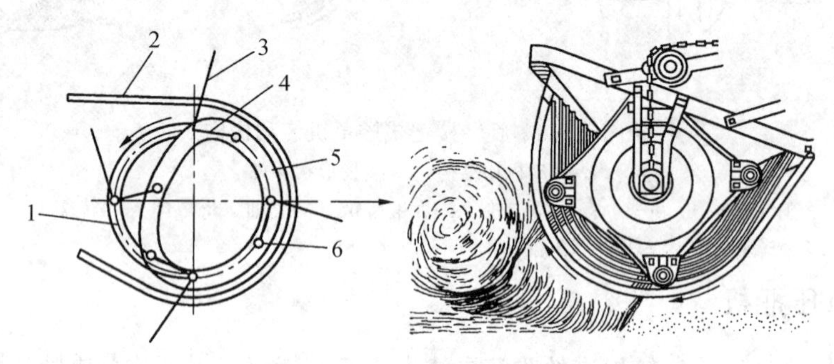

图 15-28　捡拾器工作原理

1. 滚筒　2. 护板　3. 弹齿　4. 曲柄　5. 定向滚轮盘　6. 滚轮

输送喂入器用来把捡拾器送来的牧草推送到压捆室内。输送喂入器由曲柄、摇臂、摇杆、拨叉和板簧等组成，形成曲柄摇杆机构，如图 15-29 所示。工作时，曲柄在传动齿轮驱动下旋转，使摇杆和摇臂摆动，带动拨叉按一定轨迹运动，把牧草从输送喂入器拨入压捆室。板簧的作用是当输送喂入器拨叉被异物堵塞或卡住时发生扭曲变形，使拨叉自动向上抬起（虚线位置），越过障碍后又自动回到原来位置。

压捆室由左右侧壁、上盖板及底板焊合而成（图 15-30），其中有活塞、曲柄连杆机构

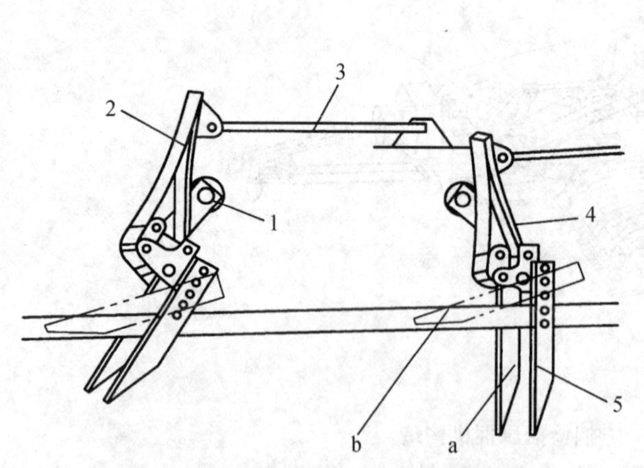

图 15-29　输送喂入器工作原理

a. 工作位置　b. 遇障位置

1. 曲柄　2. 摇臂　3. 摇杆　4. 板簧　5. 拨叉

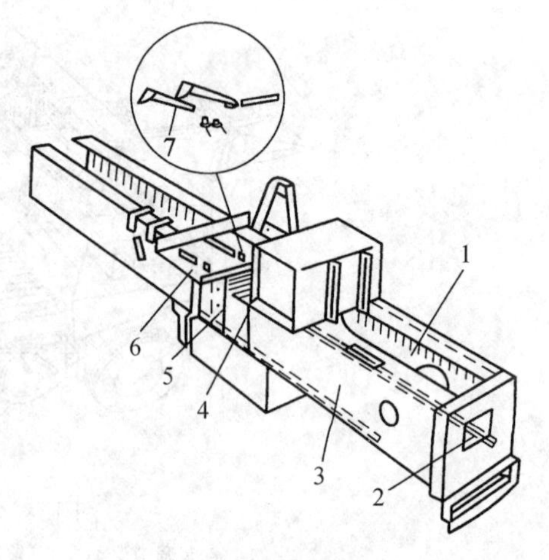

图 15-30　压捆室工作原理

1. 左侧壁　2. 滑道　3. 右侧壁　4. 底板

5. 切刀　6. 上盖板　7. 防松卡爪

等压捆机件。右侧壁又分成前、后两部分，中间是喂入口。在喂入口的后侧壁安装固定切刀，它与活塞上同侧的动刀构成切割副，以切断连续喂入的牧草，确保草捆外部整齐。压捆室内装有滑道，以减少活塞在运动中的阻力。活塞空行时，为保持牧草仍处于压缩状态，在上盖板、底板及外侧壁上设有防松卡爪。当活塞压缩牧草时卡爪被挤出室外，牧草通过；活塞回行时，卡爪在弹簧的作用下重新进入压捆室抵住牧草，阻止牧草膨松。

草捆密度调节装置的作用是通过改变压捆室后端出口截面的大小调节草捆密度。它由上下连接板、横梁、调节手柄、螺杆及弹簧等组成（图 15－31）。上连接板用铰接方式固定在压缩室上盖板后端。横梁焊接在连接板上。旋转调节手柄时，上连接板相对于下连接板的倾斜度发生变化，从而改变压缩室出口断面的大小，以调节草捆密度。

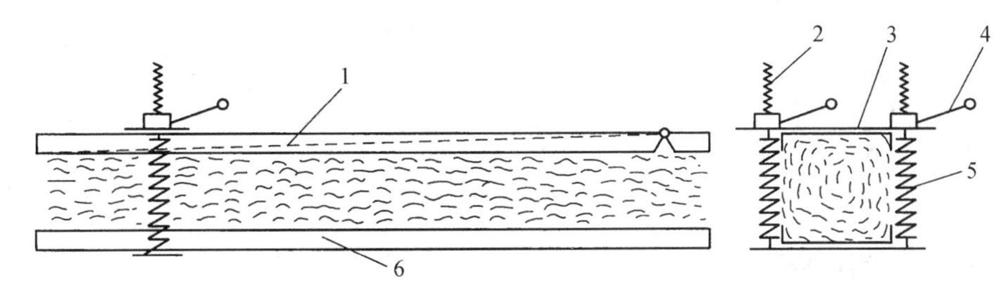

图 15－31　草捆密度调节装置工作原理

1. 上连接板　2. 螺梁　3. 横梁　4. 调节手柄　5. 螺旋弹簧　6. 下连接板

打捆机构是压捆机主要工作部件之一，主要由打结器、打捆针和打捆机构控制器组成。打捆针的主要作用是当草捆达到预定的长度，活塞使牧草处于压缩状态时通过压捆室腔体和活塞前端间隙把捆绳送到打结器处进行打结。打捆针安装在压捆室下面的 U 形架上，通常做成半圆形，尖部有穿绳孔（图 15－32）。

打捆前，应使捆绳从绳箱出来后通过捆绳压紧器和导绳器孔，从打捆针绳孔穿出来后夹在打结器夹绳器缺口内。打捆针的运动是通过曲柄连杆机构实现的，并由打捆机构控制器加以控制。当压捆室内的牧草达到预定长度时，打捆机构控制器自动接合，打结器轴开始旋转。这时固定在打结器轴外端的曲柄带动连杆和 U 形架运动，从而使打捆针向上提升，绕过草捆把捆绳送到夹绳器缺口与另一端捆绳并齐。捆绳被割断打结完成后，打捆针下降回到原位置。这时打捆针带上去的捆绳一端留在夹绳器内，为下一次打捆做准备。

打结器是压捆机的关键部件。它的结构比较复杂，常见的有 C 形打结器和 D 形打结器，构造和打捆原理基本相同。以 D 形打结器为例，其主要包括打结嘴、夹绳器、脱绳杆、割绳刀、复合齿盘、夹绳器驱动盘和架体等（图 15－33）。架体通过轴孔套在打结器轴上。复合齿盘和夹绳器驱动盘则用键与打结器轴相固定。其他零部件均安装在打结器架体上。随着打结器轴的旋转，穿针在曲柄的带动下向上运动，把捆绳送到夹绳器与原来在打结嘴上表面和夹绳器缺口内的捆绳合并并被夹紧。打结嘴转动把两股绳打成绳环，当捆绳被切断后便形成绳结，把围在中间的牧草打成草捆。然后，穿针开始下降，捆绳端部留在夹绳器内，为形成下一个草捆做准备。

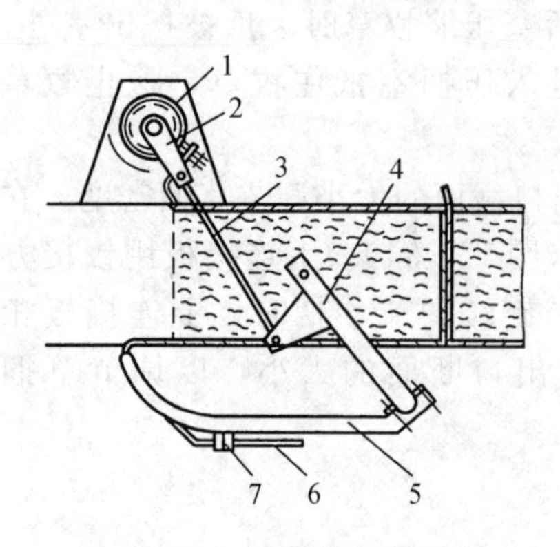

图 15-32 打捆针及传动部分

1. 驱动齿轮 2. 曲柄 3. 连杆 4. U形架 5. 打捆针 6. 捆绳 7. 导绳器

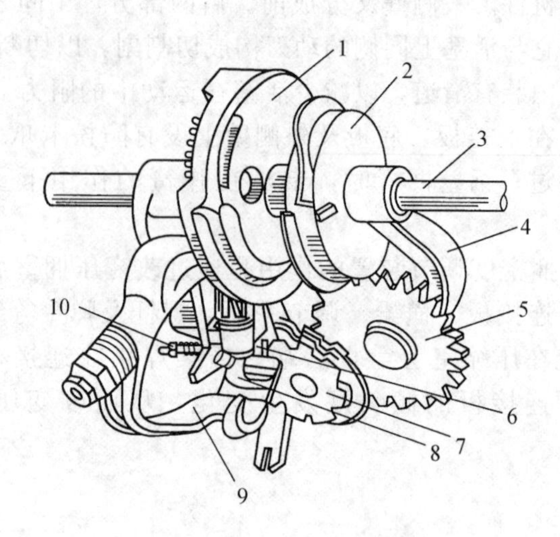

图 15-33 D形打结器

1. 复合齿盘 2. 夹绳器驱动盘 3. 打结器轴 4. 打结器架体 5. 夹绳器传动齿板 6. 割绳刀 7. 夹绳器 8. 打结嘴 9. 脱绳杆 10. 滚轮导板调整螺母

（二）圆捆捡拾压捆机

圆捆捡拾压捆机（简称圆捆机）是用来制备大型圆柱形草捆的机具，该类机具 20 世纪 70 年代初开始投产使用。由于圆草捆能防止雨水渗透和风蚀，便于露天储存，保持牧草的营养价值，因此近年来发展较快。它适用于天然草场和人工草场作业，但运输和长期储存不如方草捆方便。

圆捆机按草捆成形过程分为内卷绕式和外卷绕式两种。图 15-34 所示为内卷绕式圆捆机，其主要由捡拾器、输送喂入器、卷压室、打捆机构、卸草后门、传动系统及液压操纵机构等组成。

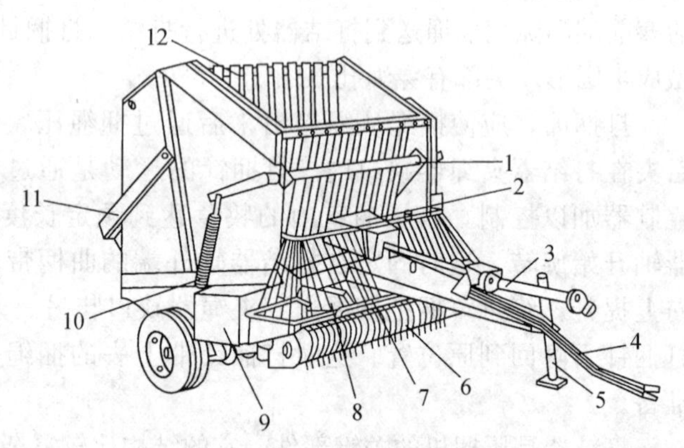

图 15-34 圆捆捡拾压捆机

1. 摇臂 2. 传动系统 3. 传动轴 4. 液压系统油管 5. 支架 6. 捡拾器 7. 打捆机构 8. 割绳机构 9. 绳箱 10. 张紧弹簧 11. 卸草后门 12. 卷压室

工作时，捡拾器将草茬上的牧草捡拾起并送入喂入器上、下光辊之间，卷压进入预压室，在上下两组皮带作用下，使牧草开始转动并被卷压成草芯（图 15-35a），由于牧草连续喂入，草芯随之旋转，当草捆达到一定尺寸时，便离开下皮带进入上皮带组，草捆在上皮带中不断卷绕牧草，直至形成草捆（图 15-35b），当草捆达到要求尺寸时，依靠打捆机构的作用将捆绳螺旋缠绕于草捆表面，割断捆绳，打开后门卸草（图 15-35c）。

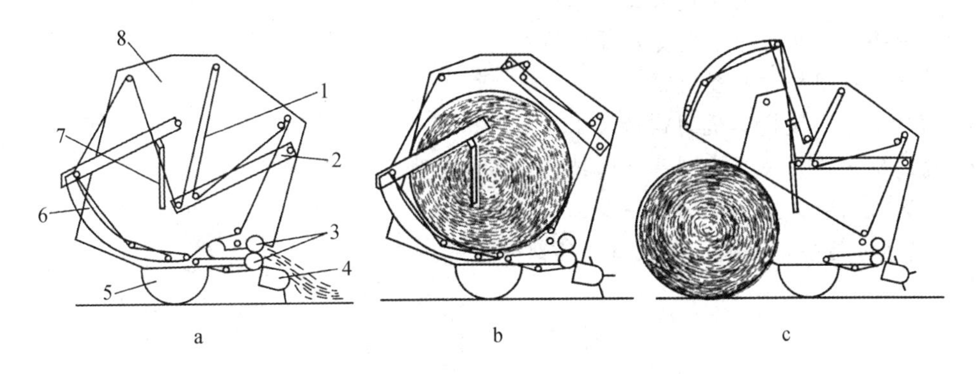

图 15－35　内卷绕式圆捆机工作简图

a. 草芯形成　b. 草捆形成　c. 草捆卸出

1. 上卷皮带　2. 摇臂　3. 光辊　4. 捡拾器　5. 行走轮　6. 卸草后门　7. 油缸　8. 侧壁

四、捡拾集垛机

捡拾集垛是国外 20 世纪 70 年代开始推广的一种牧草收获方法，国内 20 世纪 80 年代开始生产推广，它是一种散长草收获法。捡拾集垛法收获干草，具有效率高、便于存放、损失小、劳动消耗少等优点，对于运距短的地区较为适用。垛的密度较低，可收集较高湿度的干草，营养损失少，且从收获到饲喂便于实现机械化。

捡拾集垛机的形式较多，按集垛原理，可分为压缩式和非压缩式两种。

图 15－36 所示捡拾集垛机主要由捡拾器、风送装置、调节风门、压缩盖棚、传动装置、液压压缩机构等组成。工作时，叶片式（链枷式）捡拾器高速旋转捡拾牧草，并沿抛送导管抛送到车厢内，通过操纵活门调整的顺序集满车厢，然后停车由液压油缸带动盖棚上下移动，压缩厢中牧草。升起盖棚，在第一次压缩的基础上继续捡拾抛送，再次集满车厢，停车再次进行压缩，依照顺序直至装满车厢。停车卸垛，打开上、下后门，同时接合卸垛输送链和下后门输送链的动力，使厢中草垛向后移动，待草垛后端开始接触地面时，拖拉机前移，并使其前进速度和草垛后移速度相等，以保持草垛形状不变。

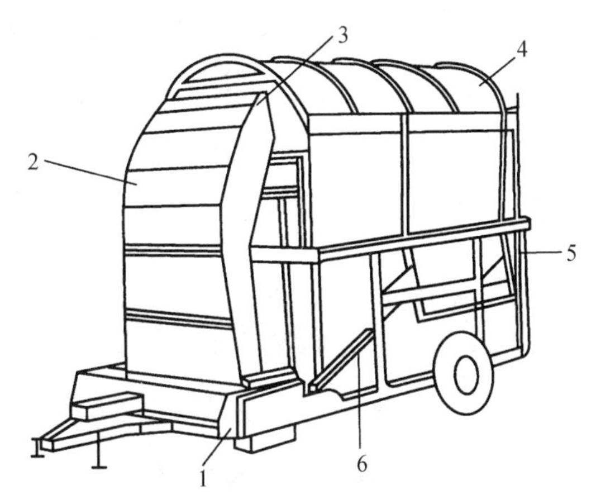

图 15－36　捡拾集垛机结构

1. 捡拾器　2. 风送装置　3. 调节风门

4. 压缩盖棚　5. 后门　6. 液压压缩机构

复习思考题

1. 草坪建植机械有哪些？
2. 简述草坪起草机的构造及工作原理。
3. 草坪养护管理机械有哪些？

4. 简述草坪修剪机的构造及工作原理。
5. 为何播种牧草种子需用专用播种机?
6. 草地保护机械的种类有哪些?
7. 简述草原灭鼠投饵机的构造及工作原理。
8. 简述机引单刀往复式割草机的结构及工作原理。
9. 简述机引横向搂草机的构造及工作原理。
10. 简述方捆捡拾压捆机的构造及各部分功用。

第五篇

产地初加工机械

产地初加工是减少农产品产后损失、降低农产品安全隐患的一种有效手段，有助于农业增效、农民增收。据统计，我国粮食、马铃薯、水果、蔬菜的产后损失率分别为7%～11%、15%～20%、15%～20%和20%～25%，远高于发达国家平均损失率，折算经济损失可达3 000亿元以上，相当于每年1亿多亩耕地的投入和产出被浪费掉。为加快解决我国农产品产后损失浪费严重问题，自2012年起，我国中央财政安排专项资金，补助农产品产地初加工项目。

农产品种类和产后加工环节多种多样，这里主要介绍粮食、果蔬等产品干燥、果蔬预处理等一些基本的机械与设备。

第十六章　谷物干燥机械

降低或除去物料水分的环节称为干燥。干燥是谷物收获后的一个重要环节。为了减少落粒损失而要适时收获，收获后的谷物含水量较大，如不及时干燥则必将造成霉烂变质。在农产品加工和食品加工领域中，干燥具有十分重要的意义。干燥能使农产品水分降低到最不易引起霉变、酶化和虫害的状况，从而减少损失；干燥能保持和改善农产品的品质；某些农产品干燥后（如干果、干菜等）具有较高的经济价值，并能调节市场供应。

第一节　谷物干燥原理

一、谷物水分及存在形式

我国各地的谷物有所不同，南方主要是水稻，中原主要是小麦和水稻，而北方主要是玉米、小麦和水稻。由于北方气候寒冷，除考虑一般的谷物干燥外，还要注重种子安全越冬时的水分。种子水分大时易遭冻害，严重地降低发芽率，因此北方的种子（主要是指玉米和水稻）要求在外界环境温度下降到−5 ℃之前必须干燥到安全水分（14%）以下，以保持旺盛的生命力。

我国几种主要谷物在收获时的水分及其安全储存的水分见表16-1。

表 16-1　几种谷物收获时的水分及安全水分

谷物	最高水分/%	适时收获水分/%	一般水分/%	安全储藏水分/%
小麦	38	18～20	9～17	13～14
大麦	30	18～20	10～18	13
燕麦	32	15～20	10～18	1
大豆	20～22	16～20	14～17	13
玉米	35	28～32	14～30	13～14
高粱	35	30～35	10～20	12～13
水稻	30	25～27	16～25	13～14

物料中的水分是影响物料安全储藏的一个重要因素。为使物料能长期地安全储藏，必须使物料的水分降低到安全水分范围内。水分在谷物中的存在形式有三种：化学结合水、物理化学结合水和机械结合水。

化学结合水是化学反应的结果，与干物质结合最牢固，只能通过化学反应除去。

物理化学结合水包括吸附水分和渗透水分，通常谷物可视为由许多细小颗粒或纤维组成的复杂网状结构体。吸附水分存在于物料细小颗粒（或纤维）的表面，渗透水是指物料细胞壁或纤维皮壁内的水分，这两种水分均可用干燥的方法除去。

机械结合水包括物料表面水和毛细管水，其与物料结合较松弛，以液态存在并易于蒸发，干燥时首先除去这部分水分。

二、谷物干燥机理

谷物干燥就是使谷粒中的水分汽化而释放出来，使其被周围介质带走，从而降低其含水量。因此，谷物干燥都要利用一种介质与谷物接触，常用的干燥介质有空气、加热的空气、烟气与空气的混合气等。

谷物籽粒是多孔性胶质体，水分以不同结合形式存在于谷粒表面、毛细管中及细胞内。当介质参数使它具有发散条件，即介质水蒸气分压力小于谷粒表面水蒸气压力时，则谷粒中的水分以液态或气态由谷粒里层向外层扩散，并由表面蒸发。理想的干燥过程，应使谷粒内部的水分扩散速度与表面的蒸发速度相等，但一般情况下，由于选择干燥参数的不当及谷物本身特性所限，常出现两种速度不等的现象。

谷粒表面水分蒸发速度低于谷粒内部的水分扩散速度，这往往在谷粒细小或谷物水分含量大时会出现这种状态。为了提高谷物干燥速度，可适当提高介质温度，降低介质相对湿度或增加介质流速。

当谷粒内部扩散速度小于表面蒸发速度时，为了提高干燥速度，可有两种措施：一种措施是调整介质状态参数，即在提高介质温度的同时降低介质流速；介质温度提高，谷物温度也升高，谷温升高，则使其水的黏滞性下降，内部水蒸气分压力增加，会增加内部扩散的速度；因其介质流速减小，则其蒸发速度下降或保持不变，以达到两种速度的一致。另一种是提高介质温度的同时增加介质相对湿度，这样也能调整两者速度关系。

三、谷物干燥过程及影响因素

将谷物含水量干燥到适宜储存的水分，要经历一段过程，此过程的长短受许多因素的影响，如用低温气体作干燥介质，所需时间长，效率较低，因此目前所用干燥机械，多采用加温气体干燥谷物，以缩短干燥时间，提高工效。谷物水分、温度及干燥速度随干燥时间而变化的规律称为谷物干燥特性（图 16－1）。谷物干燥过程通常分为预热、等速干燥、减速干燥、缓苏及冷却五个阶段。

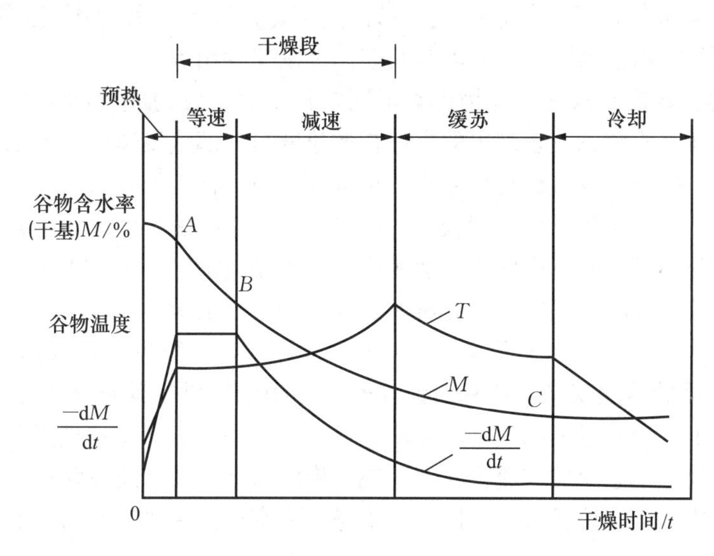

图 16－1　谷物干燥特性曲线

1. 谷物预热　在这个阶段，由气体传来的热量主要用来使谷物加温，此时谷物水分汽化甚微，但干燥速度（dM/dt）由零迅速增大。

2. 等速干燥　谷物加热至一定温度后，由于谷物水分由里向外扩散速度较大，则干燥速度较快并维持稳定不变，谷物保持在湿球温度，谷物含水量直线下降。经过一段时间，谷温上升到允许的最高温度，含水量下降变缓。

3. 减速干燥　此阶段的水分已较等速干燥阶段有显著减少，其内部扩散速度比表面蒸发速度低，因而干燥速度逐渐减小，谷物温度逐渐上升，谷物含水量按曲线下降。

4. 谷物缓苏　谷物经过高温快速干燥后，为了减少内外温差，需将谷物保温储存，让水分逐步由内向外移动。此过程谷物表面温度有所下降，水分少许降低，干燥速度变化很小。

5. 冷却　将谷物温度降到常温。冷却阶段谷物水分基本不变。

四、影响干燥速度的因素

影响谷物干燥速度的因素与干燥工艺和干燥参数有关，也与谷物自身特性有关。

介质在与谷物接触时能带走多少水分，主要取决于它的温度、相对湿度、速度及其变化规律等因素。由于谷粒内的水分含量不是固定不变的，而是随环境温度和相对湿度的变化产生相应的变化。在一定的气温和相对湿度条件下，谷粒的吸湿及散湿处于平衡状态，其含水量相对稳定在一定数值上，称为平衡水分。要打破这种平衡，必须先降低环境中空气的相对湿度，因此提高空气的温度，可以降低空气中的相对湿度，谷粒中的水分便容易释放出来，使谷物得到干燥，所以加热干燥是广泛采用的一种方式。

1. 介质状态参数 热介质状态参数包括热介质温度、相对湿度和流速（质量流速或容积流速）。一般是介质温度高、相对湿度小和流量大时，谷物干燥快，特别是介质温度的增高，其作用比提高介质流量的作用要大得多。因为介质温度提高时其相对湿度同时减小，而且减少得很快。每提高 1 ℃介质温度，其相对湿度可减少 4.5%，若把介质温度提高11.5 ℃，则相对湿度可减少 50%，两者相辅相成，对提高干燥速度有显著的作用。但在提高介质温度时，要注意使谷粒内部水分扩散速度与其表面蒸发速度相等。

2. 谷物种类、状态和水分 谷物种类不同，其化学组成的成分和结构组织也不同。因而不同谷物在同样介质状态下表现出的内部扩散速度与外部蒸发速度的关系也不同。一般含淀粉成分多、含脂肪成分少、籽粒尺寸小、结构较松弛、含水量较大的谷物内部扩散速度较大。在外部蒸发速度高时其干燥速度较大；反之，若含脂肪多、含淀粉少、谷粒尺寸大、结构紧密和原始水分小的谷物，则内部扩散速度小，即使外界蒸发快时也难以提高干燥速度。此外，各种谷物的一次降水幅度也因此有所不同，小麦、玉米等禾本科谷物一次降水幅度较大，可达 5%～6%；而大豆、水稻等一次降水幅度较小，一般为 1%～3%。

3. 谷物与介质的接触状态 现有对流换热式谷物干燥机，其热介质与谷物接触状态有以下几种：介质平行于谷层表面流动、介质穿过静止的谷层、介质穿过流动的谷层、介质穿过谷层并使谷物处于半悬浮的“流化状态”或“沸腾状态”及介质在输送谷物中对谷物进行加热等。由于介质与谷物接触方式不同，其干燥速率有很大差别。各种接触形式如图 16-2 所示。

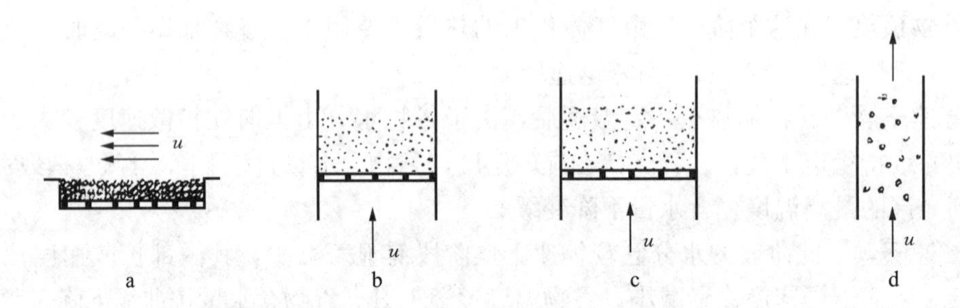

图 16-2 介质与谷物的接触状态

a. 介质平行于谷层表面流动 b. 介质穿过谷层（静止状态）
c. 介质穿过谷层（处于流化或沸腾状态） d. 介质在输送谷物中干燥

(1) 介质平行于谷层表面流动。这种干燥方式效果较差，因为热介质与谷物接触的面积很小，谷层内部的大量水分难以得到蒸发。

(2) 介质穿过静止的谷层。这种方式较上者好，但由于热介质只能从谷粒间的缝隙中通过，故接触表面积有一定限度；加之这种干燥一般气流阻力较大，风速（谷层断面的平均风速）较低，一般为 0.1～0.5 m/s，因而干燥较慢。其降水速率较小，为 0.5%/h 左右。

(3) 介质穿过谷层并使谷物流态化。这种干燥方法的介质流速较高，为 1～2 m/s，使

谷物在干燥中处于半悬浮状态，因而介质可与谷粒表面全面接触。其降水速率较大，为每小时降低30%～40%；但由于这种干燥方法只能短时间（高温）加热，故其每次降水幅度并不大，为1%～2%。

正在发展的振动式干燥机，其干燥过程与此种干燥机有类似之处。即该机使通风底板做高频振动（沿倾斜方向），使谷物向一定方向跳跃性流动，同时也受到由孔板下方吹来的热风加热干燥。由于谷粒振动中增加了孔隙度和不断改变谷粒与介质的接触位置，则该机干燥较快。

（4）介质穿过流动中的谷层。由于谷物流动中孔隙度有所增加，介质流速有所增大（为0.2～1 m/s），其干燥速率较高，每小时干燥2%～5%。

（5）介质带动谷物流动。热介质在输送谷物中对谷物进行加热。由于介质流速较高（6～8 m/s或更高），并与谷粒面积接触较充分，其干燥速率较高，为40%/h以上。但该机的输送过程和干燥时间较短，其每次降水幅度并不大，为1%～2%。

第二节　谷物干燥方法

在农产品特别是谷物干燥作业中，广泛应用加热方法去除物料中的水分。根据换热方式和作业方式的不同，可对干燥方法进行分类。

一、按换热方式分类

1. 对流干燥　将加热的空气或烟气与冷空气的混合气以对流方式接触物料，从而进行湿热交换，即物料吸收热量、蒸发水分，蒸发出来的水分则由干燥介质带走。这种方法的主要特点是干燥介质的温度和湿度容易控制，可避免物料发生过热而降低品质。但是，由于靠物料内、外层之间的水分梯度来使水分从内部移至表面，而物料表面的温度又高于内部，这样的温度梯度会阻碍水分向表面运动，因此对流干燥过程较为缓慢，且热效率也不高。尽管如此，由于对流干燥设备结构简单，操作容易，所以在农产品特别是谷物干燥作业广泛应用。

2. 传导干燥　物料与加热表面直接接触而获得热量，蒸发水分。若物料层很薄或物料很潮湿，则采用传导干燥较为适宜，因为蒸发水分的热量是从热表面经过物料，热经济性好。例如，在热炕上烘干谷物；在蒸气式烘干机中谷物边运动边与蒸气管接触而被烘干，均属此法。这种方法的缺点是干燥慢而且不均匀，温湿度不易控制，成本较高。

3. 辐射干燥　这种方法是利用阳光或红外辐射器发出的辐射热能来干燥物料。用红外线辐射热能可以干燥谷物、蔬菜、食品等。

当辐射波长与物料吸收波长一致时，物料则大量吸收红外线，分子振动加剧，温度升高，内部水分随温度梯度及水分梯度的作用向表面转移并蒸发。在远红外线干燥中，被干燥物料表面水分不断蒸发吸热，物料表面温度下降，造成内部温度比表面高，则物料的热扩散方向由内向外。同时，由于物料内水分梯度引起的水分移动，总是由水分较多的内部向水分较少的外部进行湿扩散。这样物料内部的水分湿扩散与热扩散方向一致，从而加速了水分由内向外的扩散过程，即加速了干燥过程。干燥后的物料内外水分比较均匀，因此，远红外干燥装置正越来越多地被采用。

二、根据物料的运动方式分类

图 16-3　物料固定床干燥

1. 物料固定床干燥　物料层静止不动，干燥介质做相对运动，物料烘干后一次卸出。干燥时，物料颗粒间彼此的接触点不变，与气流接触的有效面积较小，气流阻力与物料的压实程度密切相关。这种干燥方法所用机具结构简单（图 16-3），使用成本低，但干燥慢，干燥后的物料水分不均匀。

2. 物料移动床干燥　物料一面与干燥介质接触，实现湿热交换，一面靠重力或机械方法自上而下流动，以增加与介质的接触面积，因而干燥较为均匀。图 16-4 是物料移动床干燥示意图。图 16-4a 中的气流通过百叶窗进入物料层，物料下落时，由于有百叶窗板，能产生交错位移。图 16-4b 中的气流由筛网进入物料层，物料在由筛网围成的柱体中下落，中间有换向板，使里、外层交换。

在物料移动床干燥中，根据气流与物料的相对运动方式不同，对流干燥又可分为横流式、逆流式和并流式三种（图 16-5）。

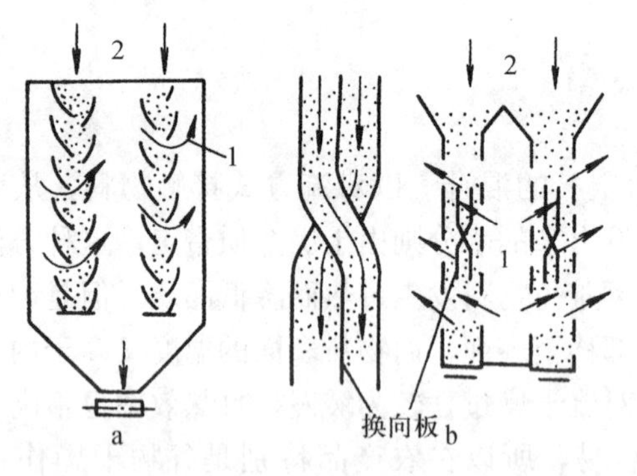

图 16-4　物料移动床干燥

a. 百叶窗式　b. 筛网式

1. 干燥介质流向　2. 物料流向

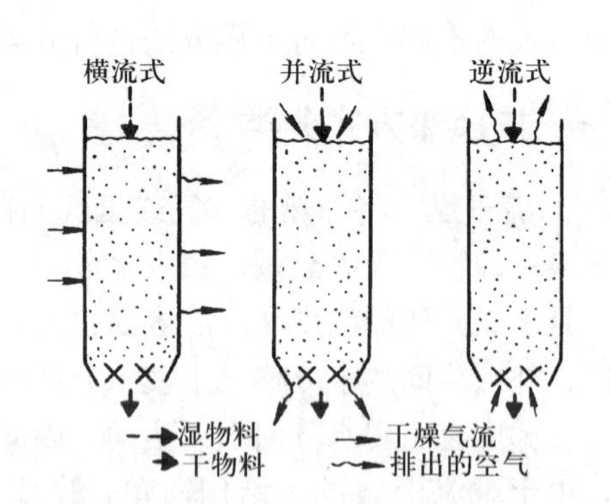

图 16-5　物料与气流的相对运动方式

（1）横流干燥。物料流向与气流运动方向互相垂直，其干燥后的物料水分不匀，靠近气流入口的物料降水多，而靠近气流出口的物流则降水少。

（2）并流干燥。物料流向与气流运动方向相同，其最热的气流遇到的是最潮湿和温度最低的物料，因此气流温度下降很快，物料快速蒸发水分，温度升高却不多。此外，最干的物料所在区的气流温度不高，对于谷物，就不会产生裂纹现象，干燥后的谷物品质较好。在初始段可以采用较高的气流温度（150～250 ℃），但作用时间要短。这些特点是逆流式及横流式干燥方法没有的，对于容易爆腰的水稻更为适合。

（3）逆流干燥。物料流向与气流运动方向相反，其最热的气流遇到的是较干的物料，如果物料层不移动，最下面的物料最先达到平衡水分，并逐渐向上扩展；如果物料层移动，干燥不匀的问题可以得到改善。

3. 物料流化床干燥　所谓“流化”是指固体颗粒被流体吹起呈悬浮状态，粒子相互分

离，并做上下、前后运动。流化干燥就是在干燥介质作用下使物料处于流化状态进行干燥的过程。图16－6为物料流化床干燥的示意图。气流以一定速度通过物料层，使物料吹起并悬浮在气流中激烈翻动、纵向沸腾，在向出料口运动过程中得到干燥。该法物料与干燥介质接触面积较大，传热效果好，温度分布均匀，干燥快，停留时间短，不易使一些热敏性物料过热。但该法不适用于含水量较高或结团物料的干燥。

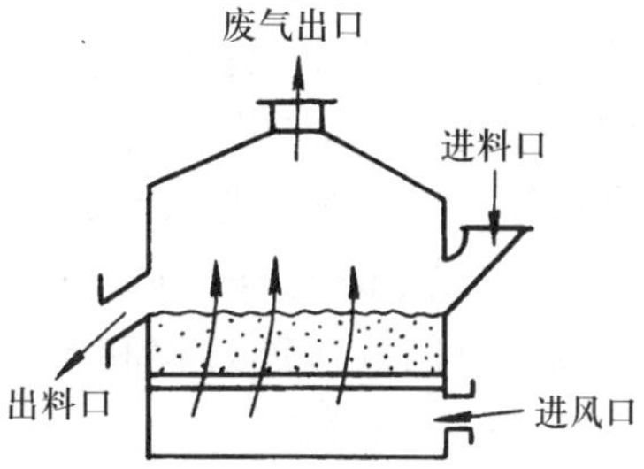

图16－6　物料流化床干燥

三、按作业方式分类

1. 批量式干燥　现以低温干燥仓为例来说明它的不同作业方式。如图16－7所示，因为谷物干燥是从最低的谷层开始逐步向上发展的，干燥中形成了三种层次，即：已达到平衡水分的已干燥层（称为已干层），其上方是正在干燥中但还未达到平衡水分的谷层（在干层），最上层的是保持原水分的谷层（未干层）。随着干燥时间的延续，这三个层次的位置逐步向上推移。根据保物层的厚薄，批量式干燥可分为以下几种：

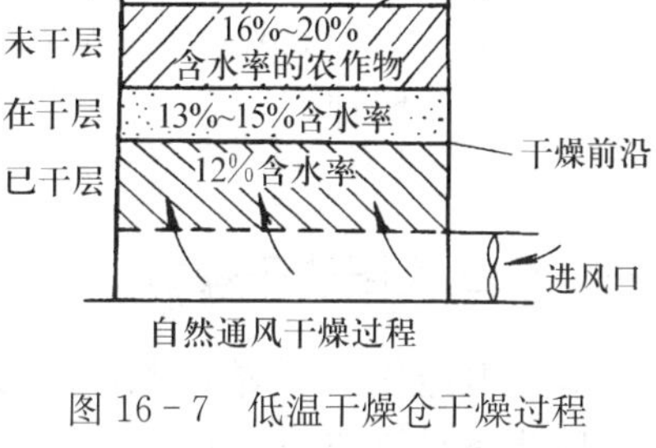

图16－7　低温干燥仓干燥过程

（1）整仓干燥。当谷物水分不太大时，可装满整仓进行干燥。这时由于谷层阻力大，通过谷层断面的风速较小，则干燥较慢，可利用自然空气或稍高一点的热风进行作业，工作比较方便，但要选择好热风温度，如风温过高，其平衡水分将很低，如长时间干燥会使全仓的谷物达到过干程度。

（2）浅层干燥。为了加速干燥，可将谷物按一定的厚度进行干燥，这时可采用较高的热风温度（45℃以下），使该谷物的平均水分能较迅速地达到安全水分（14%左右）。由于谷层较浅，上下层的水分级差较小，经充分混合后储存，谷物水分会自然达到一致，这种方法，目前在我国采用较多。

（3）分层干燥。在国外有的小型农场采用这种干燥方法，即每天将收获的湿粮装入低温仓进行干燥，虽然谷层较薄但也要在当天使它干燥到安全水分。第二天再将收获的湿粮装入已干燥粮之上进行干燥，也在当天干燥到要求的水分。第三、第四天如此同样进行，直到全仓装满谷物并干燥后一起卸出。这种方法对使用管理方便。但由于气流阻力较大，电耗较多。

2. 连续式干燥　连续作业不需要辅助上料和卸料的时间，生产有效时间利用率较高，干燥质量也比较稳定。我国粮食部门（粮库和粮油加工厂）和国有农场多采用这种方式作业。

3. 循环式干燥　循环式干燥目前有两种形式，即封闭循环式干燥（简称循环式干燥）和分流循环式干燥（干、湿粮混合式干燥）。

（1）封闭循环式干燥。为了提高干燥谷物的降水幅度和缩小设备体积及质量，出现了封闭循环式干燥，该方法是作业时将谷物先装满全机，然后把它封闭起来让谷物在机中进行循环流动和干燥，直到谷物水分达到要求，然后将干粮放出。

(2) 分流循环式干燥。其特点是通过调节干、湿粮混合比，可使任何高水分湿粮一次降到安全水分，该干燥工艺虽热风温度较高（200 ℃左右），但由于粮食受热时间短（4～8 min），谷物在循环干燥的过程中其温度仍保持在 30～40 ℃，故谷物干燥后的品质较好，由于有较长时间的缓苏过程和干湿谷物混合干燥的特殊机理，干燥的单位热耗较小，有20%～30%的节能效果。

第三节　典型谷物干燥机

根据干燥原理、方法、热源和谷物的不同，干燥机有几种分类方法和不同的类型。按气流温度的高低可分为常温干燥机、低温慢速干燥机和高温快速干燥机；按干燥室内谷物的状态干燥机可分为固定床、移动床、流化床和喷动床式；按干燥室的结构干燥机可分为平床式、圆筒（仓）式、柱式、塔式、转筒式等类型；按作业方式干燥机可分为连续式、间歇式和循环式。谷物干燥机械还分为固定式和移动式两大类。

谷物干燥机械种类虽多，但均由送风设备、承料容器以及加热装置等主要部分组成的。

一、仓式太阳能干燥机

利用太阳能作为干燥热源，可以节约燃料。虽然在目前条件下设备投资大，干燥成本较高，但从长远来看，太阳能干燥机是有发展前途的。图 16－8 所示为一种仓式太阳能干燥机，由圆形仓、集热器、风机等组成。集热器安装在圆仓壁向南处（称南竖式），有的安装在仓房的南房顶（称南斜式）。由太阳能加热后的空气用风机从仓底部送到仓内，对谷物进行干燥。热空气通过谷层后，由上部排气口排出。该机属于固定床整仓干燥机。

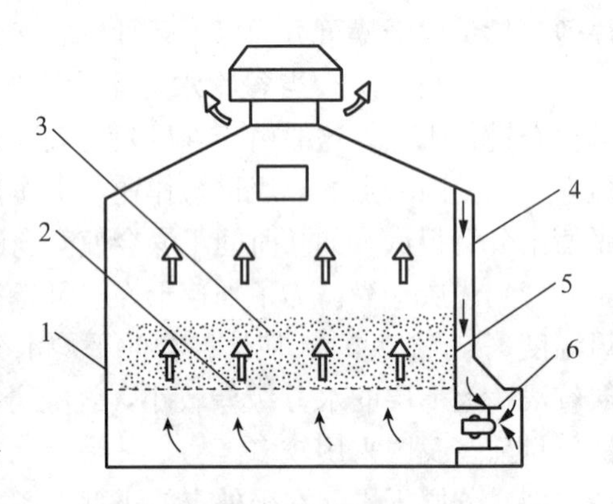

图 16－8　仓式太阳能干燥机

1. 圆筒仓　2. 透风板　3. 谷物　4. 集热器　5. 风道　6. 风机

整仓干燥是在储存仓内干燥和冷却物料，并且多数是将谷物就留在仓内储藏。干燥介质从仓底向顶部流动，与物料产生湿热交换。随着干燥过程的进展，干燥区由底部向上移动。

固定床整仓干燥所需的气流量较小，干燥过程比较缓慢，即干燥区上移缓慢，这就容易使上层物料产生霉变。为此，上部物料的水分不能太高，如小粒谷物的原始水分应小于20%，玉米的原始水分应小于 25%。

整仓干燥管理简单，热能利用充分，物料不会过热，谷粒不易出现裂纹，其缺点是管理周期长。

二、闭式循环式干燥机

封闭式循环式干燥机主要是采用低温、大风量、薄层干燥工艺的干燥机械，干燥机工作时，谷物是不断循环的。全机由热风炉、温度自控装置和主机三部分组成（图 16－9）。主机由干燥箱、定时排粮轮、搅龙、升运器、风机等组成。

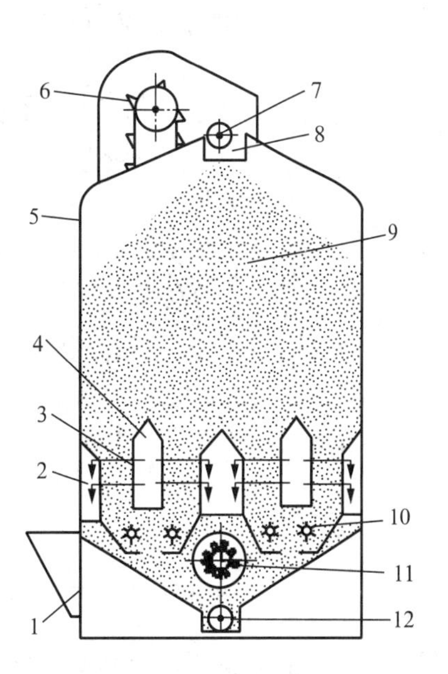

图 16－9　循环式干燥机
1. 盛料斗　2. 废气室　3. 孔板　4. 热风室
5. 烘干箱　6. 提升器　7. 上搅龙
8. 均布器　9. 谷物　10. 排粮轮
11. 吸气风扇　12. 下搅龙

循环式干燥机工作时，谷物是在主机内循环的。待干燥的谷物由喂入斗经升运器、上搅龙进入主机干燥箱（干燥箱的上部为缓苏段，下部为干燥段），干燥箱装到一定数量后，可关闭盛料斗闸门，停止上粮，进行干燥作业。主机工作过程如下：

打开吸气风机，将加热后的热空气引入干燥段的热风室，使热空气与干燥段内的谷物接触，实现热交换，带走汽化的水分，经废气室排出机外。受热干燥后的谷物，被排粮轮定时下排到下搅龙处，再经升运器、上搅龙，均匀地撒布到缓苏段。缓苏段内的谷物在自重作用下，又缓慢地移到干燥段，完成一个循环。每个循环，谷物在干燥段的时间很短，只有几分钟，缓苏段的时间却较长，这样能更好地保证烘干质量，提高谷物的品质。经多次循环干燥，直到谷物含水量达到入仓标准，即可打开排粮门，将谷物排出机外。

循环式干燥机的热风温度控制在 60 ℃以下，一次循环的降水率约为 1%。

三、滚筒式干燥机

滚筒式干燥机（转筒式干燥机）由加热炉、筒式干燥室和风机等组成（图 16－10）。筒式干燥室（又称滚筒体）由薄钢板焊成，并成倾斜状态安装。筒体外装有两个滚圈，由托辊支承定位，在筒的外部还装有一个齿圈，由电动机通过变速箱上的小齿轮带动齿圈使滚筒转动，滚筒转速为 15 r/min。在滚筒内部装有抄板，用来均匀地撒布谷物，使谷物能得到均匀干燥。

工作时，由加热炉加热的热空气，被风机吹入滚筒，谷物也从头罩进入滚筒与热空气混合，将谷物加热，汽化其水分。谷物在筒内受到抄板的作用，不断随滚筒的旋转被抄起又落下，不断地翻动，并逐步使谷物由筒的前端向后移动，废气及烘干后的谷物都通过尾罩排出。

四、塔式干燥机

塔式干燥机（竖箱式干燥机）是一种大型固定式干燥设备，由加热炉、干燥室、风机等组成（图 16－11）。

塔式干燥机高达十几米，物料在塔内靠重力缓慢地向下移动。塔内有许多交叉排列的通风盒，气流从通风盒的钢板侧壁进入进气管，从其敞开的下口进入谷物层，再进入排气管的

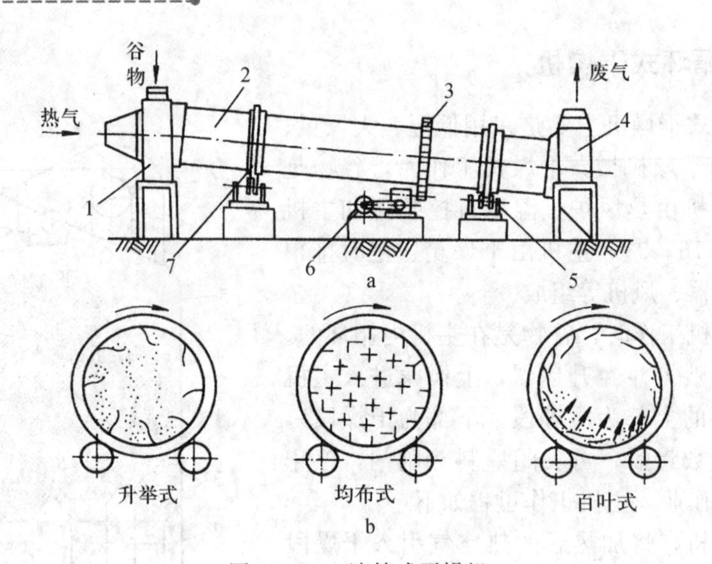

图 16-10 滚筒式干燥机

a. 整机结构 b. 内部结构

1. 头罩 2. 滚筒体 3. 齿圈 4. 尾罩 5. 托辊 6. 电动机 7. 滚圈

下口，从排气管口排出。下部设有排料装置，物料的下落速度可通过排料装置调节。这种干燥机工作时，一部分物料总是靠近进气管，与温度较高的气流相遇；另一部分物料总是靠近排气管，与温度较低的气流相遇。由于物料处于不同的温度条件，干燥效果也不一样，这就导致水分不均匀。此外，气流需要穿过的物料层较厚，因而阻力较大。

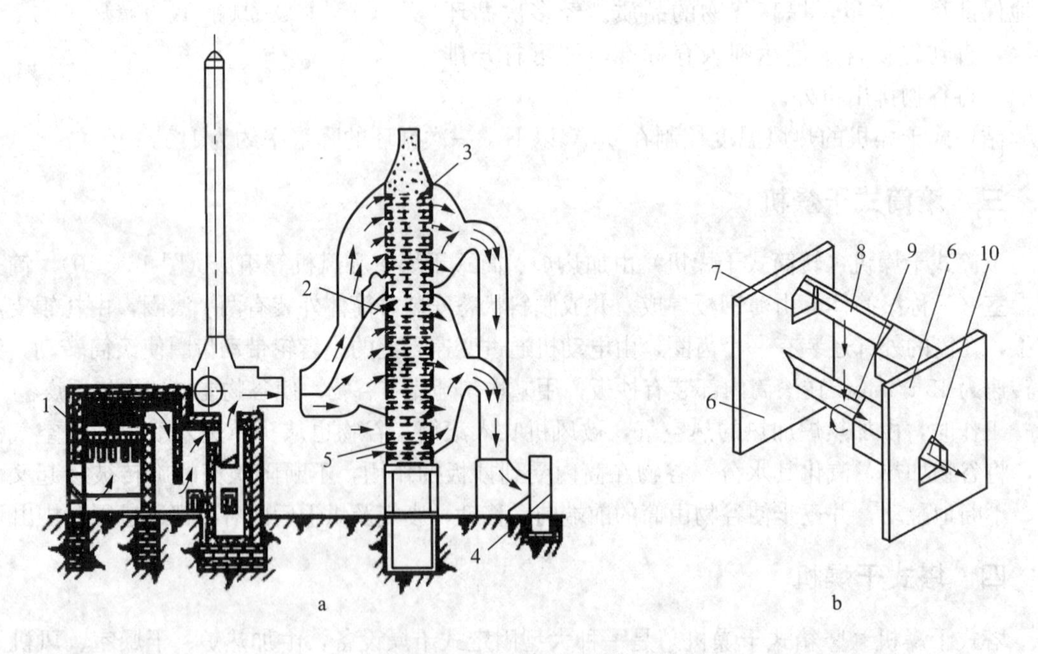

图 16-11 塔式干燥机

a. 塔式烘干机 b. 通风盒工作示意

1. 加热炉 2. 干燥室 3. 进排气管道 4. 吸风机 5. 冷却室 6. 侧壁 7. 进气管口 8. 进气管 9. 排气管 10. 排气管口

五、分流循环式干燥机

我国在干湿粮混合干燥机理与工艺研究的基础上，研制并开发了系列干湿粮混合干燥机，具有更显著的节能效果。该系列干燥机采用二级混流式及二级顺流式干燥机结构。现以其典型的5HGS-15 型（图 16-12）为例对其结构和工艺流程介绍如下：

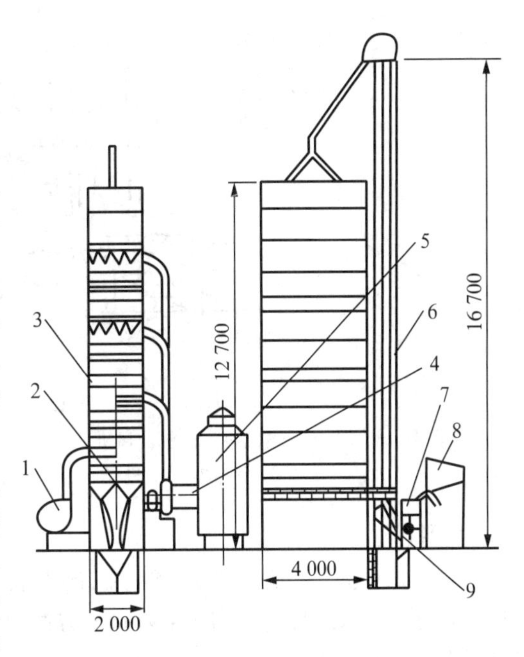

图 16-12　热干燥循环式干湿粮混合干燥机
1. 冷风机　2. 排料器　3. 烘干机主机　4. 热风机　5. 热风炉　6. 提升机　7. 进料斗　8. 初清机　9. 出料器

该机由初清机、进料斗、提升机、烘干机主机、排料器、热风机、冷风机及热风炉等组成。工作中，湿粮经初清机清选后流入湿粮进料斗，由该斗下方的排料轮排入提升机接收斗，与烘干机内部排出的热干粮混合一道被提升机送至烘干机顶部，混合粮靠重力自上而下地缓慢流动。首先经预混室（流经时间 25 min）、一级顺流加热室（15 min）、一级缓苏室（30 min）、二级顺流加热室（15 min）、二级缓苏室（30 min），然后分成热粮通道及冷粮通道。经冷粮通道的粮食经逆、顺流冷却（30 min）后由排料器排出机外；经热粮通道的粮食进行三次加热（15 min）及缓苏室（15 min）后流入提升机接收斗，参与循环干燥。该机全流程时间根据外界温度状况可调，一般为 2～2.5 h。混合粮的降水幅度为 4%左右，可最大限度满足湿粮降水幅度的要求，但需适当调节干湿粮混合比，可使湿粮由水分 30%一次降至 14%。该机的一级热风温度为 125 ℃，二级、三级热风温度为 85 ℃，粮食受热温度为 35～37 ℃。该机热风温度自控、粮食温度有跟踪显示系统及险情报警系统。5HGS 系列现有东北农业大学、八一农垦大学工程学院、黑龙江省农业仪器设备厂及哈尔滨烘储设备厂等四家工厂生产。

六、圆形仓低温干燥机

自 1980 年以来我国开始定型生产圆形仓底板通风干燥机。该机结构如图 16-13 所示，由供热风设备、仓体、仓内的通风底板和底板的“扫仓搅龙”（能自转和公转）、底板下面的卸粮搅龙、提升机及上料搅龙等所组成。

作业时，先将湿粮装入仓，当谷物高度堆积达 1 m 左右时，则停止进料，然后开动热风机向地底下方的配风室供给热风（温度为 50 ℃左右），当谷物干燥到要求水分时（即平均水分接近于安全水分 14%），则开始卸粮。

卸粮时，首先开动提升机和卸粮搅龙，让谷仓内的谷物自然流向中心卸粮口，经卸粮搅龙及运器送出机外。当谷物流到自然堆角状态时，则开动“扫仓搅龙”来清除仓底部的积粮。因为低温干燥仓干燥的谷物上下层谷物水分差较大，卸出的谷物应充分混合，使干、湿谷粒能均匀分布，靠其自然水分平衡，使水分逐步达到一致。干后的热粮要堆成薄层使之降

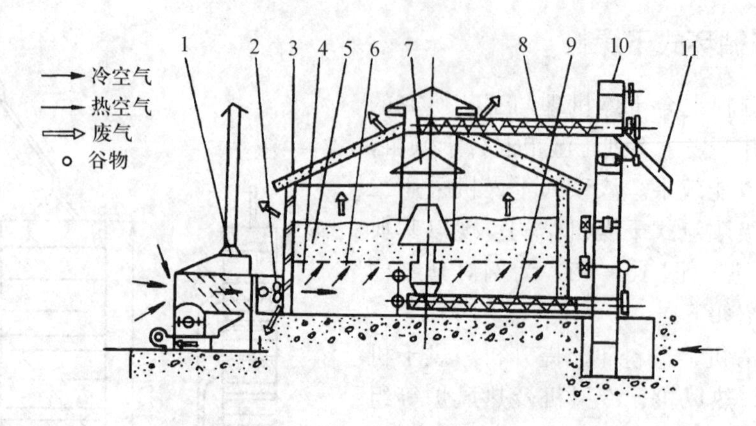

图 16-13 5HD-25Y 圆形仓低温干燥机原理

1. 热风炉 2. 轴流风机 3. 圆形仓体 4. 风室 5. 谷床 6. 公转搅龙
7. 均布器 8. 进仓搅龙 9. 出仓搅龙 10. 提升机 11. 出粮槽

温，直到谷温不高于环境温度 5 ℃。

有的通风仓为了提高生产率，在仓内装有可移动的垂直搅龙，称其为搅松器（图 16-14）。该搅龙回转时能使下层谷物向上方翻动，而上方谷物流入下方。装有搅松器的通风仓，其谷层高度可达 2～3 m。

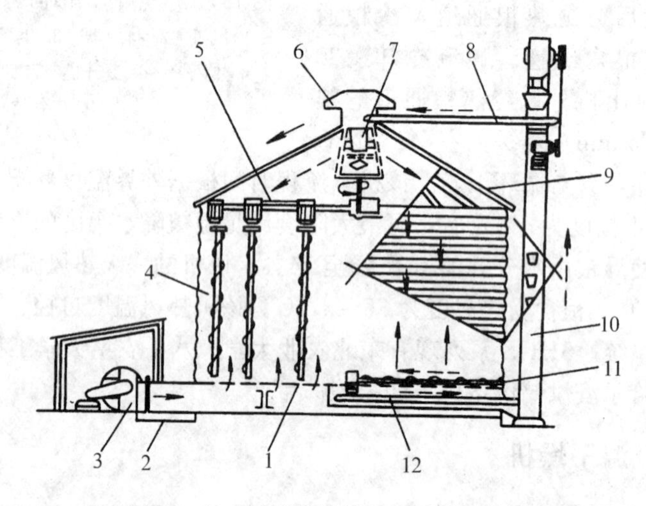

图 16-14 带搅松器的低温干燥仓结构

1. 冲孔通风底板 2. 风管 3. 通风机 4. 筒仓外壁 5. 搅拌装置 6. 排风口 7. 均布器
8. 上水平输送带 9. 仓顶 10. 斗式提升机 11. 公转搅龙 12. 下水平输送带

圆形干燥仓目前国内无统一规格，其仓壁的为水泥和砖，有的为波纹形钢板。仓的直径一般为 6 m（左右）、8 m（左右）和 10 m（左右）几种。

复习思考题

1. 简要说明谷物干燥的目的。
2. 叙述谷物干燥机理及其影响因素。

3. 按干燥的换热方式不同，谷物干燥有哪些方法？
4. 按物料运动方式不同，谷物干燥有哪些方法？
5. 常用的典型谷物干燥机有哪几种？
6. 选择一种典型谷物干燥机，说明其构成与工作原理。

第十七章　果蔬清洗与分级分选机械

第一节　果蔬清洗机械

用水清洗果蔬的机械即清洗机。果蔬的清洗方法有浸泡法、喷射冲洗法、摩擦去污法、超声波洗涤法等。

浸泡法是将物料放在静止或流动的洗涤液中浸泡以去除污垢，它适用于洗涤污垢少而松散的果蔬，常作预洗涤用，以减少污垢与洗涤物表面的附着。对于杨梅、草莓等浆果类物料，为防止机械损伤和影响色泽、口味，浸泡时间应短。

喷射冲洗法是靠压力从喷嘴喷出洗涤液或蒸气来清除物料表面污垢，该法能清除黏着较牢固的污垢。根据喷射压力的大小，可分为高压（3～4 MPa）、中压（1～2 MPa）和低压（0.5～0.7 MPa）三种喷射类型。提高喷射压力可提高去污效果，但增加动力消耗和洗涤液的耗量。

摩擦去污法是靠旋转滚筒、旋转刷子、旋转推运器等工作部件与物料之间的摩擦力来去除污垢。这种方法简单可靠，生产率高，应用极为广泛。

超声波洗涤法是在洗涤液中用超声波振动去除污垢的方法。目前对它的机理还不十分清楚，但一般认为可能是由于在物料表面与污垢界面之间的洗涤液中形成空穴作用而产生的冲击使污垢解离分散。目前该种机型处在试验阶段。

另外，还有一种清洗法是以干洗方式对西瓜、甜瓜及番茄等蔬菜类进行抛光，使其外表光泽，提高外观质量。主要工作部件是无毒泡沫塑料或毛刷，它们在摇动和旋转时与加工对象轻柔接触，起到磨刷作用。

一、鼓风式清洗机

鼓风式清洗机属于浸泡式清洗机，其工作原理是用鼓风机把空气送进洗槽中，使清洗原料的水产生剧烈的翻动，物料在水的剧烈搅拌下进行清洗。利用空气进行搅拌，既可加速污物从原料上洗去，又能使原料在剧烈的翻动下不破坏其完整性。因而最适合于果蔬原料的清洗。鼓风式清洗机的结构如图 17－1 所示，该机主要由洗槽、输送机、喷水装置、送空气的吹泡管、支架、鼓风机、电动机及传动系统、拉紧装置等组成。工作时，输送机借星形轮、压轮和传动装置而运转，输送部分的水平段处在洗槽的水面之下，原料就在这里浸洗。鼓风机产生的空气由管道送入安装于输送机轨道下面的吹泡管。被浸洗的原料在带上沿轨道移动，在移动过程中被吹泡管吹出的空气搅动翻滚。由洗槽溢出的水顺着两条斜槽排入下水道，污水可从排水管排出。鼓风机和输送机由同一个电动机带动。

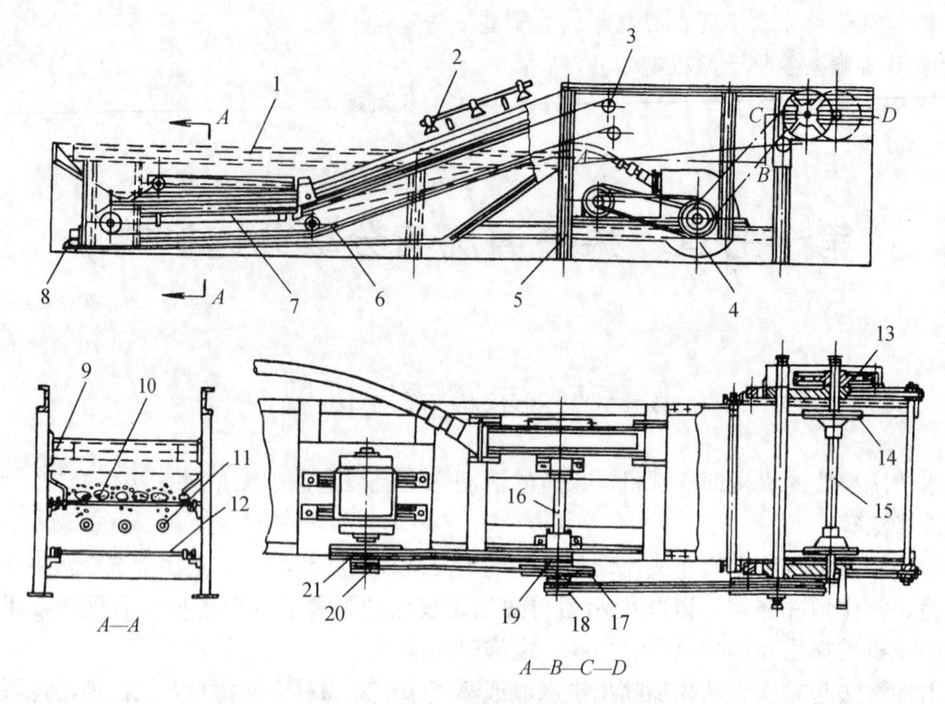

图 17-1　鼓风式清洗机

1. 洗槽　2. 喷水装置　3. 压轮　4. 鼓风机　5. 支架　6. 链条　7、11. 送空气的吹泡管　8. 污水排水管　9. 斜槽　10. 原料　12. 输送机　13. 齿轮　14. 行星轮　15. 输送机轴　16. 轴　17、18、19、20、21. 皮带轮

二、滚筒式清洗机

滚筒式清洗机属于摩擦式清洗机。该类清洗机结构简单，生产率高，还可以与喷射法组合使用，清洗效果好，广泛用于块根、块茎和谷物类的清洗。根据滚筒的结构形式，有栅条滚筒式和甩板滚筒式等类型。在果蔬清洗中常用栅条滚筒式清洗机。而甩板滚筒式多用于麦类清洗。

栅条滚筒式清洗机由水槽、栅条滚筒、喂料斗、出料口、传动装置等组成（图 17-2）。工作时，栅条滚筒在水槽内转动，从喂料斗送入的物料与物料之间产生摩擦，将物料表面的污垢清洗掉。栅条滚筒分为前后两段，前段为粗洗滚筒，后段为精洗滚筒。滚筒的下半部浸在水槽内，两水槽的底部为半锥体形，侧端有排污口。在滚筒的出口端装有勺铲，舀出洗过的物料。

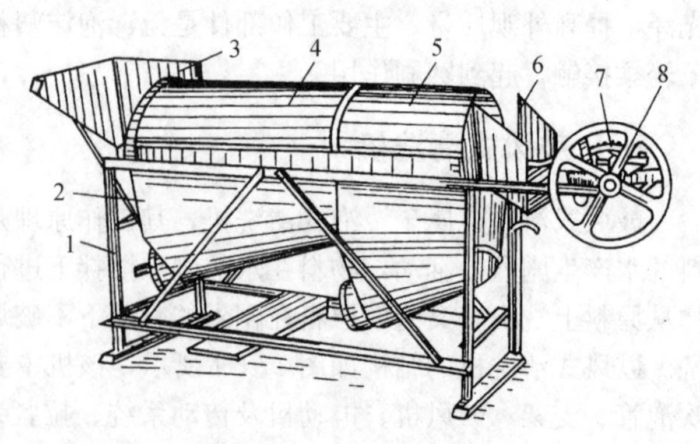

图 17-2　栅条滚筒式清洗机

1. 机架　2. 水槽　3. 喂料斗　4、5. 栅条滚筒　6. 出料口　7. 传动装置　8. 传动皮带轮

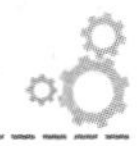

三、喷射式清洗机

喷射式清洗机的工作原理如图 17－3 所示。物料放在旋转的转子上，而转子又随传动带向前运动，因而物料一面转动一面通过喷头的下方，受到喷射液的冲洗。该类机型适用近似球形果蔬的清洗，如苹果、马铃薯等。

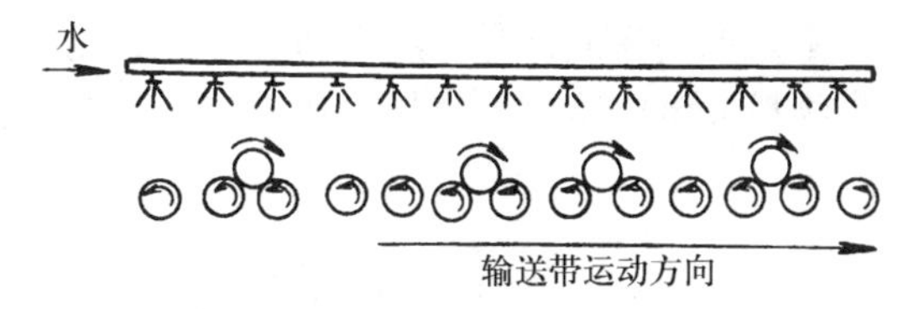

图 17－3　喷射清洗装置示意

四、转刷式清洗机

转刷式清洗机属于摩擦式清洗机，利用旋转的刷子来去除污垢和喷药残留物等，这种机型生产率高，应用很广。转刷可用尼龙、橡胶、海绵或其他材料制成。

第二节　果蔬分选机械

果蔬分选方式可分为两类：一是按其颜色、饱满程度、外观规整与否、是否有虫蛀以及斑痕等品质方面进行选别；二是按其形状、重量进行分级选别。随着电子技术的发展，近年来研制开发用摄像机和微机处理技术对某些果蔬进行选别和分级，现已有同时按重量、颜色分选的机型，还有利用超声波和短红外线来测定糖度、酸度的非破坏选别方法。但目前我国还是以机械式分选分级机为主。分选机型有滚子筛式、回转带式、圆孔回转带式和称重式。最近国内外还有利用果品的光电特性来进行分选的机型。

一、滚筒筛式分选机

滚筒筛式分选机如图 17－4 所示，滚筒上有圆形孔，物料从一端喂入，在滚筒筛表面运动，当落入滚筒筛的筛孔后，尺寸小于筛孔的物料穿过筛孔进入滚筒，从侧向排出，尺寸大于筛孔的物料则被筛孔带动做回转运动，在滚筒筛上方排出，物料被分成两级。要使物料分成多级，可将多个不同筛孔大小的滚筒平行配置即可。

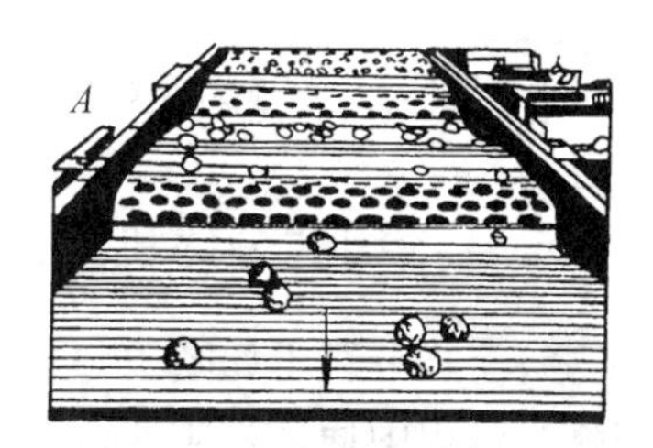

图 17－4　滚筒筛式分选机

二、回转带式分选机

图 17－5 为回转带分级机的一种。将水果或蔬菜置于两选果带上，则直径小于两条选果带间的距离的水果从中下落。由于两选果带间的距离沿运动方向逐渐加大，故不同尺寸的物料掉落下方相应的输送带上。该装置结构简单，故障少，工效比较高，但分级精度不高，故适用于精度要求不高的水果分级。图 17－6 所示为另一种回转带式分级机。分级部件由 3 条回转选果带组成，各条带上按等级要求开有不同大小的圆孔，选果带中间设

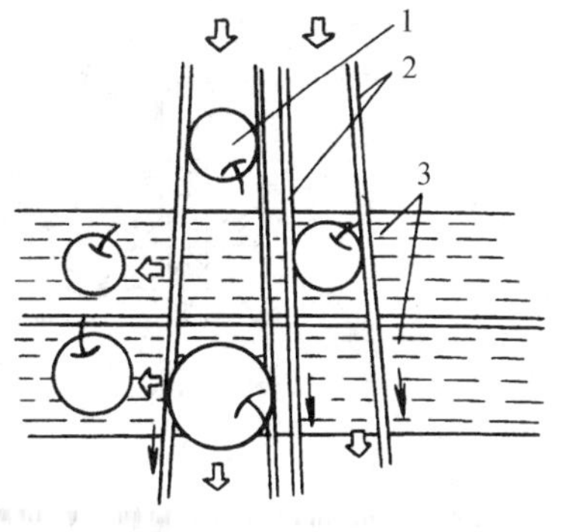

图 17－5　回转带分选原理
1. 物料　2. 选果带　3. 输送带

有集料输送带，每条选果带将物料分成大小不同的两部分，直径小于圆孔的水果落在集料输送带上，大于圆孔的物料被送至下一输送带。果蔬物料由倾斜输送器升运后，先经手选装置，由人工剔除损伤果，然后通过叶片式刷子将大部分物料引向选果带，唯有进入叶片间的特小物料被带向等级外集料输送带。3 条选果带将物料分成小、中、大和特大四等级。

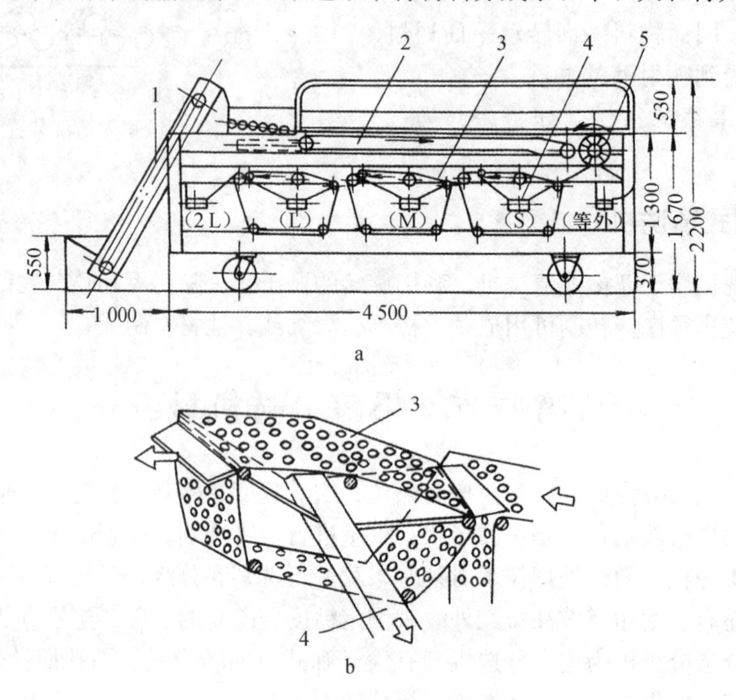

图 17-6　圆孔回转带式分级机

a. 结构　b. 圆孔回转带分级部件

1. 倾斜输送器　2. 手选装置　3. 圆孔选果带　4. 集料输送带　5. 叶片式刷子

三、滚筒式分级机

滚筒式分级机如图 17-7 所示，其主要工作原理是：物料通过料斗流入滚筒时，在滚转和移动过程中通过相应的孔流出，以达到分级的目的。

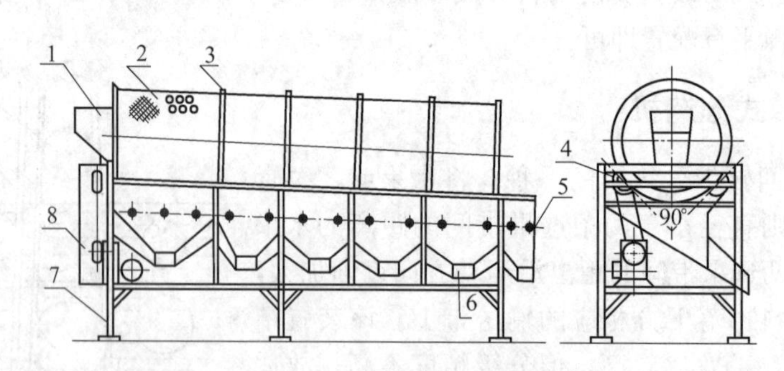

图 17-7　滚筒式分级机

1. 进料斗　2. 滚筒　3. 滚圈　4. 摩擦轮　5. 铰链　6. 收集料斗　7. 机架　8. 传动系统

滚筒式分级机的特点是结构简单，分级效率高，工作平稳，不存在动力不平衡现象。但

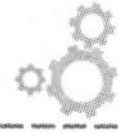

机器的占地面积大，筛面利用率低，筛筒调整困难，对原料的适应性差。

1. 滚筒　它是一个带孔的转筒，转筒上按分级的需要而设计成几段（组）。各段孔径不同而同一段的孔径一样。进口端的孔径最小，出口端最大。每段之下有一漏斗装置。原料由进口端落下，随滚筒的转动而前进，沿各段相应的孔中落下到漏斗中卸出。

滚筒通常用厚度为1.5～2.0 mm的不锈钢板冲孔后卷成圆柱筛。考虑到制造工艺方面的要求，一般把滚筒先分几段制造，然后焊角钢连接以增强筒体的刚度。

2. 支承装置　它由滚圈3、摩擦轮4、机架7组成（图17-7）。滚圈装在滚筒上（或滚筒的连接角钢上），它将滚筒体的重量传递给摩擦轮。而整个设备则由机架支承，机架用角钢或槽钢焊接而成。

3. 收集料斗　收集料斗设在滚筒下面，料斗的数目与分级的数目相同。

4. 传动装置　目前广泛采用的传动方式是摩擦轮传动。摩擦轮装在一根长轴上，滚筒两边均有摩擦轮，并且互相对称，其夹角为90°。长轴一端（主动轴）有传动系统，另一端装有摩擦轮。主动轴从传动系统中得到动力后带动摩擦轮转动，摩擦轮紧贴滚圈，滚圈固接在转筒上，因此摩擦轮与滚圈间产生的摩擦力驱动滚筒转动。

5. 清筛装置　在操作时，原料应通过滚筒相应孔径的筛孔流出，以达到分级的目的，但滚筒的孔往往被原料堵塞而影响分级效果。因此，需设置清筛装置，以保证原料按相应的孔径流出。机械式清筛装置是在滚筒外壁装置木制滚轴，木制滚轴平行于滚筒的中心轴线，用弹簧使其压紧滚筒外壁。由于木制滚轴的挤压，把堵塞在孔中的原料挤回滚筒中，也可以视原料采用水冲式或装置毛刷清筛。

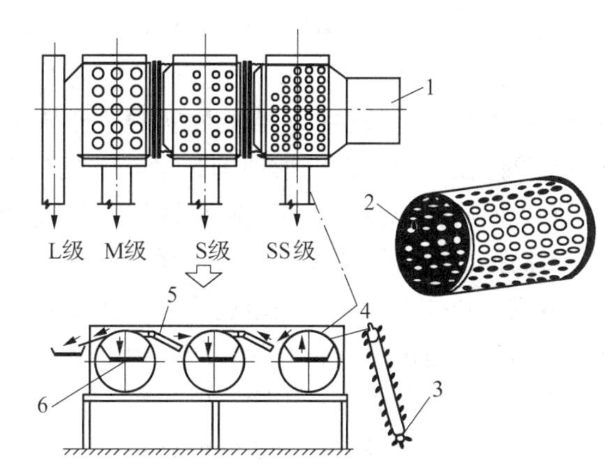

图17-8　滚筒式柑橘分级机

1、3. 原料提升机　2. 滚筒　4. 输入输送带
5. 滚子运输带　6. 输出运输带

图17-8是另一种形式的滚筒式分级机，用于柑橘、樱桃等物料的分级，采用中空的滚筒，物料沿每个滚筒外表面输送，每个滚筒分别开有不同数量的孔眼，滚筒呈并列状放置。原料从滚筒上部送入，从小到大顺序分级。根据工厂规模和进入原料量不同，滚筒的数目以2～4个组合为宜，原料大小与孔径匹配。

四、三辊式分级机

三辊式分级机主要用于球形体或近似球形的果蔬原料，如苹果、柑橘、番茄和桃子等，按果蔬原料直径大小进行分级。全机主要由分级辊1、驱动链2、链轮3、出料输送带4、理料辊5等组成（图17-9）。

分级部分的结构是一条由横截面带动梯形槽的辊组成的输送带，每两根轴线不动的辊之间设有一根可移动的升降辊，此升降辊亦带有同样的梯形槽。此三根辊形成棱形分级筛孔，物料就处于此分级筛之间。物料进入分级段后，直径小的即从此分级筛孔中落下，掉入集料斗，其余的物料由理料辊排成整齐的单层，由输送带带动继续向前移动。在分级过程中，各

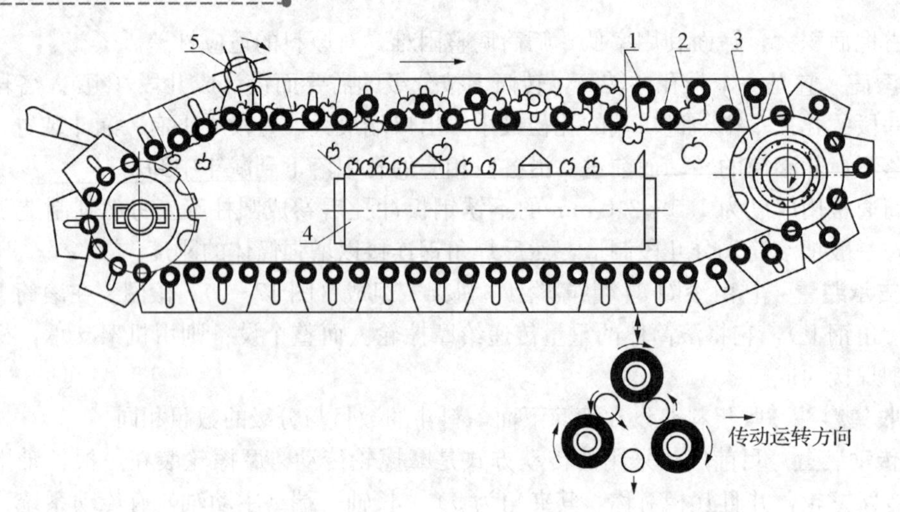

图 17-9　三辊式分级机工作原理

1. 分级辊　2. 驱动链　3. 链轮　4. 出料输送带　5. 理料辊

分级机构的升降辊，又称中间辊，在特定的导轨上逐渐上升，从而使分级辊 1 及相邻的辊之间的菱形开孔随之逐渐增大。但它们对应的下辊不能做升降运动，则使开孔度亦随之增大。因为开孔内只有一只物料，当此物料的外径与开孔大小相适应时，物料落下，大于开孔度的物料则停留在辊中随辊继续向前运动，直到开孔度相适应时才落下。若物料大于最大开孔度，则不能从孔中落下，而是随输送带向前运动到末端，再由集料斗收集处理。升降辊在上升到最高位置后分级结束，此后再逐渐下降到最低位置进行回转，循环以上动作。

分级机开孔度的调整是通过调整升降辊的距离来获得的，这样则可以使分级原料的规格有一定的改变范围。调整升降辊的机构由蜗轮、蜗杆、螺杆以及连杆机构组成。

为了减少在分级过程中物料的损伤，要求辊在运行中旋转。其方法是使辊在运行中借助其轴端安装的摩擦滚轮导轨滚动而旋转，辊在旋转中带动开孔中的物料也转动。

这种分级机的特点是分级范围大，分级效率高，物料损伤小。对于球形或近似球形体的果蔬原料如苹果、柑橘、番茄、桃子等，可将其在 ϕ50～100 mm 的范围分为 5 个级别。

五、称重式分级机

水果、禽蛋等物料常按重量分级，有称重式和弹簧式，称重式最常用。

图 17-10 为称重式选果机的结构示意图。该机由喂料台、接料箱、移动秤、固定秤、输送辊子链等组成。移动秤 40～80 个，料盘上装水果，随辊子链在轨道上移动。固定秤装有 6 台（分成六级），固定在机架上，其托盘中安装两级砝码。移动秤在非秤重位置时。物料重量靠小轨道支承，使移动秤杠杆保持水平。当移动秤到达称重位置（固定秤处）时，即与小轨道脱离，移动秤杠杆与固定秤的分离针相接触。此时，物料和砝码在移动秤杠杆的两端，通过比较，若物料重大于设定值，则分离针上抬，料盘随杠杆转动而翻转，物料被排至相应的接料箱。经过 6 台固定秤，物料由重到轻分成六级。该机分级精度高，调整方便，物料在分级中不易受到损伤，适用范围很广，但结构复杂，价格高。

此外，还有利用果蔬的光电特性进行分选、分级和检查成熟度的机型。

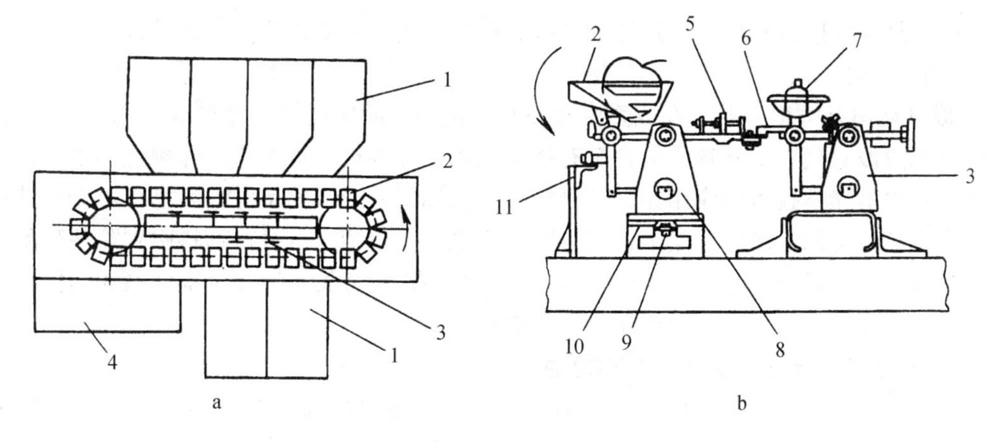

图 17－10　称重式分级机

a. 整机结构　b. 称重装置结构

1. 接料箱　2. 料盘　3. 固定秤　4. 喂料台　5. 调整砝码　6. 分离针　7. 砝码　8. 移动秤　9. 辊子链　10. 移动秤轨道　11. 小导轨

第三节　光电分选分级机械与设备

一、基本原理

光电分选是利用紫外、可见、红外等光线和物体的相互作用而产生的折射、反射和吸收等现象，对物料进行非接触式检测的方法。该方法是 20 世纪 60 年代开始用于农产品和食品质量检验的新方法。根据物料的吸收和反射光谱可以鉴定物质的性质。例如，利用紫外光作激励光源照射食品获得食品上的辐射荧光，根据荧光的强度可以判别食品上附着的微生物的代谢物，检出蛋品中霉菌、花生类干果上附着的微生物及其代谢物如黄曲霉素。物料的吸收和反射光谱也可用于食品的异物检出，用可见光作激励光源，测定对象物的反射光或透射光，可用于果品成熟度的判定及谷类种子、稻米、水果的分选等领域。利用对象物的延时发光（DLE）特性，可以对水果和蔬菜的叶绿素作定量判定及新茶与陈茶的识别等。日本、美国等已经开发用近红外光谱分析法无损检测水果的糖度和酸度的装置，日本开发成功的米的食味计就是近红外光谱分析仪装置和计算机系统结合的研究成果。红外线法是利用红外吸收光谱测定食品的成分量，如牛乳的成分计等。利用红外照射，也能获得与温度有关的信息，国外已有用红外线识别有精和无精蛋、甜瓜成熟度判定等论文发表。

（一）食品物料的光特性应用技术

因为食品物料的光学特性反映了表面颜色、内部颜色、内部组成结构以及某种特定物质的含量，进而反映了食品物料的重要质量指标，目前发达国家已把光电检测和分选技术应用于食品物料质量评定和质量管理的各个方面。这些应用可以概括为以下几个方面：

1. 缺陷检测　缺陷是涉及缺少关于完整性必需的东西，或者出现了有损于完整性的某些东西。人们关心的是缺陷或相当数量的不完整造成产品质量降级或不合格。因此，质量管理的一个主要问题是从合格的产品中检测和剔除缺陷产品。食品和农产品的光特性已经被用于非破坏检测方面的各种问题。

2. 成分分析　快速检测食品中的水、脂肪、蛋白质、氨基酸、糖、酸度等化学成分的含量，用于品质的监督和控制。近红外光谱分析技术用于品质检测和控制是近年发展很快的一种全新的检测方法。

3. 成熟度与新鲜度分析 在成熟度和新鲜度检测方面应用最多也最成功的是果蔬产品，它们的成熟阶段总是与某种物质的含量有密切关系，并表现出表面或内部颜色的不同。

食品物料的光学技术的应用是为了测定质量指标，最终目的是对食品物料进行自动化分级分类。自动分类的标准可以是上述三方面应用之一，包括：从合格物料中剔除缺陷品；按物料中某种成分含量进行分类；把成熟度不同的产品进行分类，以便分别储藏和销售。经过自动分类的合格产品，以获得总体质量等级提高。

（二）食品物料光特性应用技术的特点

食品物料在种植、加工、储藏、流通等过程中难免会出现缺陷，例如含有异种异色颗粒、变霉变质粒、机械损伤等，因而在工业生产中有必要对产品进行检测和分选。然而，常规手段无法对颜色变化进行有效分选。大多依靠眼手配合的人工分选，其主要特点是：生产率低、劳动力费用高、容易受主观因素的干扰、精确度低。

光电检测和分选技术克服了手工分选的不足，具有以下明显的优越性：

（1）既能检测表面品质，又能检测内部品质，而且为非接触性检测，具有非破坏性特点，经过检测和分选的产品可以直接出售或进行后续工序的处理。

（2）排除了主观因素的影响，对产品进行全数（100%）检测，保证了分选的精确和可靠性。

（3）劳动强度低，自动化程度高，生产费用降低，便于实现在线检测。

（4）机械的适应能力强，通过调节背景光或比色板，即可以处理不同的物料，生产能力大，适应了日益发展的商品市场需要和工厂化加工要求。

二、色选机

农产品在自然条件下生长，它们的叶、茎、秆、果实等在阳光的抚育下，形成了各自固有的颜色。这些颜色受到光照、营养、水分、生长环境、病虫害、损伤、成熟程度等诸因素的影响，会偏离或改变其固有的颜色。换言之，人们可以通过农产品的颜色变化，识别、评价它们的品质（包括内部的成分含量，如糖度、酸度、淀粉、蛋白质等）特性。家禽以及禽蛋也具有不同的表面颜色，并且它们的表面颜色往往与品质有着密切的关系。水果表皮的颜色可以利用光反射特性来鉴别，将一定波长的光或电磁波照射水果，根据其反射光的强弱可以判别其表面颜色。图 17－11 为一种蜜橘的光反射光谱，它表示不同颜色的蜜橘在不同波长光的照射下的反射强度。由图 17－11 可以看出，色越绿反射强度越弱，这是因为叶绿素吸光性强所致。此外，对于不同波长的光，色差造成的反射光强度的差异也不同，当采用波长为 678 nm 的光照射

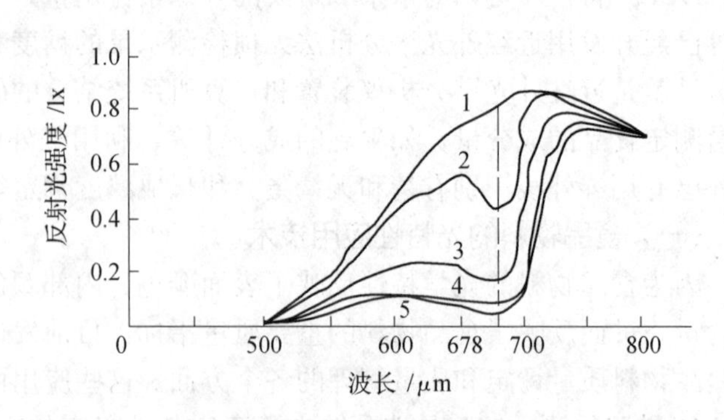

图 17－11 蜜橘的光反射光谱

1. 黄色果皮 2. 淡黄色 3. 黄绿色 4. 淡绿色 5. 绿色

时，则其差异较大，故可用此波长来分选。采用光电探测元件将反射光转变为电信号，由电流的大小来判别果皮的颜色。

图 17－12 所示的色选机是利用光电原理，从大量散装产品中将颜色不正常或感染病虫害的个体（球状、块状或颗粒状）以及外来杂质检测分离的设备。

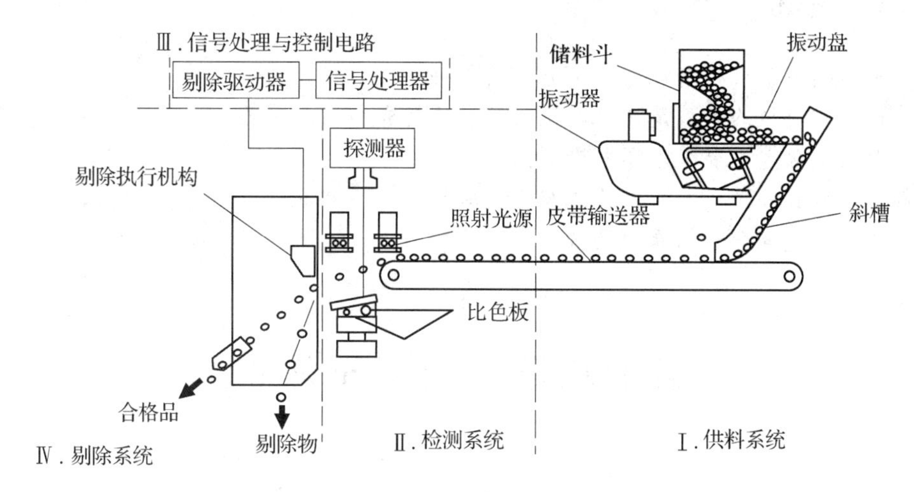

图 17－12　光电色选机系统示意图

光电色选机工作原理：储料斗中的物料由振动喂料器送入通道成单行排列，依次落入光电检测室，从电子视镜与比色板之间通过。被选颗粒对光的反射及比色板的反射在电子视镜中相比较，颜色的差异使电子视镜内部的电压改变，并经放大。如果信号差别超过自动控制水平的预置值，即被存储延时，随即驱动气阀，高速喷射气流将物料吹送入旁路通道。而合格品流经光电检测室时，检测信号与标准信号差别微小，信号经处理判断为正常，气流喷嘴不动作，物料进入合格品通道。

光电色选机主要由供料系统、检测系统、信号处理和控制电路、剔除系统四部分组成。

1. 供料系统　供料系统由储料斗、电磁振动喂料器、斜式溜槽（立式）或皮带输送器（卧式）组成。其作用是使被分选的物料均匀地排成单列，穿过检测位置并保证能被传感器有效检测。色选机系多管并列设置，生产能力与通道数成正比，一般有 20、30、40、48 等系列。

供料的具体要求是：

（1）计量。保证每个通道中单位时间内进入检测区的物料量均匀一致。

（2）排队。保证物料沿一定轨道一个个按顺序单行排列进入检测位置和分选位置。

（3）匀速。为了保证疵料确实被剔除，物料从检测位置到达分选位置的时间必须为常数，且须与从获得检测信号到发出分选动作的时间相匹配。

2. 检测系统　检测系统主要由光源、光学组件、比色板、光电探测器、除尘冷却部件和外壳等组成。检测系统的作用是对物料的光学性质（反射、吸收、透射等）进行检测，以获得后续信号处理所必需的受检产品正确的品质信息。光源可用红外光、可见光或紫外光，功率要求保持稳定。检测区内有粉尘飞扬或积累，影响检测效果，可以采用低压持续风幕或定时地高压喷吹相结合，以保持检测区内空气明净，环境清洁，冷却光源产生的热量，同时还设置自动扫帚装置，随时清扫，防止粉尘积累。

3. 剔除系统　剔除系统接收来自信号处理控制电路的命令，执行分选动作。最常用的方法是高压脉冲气流喷吹。它由空压机、储气罐、电磁喷射阀等组成。喷吹剔除的关键部件是喷射阀，应尽量减少吹掉一颗不合格品而带走合格品的数量。为了提高色选机的生产能力，喷射阀的开启频率不能太低，因此要求应用轻型的高速、高开启频率的喷射阀。

复习思考题

1. 简要说明果蔬机械清洗的常用方法及其特点。
2. 选择一种典型的果蔬清洗机，说明其主要构成和清洗原理。
3. 果蔬分级分选主要采用哪些原理?
4. 简述辊轴式分选机的总体构成与工作原理。
5. 简要叙述光电分选的原理及特点。

第十八章　果蔬干燥机

与谷物相比，果蔬通常形态差异大，不易流动，容易损伤，且含水率远高于谷物，因此其干燥机不同于谷物干燥机与设备。

第一节　固定床和厢式干燥机

这种设备的基本工作过程是在常压条件下，物料处于静止状态受热、分批进行干燥作业。因设备的结构和通风方式不同，有固定床式干燥机、厢式干燥机和烘房等多种形式。

一、固定床式干燥机

图 18 - 1 所示为固定床双向通风干燥机，工作原理是把被干燥的物料置于带孔的固定床上，外界的空气在风机作用下，经余热风筒加热升温、通过热交换的管道吸热、再经换向阀门，由床上或床下进入干燥室。热风不断地穿过物料层，吸取物料中的水分从而达到干燥要求。烟气通过热交换管的管壁间，由烟囱排出机外。废气从干燥室排出室外。其特点是结构简单，容易制造，投资小，通用性强；但设备安装不当易漏气，装卸物料不便，生产率低。

同固定床式干燥类似的设备还有烘房。它一般由烤架、加热炉、烟道、烟囱与干燥容器等组成。烤房为土木砖结构，周围有保温层。燃煤炉设一端，烟气经地道到墙道，最后经烟囱排出；烤房内有烤架、烤盘，作业时由烘房的地面和墙壁供热，干燥物料，废气由排气筒排出。这种设备的优点是升温排湿快，烤房较高，空间利用率较大，热能利用较好；缺点是操作劳动强度大。该类设备主要用于小批量土特产品、果品的干制。还可以在这类烘房内，利用蒸汽管道间接加热，制作果脯等产品。

二、厢式干燥机

厢式干燥机主要由一个或多个室或格组成，其内部主要结构有：逐层存放物料的盘子

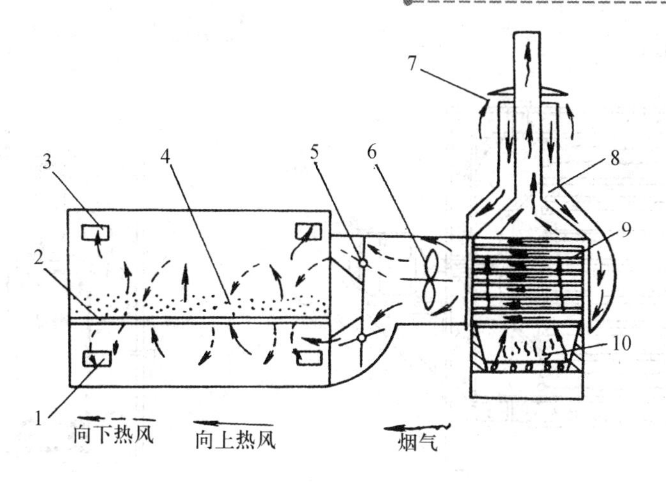

图 18-1　固定床双向通风干燥机工作原理

1、3. 废气出口　2. 固定床　4. 物料　5. 换向门　6. 风机
7. 空气进口　8. 预热风筒　9. 换热器　10. 燃煤炉

（这些物料盘一般放在可移动的盘架或小车上，能够自由移动进出干燥室）、框架、蒸汽加热翘片管（或无缝钢管）或裸露电热元件加热器。有时也可将物料放在打孔的盘子上，让热风穿过物料层。在大多数设备中，热空气被反复循环通过物料。

干燥室可以用钢板、砖、石棉板等建造；物料盘可用钢板、不锈钢板、铝板、铁丝网等制成，视被干物料的性质而定。辅助设备有架子、小车、风机、加热器、除尘设备等。

（一）厢式干燥机的特点

厢式干燥机大多为间歇操作，一般用盘架盛放物料，优点是：物料容易装卸，损失小，盘易清洗；设备结构简单、投资少；几乎能够干燥所有的物料。因此，对于需要经常更换产品、价高的成品或小批量物料，厢式干燥机的优点十分显著。

厢式干燥机的不足之处主要是：物料得不到分散，干燥时间长；若物料量大，所需的设备容积也大，一般只限于每批产量在几千克到几十千克的情况下使用；热效率低，一般在40%左右，每干燥 1 kg 水分约需消耗加热蒸汽 2.5 kg 以上。此外，产品质量不够稳定。

（二）厢式干燥机的结构

根据物料的性质、状态和生产能力，厢式干燥机可分为水平气流厢式干燥机、穿流气流厢式干燥机、真空厢式干燥机等。还有一些和现代技术相结合的干燥机，如箱式微波干燥机等。

1. 水平气流厢式干燥机　水平气流厢式干燥机箱内设有风扇、空气加热器、热空气整流板及进出风口。水平气流厢式干燥机的热风流动方向与物料平行，如图 18-2、图 18-3 所示。物料盘置于小车上，小车可方便地推进推出，盘中物料填装厚 20～50 mm。干燥机内热风速度通常为 0.5～3 m/s，一般情况下取 1 m/s 为宜。

水平气流厢式干燥机主要技术参数如下：

（1）热风的速度。为了提高干燥速度，需要有较大的传热系数，为此加大热风的速度。但是为了防止物料带出，风速应小于物料带出速度。因此，被干燥物料的密度、粒径以及干燥结束时的状态等成为决定热风速度的因素。

（2）物料层的间距。在干燥机内，空气流动通道的大小，对空气流速影响很大。空气流向和在物料层中的分布又与流速有关。因此，适当考虑物料层的间距和控制风向是保证流速的重要因素。

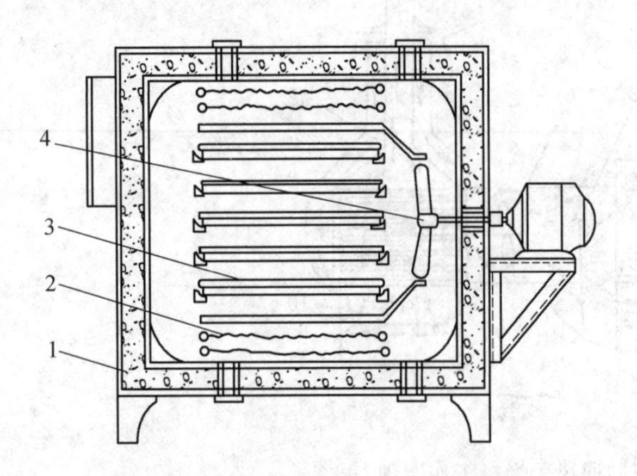

图 18-2 使用轴流风扇的厢式干燥机
1. 保温层 2. 电加热器 3. 料盘 4. 风扇

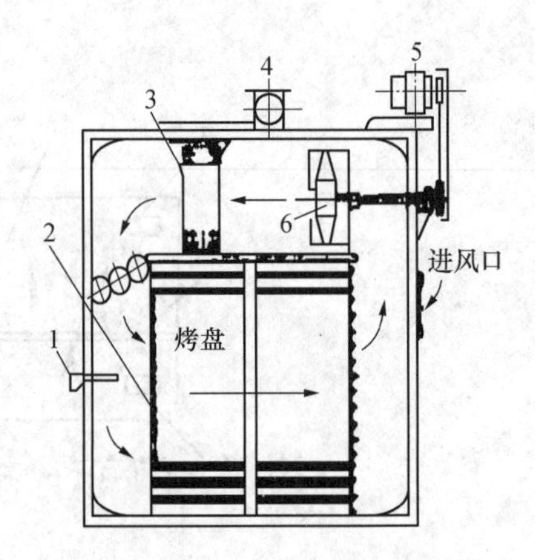

图 18-3 水平气流厢式干燥机
1. 温度计 2. 整流板 3. 加热器
4. 排风口 5. 电机 6. 风机

（3）物料层的厚度。为了保证干燥物质的质量，常常采取降低烘箱内循环热风温度和减小物料层厚度等措施来达到目的。物料层的厚度由实验确定，通常为 10～100 mm。

（4）风机的风量。风机的风量根据计算所得的理论值（空气量）和干燥机内泄漏量等因素决定。但是在有小车的厢式干燥机内，干燥室和小车之间有一定的空隙，尤其在空气阻力小的安装车轮的空间内，通过的空气量多。

2. 穿流厢式干燥机 为了克服水平气流厢式干燥机的缺点，开发了穿流式气流厢式干燥机。要使热风在料层内形成穿流，必须将物料加工成型。由于物料性质的不同，成型的方法有几种：沟槽成型、泵挤条成型、滚压成型、搓碎成型等。同时为了防止物料飞散，在料盘上盖有金属丝网。穿流气流与水平气流干燥机的差别在于料盘底部为金属网，热风可以穿过料层，干燥效率高。穿流厢式干燥机结构如图 18-4 所示。

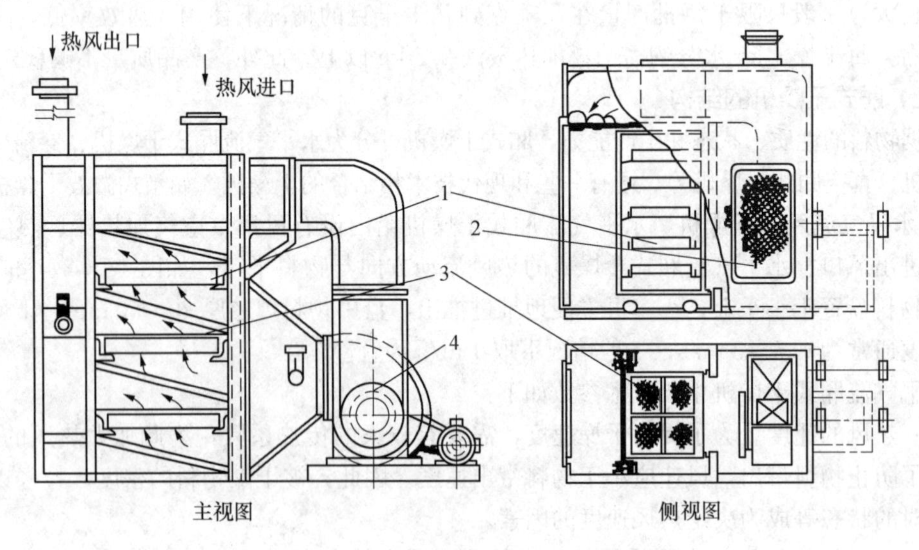

图 18-4 穿流厢式干燥机
1. 料盘 2. 过滤网 3. 盖网 4. 风机

第二节　隧道式干燥机

隧道式干燥法历史悠久，19 世纪初国外已开始用于食品工业。国内 20 世纪 70 年代初即用隧道式干燥机烘制鱼片、脱水蔬菜等产品，80 年代起乡镇企业用于生产香菇、苹果干、枸杞子、瓜子和多种蔬菜的干制品，隧道式干燥机是目前果蔬干制厂广泛应用的设备。

一、结构和工作过程

这类设备由隧道体、风机、加热装置、料车、料盘和输料装置等组成。

1. 隧道体　有金属和砖、混凝土两种结构。金属结构隧道体以角钢、槽钢为框架，两侧和顶部围以金属板，内填矿渣棉、玻璃棉等隔热材料，在侧壁上设有若干门，底面装有供料车运行的道轨。砖混结构的隧道体，两侧用砖砌成，表面附混凝土，上顶为混凝土结构，两端设出入口。热风进口处设百叶窗式或孔板式的均风器。

2. 料盘与装料　料盘按料层的要求，制成金属或竹编框架，盘面采用金属网、尼龙丝或竹编网。作业时人工将物料松散地装在料盘上，并铺放均匀。

3. 料车与装料盘　料车为金属框架结构，下部装行走轮，轮缘制成凸起的或平滑的。作业时人工将料盘分层装入料车即可。国外有自动装盘的装置，在料车移运过程中，料盘依次插入料车。

4. 料车的运行　有人工推车和链爪推车两种方式。

（1）人工推车。依人力每次将一个料车移入隧道，并推动隧道内的其他料车运行，同时另端的料车被推出。这种方式需将隧道底面制成 1/200 的倾斜度，以减轻人工推力。

（2）链爪推车。在隧道内入料处的地面下，设链条传动装置，链条上装有一个推爪，突出于轨道以上，通过电机、蜗轮蜗杆减速器，使推爪在料车两轨道中间的纵铅垂面内运动。作业时先将一个料车移入隧道入口，然后启动链条，通过推爪使隧道内的全部料车运行。

5. 门的结构与开闭　隧道门按隧道结构和操作要求制成双扉式、旁推式或升降式。前者多用于金属壳体的中小型隧道，后者常用于砖混凝土中大型隧道。升降式的机构是在门的中上方装一钢丝绳，通过电机、减速器控制开闭。

6. 风机　隧道的主鼓风机多用离心式的，段内循环和排气多用轴流风机。

7. 加热装置　隧道式果蔬干燥设备多采用蒸汽间接加热空气的装置，通过调节蒸汽量控制热风温度，操作简便。亦可采用无管式或横管式烟气间接加热空气的装置。设备费用较低。

将被干燥物料放置在小车内、运输带上、架子上或自由地堆置在运输设备上，物料沿着干燥室中的通道，向前移动，并一次通过通道。被干燥物料的加料和卸料在干燥室两端进行。这种干燥机称为隧道式干燥机，又称洞道式干燥机。

热空气经料车底部及两侧缓缓进入干燥机。料车两侧的热空气经由竖管从喷嘴抽出，喷嘴对准每层料盘中间部位，以增大干燥机内热空气的横向流动，将层与层间水蒸气带走，降低料层间热空气内的水分压，提高干燥速率。

隧道式干燥机的制造和操作都比较简单，适合多种条块状食品的干燥，能量消耗也不大。但物料干燥时间长，生产能力低，劳动强度大。

隧道式干燥机通常由隧道和小车两部分组成。隧道的四壁用砖或带有绝热层的金属材料构成。隧道的宽度主要决定于洞顶所允许的跨度，一般不超过 3.5 m。干燥机长度由物料干燥时间及干燥介质流速和允许阻力确定。干燥机愈长，则干燥愈均匀，但阻力亦愈大。长度通常不超过 50 m。截面流速一般不大于 2～3 m/s。

将被干燥物料放置在小车上，送入隧道。载有物料的小车布满整个隧道。当推入一辆有湿物料的小车时，彼此紧跟的小车都向出口端移动，小车借助于轨道的倾斜度（倾斜度为 1/200）沿隧道移动，或借助于安装在进料端的推车机推动。推车机具有压辊，它装在一条或两条链带上，这些压辊焊接在小车的缓冲器上，车身移动一个链带行程后，链带空转，直至在压辊运动的路程上再遇到新的小车。也有在干燥机进口处，将载物料的小车相互连接起来，用绞车牵引整个列车或者用钢索从轮轴下面通过去牵引小车。

此外，也有将小车吊在单轨上（图 18-5），或吊在特别的平车上。隧道的门必须严密。可根据车间与洞口的大小设计成双扉式、旁推式或升降式。对于旁推式或升降式的门，转车盘或转向平车可以紧靠干燥机，但需在门开启时留有能放置一辆或两辆车的余地。

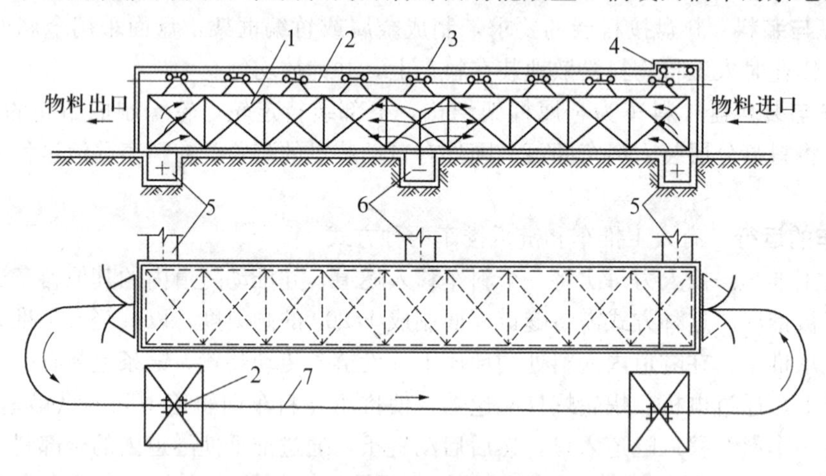

图 18-5　将小车吊在单轨上的隧道式干燥机

1. 小车　2. 单轨　3. 支架　4. 推车机　5. 干燥介质进门　6. 废气出口　7. 回车道

二、类型和特点

1. 顺流型隧道式干燥机　如图 18-6 所示，风机、加热器多设在隧道顶的上边。料车从隧道一端推入，湿物料先与高温热风接触，对高水分物料，可采用较高的热风温度，也不致损伤产品品质。而物料接近干燥成品时，热风温度降低，可防止产品过热，但难以获得低水分产品。

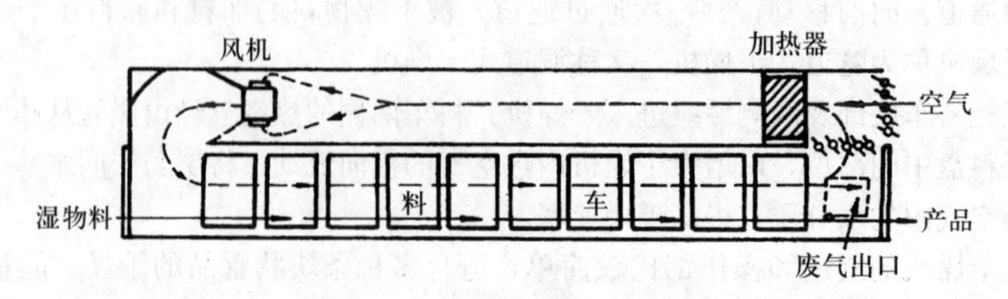

图 18-6　顺流型隧道式干燥机

2. 逆流型隧道式干燥机　如图 18－7 所示，结构与顺流型相似，湿物料先与低温高湿热风接触，对某些物料可防止物料表面硬结。而物料接近干燥时，与高温低湿热风接触，使物料充分降水。但干燥时间比顺流型长。

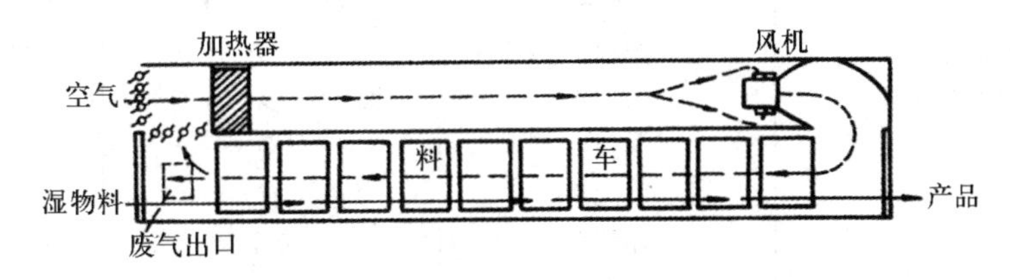

图 18－7　逆流型隧道式干燥机

上述两种隧道式干燥机的共同优缺点是：

（1）构造简单，容易制作，投资较少，操作方便，能达到产品质量的基本要求。

（2）适应性强，可用作多种果蔬、土特产、中草药与经济作物产品的干燥作业。

（3）生产能力较大，适于大中型生产规模。

（4）隧道排出的部分废气，可与新鲜空气混合，经加热器，重新进入隧道，进行废气再循环，以提高热能的利用、调节热风湿度，适应物料的干燥要求。

（5）物料干燥过程中处于静止状态，形状无损伤。物料与热风接触时间较长，热能利用较好。

（6）热耗值大。如胡萝卜干燥热耗，国外约 8.36 MJ/kg（H_2O），国内约达 12.54 MJ/kg（H_2O）。

（7）不能按干燥工艺分区控制热风的温度和湿度。

（8）结构庞大。如砖混结构的隧道干燥设备的总高约 3 m，宽 2 m，长数几米到十米，增大了基建费用。

3. 两段中间排气型隧道干燥机　如图 18－8 所示，由顺流和逆流两段组成，又称混合式。湿物料入隧道先与高温而湿度低的热风做顺流接触，可得到较高的干燥速率；随着料车前移，热风温度逐渐下降、湿度增加，然后物料与隧道另端进入的热风做逆流接触，使干燥后的产品能达较低的水分。两段的废气均由中间排出，亦可进行部分废气再循环。这种设备与单段隧道式干燥设备相比，干燥时间短、产品质量好，兼有顺流、逆流的优点，但隧道体较长。

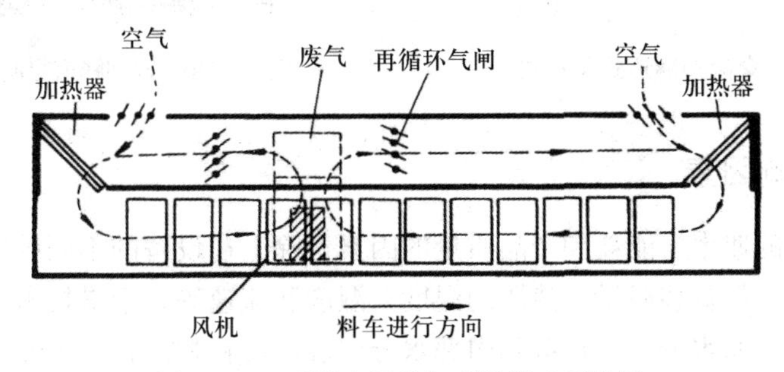

图 18－8　两段中间排气型隧道式干燥机

顺流式、逆流式与混合式三种隧道干燥机的比较见表 18－1。

表 18-1 顺流、逆流和混合式隧道干燥机的比较

项　目	顺流式	逆流式	混合式
可使用的临界温度	最高	次高	两个
初期自由水的脱除	最多	少	最多
初期烘干速率	快	慢	快
烘焦的危险性	无	有	有
后期干燥	不完全	完全	最完全
产品水分	多	少	最少
平均温度（热风）	最低	次低	最高
达到露点的危险性	最大	次大	最小
有效风筒长度	最短	次长	最长
产量	最少	次多	最多
热效	最小	次大	最大
燃料成本	最大	次大	最小

4. 穿流型隧道式干燥机　如图 18-9 所示，隧道体的上、下分段设有多个加热器，每一个料车的前侧固定有挡风板，将相邻料车隔开。热风垂直穿过物料层，并多次换向，热风的温度可分段控制。国外另有一种两隧道并列的穿流型干燥设备，如图 18-10 所示，并列隧道的横断面示意图，沿整个隧道纵向分若干干燥段，在两列隧道各干燥段的上部装一轴流风机，使热风在段内穿过两列隧道的物料层，同时输入一定量外界空气，排出一定量废气，进行部分废气再循环。

这类穿流型隧道干燥机的特点是干燥迅速，比平流型的干燥时间缩短，产品的水分均匀，但结构较复杂，消耗动力较大。

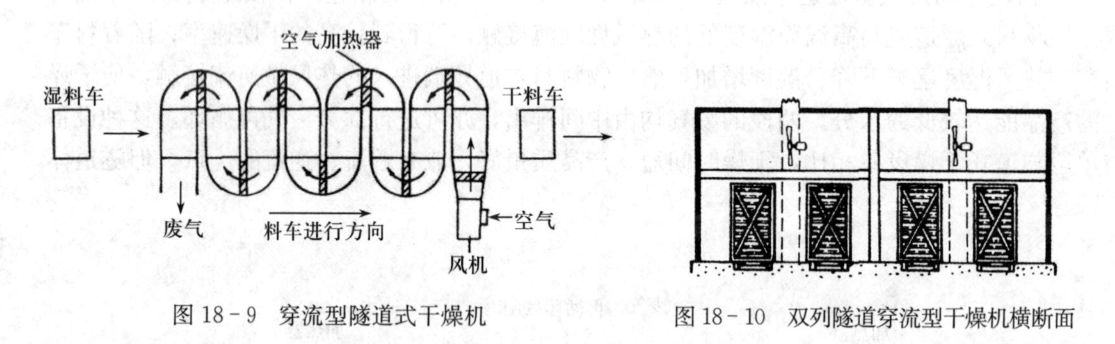

图 18-9　穿流型隧道式干燥机　　图 18-10　双列隧道穿流型干燥机横断面

三、干燥影响因素

影响物料干燥的速率、能耗和产品质量的因素，除上述设备的不同结构和流程外，还有物料的组成、大小、料盘装载量、热风的温度、湿度和流速等。干燥技术的关键是调节诸因素的参数，使物料表面水分向外扩散和内部水分向表面转移相配合，干燥过程符合其干燥特性和规律。

1. 物料的组成和大小　多孔性和组织疏松的物料容易干燥。物料切分越小，受热蒸发

面积越大，干燥速度越快。

2. 料盘装载量　一般按料盘单位面积上的载重计量（kg/m^2）。装载量小，干燥时间短，干燥程度均匀，但处理量小；装载量大则效果相反。一般鲜菜的装载量为 3～8 kg/m^2。图 18－11 为干制甘蓝菜时装载量与生产能力、干燥时间的关系。

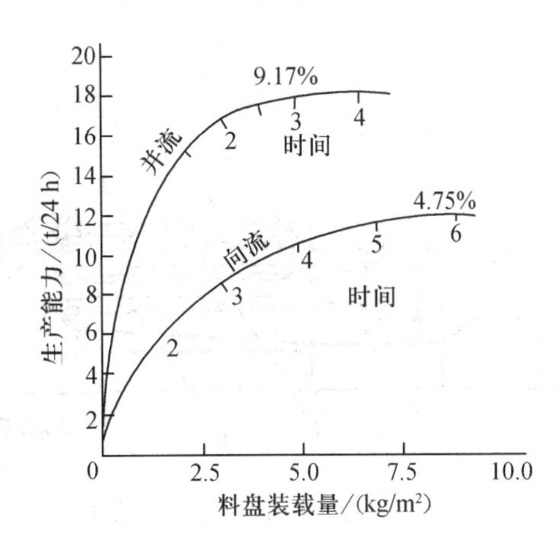

图 18－11　干制甘蓝菜时料盘装载量与生产能力、干燥时间的关系

3. 热风的温度和相对湿度　热风温度越高，相对湿度越低，干燥速度越快，反之则干燥速度越慢；若热风温度过高，超过安全温度则导致物料变质，热风温度较低，使干燥时间过长，对产品品质亦不利。热风的安全温度由物料的种类、初始水分、干燥时间和产品要求确定。从干燥过程来说，一般在恒速干燥段，宜采用较高的风温，尽可能发挥最大效率的干燥作用，物料的温度为其周围气流的湿球温度，不致受到过热损害但不宜过高，否则使可溶性物质流失，糖分焦化或结壳。在减速干燥段，质传递逐渐减少，干燥所需热量亦减少，故需降低风温。至干燥末段，物料去水很慢，宜进一步调低风温。待干燥后再用常温风进行冷却。

4. 热风的流速　通过物料周围的热风流速大，能迅速传热并带走水分，提高干燥速度。但流速增大到一定程度，不能相应增加干燥强度，且增大动力消耗。隧道干燥果蔬的热风流速为 0.7～3 m/s。

第三节　带式干燥机

带式干燥机是将物料置于输送带上，在随带运动的过程中与热风接触而干燥的设备。因结构和流程不同，有多层、单级和多级等类型。

如图 18－12 所示为多层带式干燥机，由链板式输送带、加热室、风机、换热器等组成。工作过程是湿物料从进料口放到进料带上，随带上升转送至第一组链板式输送带的上层，当物料随带自前端运动至末端时，通过翻板落入第一组链板输送带的下层，然后再向前端移动，如此依次自上而下，经第二、三组链板输送带，最后由卸料口排出。外界空气经风机和蒸汽加热的换热器形成热风，然后通过分层进风柜，送入加热室，可根据物料干燥的要求，分层调整进风量，以提高产品品质和生产效率。排出的废气经进料带下方，对物料进行预热。这种干燥机用于茶叶、中药材、水产品和多种农副产品的干燥作业。国产 6CH－50 型茶叶干燥机的生产能力为 250～300 kg/h。

1989 年国内研制了多层穿流带式干燥机，其热风的流程如图 18－13 所示。干燥室内设有五层网带，上两层为高温区，三、四层为低温区，第五层为冷却区，热风来自两组换热器，分三股进入干燥室，穿过物料层，风量大小可以调节。高温区排出的废气，相对湿度较高，可以全部排出。低温区排出的大部分废气，可以再循环。这种热风流程的特点是物料与热风接触充分，干燥时间短，热能利用好。

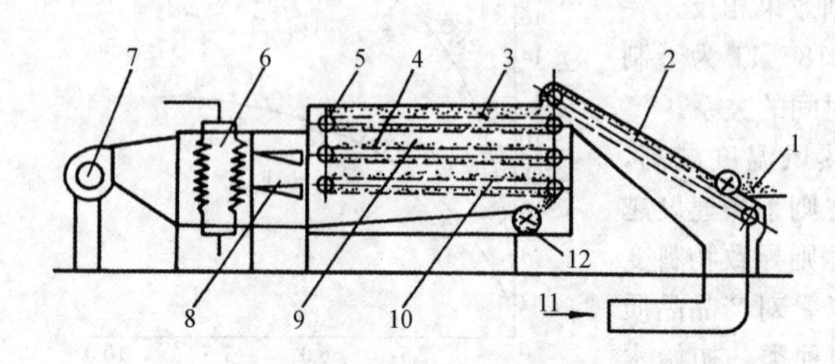

图 18－12　多层带式干燥机

1. 进料口　2. 送料输送带　3. 第一组链板输送带　4. 第二组链板输送带　5. 翻板　6. 换热器　7. 风机　8. 分层进风柜　9. 干燥室　10. 第三组链板输送带　11. 废气进口　12. 卸料口

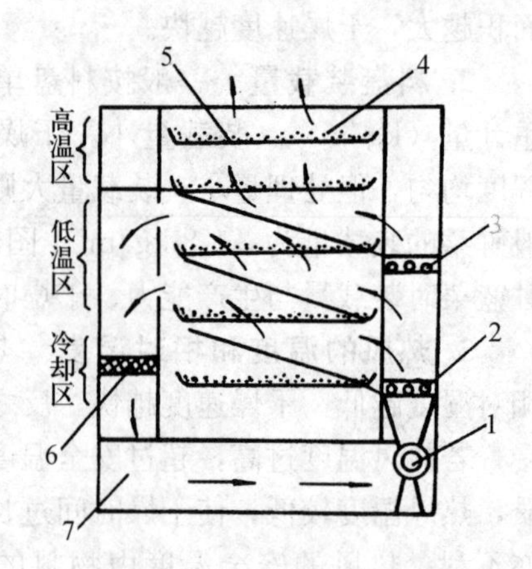

图 18－13　多层穿流带式干燥热风流程

1. 风机　2. 低温加热器　3. 高温加热器　4. 物料　5. 网带　6. 过滤器　7. 废气通道

复习思考题

1. 简要叙述果蔬干燥的目的和意义。
2. 果蔬干燥与谷物干燥相比主要有哪些不同？
3. 说明厢式干燥机的工作原理和特点。
4. 说明隧道式干燥机构成与干燥原理。
5. 说明带式干燥机的构成与特点。

参 考 文 献

北京市农业学校．1995. 园艺机械．北京：中国农业出版社．
丁为民．2001. 园艺机械化．北京：中国农业出版社．
丁为民．2011. 农业机械学．2 版．北京：中国农业出版社．
东北林业大学．1983. 营林机械化．北京：中国林业出版社．
东北农学院．1995. 畜牧业机械化．北京：中国农业出版社．
冯晓静．1999. 精少量播种机使用与维修．石家庄：河北科学技术出版社．
高焕文．1998. 高等农业机械化管理学．北京：中国农业大学出版社．
高焕文．2002. 农业机械化生产学．北京：中国农业出版社．
高连兴，刘俊峰，等．2011. 农业机械化概论．北京：中国农业大学出版社．
高连兴，师帅兵．2009. 拖拉机汽车学：下册，车辆底盘与理论．北京：中国农业出版社．
高连兴，王和平，李德洙．2000. 农业机械概论．北京：中国农业出版社．
高连兴，吴明．2009. 拖拉机汽车学：上册，内燃机构造与原理．北京：中国农业出版社．
顾正平，沈瑞珍，等．2002. 园林绿化机械与设备．北京：机械工业出版社．
蒋恩臣．2003. 农业生产机械化：北方本．3 版．北京：中国农业出版社．
李宝筏．2003. 农业机械学．北京：机械工业出版社．
李文哲，许绮川．2006. 汽车拖拉机学：第二册，底盘构造与车辆理论．北京：中国农业出版社．
李自华．1999. 农业机械学．2 版．北京：中国农业出版社．
刘景泉，蒋极峰，等．1998. 农机实用手册．北京：人民交通出版社．
马成林．1999. 播种机械理论．长春：吉林人民出版社．
马海乐．2011. 食品机械与设备．2 版．北京：中国农业大学出版社．
马进庚．1994. 园艺机械．北京：中国农业出版社．
南京农业大学．1996. 农业机械学：上册．北京：中国农业出版社．
南京农业大学．1996. 农业机械学：下册．北京：中国农业出版社．
彭嵩植，丁为民．1994. 农业机械．北京：中国农业出版社．
山东省农业机械管理局．1993. 使用农机技术手册．济南：山东科学技术出版社．
山西省农业机械局．1992. 农田作业机械．北京：机械工业出版社．
沈林生．1988. 农产品加工机械．北京：机械工业出版社．
沈美容．1991. 农业生产机械化．北京：农业出版社．
沈再春．1993. 农产品加工机械与设备．北京：中国农业出版社．
魏文铎，徐铭．1999. 工厂化高效农业．沈阳：辽宁科学技术出版社．
许绮川，鲁植雄．2006. 汽车拖拉机学：第一册，发动机构造与理论．北京：中国农业出版社．
尹大志．2007. 园林机械．北京：中国农业出版社．
余友泰．1987. 农业机械化工程．北京：中国展望出版社．
朱瑞祥，邱立春．2009. 农机经营管理学．北京：中国农业出版社．

图书在版编目（CIP）数据

农业机械概论 / 高连兴，郑德聪，刘俊峰主编．—2 版．—北京：中国农业出版社，2015.6（2023.12重印）

普通高等教育农业部“十二五”规划教材　全国高等农林院校“十二五”规划教材

ISBN 978-7-109-20389-1

Ⅰ．①农…　Ⅱ．①高…　②郑…　③刘…　Ⅲ．①农业机械-高等学校-教材　Ⅳ．①S22

中国版本图书馆 CIP 数据核字（2015）第 080778 号

中国农业出版社出版

（北京市朝阳区麦子店街 18 号楼）

（邮政编码 100125）

责任编辑　薛　波　张柳茵

文字编辑　李兴旺

北京通州皇家印刷厂印刷　新华书店北京发行所发行

2000 年 5 月第 1 版　2015 年 8 月第 2 版

2023 年12月第 2 版北京第 4 次印刷

开本：787mm×1092mm　1/16　印张：20

字数：475 千字

定价：45.00 元

（凡本版图书出现印刷、装订错误，请向出版社发行部调换）